管理資訊系統

Using MIS

David M. Kroenke 著
何英治 審閱
陳宇芬 翻譯

台灣培生教育出版股份有限公司
Pearson Education Taiwan Ltd.

作者簡介

David M. Kroenke於1967年開始進入電腦專業領域工作，自此，他的事業橫跨了教育、工業、顧問和出版領域。Kroenke目前任教於華盛頓大學，並曾於1991年，獲選為國際資訊系統協會（International Association of Information Systems）的「年度電腦教育家」。

Kroenke的業界經驗也很豐富，曾為美國空軍和波音的電腦服務公司工作，也曾是三家新公司的創辦人。擔任過Microrim Corporation公司產品研發部的副總裁，以及Wall Data, Inc. 資料庫部門的技術長。他同時是語義式物件資料模型的發明者。並曾擔任IBM、微軟、Computer Science Corporation等企業的顧問。

Kroenke同時也是位多產的作者，著作包括經典書籍「商業電腦系統」（Business Computer Systems，1981）、「資料庫概念」（Database Concepts）、以及於1977年推出，目前已出版至第10版的「資料庫處理」（Database Processing）等。身為狂熱的航海人，Kroenke還撰寫了一本「瞭解你的船：讓船動起來完全指南」（Know your boat: The Guide to Everything That Makes Your Boat Work）。

目錄

第1單元 管理資訊系統簡介 1

第1章 MIS與你 2

什麼是MIS？ 4

資訊系統的構成元件 4

資訊系統的開發與使用 5

達成企業目標 5

安全性導引：密碼與密碼的規矩 6

你應該從本課程學到什麼？ 8

MIS的使用1-1：IRS的需求蔓延 9

使用五元件架構 10

最重要的元件，就是你！ 11

高科技與低科技資訊系統 11

瞭解新的資訊系統 11

解決問題導引：瞭解觀點與立場 12

根據困難度與破壞度來排列元件順序 14

資訊的特徵 14

什麼是資訊？ 14

資訊是主觀的 15

良好資訊的特徵 15

倫理導引：被誤導的資訊使用倫理 16

資訊科技與資訊系統 19

莫爾定律（Moore's Law） 19

反對力量導引：「我不需要這門課」 20

價格／效能比大幅降低 22

享受這門課 22

MIS的使用1-2：在從卡崔納颶風的復原過程中使用資訊系統 23

深思導引：比塵埃還無趣？ 24
個案研究1-1：外交部的電腦化 30
個案研究1-2：再探IRS的需求蔓延 31

第 2 章 資訊系統的目的 34

資訊系統與競爭優勢 36
建立競爭優勢的資訊系統 37
安全性導引：安全性也是一種競爭優勢 38
倫理導引：只有那些能夠存取的人才能存取 42
這套系統如何建立競爭優勢 44
解決問題的資訊系統 44
筆記型電腦的問題 44
定義問題 45
顧客關係管理系統 45
反對力量導引：G. Robinson 的老圖片與老地圖 46
MIS的使用2-1：Horizon保健服務公司 48
知識管理系統 48
製造品質控制資訊系統 49
決策用的資訊系統 49
解決問題導引：自我中心與同理心 50
決策層級 52
決策流程 52
決策類型與決策流程間的關係 53
不同決策類型所使用的不同資訊系統類型 53
深思導引：你個人的競爭優勢 54
資訊系統與決策步驟 56
個案研究2-1：微軟的顧客支援與知識管理 61
個案研究2-2：Bosu平衡訓練器 62

第 2 單元 資訊科技 65

第 3 章 硬體與軟體 66

基本的硬體術語 68

輸入、處理、輸出與儲存硬體 68
電腦指令與資料的呈現 69
解決問題導引：探究你的問題 70
MIS的使用3-1：CDW公司：新的硬體購買模式 72
消息靈通的專業人士所需的知識 74
CPU 與記憶體的使用 75
安全性導引：病毒、特洛伊木馬、和蠕蟲 76
CPU 的工作 78
影響電腦效能的因素 79
CPU 與資料匯流排 80
主記憶體 81
磁碟 81
反對力量導引：攢和與燒錢 82
光碟 84
螢幕 84
軟體概論 85
MIS的使用3-2：美國陸軍的視覺化螢幕 86
作業系統 86
倫理導引：使用硬體來強制授權 88
應用軟體 90
深思導引：保持速度 92
個案研究3-1：Wall Data資訊系統支援 99
個案研究3-2：Dell直接發揮網際網路的威力 100

第 4 章 資料庫處理 104

資料庫的目的 106
什麼是資料庫？ 108
記錄間的關係 109
Metadata 110
資料庫應用系統的元件 111
資料庫管理系統 111
倫理導引：沒有人說不可以 112
MIS的使用4-1：免費、公開地存取美國空照圖 115

資料庫應用 116
安全性導引：資料庫安全 118
企業 DBMS 與個人 DBMS 121
開發資料庫應用系統 122
實體－關係資料模型 122
實體 123
解決問題導引：資料塑模師康德 124
資料庫設計 128
使用者審查的重要性 131
資料庫管理 133
DBA 的開發責任 133
反對力量導引：多謝，我只要用試算表就好了！ 134
DBA 的運作責任 136
DBA 的備份與復原責任 137
DBA 的調整責任 137
DBA 是個技術人員嗎？ 137
MIS的使用4-2：處理資料庫的成長 138
深思導引：需求蔓延 140
個案研究4-1：飛航安全網 147
個案研究4-2：比較標竿、板凳行銷、或是一派胡言？ 150

第 5 章 資料通訊與網際網路技術 154
網路通訊的基本觀念 157
階層式協定 157
通訊協定 158
TCP/IP-OSI 架構 159
解決問題導引：以如指數函數成長的方式來思考是不可能的，但是 ... 162
區域網路 164
IEEE 802.3 或乙太網路協定 166
具有無線連線能力的 LAN 166
廣域網路 167

將個人電腦連上 ISP：數據機 168

MIS的使用5-1：Larry Jones（學生）網路服務 169

專線網路 171

反對力量導引：OFF 按鈕在哪兒？ 172

公眾交換數據網路 174

虛擬私有網路 175

比較網路方案的標準 177

安全性導引：加密 178

網際網路如何運作 180

網路位址：MAC 與 IP 181

在旅館內使用 TCP/IP-OSI 協定 182

在網際網路上使用 TCP/IP-OSI 協定 184

MIS的使用5-2：作用中的網路：葫蘆裡賣的是什麼藥？ 187

倫理導引：工作時的個人電子郵件？ 188

網域名稱系統 190

深思導引：人際網路更重要 192

IP 定址架構 194

個案研究5-1：Larry Jones網路服務 199

個案研究5-2：SOHO網路管理 200

第 6 章 系統開發 204

系統開發基本概念 206

資訊系統不會是現成的 207

MIS的使用6-1：把系統開發想得很偉大 207

資訊系統維護 208

系統開發的挑戰 208

真的如此無望嗎？ 210

系統開發生命週期的開發流程 210

系統定義階段 211

需求分析階段 213

倫理導引：倫理的評估 214

元件設計階段 217

解決問題導引：鎖定目標 218
實作階段 221
系統維護階段 223
SDLC 的問題 225
反對力量導引：真實估計流程 226
快速應用開發 228
RAD 的特徵 228
物件導向式的系統開發 232
統一過程 233
UP 的原則 234
MIS的使用6-2：Sears將開發標準化 235
安全性導引：安全性與系統開發 236
極端程式設計 238
以顧客為中心的本質 238
JIT 設計 238
配對式程式設計 238
四種開發方法論的比較 239
深思導引：處理不確定性 240
個案研究6-1：技術可行性的必要性 245
個案研究6-2：學習遲緩，或是什麼呢？ 247

第 3 單元　資訊系統 251

第 7 章　組織內的資訊系統 252
資訊系統的三種類型 256
計算性系統 256
功能性系統 256
整合的跨功能系統 257
功能性系統概論 257
人力資源系統 257
財務會計系統 259
銷售與行銷系統 260
營運系統 260

製造系統 261

功能性系統的問題 265

倫理導引：打電話找錢 266

競爭策略與價值鏈 268

競爭策略 268

價值鏈 269

企業流程設計 271

企業流程設計的挑戰 271

內建流程的效益 271

MIS的使用7-1：企業流程應用系統廠商 272

整合性跨功能資訊系統的三個範例 273

解決問題導引：思考變革 274

客戶關係管理系統 277

企業資源規劃 279

反對力量導引：時尚俱樂部 280

安全性導引：集中式的弱點 284

MIS的使用7-2：Brose Group導入SAP：一次一個地點 286

企業應用系統整合 287

深思導引：ERP 與標準、標準藍圖 288

個案研究7-1：企業資訊系統和實際工作場所 293

個案研究7-2：Brose Group的生產計畫 295

第 8 章　電子商務和供應鏈系統 298

Porter 的五項競爭力模型 300

電子商務 301

電子商務的買賣業 301

非買賣業電子商務 302

電子商務改善市場效率 302

MIS的使用8-1：Steel Spider 303

電子商務經濟學 304

電子商務和全球資訊網 305

網站技術 305

解決問題導引：跨組織的資訊交換 306
供應鏈管理 **311**
MIS的使用8-2：Dun & Bradstreet使用電子商務來銷售研究報告 312
供應鏈效能的驅動因素 313
供應鏈獲利能力與組織獲利能力 315
長鞭效應 315
反對力量導引：律師的充分就業法案 316
跨組織資訊系統 **319**
供應商關係管理 319
將 SRM 與 CRM 整合 320
資料交換的資訊科技 **321**
電子資料交換 321
倫理導引：供應鏈資訊共享的倫理 322
XML 325
供應鏈中的應用互動 327
安全性導引：特洛伊木馬？ 328
深思導引：XML 和運算的未來 332
個案研究8-1：Getty Images 338
個案研究8-2：透過網站服務提供的Dun and Bradstreet資料 341

第 9 章 商業智慧和知識管理 **344**
商業智慧系統的需求 **346**
商業智慧工具 348
商業智慧系統 348
報表系統 **349**
使用報表運算建立資訊 349
報表系統元件 350
報表系統的功能 353
報表系統範例 355
安全性導引：語義上的安全性 356
資料倉儲和資料市集 **361**

MIS的使用9-1：Avnet, Inc. 的商業智慧 362
作業性資料的問題 363
資料倉儲與資料市集 365
資料探勘 365
解決問題導引：計算、計算、計算 366
非監督式的資料探勘 368
監督式的資料探勘 368
購物籃分析 369
決策樹 371
知識管理 373
倫理導引：分類的倫理 374
內容管理系統 376
反對力量導引：真實世界的資料探勘 378
使用 KM 系統來促進人類知識的共享 380
深思導引：理由的合理化？ 384
MIS的使用9-2：製藥廠的專家系統 386
個案研究9-1：Laguna Tools 390
個案研究9-2：3M安全系統 391

第 4 單元 管理資訊系統資源 393

第 10 章 資訊系統的管理 394

資訊系統部門 396
規劃資訊科技的使用 398
資訊系統與組織策略的調配 398
跟高階主管團隊溝通資訊系統議題 399
MIS的使用10-1：計畫成功的 Cingular Wireless資訊長 399
倫理導引：使用公司的電腦 400
發展／強制實施資訊部門的資訊系統優先順序 402
主辦及贊助指導委員會 402
管理電腦基礎建設 402
基礎建設設計與組織結構的調配 403

電腦基礎建設的建立、運作、和維護 404
建立技術和產品標準 406
追蹤問題並監督解決狀況 406
電腦基礎建設的人員管理 406
管理企業應用系統 **407**
開發新應用系統 407
維護系統 408
整合企業應用系統 408
管理開發人員 408
管理資料 409
安全性導引：安全的開發 410
委外 **413**
資訊系統委外 413
MIS的使用10-2：Hewitt Associates, Inc. 415
反對力量導引：委外只是美夢一場嗎？ 416
委外的可能選擇 418
委外的風險 419
解決問題導引：如果你就是不知道呢？ 420
使用者的權利和責任 **423**
你的權利 423
深思導引：跳上推土機 424
你的責任 426
個案研究10-1：Marriott International, Inc. 430
個案研究10-2：星巴克 431

第 11 章　資訊安全管理 **434**

安全性威脅 **436**
威脅的來源 436
問題類型 436
MIS的使用11-1：信用卡帳戶的網路釣魚 438
安全性計畫 **440**
高階主管的安全性角色 **440**
NIST 手冊的安全性要件 441

安全性政策 442
風險管理 442
技術上的安全防護 443
倫理導引：保護隱私 444
識別和授權 446
反對力量導引：安全保證，哈！ 448
防火牆 453
惡意軟體防護 454
解決問題導引：測試安全性 456
設計安全的應用 458
資料的安全防護 458
人員安全防護 459
員工的人員安全防護 459
MIS的使用11-2：ChoicePoint的攻擊事件 460
非員工的人員安全防護 462
帳號管理 462
安全性導引：安全性系統的安全性 464
系統程序 466
安全監控 467
災難準備 467
事件的因應 468
深思導引：最後、最後的叮嚀 470
個案研究11-1：超過五十家企業的防網路釣魚戰術 475
個案研究11-2：ChoicePoint 476

辭彙解釋 479

專欄

本書設計了倫理、安全性、解決問題、反對力量和深思導引等五個不同的專欄，主要的目的，是在導引讀者探討與資訊系統相關的議題。在企業中，你將會遇到類似的問題，而且可能也會有人詢問你對這些問題的建議。每個專欄的內容設計都是為了刺激思考、討論、和主動的參與，以期協助你發展個人的問題解決技巧，成為更傑出的商務人才。

下面是各個專欄的內容說明。

倫理導引

企業中充滿了與倫理相關的議題。如同新聞所看到的，有些企業人士比其他人更能處理倫理衝突。倫理導引能激發如何將倫理應用於資訊系統的辯論。這些導引可以協助你以自己的價值觀來回應未來真正面臨到的倫理兩難問題。

第1章：被誤導的資訊使用倫理
第2章：只有那些能夠存取的人才能存取
第3章：使用硬體來強制授權
第4章：沒有人說不可以
第5章：工作時的個人電子郵件?
第6章：倫理的評估
第7章：打電話找錢
第8章：供應鏈資訊共享的倫理
第9章：分類的倫理
第10章：使用公司的電腦
第11章：保護隱私

安全性導引

我們生活在資訊時代，而保護資訊安全對企業非常重要。安全性導引指出適當的安全性技能和行為，以保護你和公司的珍貴資產。

第1章：密碼與密碼的規矩
第2章：安全性也是種競爭優勢
第3章：病毒、特洛伊木馬、和蠕蟲
第4章：資料庫安全
第5章：加密
第6章：安全性與系統開發
第7章：集中式的弱點
第8章：特洛伊木馬？
第9章：語義上的安全性
第10章：安全的開發
第11章：安全性統的安全性

解決問題導引

改善思考的品質也將有助於改善你所使用的任何資訊系統，以及你在自己職涯中使用MIS的能力。解決問題導引將認知科學的觀念應用在MIS上。你不只會學到如何以更聰明的方法使用科技來達成企業目標，還會學到如何以更好的方法分析和解決生命丟給你的許多其他問題。

第1章：瞭解各種觀點
第2章：自我中心與同理心
第3章：探究你的問題
第4章：資料塑模師康德
第5章：以如指數函數成長的方式來思考是不可能的，但是...
第6章：鎖定目標
第7章：思考變革
第8章：組織間的資訊交換
第9章：計算、計算、計算
第10章：如果你就是不知道呢？
第11章：測試安全性

反對力量導引

在大多數情況下，你總會發現有一兩個人抱持的信念跟一般接受的想法不同。反對力量導引會介紹某個不同意該章主要想法或做法的人（導引中探討的這些人的意見都是真實存在的）。在你的職業生涯中，很可能會遇到類似的「反對黨」。這些導引能協助你學習如何管理他們的意見，並且做出有效的回應。

第1章：「我不需要這門課」
第2章：G. Robinson的老圖片與老地圖
第3章：攪和與燒錢
第4章：多謝，我只要用試算表就好了！
第5章：OFF的按鈕在哪裡？
第6章：真實估計流程
第7章：時尚俱樂部
第8章：律師的充分就業法案
第9章：真實世界的資料探勘
第10章：委外只是愚人金嗎？
第11章：安全保證，哈！

深思導引

在企業中，總會遇到意見分歧的情況，而「接納差異」意謂著他們會回頭深思，有時候甚至去改變自己的觀點。在深思導引中，陳述了一些非常強烈的個人意見。每篇文章會表達一項有正當理由的意見，但是你應該抱著懷疑和批判的態度閱讀這些內容。你閱讀這些內容後的任務是要回應這些意見，並討論它們是否有道理。

第1章：比塵埃還無趣？
第2章：你個人的競爭優勢
第3章：保持速度
第4章：需求蔓延
第5章：人際網路更重要
第6章：處理不確定性
第7章：ERP與標準、標準藍圖
第8章：XML和運算的未來
第9章：理由的合理化？
第10章：跳上推土機
第11章：最後、最後的叮嚀

學習輔助

本書的設計，是希望能讓讀者從中獲得最大的收穫。下表列出每章所包含的一系列學習輔助設計，這些內容可協助你順利完成本課程。

資源	說明	效益	範例
指引	每章包含五個指引，設計重點放在與當今資訊系統有關的議題。	刺激思考和討論。協助發展解決問題技巧。	第1章的「倫理導引」。
每章開始和結束的案例	每章（除第1章）都以工作上可能遇到的企業問題開始，導引出各章的內容。每章的結尾則會重談同一個案例，並提供解決方案或回應。	示範如何應用該章所學的知識來解決真實的企業問題。	第3章的「八萬美金夠嗎？」
MIS的使用個案	每章都包含兩個「MIS的使用」個案。這些個案描述現今企業所遭遇的與該章相關的經驗。	協助讀者深入觀察真實企業的行動，以及它們如何抓住資訊科技所帶來的機會。	第5章的「MIS的使用5-1」。
應用練習	這些練習會要求讀者使用試算表（Excel）或資料庫（Access）應用程式來解決問題。	協助讀者建立電腦的使用能力。	第3章的第28題。
職涯作業	這些練習要求讀者搜尋網路上與工作機會相關的資訊。讀者要分析哪些知識和經驗（例如實習）會對這些工作有幫助。	提供尋找合適工作的策略和戰術。	第3章的第30題。

資源	說明	效益	範例
個案研究	每章最後提供兩個個案，藉此，可以思考真實企業要如何運用該章所介紹之技術或系統，並且對企業問題提出建議。	可將新學到的知識應用在真實情境中。	第3章的「個案研究3-1」：Wall Data資訊系統支援。
本章摘要	每章結尾的「本章摘要」可強化讀者對本章重要觀念的認識。	快速複習剛學習到的重點。	
關鍵詞	重要術語的列表。	提供考前的關鍵詞複習。	
學習評量	依據不同題型的練習，讓讀者可重新複習該章所討論的定義和理由，並可將新學到的知識進一步應用在實務問題上。	測試讀者對觀念的瞭解，以及批判性思考的能力。	
詞彙表	彙整本書所有關鍵名詞的定義。	可供快速複習之用。	

第 1 單元

管理資訊系統簡介

本書以兩個介紹性的章節開場，第 1 章定義何謂管理資訊系統（MIS），並且描述 MIS 與你未來投身業界有何關係。第 2 章則描述組織建立與使用 MIS 應用的基本原因。

我們的目標，是要協助你學習如何使用資訊系統來達成身為商務人士的個人目標，並為你所效勞的組織完成它的目標。在閱讀的時候，請記住，單單背熟書中那些術語的意義是不夠的；你還要學習如何成功地將它們應用在有助於你職業生涯的情境中。

MIS 與你

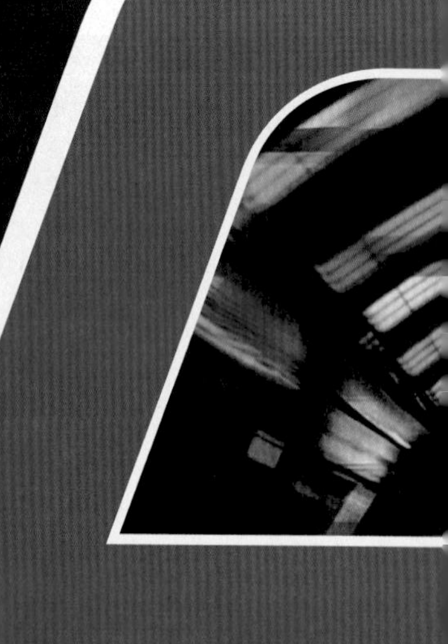

學習目標

- 知道如何定義 MIS。
- 瞭解本課程的目標。
- 學會五元件架構的用法。
- 知道資訊的特徵。
- 瞭解資訊科技（IT）與資訊系統（IS）的關係。
- 準備好好的享受這門課程！

專欄

安全性導引
密碼與密碼的規矩

解決問題導引
瞭解各種觀點

倫理導引
被誤導的資訊使用倫理

反對力量導引
「我不需要這門課」

深思導引
比塵埃還無趣？

本章預告

如果你跟大多數學生一樣，那你應該不太清楚你的MIS課程到底要講什麼？如果有人問你：「這門課在學什麼？」你八成會回答這門課跟電腦有關，搞不好跟程式設計也有關。除此之外，如果你被逼著要再多說一點，你可能會再補充：「嗯！它跟企業中的電腦有關」，或是「我們會學到怎麼使用電腦上的試算表或程式之類的東西來解決企業問題」。

這些答案最多只能算是部分答對。所以，這門課與本書的最佳起點，就是從回答下面這兩個問題開始：什麼是MIS？以及，你在這門課應該會學到什麼？

什麼是MIS？

MIS是管理資訊系統（management information systems）的縮寫，我們把它定義為開發與使用能協助企業達成其目標的資訊系統。這個定義包含三個關鍵要素：開發與使用、資訊系統、企業目標。接下來讓我們逐一討論這三項要素。

資訊系統的構成元件

「系統」是指相互作用以達成某個目的的一組元件。你可以推測，資訊系統則是指相互作用以產生資訊的一組元件。這個句子雖然正確，但卻引發另一個問題：這些相互作用以產生資訊的元件又是些什麼呢？

圖1-1是「五元件架構」，亦即資訊系統的五項基本元件，包括電腦**硬體**、**軟體**（註1）、**資料**、**程序**、與**人**。不論簡單或複雜，每一個資訊系統都會包含這五項元件。舉例而言，當你使用電腦撰寫某一門課的報告時，你就會用到硬體（電腦、儲存用的磁碟、鍵盤、與螢幕）、軟體（Word、WordPerfect、或其他的文書處理程式）、資料（報告中的字句與章節）、程序（用來啟動程式、輸入報告、列印、以及儲存與備份檔案的方法）、以及人（你自己）。

下面舉個更複雜的例子，就說航空訂位系統吧。它也包含了這五項元件，雖然每一項都要複雜得多。硬體包含了數十台乃至於更多透過電信硬體相連的電腦。好幾百支不同的程式負責協調電腦間的通訊，另外還有提供定位與相關服務的其他程式。此外，這個系統還必需儲存關於航班、顧客、訂位、及其他事項等數不清的資料字元。航空公司人員、旅行社、及顧客必須遵循好幾百個不同的程序，而這個資訊系統所涵蓋的人不僅僅只有系統的使用者，還包括讓電腦運作、維護資料、以及支援電腦網路的那些人。

最重要的是，從最小到最大資訊系統都同樣具備圖1-1中的五項元件。當你想到某個資訊系統時，試著去找出這五個元件。同時也別忘了，資訊系統不僅僅是電腦與程式而已，它是電腦、程式、資料、程序、與人的組合。

本章稍後將會討論這五項元件也意味著在建立或使用資訊系統的時候，除了硬體技師或程式設計師之外，我們還需要許多不同的技能。我們需要能夠設計資料庫來保存資料的人，以及能夠發展程序以供人們遵循的人；我們也需要管理者來訓練與聘用使用及操作系統的人。在本章稍後及本書後續的許多章節中，我們都會再看到這個五元件架構。

圖1-1
資訊系統的五大元件

硬體	軟體	資料	程序	人

＊ 註1：在過去，軟體一詞是用來指非硬體的電腦元件（如程式、程序、使用手冊等），但今天的軟體一詞是更具體的指稱程式而已 － 本書的用法也是如此。

請注意在我們的資訊系統定義中包含有電腦，有些人把這種系統稱為**以電腦為基礎的資訊系統**（computer-based information system）。他們認為有些資訊系統並沒用到電腦，例如像會議室外用來安排空間使用所懸掛的行事曆，早在好幾世紀之前就已經被企業使用了。雖然這種觀點也是對的，但在本書中，我們將專注在以電腦為基礎的資訊系統上。為了簡潔起見，我們將使用「資訊系統」來表示以電腦為基礎的資訊系統。

資訊系統的開發與使用

在我們的MIS定義中，下一個關鍵要素就是資訊系統的開發與使用。一般的MIS課程都很重視開發，本課程更是強調，因為資訊系統並非像春筍一般只要在大雨後就會自動出現，而是必須要經過建構。你可能會說：「等一下，我只是個財務（或會計、企管）學生，又不是資管學生，我不需要知道如何建構資訊系統。」

如果你這樣說，那你就等於是把自己變成待宰的羔羊。不論你選擇哪個領域，在你的整個生涯中，都會有資訊系統被建構來供你使用。如果要有一套符合你需要的資訊系統，你就必須在系統開發中採取主動的角色。即使你不是程式設計師或資料設計師或其他的資訊系統專業人士，你還是必須主動參與系統需求說明，並且協助管理開發專案。如果沒有你的主動參與，新系統是否能符合你的需求就全憑運氣了。

因此，在本書中，我們將不時討論到你在資訊系統開發中的角色。此外，整個第6章都將專注在這個重要的主題。當你在閱讀本文並且思考資訊系統時，應該會開始自問：「我想知道系統是如何建構的？」和「我想知道在它開發過程中，使用者扮演什麼角色？」如果你現在就開始問自己這些問題，表示你在開始工作的時候已經比別人更準備好要回答這些問題了。

除了開發任務外，你在資訊系統的使用上也有著重要的角色。當然，你必須學習如何使用系統來達成你的目標，但你還有其他重要的輔助功能。例如在使用資訊系統時，你有責任保護系統與資料的安全；你可能還有資料備份的任務；當系統故障時（大多數系統在某個時間點都會發生），你會需要完成某些任務以協助系統正確而快速地復原。稍後的「安全性導引」會討論系統使用、密碼、與密碼的規矩。

在本書中的每一章都各有「安全性導引」、「解決問題導引」、「反對立量導引」與「深思導引」五個專欄，用來協助你成為更好的商務人士。「安全性導引」會點出保護你與企業之珍貴IS資產的技能與行為。

達成企業目標

MIS定義的最後一個部分是資訊系統會協助企業達成它們的目標。首先，請注意這個敘述背後隱藏著一項重要的事實：企業本身並不會「做」任何事情。企業並不是活的，也不會行動，而是企業中的人們去銷售、採購、設計、生產、執行財務、行銷、會計、與管理。所以，資訊系統是去協助在企業中工作的人們來達成企業的目標。

資訊系統並不是為了探索技術的樂趣而建立的；它們也不是為了讓公司看起更時髦或為了可以自稱是個「新經濟企業」而建立；它們更不只是因為資訊系統部門覺得公司的技術實在太落伍而建立的。

這個觀點看起來好像是不言自明，你可能會懷疑我們幹嘛要特別提及；不過，每一天都有一些企業是為了錯誤的理由在開發資訊系統。就在此刻，在世界上的某個角落，某家企

密碼與密碼的規矩

所有的電腦安全都涉及密碼。你可能也有個帳號與密碼是用來存取學校帳號。當設定帳號時，強烈建議你使用一個「堅強的密碼」。這是個好建議，不過，什麼叫做「堅強的密碼」呢？微軟這家有許多理由去提倡有效安全性的企業，提供了一項經常被使用的定義。微軟將堅強的密碼定義為具有下列特徵：

- 包含七個或更多的字元
- 不要包含你的使用者名稱、真實名稱、或公司名稱
- 不要包含任何語言字典中可以查到之完整的字
- 不要與之前使用的密碼相同
- 同時包含大小寫字母、數字、以及特殊字元（例如~!@#$%^&*()_+;{}|[]：”；’ <;>;？,./）

下面是幾個良好密碼的範例

- Qw37^T1bb？at
- 3B47qq<3>5!7b

這種密碼的問題在於它們幾乎無法被記住，而最不該做的就是把你的密碼寫在紙上，然後放在你要使用的工作站附近，請記住，絕對不要這樣做！

有一種技巧可用來建立容易記住又很堅強的密碼，那就是使用某個片語中每個字的開頭字母；這個片語可以是一首歌的歌名、一首詩的第一行、或是你生命中的某個事件。舉例而言，你可以根據你是在1990之前出生在台灣台北（I was born in Taiwan, Taipei, before 1990）的第一個字母，並且用<來代替before，而創造出密碼IwbiT,T<1990。這是個可接受的密碼，不過如果不是把所有的數字都放在最後會更好。所以，你也可以試試看「我是在3：00AM出生於台灣台北」（I was born at 3：00AM in Taiwan, Taipei）。這種說法會創造出很容易記住的堅強密碼Iwba3：00AMiT,T。

一旦你建立了堅強的密碼，就需要採取適當的行為來保護它。遵循適當的密碼規矩是商務專業的一種表現。千萬不要寫下你的密碼，不要與他人共用，不要詢問他人的密碼，也不要將密碼告訴別人。

但是如果你需要某人的密碼怎麼辦？例如當你要求他們協助你處理你電腦上的問題的時候。你可能會簽入資訊系統，然後，因為某種原因而需要另一個人的密碼。此時，請告訴他：「我們需要你的密碼」，然後站起來，把鍵盤拿給那個人，並且在他輸入密碼時迴避到旁邊。對於在嚴肅看待安全性的組織中工作的專業人士，這個小動作是正常而且可接受的。

如果有人詢問你的密碼，不要給他。直接站起來，走到他的電腦旁邊，然後親手輸入自己的密碼。在你的密碼被使用期間要一直待在旁邊，確定在該活動結束後有登出你的帳號。當你這樣做的時候，別人不應該覺得受到冒犯 – 這是專業的表現。

討論問題

1. 下面是詩人艾略特一首名詩的第一行：「Let us go then, you and I, while the evening is spread out against the sky」。請解釋如何使用這一行來建立密碼。你要怎麼在這個密碼中加入容易記住的數字與特殊字元呢？

2. 列出你可以用來建立堅強密碼的兩個不同片語，並且列出所建立的密碼。

3. 在網際世界生活的問題之一，是我們需要多個密碼，例如學校一個、銀行戶頭一個、eBay或其它拍賣網站一個等等。當然，如果每個都使用不同的密碼是最好的，但是這樣就需要記住好幾個不同的密碼。試著用不同的片語為每個帳號建立不同、且容易記憶的堅強密碼。將密碼與帳號的目的連結起來。列出每個密碼。

4. 說明當你在使用電腦，並且需要輸入他人密碼進行驗證時，適當的行為為何？

5. 說明當某人在使用他的電腦，並且需要輸入你的密碼進行驗證時，適當的行為為何？

業正因為「其他公司都有」而決定要建立一個網站。這家公司並沒有自問「網站的目的為何？」「它可以為我們做些什麼？」或是「網站的效益足夠抵銷它的成本嗎？」但這些問題都是應該要問的！

大多數章節都包含兩個「MIS的使用」個案，討論真實企業或組織所遇到的相關問題。這些個案會將該章的主題連結到它在真實世界組織的應用。

更嚴肅來講，現在某處的某個IS主管正被廠商的銷售團隊或商業雜誌的某篇文章說服，覺得他的公司必須要升級到最新、最偉大的高科技Gizmo 3.0版（註2）。這個主管正嘗試讓他的主管相信這項昂貴的升級是個好主意。我們希望這個公司裡面的某個人能夠開始詢問像下面的問題：「Gizmo 3.0的投資會有助於哪些企業目標？」

在本書中，我們會討論許多不同的資訊系統類型，以及它們使用的技術。我們會說明這些系統與技術的效益，並且說明它們的成功實作。在「MIS的使用」個案中（例如「MIS的使用1-1」的IRS個案）會討論真實世界某特定組織中的IS實作。身為未來的商務人士，你必須學習透過企業需求這面透鏡來檢視資訊系統與技術。學習去問：「這些技術本身都很棒，但它能為我們做什麼？它對我們的企業及特定目標能做什麼？」

再次提醒，MIS是要協助企業達成其目標的資訊系統開發與使用。你應該已經知道本課程不僅僅是關於買電腦、寫程式、或使用試算表來工作而已了吧！

你應該從本課程學到什麼？

身為21世紀的商務人士，你需要足夠的MIS知識，以成為資訊科技產品與服務方面消息靈通且有效能的消費者。更具體而言，你要能詢問適當的問題，正確詮釋這些問題的回應，並且具備制定正確決策與有效管理所需的知識。

舉例而言，假設你是應付帳款的主管，而資訊部門的某人正向你提議要做Gizmo 3.0的升級動作，你必須瞭解基本的術語與觀念，才能有效的提出問題。假設你具有這些知識，並且提出像這樣的問題：「等一下，如果我們轉換到3.0版，那我們是否也必須升級所有的電信設施？」

現在假設事實上你的公司其實必須要升級它的電信設施，而且其他人都沒有想到這點，那你可就算問對了一個大問題，這不但會導致更好的決策，而且也讓IS人員知道你瞭解自己在做什麼。你的可信度在所有與會的高科技人員心中可是會大幅提升喔！

另一方面，假設Gizmo 3.0與電信完全無關，而且是全然獨立的技術，你就是問了個不相干的問題，僅僅顯示出你對資訊系統的無知，並且讓資訊人員暗自抱怨，懷疑他們幹嘛要在這種管理不良的組織中工作。

或者，假設你不確定Gizmo 3.0是否與電信相關，與其冒險詢問不相關的問題，你選擇不問也罷。此時，僅僅因為你對資訊系統的無知，你將自己與你的公司置於一個重大的風險之中。

* 註2：Gizmo 3.0是一個虛構的名稱。在你的職業生涯中，你會遇到許多不同的「Gizmo 3.0」。它可能是最新版本的Windows，新的行動通訊技術，像XML Web Services之類的產業新標準等等。這些不同的小玩意兒可能正是你的解決之道，但也可能只是在浪費錢而已。本課程的主要目標之一，就是要學習如何區分這兩者。

MIS的使用1-1

IRS的需求蔓延

美國國稅局（Internal Revenue Service, IRS）是美國公私立機構中服務人數最多的單位。每一年，它會處理來自1億8千多萬名個人及4千5百多萬個企業、超過兩億件的退稅案件。IRS本身就在1千多個地方雇用了超過10萬名的員工。在典型的年度中，它會調整超過200項的稅法變動，以及提供超過2千3百萬次的電話服務。

令人驚訝的是，IRS用來完成這項工作的是在1960年代開發的資訊系統。事實上，有些處理退稅的電腦程式最早是在1962年完成的。在1990年代中期，IRS開始了一項「企業系統現代化（Business System Modernization, BSM）」專案，使用現代技術與能力來取代這套骨董系統。不過，到2003年時，這個專案顯然已經是個災難；這個專案已經花費了數十億美金，而新系統的所有主要元件都落後原定時程數個月到數年之久。

在2003年，新任命的IRS局長Mark W. Everson要求對所有BSM專案進行獨立檢討。來自卡耐基美隆大學（Carnegie Mellon University）軟體工程學會（Software Engineering Institute, SEI）與Mitre公司的系統開發專家，以及IRS的主管們檢視了這個專案，並且列出造成專案失敗的原因清單和解決方法的建議。在他們的報告中，頭兩項造成失敗的原因為：

- 專案之事業單位擁有權與贊助角色的歸屬不當，導致不實際的商業論據以及專案範圍持續蔓延（專案原始範圍逐漸擴展）。
- IRS事業單位、BSM組織（由IRS員工組成，用來管理BSM專案的團隊）、資訊科技服務部（IRS內部負責操作與維護現有資訊系統的組織）、以及主要簽約廠商（Computer Sciences Corporation）間欠缺最需要的信任、信心、與團隊合作氣氛。事實上，整個情況剛好相反，造成無效率的工作環境，以及在問題發生時相互指責。

BSM團隊好比是在真空中開發新系統，它們沒有受到目前IRS事業單位（系統未來使用者）及資訊人員的接受、瞭解、或支援。因此，BSM團隊對系統需求缺乏瞭解，而這些誤解又造成專案需求的持續變動，而且是在系統元件設計與開發完成之後發生的變動。這種需求蔓延是專案管理不當的確切徵兆，而且必然會導致時程的延遲與金錢的浪費。在此個案中，時程的落後程度是以年來計算，而且浪費了數十億的美元。結論：使用者必須參與資訊系統的開發與使用。

＊ 資料來源：" Independent Analysis of IRS Business Systems Modernization, Special Report," IRS Oversight Board, 2003, www.treas.gov/irsob/index.html; "For the IRS, There's No EZ Fix," CIO Magazine, April 1, 2004.

因此，你必須具備比基本術語更多的知識。圖1-2列出你必須取得的知識類別和範例。如圖所示，你必須知道為什麼（why）、是什麼（what）、以及如何做（how）：為什麼需要資訊系統；基本術語、必要技術、與基本的資訊系統類型是什麼；以及資訊系統要如何管理與開發。

最重要的是：因為資訊系統技術變動非常快速，你還必須學習如何尋找新技術。你在下一節可以學到，如何用圖1-2最下面一行的架構來協助你做到這件事。

最後一點：要從本課程取得最大收穫，你要做的將不僅僅是記憶那些術語跟觀念，然後在考試的時候把它們吐出來。而是必須吸收這些材料，讓它成為你進行企業思考與流程建構的一部分。因此，你必須要練習各專欄與每章最後的那些問題。教育方面的研究發現，練習回答習題與解決問題是將知識融入長期記憶的最佳方式。

	知識類別	範例	本書的章節
為什麼	資訊系統的必要性	• 競爭優勢 • 解決問題 • 制定決策	第1、2、7、8章
是什麼	基本術語	• CPU • DBMS • IP位址	第3、4、5章
	必要技術	• 關聯式資料模型 • LAN、WAN、及網際網路 • HTML與XML	第4、5、8章
	資訊系統類型	• 顧客關係管理（CRM） • 企業資源規劃（ERP） • 決策支援系統（DSS）	第7、8、9章
如何做	方法論	• 資料塑模 • 系統開發流程與技術 • MIS的管理 • 安全性管理	第5、6、10、11章
	技術架構	• 資訊系統的五元件 • TCP/IP-OSI架構 • 系統開發生命週期	第1、4、5、6章

圖1-2
MIS課程內容摘要

使用五元件架構

圖1-1的五元件架構可以在現在與未來協助你學習與思考資訊系統。要更瞭解這個架構，首先請注意在圖1-3中，這五個元件是對稱的：最外圍的元件 － 硬體與人都是可以採取行動的行動者；軟體與程序則都是一組指令，軟體是硬體的指令，而程序則是人的指令；最後，資料則是左邊的電腦和右邊的人之間的橋樑。

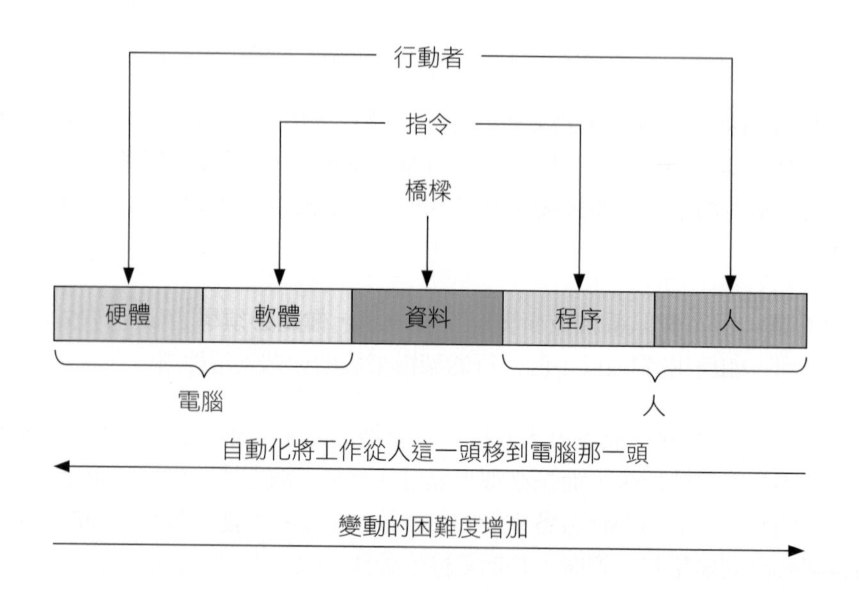

圖1-3
五元件的特徵

現在，當我們將企業流程自動化時，我們將人們依循程序所做的事，搬過來由電腦依照軟體的指令來做。因此，自動化的過程就是將工作從圖1-3的右邊移往左邊的過程。

最重要的元件，就是你！

你是每個你所使用的資訊系統的一部分。當思考資訊系統的五個元件時，最後一項元件（人）就包含你在內。你的心智與思想不僅僅是你所使用之資訊系統的一項元件，而是最重要的元件。

舉例而言，假設你擁有最完美的資訊系統，可以用來預測未來。再假設在1966年12月14日，你的完美資訊系統告訴你華特迪士尼（Walt Disney）將會在明天去世。如果你有5萬美金可以選擇要投資或放空迪士尼的股票，根據你的完美資訊系統，你會怎麼做呢？

在往下閱讀之前，先想想這個問題：如果華特迪士尼明天去世，他公司的股票會漲或跌呢？大多數學生根據創辦人去世通常代表股價會大跌的理論選擇做空。

但事實上，第二天迪士尼的股價大漲。為什麼呢？因為市場將華特迪士尼視為藝術家；一旦他去世之後，就無法再創造更多的藝術作品。因此，現有作品的價值會因為稀少性而增值，而企業價值也會因為擁有這些藝術品而增加。

重點在於：即使你擁有最完美的資訊系統，如果你不知道如何使用它所產生的資訊，就是在浪費自己的時間與金錢。你的思考品質是資訊系統品質的重要一環。許多認知研究都指出：雖然你無法增加自己的基本IQ，但是卻可以大幅增進自己的思考品質。這就好像是說，你無法改變大腦中的電腦硬體，但是你可以改變你為大腦運作所設計的程式。我們的第一個「解決問題導引」專欄會引導你去思考觀點與立場的影響。

本書的每一章都包含一個「解決問題導引」專欄，說明認知科學的一些想法，並且應用在企業情境中。因為改進你的思考也會改善你所使用的每個資訊系統品質。因此，我們會在這個MIS課本中討論思考的技巧。

高科技與低科技資訊系統

資訊系統的差異在於將多少工作從人這一邊（人與程序）移到電腦這一邊（硬體與程式）。以兩套不同的顧客支援資訊系統版本為例，其中一套是運用非常低科技的系統，只包含電子郵件位址檔案及電子郵件程式－只有非常少量的工作由人這一邊移往電腦那一邊。想想看，在決定要送電子郵件給哪些顧客時，需要多少的人力工作。

反之，另一套較高科技的顧客支援系統能追蹤顧客擁有的設備和該套設備的維護時程，並且能自動產生提醒維護的電子郵件給顧客。這代表有更多的工作移到電腦這一邊－電腦替人做了較多的服務。

通常在考慮不同的資訊系統方案時，可以根據工作從人搬移到電腦的份量，來協助思考低科技vs.高科技的選擇。

瞭解新的資訊系統

當學習新系統的時候，也可以使用五元件架構。當未來某個廠商對你推銷新的Gizmo 3.0時，想想這五個元件。你需要哪些新的硬體？你需要哪些程式的授權？你必須建立哪些

解決問題導引

瞭解觀點與立場

每個人的說話與行動都是從個人的立場出發。我們所說或做的每件事都是根據我們的立場（或者都是被我們的立場所左右）。因此，你在任何教科書（包括這本）所讀到的所有東西，都受到作者立場的偏頗。作者可能認為他是以毫不偏頗的立場去撰寫中性的主題，但是沒有人可以不帶偏見地撰寫任何東西，因為我們一定是從某個立場開始書寫。

同樣地，你的教授也是從他們的觀點來對你授課。他們擁有經驗、目的、希望、與恐懼，而且就像我們一樣，這些元素提供了他們一個思考與說話的架構。

請檢視本章「反對力量導引」專欄中的敘述，再看看本章稍後「深思導引」專欄的敘述。這些專欄中都包含顯然是評論式、意見導向的內容。當你閱讀它們的時候，很容易看出它們是由某個強烈的觀點出發，因此也包含了個人的偏見。

但是其他沒有這麼明顯地像是意見的敘述呢？以下面的資訊定義為例：「資訊是造成差異的一種差異（Information is a difference that makes a difference）」。根據這個定義，世界上有許多差異，但是只有那些造成差異者才能算是資訊。

這項定義看起來沒有那麼明顯地像是個意見，但它無疑是基於一個有偏頗的立場所界定的。這個立場看起來並不明顯是因為它以定義的形式，而不是以意見的形式來呈現這個敘述。但是事實上，它是著名心理學家Gregory Bateson對資訊定義的看法。

我發現這項定義具有教育性，而且很有用。它並不精確，但是個很好的指導方針；我會把它用在終端使用者的報表與查詢的設計上。我會詢問自己：「這份報表會讓某人看出差異，而對他們造成什麼差異嗎？」所以這對我而言，是個有用的定義。

不過，我那些專長在量化方法的同事們就覺得Bateson的定義很無趣、而且無用。他們會問：「它到底在說什麼？」、「我要怎麼用這個定義來正式化任何東西？」、或是「這種差異對誰或什麼造成差異啊？」。或者，它們會說：「這個定義沒辦法量化任何東西；它完全是浪費時間。」

他們是對的，不過，我也是對的；而且，Gregory Bateson也是對的。造成不同的是立場問題，而且最神奇的是互相衝突的立場可能同時都是對的。

最後一點：不論明顯與否，作者寫作與教授授課都不單單只是從個人的立場出發，還包含個人的目標。作者撰寫這本書是希望你會覺得這些內容有用且重要，並且告訴你的教授這是本很棒的書，讓他下次繼續選用這本書；不論你或作者對此都心知肚明 － 它跟作者其它的希望與目標會影響到這本書的每個句子。

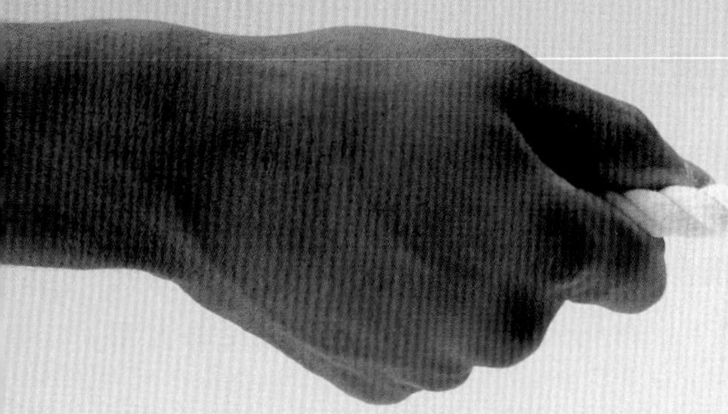

同樣地，你的教授也會有影響他們授課內容與授課方式的希望與目標；他可能希望看到你臉上頓悟時的光彩，贏得績優教學獎或年度最佳教授，或是爭取升等以進行更進階的研究。不論是何者，他們的希望與目標也會影響他們所說的每件事。

所以，當你閱讀此書或聆聽授課時，記得問自己：「他的立場為何？」以及「他的目標是什麼？」然後比較你跟他的立場與目標。學習對你的同儕也這麼做。當你進入職場，區辨與適應共同工作者的立場與目標，將會讓你工作地更有效率。

討論問題

1. 閱讀下列敘述：「你的思考品質是資訊系統最重要的元件。」你同意這個敘述嗎？你認為有可能指出最重要的元件嗎？

2. 本文宣稱雖然不大可能增加IQ，但要改善思考品質卻是可能的。你同意嗎？不論你是否同意，請舉出三個思考品質的範例。它們可以全部來自某個人的例子，或者是三個不同人的例子。

3. 下面的敘述雖然並不明顯，但其實也是根據某個立場提出的意見：「資訊系統包含五個元件：硬體、軟體、資料、程序、人」。假設你對一位電腦工程師陳述這個意見，但他斥之以鼻：「荒唐！根本就不是這樣。唯一可以算數的就是硬體，或者再加上軟體而已。」請比較這位工程師與你MIS教授的立場。這些立場如何影響他們對五元件架構的意見？誰是對的呢？

4. 根據Bateson的定義：「資訊是造成差異的一種差異」，它可以如何應用在網頁設計呢？請說明為什麼那些專長在量化方法的人可能會認為這是個無用的定義。為什麼相同的定義會同時有用又無用呢？

5. 有些學生痛恨開放性的問題，他們喜歡只有一個正確答案的問題，例如每小時10公里之類的。當遇到如第4題這類問題的時候，有些學生會覺得生氣或挫敗，他們希望課本或教授能給他們答案。你對此有何意見？

6. 你認為人們可以藉由學習同時在心中納入多個相互矛盾的想法，而改善他們的思考品質嗎？或者，你認為這樣做會導致猶豫及無效的思考？與你的一些朋友討論這個問題。他們怎麼想呢？他們的立場又是什麼？

資料庫與資料？使用與管理該資訊系統需要建立哪些程序？以及Gizmo 3.0對人的影響為何？哪些工作會發生變動？誰需要接受訓練？新的Gizmo對士氣的影響為何？需要雇用新人嗎？需要重整組織嗎？

根據困難度與破壞度來排列元件順序

最後，當你想到這五元件時，別忘了圖1-3的排列順序是根據他們變動的容易程度，以及對組織的破壞程度。通常要訂購與安裝新的硬體總是比較簡單，要取得或開發新的程式則比較困難；建立新的資料庫或改變現有資料庫的結構會更難；變更程序、要求人們以新方式工作則又更加困難；而改變人們的責任、呈報關係、以及雇用或解雇員工當然更是難上加難，而且對組織會造成相當大的破壞。

本書每一章的「倫理導引」專欄是在討論資訊系統的使用倫理。這些內容會刺激你深入思考倫理準則，並且可以與同學進行一些有趣的討論。

稍後的「倫理導引」專欄就是在討論，使用原本不應知道之資訊時的倫理。

資訊的特徵

根據前兩節的討論，我們現在可以將資訊系統定義為結合了硬體、軟體、資料、程序、與人的相互作用以產生資訊。這個定義中唯一剩下尚未定義的詞就是「資訊」，現在輪到它囉。

什麼是資訊？

資訊是我們每天用到的基本詞彙之一，但是你會發現它真的很難定義。定義資訊就好像定義活著或真理一樣，我們知道它們的意思，而且可以彼此溝通不會混淆，但是就很難定義。

在本書中，我們會避免從技術觀點定義何謂資訊，而使用一般性且直覺的定義。最常見的定義可能就是：資訊是從資料推導出來的知識，而資料則是被定義為記錄下來的事實或數字。因此，像員工王小明的時薪為125元，而張小美的時薪為200元之類的事實就算是資料；至於園藝部所有員工的平均時薪162.5元則是資訊：平均薪資是從個人薪資的資料推導出來的知識。

另一個常見的定義是：資訊是在有意義的背景脈絡下所呈現的資料。例如李大同的時薪為80元的事實算是資料，但關於「李大同的薪資少於園藝部平均薪資的一半」這句敘述則是資訊。它是在有意義的背景脈絡下呈現的資料。

另一個你會聽到的資訊定義是：資訊是處理過的資料，或者資訊是經過加總、排序、平均、分組、比較、或其他類似運算處理後的資料。這個定義的基本概念就是：我們會對資料做些事情以產生資訊。

「解決問題導引」專欄中還有第四個定義：資訊是造成差異的一種差異。

就本書而言，這些定義都算適用。你可以選擇你覺得有意義的資訊定義，重點是你要能夠區分資料與資訊。你也可能會發現不同的定義適用在不同的情況。

資訊是主觀的

就「資訊是在有意義的背景脈絡下所呈現的資料」這個定義而言，什麼是有意義的背景脈絡呢？顯然，背景脈絡會因人而異。如果我負責管理園藝部門，而你是CEO，則我們的背景脈絡必然不同。對我來說，園藝部門的平均時薪算是資訊；但對你這位CEO而言，它只是個資料點：你的一個部門的員工平均時薪。對你而言，所有部門中所有員工的平均時薪，或是以遞減方式（或其他方式）排列的所有部門平均時薪則算是資訊。

有時你會聽到另一種表達方式：「某個人的資訊是另一個人的資料。」這個敘述說：在某人的背景脈絡中的資訊，只是另一個人脈絡中的資料點。我們有時候都會有這樣的經驗：當我們很興奮地跟某人描述一件事之後，那個人卻一副漠不關心的樣子說：「那又怎樣？」

當某個資訊系統的輸出被輸入第二個系統時，資訊系統的背景脈絡也會發生改變。舉例而言，假設製造部門的資訊系統會產生當日活動摘要資訊，當這個資訊被輸入到會計部門的總帳系統時，就變成該系統的一個資料點而已。總帳系統會從製造、業務、應收帳款、應付帳款等系統取得輸入，然後轉換成諸如每月資產負債表與損益表等資訊。這些財務報表會送給投資人，然後成為這些投資人投資組合的資料點。整個過程如圖1-4。

結論：資訊必須在背景脈絡中解讀，而背景脈絡則因人而異；因此，資訊必然是主觀的。

良好資訊的特徵

並非所有資訊都是等值的：有的資訊比其他資訊更有價值。圖1-5中列出了良好資訊的特徵。

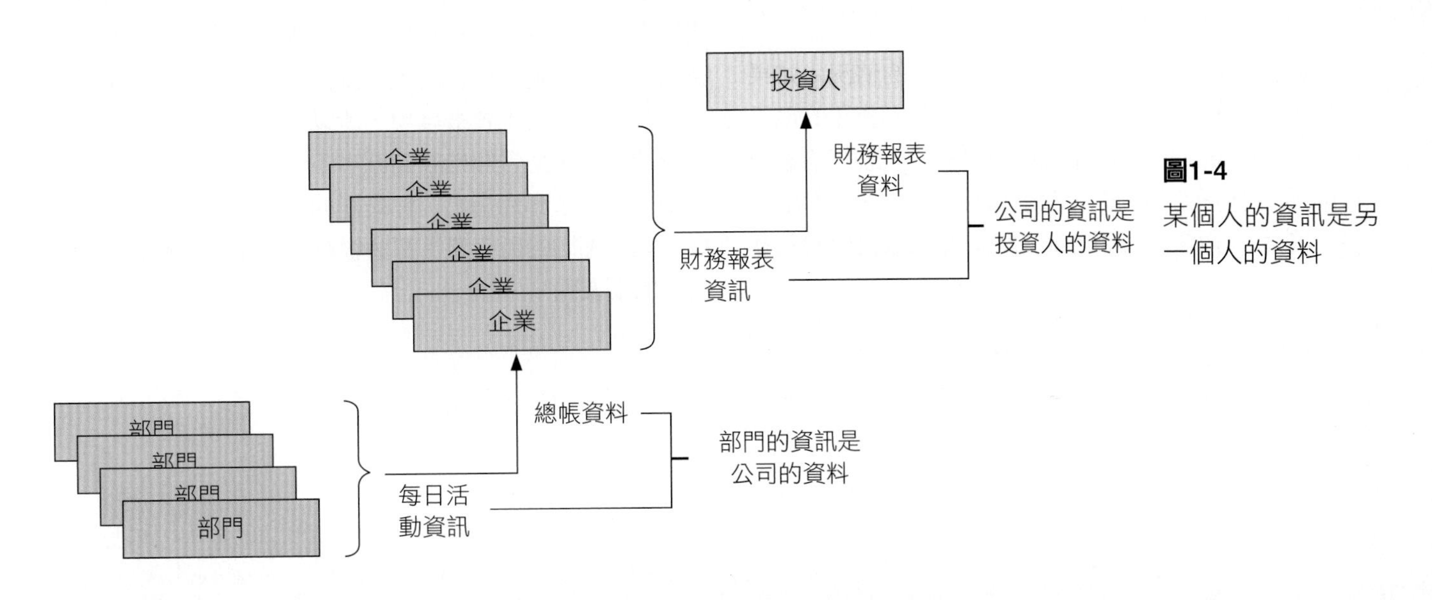

圖1-4
某個人的資訊是另一個人的資料

倫理導引

被誤導的資訊使用倫理

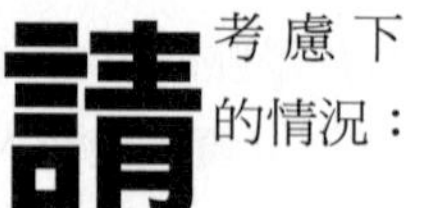

請考慮下面的情況：

情況1：假設你正想要買房子，而且你恰好知道有另一批人也在出價。你進入附近的一家星巴克咖啡店，開始啜飲心愛的拿鐵，並且苦思最好的對策時，正好聽到隔桌的一段對話。這三個人講話的聲音大到難以充耳不聞，而你很快就發現他們正好就是另一對出價的夫婦和他們的房屋仲介。他們正準備討論他們的出價，你應該要繼續聆聽他們的談話嗎？如果你繼續聽下去的話，你會利用所聽到的資訊來謀取自己的利益嗎？

情況2：假設從另一個角度來看相同的情況。如果你不是恰好偷聽到，而是收到一封提供相同資訊的電子郵件，這有可能是仲介的某個助理搞錯了，誤把要給另一方的郵件傳送給你。你會閱讀那封信嗎？如果你讀過那封信的話，你會利用所看到的資訊來謀取自己的利益嗎？

情況3：假設你銷售電腦軟體，在一次很敏感的價格協商期間，你的顧客誤送了一封內部郵件給你，裡面包含這家顧客所願意出的最高價格。你會閱讀那封信嗎？如果你讀過那封信的話，你會利用所看到的資訊來規劃你的協商策略嗎？如果你的顧客發現那封信送到你這邊，並且詢問：「你讀了那封信嗎？」你會如何回答呢？

情況4：假設有位朋友誤送給你一封電子郵件，裡面包含有敏感的個人醫療資料，不巧的是你在不知情的情況下讀完了整封信，並且對於知道那些與自己無關的個人隱私感到非常不好意思。假設你的朋友問你說：「你有讀到那封信嗎？」你會如何回答？

情況5：最後，假設你身為網路管理者，你的職務使得你可以不受限制地存取公司的郵件清單。假設你的技術很好，能夠將自己的電子郵件位址加入公司中的任一個郵件清單而不會被發現，所以你將自己的位址加到幾份清單中，並且開始收到原本不會收到的機密郵件。其中一封電子郵件指出，你最好的朋友所屬部門將被裁撤，且該部門的所有員工都會被解雇，請問你會預先警告你的朋友嗎？

討論問題

1. 回答情況1與2的問題。你的答案有不同嗎？取得資訊的媒介不同，會影響你的答案嗎？避免閱讀電子郵件是否比避免聽到一場對話來得簡單呢？如果是的話，這種差異很重要嗎？

2. 回答情況2與3的問題。你的答案有不同嗎？在情況2中的資訊是有關你個人的利益，但在情況3的資訊則同時與你個人及公司的利益相關。這種差異很重要嗎？當你被問及是否有閱讀這封信時，你會如何回應呢？

3. 回答情況3與4的問題。你的答案有不同嗎？你會在其中之一撒謊，另一個則不會嗎？為什麼呢？

4. 回答情況5的問題。情況1到4與情況5有何不同呢？假設你必須為情況5的行為辯白，你會用什麼理由呢？你相信自己的論點嗎？

5. 在情況1到4中，如果你存取到這些資訊，你並沒有涉及任何的不法，而只是被動的接收者。即使在情況5中，雖然你顯然違反了公司的雇用政策，但很可能並沒有違法。因此，為了便於討論起見，假設所有這些行為都是合法的。

   a. 法律與倫理間的差異在哪？請在字典中查詢這兩個詞的定義，並且解釋它們的差異。

   b. 論證由於企業非常競爭，所以，只要是合法的事，而且有助於達成你的目標，就是可接受的行為。

   c. 論證只要是不合乎倫理的事情，就是不適當的行為。

6. 摘要說明當收到不該收到的資訊時，你認為適當的行為應該為何。

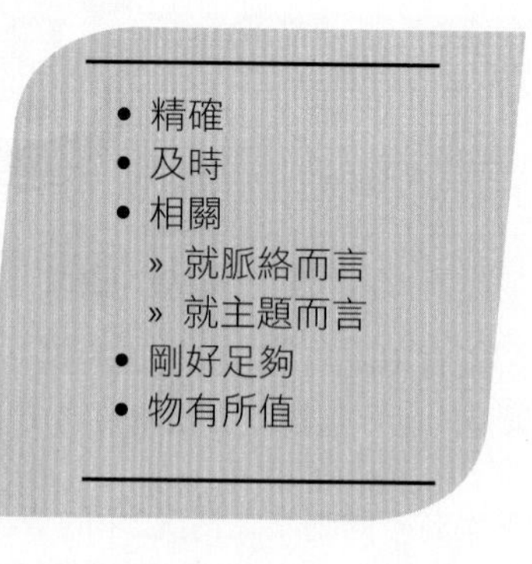

圖1-5
良好資訊的特徵

精確

首先，良好的資訊是精確的。良好的資訊是以正確與完整的資料為基礎，並且經過正確的處理。精確非常重要；管理者必須要能依賴他們資訊系統的結果。如果大家知道有一個資訊系統所產生的資訊不精確，則資訊部門在組織中的名聲就會很差。同時在此一情況下，該資訊系統將造成大量的時間與金錢浪費，因為使用者必須設法去避免使用這些不精確的資料。

你可以據此推測，你這位資訊系統的未來使用者不應該過於相信在網頁、精美報表、或神奇查詢上出現的資訊。我們有時候很難對精美活潑圖形所傳達的資訊抱持懷疑的態度，但可別被誤導。當你開始使用某個資訊系統時，請保持懷疑；對接收的資訊進行交叉檢核。在使用系統數週或數月之後，你就可以慢慢放心；但一開始時請務必要心存懷疑。

及時

良好的資訊是及時的：及時產生以供使用。如果每月報表總是在六週之後才姍姍來遲，通常已經沒有什麼用，然而決策所需的資訊卻都是在之後才會收到。如果資訊系統在你已經出貨之後才告訴你不該展延這個顧客的信用，則不僅無用而且令人沮喪。請注意，及時可能是根據日期（六週之後）或事件（出貨之前）來判斷。

當你參與資訊系統的開發時，及時性應該是你需求的一部分；你必須指明適當且實際的及時性需要。在某些情況下，相較於提供非即時資訊的系統，要開發提供近似即時資訊的系統會比較困難與昂貴。如果你可以接受延遲數小時後才產生的資訊，記得在需求規劃階段時實話實說。

舉例而言，假設你在行銷部門工作，而且必須評估新上線廣告的效果。你可能會想要個資訊系統，不僅能在網站上呈現廣告，而且還能讓你判斷顧客點選這些廣告的頻率。要以近似即時的方式計算點選率是非常昂貴的，但是如果以批次方式先儲存這些資料，然後在數小時之後進行處理則會簡單與便宜得多。如果你可以接受延遲一兩天之後才產生的資訊，那系統的建置將會更容易，也更便宜。

具相關性

資訊應該要與背景脈絡及主觀相關。就背景脈絡而言，你這位CEO需要以適當層次摘要的資訊來完成你的工作；列出公司所有員工時薪的清單通常沒什麼用。你可能比較需要根據部門別或分公司別的平均薪資資訊，因此，所有員工薪資的清單對你的背景脈絡而言是不相關的。

資訊還應該與目前的主題相關。如果你想要關於信用貸款的短期利率資訊，則一份15年期抵押貸款利率報表就是不相關的。同樣的，如果有份報表將所需的資訊深深埋在很多頁的結果報告之中，對你也是不相關的。

剛好足夠

資訊必須足夠滿足所需的目的，但是只要足夠就好了。我們生活在資訊時代；所有人每天必須做的重要決定之一就是要忽略哪些資訊。當你的職位越高時，收到的資訊也越多；因為你的時間只有那麼多，所以要忽略的資訊也就越多。因此，資訊必須足夠，但也只要這麼多就好了。

物有所值

資訊不是免費的。開發資訊系統需要成本，系統的運作與維護也需要成本，你閱讀與處理系統所產生之資訊的時間及薪水也都是成本。資訊要能夠物有所值，在資訊的成本與價值間必須要有適當的關係。

舉例而言，產生墓地擁有者姓名的每日報表有什麼價值呢？除非盜墓成為一大問題，否則這份報表根本不值得閱讀。這個可笑的範例可以很容易看出資訊經濟學的重要性，但是，當有人跟你推銷Gizmo 3.0時，就比較困難了。你必須準備好去詢問：「這些資訊的價值是什麼？」「價值與成本間有適當的關係嗎？」資訊系統應該與其他資產接受一樣的財務分析。

在本書中，「反對力量導引」專欄會呈現一組與該章主旨對立的想法。這些評論的目的是希望能激發討論與你的想法。

說到「物有所值」，這門課又如何呢？你正在為此付出代價，所以大可自問：「它值得嗎？」你可以在「反對力量導引」專欄中看到一些特立獨行者關於MIS課程的意見。

資訊科技與資訊系統

資訊科技與資訊系統是兩個緊密相連、但又不同的名詞。資訊科技（Information Technology, IT）是指用來產生資訊的產品、方法、發明、與標準。資訊系統（Information System, IS）則如前一節所言，是用來產生資訊的硬體、軟體、資料、程序、與人的組合。

資訊科技會驅動新資訊系統的開發。資訊科技的進步已經讓電腦產業從打孔卡進展到網際網路，而且這樣的進展還會持續帶領著這個產業邁向下個階段。

莫爾定律（Moore's Law）

Intel是世界頂尖的電腦晶片與其他電腦相關元件的製造商，該公司的共同創辦人高登莫爾在1965年指出，由於電子晶片設計與製造技術的改良，「每隔18個月，每平方英吋積體電路上可容納的半導體數目就會增加一倍」，這項觀察就稱為莫爾定律。從過去這40年的觀察，可知莫爾的預測相當準確。

電腦晶片上的半導體密度與晶片的速度相關，所以你有時也可能聽到莫爾定律的另一種說法：「電腦晶片的速度每18個月就會增加一倍」。這並不是莫爾當初的說法，但與他的想法在本質上非常接近。

反對力量導引

「我不需要這門課」

這些年來，在我的課堂上總是有少數學生表示：

- 「我已經知道如何使用Excel和Word，也能夠使用FrontPage建立網站。雖然是很簡單的網站，但我能夠搞定啊！當我必須學更多東西時，我可以做得到。所以，讓我免掉這門課吧」
- 「我們要學習如何使用資訊系統來工作？這就好像是練習流行性感冒一樣。如果需要的時候，我就會知道該怎麼做了。」
- 「我有電腦恐懼症；我喜歡面對人群，而且我對工程之類的東西不太行。我已經把這門課延到最後一學期了。我希望它沒有像我想的一樣恐怖？真希望他們沒有逼我選它。」
- 「這門課真的沒什麼內容；我的意思是說，我從高中就在學程式設計了；我會寫C++，而PERL是我最心愛的語言。我瞭解電腦技術。這門課只是一堆夾雜一些電腦詞彙的管理囈語。不過至少，它是堂簡單的課。」
- 「我確定這門課有一些好處，但考慮它的機會成本。我真的需要多學一些個體經濟與國際企業管理。如果我花在這門課上的時間用在這些科目上會更好。」
- 「我最不需要知道的就是如何上網及如何用電子郵件。我知道如何去做這些，所以我就是不需要這門課。」
- 「什麼？你說這門課不是要學Excel跟FrontPage？我還以為這就是我們要上的呢。這些是我想要知道的東西。那些關於資訊系統的五四三是什麼啊？我要怎麼建立網站呢？那才是我要的啊。」

你看到了，這是一些特立獨行者的意見。你可能也有上述的一些想法。至少，你應該也從其他同學那邊聽到過這些意見。這些主張有其價值嗎？

討論問題

1. 根據本章的內容，這門課程的目的為何？

2. 檢視本書目錄，並且瀏覽它的章節。請注意本書分為四個單元；前2章是概論，有4章在討論資訊科技，3章討論資訊系統，以及2章討論資訊系統管理。請概述本書的組織方式，會讓你如何推測本課程的內涵。

3. 列出你認為最重要的5項資訊科技主題。因為你剛開始上這門課，你可能並未具備太多可以指引你的相關知識，但請根據你的現有知識盡可能做判斷。

4. 根據你現在所知，列出最重要的5項資訊系統主題。

5. 使用Word或WordPerfect撰寫一份備忘錄給一家大企業的高階主管，例如你主修領域的高階執行長（如果你是主修會計，那就寫給財務長）。你的備忘錄可以包含下列兩個主題其中之一：

   a. 宣稱本課程在浪費時間，而該位執行長應該使用它對大專院校的影響力，讓這門課從課表上消失。使用你對問題3與4的答案作為反對的證據，說明本課程最重要的這些主題，根本就不值得花這麼多時間。

   b. 宣稱從你學校畢業的學生因為修習了這門課，特別適合在該執行長的公司工作。使用你對問題3與4的答案作為證據，說明這些主題如何協助你成為更有效能的商務人士。

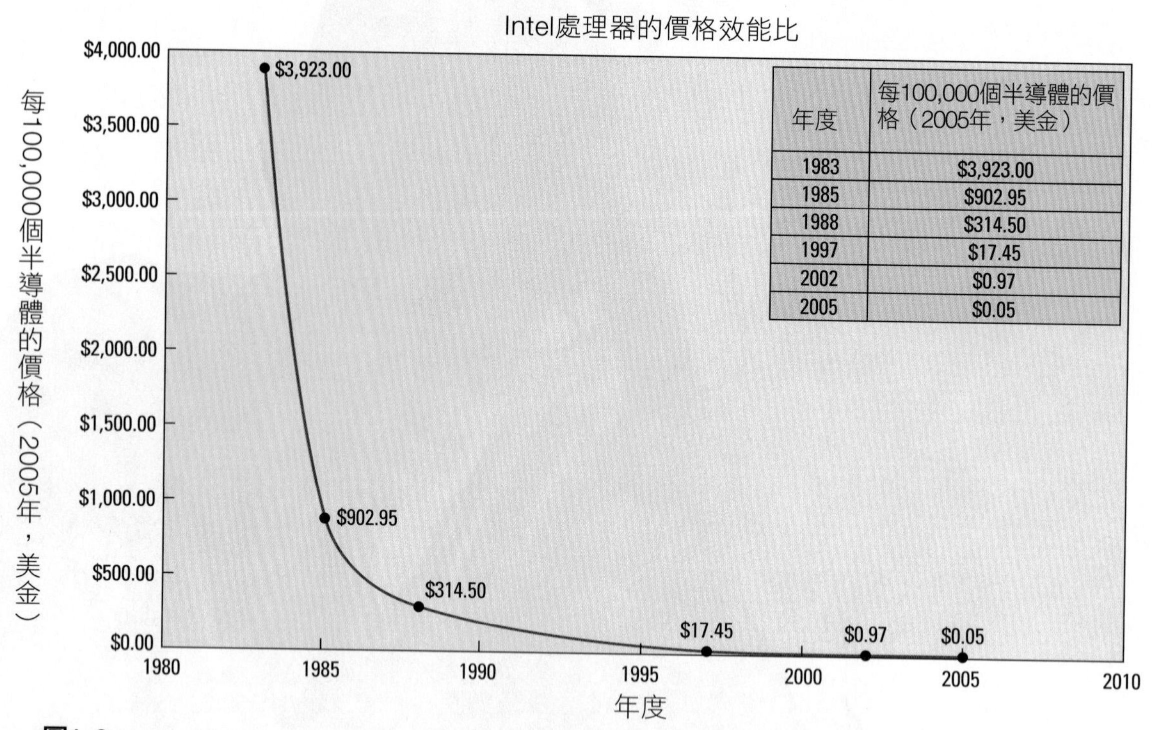

年度	每100,000個半導體的價格（2005年，美金）
1983	$3,923.00
1985	$902.95
1988	$314.50
1997	$17.45
2002	$0.97
2005	$0.05

圖1-6

電腦的價格／效能比降低

價格／效能比大幅降低

由於莫爾定律的結果，這些年來，電腦的價格／效能比已經大幅降低（如圖1-6），這是讓電腦由1968年價值數百萬美金、足以塞滿整個房間的機器，縮小到2005年大約300元美金的桌上型設備。與此同時，運算能力的增加也促成了像雷射印表機、Windows之類圖形式使用者介面、高速通訊、行動電話、PDA、電子郵件、與網際網路的發展。

在2003年3月，莫爾表示他預期莫爾定律至少還會再持續個10年。這意味著至少在你事業開始的最初幾年，電腦將繼續變得更快、也更便宜。

沒有人能精確地預測這代表著什麼。網際網路的快速崛起甚至讓微軟的共同創辦人比爾蓋茲（Bill Gates）也同感驚訝。我們只能說，因為價格／效能比的持續降低，資訊科技將會繼續地改變與改善，資訊系統將會更有能力、也更有效，而企業將會發現使用這些系統的新方法 － 結果應該是更加提升工作者的生產力。

以上這些全都意味著資訊系統在你的職涯中將會更為重要。你在這裡所取得的知識將會讓你在未來的許多年間受益良多。舉例而言，請閱讀「MIS的使用1-2」，瞭解在2005年卡崔納颶風的復原工作中，如何成功地運用資訊系統。

享受這門課

你是否享受這門課的一項衡量指標，是根據你是否有學到看來與你相關的東西，以及協助你對相關主題想得更深入。要培養獨立思考的最佳方式，就是去對抗別人的意見，這可以靠「反對力量導引」與「解決問題導引」專欄內容的協助。此外，每章都以「深思導引」

MIS的使用1-2

在從卡崔納颶風的復原過程中使用資訊系統

資訊系統在卡崔納颶風之後的救援與復原工作中扮演很重要的角色。在救援作業中，正常的街道地址對盤旋在淹水區域上方的直升機是毫無意義的。為了協助直升機找到需要的人，美國地質調查機構提供了電腦資訊與地圖，能將街道地址轉換為GPS座標（經緯度）。

許多美國企業使用資訊系統來提供災害受難者的支援。例如這次颶風使得3萬4千名Wal-Mart員工被迫疏散，嚴重破壞它的17個店面與配銷中心，並且總共損壞了Wal-Mart的89間工廠。儘管如此，Wal-Mart靠著它支援其全球供應鏈的資訊系統，而能夠快速地反映。它從全美各地的配銷中心、倉庫、與供應商尋找與運送所需的品項，而能夠提供總共1900卡車的商品與10萬份餐點給颶風的受難者。即使在颶風登陸之前，Wal-Mart就已經準備了45車要給倖存者可能會需要的貨品。

其他公司也使用資訊系統來提供協助。IBM與聯想電腦捐贈了1500台筆記型電腦給救災人員用來追蹤空氣與水品質的檢測，也減輕救災人員為被疏散者登記食物配給、醫療、與其他社會服務的負擔。這項捐贈還包含資料庫管理軟體（參見第4章），特別適合用於追蹤。

在颶風之後，企業面對從災變復原並恢復運作的重大挑戰。Northrop Grumman是間三百億美金的船舶建造商及國防部包商，在新紐奧良（New Orleans）、以及密西西比的格爾夫港（Gulfport）及帕斯卡古拉（Pascagoula）的工廠雇用了數千名的員工。在颶風復原期間，Northrop使用它的網站來通知員工關於公司的政策與指示。在颶風之後，它立刻公布了緊急聯絡電話供員工使用，並且宣布了員工薪資政策的相關資訊。在後續幾週中，Northrop使用網站通知員工他們應該在何時去哪裡報到工作。藉由使用網站，公司與員工都省去了好幾天、甚至於好幾週的行政混亂。

像Wal-Mart與Northrop Grumman之類的大企業都有在風災區域之外建立其資訊系統的備份與復原設施，因此這些公司能夠很快地在遠地恢復資訊系統的運作。

有些中小型組織就沒那麼幸運。它們要回復顧客、銷售、人力資源、和會計系統就很費時、而且困難。為了協助這些小型企業，位於Baton Rouge的Louisiana Technology Park提供免費的辦公空間、電腦、及網際網路連線給新紐奧良25人以下的小型企業使用。這些設施讓企業得以重新聯絡到它的員工、顧客及供應商，並且能夠進行重新開業的準備。

＊ 資料來源：Michael Barbaro and Justin Gillis, "Wal-Mart at Forefront fo Hurricane Relief," Washington Post, September 6, 2005, P. D01; IBM, "IBM Response Gains Ground in Aftermath of Katrina," www.ibm.com (資料取得日期：2005年9月); Joseph F. Kovar, "Technology Park Open for New Orleans Small Businesses," CRN, September 6, 2005, www.crn.com (資料取得日期：2005年9月); www.northropgrumman.com/katrina/index.html (資料取得日期：2005年9月); and U.S. Geological Survey Web site, www.usgs.gov/katrina/ (資料取得日期：2005年9月)。

專欄的評論來做為結尾 – 這是我對該章內容的一些個人想法。你可能贊同或反對這些想法，但以批判的角度閱讀與思考它們，將會有助於建立你對該章內容的想法與意見。

除了這些批判性的閱讀與思考外，享受本門課程的關鍵是要將你所學應用於你有興趣的情境與組織。以你身邊的資訊系統為例，思考你的大學選課系統，並且儘可能提出你所能想到的問題：它用了哪些硬體、軟體、資料、程序、人？誰是使用者？他們遵循哪些程序？這些人如何訓練？你認為這套選課系統是如何開發的？它是針對你的學校建立的嗎？它是校內員工自行開發或是跟廠商購買的呢？其他學校有使用相同的系統嗎？

本書每一章都以「深思導引」的評論來做為結尾，這些評論是我對該章內容的一些個人想法。你和你身旁的同學、以及你的教授可能都未必同意。「深思導引」專欄的目的是要刺激你對該章內容的思考。

深思導引

比塵埃還無趣？

是的，你沒有看錯：這個主題可能看起來比塵埃還無趣。只要讀到下面的句子：「在組織中開發與使用資訊系統」，你就會開始打呵欠，想著：「我要怎麼消化這五百多頁的東西啊？」

停一下並且想想看：你為什麼要讀這本書？就在此刻，窗外一片藍天白雲，你可以去戶外泛舟、踏青。或者，在世界的某處，人們正在滑雪、衝浪。你也可以與一群朋友住在一棟小屋子裡，在夜晚時歡度快樂時光。或者，不論你喜歡什麼，現在就可以去做，幹嘛要坐在這裡讀這本書？為什麼你不在別的地方呢？

保持清醒可能是你念大學的目標之一，我是指在生命中保持清醒。停止依照他人的規劃而生活，並且開始依照自己的規劃生活。要如此，你必須要覺察到自己所做的抉擇，以及它們的後果。

假設你今晚花一個小時閱讀本課程的作業，也就是用了大約有4320次心跳（每分鐘72下）－ 你之後不會再有的那些心跳。雖然對你目前來說，這不算什麼，但人類最珍貴的資源可不是金錢，而是時間。不論我們怎麼做，都不可能再多得到一點。你今天所讀的東西值得這4320次心跳嗎？

你因為某些原因而選擇了主修商科，也因為某些原因而選修了這門課，更因為某些原因而被指示要讀這本課本。現在，假設你主修商科是個明智的抉擇，而某人正要求你閱讀這本書，則問題就變成：「你要如何從每小時投資的4320次心跳中獲得最大的收益呢？」

秘訣在於將內容個人化。練習在每一頁詢問自己：「這與我有何相關？」「我要如何使用這些內容來推進我的目標？」如果你發現有不相關的主題，詢問你的教授或同學，他們的想法如何。這個主題是做什麼的？我們為什麼要讀它？這為什麼值得1000次的心跳？

MIS的內容涵蓋很廣，對我而言，這是它美妙之處。想想這些元件：硬體、軟體、資料、程序、與人。你想成為工程師嗎？那就多摸摸硬體元件。想成為程式設計師？那就寫程式囉！想要做個執業的哲學家、一位應用導向的認識論者？學習資料塑模吧。喜歡社會體系與社會學？學習如何設計有效的群體與組織程序。喜歡人？做個資訊系統訓練師或電腦系統業務員吧。喜歡管理？那就學習如何將這些獨立的元素結合在一起。

我已經在這個產業工作了將近四十年。MIS的廣度和技術的快速變化，讓我每一年都覺得非常著迷。此外，智慧財產工作最好的地方是你不用揮汗工作，只需要坐在有空調的辦公室就好了，他們甚至還會把你的名字掛在門上。

所以清醒吧！為什麼要讀這些？要如何讓它跟你發生關係？跳到Google並且搜尋MIS工作或是本章的其他詞彙。逼自己找出每一章中對你個人很重要的部分。

你在讀這篇文章時已經投資了780次心跳。值得嗎？記得繼續發問喔！

討論問題

1. 請解釋什麼叫「在生命中保持清醒」。
2. 你在你的生命中保持清醒嗎？你怎麼知道？你可以在每週做一些什麼來確保自己在生命中是清醒的？
3. 你的職業目標為何？它們是你或別人的目標呢？你怎麼知道？
4. 這門課與你的職業目標有何關係？
5. 你要如何讓本課程的內容變得有趣？

學校從這套系統獲得什麼呢？當然，這套系統會安排課程，但它還產生哪些資訊呢？學校可以瞭解到教育上的哪些趨勢呢？關於學生目標的趨勢？它從這套系統擷取哪些資訊來協助規劃與編列預算呢？

你每天都會接觸數十套的資訊系統。開始問問自己，這些系統的本質為何，以及它們如何影響你。除了那些顯而易見的功能之外，它們還做了什麼？超市中讀取商品條碼的資訊系統，也會連到處理你信用卡的資訊系統嗎？如果是的話，信用卡公司是否可以拒絕同意讓你買某些商品呢？如果他們這樣做的話，合法嗎？誰該擁有你在超商購物的資料呢？是什麼能夠阻止信用卡公司把你買了許多冰淇淋的資料賣給酪農協會呢？你的保險公司可以因為你買了很多高熱量食物，而提高你的健康保險費用嗎？

以你主修領域中的資訊系統為例，假設你是主修企管，也可以詢問一些比較沒有爭議性的問題。例如，如何使用顧客的採購資料來規劃銷售量？或是主管如何運用有效的促銷？或是超市如何使用資訊系統來控制失竊率？

隨著本課程的進展，請保持對身邊資訊系統的好奇。詢問商店或餐廳員工對他們所使用之系統的想法。他們的資訊系統用了幾年了？在此之前是怎麼做的？他們喜歡它嗎？你越常將所學應用到生活中，它就會越有趣，你也會越喜歡這門課。

本章摘要

- MIS是管理資訊系統（Management Information System）的縮寫，定義為協助企業達成其目標之資訊系統的開發與使用。這個定義的三個主要元素為：開發與使用、資訊系統、及企業目標。
- 資訊系統是一組相互作用以產生資訊的元件。資訊系統的五大元件包括硬體、軟體、資料、程序、與人。這些元件是所有資訊系統（不論大小）所共同擁有的。因為資訊系統包含人與程序，所以他們不僅僅涉及電腦而已。同樣地，資訊系統的開發與使用也需要除了電腦技師與程式設計師之外的許多技能。
- 不是主修資訊系統的人也必須瞭解資訊系統的開發，因為他們身為未來的使用者，必須提供新系統的需求，並且協助新資訊系統專案的管理。商務人士也必須知道如何使用資訊系統，以及如何協助管理資訊系統，以獲得更好的安全性與可靠度。
- 企業是沒有生命的；它們不會做任何事情。人才是企業活力的來源。資訊系統的目的是要協助人們完成企業或組織的目標。身為未來的商務人士，你必須從企業需求的角度來檢視資訊系統。學習去問：「它可能是很棒的技術，但是對我們的目標有什麼幫助呢？」
- 身為商務人士，你需要足夠的MIS知識，以便成為資訊科技產品與服務方面精明有效的消費者。你必須能提出相關的問題，並且正確地瞭解別人的回應，才能做出明智的資訊系統決策，以及有效地管理你的資訊系統責任。你必須知道的不僅僅是基本術語，還必須知道為什麼需要資訊系統，基本的技術與系統知識，以及資訊系統要如何管理與開發。最後，也是最重要的就是，你必須學習如何學習資訊系統技術。
- 五元件架構可以指引你學習。當我們將某個流程自動化時，我們是將工作從這五個元件靠人的一邊，移到電腦的一邊，如圖1-3。低科技資訊系統並不像高科技系統，會將比較多的工作從一邊移到另一邊。同樣地，當你學習新的IS時，也可以檢視這五項元件；記得當你身為主管時，資訊系統對程序和人這兩個元件的衝擊與你的關係將最密切。最後，別忘了圖1-3是依照這些元件變動的困難度，以及它們對組織的破壞程度來排列它們的順序。

- 資訊一詞很容易使用，但是卻很難定義。本章提供四個定義：資訊是（a）由資料推導的知識；（b）在有意義的背景脈絡中呈現的資料；（c）透過加總、排序、平均、分組、比較、或其他類似運算所處理的資料；和（d）造成差異的一種差異。
- 資訊是主觀的；一個人的資料是另一個人的資訊。良好的資訊如圖1-5所示，是精確、及時、與脈絡與主題相關、剛好足夠、而且物有所值。
- 資訊科技與資訊系統是不同的。資訊科技（information technology, IT）是指用來產生資訊的產品、發明、方法、和標準。資訊系統（information system, IS）是指產生資訊的硬體、軟體、資料、程序、與人的組合。
- 莫爾定律指出在每平方英吋積體電路上的半導體數目，每隔18個月就會增加一倍。有時這個敘述也用來表示電腦處理器的速度每18個月就會增加一倍，但莫爾並不是用這樣的說法，然而這種說法相當接近而且也抓住了這個想法的要點。因為這種現象，使得電腦的價格／效能比大幅降低。莫爾預期這個定律至少還可以延用十年，所以至少在你就業的前幾年，還可以看到資訊科技使用上的巨大改變。
- 要享受這門課程，你必須讓它的內容個人化。你必須將所學應用在你有興趣的情境與組織。你越是將這些內容應用在你的生活中，就越能夠享受它。

關鍵詞

Accurate information：精確的資訊
Computer hardware：電腦硬體
Computer-based information system： 以電腦為基礎的資訊系統
Data：資料
Five-component framework：五元件架構
Information：資訊
Information system（IS）：資訊系統
Information technology：資訊科技
Jut-barely-sufficient information：剛好足夠的資訊
Management information systems（MIS）：管理資訊系統
Moore's Law：莫爾定律
People：人
Procedures：程序
Relevant information：相關的資訊
Software：軟體
Strong password：堅強的密碼
System：系統
Timely information：及時的資訊
Worth-its-cost information：物有所值的資訊

學習評量

複習題

1. 為什麼商務人士必須參與資訊系統的開發？
2. 說明商務人士在使用資訊系統時必須扮演的一些角色。
3. 說明「企業不會做任何事情」這句話的意思。
4. 對你選課系統的五個元件分別舉個例子。
5. 以電腦為基礎的資訊系統是什麼？在本書中，資訊系統跟以電腦為基礎的資訊系統有何差異？
6. 列出建立資訊系統的三個不合理的理由。
7. 列出你在21世紀要成為有效能的商務人士所必須具備之MIS知識的三個特徵。
8. 摘要說明本課程的「為什麼」元件。

9. 摘要說明本課程的「是什麼」元件。

10. 摘要說明本課程的「如何做」元件。

11. 因為資訊系統的技術變動得如此快速，你在MIS方面還需要學些什麼呢？

12. 說明五元件架構的對稱關係。

13. 你如何使用五元件架構來指引你對新資訊系統的學習？

14. 用你自己的方式說明為什麼改變資訊系統的程序與人這兩個元件非常困難。

15. 舉出資訊的四個不同定義。

16. 在資訊的四個定義中，你最喜歡哪一個？請說明你的理由。

17. 說明為什麼資訊是主觀的。

18. 說明資訊科技與資訊系統間的差異。

19. 說明莫爾定律。

應用你的知識

20. 使用你自己的知識與意見，以及「反對力量導引」專欄中列出的意見，描述關於本課程目的之三個錯誤觀念。用你自己的話說明你認為這門課程的目的為何？

21. 描述關於這門課程的三到五個個人目標。這些目標不應該包括你的成績要求。盡量具體並且連結到你的主修、興趣、與事業抱負。假設你要在本學期末針對這些目標進行自我評鑑，則這些目標越具體，就越容易進行評鑑。使用圖1-2做為指南。

22. 從五元件角度來思考系統的成本：購買與維護硬體的成本；開發或取得軟體的成本和維護成本；設計資料庫與輸入資料的成本；開發程序與維持現行程序的成本；以及開發與使用系統的所有人力成本。

    a. 在系統的生命期中，許多專家相信其中最昂貴的元件就是人。你覺得這種信念合乎邏輯嗎？說明你同意或反對的原因。

    b. 假設有套設計不良的系統無法符合它的預定需求。這些企業需求並不會自行消失，但是無法與這套不良系統的特徵相容。當軟硬體無法正確運作時，哪個元件會負責舒緩這個問題？這與設計不良系統的成本有什麼關聯？請考慮直接的金錢成本與無形的人事成本。

    c. 身為未來的企業主管，你從問題a與b中可以學到什麼？它與你參與系統開發的必要性有何關聯？設計不良系統的成本最後是由誰負擔呢？這些成本會影響哪些預算的增加呢？

23. 考慮本章的四個資訊定義。第一個定義「由資料推導的知識」的問題，在於它只是拿我們不知道意義的一個字（知識）去取代我們不知道意義的另一個字（資訊）。第二個定義「在有意義脈絡下呈現的資料」的問題，在於它太過主觀。誰的脈絡？什麼會讓脈絡變得有意義？第三個個定義「透過加總、排序、平均等處理過的資料」的問題，在於它太機械。它告訴我們要做什麼，但沒有告訴我們什麼是資訊。第四個定義「造成差異的差異」則太模糊、而且很難提供什麼幫助。

    同樣地，這些定義也無法協助我們計算所收到的資訊量。「每個人都有肚臍」這句話的資訊量為何？零！而且是你早就知道了。但「某人剛在你的戶頭存入五萬元」這句話則是塞滿了資訊。所以，好的資訊具有令人驚訝的要素。

    考慮上述論點並回答下面問題：

    a. 資訊由什麼組成？

    b. 如果你擁有較多的資訊，你會比較重嗎？為什麼呢？

    c. 如果你將自己的成績單副本交給你去應徵的公司，它算是資訊嗎？如果你把同一份成績單給自己的小狗看，它還算是資訊嗎？資訊在哪裡呢？

    d. 提出你自己對資訊所做的最佳定義。

    e. 為什麼我們有一個產業稱做資訊科技業，但卻這麼難定義資訊這個字？請說明你的想法。

24. 課本指出資訊應該要物有所值，而成本與價值都可以區分為有形及無形因素。有形因素可以直接衡量，無形因素則是間接產生，並且難以衡量。舉例而言，電腦螢幕的成本是個有形成本，而員工因訓練不良導致的生產力損失則是無形成本。

請為資訊系統各舉出五種重要的有形成本與無形成本。為資訊系統的價值各舉出五種重要的有形與無形衡量指標。如果例子有助於你思考的話，請使用你的選課系統或是學校其他資訊系統做為例子。在判斷資訊系統是否值得它所花的成本時，你覺得有形與無形因素應該要如何考量呢？

應用練習

25. 假設你正在找工作，並且希望紀錄你所接觸過的公司與聯絡人資訊。

- **a.** 建立包含下列標頭的試算表：公司名稱、網站、地址、聯絡日期、聯絡人、電子郵件、電話、接觸感想。
- **b.** 在試算表中輸入樣本資料；資料中應該包含多個公司，且每個公司中有多個聯絡人。
- **c.** 描述使用試算表取得工作這個資訊系統的五個元件。
- **d.** 假設你與一群同學（室友、班上或社團同學）分享這個試算表，請從資訊系統的五個元件角度來描述他們如何使用這個資訊系統。
- **e.** 你對題目c跟d的答案有無不同？你可以從這個例子得到什麼一般性的結論嗎？

26. 假設你正在找工作，並且希望紀錄你所接觸過的公司與聯絡人資訊。

- **a.** 建立包含兩個表格的Access資料庫：COMPANY表格的欄位為CompanyName、WebSite、City、State，而CONTACT表格的欄位為ContactDate、PersonContacted、EmailAddress、Phone、ContactRemarks與CompanyName。假設CONTACT的CompanyName與COMPANY的CompanyName相關。
- **b.** 在表格中輸入樣本資料；資料中應該包含多個公司，且每個公司中有多個聯絡人。
- **c.** 為這兩個表格建立資料輸入表單；表單的類型取決於你對Access的瞭解。如果你是個新手，請直接開啟表格並且新增資料。
- **d.** 建立簡單的報表列出每家公司，以及你在這些公司所接觸過的人。利用Access的報表精靈（提示：首先定義COMPANY與CONTACT的關係：在Access中點選「工具／資料庫關聯圖」。在設計區域中，將COMPANY的CompanyName拖曳到CONTACT的CompanyName上放開，按下「建立」。關閉設計區域並儲存變更。現在回到報表精靈去建立報表）。
- **e.** 描述使用資料庫取得工作這個資訊系統的五個元件。
- **f.** 假設你與一群同學（室友、班上或社團同學）分享這個資料庫，請從資訊系統的五個元件角度來描述他們如何使用這個資訊系統。

職涯作業

27. 使用Google或你最常用的搜尋工具，尋找與資訊系統相關的工作機會。下面是一些你可以使用的搜尋詞：

- 資訊系統職務
- 電腦業務員
- 電腦支援工作
- 電腦教育訓練工作
- 系統分析師
- 企業電腦程式設計師
- 軟體測試工作
- 電腦軟體產品經理
- 電腦相關行銷工作

還有其他你可以想到的工作，也請一併搜尋。如果你認為純粹的IT工作對你來說太過技術導向，可以專心搜尋與資訊系統人這一邊相關的工作，例如業務、支援、教育訓練、顧問、與系統分析。

28. 從搜尋的結果找出五種與資訊系統相關的不同工作。嘗試盡可能找出最廣泛的工作類型；有些可能很技術性，例如電腦工程師；有些則比較不技術導向，例如電腦業務員或支援工作。指出在企業環境中，與運用電腦及IT相關的工作類型。

29. 從第28題的回答中選擇兩種你比較有興趣的工作類型，根據它們的工作說明，描述這兩項工作的一般性教育需求與經驗要求。

30. 對上題的兩項工作類型，在網路上搜尋實習機會。例如假設你對軟體測試有興趣，請搜尋「軟體測試實習工作」。找出兩三種不同的可能性。

31. 概述你可以為這兩種工作做哪些準備；不只要考慮你應該要修的課，還包括工讀、實習、志工、及其他活動。

個案研究 1-1

外交部的電腦化

西非的外交部在1994年開始推動一項野心勃勃的計畫，要將其內部服務與通訊電腦化。專案開始得很緩慢，只有有限的資金，並且必須依賴捐贈的軟硬體。在1999年，專案的目標修改為包含網站應用的開發。此時，專案也取得了內部的預算分配。在1999到2002年間，總共分配到65萬美元的預算。

系統的目的是要藉由資訊科技讓組織具有活力、且現代化。舉例而言，聯合國現在提供電子式的資料與文件，而外交部希望能參與使用這項新技術。

另一項專案目標是要促進外交部與其駐外使館間的通訊；新系統將使用外部網站與電子郵件來散佈資訊，並協助不同地理區域的人員進行討論與決策。一項具體的目標是要降低一半的差旅費用。

可惜，在2002年底，這個專案只達成了極少的效益。資訊仍舊以紙本形式儲存，部內的區域網路無法運作，且外交郵件袋依舊是紙本資訊的主要交換方式。外交人員持續旅行，而且差旅費並沒有因為新系統而降低。簡而言之，這個專案失敗。

Kenhago Olivier在這個個案的研究中指出系統失敗的三項因素為：

1. 承包廠商的選擇是基於外交部官員與廠商人員的私誼、而非廠商的能力。
2. 主要的應用威脅到外交官的額外津貼。旅行是總部人員的重要收入來源；他們藉由出差補助與買賣貨物機會來補貼其微薄的薪水。

3. 電腦基礎建設有限；總部的每個部門最多只有兩台個人電腦；而在一棟300人的建築物中，一共只有35台電腦。

* 資料來源：K. T. Olivier, "Problems in Computerising the Ministry of Foreign Affairs," Success/Failure Case Study No. 23, eGovernment for Development, www.egov4dev.org/mofa.htm (資料取得日期：2004年10月)。

問題：

1. 這套系統的目的是要讓「藉由資訊科技讓外交部具有活力、且現代化」。用這種方式來陳述系統目的有什麼危險性？這個敘述可以如何改進？
2. 為什麼無法達成降低差旅費的目的？在可以達成這個目標之前，應該先採取哪些步驟？新系統的動力與使用者的抗拒，何者較強？
3. 當新資訊系統的功能與重要使用者族群的需要和渴望相衝突時，應該怎麼做呢？應該要中止系統的開發嗎？否則，要改變功能嗎？可以做些什麼來降低使用者的抗拒？哪個位置的人應該要負責解決衝突呢？是開發團隊？業務使用者？或是其他的人呢？
4. 從個案的描述可以看出，這個專案的資金嚴重不足。嘗試使用捐贈的設備來將部門現代化，聽起來就是相當冒險，而當300人只共用35台電腦時，要使用電子郵件來改變通訊方式簡直是不可能的。對今日的政府部門而言，想要使用電腦系統來降低差旅費及促進電子郵件通訊是很適當的目標，但是有限的資金是個現實。如果你是像這樣的一個專案的負責人，你會怎麼做呢？
5. 在大多數情況下，資訊系統的成本並不是在專案一開始就能夠清楚，只有在瞭解需求，並且找出可能解決方案之後，才有辦法大概估算出來。因此，如果你要負責管理一個新的開發專案時，你要如何執行呢？如果你發現可用的資金極度不足，你會怎麼辦？如果只是少了一、兩成，你又會怎麼做？如果資金看起來適中，但是你發現當初的成本估算過於樂觀的低估，你會怎麼辦？在上述的每種情況下，對你組織的最佳策略為何？那對你個人的職業生涯呢？

個案研究 1-2

再探IRS的需求蔓延

重新閱讀「IRS的需求蔓延」個案。IRS檢討委員會為了回應所提出的問題，他們建議了下面的兩項行動（註3）：

* 註3：這份報告提出了不只兩項問題，以及不只兩項的建議。請參考www.irsoverisghtboard.treas.gov的「Independent Analysis of IRS Business Systems Modernization Special Report」。

- IRS業務單位應該直接負責現代化計畫及其相關專案的領導與所有權。更具體來說，這必須包括定義每個專案的範圍，準備實際且可達成的商業論據，並且在每個專案的整個生命週期中控制範圍的變動...。
- 在事業單位、BSM、資訊科技服務部、以及主要簽約廠商間建立信任、信心、與團隊合作的環境...。

問題：

1. 為什麼檢討委員會將現代化計畫的領導與所有權交給事業單位？為什麼不是將這些責任放在資訊科技服務部的身上？

2. 為什麼檢討委員會將控制範圍變動的責任放在事業單位身上？為什麼不是交給BSM、資訊科技服務部、或Computer Sciences Corporation負責？

3. 第二項建議是個困難的工作，特別是考慮到IRS的規模，以及專案的複雜度。要如何建立「信任、信心、與團隊合作的環境」呢？

   為了讓這項建議更容易瞭解，請把它轉換到你的學校。假設你的商學院開始推動一項計畫，涵蓋電腦設備（包括電腦教室）和教學用電腦網路設備（包括網際網路遠距教學） 的現代化。假設商學院院長設置了像BSM的委員會，並且雇用廠商來建置新的電腦運算設施。再假設並沒有教職員、學生、或計算機中心人員認真投入委員會的執行。最後，假設這項專案時程已經落後整整一年，並且花了20萬美金，但距離完工還遙不可及，且廠商一直抱怨需求不斷在變動。

   再假設你被賦予一項任務，要在教職員、其它使用者、計算機中心、與廠商間建立「信任、信心、與團隊合作的環境」，你會如何著手？

4. 第3題的問題至少涉及了數百人與一些不同地點，而IRS的問題則涉及十萬人與超過一千個地點。你會如何將你第3題的答案轉換到像IRS這麼大的專案呢？

5. 如果現有的系統仍在運作（顯然如此），為什麼還需要BSM呢？為什麼不去修正這套可以運作的系統就好了。

資訊系統的目的

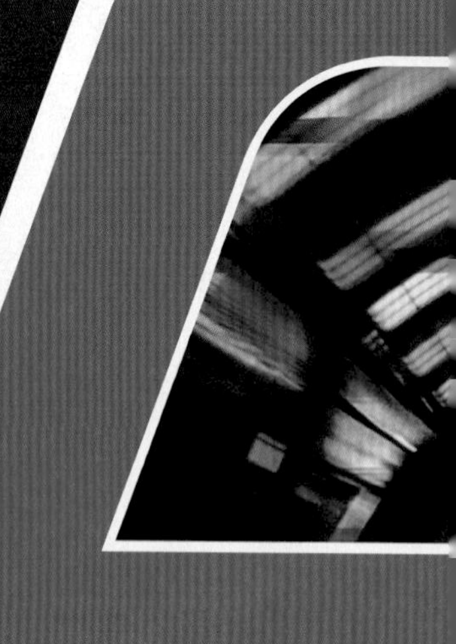

學習目標

- 知道競爭優勢的八項原則。
- 瞭解資訊系統如何建立競爭優勢。
- 定義問題。
- 體認到要解決不同的問題定義，需要不同的資訊系統。
- 知道決策制定的特徵。
- 瞭解資訊系統如何協助決策的制定。

專欄

安全性導引
安全性也是種競爭優勢

倫理導引
只有那些能夠存取的人才能存取

反對力量導引
G. Robinson 的老圖片與老地圖

解決問題導引
自我中心與同理心

深思導引
你個人的競爭優勢

本章預告

第 1 章提到，MIS 是資訊系統的開發與使用，而這些資訊系統是為了協助組織達成其目標。在第 2 章中，我們將著重在這個定義中的「達成組織目標」這個部分。更具體來說，本章將解釋資訊系統的三個目的：

- 取得競爭優勢
- 解決問題
- 協助決策支援

這些目的有時候會彼此重疊。某套資訊系統可能有助於取得競爭優勢，同時又能協助解決問題與決策制定。儘管如此，我們將獨立討論這三個目的。

本章將介紹幾種資訊系統範例。這些範例並無法代表所有可能的資訊系統，而僅僅是用來展示資訊系統如何協助組織達成目標的一些樣本。在第 7、8、9 章將對資訊系統的種類有更完整的描述。

從本章開始的每一章都將用一個企業情境來開場；而且是你在就業初期就可能會遇到的情境。在你閱讀每一章時，請同時思考如何將所學應用在這個開場的問題上。在每章的最後，我們會討論如何利用本章內容來解決問題。而在每章最後的「學習評量」中，有時候也會有一些應用該章觀念的機會。

不值得？

將時間往前調整幾年。你剛在XX產業取得一份期待已久的工作，而且很喜歡這份工作。你做得很好，你的老闆看來對你也深具信心，將你指派到一個臨時性專案團隊中。這個團隊是負責研究網站式顧客支援應用的開發。你花了好幾週撥出部分時間在這個團隊工作，並且協助建立一份提供給你所屬部門主管的簡報。雖然你是團隊中最資淺的成員，所以在口頭簡報時並沒有報告的機會，但由於你在團隊中的主動參與，團隊的主管要求你幫忙準備了許多張的投影片。

在簡報後好幾天的某個晚上，你在前往停車場的路上剛好遇到部門主管。他向你揮手，並且說了些什麼，所以你走過去打個招呼。說了幾句客套話之後，他說：「我認為這並不值得。」

你問道：「你是說那個新專案？」心裡對於這場對話的突然轉向感到很驚訝。

「是啊！我覺得它不值得。它並不會產生任何營收，所以為什麼要繼續呢？」

「但是」，你結結巴巴地說：「它是個好主意呀！我們可以用它來...。」

此時，你突然警覺到自己正和自己老闆的老闆的老闆在講話。你開始很緊張，並且開始口吃：「嗯！嗯！我們可以！我是說...嗯...我知道...。」

「請繼續」，他說：「告訴我為什麼我們應該建立它？既然它並不會產生任何營收，那它可以做什麼呢？」

像這樣的場景每天都會發生。這種意外的相遇提供你在公司建立自己人脈與名聲的機會。當像這樣的機會落到你的手上時，你必須要抓住它。在這種情況下，你需要一個關於資訊系統目的的架構來組織你的答案。本章就會提供你這樣的架構。

1. 創造新產品或服務
2. 改良產品或服務
3. 產品或服務的差異化
4. 套牢（lock-in）顧客與買家
5. 套牢供應商
6. 提高市場的進入障礙
7. 結盟
8. 降低成本

圖2-1

競爭優勢的原則

資訊系統與競爭優勢

企業一直嘗試在市場上建立競爭優勢，以便贏過其他爭取相同顧客的企業。圖2-1列出企業可以用來建立競爭優勢（competitive advantage）的八項原則（註1）。前三項原則與產品相關。組織可以藉由創造新產品或服務，改良現有產品或服務，以及創造它們產品與服務跟其他競爭者之間的差異，以取得競爭優勢。當你想到這三項原則，別忘了資訊系統也可以是產品的一部分，或是為產品提供支援。

例如對像Hertz或Avis之類的租車公司而言，能夠提供關於汽車位置與如何抵達目的相關資訊的資訊系統，本身就是產品的一部分（參見圖2-2a）。反之，安排汽車維修的資訊系統就不算產品的一部分，而是提供產品的支援（圖2-2b）。不過不論何者，資訊系統都能達成圖2-1的前三項目的。「安全性導引」專欄中則討論了如何使用安全性作為競爭優勢。

＊ 註1：此處的討論是根據Michael Porter的作品。第7、8章將會更詳細討論他的觀念。

a. 資訊系統是汽車租賃產品的一部分

Daily Service Schedule -- November 17, 2005

StationID 22
StationName Lubrication

ServiceDate	ServiceTime	VehicleID	Make	Model	Mileage	ServiceDescription
11/17/2005	12:00 AM	155890	Ford	Explorer	2244	Std. Lube
11/17/2005	11:00 AM	12448	Toyota	Tacoma	7558	Std. Lube

StationID 26
StationName Alignment

ServiceDate	ServiceTime	VehicleID	Make	Model	Mileage	ServiceDescription
11/17/2005	9:00 AM	12448	Toyota	Tacoma	7558	Front end alignment inspect

StationID 28
StationName Transmission

ServiceDate	ServiceTime	VehicleID	Make	Model	Mileage	ServiceDescription
11/17/2005	11:00 AM	155890	Ford	Explorer	2244	Transmission oil change

b. 支援汽車租賃的資訊系統

圖2-2
資訊系統與產品相關的兩種角色

圖2-1中接下來的三項競爭優式原則與建立障礙相關。顯然，企業希望建立障礙以阻止競爭者進入；比較沒那麼明顯的是，這些企業同時也希望建立障礙來套牢（lock in）它們的顧客與供應商。組織可以藉由增加顧客轉換到其他產品的不便或成本來套牢顧客，這項策略也稱為建立很高的轉換成本（switching costs）。組織可以藉由讓供應商難以轉換到其他組織以套牢供應商；比較正面的說法就是讓他們跟這個組織的連結與合作比較容易。最後，如果建立進入障礙，讓新的競爭者難以進入市場，同樣也可以取得競爭優勢。

取得競爭優勢的另一種方式是與其他組織結盟，這類聯盟可以設立標準、推廣產品及需求、開拓市場規模、降低採購成本、以及提供其他效益。最後，組織也可以透過降低成本來取得競爭優勢。成本的降低讓組織能夠降低售價或增加利潤。利潤的增加不只是提高股東價值，也會帶來更多的現金，能夠用來進一步投資基礎建設的開發，而取得更多的競爭優勢。

所有這些競爭優勢的原則都很有道理，但你可能會問：「資訊系統如何有助於建立競爭優勢呢？」為了回答這個問題，請看看下面的資訊系統範例。

建立競爭優勢的資訊系統

ABC公司（註2）是個世界級的貨運公司，營業額超過十億美金。ABC從一開始就大量地投資於資訊科技，並且在應用資訊系統創造競爭優勢方面領導整個產業。下面將介紹一個資訊系統範例，用來說明ABC如何成功地使用資訊科技來取得競爭優勢。

＊ 註2：此處所描述的是一家大型運輸公司所使用的資訊系統，但是可惜該公司拒絕Prentice Hall印出它們的名稱或企業識別符號。這個決定非常難以理解，因為這個個案非常推崇這家公司。雖然它們要求匿名，但我們還是可以從這個例子中學到一些重要的原則。

安全性也是一種競爭優勢

圖1與2中所示的兩則新聞描述了兩項不同的安全性問題。這些新聞包含了我們將在第3到5章才會談到的一些名詞，所以，請閱讀這兩篇新聞並大致瞭解其主旨即可。

Slammer蠕蟲是個電腦程式，它會感染執行微軟SQL Server的電腦。這隻蟲的效率非常高，甚至連微軟總部的電腦也被它感染了。這隻蟲並沒有做什麼有害的事，它只是消耗掉非常多的電腦資源，造成網際網路上嚴重的大塞車。微軟之前就曾經在網站上公布一項修補程式，可以修補這隻蟲所利用的漏洞，但是許多（或者說大部分）SQL Server的用戶並沒有安裝這項程式。

第二個問題發生在Oracle公司PeopleSoft部門的軟體上。這個問題讓駭客能夠利用PeopleSoft軟體在其顧客的電腦上安裝未經授權的程式。這支未經授權的軟體就可以對顧客的程式與資料進行未經授權的存取。

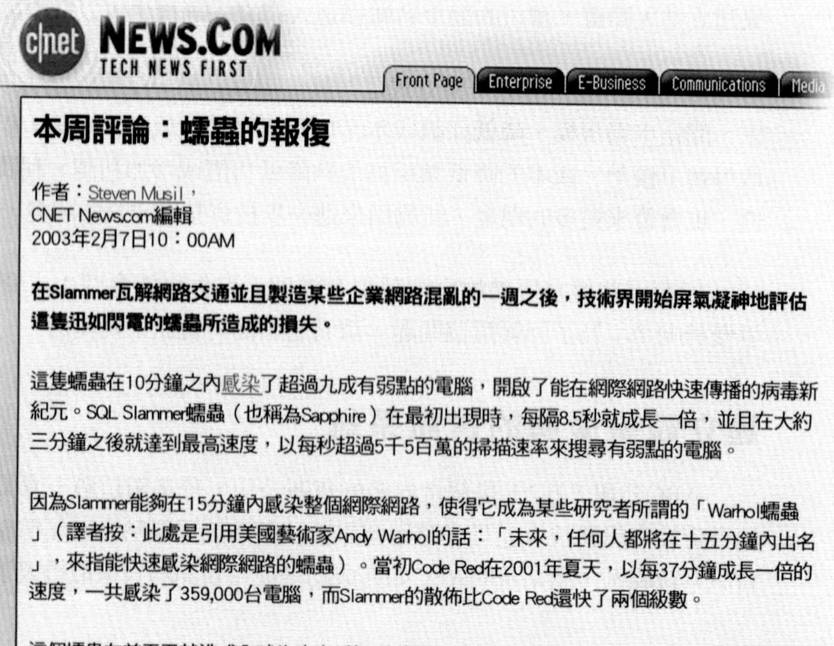

Front Page | Enterprise | E-Business | Communications | Media

本周評論：蠕蟲的報復

作者：Steven Musil，
CNET News.com編輯
2003年2月7日10：00AM

在Slammer瓦解網路交通並且製造某些企業網路混亂的一週之後，技術界開始屏氣凝神地評估這隻迅如閃電的蠕蟲所造成的損失。

這隻蠕蟲在10分鐘之內感染了超過九成有弱點的電腦，開啟了能在網際網路快速傳播的病毒新紀元。SQL Slammer蠕蟲（也稱為Sapphire）在最初出現時，每隔8.5秒就成長一倍，並且在大約三分鐘之後就達到最高速度，以每秒超過5千5百萬的掃描速率來搜尋有弱點的電腦。

因為Slammer能夠在15分鐘內感染整個網際網路，使得它成為某些研究者所謂的「Warhol蠕蟲」（譯者按：此處是引用美國藝術家Andy Warhol的話：「未來，任何人都將在十五分鐘內出名」，來指能快速感染網際網路的蠕蟲）。當初Code Red在2001年夏天，以每37分鐘成長一倍的速度，一共感染了359,000台電腦，而Slammer的散佈比Code Red還快了兩個級數。

這個蠕蟲在前五天就造成全球生產力9億5千萬到12億美元之間的損失，成為惡意程式碼昂貴排行榜的第九名；它的前面還有像Code Red蠕蟲平均26億美金的生產力損失，LoveLetter病毒的88億美金，和Klez病毒的90億美金損失。

圖1

cnet NEWS.COM
TECH NEWS FIRST

Front Page | Enterprise | E-Business | Communications

PeopleSoft的安全性拉警報

作者：Alorie Gilbert，
CNET News.com編輯
2003年3月10日4：30PM

一家電腦安全服務公司本週一警告：PeopleSoft公司之企業管理軟體的嚴重安全性漏洞，讓駭客可能取得敏感的企業資料。

位於亞特蘭大的電腦安全公司Internet Security Systems（ISS）日前警告：PeopleSoft的這項漏洞稱為遠端命令執行弱點，會讓外部的人能夠在PeopleSoft顧客的網站伺服器上安裝惡意的電腦程式碼，而可能「完全破解」PeopleSoft的企業系統。

ISS顧問指出：「破解PeopleSoft網站伺服器所安裝的惡意程式可能會揭露重要的機密資訊，並且破解PeopleSoft的應用與資料庫的主伺服器。」

圖2

你可以想像在後續幾週中，微軟與Oracle的競爭者會利用這些新聞報導來取得銷售優勢。不過，沒有任何已知的軟體是完全安全的；在任何公司的軟體中總是有找到漏洞的機會。因此，利用另一家廠商的安全性問題來取得銷售優勢這種策略，在稍後自己發生安全性問題時，也可能會反過來傷到自己。

假設你在一家類似PeopleSoft/Oracle的軟體公司工作，而你的主管決定要推動一項行動，協助顧客在使用你的軟體時改善它們的電腦安全。這項行動的一部份包括要檢查你的產品，並且嘗試找出並清除其中的任何安全性漏洞。另一部分則是要教育你的顧客如何透過員工教育及其它非軟體的方式，以安全的方法來使用你的軟體。此外，你的公司還計劃與專精於這個領域的第三方公司合作，即使是與競爭者合作也在所不惜。

討論問題

1. 檢視圖2-1的前三項目，描述如何使用產品安全性來取得競爭優勢。
2. 描述這項安全性行動會如何套牢顧客與買家？它也有套牢供應商的機會嗎？
3. 這項新的安全性行動會如何提高市場的進入障礙？
4. 描述這項安全性行動可能會培養出哪些潛在的盟友。有些盟友可能是在你的顧客群中，有些可能是競爭者，有些則可能是其它的獨立廠商。
5. 這項新的安全性行動會降低你的成本嗎？它如何降低你顧客的成本？你如何說明這些成本上的節省？
6. 你認為嘗試使用這項新的安全性行動來取得競爭優勢是個好主意嗎？它有效的可能性有多高？這個計劃中存在哪些危險？你對這個計劃有什麼建議？

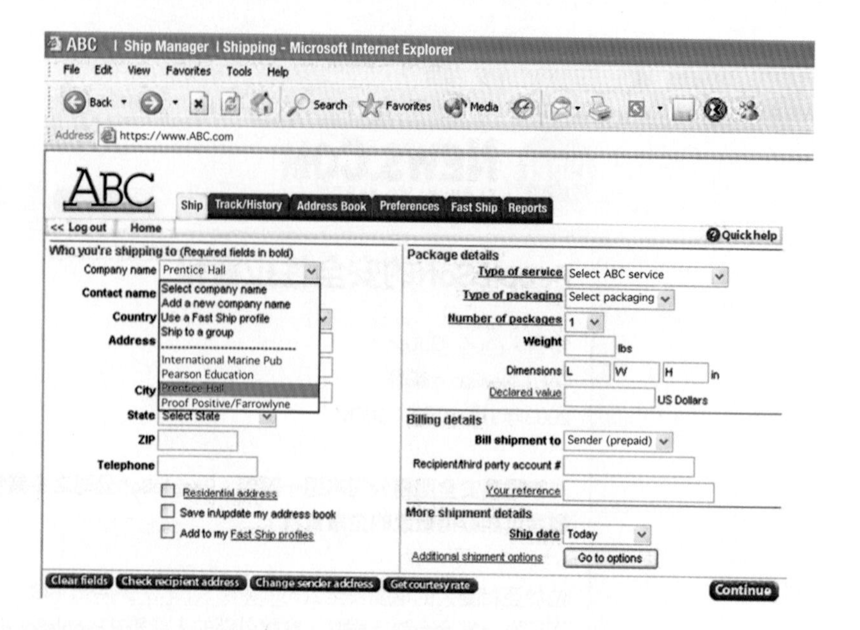

圖2-3
ABC公司的網頁，用來從顧客的紀錄中選擇收件人

ABC所維護的顧客帳戶資料不僅包括顧客的姓名、地址、與帳款資訊，還有顧客出貨的身分與地點。圖2-3是ABC顧客用來安排出貨時程的網頁表單。當ABC公司系統建立表單時，它會在公司名稱的下拉式表單中填入這名顧客過去曾經出貨的公司名稱。在本圖中，使用者正在點選Prentice Hall。

當使用者點選公司名稱後，公司的ABC資訊系統會從資料庫讀取顧客的聯絡資料，包含過去貨運資料中收件人的姓名、地址、和電話號碼。使用者接著選擇聯絡者姓名，並且使用資料庫中的資料將聯絡人的地址和其它資料放入表單，如圖2-4。因此，系統可以協助顧客省下重新輸入過去曾出貨之對象的相關資料。用這種方式來提供資料也有助於減少資料輸入的錯誤。

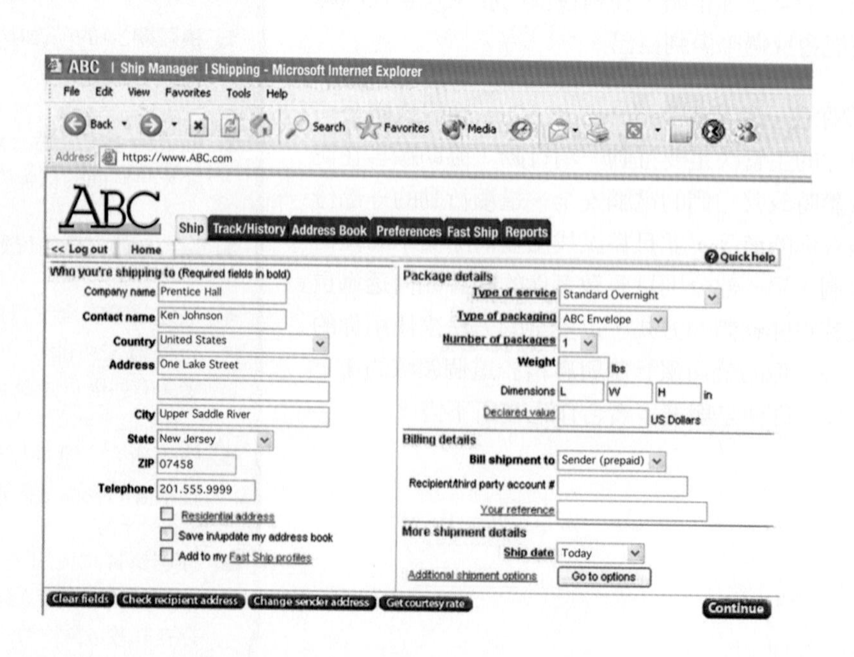

圖2-4
ABC公司的網頁，用來從顧客紀錄中選擇聯絡資訊

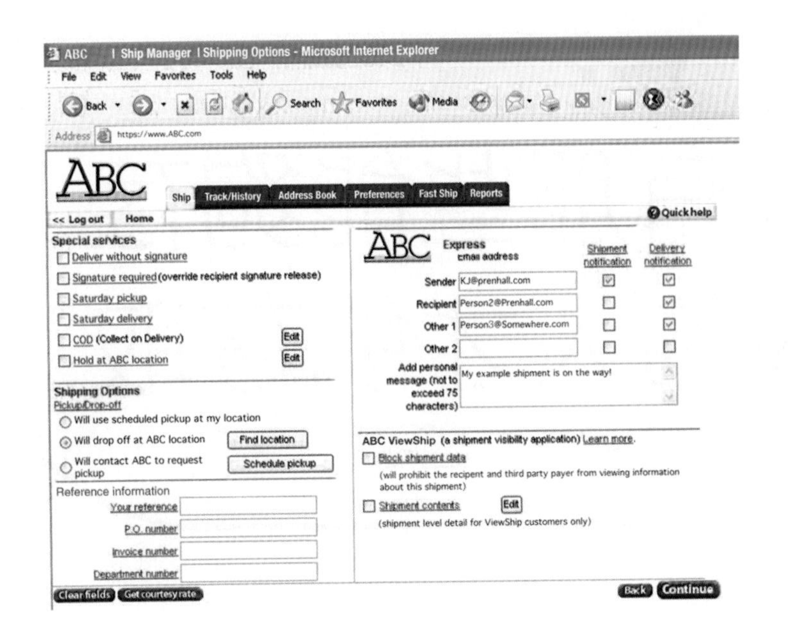

圖2-5
使用ABC公司系統來指定電子郵件通知函

圖2-5顯示系統的另一項功能。在表單的右手邊，顧客可以要求ABC傳送電子郵件訊息給寄件人（顧客）、收件人和其他的人。顧客可以選擇要ABC在出貨及送達時傳送電子郵件。在圖2-5中，使用者提供了三個電子郵件位址，並且希望這三個位址都能接到送達通知，但是只有寄件人會收到出貨通知。在貨運排程系統中增加這個能力，讓ABC將其產品由包裹遞送服務延伸為包裹與資訊遞送服務。

圖2-6是這個系統的另一項功能。它已經產生好包含條碼的貨運標籤，正在等使用者列印。該公司不僅可以藉此減少準備貨運標籤時的錯誤，還能把提供列印用紙張跟墨水的工作交給顧客！每天有數百萬份這樣的文件要列印，對公司來講也算是省下不少的成本。

請注意只有能夠存取網際網路的顧客才能使用這個貨運系統。組織有倫理上的義務要提供對等的服務給那些無法存取的顧客嗎？「倫理導引」會探討這個問題。

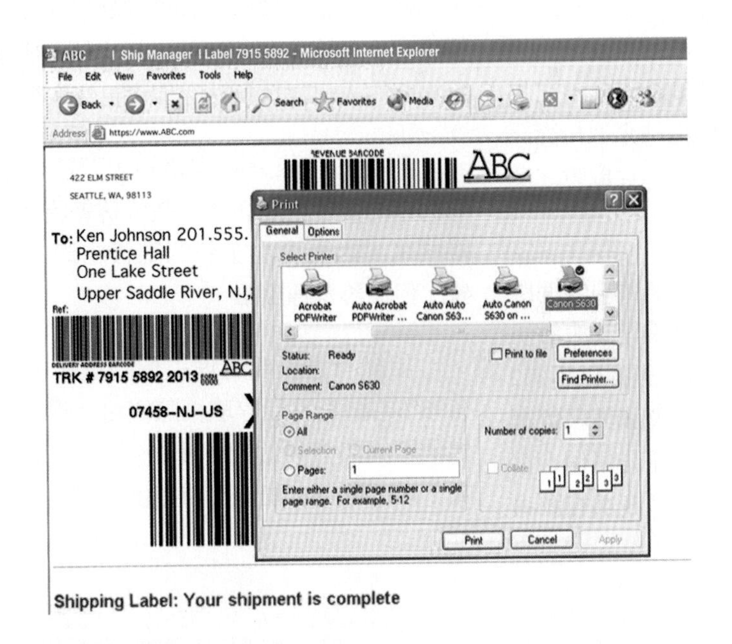

圖2-6
使用ABC公司系統來列印貨運標籤

倫理導引

只有那些能夠存取的人才能存取

有一句格言說：錢滾錢比較容易。擁有1千萬的人每年投資獲利5%就可以賺50萬，擁有1萬的人同樣獲利5%每年只能賺5百元。每過一年，兩者間的差異都會增加；前者的財富會越來越領先後者。

相同的格言也同樣適用於智慧財富。已經具有相當的知識與專業者，可以取得更多的知識與專業。知道如何蒐尋網際網路的人，會比那些不懂的人能夠學到更多。智慧資本的成長方式就跟財務資本一樣。

然而，搜尋網際網路並不僅僅與知識相關，它也與存取的機會有關。當人們越來越依賴網站來取得資訊與從事商業時，能夠存取網際網路者與無法存取者之間的數位落差（digital divide）也被拉大。

不同的團體曾試著藉由在公共地方提供網際網路存取（例如圖書館、社區活動中心與養老院等）來解決這個問題。Bill與Melinda Gates基金會已經提供超過2億6千2百萬美金給公共圖書館來採購個人電腦與網際網路的存取能力。這些禮物當然有幫助，但不是每個人都適合這種方式，而且即使有這些存取機會，在前往圖書館存取網際網路與穿越臥房存取網際網路之間，仍有極大的便利性差異，更何況在家存取時還不需要排隊。

能夠存取網際網路的好處與日俱增。你想知道如何抵達朋友的家？想知道某部電影何時會在本地戲院上映？想購買音樂、書籍或工具？想要很方便地存取你的支票戶頭？想要知道如何為你的新居再籌一筆款項？想要知道什麼是TCP/IP？用網際網路就對了！

所有這些智慧資本都存在於網際網路上，因為企業可以因為提供它們而受益。在網際網路上提供產品支援資訊要比在書面文件上提供來得便宜許多。除了印刷成本外，還包含庫存與郵寄的成本。此外，當產品規格更動時，組織只要改變網站就好了。沒有過時的文件需要處理，也沒有列印與分送新文件的成本。能夠存取網際網路的人可以比無法存取者更快取得最新的資訊。

對無法存取網際網路的人而言，發生什麼事呢？他們被拋得越來越後面。數位落差將擁有者與空無者隔離開來，因而產生了新的階級結構。這種隔離很難察覺，但仍舊是種隔離。

組織有責任要處理這個問題嗎？如果我們市場中有98%的顧客都能存取網際網路，那我們還有責任要提供網際網路資料給另外那2%嗎？這個責任是根據什麼呢？政府機關有責任同時提供相同的資訊給能夠與不能

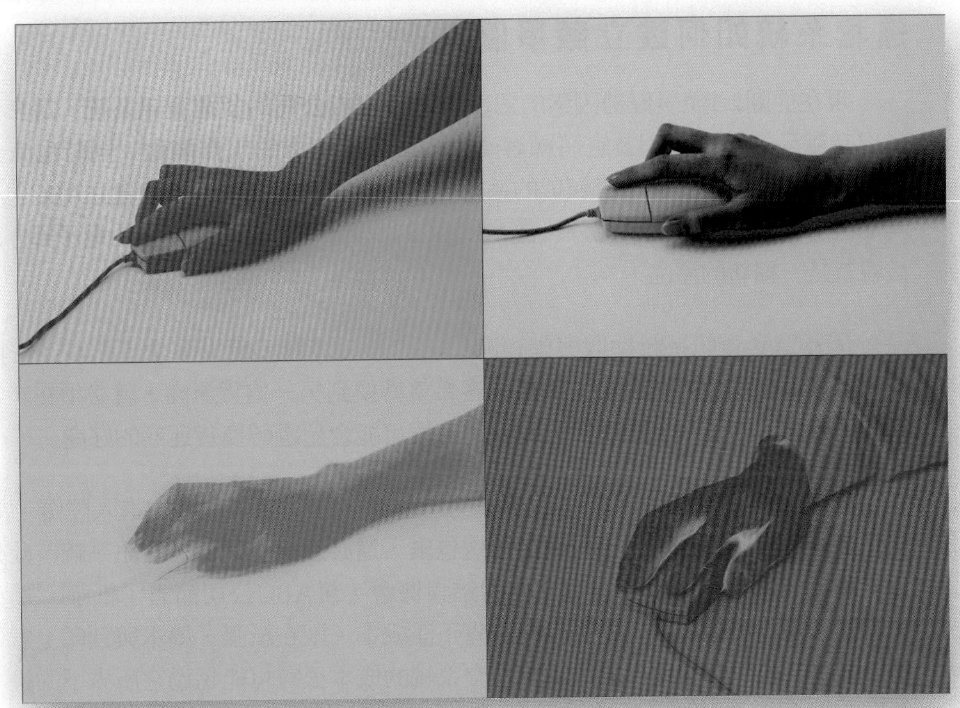

存取網際網路者嗎？當能夠上網的人可以隨時取得幾乎即時的資訊時，要提供同等的資訊給能夠上網與不能上網的人，到底是否可能呢？

這是個全球性的問題。能夠連結的社會與國家正越來越往前跑。有任何依賴傳統信件的經濟體，能夠和以網際網路為基礎的經濟體競爭嗎？

如果你正在修MIS，你應該已經能上網了。你已經是擁有的一方，並且已經跑在另一方的前面了。數位落差正在增加。

討論問題

1. 你在校園中有看到任何數位落差的證據嗎？在你的家鄉呢？在親戚之間呢？請描述你個人關於數位落差的經驗。
2. 組織有法律上的責任，應該提供相同的資訊給能上網與不能上網的顧客嗎？如果沒有，應該立法要求組織這樣做嗎？
3. 即使目前沒有法律要求組織提供相同的資訊給不能上網的人，他們有倫理責任要這樣做嗎？
4. 相對於營利組織而言，如果是針對政府機構的話，你對第2、3題的答案會有所不同嗎？
5. 因為提供相同的資訊或許是不可能的，另一種降低數位落差的方式，是讓政府透過補助與減稅，協助沒有上網的民眾取得網際網路存取能力。你會贊成這樣的方案嗎？為什麼呢？
6. 假設我們在減少數位落差方面沒有做任何的努力，並且任由它繼續擴大，後果會是什麼呢？社會會有什麼變化？這些後果是可以接受的嗎？

這套系統如何建立競爭優勢

現在從圖2-1競爭優勢因素的角度來思考ABC公司的貨運資訊系統。這套資訊系統提升了現有產品的價值，因為它將顧客產生一筆貨運需求的工作簡化，同時也減少了錯誤的發生。因為其他競爭者並沒有類似的系統，所以這套資訊系統也協助建立ABC包裹運送產品與其他競爭者間的差異化。此外，當ABC去取貨與遞送包裹時所產生的電子郵件訊息，也可以被視為是一種新的產品。

因為這套資訊系統擷取與儲存關於收件者的資料，所以減少了顧客在安排貨運時的工作。顧客會被這套系統套牢：如果顧客希望轉換到另一位貨運商，就必須在新貨運商那邊重新輸入收件者的資料。重新輸入資料的麻煩可能會超過轉換貨運商的好處。

這套系統從兩種方式取得競爭優勢：首先，它提高了市場的進入障礙。如果另一家公司想要開發貨運服務，就不只要能運送包裹，還必須擁有類似的資訊系統。此外，這套系統還能降低成本；它降低了貨運文件的錯誤機會，幫ABC公司節省了紙張、墨水與列印成本（當然，要判斷這套系統是否真的有省下淨成本，則在紙張、墨水與列印上省下的成本，必須能彌補系統開發與運作的成本。這套系統的成本很有可能超過它所省下的錢。不過，如果像套牢顧客與提高進入障礙這些無形效益的價值，超過淨成本時，它可能還是一項非常合算的投資）。

在繼續之前，請回顧圖2-1。確定你瞭解競爭優勢的每一項原則，以及資訊系統如何協助達成這些原則。事實上，圖2-1中的清單也可以使用在非資訊系統的應用上，所以它可能重要到值得你背起來。你可以從競爭優勢的角度去思考任何的商業專案或行動。

解決問題的資訊系統

競爭優勢只是擁有資訊系統的理由之一。另一個理由是資訊系統可以用來解決問題。在本節中，我們會考慮一個範例問題，以及三套用來解決這個問題、但各不相同的資訊系統。同樣地，這些系統都只是一些範例；還有其他類型的資訊系統也可以用來解決這個問題。

筆記型電腦的問題

假設你買了一台新的筆記型電腦，而且過了幾天，它就出問題了。它被鎖住，而且除非你關掉電源再打開，否則滑鼠和鍵盤都不能運作。你打電話到製造商的顧客支援熱線，客服人員指導你執行一套程序，安裝公司網站上的軟體來修正這個問題。在完成之後，這台電腦似乎運作得不錯。

不過一天之後，你的電腦又再次鎖住。你打電話回客服中心，這次是另一位客服人員，而且他並沒有你上次的通話紀錄。他指導你重複一次上次的程序。這個程序很花時間，不過在完成之後，電腦又再度可以運作，而這是暫時性的。因為在幾天之後，你的筆記型電腦又再次故障了。

顯然，這裡發生了些問題。這是資訊系統可以解決的問題嗎？在我們能夠判斷資訊系統是否可以提供協助之前，必須先能清楚地描述這個問題。

定義問題

問題是對於現況與期望間所感知到的差異。請注意問題是一種知覺（perception）；它是個人或團體對一個情境所抱持的看法。因為問題是一種知覺，所以不同的人或團體可能有不同的問題定義。例如在筆記型電腦的例子中，你可能將問題定義為：「它們給的修正方式沒有用」。但客服人員可能將問題定義為：「我沒有顧客先前與公司的聯絡紀錄」。

一個好的問題定義能夠藉由描述現況與預期情況，來界定出兩者間的差異。假設你說：「我花了10分鐘在電話線上等待，然後又花了15分鐘執行客服代表給我的指示；花了我將近半小時的時間，還是修不好我的電腦。我希望總共花的時間不要超過5分鐘，而且能夠修好。」可是客服支援人員則將問題定義為：「我沒有先前聯絡的資訊。我想知道顧客之前與公司打交道的歷史，像他擁有的產品種類、之前提出的問題、以及包含先前每次來電的日期、客服人員姓名和情況摘要等聯絡資料。」

另外一位製造部門的人則可能將問題定義為：「我們出產的問題電腦太多了，我們必須將新電腦的故障率降低到少於0.5%。」

所有這些問題的定義都是有效的。它們並不意謂著其他定義有錯，而只是相同情境的不同看法。

然而，資訊系統是用來解決特定的問題。因此，不同的問題定義需要開發不同的資訊系統。在建構資訊系統之前，組織中的所有人員必須要對資訊系統所要處理的問題定義瞭解得很透徹。

如果組織專注在關於顧客先前聯絡資料的需求上，則它會去建立顧客關係管理系統（請參考「MIS的使用2-1」；它提供了一個顧客服務系統的範例）。如果組織關切的是無用的補救措施，則應該建立一個知識管理系統。但是如果組織專注在你的電腦根本就不應該壞掉，則會致力於製造品質控制資訊系統的建構。

在後續的幾節中，我們將分別討論這三種常見的資訊系統。當然，它們只是可以使用的許多資訊系統類型的幾個範例而已。

顧客關係管理系統

顧客關係管理系統（Customer relationship management system, CRM）是用來維護顧客及他們與組織所有互動的相關資料。第7章將更深入討論CRM，但目前請先參考圖2-7。如圖中所示，CRM資料庫中包含與顧客各方面接觸的所有資料，包括銷售活動、採購、退貨、訓練、支援電話、以及服務和修理等。

各種CRM系統的大小與複雜度有很大的差異。簡單的系統只儲存了顧客的聯絡資訊；有些則會儲存顧客支援電話；還有些會儲存顧客的採購與退貨等。大型的複雜系統則會儲存圖中所示的所有資料。

回到先前的筆記型電腦範例，如果客服人員能夠存取CRM系統，就可以取得你上次來電的資料，並且知道不要再重複與上次相同的程序，而應該建議其他的修正方法。對你這位

反對力量導引

G. Robinson 的老圖片與老地圖

George Robinson在他位於新墨西哥州Taos的小店中買賣老圖片與老地圖。他已經在這一行打混25年了，他說：「我的生意就是不需要電腦，事實上，你在店裡也找不到電腦。我不會用電腦，而且我就是不要在店裡用電腦。」

George一度是來自加州的嬉皮；他在1967年離開瘋狂的Haight-Ashbury（譯者註：60－70年代嬉皮群聚的著名反戰區），並且將新組成的小家庭搬到墨西哥。他在那裏住了一年，然後搬回美國，並且在Taos安頓下來。他打了幾年零工，然後與一個人合夥開了這家店。「我愛它，我是這方面的行家，而且我從來沒想到我能夠這麼喜歡一樣東西。它跟我一拍即合。」在一年之內，他從合夥人那裏買下整間店，自此就一直很成功地經營販售老地圖與圖片的生意。「我賺的不多，但是也夠用了。而且我非常享受在此的每一分鐘。」

George有一份顧客清單，他每年會寄送2到4次的業務信件給他們。「我非常小心地挑選我的名單，試著維持約一千名左右的最佳顧客。超過這個數目，就只是浪費我的印刷和郵費而已。」

「我並沒有使用電腦來管理我的顧客名單。我在小張的自黏標籤上打上姓名與地址，並且將他們貼在A4的紙上。當我想要寄送業務信件時，我就去影印店把我的名單拷貝到我買的郵寄標籤紙上。要刪除一名顧客，只要將他的標籤從清單上撕下來，留下一個洞給新的顧客。」

顯然，他的方法也的確奏效。在一個月內，型錄上的項目就可以銷售掉90%到95%。

「當我拿到一份地圖或圖片時，我知道誰會有興趣。我會打電話給他們，然後透過電話賣給他們。當然，如果顧客不滿意，我會讓他退貨。不過25年來，我大概只收到9或10次的退貨。僅此而已。」

「我喜歡跟人聊天；我喜歡跟人接觸，而且我認為這些接觸對我的生意很重要。我想我也可以用電子郵件來銷售，但是這就不像我了。我不是這樣做的。」

「我們家有一台電腦。如果有人堅持的話，他們也可以寄給我電子郵件。問題是我一週頂多看一次電子郵件，所以我還是希望人們可以直接打電話給我。」

「我遇到的最大挑戰是如何找到新的存貨。最近這些東西的量真的不多。我有在eBay上找到一些東西，但是它們的價格很詭異。有些人付的價錢太高，有些東西的價錢又低的離譜。偶爾啦！」

「庫存管理？嗯！當我買進一項貨品，我就在帳簿做個紀錄，並且記下購買的日期和價錢。然後當我賣出時，我就在這個紀錄旁邊註明售出的日期和價格。我想我可以逐一計算出所有產品的毛利，不過我並沒有這樣做。我對我做生意的方式很滿意。」

「我自己開發我的顧客。我從不向任何人購買顧客名單。早先，我有到處打些廣告，但大多數的情況下，我是自己逐年慢慢的開發出我的顧客群。我沒有網站。人們並不是透過它來找到我。」

「我可以使用顧客關係管理軟體嗎？我很懷疑。就像我說的，當店裡買進某樣東西時，我通常都知道該賣給誰。我可能要花一兩天才能想起來。但如果我真的忘記了，那我就把它賣給另一個人就是了。如果我才剛起步，也許我會弄台電腦，但是我目前的系統就已經運作得很好了。」

「你來自西雅圖，是嗎？你知道，我有一張北太平洋的地圖很漂亮喔！1810年印製，用色很美，而且保存狀況極佳。你真的該看看。我可以寄去給你，如果你不喜歡，寄回來就是了...。」

討論問題

1. 根據George產品的性質，你可以瞭解他寧願不要在店裡用電腦的原因嗎？他呈現出什麼樣的形象？
2. George的最大問題是什麼？他可以如何使用以電腦為基礎之資訊系統來解決這個問題呢？
3. 使用圖2-1作為指引，描述George可能可以用來取得競爭優勢的資訊系統。
4. 列出你認為George必須做的五種最重要決策為何。描述以電腦為基礎之資訊系統可以如何協助George進行這些決策。
5. George藉由不使用電腦，可以省下一些金錢，並且對其資料有更好的實質控制。根據你對問題2到4的回答，你認為George值得開始使用以電腦為基礎之資訊系統嗎？為什麼呢？
6. 假設George雇你擔任工讀生，負責評估以電腦為基礎之資訊系統的投資效益，你會如何著手？

MIS的使用2-1

Horizon保健服務公司

Horizon保健服務公司是紐澤西州最大的健保公司，提供該州超過290萬人的服務。雖然Horizon的客服電話中心雇用了1200人，但是服務人員因為受到笨拙且難以使用的資訊系統牽累，所以服務品質一直有問題。事實上，Horizon使用了5套獨立的顧客與索賠系統，且服務人員沒有整合的顧客互動紀錄。顧客必須打多個電話號碼，經常在服務人員間被轉來轉去，而且通常必須重複解釋他們的需求好幾次。

為了解決這個問題，Horizon推動了一項新的IT策略，要將這些獨立系統的資訊整合到單一的畫面，以提供完整的顧客視野。為了實施這項策略，Horizon從企業軟體商Oracle公司的Siebel Systems單位購買一套電話客服中心應用的授權。這套新系統可以降低20%的顧客服務時間，並且增加15%的顧客服務生產力。此外，新的系統可以將新進客服人員的受訓時間由20週縮減為4週。它還讓Horizon能夠藉由調度服務團隊的人員來平衡工作負擔，並處理電話超載的情況。Horizon在第一年就節省了210萬美金的費用，並且預期前五年的使用共可以省下2100萬美金。

* 資料來源：Copyright © 2005 Siebel Systems, Inc., 2207 Bridgepointe Parkway, San Mateo, California 94404.

顧客而言，雖然你是與兩位不同的支援人員對話，但感覺就好像是在跟同一個人打交道。這個系統可以同時節省你跟製造商雙方的時間和金錢。

如「反對力量導引」專欄的故事所示，不是每個企業都覺得有CRM系統的需要。事實上，不論大小，幾乎所有組織都有一些人比較偏好目前做事的方式。

知識管理系統

知識管理系統（knowledge management system, KMS）是儲存與擷取組織知識的資訊系統；此處知識的形式可能是資料、文件或員工的專門知識（know-how）。KMS的目標是要讓員工、廠商、顧客、投資人、媒體與其他需要的人能夠取得組織的知識。

在筆記型電腦故障的例子中，組織中的某人可能紀錄了這種問題的診斷程序；或者，某人可能紀錄了修復程序；或者，某人可能撰寫了一篇關於筆記型電腦設計的文章，可以讓客服人員解決這個問題；或者，這種問題可能有內部專家可供客服人員聯絡。KMS的目標就是要讓客服人員能夠取得上述的各種組織知識。

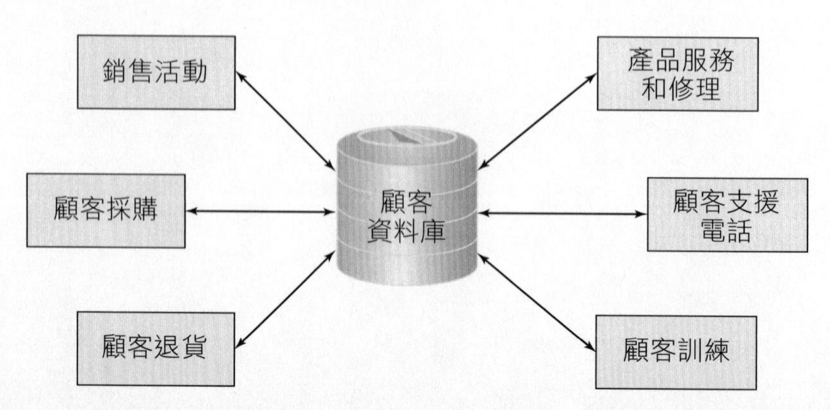

圖2-7
顧客關係管理（CRM）系統範例

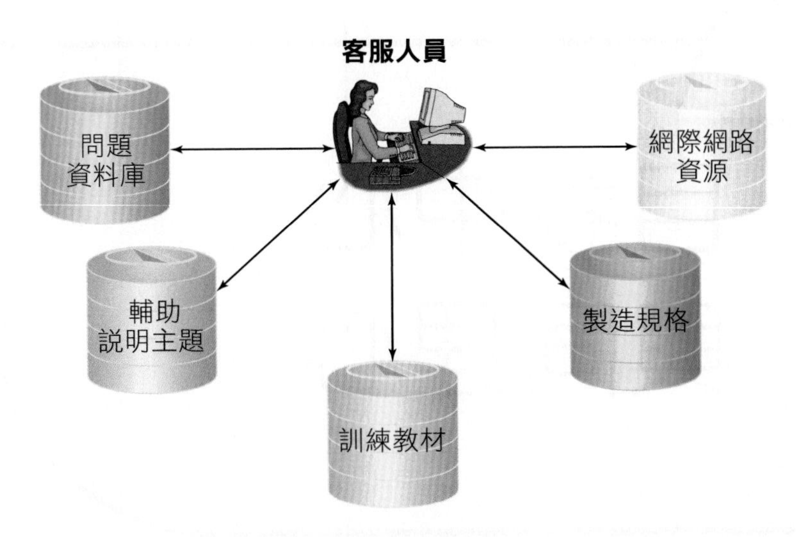

圖2-8
顧客支援知識管理系統

圖2-8是客服人員KMS的一些知識資源。這些資源是以一組相關的資料形式儲存在資料庫（將在第4章討論）中。此處的資料庫包含先前問題的描述與解答、

輔助說明主題、訓練教材、製造規格和其他生產資料、以及網際網路資源。客服人員可以使用這些來源來解決你的問題。

請注意這些來源只是提供給客服人員的資源。有些組織也提供知識資源給他們的顧客。這種做法是假設顧客能夠使用到電腦與上網，當然有時候未必如此。

製造品質控制資訊系統

許多組織相信提供顧客服務的最佳方式是完全消除這樣的需求。如果顧客完全不需要打電話，就完全沒有服務的成本。如果你的筆記型電腦都不故障，就相當於享受到完美的顧客服務。

要提供這種服務的方法之一是改善製造品質。是故，製造商可能會開發一套系統，以便在產品離開生產線之前找出產品的問題。這種系統也可以找出故障原因，以防止未來生產出有瑕疵的產品。製造資訊系統（manufacturing information systems）專注在製造流程的不同部分，從品質控制到規劃和排程。第7章將會討論製造系統，目前只要知道解決你的電腦問題的另一種方法是不要生產有問題的電腦。如同機械工程師常說的：「解決問題的最佳方式就是不要有問題」。

簡而言之，要開發的系統種類取決於組織如何定義這個問題。在開發系統之前，組織必須有一個完整、精確、而且大家都同意的問題定義；否則，就可能會發生解錯問題，或是只解決部分問題的危險。

「解決問題導引」中討論了能夠協助你發展出較佳問題定義的技能。

決策用的資訊系統

除了取得競爭優勢與解決問題之外，開發資訊系統的第三個原因是要協助制訂決策。組織中決策制定的種類相當多元且複雜，所以當討論資訊系統在支援決策時的角色之前，我們必須先研究決策本身的特徵與向度。

解決問題導引

自我中心與同理心

如前所述，問題是對於現況與預期間所感知到的差異。當開發資訊系統時，開發團隊必須對問題具有共同的定義與瞭解。不過，這種共同的瞭解可能很難達成。

認知科學家將思考區分出自我中心的思考與同理心的思考。自我中心的思考關注在自我；從事自我中心式思考的人會將他的觀點視為是「真實觀點」或是「真實情況」。反之，從事同理心式思考的人則會將他人的觀點視為是對情境的一種可能詮釋，並且主動去瞭解其他人是如何想的。

不同的專家從不同的角度推崇同理心式思考。宗教領袖們認為這種思考具有較高的道德性；心理學家則說同理心式思考可以引導出更豐富、更具實現性的關係。在企業中，同理心式思考受到推崇的原因是因為它意謂著更聰敏。企業靠群體的努力，能夠瞭解他人觀點的人就能更有效能。即使你並不同意別人的觀點，只要能夠瞭解他們的觀點，還是更能夠與他們共事。

舉例而言，假設你對你的MIS教授說：「教授你好，我上星期一無法來上課，請問課堂上有什麼重要的事嗎？」這是很典型的自我中心式思考。它完全沒有考慮到教授的觀點，並且暗示說教授平常沒有說什麼重要的事。教授可能會很想說：「喔！我發現你沒有出席，所以我把所有重要的內容都拿掉了。」

要從事同理心式思考，請從教授的觀點來考慮這個情況。學生沒有出席會造成教授額外的負擔，這無關乎你缺席的理由。你可能發燒高達42度，但無論如何，你沒有出席意謂著教授得額外做一些事，以協助你跟上進度。

使用同理心式思考，你可以盡可能降低自己缺席對教授的影響。例如你可以說：「我無法出席，但我有從Mary那邊取得上課的講義。我已經念完了，但是對於靠結盟來取得競爭優勢有個問題...。對了，我很抱歉耽誤你的時間。」

在我們繼續討論之前，先想想這個情況的一個必然推論：絕對不要寫封電子郵件給老闆，並且說：「我沒辦法出席週三的會議。請問有什麼重要的事嗎？」要避免這件事的理由跟缺課情況一樣。你要做的是找些方法來降低你缺席對老闆的影響。

以上這些與MIS有何關係？以筆記型電腦的問題為例，在這個情況下，有三種不同的觀點：（1）客服人員沒有先前的顧客聯絡資料；（2）客服人員建議的方案無效；以及（3）公司賣出太多的瑕疵電腦。每個不同的問題定義需要不同的資訊系統才能解決。

現在假設你自己正置身在關於這個情況的會議中，而且與會的人分別持有這三種問題觀點。如果每個人都是使用自我中心式的思考，會發生什麼情況？這個會議會充滿爭執與激烈的言詞，而且可能無法得到任何結論。

假設與會者都以同理心式思考，則大家會共同努力瞭解不同的觀點，而且得到比較正面的結果，這結果可能是依照這三個問題優先順序排列所得到的定義。在這兩種情況下，與會者擁有相同的資訊，但與會者的思考風格創造出不同的結果。

同理心式思考是在所有商業活動中都很重要的技能。熟練的協商者總是能知道另一邊想要什麼；有效能的業務人員可以瞭解他們顧客的需求；瞭解廠商問題的買方可以得到較佳的服務；而瞭解教授觀點的學生則能夠得到更好的...。

討論問題

1. 用你自己的話來說明自我中心與同理心式思考的差異。
2. 假設你錯過一場會議，使用同理心式思考說明要如何取得在會議中你所需要的資訊。
3. 同理心式思考與問題定義有何關係？
4. 假設你跟另一個人對某個問題的定義有很大的歧見。如果他跟你說：「不！真正的問題是...」後面接著的是他對問題的定義，你會如何回應呢？
5. 再次假設你跟另一個人對某個問題的定義有很大的歧見。如果你瞭解他的定義，你會如何讓這個事實更清楚？
6. 請解釋這句話：「在企業中，同理心式思考意謂著更聰敏」。你同意嗎？

決策層級

- 決策層級
  - » 作業性
  - » 管理性
  - » 策略性
- 決策流程
  - » 結構化
  - » 非結構化

圖2-9
決策向度

如圖2-9所示，組織中的決策發生在三個層級：作業層級、管理層級、與策略層級。不同層級的決策類型也不相同。作業性決策（operational decisions）與日常活動相關。典型的作業性決策如：我們應該向廠商A訂購多少零件？我們應該放寬廠商B的信用額度嗎？我們今天應該付哪些貨款的錢？支援作業性決策的資訊系統稱為交易處理系統（transaction processing systems, TPS）。

管理性決策（managerial decisions）與資源的配置和利用相關。典型的管理性決策如：部門A下一年度的電腦軟硬體預算應該編列多少？我們應該指派幾位工程師到專案B中？下年度需要多少平方呎的倉儲空間？支援管理性決策的資訊系統稱為管理資訊系統（management information systems, MIS）（請注意MIS一詞可以有兩種用途。廣義而言，它代表本書所涵蓋的所有主題；狹義而言，則是指支援管理性決策的資訊系統。請參考上下文來解讀這個詞）。

策略性決策與更廣泛的組織性議題相關。典型的策略層級決策如：我們應該成立新的產品線嗎？我們應該在田納西州設立集中式的倉庫嗎？我們應該收購A公司嗎？支援策略性決策的資訊系統稱為高階主管資訊系統（executive information systems, EIS）。

請注意一般而言，決策的時間範圍會隨著我們由作業性決策往管理性、乃至於策略性決策移動而增加。作業性決策通常涉及短期的行動：我們今天或本週應該做些什麼？管理性決策則涉及較長的時間範圍：下一季或明年適合做什麼？策略性決策則涉及更長時間的考量，往往在數年之內都不會顯示出成果。

在個人方面，職涯規畫可以算是策略性規畫的範例，你可以在此應用競爭優勢模型，請參考「深思導引」的討論。

決策流程

圖2-10顯示資訊系統層級搭配兩種決策流程：結構化與非結構化。這些名詞是指決策制定的方法，而不是其問題的本質。結構化決策（structured decision）是指存在一種被瞭解與接受的決策制定方法。例如庫存中某一品項補貨量的計算公式就是一種結構化的決策流程。分配家具與設備給員工的標準方法也是一種結構化的決策流程。

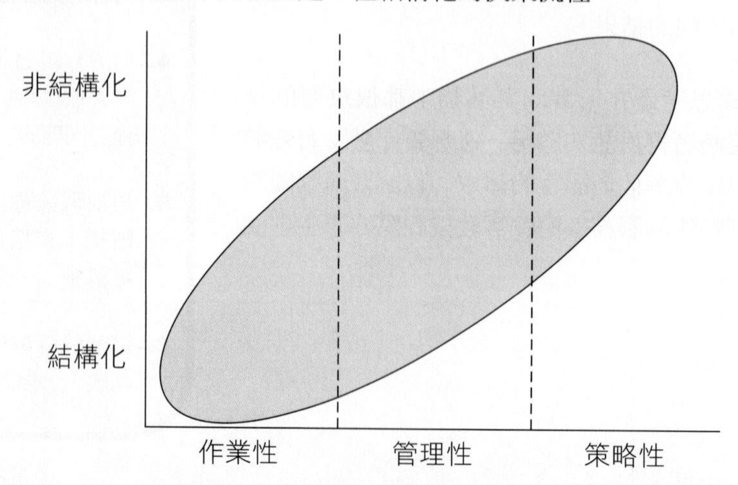

圖2-10
決策層級與決策類型的關係

非結構化決策（unstructured decision）則沒有一致認可之決策制訂方法。例如預測未來經濟或股市走向。每個人的預測方法都各不相同；它既沒有標準也沒有廣為接受的方法。另一個非結構化的決策流程例子，就是評估某位員工適合執行特定任務的程度。不同主管在進行這種評估時的方式都各不相同。

請記住結構化與非結構化指的是決策流程，而不是決策的主題。氣象報告是種結構化的決策，因為所有預報員都使用標準化的決策流程。不過氣象本身可是個非結構化的現象，只要看看每年所發生的颱風就知道了。

決策類型與決策流程間的關係

決策類型與決策流程間有某種程度的相關，如圖2-10所示。作業層級的決策比較傾向結構化的決策，而策略層級的決策則傾向於非結構化。管理性決策則傾向於同時包含結構化與非結構化。

我們使用傾向一詞，因為其中仍有例外情況存在。有些作業性決策是非結構化的（例如我們在返鄉活動的前一夜需要多少位計程車司機？），而有些策略性決策可能是結構化的（例如我們應該為新產品指定多少的業務配額？）不過，一般而言，兩者的關係還是如圖2-10。

不同決策類型所使用的不同資訊系統類型

圖2-11包含兩種資訊系統。自動化資訊系統（automated information system）是由硬體與程式元件執行大部份工作的系統。用來計算庫存品項補貨量的資訊系統就是自動化系統的一個例子；只要人工啟動這個程式與使用結果即可，其他工作都交給硬體與程式。

增補式資訊系統（augmentation information system）則是由人工來執行大部分的工作。這種資訊系統是用來延伸、支持、或補充人的工作。使用電子郵件、即時傳訊與視訊會議來協助決策是否要買下競爭者的公司，就是一種增補式的資訊系統。它與補貨量計算系統不同，使用者是尋求支援而非答案。

圖2-12是決策類型與資訊系統類型間的關係。一般而言，結構化的決策可以由自動化資訊系統支援，並且通常是應用在作業性與管理性的決策層級。反之，非結構化的決策是由增補式資訊系統支援，並且通常應用在管理性與策略性的層級。

此時，你可能會懷疑：「這些到底有什麼重要？」本課程的目標之一就是要協助你成為更厲害的資訊系統與資訊科技消費者。當你想到新的資訊系統時，如果你自問：「它的基本決策流程是什麼性質？」就能夠成為更厲害的IT消費者。如果你能夠分辨流程的類型，就知道哪種資訊系統可能有用。此外，你也會知道不要在非結構化問題上投資自動化資訊系統，或是在結構化問題上投資增補式資訊系統。這個重點看似當然，但很多組織就是因為不瞭解圖2-12的基本關係，而浪費了數百萬美金。

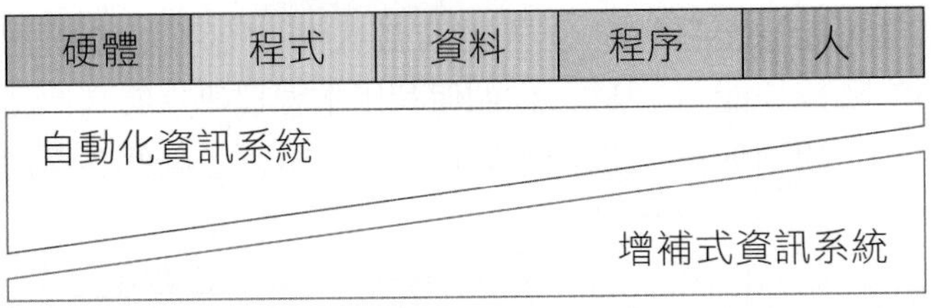

硬體	程式	資料	程序	人

自動化資訊系統

增補式資訊系統

圖2-11
自動化與增補式資訊系統

深思導引

你個人的競爭優勢

請考慮下面的可能性：你很認真的取得管理方面的學位並且畢業，然後發現自己無法在所學的領域找到工作。你大約花了六週時間找工作，然後把錢花光了。百般沮喪之餘，你在一家餐廳找了份侍者的工作。兩年轉眼溜走，經濟開始恢復景氣，你一直在尋找的工作機會也開始出現。不幸的是，你的學位是兩年前取得的；你必須與剛取得學位、而且具備最新知識的學生們競爭。兩年的餐廳生涯（縱然你做的非常好）看來仍不算是你想要的工作所需的經驗。你陷入一場噩夢，而且難以自拔，但又非要跳脫不可。

再次檢視圖2-1，但是將這些競爭優勢元素應用在你個人身上。身為員工，你能提供的技能與能力就是你個人的產品。請檢查清單的前三項，並且自問：「我如何使用在校的時間與本門MIS課程來建立新的技能、加強現有能力、以及建立與競爭者有所差異的技能？」（附帶一提，你未來會進入國內／國際市場。你的競爭對象不只是班上的同學，還包括來自各地目前正在學習MIS的其他學生。）

假設你對銷售工作很有興趣，例如你可能想要在製藥產業進行銷售。你從MIS課程學到的哪些技能可以讓你未來成為更有競爭力的業務人員呢？問問你自己：「製藥業如何使用MIS來取得競爭優勢？」請連上網尋找製藥業使用資訊系統的例子。舉例來說，Parke-Davis公司如何使用CRM系統來向醫師推銷？你對CRM的知識如何讓你與其他競爭者有所差異？Parke-Davis如何使用知識管理系統？它如何紀錄彼此會有不良影響的藥品？

圖2-1中的第四、五項是要套牢顧客、買方和供應商。你如何從個人的競爭優勢角度來解釋這些元素？要套牢別人，首先必須要有能夠套牢的關係。因此，你有參與任何實習嗎？如果沒有，可以找到實習機會嗎？一旦你有實習機會時，你可以如何利用你對MIS的知識來套牢你的工作以便取得工作？你實習的公司有CRM系統（或其他重要的資訊系統）嗎？如果使用者對系統很滿意，它有什麼特徵呢？你可以藉由成為這套系統的專家級使用者來套牢工作嗎？成為專家級使用者不只會套牢你的工作，還可以提高其他競爭這項工作者的進入障礙。此外，你能夠利用你對該公司與系統的知識提出改良系統的建議，以套牢你工作的晉升機會嗎？

人力資源人員表示，人脈是找到工作最有效方式。你如何利用本課程建立與其他同學的盟友關係？你的課程有網站嗎？有電子郵件名單伺服器嗎？你如何利用這些設施來發展與其他同學的求職聯盟？你課堂中有人已經有工作或實習工作了嗎？這些人能提供求職的線索或機會嗎？

不要將你的求職區域侷限在你所在的地區。你國內有哪些區域提供較多的工作機會？你如何找到那些區域中的學生相關組織？搜尋其它城市MIS課程的網站，並且聯絡那邊的學生。找出那些城市最熱門的工作機會。

最後，在你學習MIS時，要去思考你所獲得的知識如何協助你節省雇主的成本。甚至於想想看是否能建立一個因為雇用你而節省成本的實例：你的推理根據可能在於因為你對IS的知識，可以協助企業降低的成本遠超過你的薪資。

事實上，你對潛在雇主所提出的想法很少是真正可行或有實用價值的。但你能夠做創意思考的這項事實，告訴雇主你具有進取心，並且能夠面對企業真正的問題。隨著課程的進展，保持思索競爭優勢，並且努力瞭解所學如何協助你個人達成圖2-1中的一些原則。

討論問題

1. 摘述你到目前為止，對於建立工作經驗以協助畢業後求職所做的努力。

2. 考慮圖2-1中的前三項原則，描述你能夠勝過班上同學之競爭優勢的一種方法。如果你沒有這種競爭優勢，描述你要建立這種競爭優勢可以採取的行動。

3. 為了建立你的人脈，可以使用你的學生身分來接觸企業人士。也就是說，你可以聯絡他們，請他們協助完成作業或提供職涯指導。舉例來說，假設你希望在金融業工作，並且知道本地有家銀行擁有CRM系統。你可以打電話給該銀行的主管，並且詢問該套CRM系統如何為銀行創造競爭優勢。你也可以要求訪問其他員工，並且攜帶圖2-1的清單前往。具體描述兩種你可以用學生身分及圖2-1來建立人脈的方法。

4. 描述兩種可以利用學生聯盟來取得工作的方式。你如何使用資訊系統來建立、維護、與運作這種聯盟。

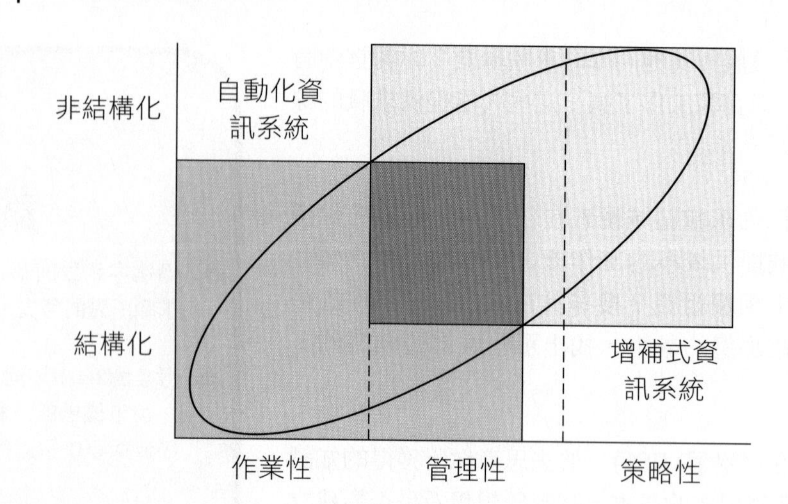

圖2-12

決策層級、決策類型與資訊系統類型的關係

資訊系統與決策步驟

另一種檢視資訊系統與決策間關係的方法，是去考慮資訊系統在決策過程中的使用方式。圖2-13的前兩個欄位是決策過程的典型步驟：蒐集情報、形成方案、選擇、實施、與檢討。在蒐集情報階段，決策者會判斷要決定什麼、決策的標準為何、以及有哪些可用的資料。決策者在形成方案的階段會設計各種可能的選擇方案，接著在選擇步驟中分析這些可能方案，然後實施決策。最後，組織會檢討決策的結果。檢討步驟可能會導出另一個決策，然後又進入另一個循環的決策過程。

圖2-13右邊欄位簡述這些決策步驟所需的不同資訊系統。在蒐集情報階段，電子郵件與視訊會議能協助決策者間的溝通。此外，在第一階段，決策者也會使用查詢、報表和其他資料分析應用來取得相關資料。決策者在形成方案階段使用電子郵件及視訊會議系統來溝通；而在選擇步驟中，試算表和財務模式與其他模式分析應用則能協助決策者分析各個可能方案。實施階段再次涉及溝通應用的使用，而檢討時則可能會用到所有類型的資訊系統。

決策步驟	描述	可能的資訊系統範例
蒐集情報	• 要決定什麼？ • 決策標準為何？ • 取得相關資料	• 溝通相關應用（電子郵件、視訊會議、文書處理、簡報） • 查詢與報表系統 • 資料分析應用
形成方案	• 有哪些選擇	• 溝通相關應用
選擇	• 利用資料並根據標準來分析可能的選擇 • 選擇出可行方案	• 試算表 • 財務模式分析 • 其他模式分析
實施	• 依決策執行	• 溝通相關應用
檢討	• 評估決策結果；視需要重複流程以修正與調整	• 溝通 • 查詢與報表 • 試算表與其他分析

圖2-13

決策的步驟

不值得？（後續）

在本章一開始，我們讓你在停車場對著老闆的老闆的老闆結巴。你正試著回應他關於「不值得」的敘述。

在讀完本章之後，你知道組織建立資訊系統是為了取得競爭優勢、解決問題、與改善決策。你可以利用這個架構來表達你的回應，例如：「根據理論，建立資訊系統有三個理由」並且說明這三項。你可以再繼續闡述：「在我們的情況下，不是全部都有關。例如...。」嗯！你的前途正一片光明。

本章摘要

- 組織開發並使用資訊系統以取得競爭優勢、解決問題、與協助決策制定。有些資訊系統可以同時達成其中的兩或三項目標。
- 圖2-1列出競爭優勢的八項原則。有些與產品相關，有些與建立轉換成本以設立障礙有關，還有些是關於結盟及節省成本。資訊系統可以協助達成所有這些原則。有些資訊系統是產品的一部分，有些則是用來支援產品。
- 有些組織會開發資訊系統來解決問題。問題是指對現況與預期間所感知到的差異。因為問題是種感知，所以不同的人可能有不同的問題定義。當使用資訊系統來解決問題時，組織必須對問題有共同統一的定義。
- 對本章的筆記型電腦問題而言，我們定義了三種問題與三種不同的解決方案。一種解決方案是顧客關係管理（CRM）系統，一種是知識管理系統（KMS），還有一種是製造品質控制系統。
- 資訊系統的第三個目的是要協助決策制定。決策可能發生在作業（TPS）、管理（MIS）、與策略層級（EIS）。當我們從作業性移向策略性決策時，決策時間範圍也會增加。決策還會隨著制定的過程是結構化或非結構化而有所不同。結構化流程涉及被公認與接受的方法；非結構化流程則沒有公認的決策方法。請記住結構化與非結構化是指決策的流程，而不是決策的主題。圖2-10中描述了決策類型與決策過程間的大致關係。
- 自動化資訊系統是由五元件中的電腦與程式端負責大多數工作，增補式資訊系統則是由人這一邊完成主要的工作，並使用電腦與程式元件來協助人類制定決策。圖2-12顯示決策類型與資訊系統類型間的關係。
- 另一種觀察資訊系統與決策關係的方式，是考慮決策流程的步驟：蒐集情報、形成方案、選擇、實施、與檢討。決策流程的不同步驟會使用不同類型的資訊系統，如圖2-13。

關鍵詞

Augmentation information systems：增補式資訊系統

Automated information systems：自動化資訊系統

Customer relationship management（CRM）：顧客關係管理

Executive information systems（EIS）：高階主管資訊系統

Knowledge management system（KMS）：知識管理系統

Management information systems（MIS）：管理資訊系統

Managerial decision：管理性決策

Manufacturing information systems：製造資訊系統

Operational decision：作業性決策

Principles of competitive advantage：競爭優勢原則

Problem：問題

Strategic decision：策略性決策

Structured decision：結構化決策

Switching costs：轉換成本

Transaction processing systems（TPS）：交易處理系統

Unstructured decision：非結構化決策

學習評量

複習題

1. 舉出組織中資訊系統的三個目的。

2. 列出與產品相關的三項競爭優勢原則。

3. 列出與障礙相關的三項競爭優勢原則。

4. 列出問題2與3中沒有提到的競爭優勢原則。

5. 解釋使用資訊系統做為產品的一部分，以及使用資訊系統支援產品的差異。

6. 說明ABC如何取得你在第2題所提供的競爭優勢原則。

7. ABC的資訊系統能達成你在第3題所提供的競爭優勢原則嗎？為什麼呢？

8. ABC的資訊系統能達成你在第4題所提供的競爭優勢原則嗎？為什麼呢？

9. 為什麼「問題是一種感知」這個觀念很重要？

10. 問題的定義與用來解決這個問題的資訊系統開發有什麼關係？

11. 顧客關係管理（CRM）系統的目的為何？

12. 知識管理系統（KMS）的目的為何？

13. 製造品質控制資訊系統的目的為何？

14. 列出本章定義的三種決策層級。

15. 描述作業性決策的性質。

16. 描述管理性決策的性質。

17. 描述策略性決策的性質。

18. 選擇主修的過程是結構化或非結構化？選課的過程又是結構化或非結構化？請解釋你的答案。

19. 說明自動化資訊系統的性質。在回答中使用五元件架構。

20. 說明增補式資訊系統的性質。在回答中使用五元件架構。

21. 列出決策過程的五個步驟，並描述每個步驟可以使用的資訊系統類型。

應用你的知識

22. 假設你在本章範例之筆記型電腦公司工作。公司主管定義了三個不同的問題，各有不同的資訊系統解決方案。假設公司只有建立其中一套系統的資源，則應該如何決定要建立哪一個呢？

23. 假設你是大學某運動校隊的顧問（任選一項你有興趣或經驗的運動）：

a. 說明圖2-1的競爭優勢原則與該校隊的關係。

b. 描述資訊系統如何用來達成或協助達成答案a中的三項競爭優勢原則。

24. 假設你是大學投資社的顧問：

a. 說明圖2-1的競爭優勢原則與該社團的關係。

b. 描述資訊系統如何用來達成或協助達成答案a中的三項競爭優勢。

25. Samantha Green擁有並經營Twigs樹木修剪服務公司。Samantha念過附近大學的山林管理課程，並且曾在大型景觀設計公司負責樹木的修剪與搬移。在幾年的工作經驗之後，她買了自己的卡車、樹樁清理工具及其他設備，並且在密蘇里州的聖路易市自行開業。

雖然她的許多工作是一次完工的樹木與樹樁移除，但也有一些是重複的工作，例如每年或每兩年的樹木修剪工作。當業務不忙的時候，她會打電話給之前的顧客，提醒他們她所提供的服務，以及定期修剪樹木的必要性。

a. 說明圖2-1的競爭優勢原則與Twigs公司的關係。

b. 描述如何使用資訊系統來達成或協助達成答案a中的三項競爭優勢原則。

c. 假設Samantha說她在記錄顧客與他們的需求上發生問題，諸如這樣的陳述非常模糊，而且可能代表很多不同的事情。為了向她說明這點，請根據「在記錄顧客與他們的需求上發生問題」這句話推測，並寫出兩個不同、但都有可能的問題定義。

d. 請為下面舉例：

i. Samantha所作的作業性決策。

ii. 她所作的管理性決策。

iii. 她所作的策略性決策。

e. 為d的答案舉出三個能協助Samantha作決策的資訊系統範例。

26. FiredUp公司是Curt與Julie Robards所擁有的一家小公司。FiredUp位於澳洲的布里斯班，專門生產與銷售稱為FiredNow的輕型露營爐具。Curt之前是一位航太工程師，他發明了一種燃燒噴嘴專利能夠讓爐子在強風（時速約140公里）中維持燃燒。Julie受過工業設計訓練，開發出精巧的摺疊設計，不僅輕巧、易於架設、而且非常穩固。Curt與Julie在他們的車庫生產，並且透過網際網路、傳真、與傳統郵件直接銷售給顧客。

a. 請說明圖2-1的競爭優勢原則與FiredUp有什麼關係。

b. 描述資訊系統可以如何用來達成或協助達成答案a中的三項競爭優勢原則。

c. 假設Curt與Julie說他們在記錄顧客與他們的爐具上發生問題，像這樣的陳述非常模糊，而且可能代表很多不同的事情。為了向FiredUp的業主說明這點，請根據「在記錄顧客與他們的爐具上發生問題」這句話推測，並寫出兩個不同、但都有可能的問題定義。

d. 請為下面舉例：

i. Curt與Julie所作的作業性決策。

ii. 他們所作的管理性決策。

iii. 他們所作的策略性決策。

e. 為d的答案舉出三個能協助Curt與Julie作決策的資訊系統範例。

27. SingingValley渡假村是個高檔的渡假中心，擁有50間房間（每晚房價從美金400元到2500元），位於科羅拉多山脈的高處。SingingValley對其美麗的地點、休閒設施、與一流的服務非常自傲。渡假村的餐廳評價很高，並且在其數量驚人的酒單中包含了許多罕見的酒類。它的忠實顧客總是預期能享受到這家旅館的優異服務。

a. 請說明圖2-1的競爭優勢原則與SingingValley有什麼關係。

b. 描述資訊系統可以如何用來達成或協助達成答案a中的三項競爭優勢原則。

c. 假設SingingValley說它在記錄顧客與他們的需求上發生問題，像這樣的陳述非常模糊，而且可能代表很多不同的事情。為了向SingingValley說明這點，請根據「在記錄顧客與他們的需求上發生問題」這句話推測，並寫出兩個不同、但都有可能的問題定義。

d. 請為下面舉例：

i. SingingValley所作的作業性決策。

ii. SingingValley所作的管理性決策。

iii. SingingValley所作的策略性決策。

e. 為d的答案舉出三個能協助SingingValley作決策的資訊系統範例。

應用練習

28. 假設你在一家小型的電子零售商工作；這家公司專門銷售高品質、昂貴的家用娛樂設備。當顧客打電話詢問關於他們設備的問題時，你希望能記錄顧客、他們的設備、遇到的問題、以及你所提供的解答等相關資料。

a. 建立包含下列欄位的試算表：CustomerName、Phone、Email、EquipmentMake、EquipmentModel、Date、ProblemDescription、ProblemResolution。請在試算表中輸入樣本資料。

b. 假設你已經使用試算表好幾個月，並且輸入了1000個問題的資料。請說明你如何使用試算表找出特定顧客的所有問題。

c. 假設你已經使用試算表好幾個月，並且輸入了1000個問題的資料。請說明你如何使用試算表找出特定設備的所有問題。

d. 假設你已經使用試算表好幾個月，並且輸入了1000個問題的資料。再假設某些顧客已經打過好幾次電話。請說明當顧客變更他的電話或電子郵件地址時，你要如何做。

e. 請說明這份試算表如何提供你的組織競爭優勢。

f. 請說明這份試算表如何改善決策。

g. 評估在此應用中使用試算表的可取程度。使用試算表的好處是什麼？缺點又是什麼？如果你的公司必須保存1萬筆問題的紀錄，請說明你的答案會有什麼改變？

29.  假設你在一家小型的電子零售商工作；這家公司專門銷售高品質、昂貴的家用娛樂設備。當顧客打電話詢問關於他們設備的問題時你希望能記錄顧客、他們的設備、遇到的問題、以及你所提供的解答等相關資料。

a. 建立具有三個表格的Access資料庫：CUSTOMER、EQUIPMENT與PROBLEM；CUSTOMER表格中包含有CustomerName、Phone與Email欄位，EQUIPMENT表格中包含有ItemNumber、EquipmentMake與EquipmentModel欄位，PROBLEM表格中包含有Phone（對應於CUSTOMER的Phone）、ItemNumber（對應於EQUIPMENT的ItemNumber）、Date、ProblemDescription與ProblemResolution。請為某個欄位選擇適當的資料型態。

b. 在資料庫中輸入樣本資料。說明問題中的每筆資料列如何關連到相關的顧客與設備。

c. 假設你已經使用資料庫好幾個月，並且輸入了1000個問題的資料。請說明你如何根據顧客的電話號碼，找出該名顧客的所有問題。

d. 假設你已經使用資料庫好幾個月，並且輸入了1000個問題的資料。請說明你如何根據顧客的姓名，找出該名顧客的所有問題（提示：使用查詢來回答這個問題。此外，你要如何處理同名顧客的情況）。

e. 假設你已經使用資料庫好幾個月，並且輸入了1000個問題的資料。再假設某些顧客已經打過好幾次電話。請說明當顧客變更他的電話或電子郵件地址時，你要如何做。

f. 請說明這個資料庫如何提供你的組織競爭優勢。

g. 請說明這個資料庫如何改善決策。

h. 評估在此應用中使用資料庫的可取程度。使用資料庫的好處是什麼？缺點又是什麼？如果你的公司必須保存1萬筆問題的紀錄，請說明你的答案會有什麼改變？

職涯作業

30. 使用Google.com或你喜愛的其他網站搜尋工具，在網際網路上查詢客服人員的工作機會。

a. 找出並描述你可能會有興趣的三項工作。

b. 摘述這些工作所需的資格。

c. 舉出你在MIS課程中學到、而且有助於取得這些工作的兩個觀念、想法、流程、或架構。

31. 同30題，但將查詢換成是知識管理的工作機會。

32. 同30題，但將查詢換成是品管經理的工作機會。尋找要求商業、而非工程背景的職務（當然，除非你是主修工程）。

個案研究 2-1

微軟的顧客支援與知識管理

許多公司相信「最好的顧客服務就是完全不需要服務」。換句話說，如果產品能夠發揮作用，顧客從不來電，也就沒有服務的需要。次佳的顧客服務是讓其他人來支付代價。使用者間的相互支援就是一個例子。為了達到這個目的，微軟及其他軟體廠商會建立並管理用戶社群新聞群組、使用者群組、及最有價值的專業人士（MVP）等。microsoft.com/communities網站上還有更多的例子。

在新聞群組中，使用者會張貼關於錯誤、問題、與產品使用上的問題。其他具有相關產品經驗與專業的顧客則會回答這些問題。微軟員工也可能會提出答覆。這對微軟的一個額外好處就是它可以從新聞群組張貼的問題中知道關於產品及文件上的問題。

使用者群組是由在特定地理區中定期會面的產品用戶組成。例如微軟在華盛頓D.C.的Office使用者群組就定期碰面，以討論與Office相關之最佳實務、新的發展、問題與其他議題。使用者群組不只節省微軟的支援成本，還在更熟悉的當地環境中廣為流傳微軟的產品。微軟的員工會參與使用者群組擔任主講者、顧問、與觀察者。

微軟在其全球數百萬使用者中挑選了1900名擔任MVP（最有價值的專業人士）。這些人具備專家等級的微軟產品知識，並且與同儕及其他微軟產品用戶分享這些知識。微軟選擇這些人士是因為「他們協助世界各地的人利用技術來完成驚人工作的傑出表現」。這些人並不是微軟的員工，但卻扮演著微軟的產品與技術大使。微軟會招待他們參加年度MVP大會，他們可以在會議中見到Bill Gates與Steve Ballmer等高階執行長。

＊ 資料來源：Microsoft, microsoft.com（資料取得日期：2005年5月）。

問題：

1. 解釋為什麼最佳的顧客支援就是完全不要支援。

2. 列出支援性新聞群組對微軟的效益與成本。

3. 為什麼使用者要費心去回答其他使用者的問題？他們在這過程能得到什麼？假設你負責管理一組技術人員，你希望他們每天花多少時間去解決其他人的問題？你要如何控制這種活動？

4. 支援性新聞群組對微軟有何危險？新聞群組可能以何種方式反過來傷害到微軟？你認為微軟曾修改或監督新聞群組張貼的文章嗎？它應該有權這麼做嗎？
5. 同時考慮顧客支援與行銷效益，列出支援性新聞群組對微軟的效益與成本。
6. 支援使用者群組對微軟有何危險？使用者群組可能以何種方式反過來傷害到微軟？微軟對這些團體可以進行什麼樣的控制？
7. 加入使用者群組對個人有什麼好處？
8. 同時考慮顧客支援與行銷效益，列出微軟支援MVP計劃的效益與成本。
9. 除了有見到Bill Gates的機會之外，為什麼有人會想成為MVP？這個身分有什麼好處嗎？
10. 摘述微軟用來支援這些計劃的資訊系統。
11. 使用圖2-1的清單，摘述這些計劃如何提供微軟競爭優勢。

個案研究 2-2

Bosu平衡訓練器

Bosu平衡訓練器是一種發展平衡、力量與有氧訓練的裝置。Bosu於1999年發明，現在已經深入各主要健身中心、體育系與家庭。Bosu是「both sides up」的意思，因為這種設備的兩邊都可以做為訓練之用。

Bosu不只是個新的訓練設備，也反映出專注在平衡的運動新哲學。根據Bosu發明人David Weck所言，「Bosu平衡訓練器是誕生於我對改善平衡的熱情。在我一生對改善體育活動的追逐當中，我終於了解平衡是所有其他表現的基礎。」Bosu透過Bosu.com來銷售。

Bosu設備非常成功，因此必然引起大量的模仿風潮。為了讓Bosu能夠長期的成功，它必須將早期的市場領先地位轉換成可以持久的市場占有率。這意謂著Bosu必須爭取教練、個人訓練師、及其他對採購有重大影響力者的支持。Bosu必須在這些市場領導者之間取得提供重大效益、而且沒有受傷危險的好名聲。

問題：

1. 檢視圖2-1中的競爭優勢原則。Bosu可以建立哪些資訊系統以改進其產品，或是與現有及未來競爭者間的差異化？
2. Bosu可以開發哪些資訊系統以建立進入障礙和套牢顧客。
3. Bosu可以開發哪些資訊系統來建立聯盟關係？
4. 閱讀前面關於微軟顧客支援及知識管理的個案研究（你不必回答微軟個案的問題；只要知道微軟如何使用新聞群組、焦點群組與MVP）。
5. Bosu可以如何開發類似微軟的計劃，以提供顧客支援並建立競爭優勢。
6. Bosu需要開發什麼資訊系統來支援你在第5題中所提出的計劃。

第 2 單元

資訊科技

第 3 到 6 章將討論作為資訊系統基礎的資訊科技。第 3 章討論硬體與軟體，並且定義基本術語和基礎運算原則。

第 4 章透過資料庫處理的說明來討論資料元件。你會學到基礎的資料庫術語，以及處理資料庫的技術。因為你未來可能需要評估由他人為你開發的資料庫的資料模型，所以我們還會介紹資料塑模。

第 5 章將繼續第 3 章對運算裝置的討論，並且描述資料通訊與網際網路技術。

最後，第 6 章將討論資訊系統的開發。它會描述人們建構新資訊系統與修改現有系統的方法與程序。你還會學到身為資訊系統使用者的角色與責任。

本單元的目的是要提供高效能 IT 消費者所需的技術知識。你會學到基本術語、基礎概念和有用的架構，讓你有足夠的知識能夠向提供服務的資訊系統人員提出好問題和適當的請求。

硬體與軟體

學習目標

- 學習聰明的硬體產品消費者所必須知道的術語。
- 知道常見硬體設備的功能和基本性質。
- 瞭解電腦指令與資料的基本表示法。
- 知道 CPU 與主記憶體的目的，並瞭解它們之間的互動。
- 認識病毒、特洛伊木馬、和蠕蟲，並瞭解預防方法。
- 瞭解影響電腦效能的關鍵因素。
- 學習四個最常見作業系統的基本特徵。
- 知道應用軟體的來源與種類。

專欄

解決問題導引
探究你的問題

安全性導引
病毒、特洛伊木馬、和蠕蟲

反對力量導引
攪和與燒錢

倫理導引
使用硬體來強制授權

深思導引
保持速度

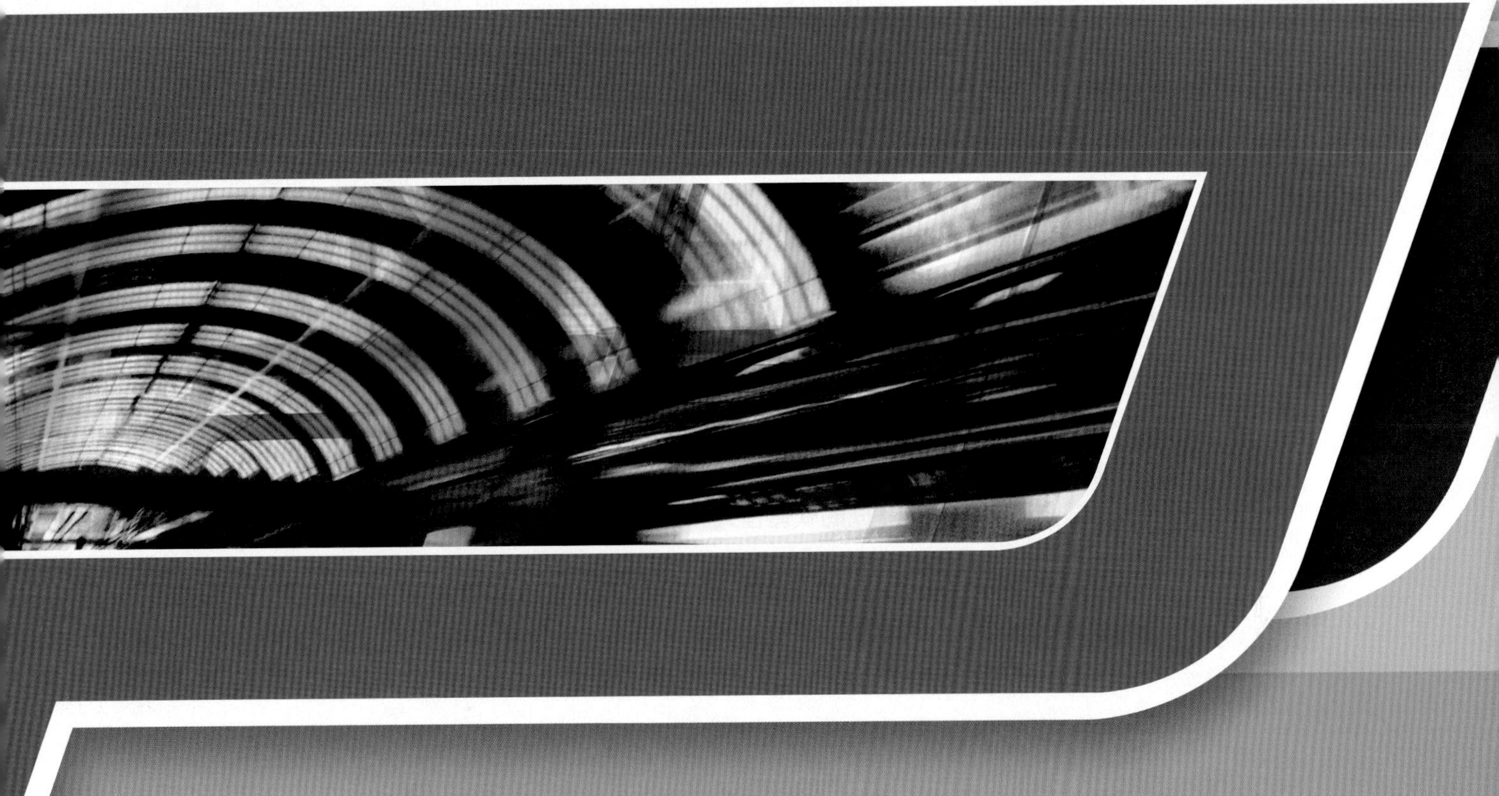

本章預告

本章將說明基本的電腦硬體與軟體詞彙以及觀念。它的目的不是要開啟你成為電腦工程師或軟體開發人員的事業，而是要協助你成為明智的電腦系統設備買家。為了瞭解這個目標的必要性，請閱讀下面的故事。

八萬美金夠嗎？

假設你是在營業額一億美金的壁爐和相關設備生產公司，擔任應付帳款部門的主管。假設你剛投入這項工作；在你上任的第二天下班前，你的上司將他的頭探進你的辦公室，並且宣布：「我馬上就得走了，不過我想先告訴你，你部門下一年度的電腦預算編列了八萬美金。這樣夠嗎？請在後天之前告訴我。謝謝。」

你會如何回應？你有兩天可以決定。如果你同意八萬元的預算，而最後發現不夠，那你部門下半年就會缺乏電腦系統資源，這種狀況會造成管理上的問題。果真如此，你可能必須超支購買設備。但你知道新公司很重視有效的成本控制，所以很不想超支。但是如果你要求超過八萬美金的預算，就必須說明需要的理由。你該如何做呢？

本章的目的是要讓你能夠提出正確的問題，以便有效地回應老闆的問題。請先閱讀「解決問題導引」，以學習如何提出正確的問題。本章最後還會回到這個故事。

基本的硬體術語

電腦裝置包含電腦的硬體與軟體。硬體是一些電子元件與相關機件，能夠根據電腦程式（軟體）中的指令來輸入、處理、輸出與儲存資料。

個人電腦與其他類似的電腦都是通用型電腦；可以執行不同的程式來完成不同的功能。例如你可能在電腦上執行微軟的Excel來進行財務分析，而你的室友則可能在相同的電腦上執行Adobe Acrobat來產生特定格式的文件。你與室友都是使用相同的硬體；你們只是用這個硬體來執行兩支不同的軟體程式。

有些電腦是特殊用途電腦；它們執行的程式固定在記憶體中。例如手機中的電腦就是一種特殊用途電腦，而汽車中計算引擎油量的電腦也是特殊用途電腦。通用型與特殊用途電腦都具有相同的原則與基本元件；它們唯一的差別在於這台電腦是否能執行多種不同的程式。

就資訊系統而言，當我們說電腦硬體時，我們是指可以執行各種程式的通用型電腦。特殊用途電腦隱藏在使用它們的裝置之中，平常甚至不會被注意到。例如當你使用手機時，通常不會想到其實也正在使用電腦。

輸入、處理、輸出與儲存硬體

要回答「八萬美金的電腦預算是否足夠」之類的問題，首先需要將數百種不同的電腦相關設備分類。最簡單的硬體分類方式是根據它們的基本功能：這是輸入用、處理用、輸出用、儲存用、或通訊用的硬體。我們會在本章討論前四種硬體，在通訊線路上傳送與接收資料的通訊硬體則在第5章中討論。

如圖3-1所示，典型的輸入硬體（input hardware）裝置是鍵盤、滑鼠、文件掃描器、以及諸如超商所使用的條碼掃描器。麥克風也是輸入裝置；在平板PC中，手寫也是一種輸入方式。較早期的輸入裝置還包括磁性墨水閱讀器（用來閱讀支票底部的墨水），以及如圖3-2所示Scantron公司的測驗掃描器等。

處理裝置包括中央處理單元（central processing unit, CPU），有時又稱為電腦的「大腦」。雖然CPU的設計與生物大腦的結構完全無關，這項描述卻相當有用，因為CPU的確是機器的「智慧」所在。CPU會選取指令、處理指令、執行算術運算與邏輯比較、並且將運算結果儲存在記憶體中。」

CPU在速度、功能、與成本上都不盡相同。諸如Intel、AMD、與國家半導體等硬體廠商都持續地改進CPU的速度與能力，同時降低CPU的成本（請參考第1章關於莫爾定律的討論）。你或你的部門是否需要最新最棒的CPU，應取決於工作的本質。

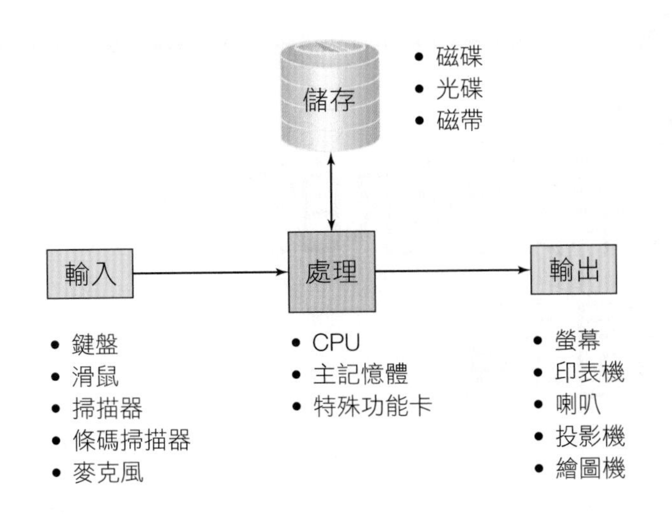

圖3-1
輸入、處理、輸出與儲存硬體

CPU與主記憶體（main memory）一同運作。CPU從記憶體讀取資料與指令，並且將運算結果儲存在主記憶體中。我們將在下一節中描述CPU與主記憶體間的關係。

最後，電腦還有特殊功能卡（special function cards）可以加入電腦中，以擴充電腦的基本能力，如圖3-3。例如，提供更佳解析度與更新速度的電腦繪圖卡，即為常見的特殊功能卡。

輸出硬體（output hardware）包括螢幕、印表機、喇叭、單槍投影機、和其他特殊用途裝置，例如大型的平面繪圖機等。

儲存硬體（storage hardware）能儲存資料與程式。磁碟是最常見的儲存裝置，不過像CD、DVD等光碟在現在也很普遍。在大型的企業資料中心，資料有時會儲存在磁帶中。

「MIS的使用3-1」中描述了某家銷售電腦硬體給企業用戶的公司所使用的商業模式。

電腦指令與資料的呈現

在我們可以進一步描述硬體之前，必須先定義一些重要的名詞。首先介紹的是二進位。

二進位

電腦使用二進位數字來呈現資料，二進位數字稱為位元（bit）。位元不是0，就是1；電腦用位元來表示資料，因為它們在實體上很容易表示，如圖3-4。一個開關可能是開或是

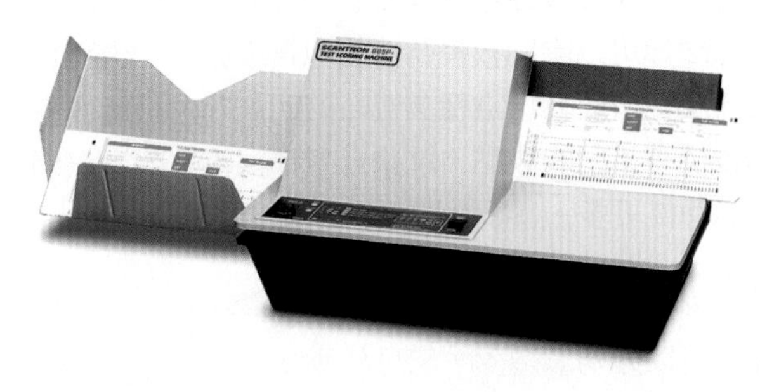

圖3-2
Scantron掃描器

圖3-3
特殊功能卡

探究你的問題

許多的學校經驗可能誤導你認為回答問題是學習中最重要的一部分。事實上，回答問題是最簡單的部分；對商業世界的大多數問題而言，最困難且最有創意的活動是去產生問題，以及構思取得答案的策略。一旦問題與策略出來之後，剩下的只是跑腿而已。

作為資訊科技與服務的未來消費者，你可以從能夠提出好問題及有效取得答案中獲益。這可能是你所能學到的最重要行為。因為技術的改變非常快速，你會持續需要學習新的資訊系統方案，以及如何將它們應用在業務中。

也許你曾經聽說過：「天下沒有不好的問題」。這是句沒意義的話。這個世界有成千上萬的爛問題，如果能夠學會不問這些問題，你會有更好的前途。

問題可能出在三個方面：它們可能是不相干的、無效的、或是問錯了人。首先，如果你知道主題而且有在注意，就可以避免詢問不相干的問題。本書的目標之一，就是希望教你關於資訊科技與資訊系統的知識，以避免詢問不相干的技術問題。

無效的問題是通往死巷的問題，這並沒辦法增加對主題的洞察力。下面是個無效問題的範例：「電腦如何運作的內容會考嗎？」你可以根據答案決定是否要為考試來讀這個主題，但是它沒辦法告訴你為什麼。它對你的學校生涯有幫助，但對你在工作上使用MIS則沒有幫助。

反之，詢問諸如：「電腦如何運作這個單元的目的是什麼？」「我們為什麼要讀它？」或者「它如何協助我在我的事業中使用MIS？」則是很好的問題，因為它們可以通往某處。你的教授可能會回答：「你會從討論中學到是否要幫員工購買更多的記憶體或更快的CPU，所以你會學到如何省錢。」當然你可能並不瞭解這個答案；此時，你可以詢問更多能帶領你瞭解它與使用MIS有何關係的問題。

你的教授也可能會說：「嗯！我認為這一節根本是浪費時間，而且我最近已經寫了一封電子郵件告訴作者。」那麼你可以詢問教授為什麼他這麼認為，也可以思考為什麼作者要寫出這種浪費時間的東西。可能作者與你的教授有不同的觀點。這些思考都很棒，因為它們可以讓你學得更多。

第三種爛問題的原因是它們問錯了對象。資訊科技的問題可以分為三類：「它是什麼？」「我可以如何使用它？」和「它是最好的選擇嗎？」第一種問的是簡單的定義。你可以在書本或是像whatis.com之類的網站上查到這類問題的答案。你不應該向珍貴或昂貴的消息來源詢問這種問題，這只是在浪費自己的錢和時間。此外，當你詢問這種問題時，看起來就像毫無準備，因為你沒有花時間去找出簡單的答案。

下一種問題：「我可以如何使用它？」就比較困難。要回答這個問題同時需要技術與業務的知識。雖然你可以透過網際網路研究這個問題，但你需要將它與你目前的環境相結合。在幾年內，這將是你在公司內應該會被問到的一種問題。它也是你可能需要請教專家的一種問題。

最後，最難的問題是：「它是最好的選擇嗎？」回答這類問題需要根據適當的標準在各種方案中進行判斷的能力。這些是你可能的確需要詢問昂貴的消息來源的問題。

另外請注意，只有「它是什麼？」這種問題才有可驗證的正確答案。另外兩種類型是屬於判斷的問題。沒有答案是正確的，但是有些答案可能比其他的好。當你在學習之路前進時，應該學習如何辨別判斷的品質及能夠對答案加以評價。請學習去探究你的問題。

討論問題

1. 使用你自己的話來區別好問題與爛問題。
2. 哪種問題是浪費時間？
3. 哪種問題適合去問你的教授？
4. 在什麼情況下，你會去詢問你已經知道答案的問題？
5. 假設你有15分鐘中可以和你老闆的老闆的老闆談話，哪種問題適合在這種情況下提出？即使你沒有為這場談話付錢，請說明為什麼這是個昂貴的消息來源。
6. 你如何知道何時對問題已經有好答案了？在答案中請考慮本書的三種問題類型。
7. 評估問題1到5的品質。何者是最佳問題？什麼因素會讓某個問題比其他更好？如果你能夠的話，請想出更好的方式來提出這些問題，或甚至是提出更好的問題。

MIS的使用3-1

CDW公司：新的硬體購買模式

CDW公司提供電腦硬體產品與服務給企業、政府、與教育機構。它將自己描述為B2B（企業對企業）公司；這表示它的主要市場是企業市場。雖然個人也可以向CDW購買，但它的服務與支援都是針對企業客戶。

CDW成立於1984年，而且今天已經有超過40萬名顧客。位於伊利諾州Vernon Hills的CDW在2003年的營業額為46億美金，並且也是財星雜誌票選全美一百大最佳工作地點的第11名。

CDW向設備原廠（original equipment manufacturer，例如HP與IBM）和配銷商（如Tech Data和Ingram Micro）採購產品，然後銷售給企業用戶。

CDW的主要競爭者是Dell，兩者是以選擇為基礎的競爭。CDW的執行長John Edwardson說：「我們承認Dell提供顧客最佳的Dell解決方案。但我們說CDW可以提供顧客最佳的產業解決方案。選擇性是我們競爭的最重要方式。」

傳統上，小企業的硬體需求是由加值型零售商（value-added reseller, VAR）所提供。VAR通常是小型的本地型企業，能夠分析顧客需要，決定電腦需求，採購硬體，以及設定和維護系統。這個模式需要VAR在銷售前先採購設備，而且VAR通常必須延展顧客的信用。

在以前電腦硬體利潤較高的時期，傳統的VAR模式運作的很好。VAR有足夠的利潤可以管理顧客的帳務風險，而仍舊能獲利。但今日的利潤已經不足以支援這個模式。

因此，在2004年後期，CDW公佈了新的代理人計劃（Agent Program），由CDW扮演現有VAR的合作夥伴。CDW會向顧客銷售硬體（Edwardson表示，CDW的90%訂單都能在接單的當天出貨），視需要延伸信用，並且管理信用風險。VAR則會提供後續的安裝與支援服務，並且向顧客收取這些服務費用。此外，CDW還會根據顧客的訂單付佣金給VAR。

代理人計劃很有爭議性；它必須將小型的CDW競爭者轉變為盟友。CDW相信新的模式應該可以運作，特別是電腦硬體的利潤還在持續降低。理論上，這個計劃可以讓CDW專攻他最擅長的部分，並且讓本地的VAR致力於他們擅長的部分。

* 資料來源： Craig Zarley, "CDW's Edwardson Outlines Agent Strategy," CRN, crn.com（資料取得時間：2005年1月）; Craig Zarley, "Peace Offering," CRN, crn.com（資料取得時間：2005年1月）。

關。電腦也可以設計為讓「開」代表0，「關」代表1。或者，磁場的方向表示位元；在某個方向的磁場代表0，另一個方向就代表1。在光學媒體上，磁碟表面有燒出一些小洞來反射光線。在特定點上，反射代表1，沒有反射就代表0。

電腦指令

電腦使用位元來達成兩種目的：指令與資料。就指令而言，特定指令（例如將兩個數字相加）是由一個位元字串來表示。這個字串可能看起來類似0111100010001110。當CPU從主記憶體讀取這種指令時，它會將數字相加，或是執行指令所指定的行動。電腦能夠處理的指令集合稱為這台電腦的指令集（instruction set）。

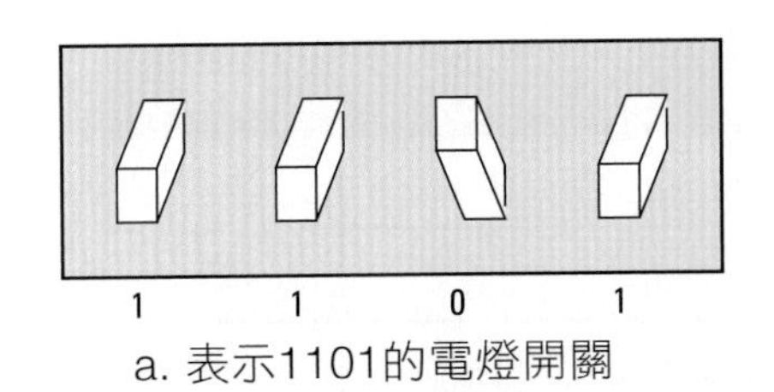

a. 表示1101的電燈開關

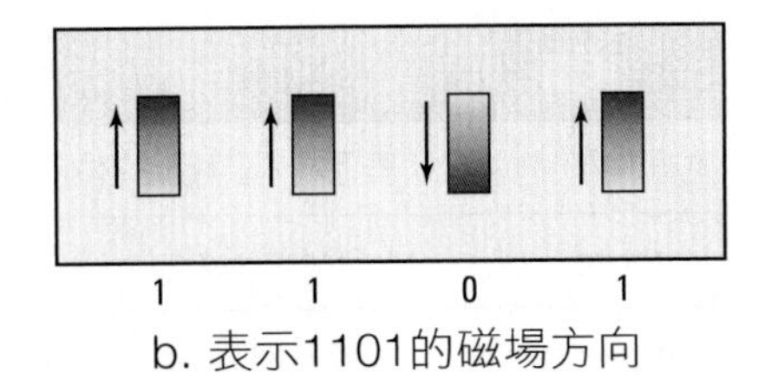

b. 表示1101的磁場方向

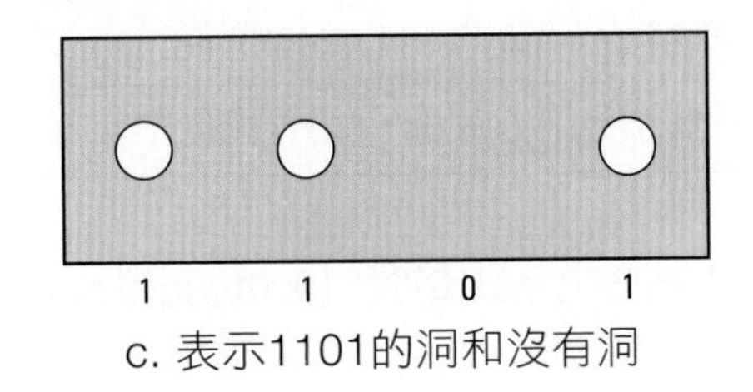

c. 表示1101的洞和沒有洞

圖3-4
位元在實體上很容易表現

所有執行微軟Windows的個人電腦都是使用Intel開發的指令集，稱為Intel指令集（Intel instruction set）。在2006年之前，所有麥金塔電腦都是使用為PowerPC處理器所設計的PowerPC指令集（PowerPC instruction set）。Apple在2006年開始可以在麥金塔電腦中選擇使用Intel或PowerPC處理器。

你不能在具有某種指令集的電腦上執行以另一套指令集所設計的程式，因此，你無法在使用PowerPC指令集的麥金塔上執行Windows。在八萬美金的案例中，如果你的公司都是使用Windows，你就不能購買具有PowerPC處理器的麥金塔電腦，因為它們無法執行Windows。

結論是：當你挑選執行特定指令集（例如Intel或PowerPC）的某個電腦家族時，你不只是選擇硬體而已，你也選擇了可以在這些電腦上執行的程式集合。

電腦資料

所有的電腦資料都是由位元表示；這些資料可能是數值、字元、金額、相片、錄音等等。所有這些都只是一串位元而已。

位元被分為8個一組，稱為位元組（byte）。對於字元資料（例如某人英文姓名中的字母），每個字元剛好等於一個位元組。因此，當你讀到一份規格表示某個運算裝置擁有100百萬位元組的記憶體時，就知道這個裝置最多可以保存100百萬個字元。

位元組也用來衡量非字元的資料大小。例如某人可能說某張圖片的大小是10萬個位元組；這表示用來呈現這張圖片的位元字串總長度為10萬位元組，也就是80萬個位元。主記憶體、磁碟、與其他電腦裝置的大小規格都是以位元組表示。圖3-5是用來表示資料儲存容量的縮寫；縮寫為K的kilobyte（千位元組）代表1024個位元組；縮寫為MB的megabyte（百萬位元組）代表1024K位元組；縮寫為GB的gigabyte代表1024MB；而縮寫為TB 的terabyte則代表1024GB。

術語	定義	縮寫
位元組	表示一個字元的位元數目	
kilobyte	1,024位元組	KB
megabyte	1,024 KB = 1,048,576位元組	MB
gigabyte	1,024 MB = 1,073,741,824位元組	GB
terabyte	1,024 GB = 1,099,511,627,776位元組	TB

圖3-5
重要的儲存容量術語

有時候你會看到這些定義被簡化為1KB等於1000位元組，而1MB等於1000K。這種簡化是不正確的，不過可以簡化我們的計算。此外，磁碟與電腦製造商都有動機要傳播這種錯誤觀念。如果一家磁碟製造商將1MB定義為一百萬位元組，而不是正確的1024KB，這家製造商就可以在標示磁碟容量時使用它自己的定義。買家可能認為宣稱有100MB的磁碟可以容納100 x 1024KB位元組，但事實上這個磁碟只有100 x 1,000,000位元組。正常來說，這種區分並不是太重要，但是要知道這些縮寫的兩種意義。

二進位資料的模糊性

在我們結束電腦資料呈現的主題之前，你還必須瞭解另一點：只靠檢視資料本身並無法判斷電腦資料的型態。位元字串0100 0001可以被解釋為十進位數字65、字元A、或是一張圖片或聲音檔案的一部分。此外，它還可能是電腦指令的一部分。你無法單靠看著位元字串就判斷出來它是什麼。

CPU是從它遇到位元字串的背景脈絡來解釋這個字串。如果這個字串是發生在讀取指令的過程中，它就會被解釋為電腦指令；如果是在處理字元字串的過程中（例如某個姓名），就會被解釋為字元A；如果是在算術運算時發生，就會被解釋為十進位數字65。

這種模糊性不只是純粹好奇的討論；病毒作者跟其他電腦犯罪者都藉此圖利。一段電腦指令序列（例如將系統密碼傳給駭客的指令）可以先偽裝成只是字元資料，並儲存在記憶體中。接著再設法滲透CPU，並且指示它執行先前偽裝成資料的指令。藉此，駭客就可以取得CPU的控制權。「安全性導引」中有更多關於電腦病毒如何運作以及要如何防範的討論。

消息靈通的專業人士所需的知識

根據前面的背景討論，我們現在將提供你身為商務人，要扮演優秀的電腦硬體和軟體消費者所需的知識。這個問題不僅僅只是關於：「我應該買哪種個人電腦？」畢竟，你可以詢問熱愛技術的朋友這個問題。此處的討論焦點是要協助你回答本章開頭的八萬美金問題。

以八萬美金的問題為例，假設你需要為部門中的新員工採購至少五台電腦。如果你的資訊部門表示你可以用三種不同的價格購買三種不同規格的電腦如下：

- 2.8 GHz的Intel Pentium 4處理器，配備533MHz資料匯流排、512K快取、256MB RAM
- 12.8 GHz的Intel Pentium 4處理器，配備533MHz資料匯流排、512K快取、512MB RAM

- 13.6 GHz的Intel Pentium 4處理器，配備533MHz資料匯流排、1MB快取、256MB RAM

現在，就像許多業務主管一樣，你可能會擦擦眼睛然後說：「我又不是電腦瘋子」，然後告訴資訊部門的人說：「選個你覺得最好的吧！」或者，只需根據你擁有的少許知識，你可以與這個部門一同努力，以提出關於這些電腦與你部門業務的聰明問題。下面幾頁的目的就是要讓你準備好能提出這些聰明的問題。

CPU與記憶體的使用

讓我們假設你正在電腦中使用三種不同的軟體程式；你正使用Excel來處理試算表，使用Paint Shop Pro檢視一張圖片，並且使用Adobe Acrobat建立廣告型錄。如果我們能夠打開電腦的蓋子，並且看到電路的內部運作（當然實際上不行啦），我們就可以看到類似圖3-6的情況。

在本圖中，主機板（main board）是安裝與連結處理元件的電路板。中央處理單元（CPU）會透過資料匯流排（data channel或data bus）從主記憶體讀取指令與資料，以及將資料寫回主記憶體。主記憶體是由一組小格子構成，每個小格子可以保存一個位元組的資料或指令。每個小格子有一個位址，CPU就是用這個位址來找出特定的資料項目。

主記憶體也稱RAM記憶體，或直接叫RAM。RAM是隨機存取記憶體（random access memory）的縮寫，用來表示電腦並不需要依序去存取記憶體的格子，而是可以用任意順序來參考。

要儲存資料或指令，主記憶體就必須要有電。當電源關閉之後，主記憶體的內容就會消失。揮發性（volatile）是指當電腦沒有電時，資料就會消失；因此，主記憶體就是揮發性的。

磁碟與光碟是位於圖3-6的左邊。這兩種裝置可以在沒有電力的情況下維持它們的內容，並且作為儲存裝置。你關閉電腦後開啟，這兩者的內容都不會改變。因此，磁碟與光碟都是非揮發性的（nonvolatile）（警告：這只在裝置有正常運作的情況下有效。雖然這種裝置的可靠度很高，但它們有時（特別是磁碟）還是會故障。因此，你應該定期備份檔案。我們在第4章還會討論備份）。

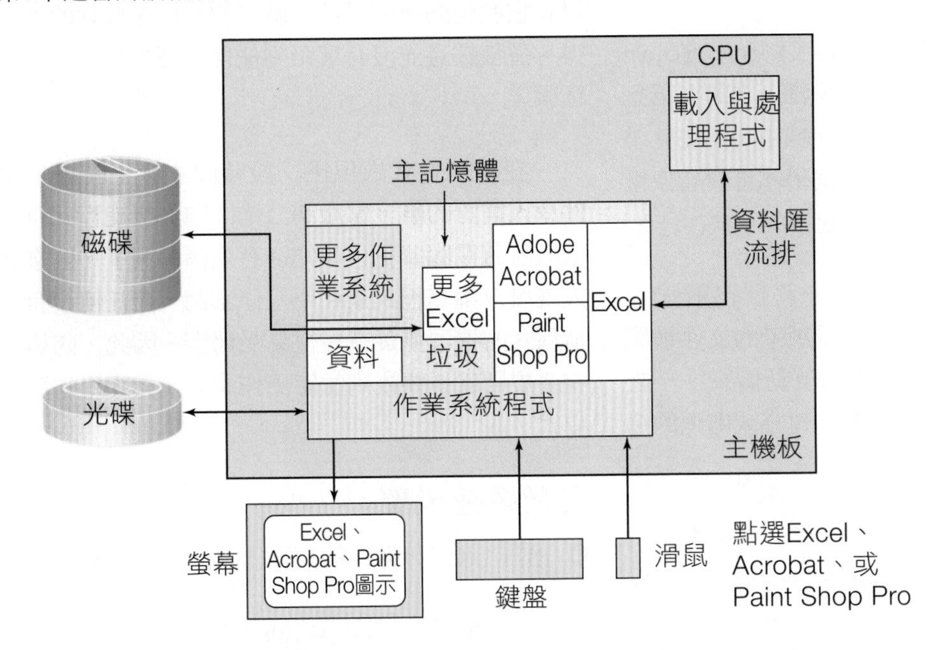

圖3-6
載入應用軟體後的電腦

病毒、特洛伊木馬、和蠕蟲

病毒是能自我複製的電腦程式。未經管理的複製就像電腦癌症；最後病毒就會消耗掉電腦的資源。此外，許多病毒也會採取有害的行動。

造成有害活動的程式碼稱為「彈頭」（payload）。彈頭可能會刪除程式或資料，甚至更糟的是悄悄地修改資料而不被發現。想像如果有病毒變更了所有顧客的信用評等，會造成多大的衝擊。有些病毒會以有害的方式發佈資料；例如將信用卡資料傳出至未經授權的網站。

病毒有許多不同的類型。特洛伊木馬（Trojan horses）是偽裝成有用程式或檔案的病毒。它的名稱是取材自伯羅奔尼薩戰役中被搬進特洛伊城中，那隻肚子裡面藏滿士兵的大型木馬。典型的特洛伊木馬會看似電腦遊戲、MP3檔案、或是其他有用而無害的程式。

巨集病毒（macro viruses）會將自己附加在Word、Excel或其他類型的文件。當受感染的文件被開啟時，病毒會將自己放在應用軟體的啟動檔案中。之後，這個病毒就會感染這個應用軟體所建立或處理的每個檔案。

蠕蟲（worm）是使用網際網路或其他電腦網路所傳播的病毒。蠕蟲是專門針對散播所設計的程式，所以它們傳播的速度比其他類型的病毒更快。它們不像非蠕蟲的病毒必須等待使用者與第二台電腦共享檔案時才能傳播，蠕蟲會主動使用網路來傳播。有時候，蠕蟲會堵塞網路，造成網路不穩定。

在2003年，Slammer蠕蟲堵住了網際網路，並且造成美國銀行的自動提款機和其他數百個組織的資訊系統失靈。Slammer的運作速度非常快，在十分鐘之內就感染了90%有弱點的電腦。

你可以採幾種方式來防範病毒。首先，大多數病毒會利用電腦程式的安全性漏洞。當廠商發現這些漏洞時，它們會建立修補程式（patch）來修正這些問題。要免於感染病毒，請檢查微軟及其他廠商的網站，並且在出現修補程式時立刻使用。Slammer蠕蟲的修補程式早在它發生的幾個月前，就已經可以在微軟的網站上取得。這隻蠕蟲並沒有感染到任何已經執行過修補程式的電腦。

在修補程式出現後一段時間才發生問題，並不是件令人驚訝的事。當廠商公佈問題與修補程式時，世界上的所有電腦罪犯也都知道有這個漏洞了。開發病毒的人就可以撰寫程式來利用這個漏洞，而任何沒有使用修補程式的機器無疑就變得易受傷害。因此，防範病毒的首要規則就是要找到並使用作業系統與應用軟體的修補程式。

其他防範步驟：

- 絕對不要從不明網站下載檔案、程式、或附件。
- 不要開啟來自陌生人的電子郵件附件。

- 不要開啟非預期的電子郵件附件，即使是來自已知的寄件人也不行。
- 不要依賴副檔名來做判斷。稱為MyPicture.jpg的檔案通常是張圖片（因為副檔名為jpg），但是某些情況下，它也可能是病毒。
- 諸如Symantec、Sophos、McAfee、Norton及其他授權產品都能夠偵測、甚至可能排除病毒。它們可以用主動方式在接收到電子郵件時檢查附件，也可以用回溯的方式檢查記憶體與磁碟中是否有病毒程式。你應該定期（至少一週一次）執行回溯式的防毒程式。

這種防毒程式（antivirus programs）會在電腦的記憶體與磁碟中搜尋已知的病毒。顯然，如果防毒軟體不認識某種病毒，就不會偵測到它。因此，你應該定期從防毒軟體廠商那邊取得最新的病毒碼。此外，要記得即使你有使用防毒軟體，還是可能受到病毒偵測廠商所不知道的病毒侵襲。

如果你中毒了，要怎麼辦呢？大多數防毒產品都包含移除病毒的程式。如果你中毒了，可以遵照軟體提供的指示來移除。不過病毒也有可能突變成不同的型式，所以如果防毒產品並沒有見過這種變形的版本，它就會停留在你的電腦中。

不幸的是，唯一能確定移除病毒的方式是透過重新格式化你的磁碟，把所有東西都刪掉。之後，你必須從已知乾淨的來源（例如廠商的原始CD）重新安裝作業系統和所有應用。最後，你必須逐一重新載入你知道沒有病毒的資料檔案。這是很費工費時的過程，而且還要假設你已備份所有的資料檔案。因為所涉及的時間與費用，所以很少有公司會這麼做。然而，重新格式化磁碟是唯一能確定移除病毒的方法。

病毒非常昂貴。C/Net估計Slammer蠕蟲造成了大約9.5億到12億美金的生產力損失。為了保護你的組織，你應該確定公司有盡速安裝修補程式的程序。此外，每台電腦都應該使用防毒程式。你和你的組織不能承受沒有採取這些預防措施的後果。我們將在第11章討論諸如間諜軟體（spyware）等其他有問題的程式。

討論問題

1. 定義病毒並解釋「彈頭」一詞。
2. 病毒會造成什麼損害？
3. 列出並簡短描述病毒的三種類型。
4. 什麼是修補程式？為什麼修補程式很重要？
5. 描述你可以用來防範病毒的行動。
6. 防毒軟體有哪兩種運作方式？為什麼更新防毒軟體的病毒碼很重要？
7. 要從電腦連根拔除病毒所必須採取的步驟是什麼？

圖3-6的底部是螢幕、鍵盤與滑鼠。在圖中，這些裝置與磁碟都是直接連到主記憶體。嚴格來說，這並不完全正確，不過為了便於解說，我們將做這樣的假設。即使漏掉一些步驟，但最終來說，鍵盤輸入的資料還是會進入記憶體來進行處理，而你螢幕中的影像也是來自主記憶體的內容。

記憶體的內容

如果我們可以直接看到記憶體，就可以看到它被用來做三種事：它會容納作業系統的指令；它會容納如Excel或Acrobat等應用程式的指令；它還會容納資料。

就第一種用途而言，作業系統（operating system, OS）是控制電腦所有資源的程式：它會管理主記憶體的內容，處理鍵擊與滑鼠的移動，將信號送給螢幕，讀寫磁碟檔案，以及控制其他程式的處理。我們稍後會討論如Windows等特定的作業系統。

圖3-6中還包含Excel、Paint Shop Pro和Adobe Acrobat的記憶體區段。最後，有一段記憶體中包含了記憶體中的程式正在使用的資料。請注意作業系統指令佔用了兩段不同的記憶體，Excel也是載入在兩個不同的區段。這是因為程式的有些部分要一直到需要用到時才會載入。

圖3-6中有一段記憶體是用來儲存資料，但事實上，因為程式會經常請求作業系統為它們配置記憶體，所以這種區段應該會有很多。例如每次你開啟新的圖片檔時，Paint Shop Pro就會試圖去取得記憶體空間。

記憶體置換

現在假設當你正忙著使用這三個應用程式的時候，你決定要再開啟另一個圖片檔。當你點選Paint Shop Pro的開啟舊檔時，這個程式會要求作業系統為這個圖片配置記憶體。但假設此時已經沒有足夠的記憶體，也就是目前未使用的記憶體空間不夠存放這張圖片，會發生什麼情況呢？

此時，作業系統必須移除一些東西來挪出空位。作業系統會遵循一套很複雜的邏輯來判斷要移除什麼。假設此時被選中要移除的是標示為「更多Excel」的區段。如果這個區段中包含的資料，從最初由磁碟讀出之後已經被改變過了，則必須將資料重新寫回磁碟中；否則，就只要直接將記憶體從Excel手中取回，將空間配置給新的圖片即可，如圖3-7所示。

在你繼續工作的時候，作業系統會繼續這種記憶體置換（memory swapping）的工作：它會將程式與資料從記憶體中置入和換出。如果在看完這個圖檔之後，你又回到Excel工作，則作業系統可能會將程式碼再搬回主記憶體。這種資料和程式的置入和換出，可能會造成系統效能的降低。

如果你的電腦有非常大的主記憶體，而且你一次只用到少數的程式，或是只使用到一些小檔案，就只會引發少量的置換。但是如果你電腦的記憶體容量很小，或是你需要使用許多程式或處理許多很大的資料檔案，就可能有嚴重的置換（與效能）問題。此時，加大記憶體將會大幅改善你電腦的效能。

CPU的工作

CPU會透過資料匯流排從記憶體讀取指令和資料。它傳輸資料的最高速度取決於主記憶體的速度和資料匯流排的寬度。16位元寬的匯流排表示它一次可以運送16位元，而64位元寬的匯流排則一次可以運送64位元。匯流排越寬，它在特定一段時間內能傳送的資料也就越多。這就好像捷運一次可以運送的乘客數目同時取決於車的速度和車內的座位數目。

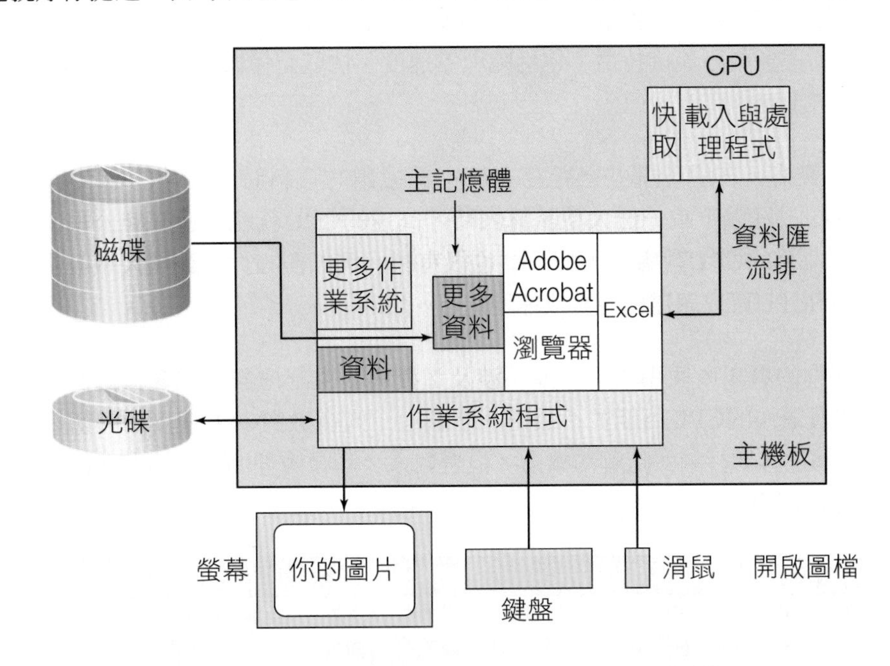

圖3-7
圖檔覆蓋掉原本由Excel使用的記憶體

因為資料傳輸速率取決於資料匯流排的速度與寬度，以及主記憶體的速度，所以加速電腦的另一種方式是使用較快的記憶體。這有實際上的限制，因為非常高速的記憶體很貴。

不過顯然，有些資料的存取頻率高過其他的資料。因此，電腦工程師發現他們可以透過建立少量稱為快取記憶體（cache memory）的高速記憶體，來加速CPU的整體產出。通常，CPU會將中間結果及最常用到的電腦指令儲存在快取記憶體中。它可以被視為是CPU專用的局部記憶體，作為處理的緩衝空間。

在某些情況下，可能會有兩到三層的快取記憶體。在2005年間，典型的桌上型電腦可能有8K非常快、也非常貴的快取記憶體，和512K普通快且普通貴的快取記憶體，和可能是512MB的正常主記憶體。根據莫爾定律，在你閱讀本文的時候，它們的大小可能又已經增加了。

每個CPU都有以「週期／秒」（又稱為hertz）為單位的時脈速度，現代的高速電腦具有3.0GHz的時脈速度，也就是每秒30億週期。在你閱讀本文時，CPU的速度將會變得更快。時脈速度決定運算完成的速率，但是相關細節過於複雜，超出本書的涵蓋範圍。一般而言，時脈速度越快，工作的完成時間也就越短。

不過CPU的時脈速度並不是影響電腦效能的唯一重要因素。如前所述，記憶體的速度、資料快取記憶體的數量與種類、以及資料匯流排的速度與寬度都是影響因素。在品質好的電腦中，設計師會對各元件作適當的匹配。只有不良的設計師會對3.0 GHz的CPU搭配很慢的記憶體。

影響電腦效能的因素

在此，我們已經完成對硬體的定義，現在要應用你之前所學來討論影響電腦效能的因素。瞭解這些因素會協助你對資訊部門提出聰明的問題，並且協助你找出像八萬美金之類問題的答案。

CPU與資料匯流排

圖3-8摘述了影響電腦效能的因素。表中每一列都是關於不同的電腦元件。第一列是最影響效能的CPU與資料匯流排特徵；包括處理器速度、快取記憶體的數量與種類、資料匯流排速度、和資料匯流排寬度。

根據這個表格，在處理那些已經存在於主記憶體的資料時，高速的CPU與資料匯流排最有用。例如一旦你下載一份大型試算表時，高速的CPU就能快速根據公式執行複雜的what-if分析。高速的CPU對處理大型圖檔也很有用。例如假設你在調整大型圖片畫素的明暗度，則高速的CPU可以讓這種調整快速地進行。

如果你或你的員工所使用的應用並不涉及這種會對主記憶體內之資料的百萬次計算或操弄，那麼購買最快的CPU可能並不值得。事實上，大多數對CPU速度的關切只是業界的噱頭。速度是個很容易行銷與瞭解的概念，但是對大多商業處理而言，擁有非常快速的CPU通常比不上如主記憶體等其他因素那麼重要。

圖3-8
硬體元件與電腦效能

元件	效能因素	有利之處	典型應用
CPU與資料匯流排	• CPU速度 • 快取記憶體 • 資料匯流排速度 • 資料匯流排寬度	• 一旦資料位於主記憶體之後的高速處理	• 在複雜的試算表中反覆的公式計算 • 大型圖檔的操弄
主記憶體	• 大小 • 速度	• 一次容納多支程式 • 處理非常大量的資料	• 執行Excel、Word、PaintShop Pro、Adobe Acrobat、幾個網站及電子郵件，同時處理記憶體中的大型檔案，並且觀看影片 • 3D電腦遊戲
磁碟	• 大小 • 傳輸通道的類型與速度 • 轉速 • 搜尋時間	• 儲存許多大型程式 • 儲存許多大型檔案 • 從記憶體置入與換出檔案	• 儲存美國各州的詳細地圖 • 從組織伺服器下載大量資料 • 補救記憶體太少的電腦
光碟：CD	• 最多700MB • CD-ROM • CD-R（可燒錄） • CD-RW（可重複寫入）	• 讀取CD • 能用可寫入媒介來備份檔案	• 安裝新的程式 • 播放與錄製音樂 • 逐漸被DVD取代 • 備份資料
光碟：DVD	• 最多4.7GB • DVD-ROM • DVD-R（可燒錄） • DVD-RW（可重複寫入）	• 同時處理DVD與CD • 能用可寫入媒介來備份檔案	• 安裝新的程式 • 播放與錄製音樂 • 播放與錄製電影 • 備份資料
螢幕：CRT	• 觀賞尺寸 • 點距（dot pitch） • 最佳解析度 • 特殊記憶體？	• 小預算	• 非圖形應用軟體，例如文書處理 • 較少使用的電腦
螢幕：LCD	• 觀賞尺寸 • 點距（dot pitch） • 最佳解析度 • 特殊記憶體？	• 擁擠的工作空間 • 當需要較明亮、銳利的影像時	• 使用超過一台螢幕時 • 要處理大量圖形 • 長期使用

主記憶體

根據圖3-8的第二列，主記憶體的兩個主要效能因素是速度與容量。通常，特定電腦品牌與型號的設計會使用特定的記憶體類型，而且這種記憶體的速度也是固定的。如果你購買了這台電腦，你對增加記憶體的速度是無能為力的。

但是你可以增加主記憶體的數量，直到你的電腦型號所能支援的最大數目為止。在2005年間，全新個人電腦的最大記憶體數量大約落在1.5到2.0GB之間。

順帶一提，如果預算是考量的重點，有時可以向第三方購買比原廠更便宜的記憶體。不過必須確定買到的是正確的記憶體類型。安裝更多記憶體很容易；一般的技師就可以執行這種工作，或者，如果沒有辦法取得廠商支援，你的資訊部門一定也可以找到某人來做這件事。

如圖3-8所示，安裝更多的記憶體對於要同時執行許多不同應用程式，或是要處理許多大型檔案（每個檔案數百MB或更大）的時候特別有用。如果你的電腦一直持續地在置換檔案，安裝更多記憶體會大幅改善效能。事實上，記憶體很便宜，且一般是改善電腦效能的最佳方式。

作業系統已有提供工具及公用程式（utility）來衡量主記憶體的利用率和檔案的置換。電腦計師可以很容易地使用這些工具來判斷更多的記憶體是否會有幫助。當然，你也可能會問為什麼我們需要這麼多的記憶體？請參考「反對力量導引」。

磁碟

如前所述，磁碟與光碟提供長期非揮發性的資料儲存。這種儲存裝置的種類與容量會影響電腦效能。首先，要瞭解資料是以同心圓的方式紀錄在磁碟中（圖3-9）。磁碟會在磁碟單元中旋轉，而在它旋轉時，讀寫頭（read/write head）就會去讀取或寫入磁碟中的磁點（magnetic spot）。

從磁碟讀取資料所需的時間取決於兩個指標：第一個指標稱為旋轉延遲（rotational delay），是它將資料旋轉到讀寫頭下方所需的時間；第二個指標稱為搜尋時間（seek time），是讀寫臂將讀寫頭移到正確的一環所需的時間。磁碟旋轉的越快，旋轉延遲就越短。搜尋時間則取決於磁碟裝置的廠牌與型號。

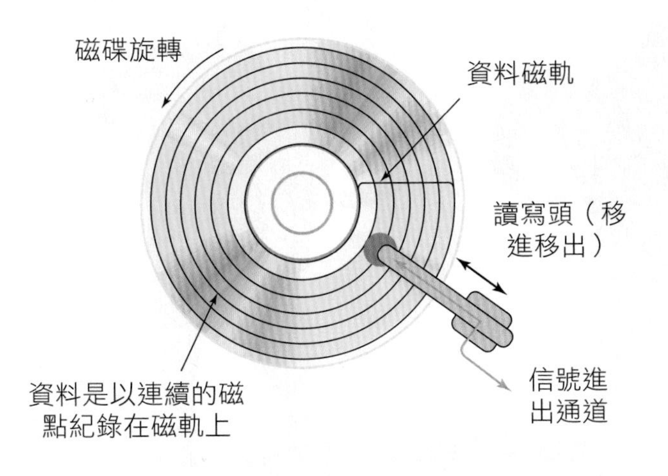

圖3-9
磁碟元件

攪和與燒錢

某位我們稱為Mark的匿名消息來源對電腦系統裝置發表下列看法：

「我從來不升級我的系統。至少我盡量不要。你看，我工作時只有寫寫備忘錄和存取電子郵件。我使用微軟的Word，但我沒有用到10年前的Word 3.0之外的任何功能。這整個產業奠基在『攪和與燒錢』的基礎上。它們攪和它們的產品，然後讓我們燒掉我們的錢。」

「所有這些關於3.0GHz處理器與120GB磁碟的熱潮都是如此。誰需要它們啊！至少鐵定不是我。如果不是微軟把那麼多垃圾放進Windows，只要像我1993年用的Intel 486處理器就可以處理得嚇嚇叫了。大家都掉進了『你一定得擁有』的陷阱。」

「老實說，我覺得硬體和軟體廠商之間一定有勾結。它們都希望賣出新的產品，所以硬體那些傢伙就去生產那些又快又大的電腦。然後，因為有這些能力，軟體廠商就去開發那些像怪獸一樣的產品，塞滿了沒人會用到的功能。我花了好幾個月去瞭解Word的所有功能，然後發現我根本不需要它們。」

「要瞭解我的意思，你只要開啟微軟Word，點選檢視，然後選擇工具列。在我的Word版本中，一共有19種工具列可以選擇，外加一種自訂工具列。現在，告訴我，為什麼我需要19種工具列？我一天到晚寫作，而我需要的只是兩種：一般和格式工具列。19分之2！我可以只付微軟2/19的價錢嗎？」

「你知道它們是怎麼擺平你的嗎？因為我們生活在彼此相連的世界中，它們不用讓我們全部都使用這19種工具列，只要有一個人使用就好了。以搞法律的Bridgette來說好了，她喜歡使用檢閱功能，她也希望我在修改她給我的合約草案時使用。所以，如果我想要修改她的文件，就必須開啟檢閱工具列。你瞭解我的意思了吧；只要有人使用這個功能，我們就全都必須有這個功能。」

「病毒就是它們最厲害的陰謀之一。它們說你最好買最新最好的軟體，然後執行後續所有的修補程式，你才能避免電腦世界「壞份子」的搗亂。你想想看，如果廠商在一開始就能正確地建造產品，就不會有漏洞讓壞胚子利用，不是嗎？所以它們把產品的缺陷當作銷售手段。你看，它們讓我們都專注在病毒、而不是它們產品的漏洞上。事實上，它們應該說：『購買我們的最新產品，免得被我們去年賣你的垃圾傷害。』但你沒辦法在廣告中找到真相。」

「除此之外，在病毒方面，使用者就是他們自己的最大敵人。如果我在清晨四點醉醺醺地走在第17街，還帶著一大堆的現金，那還會發生什麼事呢？我根本就擺明了要別人來搶我。所以如果我要走進某個奇怪的聊天室，你知道，就是那種可以找到奇怪的色情圖片之類東西的地方，而且還下載和執行某個檔案，那我當然就很可能遇到病毒。病毒是被使用者的愚蠢帶進來的。就是如此。」

「最近開始有使用者站起來抗議：『夠了，我不要更多了。我要停在這裡就好了。多謝！』或許這是軟體銷售最近成長沒這麼快的原因。人們可能終於開始說：『別再加工具列了！』」

討論問題

1. 摘述Mark對電腦產業的觀點。他的說法有道理嗎？為什麼？
2. 你在他的陳述邏輯中有看到什麼漏洞嗎？
3. 有人可能認為這些話只是沒有意義的發洩，如「Mark高興說什麼都可以」，不過電腦產業還是往自己的方向繼續。有任何論點可以支持Mark的批評嗎？
4. 假設你正召開部門會議來評估本章開頭所提的八萬美金的硬體預算，而部門的一位員工發表了類似Mark的談話，你會如何回應？
5. 有時候人們會說電視新聞沒有內容，因為這些新聞內容比所有觀眾的最低智商還低。根據Mark的敘述，軟體則正好相反。在相互關連的世界中，如果有人使用了某個功能，其他人就必須要有這個功能。所以，軟體被提升到「最大公倍數」。你相信這個論述嗎？這可以適用於所有軟體產品的行銷嗎？
6. 請先閱讀「安全性導引」。針對Mark這個敘述：「病毒是被使用者的愚蠢帶進來的。就是如此。」請發表你的評論。
7. 你看到任何使用者站出來表示：「我受夠了」的跡象嗎？假設你是行銷人員，如果真的出現這種運動的跡象，電腦產業應該如何因應呢？

一旦讀寫頭位於磁碟的正確磁點位置，資料就會從通道流入／出主記憶體。通道的傳輸速率就和資料匯流排一樣，取決於通道的寬度與速度。關於通道特徵有幾種不同的標準。在2005年間，常見的標準為ATA-100（Advanced Technology Attachment）標準，100則是代表最大傳輸速率為每秒100MB。

當你購買電腦時，通常有幾種磁碟可選。你可以選擇一或兩種不同的通道標準（如ATA-66或ATA-100），還可以選擇不同的旋轉速度。

另外，還可以選擇不同的磁碟容量。就大多數商業使用者來說，30GB就遠超過實際需要。不過，對製造商而言，大型磁碟相當便宜，所以你很可能會得到遠大於此的磁碟（200GB或更大）。如果你想要儲存美國每一州的詳細地圖，或是必須儲存從組織伺服器電腦下載的大量資料，則可能需要這麼大的磁碟。否則，千萬別淪為宣傳下的犧牲品；還是幫員工買較好的螢幕或其他東西吧。

如圖3-8所述，在某個程度上，可以使用高速硬碟來補償記憶體不足的問題。還記得當記憶體太少時，電腦會不斷地置換檔案；利用高速磁碟可以加速這個過程。如果電腦上所能安裝的記憶體已經到了極限，但還是有置換的問題，則可能會想使用高速磁碟來幫忙。不過，在這種情況下，較快速的處理器也可能會有幫助；當然，你可能會想乾脆買台新電腦吧！

光碟

光碟可以分為兩種：CD（compact disk）和DVD（digital versatile disk）。這兩種的材質都是塑膠，上面鍍上感光材料。如前所述，位元是透過使用低功率雷射在感光物質上燒洞來表示。凹洞會造成光線反射，代表1；沒有反射則代表0。光碟跟磁碟一樣是非揮發性媒介；即使在沒有電的情況下，它們的內容仍然不會消失。

CD與DVD間的差異在於它們儲存資料的方式，不過在此將不贅述。實用上最重要的差異是在於它們的容量與速度。典型CD的最大容量為700MB，而DVD則最多可儲存到4.7GB。此外，DVD的傳輸速率大約是CD的十倍。

如圖3-8所示，有些光碟是唯讀（read only）的；它們無法燒錄資料（簡寫為CD-ROM與DVD-ROM）（ROM代表唯讀記憶體，read-only memory）。另一種稱為CD-R和DVD-R的光碟則可以燒錄一次資料（R代表可燒錄，recordable）。第三種CD-RW和DVD-RW則可以多次燒錄（RW代表rewritable）。

CD與DVD的最大應用是在娛樂產業，用來播放音樂和影片。業界普遍使用CD來散佈程式和其他大型檔案。例如作業系統與程式（如Windows和微軟Office）都是用CD來販售與安裝。此外，可燒錄的媒介也能用來備份磁碟上的檔案。

今日，每台電腦應該至少都有配備光碟機，以便安裝程式。大多數電腦應該也有某些版本的光碟燒錄器可以備份資料。在這些目的之外，擁有CD或DVD的主要原因通常是為了娛樂，但這可不是組織資源的最佳用法。

螢幕

螢幕也可以分為兩大類：CRT與LCD。CRT螢幕使用與傳統電視螢幕相同的陰極射線管。因為它們需要一個大管子，所以CRT較龐大笨重；深度至少與寬度相當。LCD螢幕則是使用稱為液晶顯示的不同技術；因為不需要用到管子，所以薄得多，大約只有2吋左右。

這兩種螢幕都是透過螢幕上稱為像素（pixel）的小點來顯示影像。像素是以矩形方格來排列；一台普通的螢幕可能是以800 x 600像素的方格來顯示，更高品質的螢幕則可以顯示1,024 x 768像素的方格，甚至是1,600 x 1,200像素。

顯示的像素數目不只取決於螢幕的大小，也取決於建立影像的機件設計。就CRT螢幕而言，點距（dot pitch）是指像素間的距離。點距越小，螢幕影像就越銳利鮮明。就LCD螢幕而言，像距（pixel pitch）則是螢幕像素間的距離。同樣地，像距越小，螢幕影像就越銳利鮮明。

每個螢幕都有最佳解析度（optimal resolution），也就是能提供最佳銳利度和明亮度的影像方格大小（如1,024 x 768）。這個最佳解析度取決於螢幕大小、點距或像距和其他因素。越貴的螢幕就具有越高的最佳解析度。

螢幕的每個像素會呈現在主記憶體中；如果螢幕的解析度是1,024 x 768，則記憶體中就會有個具有1,024列和768欄的表格。表格中每一格都有一個用來表示對應像素顏色的數值。如果是黑白影像，則每一個格子可能只有單一位元：0表示白，1表示黑。要表現16色，則每個像素必須由4個位元來呈現（4個位元可以表示數值0到15，每個數字代表一個特定顏色）。今日的大多數螢幕都使用每個像素32位元的大型調色盤，並且可以顯示8,589,934,591種顏色。

這種大型調色盤需要相當多的主記憶體。要呈現1,024 x 768解析度的影像，總共需要3,145,728個位元組。為了某些原因（不在本書討論範圍之內），有時還會有幾個版本的像素表格同時存在記憶體中。

因為這些表格佔據了大量的記憶體，有些電腦會有一塊獨立的快取記憶體專門供影像顯示支用。這種記憶體是針對影像的使用來做最佳化設計，對於需要快速變動大量影像的多媒體應用，以及電腦遊戲中的3D影像特別重要。

對於具有相同品質的螢幕而言，CRT螢幕的初期成本較低，但LCD螢幕的壽命較長，所以最終的實際成本可能較低。不過，事實上，因為技術改良的速度很快，大多數人會在他們螢幕用壞之前就升級到更好的電腦，所以較長的壽命可能未必有影響。

LCD的最大好處當然是它們的體積較小，所以可以留下較大的桌面。當工作需要同時間看不只一台螢幕時，這種特性更是有用。例如華爾街的股市交易員就需要三或四台螢幕，他們使用的都是LCD。

「MIS的使用3-2」中描述了MCSi公司為美國陸軍戰術中心所開發的視覺化螢幕。你應該可以使用本章的定義與觀念來瞭解這個案例。

軟體概論

電腦系統裝置是由硬體與軟體程式所構成。在圖3-6的討論中提到，軟體有兩種主要類型：作業系統與應用程式。本節將概述常見的作業系統，並且描述應用程式的來源和類型。我們在第6章的程式開發流程中，還會再次討論到軟體。

MIS的使用3-2

美國陸軍的視覺化螢幕

「MCSi公司被授命開發新的行動命令站，能夠在極端的情況下無誤地執行，並且提供最佳的影像品質。」MCSi的資深客戶經理與這個專案的民間經理人Betsy Mayer表示：「這個新的TOC（美國陸軍戰略中心）必須滿足步兵團要求的移動性，並且將多個戰地現場影像整合到中央的觀察與指揮中心。」

「之前指揮中心追蹤戰區的方式早已過時。他們的人員使用6呎乘6呎的地圖，並且在上面插大頭針來標示。他們也使用老舊的電腦系統來紀錄資料，因為這些資訊無法饋入任何顯示裝置，所以必須先列印出來，然後放在地圖的旁邊。我們的任務就是將這套原始的系統演進為更有效率和效能的戰地通訊中心。」

「為了盡可能讓指揮人員能了解情況，我們需要能夠從多方輸入顯示多個影像在單一畫面上的顯示系統。此外，這個設備還必須能忍受沙漠的嚴苛環境。這是個客製化的設計，要求品質與可靠度。MCSi過去對RGB Spectrum公司QuadView視訊處理器的經驗簡化了這個選擇。QuadView提供欄位驗證的可靠性，支援所需的各種戰地輸入信號，並且能在單一螢幕上以極佳品質即時顯示四個影像。」

RGB Spectrum的主管表示：QuadView處理器會接收電腦與視訊輸入；來自一組12台個人電腦的輸入影像包含地圖、軍力追蹤、資源資料庫、衛星下傳的廣播與監視畫面、情資報告、武器控制、敵方的目標、網頁、和PowerPoint簡報。視訊來源則包括DVD、VCR、及監視錄影機。使用者可以選擇高達1,600 x 1,200解析度的輸出設定。公司主管表示，從來源到螢幕間是純粹的數位信號路徑，已達到最佳的影像品質。QuadView XLRT會自動判斷輸出螢幕的特徵，並且根據這台裝置特徵來最佳化它的輸出信號。

＊ 資料來源： John McHale, “Army Tactical Operations Centers in Iraq Use RGB Spectrum’ s Display Technology,” Military and Aerospace Electronics（September 2004）授權使用。

作業系統

圖3-10列出來的四種主要作業系統都非常重要，下面將依序討論：

Windows

對企業使用者而言，最重要的作業系統就是微軟的Windows。不同版本的Windows佔據了全世界超過85%的桌面，而單就企業使用者來看，這個數字可能超過95%。Windows有很多不同的版本；有些版本是在使用者的電腦上執行，有些則用來支援網站、電子郵件、或其他處理（將在第5章討論）的伺服器電腦。Windows是執行Intel指令集。

名稱	主要用途	主要擁護者	指令集
Windows	企業使用者 伺服器	微軟	Intel
麥金塔	藝術工作者 藝術團體	蘋果	PowerPC（2006之後還有Intel）
Unix	科學家 工程師	Sun Microsystems和其他	很多
Linux	伺服器 科學家 工程師	IBM	很多

圖3-10
當代作業系統

Mac OS

蘋果電腦公司開發了自己的麥金塔作業系統，稱為Mac OS。目前的版本是Mac OS X。麥金塔電腦主要是由繪畫藝術家和藝術團體的工作者所使用。Mac OS最初是針對Motorola的CPU處理器所設計；但在1994年，它轉成使用IBM的PowerPC處理器。從2006年開始，你可以選擇使用PowerPC或Intel CPU的麥金塔。使用Intel處理器的麥金塔可以執行Windows和Mac OS。

大多數人同意蘋果電腦一直領導著易於使用的介面開發。事實上，許多創新的想法最早都是出現在麥金塔，稍後才以某種形式加入到Windows中。

Unix

Unix是由貝爾實驗室於1970年代所發展出來的作業系統，從那時候開始，它就一直是科學家與工程師社群的好幫手。一般人認為Unix比Windows或Mac難用，許多Unix的使用者都是使用一種艱深的語言來處理檔案和資料。不過，一旦他們征服了陡峭的學習曲線之後，大多數的Unix使用者自此就對它忠心耿耿。提供科學與工程應用的Sun Microsystems和其他電腦廠商，是Unix的主要擁護者。一般而言，Unix並不是要給商業使用者用的。

Linux

Linux是由開放程式碼社群（open-source community）所開發的一種Unix版本。這個社群是由一群組織鬆散的程式設計師所組成；他們志願投入自己的時間貢獻程式，來開發與維護Linux。開放程式碼社群擁有Linux，而你可以免費使用它。Linux是網站伺服器上常見的作業系統。

IBM是Linux的主要擁護者。雖然IBM並沒有Linux的所有權，但它開發了許多使用Linux的企業系統方案。IBM藉由使用Linux，而可以避免支付授權費用給微軟或其他廠商。

擁有與授權

當你購買Windows或麥金塔或其他程式，事實上你並不是去購買那支程式，而是購買使用那支程式的授權（license）。例如當你購買Windows時，微軟就賣給你使用Windows的權利，但是Windows的程式還是屬於微軟所有。

倫理導引

使用硬體來強制授權

不論是作業系統或是應用軟體，每個商業軟體程式都是在授權協議（license agreement）的限制下出售，用來約定這個程式的合法使用範圍。通常授權協議中會規範程式可以安裝的電腦數目，有的時候還會指定可以遠端連線並使用程式的使用者數目。這種協議還會規定軟體廠商在軟體發生錯誤時的義務範圍。

當程式的使用違反授權協議時，就是所謂的軟體盜版（software piracy）。當企業非法拷貝並販售程式時，就是一種大規模的盜版行為。但是盜版也可能會小規模地發生在使用者違反授權協議，同意他人將程式載入電腦的時候。

許多年來，廠商一直嘗試各種不同的技術來防止軟體的盜版。最有效的策略涉及硬體與程式身分辨識的組合。微軟、Intel和其他公司正一同合作一項稱為TCG/NGSCB的專案，用來控制檔案與程式的拷貝。TCG代表受信任運算團體（Trusted Computing Group），是指由電腦和軟體廠商設立來開發這個專案標準的組織。NGSCB代表下一代安全運算基礎（Next Generation Secure Computing Base）；它是由微軟Windows的新架構和程式碼所組成，用來實作TCG的標準。目前還沒有實作這些成果的產品推出，但是有產品正在設計中。

根據TCG標準，未來的電腦將會包含一個硬體元件，能夠發送密碼及其他可以用來辨識出這台特定電腦的安全性資料。因為這些識別資訊是由硬體所建立的，所以除非破壞硬體否則將無法入侵。新Windows的NGSCB元件會使用發送出來的識別資料來控制可以執行的程式和檔案。結果就是軟體公司將能夠針對特定的電腦來授權。

一旦實作TCG/NGSCB之後，不只可以用來強制程式的授權，甚至於還可以作內容的授權。娛樂公司跟其他的內容廠商就能夠授權音樂、影片和類似內容給特定電腦。利用TCG/NGSCB元件，其他電腦將無法播放這些音樂、影片或檔案的複本。

這還可能有更深遠的影響。微軟與其他軟體廠商可能會在對特定電腦授權時，也設定授權的期間。這種授權會在期間結束時自動過期。任何執行未經授權軟體的嘗試都會失敗，並且可能傳送一份關於這種嘗試的報告給廠商。

檔案也可以設定為只能供特定電腦上的授權軟體使用。軟體廠商可以在授權過期時讓檔案無法使用。政府可以確保敏感性文件只有在特定機器上才能閱讀。密告者將無法提供文件給外界的權威人士檢討。

這個產業組織將這個計劃合理化為提供「安全的運算環境」，並且試圖將它捏造為對消費者有利的行動。TCG（www.trustedcomputinggroup.org）表示這項行動將會提供更安全的本地儲存能力，以及降低身分盜竊的風險。其他提到的好處還包括企業可以建置更安全的資訊系統和產品。

數百名獨立觀察者不同意這些陳述，並且相信真正的目的是要防範未經授權的軟體與檔案拷貝。他們相信這個計劃侵害了隱私權，並且可能被用來進行極權式的控制。事實上，TCG/NGSCB是這個計劃的第二個名稱；最原始的名稱TCGP/Palladium（守護神）已經被刪掉。有人說，他們改名字就是為了避免守護神這種惡名的包袱。

討論問題

1. 你買了一台已經安裝微軟Office的新電腦，廠商還提供一片CD作為Office程式的備份。你判斷應該不會用這個備份，所以把它送給朋友。你認為自己算是在欺騙微軟嗎？為什麼呢？

2. 目前，廠商絕對有權利去實作TCG/NGSCB。你認為應該通過法律讓這個程式與類似程式成為不合法的嗎？你認為TCG/NGSCB計劃能夠協助政府機構嗎？政府機構在這個議題上有什麼利益衝突呢？

3. 如果文件只有在建立的那台電腦、和經過建立者授權的其他電腦上才能閱讀，犯罪組織、恐怖份子、與詐欺團體是否更能保護他們的文件呢？FBI、CIA和其他政府組織就會要求建立「後門」，以便用來克服這些措施。應該要開發這種後門嗎？

4. 每個安全性程式都有其成本與效益。在成本方面，除了開發與實作安全性程式的成本之外，還包括如不便、喪失隱私、和政府控制增加等社會性成本。如果實作TCG/NGSCB，你認為它的效益會勝過損失嗎？請在回答中列出效益與成本的清單。

有些廠商也在考慮使用硬體來強制取得授權，這種做法有令人恐懼的後果。請參考「倫理導引」。

就Linux而言，沒有公司可以賣給你使用上的授權。它是由開放程式碼社群所擁有，而且明言Linux不需要授權費（在某些合理的限制下）。像IBM和較小的RedHat等公司可以靠支援Linux來賺錢，但是沒有公司可以靠販售Linux的授權來賺錢。

應用軟體

應用軟體（application software）是由執行業務功能的程式所組成。有些應用程式屬於通用型軟體，例如Excel或Word。有些則是特殊用途的應用程式，例如QuickBooks就是提供總帳與其他會計功能的應用程式。我們將先描述應用程式的來源，然後再討論應用程式的種類。

來源

你可以用像購買新衣的相同方式來購買應用軟體。最快且最沒有風險的購衣方法就是直接從貨架上取得成衣；你可以立刻拿到新衣，而且精確地知道它的成本。不過，它可能不完全合你的意。另一種方式是買下來之後再送去修改；它比較費時，也比較昂貴，而且偶爾修改後也可能更不適合。不過，通常修改後的新衣會比直接從貨架取下的成衣要更適合。

此外，你也可以請裁縫師為你量身訂做。此時，你必須描述想要的樣子，進行多次試穿，並且願意付更高的費用。雖然它很有可能非常令人滿意，但還是有變成災難的可能。當然，如果你想要一件橙黃斑點的緊身短上衣，背後還要拖著一條響尾蛇般的尾巴，那當然只有靠裁縫特製才有可能得到。

你可以用同樣的方式來購買電腦軟體：現成、現成再修改、或量身訂做。量身訂做的軟體稱為客製化軟體（custom software）。就像衣服一樣，你可以雇用某些人來進行修改或是建立客製化程式，你的公司也可以自己做這些修改。

在下面幾節中，我們將討論一般用這三種方式會取得的軟體類型。

水平市場應用軟體

水平市場應用（horizontal-market application）軟體提供所有組織與產業都常用的功能，例如文書處理程式、繪圖程式、試算表與簡報軟體。

這類軟體的例子包括微軟的Word、Excel和PowerPoint。其他廠商的例子還有Adobe Acrobat、Photoshop和PageMaker、以及Jasc公司的Paint Shop Pro。這些應用廣泛使用在所有產業的各種業務上。它們都是直接購買現成的套裝，並且幾乎不需要（也不太可能）客製化。

垂直市場應用軟體

垂直市場應用（vertical-market application）軟體是針對特定產業的需要來提供服務，例如牙醫診所用來預約及收費的程式、修車場用來紀錄顧客與汽車維修資料的程式、以及零售商的進銷存管理程式等。

垂直式應用通常都可以修改或客製化。通常販售這種應用軟體的公司也會提供這些服務，或是會推薦合格的顧問來提供這些服務。

有些應用軟體並無法完全歸類在水平或垂直類別中。例如CRM軟體是個水平式應用，因為每個企業都有顧客，但是它通常都需要針對特定產業的業務需求進行客製化，所以它也類似垂直市場軟體。

客製化軟體

有時候組織會開發客製化應用軟體。它們會自行開發或是雇用開發廠商來進行開發。就像要購買一件橙黃斑點的緊身短上衣一樣，這是發生在組織的需求太過獨特，以至於無法找到水平式或垂直式應用的時候。藉由開發客製化軟體，組織可以讓應用符合它的需求。

客製化開發很困難，而且風險很高。軟體開發團隊的人員配置及管理都是很大的挑戰。管理軟體專案可能非常挫折。許多組織都曾經投資在應用開發專案，但是最後發現這個專案可能比預計多花了兩倍以上的時間才完成。成本超支200到300%是很常見的事。

此外，每個應用程式都必須隨著需求與技術的變動而調整。水平與垂直式軟體的調整成本可以分攤給所有的使用者，可能是成千上萬個顧客。但是自行開發的客製化軟體就必須由開發的公司自行負擔所有的調整成本。長期來看，這可能會變成一項沉重的負擔。

因為自行開發的風險跟費用，所以這通常是在別無選擇情況下的最後選擇。圖3-11摘述了軟體的來源與類型。

韌體

韌體（firmware）是安裝在諸如印表機、列印伺服器、及各種通訊裝置上的電腦軟體。這種軟體的寫法跟其他軟體並無不同，但它是安裝在印表機或其他裝置中特殊的唯讀記憶體上。因此，這個程式會成為裝置記憶體的一部分，就好像這個程式的邏輯是設計在裝置的電路中一樣。使用者並不需要將韌體載入裝置的記憶體中。

軟體來源

軟體類型	現成套裝軟體	套裝再修改	量身訂做
水平式應用	■		
垂直式應用	■	■	
客製化應用			■

圖3-11
軟體的來源與類型

韌體也可以改變或升級，但這通常是資訊專業人員的工作。這項工作並不難，但多數商業使用者並不會學習這項技術。

保持速度

你曾經去過某家自助餐廳，是將你用過的髒餐盤放在輸送帶送去廚房嗎？這種輸送帶讓我想到了技術。技術就好像輸送帶一樣，一直往前移動，而我們就在技術輸送帶的上方奔跑，試著跟上它的速度。我們希望能在整個職涯中跟上不斷變動的技術，以免最後落入技術垃圾的地步。

技術變動是個事實，而唯一適當的問題是：「我可以用它來做什麼？」你可以採取的一種策略是將頭埋在沙堆中：「我又不是技術人。我要把它留給專業。我只要能夠送出電子郵件跟使用網際網路就夠了。如果我遇到問題，我就打電話找人來修理它。」

這個策略沒什麼不好，許多商務人都用這個策略。它不會提供你勝過他人的競爭優勢，但相對的它提供別人能勝過你的競爭優勢。但只要你能在其他地方發展出你的優勢，就不會有太大問題。至少對你自己是如此。

但是對你的部門呢？對於本章開頭的八萬美金問題要怎麼辦呢？你要把回答這個問題的知識交給別人嗎？如果專家說：「每台電腦都需要120GB的磁碟」，你打算點頭，然後說：「很好！就照這樣賣給我吧！」或者，你能瞭解這是很大的磁碟（至少以2006年的標準來看），並且詢問為什麼每個人都需要這麼大的儲存容量？可能他會告訴你：「每台電腦只需要多花150美元就可以從30GB升級到120GB。」此時，你可以使用自己的決策技巧做個決定，而不用全然依靠這位資訊系統「專家」。在21世紀，謹慎的商務人士有眾多不要把頭埋在技術沙堆裡的理由。

在頻譜的另一端是那些熱愛技術的人。這些人到處都可以看到（可能是會計師、行銷人員、或是生產線領班），他們不僅瞭解自己的領域，也喜歡資訊科技。他們可能主修資訊系統，或是有包含資訊系統的雙主修。這些人會經常閱讀CNET新聞和ZDNet，並且能夠告訴你最新的IPv6位址（第5章）。這些人正沿著技術輸送帶衝刺，而且將會在事業中使用他們對IT的知識來取得競爭優勢。

許多商務人士落在這兩個極端之間。他們不希望把頭埋著，但是也沒有興趣成為「技術信徒」。要怎麼辦呢？有好些策略可以選擇。一者是不要讓自己去忽略技術。當你在華爾街週刊看到技術文章時，記得把它讀完。不要只是因為它是關於技術就跳過它。另外，也要閱讀技術廣告。許多廠商大幅投資在廣告上提供指導。

另一種選擇是參加研討會，或是注意任何結合你的專業與技術的相關活動。例如當你參加銀行家會議的時候，挑選一兩場關於「銀行業技術趨勢」的演講。這種演講一定會有，而你可能會在此遇到有類似問題或考量的其他公司人員。

如果有時間，最好的選擇可能是參與公司技術委員會，擔任使用者代表。如果公司正在進行CRM系統的檢討，請試試看是否能參與檢討委員會。當你的部門需要代表參與討論下一代熱線系統的需求時，趕快毛遂自薦。或者，在事業起步後，擔任企業技術實踐委員會的成員。

單純與這類團體一同工作，就能增加技術的知識。對這類團體提出的簡報、關於技術應用的討論、以及如何使用IT取得競爭優勢的想法，都會增加你的IT知識。你還會得到與公司領導者的重要接觸和露臉機會。

你可以自行選擇。你必須選擇要與技術建立什麼樣的關係。但是要確定你有做選擇；不要只是把頭埋在沙裡什麼都不想。

討論問題

1. 你同意技術的改變是無止息的嗎？你認為這對大多數商務人士的意義是什麼？對大多數的組織呢？
2. 想想看本文提出的三種做法。你想加入哪個陣營？為什麼？
3. 撰寫兩頁的備忘錄給自己，說明你在第2題選擇的理由。如果選擇要忽略技術，解釋你要如何彌補在競爭優勢上的損失。如果選擇另外兩個陣營其中之一，說明為什麼，以及要如何達成？
4. 根據你對第2題的答案，假設你正在進行求職面談，且面試者問到你對技術的知識。請寫出三行對面試者問題的回應。

八萬美金夠嗎？（後續）

在具備本章的背景知識之後，我們現在回到八萬美金電腦預算的問題。你必須在明天下班前提出回應，而且你還安排了其他非做不可的工作，所以你必須想出如何在有限時間內快速回應的方法。

首先你必須知道這八萬元要支付的範圍。它是針對硬體？或是同時涵蓋軟硬體？它是針對你的屬下所使用的PC，或是還包括部門的伺服器、網路、和其他的管理費用。在此假設這八萬元包含員工需要的軟硬體，但是不包含伺服器、網路或是其他運算基礎建設（這個問題將在第5章討論）。

接著，你必須考慮部門員工的業務性質。他們都是做相同的工作，因此需要相同的電腦系統資源嗎？如果不是，可以根據每種職務所需的電腦系統資源將工作分類嗎？可能某一組員工只需要電子郵件與文書處理的電腦，而另一組員工則還要執行企業垂直式應用。根據電腦需求的類型，即可以評估每一類所需的硬體與程式需求。

接著必須決定現有的設備是否足以滿足預期的工作量。如果不行，需要哪些新硬體？可能只要更多的記憶體或磁碟？還是需要配備新處理器的新電腦？

因為你部門的員工要承受這些決策的後果，你可能決定讓他們參與這些決策。你可以要求一或兩位主要員工指出他們認為每一類工作所需要的電腦資源（他們可以在你明天進行其他工作的時候做這件事）。

在決定現有員工所需的硬體與軟體之後，還要記得加上新員工的需求。同樣地，對新員工要做的工作進行分類並且做規劃。

最後，必須決定軟體成本。你必須為所有新機器取得軟體授權，而且可能要對目前機器的部分軟體進行升級。

當討論這個問題時，你必須取得資訊或會計部門的協助。這兩個部門其中之一可能已經完成了硬體／軟體需求分析，可以讓你根據你的情況做調整。

在這整個過程中，你必須提出問題並且小心地評估答案。為什麼這種工作需要新的處理器？為什麼不是增加記憶體就夠了？你怎麼知道？為什麼我們需要這麼大的磁碟？我們有合適的螢幕嗎？根據本章的背景知識，你應該能夠瞭解這些問題的答案，並且提出更多你自己的問題。

知道如何著手處理「八萬美金問題」，會讓你在職涯中站的更穩。

本章摘要

- 電腦系統裝置包括硬體與軟體。通用型電腦可以執行多種程式；特殊用途電腦（像手機中的電腦）則只會執行固定在記憶體中的程式。
- 硬體可以根據它的主要功能來分類：輸入、處理、輸出、與儲存。輸入硬體包括諸如鍵盤與滑鼠等裝置。處理硬體包括CPU與主記憶體。輸出裝置包括螢幕、印表機等。儲存裝置包括磁碟與光碟。第5章則會討論通訊硬體。

- 電腦使用位元來表示資料。一個位元具有0或1的值。我們用位元來表示電腦指令與資料。
- 單純檢視資料並無法決定資料的型態；病毒及其他電腦犯罪就是利用這項特性來進行。
- 在使用應用軟體時，他們的初始部分會被讀入記憶體中。在處理過程中，作業系統或應用的其他部分也會被讀入記憶體中。之後資料也會被加入。慢慢地，主記憶體會被塞滿，而資料或程式必須被移走以便挪出空間給新的資料與程式指令。這種運作會造成記憶體置換，並且導致效能上的問題。
- 圖3-8摘述了硬體特徵對效能的影響方式。最關鍵的選擇因素包括CPU的速度、主記憶體的大小、磁碟的容量、光碟的類型、和螢幕的類型與最佳解析度。
- 四種最常見的作業系統是Windows、Mac OS、Unix、和Linux。
- 電腦軟體包括作業系統與應用軟體。軟體可以購買現成的套裝軟體、購買套裝然後修改，或是量身訂做。軟體的類型包括水平式、垂直式、與客製化。韌體是安裝在印表機或通訊裝置之唯讀記憶體中的程式碼。圖3-11摘述了軟體種類與來源間的關係。

關鍵詞

Antivirus programs：防毒程式
Application software：應用軟體
ATA-100
Binary digit：二進位數字
Bit：位元
B2B（business-to-business）：企業對企業
Bus：匯流排
Byte位元組
Cache memory：快取記憶體
CD-R
CD-ROM
CD-RW
Central processing unit（CPU）：中央處理單元
Clock speed：時脈速度
CRT monitor：CRT螢幕
Custom software：客製化軟體
Data channel：資料通道
Dot pitch：點距
DVD-RW
Firmware：韌體
Gigabyte（GB）
Hardware：硬體
Horizontal-market application：水平市場應用
Information system（IS）：資訊系統
Input hardware：輸入硬體
Instruction set：指令集
Intel instruction set：Intel指令集
Kilobyte（K）
LCD monitor：液晶螢幕
License agreement：授權協議
Linux
Mac OS
Macro virus：巨集病毒
Main memory：主記憶體
Megabyte（MB）
Motherboard：主機板
Nonvolatile：非揮發性
OEM（original equipment manufacturer）：設備原廠
General-purpose computer：通用型電腦
Off-the-shelf software：現成的軟體
Open-source community：開放程式碼社群
Operating system（OS）：作業系統
Optimal resolution：最佳解析度
Output hardware：輸出硬體
Patch：修補程式
Payload：彈頭
Pixel：像素
Pixel pitch：像距
Power PC instruction set：Power PC指令集
RAM memory：隨機存取記憶體
Rotational delay：旋轉延遲
Seek time：搜尋時間
Software piracy：軟體盜版
Special function cards：特殊功能卡
Special-purpose computer：特殊用途電腦
DVD-R
Memory swapping：記憶體置換
Storage hardware：儲存硬體
DVD-ROM

TCG/NGSCB
Terabyte（TB）
Trojan horse：特洛伊木馬
Unix
VAR（value-added resellers）：加值型零售商
Vertical-market application：垂直市場應用
Volatile：揮發性的
Virus：病毒
Windows
Worm：蠕蟲

學習評量

複習題

1. 說明通用型電腦與特殊用途電腦的差異。

2. 解釋這句話：「CPU是電腦的大腦」。

3. 為下面每一種硬體舉出一個例子：輸入、輸出、處理和儲存。什麼是特殊功能卡？

4. 為什麼電腦要使用位元？

5. 電腦指令如何呈現？

6. 定義位元組、KB、MB、GB、和TB的正確意義。

7. 描述KB、MB、GB、和TB的簡化意義。

8. 說明為什麼電腦製造商有使用簡化版K、MB等意義的動機。

9. 說明為什麼二進位資料的詮釋相當模糊？

10. 病毒的作者如何使用二進位資料詮釋上的模糊性？

11. 莫爾定律如何影響你對電腦硬體的學習方式？

12. 說明揮發性與非揮發性記憶體間的差異。哪種記憶體裝置是使用哪種記憶體？

13. 作業系統的目的是什麼？

14. 當電腦剛啟動時，你可以依賴主記憶體中的內容來執行工作嗎？

15. 說明為什麼需要記憶體置換。

16. 在什麼情況下記憶體置換可能會造成效能低落？你可以如何修正這個問題？

17. 使用圖3-8作為指引，說明你何時需要較快的CPU。

18. 使用圖3-8作為指引，說明你何時需要較多的記憶體。

19. 使用圖3-8作為指引，說明你何時需要較大的磁碟。

20. 就螢幕而言，1,024 x 768是什麼意思？

21. 決定你需要什麼電腦硬體的關鍵因素為何？

22. 說明應用軟體來源和類型間的關係。

23. 說明為什麼CRM無法完全落在本書定義的軟體類型中。

應用你的知識

24. 圖3-12是Dell桌上型電腦在2003年廣告的一部分。這三台電腦是依照成本由左至右遞減。閱讀這個廣告並回答下列問題：

a. 這三台電腦的處理器能力有何不同（請注意：「前端匯流排」是Dell專屬的資料匯流排。「L2」是指第二層快取。顯然還有第一層快取在廣告中沒有提到）？

b. 這三台電腦的主記憶體有何差異（RDRAM與SDRAM是兩種不同的RAM）？

c. 說明磁碟的規格（廣告中稱為「硬碟」）。

d. 這兩個螢幕的差異在哪裡？在選擇螢幕之前，你還需要哪些額外的資訊？

e. 「繪圖卡」是指驅動電腦螢幕的特殊功能卡。請說明圖中這種卡的規格。

f. 說明這些系統提供的不同光碟機。4x表示這台DVD的速度是DVD基礎速度的四倍。48x則表示這台CD是CD基礎速度的48倍。

g. 這三台電腦的主要差異在哪裡？

h. 什麼樣的應用特性會讓你選擇最左邊那台「先進系統」電腦？

i. 什麼樣的應用特性會讓你選擇最右邊那台「完美畫質」電腦？

	8250 Cutting-edge Technology		4550 Superior Performance, Smart Value
	Advanced system	**Digital filmmaker**	**Picture perfect**
processor	• Intel® Pentium® 4 Processor at 2.80GHz with 533MHz Front Side Bus and 512K L2 Cache	• Intel Pentium 4 Processor at 2.66GHz with 533MHz Front Side Bus and 512K L2 Cache	• Intel Pentium 4 Processor at 2.66GHz with 533MHz Front Side Bus and 512K L2 Cache
memory	• 256MB PC1066 RDRAM	• 256MB PC1066 RDRAM	• 256MB DDR SDRAM at 333MHz
hard drive	• 60GB Ultra ATA/100 Hard Drive (7200 RPM)	• 60GB Ultra ATA/100 Hard Drive (7200 RPM)	• 60GB Ultra ATA/100 Hard Drive (7200 RPM)
monitor	• 19" (18.0" v.i.s., .24dp) M992 Monitor	• 17" (16.0" v.i.s., .25dp) M782 Monitor	• 19" (18.0" v.i.s., .24dp) M992 Monitor
AGP graphics card	• New 128MB DDR ATI® RADEON™ 9700 Pro Graphics Card with TV-Out and DVI	• New 128MB DDR ATI RADEON 9700 TX Graphics Card with TV-Out and DVI	• New 128MB DDR ATI RADEON 9700 TX Graphics Card with TV-Out and DVI
optical drives	• New 4x DVD+RW/+R Drive* with CD-RW including Roxio's Easy CD Creator® and Sonic™ MyDVD™	• New 4x DVD+RW/+R Drive* with CD-RW including Roxio's Easy CD Creator and Sonic MyDVD	• New 48x/24x/48x CD-RW Drive with Roxio's Easy CD Creator

圖3-12

Dell桌上型電腦的2003年廣告

資料來源：©2005 Dell Inc.

25. 圖3-12是Dell桌上型電腦在2003年廣告的一部分。請造訪dell.com、hewlett-packard.com和lenovo.com。請在每個網站上找到成本大約美金2000元的電腦（相當於Dell 8250在2003年的成本）。

a. 比較你找到的電腦與圖3-12中的電腦規格。請考慮CPU、記憶體、磁碟、光碟、和螢幕。

b. 你對a的回答會啟發你什麼樣的採購策略？

c. 有些公司的政策是根據2到5年的週期來汰換或升級電腦。如果你的公司是使用2年的週期，你會用哪種採購策略？ 如果你的公司是使用5年的週期，你又會用哪種採購策略？

26. 重讀本章開頭與結尾的八萬美金問題，同時閱讀「解決問題導引」。請根據現有的資料，盡可能具體地回答下列問題。如果需要，請自行做適當的假設，並且說明假設背後的理由。

a. 列出關於工作量所必須回答的問題。

b. 根據你繁重的工作表與極短的時間期限，你要如何回答a的問題？你如何判斷答案的品質？

c. 列出你對現有電腦硬體所必須回答的問題。

d. 根據你繁重的工作表與極短的時間期限，你要如何回答c的問題？你如何判斷答案的品質？

e. 列出你對現有新硬體需求所必須回答的問題。

f. 根據你繁重的工作表與極短的時間期限，你要如何回答e的問題？你如何判斷答案的品質？

g. 列出你要判斷八萬美金對你部門是否足夠所必須回答的問題。

h. 根據你繁重的工作表與極短的時間期限，你要如何回答g的問題？你如何判斷答案的品質？

27. 假設你被要求準備電腦硬體預算。你的公司已經區別出三類的電腦用途。A類員工使用電腦來執行電子郵件、瀏覽網站、網際網路連線、和有限的文件製作。B類員工使用電腦來執行A類的所有活動，再加上複雜文件的讀寫。他們還需要建立與處理大型的試算表，以及處理小型圖檔。C類員工是資料分析師，除了執行A與B類員工的所有活動外，他們還要使用進行複雜計算的程式來分析資料，並且會產生複雜的大型圖表。

a. 使用網際網路為每類員工找出兩種適當的可能方案。搜尋dell.com、lenovo.com、hewlett-packard.com和其他你認為適當的網站。

b. 說明你在a中的每種選擇的理由。

c. 說明a中的每種選擇的成本。

應用練習

28. 根據你對27題的答案，建立起計算每種方案總硬體成本的預算試算表。假設每一類員工的數目是由試算表使用者輸入。請建立你的試算表，讓每種方案所需的成本都只要輸入一次。根據教授的指示繳交你的試算表。

29. 建立資料庫應用來紀錄你組織的電腦設備。你的資料庫應該包含下列兩個表格：

```
EMPLOYEE (EmpNumber, FirstName, LastName, Email)

EQUIPMENT (ItemNumber, Make, Model, Type, Cost, EmpNumber)
```

EmpNumber應該是員工的唯一識別子，而ItemNumber是電腦設備的唯一識別子。Type的範例值為Monitor、CPU、Printer、Notebook等。EQUIPMENT中的EmpNumber是要指定給這個設備的員工數目。如果設備沒有指定給任何人，則EmpNumber就是null。

a. 開啟微軟Access，建立新資料庫，然後建立這兩個表格。使用你自己的判斷來決定每個欄位的資料型態。

b. 開啟工具／資料庫關聯圖視窗，並且在EMPLOYEE與EQUIPMENT間建立一對多關係。請不要選擇「強制參考完整性」。

c. 在表格中填入資料，輸入有指定跟沒有指定給員工的所有設備值。

d. 在資料單視界中開啟Employee資料，並且點選每個員工下面的加號。

e. 使用微軟Access精靈來建立能顯示來自EMPLOYEE與EQUIPMENT表格所有資料的報表。你的報表應該列出指定給每個員工的所有設備。調整報表外觀，讓它看起來更專業。

f. 使用微軟Access精靈來建立包含EMPLOYEE與EQUIPMENT表格所有資料的表單。使用你的表單為現有員工輸入一項新設備。另外，請使用表單輸入擁有幾項新設備的一名新員工。

g. 根據教授的指示繳交你的結果。

職涯作業

30. 不僅僅是應付帳款，每個部門都需要評估它的硬體和軟體預算。假設你想成為公司內部顧問，負責協助他人評估他們的電腦和軟體需求。

a. 要提供這種服務需要很強的業務背景嗎？為什麼？

b. 要提供這種服務需要很強的技術背景嗎？為什麼？

c. 就這份工作而言，業務背景和技術能力何者較為重要？請說明你的答案。

d. 你在學校期間可以先從事哪些課程或活動來為這種職務作準備。

e. 即使你並非全職從事這種工作，請說明執行這種工作的能力可以如何增強部門主管對你的好感。你如何在求職面談時利用這種技能？

31. 造訪bls.gov/oco/home.htm的職業展望手冊。

a. 摘述這種工作類型的未來展望。

b. 描述這種工作所需的教育要求。

c. 你在學校期間可以先從事哪些課程或活動來為這種職務作準備。

d. 回答c的問題，但是假設你的目標是要成為電腦支援專家主管。

32. 有時候你會看到廠商求才廣告「不需要電腦技能」。但假設你在使用電腦與資訊系統上有一定的熟練度，請在你喜愛的搜尋引擎上搜尋「需要電腦技能」的工作機會。造訪其中看來有趣的三條鏈結。

a. 你發現對「電腦技能」其實沒有一致的定義。請摘述你所找到的幾種定義（可能是隱含、但沒有明說的）。

b. 考慮你對上題的答案，你要如何選修更多資訊系統課程來結合你的主修（假設你不是主修資訊系統），以改善你的工作前景。

c. 描述未必屬於電腦產業，但需要相當電腦技能的兩項工作。你在學校期間可以先做什麼來為這種職務作準備。

個案研究 3-1

Wall Data資訊系統支援

在1993年的時候，Wall Data是個正在向上竄起的企業，從事對大型企業電腦通訊軟體的開發與授權。在該年間，它的營業額從3500萬美金增加到將近8000萬美金，員工數目則從90增加到160人。此外，管理階層正忙著準備年底要進行的股票上市工作。

這家公司使用內部人力來管理組織的電腦資源。這個小組負責取得新電腦、安裝最初的軟體、並且在發生問題時提供服務與支援。為了簡化電腦的管理，公司定義了三種員工，並且規定了每種員工的標準電腦設備組態。這些分類包括（1）行政管理職、（2）專業單位（如會計與行銷人員）、（3）專業軟體開發人員與電腦支援人員。專業軟體開發人員拿到的是最快、且最完善的電腦。

慢慢地，有些問題開始出現。其中之一是對現有人力而言，服務與支援的工作量太大，所以問題解決的速度慢得令人難以忍受。另一個問題是公司發現很難去追蹤軟體授權。特別是軟體開發人員會在自己的機器上面安裝一些未必有適當授權的軟體。身為軟體廠商，高階主管很強烈反對軟體盜版行為，並且希望每台機器上的每個程式都有合法的授權。最後，電腦支援小組的流動率很高，而當人員離職時，支援服務的品質就會大幅下降。支援單位的管理與人員補充，以及相關問題的處理，開始越來越佔用到管理階層的心力。

不幸的是，對高階主管而言，這是非常重要的關鍵時刻；他們必須專注在即將來臨的公開上市，而不是解決內部的電腦支援問題。因此，主管們解散了內部的電腦支援小組，並且雇用外部廠商來處理它的硬體與軟體資產。外部廠商同意根據協商的價格來提供特定的設備、測試新設備並安裝軟體、管理軟體授權、以及提供顧客支援與服務。為了確保只使用經過適當授權的軟體，所有員工都被禁止在自己的機器上安裝軟體。只有這家外部廠商才可以取得並安裝軟體。

你可以想像，軟體開發人員非常討厭這個新規則：「你是說我不能在自己的機器上面安裝軟體？我從來沒有聽過這種事情！」事實上，這個政策與軟體開發專業上的標準作風實在差異太大，即使是開發主管也很難說服自己去強制執行。很快的，開發人員開始在假造的會計項目下購買軟體，例如「雜項支出、餐費」等。電腦授權問題變得更糟。

此外，電腦硬體的價格效能比下降的速度非常驚人。在數個月之後，市場就開始推出比委外協議所指定的電腦規格還要更新、功能也更強大的電腦，而且這些新電腦的價格也比合約中的價格更低。開發人員追逐電腦技術就像貓追老鼠一樣狂熱，很快地，每個開發人員都在說：「不要再給我標準電腦了。讓我自己買我的電腦，我可以從Gateway以半價取得快兩倍的電腦。」

沒有軟體開發公司可以容忍它的開發人員被任何事情困擾太久。軟體開發人員非常昂貴，但開發人員騷動下的真正成本並不是直接人力成本，而是機會成本。新產品的出貨只要晚幾個月，就可能造成公司好幾百萬美金的行銷費用與營收損失。總得想點辦法，但怎麼做呢？

問題：

1. 摘述導致Wall Data選擇委外協議的問題。第2章中說過，問題是對現況與期望間所感知到的差異。
2. 除了Wall Data所選擇的方法之外，另外描述兩種解決問題1的方法。
3. 摘述該公司在委外協議上遇到的問題。使用第2章對問題的定義。
4. 描述可以解決第3題所列問題的三種解決方案。
5. 即將公開上市對公司高階主管產生什麼影響？
6. 這個案例發生在網際網路尚未普及的1993年。對於這些問題，今日有什麼網際網路相關的解決方案是當時所無法使用的呢？
7. 今日要確保每支電腦程式都有合法授權是否仍是個問題呢？組織要如何解決這個問題？
8. 邀請學校計算機中心的主任來課堂上，並且詢問他如何控制電腦軟體的授權。
9. 搜尋dell.com、cdw.com與hewlett-packard.com，以瞭解這些公司提供哪些授權產品或服務給採購它們硬體的組織。

個案研究 3-2

Dell直接發揮網際網路的威力

當Michael Dell在1984年創辦Dell電腦時，個人電腦都只在零售店中銷售。製造商出貨給批發商，批發商再出貨給零售商，由零售商賣給終端使用者。企業在這個供應鏈的每個階段都必須維持昂貴的存貨。Dell認為他可以直接將電腦銷售給消費者，消除零售通路，而大幅降低電腦的售價。在2004年，當Dell在紐約市對一群學生演講時，他回憶道：

> 我從電腦的銷售方式上得到靈感。我覺得它太貴又沒有效率。那時候電腦的成本大約是3000美元，但是電腦內部零件大約只值600美元。所以我在想，如果我可以用800美元來賣電腦會怎麼樣呢？你不必用3000美元來賣它。所以，我們藉由降低配送與銷售的成本，並且消除了無效率的額外成本，而改變了電腦銷售的整個方式。
>
> 我不知道的是網際網路會出現，而且人們可以非常容易地直接連到Dell.com，並且購買電腦。

> 我要說，我們做的最重要的事是非常小心地傾聽我們顧客的聲音。我們會問：他們想要什麼，他們需要什麼，以及我們要如何滿足他們的需要，並且提供真正有價值的東西給他們。因為如果我們可以好好照顧我們的顧客，他們就會向我們購買更多的產品，而且真的如此！（註1）

事實上果然如此。在2004年，Dell的營收上攀到450億美金，相當於18%的電腦硬體市場。Dell在全球雇用了超過5萬名員工，而它的投資人也同樣受益。Dell的股價從公開發行時的一股8.50美元，到2004年已經超過3,500美元（加上這些年間的股票分割）。

消除零售商不僅僅降低成本，還讓Dell更接近顧客，而讓Dell比競爭者更能貼近顧客的心聲。它也消除了銷售通路的庫存，讓Dell能更快將使用新技術的新電腦帶給顧客。這消除了當新款推出時，現有通路庫存的廉價出清。事實上，今日的Dell是在接到客戶訂單後才生產電腦系統。Dell成品庫存中的每台電腦都已經是售出的了。

此外，Dell對供應商非常重視，並且擁有產業中最有效率的供應鏈之一。Dell密切關注它的供應商，並且透過它的安全網站valuechain.dell.com跟他們共享產品品質、庫存、與相關主題的資訊。根據它的網站，Dell對供應商最重視的前兩項品質是（1）成本競爭力和（2）對Dell業務的瞭解。Dell會去聆聽顧客的聲音，並且期望它的供應商也能如此回應Dell。

除了電腦硬體之外，Dell也提供各種服務。它對每台電腦提供基本的技術支援，而顧客可以藉由採購四種較高等級的服務來升級其技術支援。此外，Dell也提供組織建置服務，協助在顧客的使用者環境中設定與佈建Dell系統的硬體與預先安裝的軟體。一旦佈建完成之後，Dell會提供額外的服務來維護與管理Dell系統。

資料來源：© 2005 Dell Inc.

問題：

1. 解釋直接銷售如何為Dell帶來競爭優勢。在回答中使用圖2-1所列出的因素。
2. Dell需要什麼資訊系統才能直接銷售給顧客。請造訪dell.com來取得一些靈感與想法。
3. 除了直接銷售之外，Dell還創造了哪些方案來建立競爭優勢？
4. HP、Toshiba、Sony和其他電腦製造商都同時採取直接與透過網際網路店面銷售的方式。請造訪www.cnet.com並且搜尋notebook。這個網站會傳回數家廠商的筆記型電腦。如果你觀察HP、Toshiba和Sony的筆記型電腦，就會發現它們必須從網際網路商家採購（點選「Check Prices」來觀察廠商來源）。反之，Dell的電腦只能向Dell購買。

   為了使用中間商，HP與其他廠商必須以低於顧客的售價將電腦賣給零售商；否則零售商就沒有銷售該產品的動機。但是這些廠商不能以賣給零售商的價格來賣給消費者，否則就會失去它的零售商。這表示Dell電腦的價格會低於HP和其他的電腦嗎？為什麼呢？

＊ 註1：Michael Dell, speech before the Miami Springs Middle School, September 1, 2004. Retrieved from dell.com, under Michael/Speeches（資料取得時間：2005年1月）。

5. 假設因為必須透過通路來銷售，所以HP的電腦總是比Dell的貴，那HP要如何才能勝過Dell呢？

6. HP可以建立哪些資訊系統，讓它在與Dell競爭時更有競爭力？請造訪hp.com來取得一些靈感與想法。

7. 你認為如果沒有網際網路的發明，Dell會成功嗎？為什麼呢？

資料庫處理

學習目標

- 瞭解資料庫處理的目的。
- 認識資料庫的元件。
- 瞭解重要的資料庫術語。
- 認識實體關係模型的元素。
- 瞭解如何解釋與驗證實體關係模型。
- 瞭解資料庫設計的一般性本質。
- 瞭解資料庫管理的需要及其基本工作。

專欄

倫理導引
沒有人說不可以

安全性導引
資料庫安全

解決問題導引
資料塑模師康德（Immanuel Kant）

反對力量導引
多謝，我只要用試算表就好了！

深思導引
需求蔓延

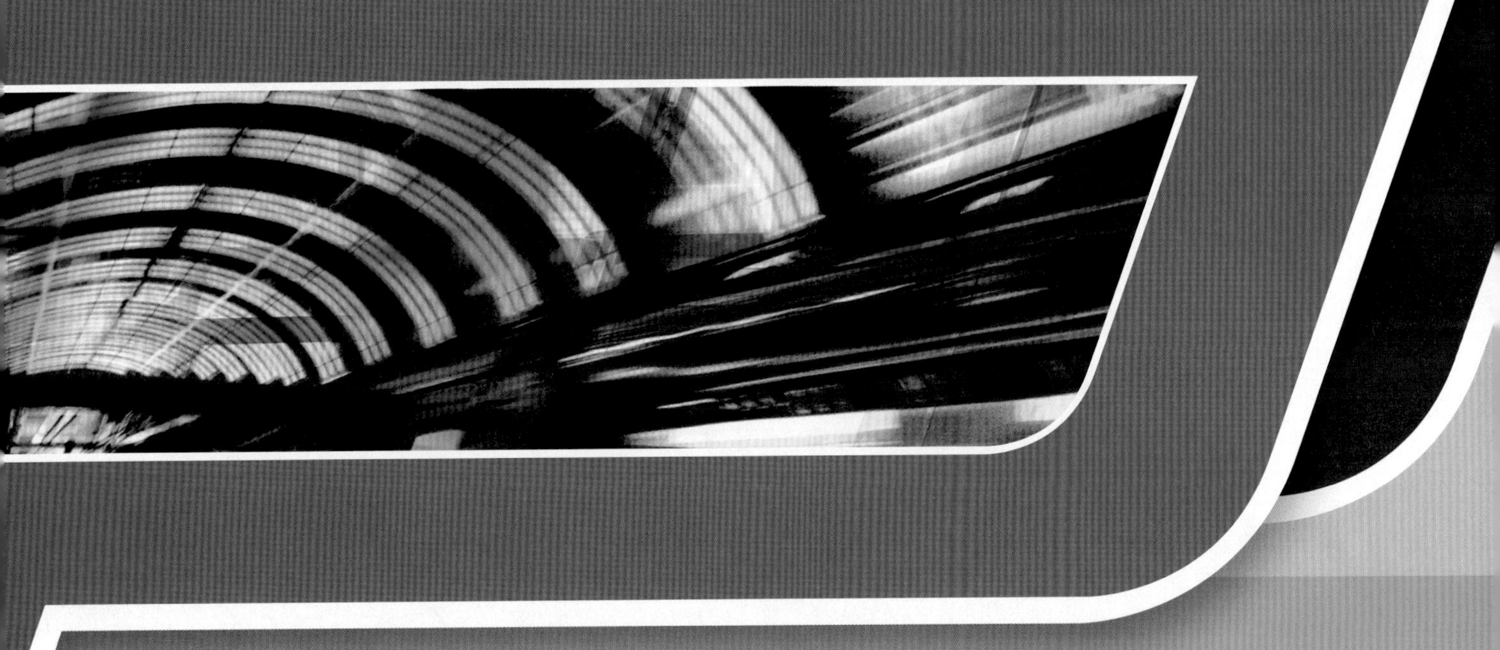

本章預告

企業不論大小都會將資料組織起來，成為資料庫。小型企業使用資料庫來記錄顧客資訊，而像Dell與Amazon等大型企業則用資料庫來支援複雜的銷售、行銷、與營運活動。

本章會討論為什麼需要資料庫處理、它是什麼、以及如何去做。我們首先介紹資料庫的目的，然後解釋資料庫系統的重要元件，接著概述資料庫系統的建立過程，並說明你身為未來使用者的角色。

使用者在資料庫應用軟體開發過程中扮演重要的角色，特別是資料庫的結構與內容全然取決於使用者如何看待他們的業務活動。要建立資料庫，開發者會使用稱為實體－關係模型的工具來建立模型。因為開發團隊在建立供你使用的系統時，可能會要求你去驗證這種模型的正確性，所以你必須瞭解如何去解釋它。最後，我們還說明了資料庫管理的工作。

本章專注在資料庫技術上，以資料庫的基本元件和這些元件的應用與功能為主。第9章將會描述如何使用資料庫來製作報表與進行資料探勘。

感謝你自願參予

假設你是一家地方性公共電視台的募款經理。每年你會進行兩次的募款宣傳，在電視上播放廣告呼籲觀眾捐款。這些宣傳非常重要，提供電視台將近四成的營運經費。

在每次宣傳活動中尋求志工，永遠是件頭痛的事。在宣傳開始的兩個月前，你和你的員工就會開始打電話尋求志工。你會先根據行政助理準備的名單，打電話給之前的志工。有些志工多年來一直持續提供協助，因此你希望能在打給他們之前知道這樣的資訊，才能在通電話時感謝他們多年來的支持。可惜，名單上並沒有這樣的資料。

此外，有些志工特別有效率，有些則有特別的訣竅能提高詢問者的捐贈金額。雖然這些資料可以取得，但其形式卻無法在你打電話給志工時使用。你認為如果擁有這些失落的資訊，就可以組織出更佳的募款宣傳團隊。

你知道可以使用電腦資料庫來記錄志工先前的服務與績效，但是你並不確定要如何著手。在本章結束之前，我們會回到這個募款案例，你將會知道要怎麼辦。

資料庫的目的

資料庫的目的是要記錄事情。當大多數學生學到這裡時，他們會懷疑為什麼我們需要特別的技術來處理這麼簡單的任務。為什麼不用個清單就好了？如果清單太長，放進試算表就好了。

事實上，許多人的確使用試算表來記錄事情。如果清單的結構夠簡單，就不需要使用資料庫技術。例如圖4-1的學生成績清單，就非常適合放在試算表中。

不過，假設教授希望記錄的不只是成績，還有電子郵件訊息，或甚至包括來辦公室輔導的記錄等，圖4-1就沒有地方記錄這些額外的資料。當然，教授可以再建立一張試算表來記錄電子郵件訊息，和一張試算表來放輔導記錄，但是這種笨拙的解決方案沒有將所有資料放在一起，所以會很難使用。

反之，教授可能會希望有像圖4-2的表單，能夠將成績、電子郵件、及輔導記錄都放在同一個地方。要使用試算表來建立如圖4-2的表單可是件艱鉅的任務，但是用資料庫就可以輕鬆完成。

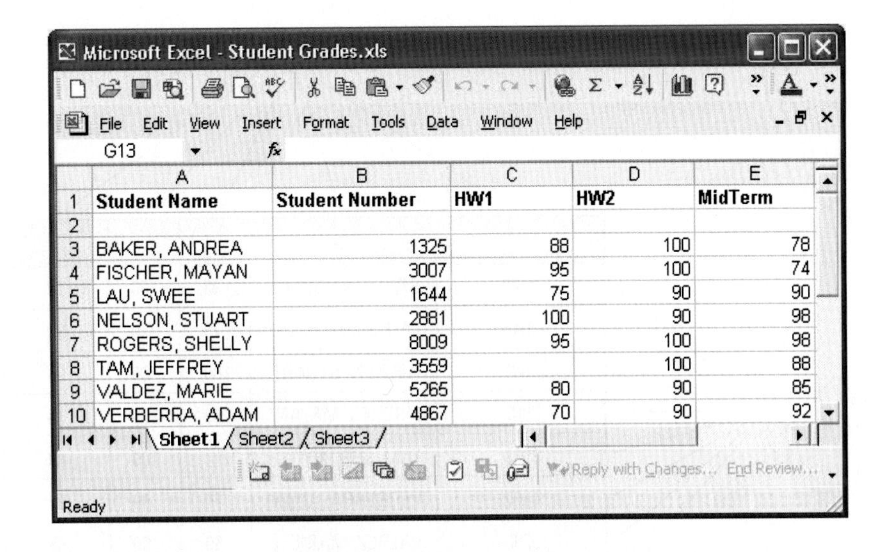

Microsoft Excel - Student Grades.xls

	A	B	C	D	E
1	Student Name	Student Number	HW1	HW2	MidTerm
2					
3	BAKER, ANDREA	1325	88	100	78
4	FISCHER, MAYAN	3007	95	100	74
5	LAU, SWEE	1644	75	90	90
6	NELSON, STUART	2881	100	90	98
7	ROGERS, SHELLY	8009	95	100	98
8	TAM, JEFFREY	3559		100	88
9	VALDEZ, MARIE	5265	80	90	85
10	VERBERRA, ADAM	4867	70	90	92

圖4-1
學生成績清單

圖4-1與4-2的最大差異在於圖4-1的清單只包含單一的主題或觀念（學生成績），但圖4-2則包含多重主題；它會顯示學生成績、電子郵件、及輔導記錄。我們從這些例子可以得到一條一般性規則：涉及單一主題的清單可以儲存在試算表中；涉及多個主題則需要資料庫。本章稍後對此原則會著墨更多。

簡而言之，資料庫的目的是要記錄涉及多個主題的東西。

STUDENT

Student Name: BAKER, ANDREA
Student Number: 1325
HW1: 88
HW2: 100
MidTerm: 78

EMAIL

Date	Message
2/1/2004	For homework 1, do you want us to provide notes on our references?
3/15/2004	My group consists of Swee Lau and Stuart Nelson.

Record: 2 of 2

OFFICE VISITS

Date	Notes
2/13/2004	Andrea had questions about using IS for raising barriers to entry.

Record: 1 of 1

Record: 1 of 8

圖4-2
由資料庫所顯示的學生資料

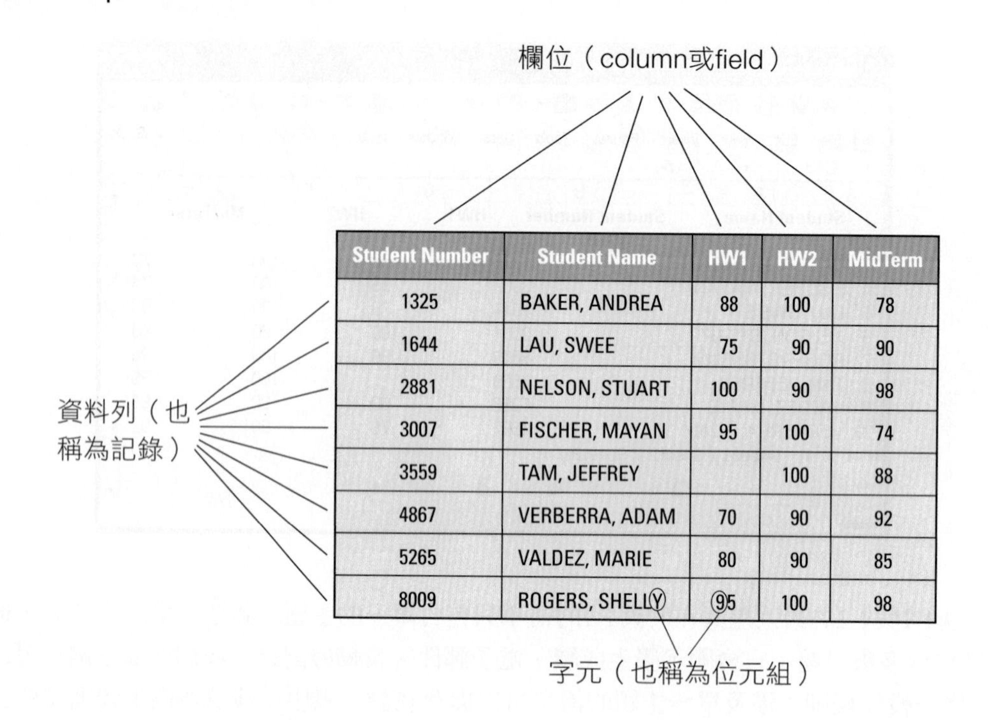

Student Number	Student Name	HW1	HW2	MidTerm
1325	BAKER, ANDREA	88	100	78
1644	LAU, SWEE	75	90	90
2881	NELSON, STUART	100	90	98
3007	FISCHER, MAYAN	95	100	74
3559	TAM, JEFFREY		100	88
4867	VERBERRA, ADAM	70	90	92
5265	VALDEZ, MARIE	80	90	85
8009	ROGERS, SHELLY	95	100	98

圖4-3
Student表格（也稱為檔案）

什麼是資料庫？

資料庫（database）是一組能夠自我描述、且經過整合的記錄。要瞭解這個定義，首先必須瞭解圖4-3所使用的名詞。第3章提過，一個位元組是資料的一個字元。位元組會組成欄位（column或field），例如Student Number和Student Name。欄位再組成資料列（row），也稱為記錄（record）。在圖4-3中，所有欄位的資料集合（Student Name、Student Number、HW1、HW2和MidTerm）就稱為資料列或記錄。最後，類似的資料列或記錄會組成表格（table）或檔案（file）。根據這些定義，你可以看到資料元素的階層關係，如圖4-4。

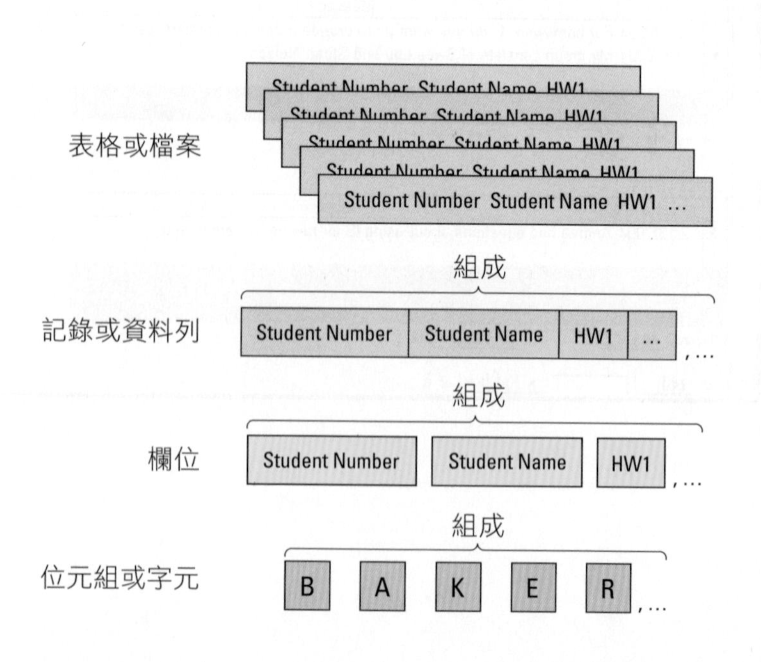

圖4-4
資料元素的階層關係

你可能會有種衝動，想繼續往下說資料庫是由表格或檔案組成。這個敘述雖然沒錯，但並不完整。如圖4-5所示，資料庫包含一組表格，加上這些表格中資料列間的關係，再加上用來描述資料庫結構（稱為metadata）的特殊資料。此外，圖中的圓柱體 象徵電腦磁碟，因為資料庫通常是儲存在磁碟中，所以圖4-5之類的圖會使用這種符號來表示。

表格或檔案
+
表格中資料列間的關係
+
metadata
=

圖4-5
資料庫元件

記錄間的關係

考慮圖4-5左方的名詞。你知道什麼是表格，但為了說明什麼叫表格中資料列間的關係，請看看圖4-6。它包含了來自三個表格Email、Student、與Office_Visit的樣本資料。請注意Email表格中的Student Number欄位。這個欄位表示Student中的資料列會連結到Email的資料列。在Email的第一列中，Student Number的值為1325 － 表示這封電子郵件是由Student Number為1325的學生送來的。如果你檢察Student表格，可以看到Andrea Baker的資料列中包含這個值。因此，Email表格的第一列是關聯到Andrea Baker。

現在看看圖4-6最下方Office_Visit表格的最後一列 － 它的Student Number為4867。這個值表示Office_Visit的最後一列屬於Adam Verberra。

根據這些例子，你可以看到，根據某個表格中的值，可將其資料列關聯到另一個表格中的資料列。這些觀念用到了幾個特殊的詞彙：主鍵（key）是一個或一組欄位，用來在表格中識別出唯一的一筆資料列，例如Student Number就是Student表格的主鍵。根據Student Number的值，就可以在Student表格中找到一筆資料列，而且是唯一的一筆，例如只有一名學生具有1325這個編號。

Email表格

EmailNum	Date	Message	Student Number
1	2/1/2004	For homework 1, do you want us to provide notes on our references?	1325
2	3/15/2004	My group consists of Swee Lau and Stuart Nelson.	1325
3	3/15/2004	Could you please assign me to a group?	1644

Student表格

Student Number	Student Name	HW1	HW2	MidTerm
1325	BAKER, ANDREA	88	100	78
1644	LAU, SWEE	75	90	90
2881	NELSON, STUART	100	90	98
3007	FISCHER, MAYAN	95	100	74
3559	TAM, JEFFREY		100	88
4867	VERBERRA, ADAM	70	90	92
5265	VALDEZ, MARIE	80	90	85
8009	ROGERS, SHELLY	95	100	98

Office_Visit表格

VisitID	Date	Notes	Student Number
2	2/13/2004	Andrea had questions about using IS for raising barriers to entry.	1325
3	2/17/2004	Jeffrey is considering an IS major. Wanted to talk about career opportunities.	3559
4	2/17/2004	Will miss class Friday due to job conflict.	4867

圖4-6
資料列間關係的範例

每個表格都必須要有主鍵。Email表格的主鍵是EmailNum，而Office_Visit表格的主鍵則是VisitID。有時候，唯一的識別子（identifier）需要不只一個欄位。例如在稱為City的表格中，鍵可能會是城市與州名的組合，因為不同州中可能有相同的城市名稱。

StudentNumber並不是Email表格或Office_Visit表格的主鍵。我們知道圖4-6的Email中有兩筆資料列的StudentNumber都是1325。1325並無法識別出唯一的一列，因此，StudentNumber並不是Email的主鍵。

StudentNumber也不是Office_Visit表格的主鍵；雖然從圖4-6的資料中看不出來，但同一名學生當然可以去找教授兩次。如此，則Office_Visit中就會有不只一列包含相同的StudentNumber，只是圖4-6的資料樣本中剛好沒有而已。

像Email和Office_Visit表格中的StudentNumber欄位所扮演的角色，稱為外來鍵（foreign key）；因為這種欄位其實是別的表格上的主鍵。

使用表格形式來記錄資料，並且使用外來鍵來表示關係的資料庫，稱為關聯式資料庫（relational database，因為這種表格有個更正式的名稱為關聯表（relation），所以這種資料庫就稱為關聯式資料庫）。過去有些資料庫並不是使用關聯式技術，但是這些資料庫幾乎都已經消失了。你可能永遠不會碰到它們，所以我們也不再討論（註1）。

Metadata

請回憶之前提到的資料庫定義：資料庫是一組能夠自我描述、且經過整合的記錄。定義中強調整合過的記錄，是因為資料庫能夠呈現資料列間的關係；但自我描述又是什麼意思呢？

自我描述是指資料庫中還包含了對本身內容的描述。以圖書館為例，圖書館是一組能夠自我描述的書籍與其他資料的集合。圖書館具有自我描述能力，是因為圖書館中包含了描述藏書的檢索目錄。同樣地，資料庫中不只包含資料，也包含關於資料的資料。

Metadata就是用來描述資料的資料。圖4-7是Email表格的metadata。Metadata的形式取決於處理資料庫的軟體產品，圖4-7是在微軟Access中顯示的metadata。這個表單上半部的每一列，分別描述Email表格的各個欄位，包括欄位名稱（Field Name）、資料類型（Data Type）、與說明（Description）；其中，資料類型是該欄位所能存放的資料類型，而說明則是說明欄位來源或用途的註解。如你所見，Email表格的四個欄位（EmailNum、Date、Message與Student Number）都各有一列metadata。

表單的下半部提供更多關於每個欄位的metadata，在Access中稱為欄位內容（Field Properties）。在圖4-7中，焦點停在上半部的Date欄位（請注意欄位名稱旁邊的黑色箭頭），所以下半部就會顯示關於Date欄位的細部資料。在欄位內容中描述了這個欄位的格式、Access在建立新資料列時的預設值、以及這個欄位值的限制。你不需要去記住這些細節，只要瞭解metadata是關於資料的資料，以及metadata永遠是資料庫的一部分就好了。

---

* 註1：另一種物件關聯式資料庫（object-relational database）則很少使用在商業應用中。如果你對物件關聯式資料庫感興趣，請自行上網搜尋。在本書中，我們只討論關聯式資料庫。

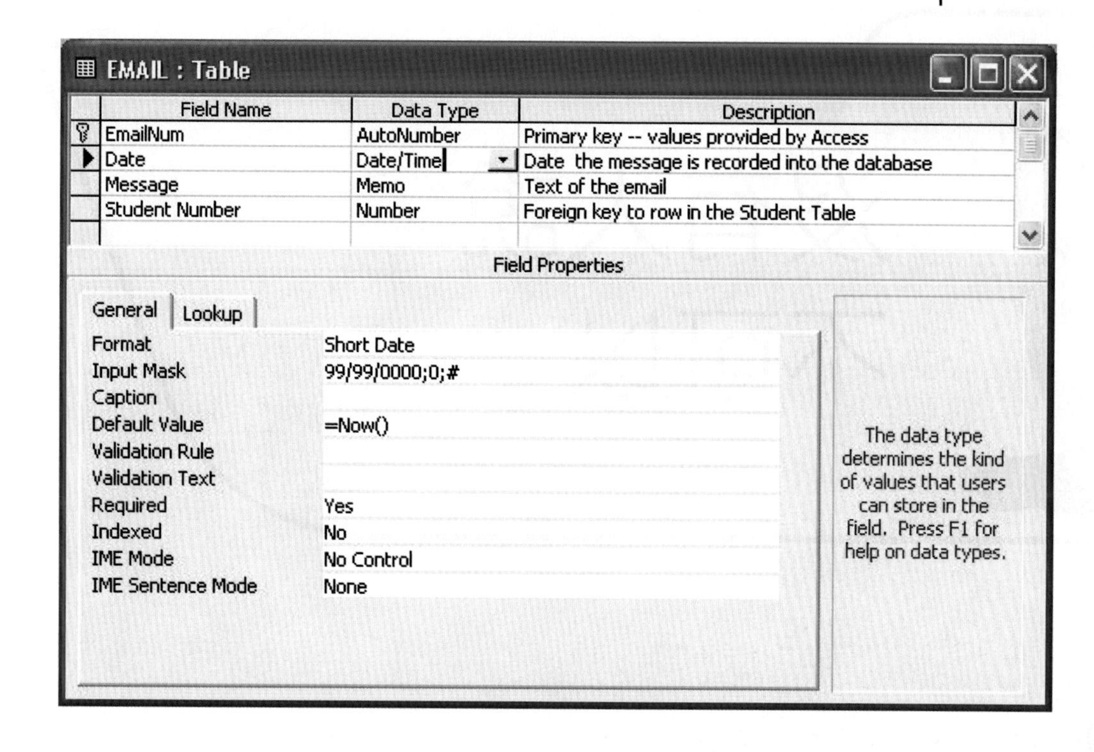

圖4-7
metadata範例（使用Access）

Metadata讓資料庫更有用；因為有了metadata，我們就不用去猜測、記憶、或甚至去記錄資料庫中到底有什麼。要找出資料庫包含什麼，只要檢視資料庫中的metadata就好了。不論是經過授權或非經授權的使用，Metadata讓資料庫更易於使用；請參考本章的「倫理導引」。

資料庫應用系統的元件

資料庫本身並不是非常有用，圖4-6的表格中包含教授所需的所有資料，但它的格式並不好用。教授希望能看到像圖4-2的表單，以及格式精美的報表。資料庫的資料是正確的，但是它的原始格式可是難以使用。

圖4-8是資料庫應用系統（database application system）的元件；這種應用系統會讓資料庫的資料更易於存取與使用。使用者所使用的資料庫應用包含表單（如圖4-2）、格式化報表、查詢、與相關應用程式；這些應用又會再透過資料庫管理系統（DBMS）來處理資料庫表格。我們將先描述DBMS，然後討論資料庫應用系統的元件。

資料庫管理系統

資料庫管理系統（Database management system, DBMS）是用來建立、處理、與管理資料庫的程式。就像作業系統一樣，幾乎沒有組織會自行開發自己的DBMS；反之，企

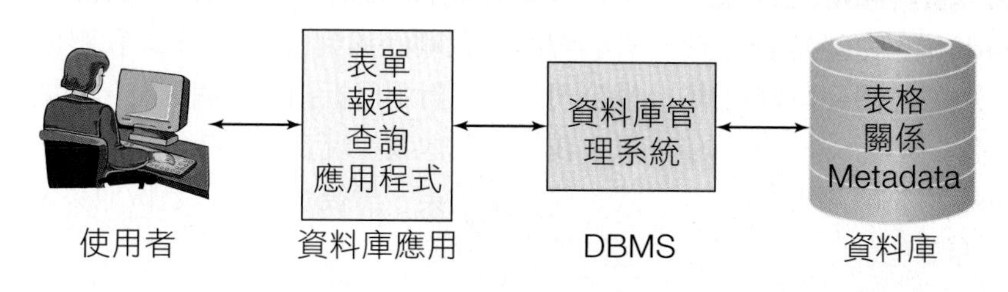

圖4-8
資料庫應用系統元件

倫理導引

沒有人說不可以

我叫Kelly，負責我們小組的系統支援。我的工作是設定新電腦、安裝網路、確定伺服器正常運作等等。我也要負責所有的資料庫備份工作。我一直很喜歡電腦，高中時，我就會打些零工，後來我從附近的社區大學取得了二專文憑。

「就像我說的，我負責我們資料庫的備份。在週末，我通常都蠻閒的，所以我會把一份資料庫備份拷貝到CD上，然後帶回家。我在二專時修過資料庫處理的課，課程上使用的是SQL Server（也是我公司的資料庫管理系統）。事實上，我想這是我得到這份工作的原因之一。反正，要把資料庫復原在我的電腦上是很容易的，而且我就是這麼做的啦。」

「當然，資料庫課程上會說，資料庫處理的最大優點之一，就是資料庫包含metadata，也就是描述資料庫內容的資料。所以雖然我不知道我們公司資料庫中有哪些表格，我可知道要怎麼存取SQL Server上的metadata。所以我查詢sysTables表格來瞭解表格的名稱；之後，就很容易知道每個表格有哪些欄位了。」

「我發現表格中包含關於訂單、顧客、業務人員等等資料，為了娛樂自己，順便複習看看我對查詢語言SQL還記得多少，我開始去玩這些資料。我很好奇哪位訂單輸入員做得最好，所以我開始查詢他們的訂單資料、訂單總數、訂單總金額等資料。這個工作既簡單又有趣。」

「我跟一位資料輸入員Jason很熟，所以我開始去看他的訂單資料。我只是好奇而已，而且它是非常簡單的SQL。在我玩弄這些資料的時候，我發現一件奇怪的事。他的所有大訂單都是來自同一家山谷設備公司，更奇怪的是，每一筆訂單都有很大的折扣。我想這可能是正常情況，不過出於好奇，我開始看其他人的資料。他們幾乎沒有山谷設備公司的訂單，即使在他們有的少數訂單中，也沒有給山谷設備公司很大的折扣。接著我去看Jason的其他訂單，發現它們也沒有很大的折扣。」

「之後的那個禮拜五，我們一大群人下班後一起去喝啤酒。我剛好遇到Jason，所以我跟他提起山谷設備公司，並且對那個折扣開了個玩笑。他問我是什麼意思，我就告訴他我在玩資料的時後發現了那個奇怪的模式。他只是笑笑，然後說他『只是做他該做的事』，接著就轉換了話題。」

REJECTED

「長話短說，當我下週一上午回去工作時發現我的辦公室已經被清理一空，只留下一張紙條要我去見我的老闆。最後的結果是我被開除了，公司還威脅如果我不歸還所有的資料，未來五年我就準備耗在法庭上...。我快氣昏了，所以我甚至沒告訴他們關於Jason的事。現在的問題是我失業了，而且我也不能把我的公司列為參考經歷。」

討論問題

1. Kelly做錯了什麼？
2. 你認為Kelly把資料庫帶回家，並且查詢資料算是非法？不合倫理？或兩者皆是？
3. 這家公司跟Kelly是否都有錯呢？
4. 你認為Kelly在發現Jason訂單的奇怪模式時，應該怎麼做呢？
5. 這家公司在開除Kelly之前，應該先做什麼呢？
6. 除了Jason之外，是否還可能有其他人也涉及山谷設備公司的交易安排？Kelly如果考慮到這項可能，還應該做些什麼呢？
7. Kelly現在應該怎麼做？
8. 「不論是經過授權或非經授權的使用，Metadata讓資料庫更易於使用。」請說明組織對此應該如何做？

業會向IBM、微軟、Oracle之類的廠商購買DBMS產品的授權。常見的DBMS產品包括IBM的DB2、微軟的Access和SQL Server、以及Oracle公司的Oracle。另外一套常見的DBMS是MySQL，這是開放原始碼的DBMS產品，在大多數應用上都可以免費使用。雖然還有其他的DBMS產品，但是這五大產品就佔了今日資料庫市場的絕大多數。

請注意DBMS及資料庫其實是不同的兩樣東西，不過不少雜誌與書籍會將兩者混為一談。DBMS是一支軟體程式；而資料庫是表格、關係、與metadata的集合。兩者是非常不同的觀念。請參考「MIS的使用4-1」，其中描述一個包含美國的高解析度照片與地圖的有趣資料庫，所使用的DBMS則是微軟的SQL Server。

建立資料庫與其結構

資料庫開發人員使用DBMS來建立表格、關係、及資料庫中的其它結構。圖4-7的表單可以用來定義新表格，或是修改現有表格。要建立新表格，開發人員只需要填寫如圖4-7的一個新表單即可。

要修改現有表格，例如新增欄位，開發人員必須開啟該表格的metadata表單，並且增加一列新的metadata。例如在圖4-9中，開發人員新增了稱為「Response？」的欄位。新欄位的資料型態為Yes/No，代表這個欄位只有一個值：是（Yes）或否（No）。教授會使用這個欄位來表示他是否已經回應該學生的電子郵件了。其他的資料庫結構也是以類似的方式定義。

處理資料庫

DBMS的第二項功能就是去處理資料庫。資料庫應用使用DBMS來執行四種運作：讀取（read）、新增（insert）、修改（modify）、或刪除（delete）資料。應用程式會以不同的方式呼叫DBMS。當使用者從表單輸入新資料或變更後的資料時，表單背後的電腦程式會呼叫DBMS來執行必要的資料庫變更。如果是在應用程式中，則會直接呼叫DBMS來進行變更。

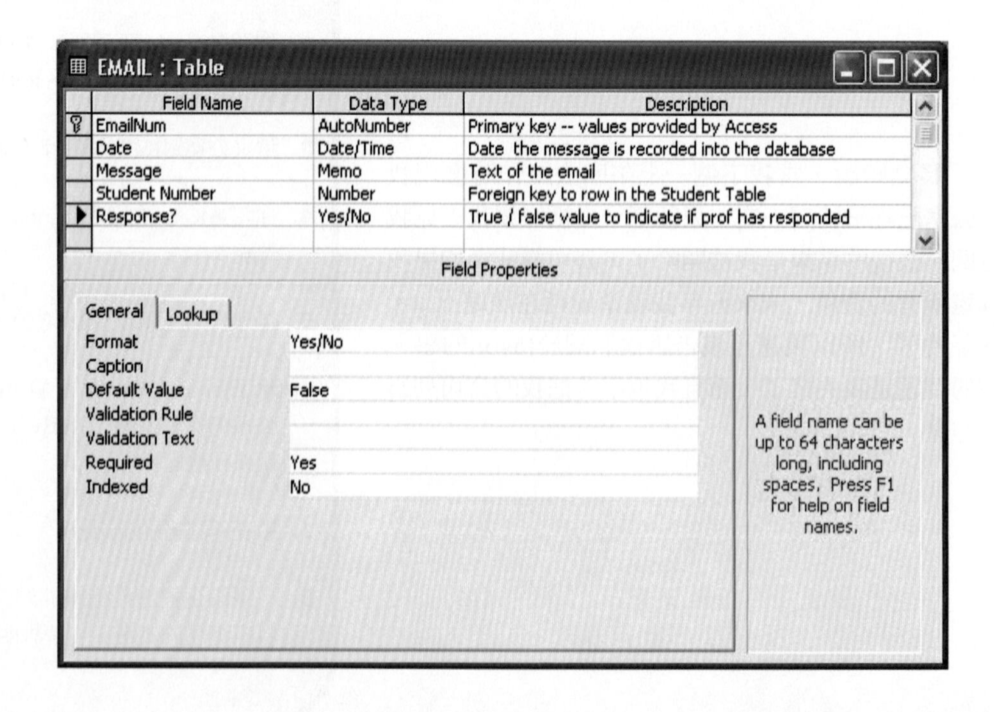

圖4-9
在表格中新增欄位（使用Access）

MIS的使用4-1

免費、公開地存取美國空照圖

TerraServer是可透過網際網路存取的資料庫，包含美國的高解析度照片與地圖。你可以在terraserver.microsoft.com中輸入名勝名稱、地址、或是某地的經緯度，就得以從瀏覽器看到該地的照片與地圖。你還可以放大／縮小、或是捲動，以觀看鄰近的區域。圖1中的照片是搜尋「金門大橋」（Golden Gate Bridge）的結果，圖2則是該區的地圖。

TerraServer是微軟行銷的一項成果。在1990年代中期，微軟重新設計SQL Server的部分原因就是為了回應業界對SQL Server在大型資料庫上效能不佳的批評。為了展示新版的能力，微軟決定推出一項使用SQL Server來處理非常大型資料庫的應用。為了達成這項行銷目標，這個資料庫必須是免費而有趣的。

微軟希望資料庫中至少包含一兆位元組（terabyte）的資料，並且發現要找到適當的資料庫並不容易。大多數的大型資料庫如果不是私人的，就是很無趣。最後微軟找到美國地質調查機構（United States Geological Survey, USGS）累積多年的空照圖庫。這個圖庫符合微軟的所有要求：照片的數位檔案很龐大，並且是公開的，而且所有的人至少都會對他們住家或公司的照片感到興趣。

資料庫搞定之後，微軟再和幾個組織合作。Compaq負責提供電腦，ADIC與Veritas提供備分硬體與軟體，Extreme Networks則提供私有網路的骨幹。位於北卡羅來納的Aerial Images of Raleigh是早期的合作夥伴之一，不過目前已經脫離這個團隊，並且在terraserver.com上經營這個專案的商業版本。雖然最初的TerraServer是由微軟研發部門開發並支援，但目前這個專案已經改由微軟家用服務部門負責支援與負擔。

因為最初的USGS照片檔案太大，而無法透過網際網路傳輸，所以每張照片被切割成好幾段，並且以影像型態儲存在TerraServer資料庫中。這個資料庫還包含了協助影像搜尋的metadata，以及少量的管理用資料。

TerraServer資料庫總共超過30個表格。儲存影像資料的最主要表格須要3兆位元組的儲存空間。因此，這個資料庫被切割為三，並且由3台獨立的電腦負責處理。當然，使用者並不會看到資料庫的切割。

根據微軟灣區研究團隊程式經理Tom Barclay的說法：「我們在TerraServer上所犯的最大錯誤，就是低估了它的受歡迎程度。我們最初估計每天大約有一百萬次的點閱。」事實上，網站的平均數字為預估的三倍，在2003年2月間，有超過6千7百萬名使用者使用TerraServer，並且處理了超過75億個資料庫查詢。

圖1 金門大橋的空照圖

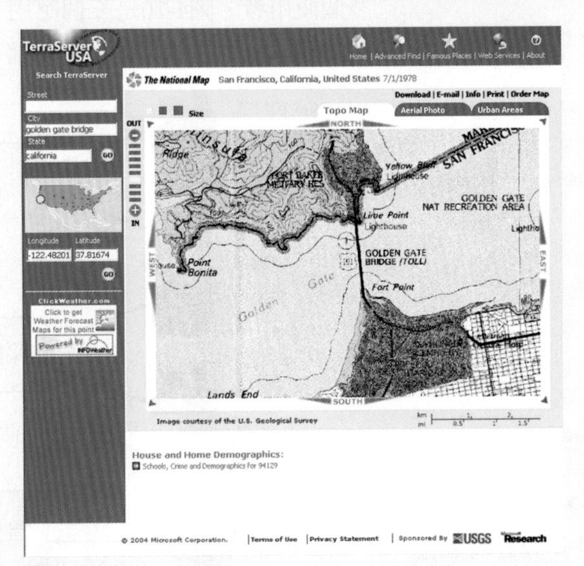

圖2 金門大橋的地圖

結構化查詢語言（Structured Query Language, SQL）是處理資料庫的國際標準語言。上述的五種DBMS產品很早就都能處理SQL（讀做see-quell）敘述了。例如下面的敘述會在Student表格中新增一筆資料列：

```
INSERT INTO Student
    ( [Student Number] , [Student Name] , HW1 , HW2 , MidTerm )
    VALUES
    ( 1000 , ' Franklin , Benjamin ' , 90 , 95 , 100 )
```

像這種敘述是由處理表單的程式在「幕後」送出；但它們也可以由應用程式直接送給DBMS。

你目前並不需要瞭解或記憶SQL語言的語法，只要記住SQL是處理資料庫的國際標準，並且可以用來建立資料庫與資料庫結構即可。你可以在資料庫管理的課程中學到更多這方面的知識。

管理資料庫

DBMS的第三項功能是提供協助資料庫管理的工具。例如DBMS可以用來設定關於使用者帳號、密碼、資料庫處理權限的安全性系統。為了提供資訊庫安全，使用者在能夠處理資料庫之前，必須使用合法的使用者帳號登入。「安全性導引」中包含更多關於資料庫安全的討論。

我們可以做非常特定的權限限制。例如在Student資料庫範例中，我們可以限制某個使用者只能從Student表格中讀取Student Name；另一個使用者能夠讀取Student表格的所有資料，但只能夠更新HW1、HW2、和MidTerm欄位；而其他使用者則還可以再指定不同的權限。

除了安全性之外，DBMS管理功能還包含備份資料庫的資料，新增結構以改善資料庫應用的效能，刪除不再需要的資料，以及類似的工作。本章還會繼續討論這些管理功能。

資料庫應用

資料庫應用（database application）包含表單、報表、查詢、與用於處理資料庫資料的應用程式。一個資料庫可能允許同時有一或多個應用程式使用，且每個應用也可能有一或多個使用者。圖4-10是三個應用；上面兩個應用都有多個使用者。這些應用各有不同的目的與功能，但是它們都是在處理儲存在共同資料庫中的相同存貨資料。

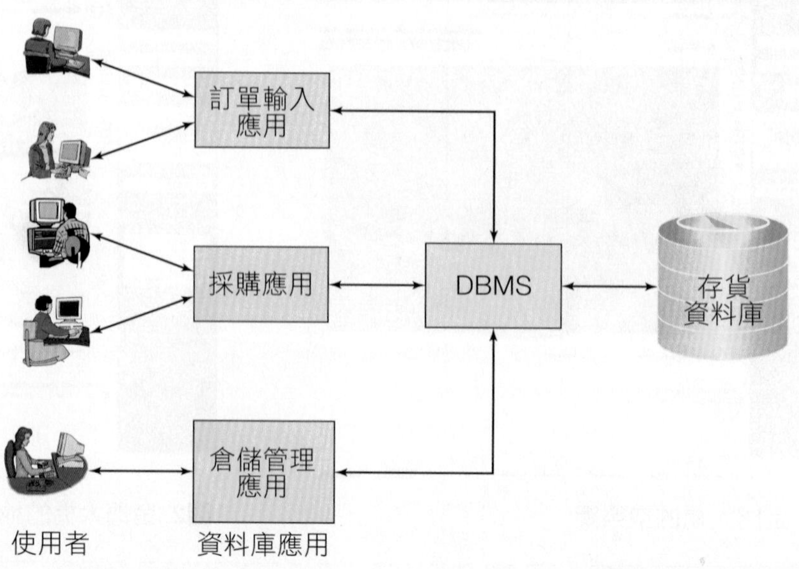

圖4-10
運用多個資料庫應用

表單、報表、與查詢

圖4-2是典型的資料庫應用：資料輸入表單（form），而圖4-11則是典型的報表（report）。資料輸入表單是用來讀取、新增、修改、與刪除資料，報表則是以結構化的脈絡來呈現資料。

有些如圖4-11的報表除了呈現資料之外，也會進行運算。例如在圖4-11中計算了加權總分（Total weighted points）。第1章提過資訊是「在有意義背景脈絡中呈現的資料」。這份報表以對該教授有意義的背景脈絡來呈現學生的資料，因此，它的結構建構了資訊。

DBMS程式提供查詢資料庫資料的廣泛功能。例如假設使用Student資料庫的教授記得有個學生在課業輔導時提到進入障礙的問題，但是不記得是誰？或是在什麼時候？如果資料庫中有數百筆的學生記錄與輔導記錄，這位教授必須花費相當的時間與精力來搜尋所有的輔導記錄；但若有DBMS的協助，就可以很快地找出這筆記錄。圖4-12a 是教授用來輸入搜尋關鍵字的查詢（query）表單，圖4-12b 則是查詢的結果。

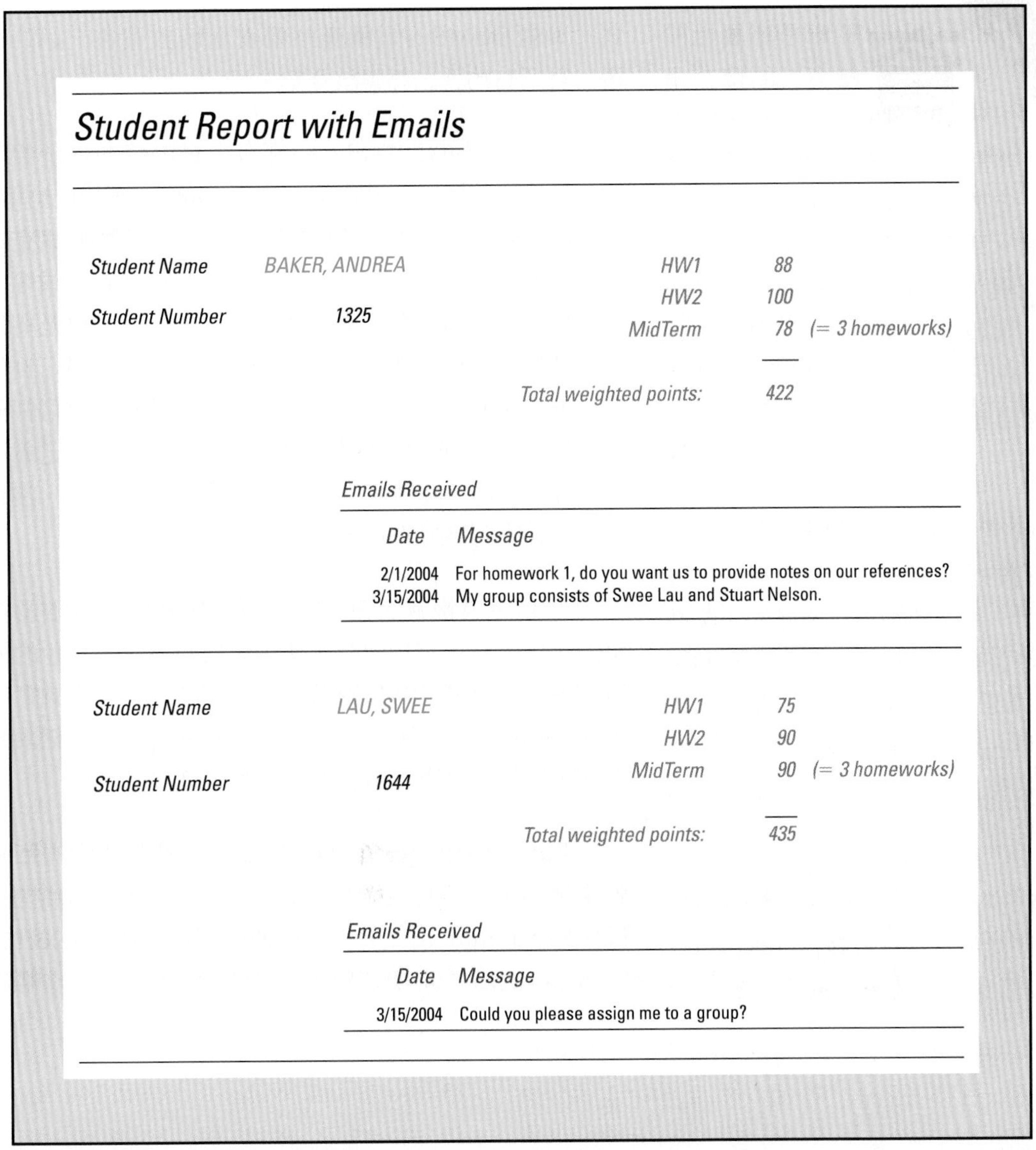

Student Report with Emails

Student Name BAKER, ANDREA
Student Number 1325

HW1	88
HW2	100
MidTerm	78 (= 3 homeworks)
Total weighted points:	422

Emails Received

Date	Message
2/1/2004	For homework 1, do you want us to provide notes on our references?
3/15/2004	My group consists of Swee Lau and Stuart Nelson.

Student Name LAU, SWEE
Student Number 1644

HW1	75
HW2	90
MidTerm	90 (= 3 homeworks)
Total weighted points:	435

Emails Received

Date	Message
3/15/2004	Could you please assign me to a group?

圖4-11
學生報表範例

資料庫安全

資料庫是專屬性關鍵資料的儲存重地，因此，安全性非常重要。執行DBMS的電腦一定要用防火牆（firewall）來保護。防火牆是介於企業內部網路與外部網路間的一種電腦系統相關裝置，可以防止未經授權者存取內部網路。如果資料庫不應該透過網際網路處理，防火牆就應該透過封包過濾及其他技術（可參考第11章）來提供有限制的存取。

為了達到最佳的安全性，DBMS電腦除了應該受到防火牆的保護，其他所有的安全性措施則應該以防火牆被滲透的假想情況來設計。更具體而言，所有的作業系統與DBMS修補程式都應該儘早取得並安裝。在2003年春天，有一隻Slammer蟲毒（worm）感染了執行SQL Server的許多電腦。但早在幾個月前，微軟就已經公布了能夠防止這隻蟲存取的修補程式，因此只有未安裝修補程式的電腦才會被感染。

為了避免未經授權的存取，除了經過授權的操作人員之外，其他人都不應該能直接存取執行DBMS的電腦。反之，所有的存取都應該要透過被授權的應用程式。執行DBMS的電腦應該要安全地放置在上鎖的門後，且所有的進出都應該登記。

所有主要的DBMS產品都有大量內建的安全性功能，能夠定義使用者帳號（user account）與使用者角色（user roles）。每個帳號屬於特定一人，而角色則是指一般性的員工職能，例如應付帳款人員或業務人員等。每個使用者帳號與使用者角色都會針對特定表格及欄位指定特定的行動。舉例而言，你可以為特定人員，例如Garret Rogers，定義一個存取帳號，以及保護這個帳號的密碼。有些DBMS產品，例如Oracle，不允許定義不夠堅強的密碼（請參考第1章的「安全性導引」）。沒有受到堅強密碼保護的帳號將被鎖定而無法使用。

一旦定義帳號之後，就可以指定特定的權限及特定的角色。在指定角色時，使用者將會繼承該角色的所有權限，而不同DBMS的做法並不相同。下面的圖顯示了在Volunteer資料庫中指定Fund_manager角色權限的方式（這個資料庫可用於本章開頭的募款情境）。

Fund_manager角色在Volunteer資料庫中的每個表格都指定了特定的權限。如果Garret Rogers被指派擔任Fund_manager角色，則他就可以讀取（select）Contact表格並新增資料列，但是不可以更新或刪除

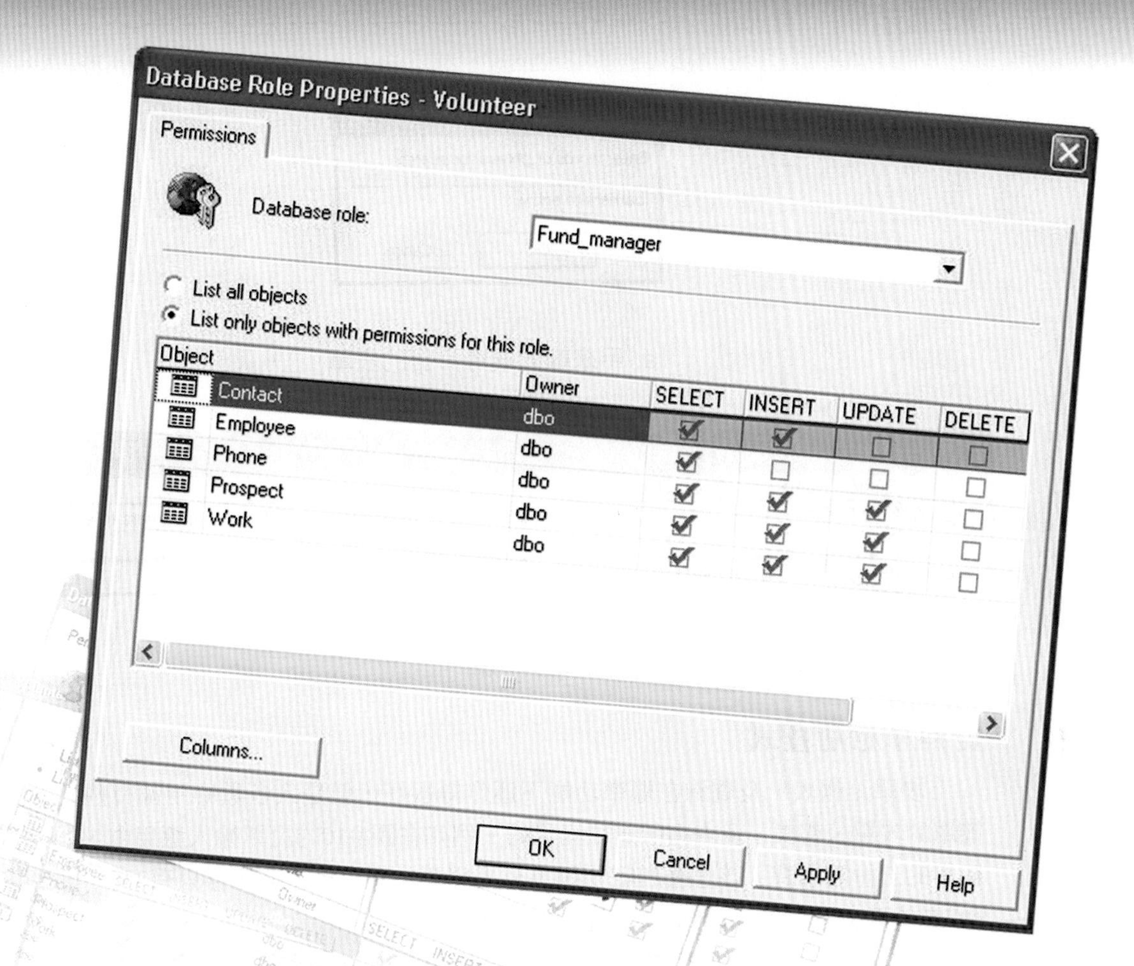

Contact中的任何資料列。圖中還有他對其他表格的權限。你也可能針對每個表格的特定欄位更進一步地限制行動。

大多數DBMS產品都會記錄登入失敗的嘗試，以及其他的使用報告。資料庫管理員（database administrator, DBA）應該定期檢視這些記錄與報表，以找出可疑的活動。

最後，要有安全性危機的行動計畫。不同資料庫的因應步驟並不相同。如果資料庫包含的機密資料極少，這份計畫可能只包含呈報安全性問題，以及採取正確行動來預防未來發生這種問題的步驟。不過，如果資料庫包含有敏感與機密的資料，則計畫中就應該包括防止進一步損失、與聯絡公司法務人員和執法機關的程序。

討論問題

1. 摘述保護DBMS及其資料庫所能採取的步驟。
2. 說明為什麼盡快安裝安全性修補程式是很重要的。
3. 使用者帳號與使用者角色的差異為何？
4. 在圖中，Fund_manager角色可以對Employee表格執行哪些行動？你認為為什麼會這樣定義他的權限？
5. 主管們都應該具有最高的權限等級嗎？為什麼呢？
6. 假設擁有高價值專屬資料的資料庫被入侵，應該採取哪些步驟呢？

Enter Parameter Value
Enter words or phrase for search
barriers to entry
OK Cancel

a. 用來輸入搜尋片語的表單

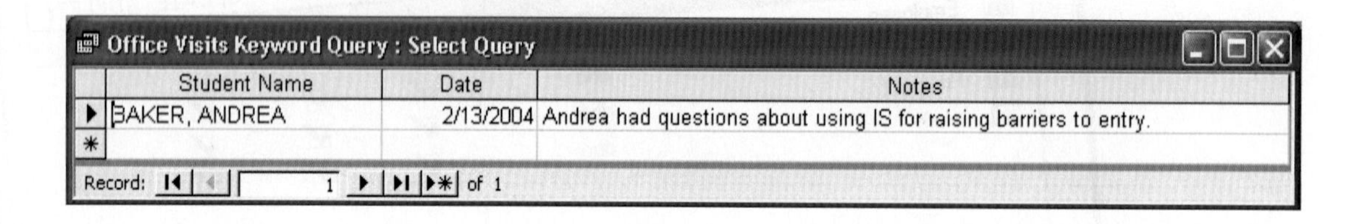

圖4-12
查詢範例

b. 查詢運算的結果

資料庫應用程式

表單、報表、及查詢在標準功能下運作得很好，但是大多數應用都有些特殊的需求是簡單的表單、報表、及查詢所無法滿足的。例如在圖4-10的訂單輸入應用中，如果只能滿足顧客的部份需求時，該怎麼辦呢？如果有人想要10套工具，但庫存只有3套，則應該自動加購7套或更多呢？或者，應該要採取什麼其他的行動嗎？

應用程式會處理特定的業務需求邏輯。在Student資料庫中的一個範例應用，就是在期末指定成績。如果這個教授的成績呈曲線分佈，則該應用會從表單讀取成績的分段點，然後處理Student表格中的每一列，根據分段點及總點數來分配成績。

應用程式的另一種重要用途是能夠透過網際網路來處理資料庫。此時，應用程式扮演網站伺服器與資料庫間的中介者，負責回應事件（例如當使用者按下送出的按鈕），以及讀取、新增、修改、與刪除資料庫的資料。

圖4-13是在網站伺服器電腦上執行的四個不同的資料庫應用程式。使用者透過瀏覽器與網際網路連上網站伺服器，網站伺服器則將使用者請求導向適當的應用程式，由每個程式視需要來處理資料庫。你將會在第8章的電子商務討論中學到更多結合網站的資料庫。

多用戶處理

圖4-10與4-13顯示有多個使用者在處理資料庫。這種多用戶處理（multi-user processing）很常見，但是它的確有些獨特的問題，是你身為未來經理人所必須知道的。為了瞭解這些問題的本質，請想想下面的場景。

Andrea與Jeffrey這兩位使用者正在使用圖4-10的訂單輸入應用。Andrea正與她的顧客通電話，對方希望採購5套工具。與此同時，Jeffrey也在與他的顧客談話，對方希望採購3套工具。Andrea讀取資料庫以判斷目前庫存有幾套工具（當她在她的資料輸入表單中輸入時，她也毫不知覺地啟動了訂單輸入應用），DBMS回傳一筆資料，顯示目前庫存中還有10套工具。

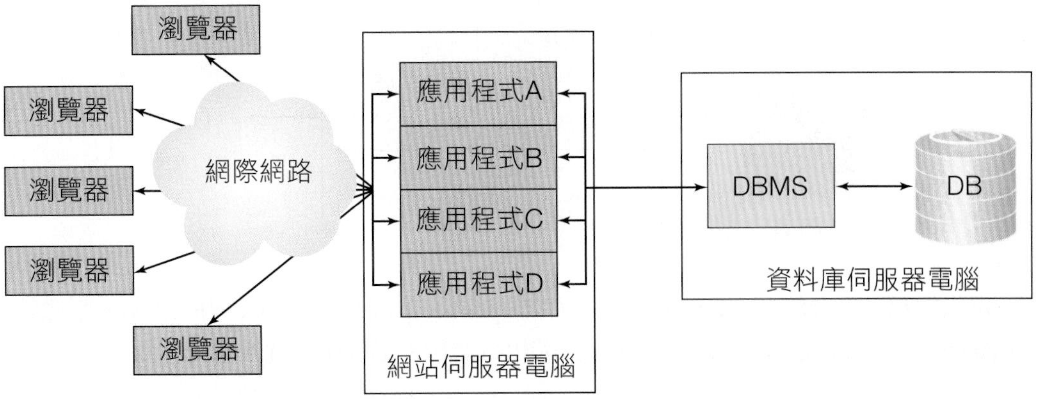

圖4-13
網站伺服器電腦上的四個應用程式

此時，就在Andrea存取資料庫的時候，Jeffrey的顧客也表示他想要工具，所以他也去讀取資料庫，以判斷目前庫存有幾套工具。DBMS回傳相同的一筆資料，顯示目前庫存中還有10套工具。

Andrea的顧客現在表示他要買5套，所以Andrea在她的表單中記下這項事實，而應用則將這筆工具資料列寫回資料庫中，表示現在庫存中共有5套工具。

這時，Jeffrey的顧客表示他要買3套工具，所以Jeffrey在他的表單中記下這項事實，而應用則將這筆工具資料列寫回資料庫中。然而，Jeffrey的應用並不知道Andrea所做的事，因此，從原本的數目10中減去3，而將錯誤的數量7寫回庫存中。

顯然，這裡發生了個問題。我們最初有10套工具，Andrea拿走5套，Jeffrey拿走3套，實際上應該剩下2套，但資料庫說庫存還有7套。

這個問題稱為遺失更新問題（lost-update problem），顯示出多用戶資料庫處理的特徵。為了防止這種問題，必須使用某種類型的鎖定來協調使用者間的活動。然而，鎖定會帶來它自己的問題，而這些問題也必須要處理。不過，我們在此不再繼續鑽研下去。

這個範例的目的是希望你能瞭解，將單一用戶資料庫轉換成多用戶資料庫不僅僅只是多連上一台電腦而已，其背後的應用處理邏輯也需要一併調整。

在你管理涉及多用戶處理的業務活動時，要小心可能的資料衝突。如果你發現似乎找不到結果誤差的原因，表示你可能正遇到多用戶的資料衝突。請聯絡MIS部門尋求協助。

企業DBMS與個人DBMS

DBMS產品可以分為兩大類。企業DBMS（Enterprise DBMS）產品能處理大型的組織與工作群組資料庫。這些產品能支援許多使用者（可能有數千名）和許多不同的資料庫應用。這種DBMS能支援24/7的運作，並且能管理分佈在數十個磁碟、包含幾十億位元組的資料庫。IBM的DB2、微軟的SQL Server、與Oracle的Oracle都是企業DBMS產品。

個人DBMS（Personal DBMS）產品是針對小得多的資料庫應用所設計。這種產品通常使用在少於百人（正常是少於15人）的個人或小型工作團體應用上。事實上這類資料庫中有極大多數都只有單一使用者，例如教授的Student資料庫就是一個由個人DBMS產品所處理的資料庫例子。

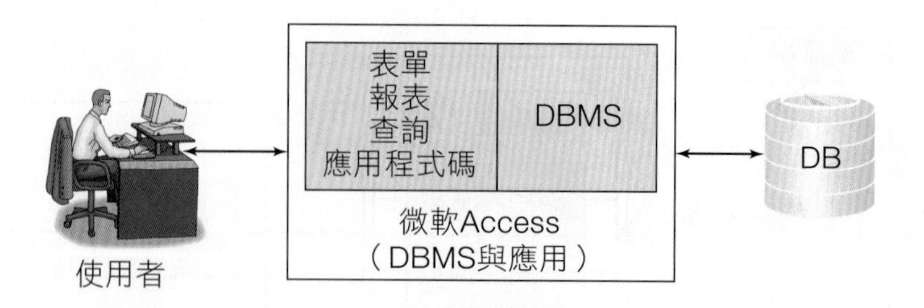

圖4-14
個人資料庫系統

過去曾經有許多的個人DBMS產品，如Paradox、dBase、R:base與FoxPro。當微軟開發了Access，並且將它放入微軟的Office套裝組合之後，這些產品就被徹底打敗了。

為了避免未來造成你的困惑，圖4-10中對應用程式與DBMS的區分，只會出現在企業DBMS產品中。微軟的Access則同時包含有應用處理功能及DBMS。因此，Access其實同時是DBMS與應用開發的產品，如圖4-14。

開發資料庫應用系統

我們將會在第6章詳細描述應用的開發，不過，因為商務人士及其他使用者在資料庫系統開發中扮演如此重要的角色，所以我們必須要在本章介紹兩個重要主題：資料塑模與資料庫設計。

使用者參與資料庫的開發非常重要，因為資料庫的設計完全取決於使用者看待其業務環境的方式。以Student資料庫為例，它應該包含哪些資料？可能的資料包括Students、Classes、Grades、Emails、Office_Visits、Majors、Advisers、Student_Organizations等等，而且這份清單還可以繼續變長。此外，它們應該要涵蓋到多詳細的程度？資料庫應該包含住址嗎？住宿的地址？家裡的住址？或是繳費地址？

事實上，可能的選擇很多，而資料庫設計師並不知道要將哪些放入資料庫中。然而，他們確實知道資料庫中必須包含使用者執行任務所需的資料。理想上，他應該只包含剛好足夠的資料。所以，在資料庫開發期間，開發人員必須依賴使用者告訴他們要將什麼納入資料庫中。

資料庫結構可能很複雜，在有些情況下更是極端複雜。因此，在建立資料庫之前，開發人員會先建立資料庫資料的邏輯呈現，稱為資料模型（data model）。他描述要存在資料庫中的資料與關係，就像一張藍圖一樣。建築師在開始建築之前會先建立藍圖，資料庫開發人員在開始設計資料庫之前也會先建立資料模型。要瞭解問題的基礎，請參考「解決問題導引」。

圖4-15是資料庫的開發流程。對使用者的訪談會得到資料庫的需求，然後再概括於資料模型之中。一旦使用者認可（驗證）這份資料模型之後，就可以將它轉換為資料庫設計，然後實作為資料庫結構。下面兩節將簡短討論資料塑模與資料庫設計。你的目標是要學習這個流程，以便在開發工作中扮演稱職的使用者代表。

實體－關係資料模型

實體－關係資料模型（entity-relationship/E-R data model）是最常用的資料模型。開發人員利用它來描述資料庫的內容，定義要儲存在資料庫的實體（entity），以及這些實體間的關係（relationship）。另一種比較不普及的資料塑模工具是統一塑模語言（Unified Modeling Language, UML），本書將不討論這項工具，不過如果你學會如何解讀E-R模型，只要再稍加學習，就能夠瞭解UML模型了。

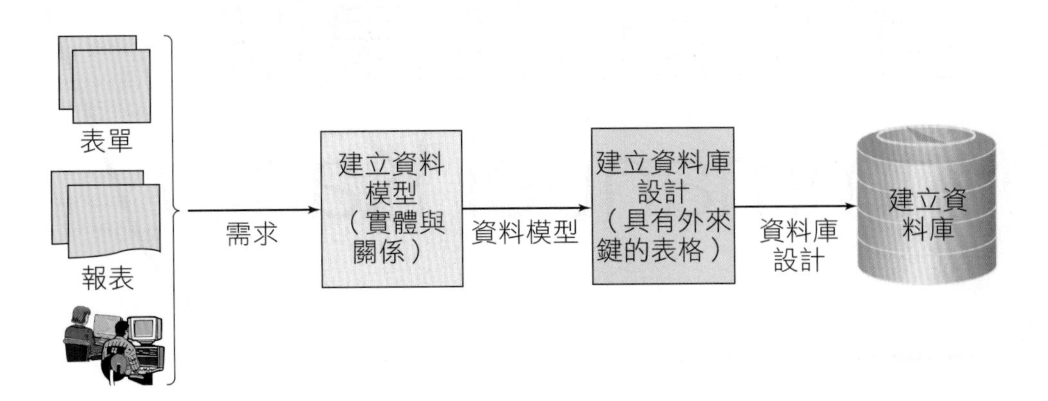

圖4-15
資料庫開發流程

實體

實體（entity）是使用者希望記錄的某樣東西，例如Order、Customer、Salesperson及Item等。有些實體代表實體的物件，例如Item或Salesperson；有些則象徵邏輯上的概念或異動（transaction），例如Order或Contract。實體的名稱通常以單數表示，例如使用Order、而非Orders，或是Salesperson、而非Salespersons。

實體具有描述其特徵的屬性（attributes）。例如Order的屬性可能包括OrderNumber、OrderDate、SubTotal、Tax、Total等等；Salesperson的屬性則包括SalespersonName、Email、Phone等等。

實體也具有識別子（identifier），也就是每個值只對應到單一實體實例（entity instance）的屬性。例如OrderNumber就是Order的一個識別子，因為每筆Order實例都只對應到一個特定的OrderNumber值。同樣地，CustomerNumber也是Customer的識別子。如果每個業務員姓名都不相同，則SalespersonName也算是Salesperson的一個識別子。

想想看，業務人員的姓名會是唯一的嗎？這在目前及未來都會如此嗎？這種問題的答案由誰決定？只有使用者知道這是否為真；資料庫開發人員則無從知道。這個範例顯示瞭解資料模型的能力有多重要 – 只有使用者才能確定答案為何。

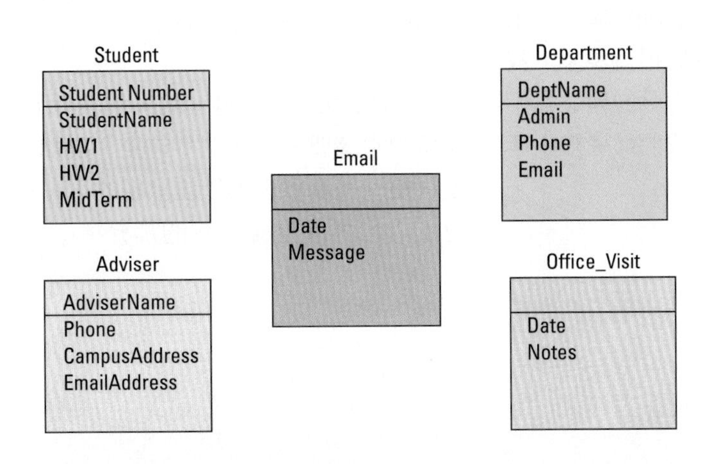

圖4-16
Student資料模型實體

解決問題導引

資料塑模師康德（Immanuel Kant）

只有使用者才能說明資料模型是否能精確地反映出他們的業務環境。但是當使用者本身意見不合時，會是什麼情況呢？如果一位使用者說訂單只有單一業務人員，但另一位使用者說有些訂單是由業務團隊負責呢？誰是對的呢？

或許有人想說：「比較能反映真實世界的模型就是正確的模型」，但這個敘述的問題是資料模型並不是對「真實世界」的塑模，而只是資料塑模師所認知的模型。這個非常重要的觀念可能很難瞭解，但如果你真的瞭解之後，就可以在資料模型驗證會議中節省許多小時，並且成為更好的資料塑模小組成員。

德國哲學家康德認為，我們所覺知到的真實是根據我們的知覺器官。他將我們所覺知到的稱為現象。我們覺知到的東西，如光與聲音，都會由大腦處理並賦予意義，但是我們並不知道、也無從知道我們從覺知中所建立的影像，是否與真實的存有相關。

康德使用「本體世界」（noumenal world）一詞來表示事物的本質－也就是那些存在並引發我們的知覺與影像感受的某些東西；並且使用「現象世界」（phenomenal world）來表示我們人類所察覺並建構的世界。

因為我們與其他人共有這個現象世界，因此，很容易將本體世界與現象世界混淆。人類都有相同的心智器官，並且進行相同的建構。如果你請室友遞給你牙膏，他就會給你牙膏，而非牙刷。但是我們共有這個共同世界的事實，並不表示共同世界描述了任何真相。小狗根據嗅覺建構世界，殺人鯨根據聲音建構世界。所謂的「真實世界」對小狗、鯨魚、和人類而言是全然不同的。這些都意謂著我們不能使用「對真實世界的較佳呈現」來評斷一個資料模型。人類對於呈現真實的本體世界是無能為力的，因此，資料模型只是人類對其所見之模型的一個模型。例如業務人員的模型就是人類對業務人員所覺知之模型的模型。

回到開頭的問題，當人們彼此意見分歧時，資料模型中應該要放什麼呢？首先，要知道任何試著證明其資料模型是真實世界較佳呈現的人，都相當於是自負地說：「世界就是像我想的那樣。」其次，在意見分歧時，我們必須詢問：「資料模型與系統未來使用者的心智模型的相符程度如何？」建構資料模型的人可能認為建構中的模型看待世界的方式很奇怪，但這不是重點。唯一有效的重點在於它是否能反映出使用者觀看其世界的方式。它是否能讓使用者完成他們的工作？

討論問題

1. 資料模型要呈現什麼？
2. 說明為什麼人類很容易將現象世界與本體世界混淆？
3. 如果某人跟你說：「我的模型是真實世界的較佳模型」，你會如何回應？
4. 用你自己的話來說明，當兩個人對於資料模型中要包含什麼的意見不同時，你應該如何繼續？

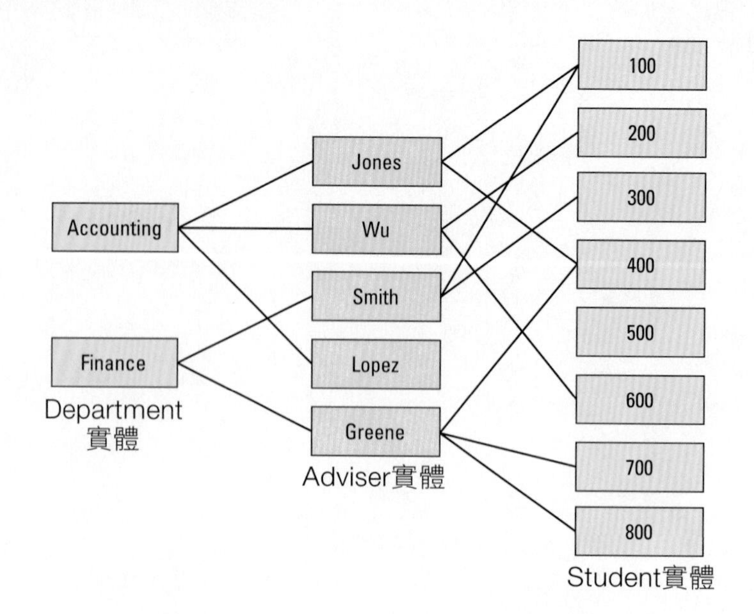

圖4-17
Department、Adviser與Student實體及其關係範例

圖4-16是Student資料庫的實體範例。每個實體以矩形表示，實體名稱位於矩形上方，識別子則列在實體頂端的區域。實體的屬性列在矩形的剩餘區域中。在圖4-16中，Adviser實體具有識別子AdviserName，以及屬性Phone、CampusAddress與EmailAddress。

注意實體Email與Office_Visit並沒有識別子，使用者並沒有一個屬性能夠用來識別特定的一封電子郵件。我們可以補上一個，例如為Email指定識別子EmailNumber，但是如果我們這麼做的話，就不是在建立使用者如何看待他們世界的模型，而是強加一些東西給使用者。在你檢視關於你業務的資料模型時，要小心這種可能性；不要讓資料庫開發人員建立不屬於你業務世界的任何東西。

關係

實體彼此之間具有關係（relationship），例如Order與Customer實體相關，也與Salesperson實體相關。在Student資料庫中，Student與Adviser相關，而Adviser與Department也相關。

圖4-17是Department、Adviser與Student實體及它們之間關係的樣本。為了簡化起見，圖中只顯示了這些實體的識別子，而沒有其他的屬性。在樣本資料中，會計系有三位教授Jone、Wu與Lopez，而財金系則有兩位教授Smith與Greene。

Adviser與Student間的關係比較複雜，因為在本範例中，一名指導教授可以指導多位學生，而一位學生也可以有多個指導教授（可能是因為學生有多重主修）。例如，教授Jone指導了學生100與400，而學生100則同時接受教授Jone與Smith的指導。

在資料庫設計的討論中使用類似圖4-17的圖形會顯得太過累贅。因此，資料設計師使用的是實體－關係（E-R）圖（entity-relationship diagram）。圖4-18是圖4-17資料的E-R圖。在此圖中，所有相同類型的實體都用單一的矩形代表，因此，圖中共有Department、Adviser與Student實體的矩形。屬性的表示方法則如圖4-16。

此外，兩個實體間的線段表示關係，例如介於Department與Adviser間的線段。在該條線右邊的分岔代表一個系可能有不止一個指導教授。這些稱為鳥爪（crow's foot）的小分岔，就是圖4-17中介於Department與Adviser間多條線段的節略。像這種關係稱為1：N或一對多（one-to-many）關係，因為一個系可能會有多名指導教授。

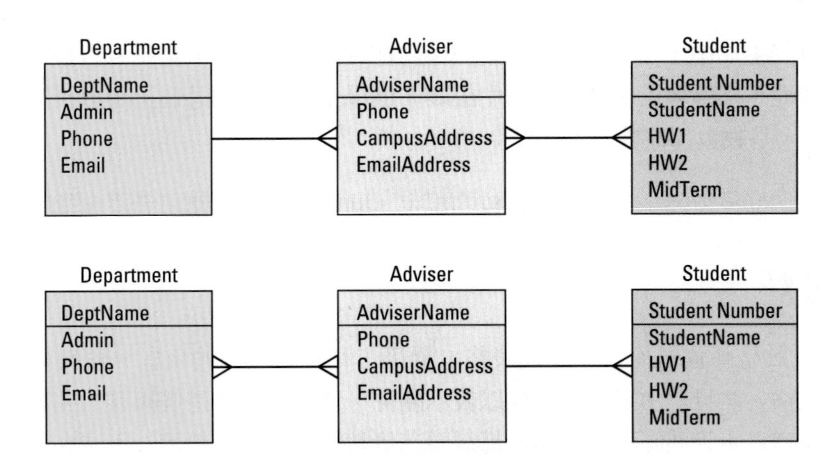

圖4-18
關係範例：第一版

圖4-19
關係範例：第二版

現在看看Adviser與Student間的線段。在線段的兩邊都有出現鳥爪，表示一名指導教授可以與多位學生相關，而一位學生也可以與多個指導教授相關，如圖4-17的情況。像這種關係稱為N：M或多對多（many-to-many）關係，因為一名指導教授可以指導多位學生，而一位學生也可以有多個指導教授。

學生有時候會覺得N：M的表示法很令人混淆。請將N與M解讀為在關係的兩邊都可以存在大於一的變動數量。這種關係不應該寫成N：N，因為這樣表示關係兩邊具有相等數目的實體－未必會是這樣。N：M代表關係的每一邊都可以有不只一個實體，且兩邊的數目可以不同。

圖4-18是實體－關係圖的一個範例，不幸的是，實體－關係圖有幾種不同的標記法。這種稱為鳥爪圖版本（crow's-foot diagram version）。如果你選修資料庫管理，就會學到其他的版本。

圖4-19是具有不同假設的相同實體。在此，指導教授可以在多個系所指導學生，但一名學生只能有一位指導教授，表示政策上不允許學生有多個主修。

哪個版本是正確的呢？只有使用者才知道。當資料庫設計師要求你檢視資料模型是否正確時，這兩個版本正好描繪出你必須要回答的那類問題。

鳥爪標記會顯示可以參與關係的最大實體數，因此，它們也稱為該關係的最大基數（maximum cardinality）。常見的最大基數範例為1：N、N：M與1：1。

另一個重要的問題是：「關係中需要的最小實體數目為何？」指導教授一定要有一名學生嗎？學生一定要有一位指導教授嗎？對最小需求的限制稱為最小基數（minimum cardinality）。

圖4-20是E-R圖的第三個版本，同時顯示最大與最小基數。線上的垂直線段代表至少需要一個該類型的實體，小橢圓則表示該實體是選擇性的，但這個關係未必需要有這種類型的實體。

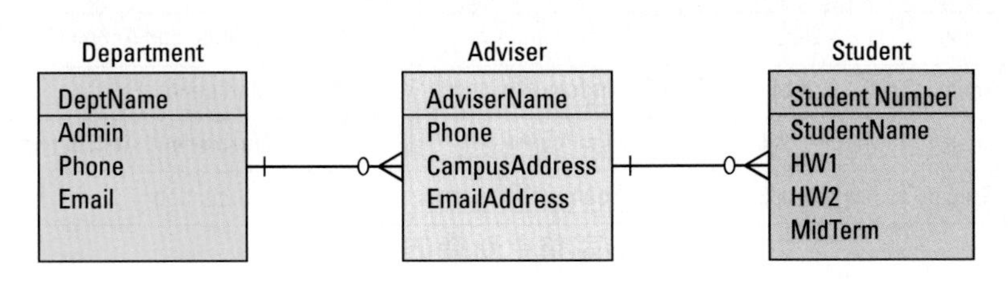

圖4-20
關係範例：第三版

因此，在圖4-20中，一個系所未必要與任何指導教授相關，但是指導教授一定要屬於某個系所。同樣地，指導教授未必要與學生相關，但學生一定要與某個指導教授有關。此外，圖4-20中的最大基數也都改變為1：N。

圖4-20是個好模型嗎？這取決於該校的規定。同樣地，只有使用者才會知道。

資料庫設計

資料庫設計是將資料模型轉換成表格、關係、和資料限制的流程。資料庫設計團隊將實體轉換為表格，並且藉由定義外來鍵以表示關係。資料庫設計是個複雜的主題；就像資料塑模一樣，在資料庫管理課程中，兩者都需要花費數週的時間來學習。不過在本節中，我們將介紹兩項重要的資料庫設計觀念：正規化以及兩種關係的呈現。第一個觀念是資料庫設計的基礎，第二個觀念則能協助你在設計時瞭解主鍵的考量。

正規化

正規化（normalization）是將結構不良的表格轉換成兩個或更多結構良好表格的流程。因為表格的觀念如此簡單，你可能會懷疑為什麼會有結構不良的表格。事實上，有許多讓表格格式不良的原因，而這些原因多到讓研究者光針對這個主題就可以發表數百篇以上的論文。

以圖4-21a 的Employee表格為例，它列出員工姓名、起聘日期、電子郵件地址、以及所屬部門的名稱和編號。這個表格看似單純，但是假設當會計部門將名稱變更為財務會計部門時，想想看會發生什麼情況？因為部門名稱在表格中有重複出現，因此，資料值為「Accounting」的每一列都必須變更為「Finance and Accounting」。

資料完整性問題（data integrity problems）。假設有兩列資料成功地變更了會計部的名稱，但是第三列失敗，結果則如圖4-21b 所示。這個表格就會有資料完整性問題：有些資料列將部門100的名稱記錄為「Finance and Accounting」，其他資料列則將部門100的名稱記錄為「Accounting」。

Employee

Name	HireDate	Email	DeptNo	DeptName
Jones	Feb 1, 2002	Jones@ourcompany.com	100	Accounting
Smith	Dec 3, 2004	Smith@ourcompany.com	200	Marketing
Chau	March 7, 2004	Chau@ourcompany.com	100	Accounting
Greene	July 17, 2003	Greene@ourcompany.com	100	Accounting

a. 更新前的表格

Employee

Name	HireDate	Email	DeptNo	DeptName
Jones	Feb 1, 2002	Jones@ourcompany.com	100	Finance and Accounting
Smith	Dec 3, 2004	Smith@ourcompany.com	200	Marketing
Chau	March 7, 2004	Chau@ourcompany.com	100	Finance and Accounting
Greene	July 17, 2003	Greene@ourcompany.com	100	Accounting

b. 不完整更新後的表格

圖4-21
設計不良的Employee表格

在這個小表格中很容易看到這個問題，但是如果是像TerraServer資料庫中擁有超過3億筆記錄的Image表格呢？一旦像這麼大的表格發生嚴重的資料完整性問題，就會需要數個月的人力來將它們移除。

資料完整性問題非常嚴重。有資料完整性問題的表格會產生不正確與不一致的資訊。使用者將對這些資訊失去信心，而系統則會聲名狼藉。聲名狼藉的資訊系統會成為組織的重大負擔。

為資料完整性進行正規化。資料完整性問題只有在資料重複時才會發生，因此，最簡單的排除方式就是去排除重複的資料。我們可以將圖4-21的表格轉換成兩個表格，如圖4-22。在此，部門名稱只有儲存一次而已，因此不會發生資料的不一致。

當然，要在圖4-22中建立包含部門名稱的員工報表，就必須將兩者合併起來。但這種表格合併相當常見，所以DBMS產品的設計通常能夠很有效率的執行這種合併，不過仍然需要一些工作。所以你可以看到在資料庫設計上的一種權衡：正規化的表格能消除資料的重複，但是會減緩處理的速度。這種權衡是資料庫設計上的一項重要考量。

正規化的一般性目標是要建構出只包含單一主題的表格。在一篇好文章中，每一段應該只包含單一主題；資料庫亦是如此，每個表格應該只有單一主題。圖4-21的表格問題在於它包含兩個獨立主題：員工與部門。要修正這個問題的方法就是將它分割為各自有其主題的兩個表格，因此，我們建立了如圖4-22的Employee表格與Department表格。

如前所述，表格格式不良的原因很多。資料庫從業人員根據他們的問題將表格分成多種正規化形式（normal form）。將表格轉換成正規化形式，以移除重複的資料及其他問題，稱為表格的正規化（normalizing）（註2）。因此，當你聽到資料庫設計師說：「這些表格並沒有正規化」，他並不是說這些表格有不規律、不正常的資料，而是說這些表格的形式會造成資料完整性的問題。

Employee

Name	HireDate	Email	DeptNo
Jones	Feb 1, 2002	Jones@ourcompany.com	100
Smith	Dec 3, 2004	Smith@ourcompany.com	200
Chau	March 7, 2004	Chau@ourcompany.com	100
Greene	July 17, 2003	Greene@ourcompany.com	100

Department

DeptNo	DeptName
100	Accounting
200	Marketing
300	Information Systems

圖4-22
正規化後的兩個表格

＊ 註2：請參考David Kroenke, Database Processing, 10th ed. (Upper Saddle River, NJ： Prentice Hall, 2006)。

- 用表格來表示每個實體
  - 實體識別子成為表格主鍵
  - 實體屬性成為表格欄位
- 視需要將表格正規化
- 呈現關係
  - 使用外來鍵
  - 為N：M關係新增額外的表格

圖4-23
將資料模型轉換成資料庫設計

正規化的總結：做為資料庫未來的使用者，你不必瞭解正規化的細節，但是要瞭解一般性原則：每個正規化後（格式良好）的表格應該只有單一主題。此外，沒有正規化的表格容易遇到資料完整性的問題。

同時也要小心，正規化只是評估資料庫設計的標準之一。因為正規化的設計會減慢處理速度，資料庫設計師有時候會選擇接受非正規化的表格。最好的設計取決於使用者的需求。

關係的呈現

圖4-23是將資料模型轉換為關聯式資料庫設計時所涉及的步驟。首先，資料庫設計師會為每個實體建立一個表格；實體的識別子成為表格的主鍵，實體的屬性則成為表格的欄位。接著，將得到的表格正規化，讓每個表格只有單一主題。完成之後，下個步驟就是在這些表格中呈現關係。

例如在圖4-24a 的E-R圖中，Adviser實體對Student實體為1：N的關係。要建立資料庫設計，我們先建構Adviser表格與Student表格，如圖4-24b。Adviser表格的主鍵為AdviserName，而Student表格的主鍵為StudentNumber。

此外，Adviser實體的EmailAddress屬性成為Adviser表格的EmailAddress欄位，而Student實體的StudentName與MidTerm屬性則成為Student表格的StudentName與MidTerm欄位。

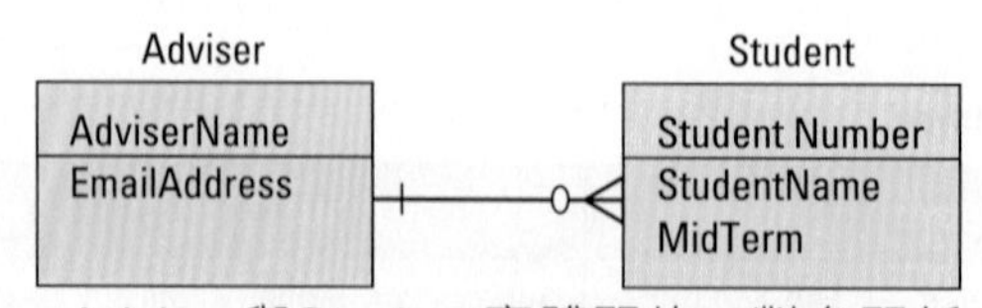

a. Adviser與Student實體間的一對多關係

Adviser表格：主鍵為AdviserName

AdviserName	EmailAddress
Jones	Jones@myuniv.edu
Choi	Choi@myuniv.edu
Jackson	Jackson@myuniv.edu

Student表格：主鍵為StudentNumber

StudentNumber	StudentName	MidTerm
100	Lisa	90
200	Jennie	85
300	Jason	82
400	Terry	95

b. 為每個實體建立表格

圖4-24
1：N關係的呈現

Adviser表格：主鍵為AdviserName

AdviserName	Email
Jones	Jones@myuniv.edu
Choi	Choi@myuniv.edu
Jackson	Jackson@myuniv.edu

外來鍵欄位可呈現關係

Student表格：主鍵為StudentNumber

StudentNumber	StudentName	MidTerm	AdviserName
100	Lisa	90	Jackson
200	Jennie	85	Jackson
300	Jason	82	Choi
400	Terry	95	Jackson

c. 使用AdviserName當作外來鍵以呈現一對多關係

下個任務是要呈現其關係。因為我們是使用關聯式模型，所以必須在這兩個表格其中之一加入外來鍵。可能的做法有二：（1）將外來鍵StudentNumber放入Adviser表格，或是（2）將外來鍵AdviserName放入Student表格。

正確的選擇是將AdviserName放入Student表格，如圖4-24c 所示。要判斷一名學生的指導教授，只需要檢視該生資料列的AdviserName欄位。如果要判斷指導教授的學生，則要搜尋Student表格找出包含該指導教授姓名的所有資料列。如果學生更換指導教授，我們只需要改變AdviserName欄位的值，例如將第一列的Jackson改成Jones，就會將學生100指定給教授Jones。

就這個資料模型而言，將StudentNumber放入Adviser是不正確的。如果我們這樣做，就只能指派一個學生給一名指導教授，而沒有空間再指派第二個學生。

然而，放置外來鍵的策略並不是在所有關係中都能成功。以圖4-25a 為例，圖中的指導教授與學生間存在著N：M的關係。一位指導教授可能有許多學生，而一名學生也可以有多位指導教授（針對多個主修）。我們在1：N資料模型中使用的策略在此將無法運作。要知道原因，請看看圖4-25b。如果學生100有不止一名指導教授，他將沒有空間記錄第二位指導教授。

因此，要呈現N：M關係，我們必須建立第三個表格，如圖4-25c。第三個表格中有兩個欄位AdviserName與StudentNumber。這個表格每一列代表特定指導教授負責指導特定學生。

你可以想像，資料庫的設計遠超過我們在此所介紹的內容，然而本節的內容應該讓你對建立資料庫所需的任務有些概念。你應該也發現資料庫設計其實是資料塑模時所做之決策的直接結果，如果資料模型有誤，資料庫設計就會跟著不對。

使用者審查的重要性

如前所述，資料庫是使用者如何看待其業務視界的模型，這意謂著使用者是關於資料庫應該包含哪些資料，以及資料庫記錄彼此間有何關係的最後裁判。

要更動資料庫結構的最輕鬆時機是在資料塑模階段；將資料模型中的關係由一對多改為多對多，只要將符號由1：N改成N：M就好了。然而，一旦資料庫建立完成，載入資料，並且建立好應用表單、報表、查詢、與應用程式之後，將一對多關係改為多對多關係可能就需要好幾週的工作。

圖4-25
N：M關係的呈現

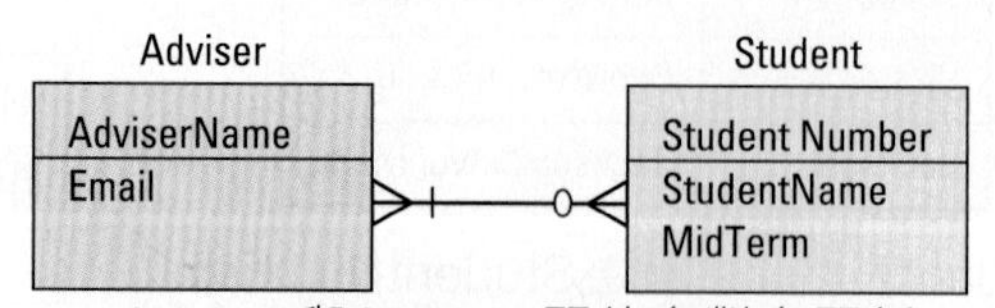

a. Adviser與Student間的多對多關係

Adviser：主鍵為AdviserName

AdviserName	Email
Jones	Jones@myuniv.edu
Choi	Choi@myuniv.edu
Jackson	Jackson@myuniv.edu

沒有空間放入第二、或第三個AdviserName

Student：主鍵為StudentNumber

StudentNumber	StudentName	MidTerm	AdviserName
100	Lisa	90	Jackson
200	Jennie	85	Jackson
300	Jason	82	Choi
400	Terry	95	Jackson

b. N：M關係的不正確呈現

Adviser：主鍵為AdviserName

AdviserName	Email
Jones	Jones@myuniv.edu
Choi	Choi@myuniv.edu
Jackson	Jackson@myuniv.edu

Student：主鍵為StudentNumber

StudentNumber	StudentName	MidTerm
100	Lisa	90
200	Jennie	85
300	Jason	82
400	Terry	95

Adviser_ Student_Intersection

AdviserName	StudentNumber
Jackson	100
Jackson	200
Choi	300
Jackson	400
Choi	100
Jones	100

學生100有三名指導教授

c. Adviser_ Student_Intersection表格呈現多對多關係

藉由比較圖4-24c 與圖4-25c，你就可以對此略有感覺。假設每個表格都有幾千筆資料；此時，將資料庫從一種格式轉換為另一種格式就涉及了大量的工作。更糟的是，應用元件也都必須改變。舉例而言，假設學生最多只有一位指導教授，那畫面上將只有單一的文字方框（textbox）用來輸入AdviserName。如果學生可以有多個指導教授，就必須使用多列的表格來輸入AdviserName，並且必須改寫程式來將這些AdviserName的值儲存到Adviser_ Student_Intersection表格中。此外還會有其他許多的影響，因而造成時間與人力的浪費。

由這些討論可知，使用者對資料模型的審查是非常重要的。當資料庫是為你的工作所開發的時候，你必須很小心地審查資料模型。如果有任何不瞭解的地方，就必須要求澄清，直到你能瞭解為止。資料模型必須能精確反映你對業務的觀點，否則，資料庫的設計將會不正確，且其應用也會很難使用。除非資料模型已經非常精準，否則不要繼續往下做。

因此，當被要求去審查資料模型時，務必要慎重為之。投入足夠的時間來完成完整的審查；任何你的疏漏，最終都會變成你的困惱，而且到時候，更正的時間與金錢成本可能會非常高。這個對資料模型的簡短介紹顯示為什麼資料庫的開發要遠比試算表困難，這也造成許多人抗拒資料庫，請參考「反對力量導引」中的討論。

資料庫管理

資料庫是非常有價值、甚至很關鍵的資源。有些多用戶資料庫有數百、或上千名的使用者，全都依賴資料庫應用來完成他們的工作。有些資料庫是作業系統的關鍵元件，故障就可能中斷生產線。較小型資料庫（甚至是個人資料庫）也可能包含重要資料，而它們的故障則可能代表失去機會與浪費人力。

一般而言，資料庫涵蓋越廣（包含越多系統與業務功能），用途也越大；同時，出問題時的影響也可能越大。舉例而言，製造部與業務部人員的目標可能有很大差異；生產的長期規劃是以三到五年為單位，但業務的長期規劃是：「午飯後我們要做什麼？」對於要服務這兩個團體的資料庫而言，對一方而言很及時的開發步調，對另一方卻可能像是活在冰河時期。

因為資料庫的重要性與管理上的挑戰，大多數組織都會成立稱為資料庫管理（database administration）的職務功能。在較小型組織中，這項功能通常是由一位人員擔任，有時甚至是由某人兼任。較大型組織則會指派數名人員到資料庫管理單位。因此，DBA一詞可能是指資料庫管理師（database administrator）或是資料庫管理室（office of database administration）。

資料庫管理的目的是要管理資料庫的開發、運作、與維護，以達成組織的目標。這項功能需要在相衝突的目標間求取平衡：保護資料庫，同時也對合法授權的使用提供最大的可用性。這是個幕僚功能；DBA很少對其它開發人員或使用者具有直接的管理職權。但是，如果要成功，DBA通常必須要能影響與控制其他團體的行動。

圖4-26摘述了資料庫的管理工作。在下節中，我們將會描述支援主要企業資料庫的資料庫管理室所必須執行的任務。較小工作群組與個人資料庫的資料庫管理也很類似，只是工作的份量與範圍較小。

DBA的開發責任

一般而言，DBA功能通常是在第一個需要資料庫的系統開發專案期間所設置。在系統開發過程越早期建立DBA，效果也會越好。第6章將會更詳細討論系統開發專案的管理；此處，我們將只專注在與DBA相關的部分。

反對力量導引

多謝，我只要用試算表就好了！

我才不會去買資料庫那種東西。我嘗試過，而且它們設定太過複雜，真的很令人頭痛，況且在大多數情況下，試算表可以做的一樣好。我們有一個關於汽車經銷的專案，就我看來是非常簡單：我們希望能記錄顧客及他們感興趣的二手車型號。當有車進入我們車場時，我們可以查詢資料庫來尋找想要這種車的顧客，並且產生一封信給他們。

「這套系統的開發似乎沒完沒了，而且它一直無法正確運作。我們前後雇了三名顧問，最後那個終於讓它能夠動起來。但是要它產生一封信，實在是太複雜了。你要先查詢Access中的資料來產生某種檔案，然後開啟Word，最後再使用『信件與郵件／合併列印』等一大堆怪東西讓Word找到這封信，並且將所有Access資料放在正確的位置。我有一次印了兩百多封信，結果姓名印在地址的位置，地址印在姓名的位置，而且都沒有資料。這樣總共花了我一個多小時耶！我只是想要做個查詢，然後按個按鈕來產生信件而已。我放棄了。有些業務員還在嘗試，不過我可不要了。」

「除非你是通用汽車或Toyota，像我才不要再跟資料庫攪和。你必須有專業的資訊人員去建立資料庫，並且保持它的運作。而且，我也不想跟其他人分享我的資料。我很辛苦地開發我的顧客名單，為什麼要把它拱手讓人？」

「我的座右銘是『保持簡單』。我使用的Excel試算表一共有4個欄位：姓名、電話、有興趣的車和備註。當我有一個新顧客，我就記錄他的姓名電話，然後把他們感興趣的車種型號放入『感興趣的車』欄位。任何其它我覺得重要的事情，就放在備註欄位中，例如其他的電話、地址、電子郵件、配偶姓名、上次聯絡時間等。這個系統並不神奇，但運作得很好。」

「當我想找某些資料，我就使用Excel的篩選功能。我通常都可以找到我要的。當然，我沒辦法送出信件，但這其實沒啥關係。我通常都是使用電話來完成銷售。」

討論問題

1. 你有多同意這裡提出的意見？他所在意的問題有哪些是合理的？有哪些可能是其他原因引起的呢？
2. 你覺得這位汽車業務員存放地址的方式有什麼問題？如果他有天必須寄送信件或電子郵件給所有的顧客，他要怎麼做呢？
3. 根據他的評論，他的資料中包含多少不同的主題呢？這意謂著他要在試算表中保存資料的能力如何？
4. 他是否使用資料庫與他不想分享資料的疑慮相關嗎？
5. 顯然，這家汽車經銷商的主管允許業務人員以他們自己的方式來保存顧客資料。如果你就是主管，你會如何為這項政策辯護？它有什麼好處嗎？
6. 假設你負責管理業務人員，並且決定要請他們都使用資料庫來記錄顧客與其車輛喜好的資料。你會如何向這位業務員推銷你的決定。
7. 根據本情境的有限資訊，你認為資料庫或試算表會是比較好的方案？

類別	資料管理任務	描述
開發	建立DBA職能並聘用人員	DBA團隊的規模取決於資料庫的大小與複雜度；可能從只包含兼職人員到甚至一個小團隊。
	形成指導委員會	由所有使用者團體代表組成；進行跨社群的討論與決策。
	具體說明需求	確定所有適當的使用者輸入都有考慮進去。
	驗證資料模型	檢查資料模型的精確性與完整性。
	評估應用設計	驗證所有必要的表單、報表、查詢、與應用都已開發。驗證應用元件的設計與可用性。
運作	管理處理權責	決定每個表格的處理權利/限制
	管理安全性	視需要新增與刪除使用者及使用者群組，以確保安全性系統的運作。
	追蹤問題並管理解決情況	開發系統以記錄並管理問題的解決情況。
	監督資料庫效能	提供校能改善的專業知識/解決方案。
	管理DBMS	評估新的功能。
備份與復原	監督備份程序	驗證資料庫備份程序確實被遵循。
	進行訓練	確定使用者與操作人員知道與瞭解復原程序。
	管理復原	管理復原流程。
調整	建立需求追蹤系統	開發系統以追蹤需求變更，並排定先後順序。
	管理組態變更	管理資料庫結構變更對應用與使用者的衝擊。

圖4-26
資料管理工作摘要

DBA並不是資料庫或其應用的使用者，而是扮演稽核者、顧問、有時是警察、甚至是聯繫使用者與專業開發人員的外交官。因此，DBA的首要任務之一，就是要建立包含關鍵使用者的指導委員會。DBA利用這個委員會作為跨社群制定資料庫開發、使用、與維護相關決策的論壇。

從一開始，DBA就必須確保使用者有適當地涉入開發過程。需求規格必須包含適當使用者的要求。在開發過程中，一定要有來自所有關鍵使用者群體的代表來驗證資料模型。此外，DBA還必須確保使用者代表有去驗證應用元件的設計與實作。

DBA的運作責任

人類在分享中充滿掙扎；就像小孩在沙坑中爭奪玩具，或是在組織中運用資料庫。人們希望資料庫能先滿足自己的需求－衝突在所難免。

舉例而言，假設有員工離開公司，應該在何時將他們的記錄從資料庫中刪除呢？對那些負責付薪水的人而言，應該要在下次付款前刪除；對在每季末準備財務報表的人而言，他們應該在季末刪除；對負責製作扣繳憑單的人而言，應該在本年度結束時刪除；而對於要應付國稅局稽核的人而言，可能應該在三年五載、或更久之後再刪除。

如果沒有人協助使用者管理這些不同的觀點，必然會導致混亂，而且通常最大聲的使用者會獲勝。因此，DBA的一項重要功能是為資料庫的處理建立整體的政策。DBA利用指導委員會來決定每個表格中各欄位的處理權利；這些權利包括使用者對哪些資料具有讀取、建立、修改與刪除的權利。DBA也會和開發人員合作來確保這些權利有實施適當的安全性。

最後，DBA必須去追蹤問題並管理問題的解決方案。有時候，這些方案涉及新使用者程序與訓練，有時候則必須去變動應用程式或資料庫，或是要為DBMS安裝的新功能：企業DBMS產品如Oracle或DB2等都提供許多不同的DBMS功能。在某些情況下，DBA與開發人員可以藉由安裝與使用額外的DBMS功能來解決問題。

DBA的備份與復原責任

天有不測風雲。硬體會故障、軟體會有臭蟲、使用者會犯錯、而且還可能會有颱風或地震，記得要居安思危。

DBA身為資料庫的守護者，有責任確保資料庫備份程序及政策的存在，以及被相關人員遵循。此外，DBA還必須確保使用者及操作人員有受到備份及復原相關程序的適當訓練。

最後，在許多公司中，當故障發生時，DBA要負責管理復原流程。即使DBA並沒有承擔復原的最高責任（可能是操作人員負責），DBA仍是這段期間的重要角色。我們將在第11章討論這類程序的開發。

DBA的調整責任

圖4-26的最後一類是調整的責任。對資料庫的需求會隨時間而改變。事實上，資料庫與處理資料庫的系統往往就是變動的主要原因（請參考「深思導引」）。對組織中某一群體有益的變動，可能對其他群體並不如此。因此，DBA必須建立系統來記錄與追蹤變動的請求（參考「MIS的使用4-2」中關於資料庫成長的討論）。

指導委員會要定期開會來討論並安排資料庫及資料庫應用之新功能的優先順序。同樣的，這些決策必須要從整體的觀點出發。DBA的責任是要提供論壇，並且確定所有的請求有經過負責任的考量與處理。

DBA是個技術人員嗎？

DBA職能具有對資料庫的各種管理責任，其中有部分是技術性的，像監督校能、管理DBMS、及發展備份與復原程序都需要優秀的DBMS技能。但是對較大型組織、及包含許多不同部門及業務功能的資料庫而言，DBA工作的外交成份可能會大於技術成份。只在DBA職務中安排技術人員是一大錯誤。DBA是沒有什麼職權的幕僚單位，它只能請求作變動，但無法下命令強制。因此，這個角色的人員多半時間必須具備高超的外交手腕，而不是技術能力。

MIS的使用4-2

處理資料庫的成長

位於奧瑞岡州Beaverton的Tektronix公司是全球領先的電子設備測試、度量與監控廠商。Tektronix公司創立於1946年，目前在25個國家設有據點，2004年的營收超過9億2千萬美金。Tektronix專精於支援電腦與通訊相結合的產品。它的網站上說「任何時間只要你瀏覽某個網站，你就會接觸到Tektronix的工作成果。」

Tektronix使用Oracle資料庫來儲存與處理所有的財務資料。財務資料庫應用每天平均有800名使用者同時使用，在這種工作量下，資料庫的成長非常迅速。不幸的是，這種成長對效能產生了負面的影響。Tektronix的資深系統分析師表示：「雖然進行了調整與硬體升級，每個月1.25GB的成長速度還是會降低效能。」

資料庫管理人員檢查了資料的使用情況，並且發現系統中有大量很少用到的資料。資料庫中包含大量的歷史資料，但幾乎所有的資料庫活動都只涉及最近建立的資料。這些沒有用到的舊資料對財務應用使用者造成無法接受的回應時間。

並不只有Tektronix公司有資料庫的成長的問題，根據Computerworld的報導，許多組織都遭遇到相同的命運。位於賓州Latrobe的Kennametal公司在打算處理資料庫問題的時候，它的資料庫正以每個月27GB的速度成長。全球資料歸檔（archive）與遷移專案主管Larry Cuda說：「我們那個過胖的資料庫只差幾個月就會因為超過磁碟空間容量而崩潰。管理階層決定我們不能再靠丟進更多的磁碟來解決問題。」

對這種問題的明顯解答是要移走某些資料。可惜，這個方案可能很難實施。要判斷哪些資料還有用並不容易。例如，尚未結束的異動所需的資料就不能移除，而並非異動所需的資料也可能還有報表需要。

這個問題會因為政府的資料保存法規而更為複雜。2002年的沙賓法案第302條款要求企業的CEO與CFO保證年報與季報的準確性。支持這種保證的資料必須要保存。此外，涉及安全性交易的組織還必須遵循SEC的17-A法規，指定特定資料的保存規定與要求。同樣地，採納HIPAA標準的「細部規則」（Final Rule）也針對醫院、醫生辦公室及其他提供健康服務組織的資料，規定了一系列的管理、技術與實體安全程序。

這三個例子只是針對美國當地組織而已，對於在其他國家營業的組織問題可能更多。舉例而言，中國大陸要求應收帳款資料必須保存15年，巴西要求10年，義大利要求7年，而美國則是3年。

顯然，資料的儲存不僅僅是資訊系統技術人員的問題。使用者與主管必須主動與資料庫管理人員合作，以定義資料歸檔的需求、政策與程序。大多數專家都同意下列指導原則：

1. 說服高階主管與終端使用者資料歸檔的重要性，以及核准資料儲存政策的必要性。
2. 確定政策中考量了所有營業據點所在國家的法律要求。
3. 建立實施儲存政策的計劃，確定計劃有將業務需求放在減少磁碟空間的需求之前。
4. 計劃的設計絕不能將任何未結束異動的資料歸檔。
5. 在資料量造成效能問題之前就實施資料歸檔計劃。
6. 確保歸檔資料的安全與備份。

資料來源：Computerworld, March 8, 2004, www.computerworld.com（December 2004）。

感謝你自願參予（後續）

根據你現在所知道的，如果你是電視台的募款經理，你可能會雇用一名顧問，要求他去訪談所有的關鍵使用者，並且根據這些訪談建構出資料模型。

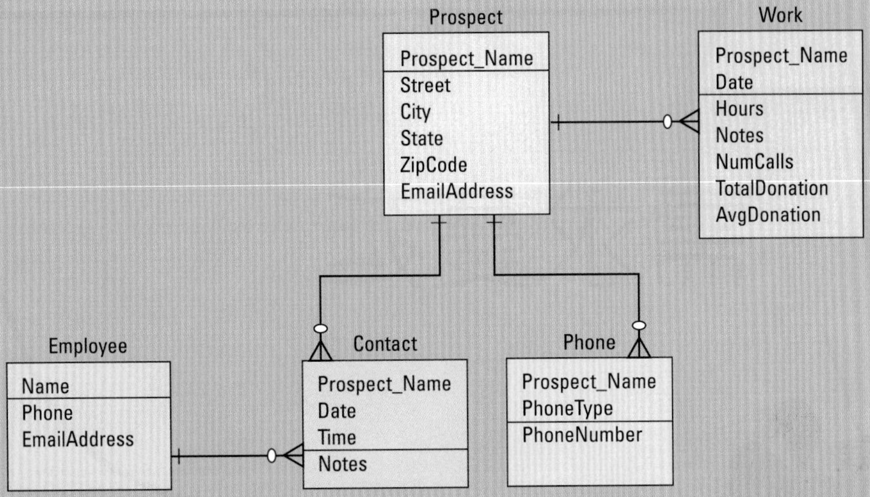

Prospect
Prospect_Name
Street
City
State
ZipCode
EmailAddress

Work
Prospect_Name
Date
Hours
Notes
NumCalls
TotalDonation
AvgDonation

Employee
Name
Phone
EmailAddress

Contact
Prospect_Name
Date
Time
Notes

Phone
Prospect_Name
PhoneType
PhoneNumber

圖4-27
志工資料庫的資料模型

你已經知道資料庫的結構必須反映出使用者對其活動的看法，如果顧問沒有花時間來訪談你及你的屬下，或是沒有建構出資料模型並請你審查，就表示他的服務有問題，並且必須採取修正行動。

假設你發現顧問訪談你的屬下數個小時，然後建立了圖4-27的資料模型。這個資料模型中包含Prospect實體、Employee實體、以及Contact、Phone和Work實體。Contact實體記錄你或其他員工過去對志工人選的接觸。要知道跟他們說些什麼，這是必要的記錄。Phone實體是用來記錄每個志工人選的多筆電話號碼，而Work實體則是記錄志工人選過去為電視台做了哪些工作。

在審查並核准這個資料模型之後，顧問建構了圖4-28的資料庫設計，其中標上底線的是表格的主鍵，斜體的是外來鍵，而同時扮演主鍵與外來鍵的欄位則是斜體加上底線。從圖中可以看到Prospect的主鍵為Name欄位，而它同時也是Contact、Phone和Work的外來鍵。

顧問並不希望這麼多表格都用Name欄位當主鍵、或是主鍵的一部分。根據他的訪談，他認為志工人選的姓名是易變的，而且有時候同一位志工姓名可能會以好幾種不同的方式來記錄。這樣的話，電話、聯絡記錄和工作資料就可能分配給錯誤的人。因此，顧問在Prospect表格中加上新的欄位ProspectID，並且建立圖4-29的設計。這個

Prospect (Name, Street, City, State, Zip, EmailAddress)
Phone (*Name*, PhoneType, PhoneNumber)
Contact (*Name*, Date, Time, Notes, *EmployeeName*)
Work (*Name*, Date, Time, Notes, NumCalls, TotalDonations)
Employee (EmployeeName, Phone, EmailAddress)

Note:
Underline means table key.
Italics means foreign key.
Underline and italics means both table and foreign key.

圖4-28
志工資料庫的第一次表格設計

需求蔓延

需求變更是建立與管理資料庫及資料庫應用的最大挑戰。下面是典型的情況：開發團隊剛完成訂單輸入的資料庫與應用，然後有個使用者很無辜地問：「那我要在哪裡輸入第二個業務？」

「什麼叫第二個業務？」

「就是在訂單上啊！我們有時候會共同銷售。所以，我要在哪裡放第二個業務人員的姓名呢？」

「這是我第一次聽說有這回事？之前怎麼都沒人提過？」

「我沒想到！」

加入第二位業務人員代表要將Order與Saleperson的關係，從1：N改變為N：M，這會產生大量的修訂和費用。當然，解決這個問題的最佳方式，就是在一開始就將需求納入設計，最好是能在建立系統之前就知道有多個業務人員姓名的需求。因此，在建立需求規格與驗證資料模型時，都必須要有使用者的參與。

不幸的是，不是所有的變更請求都能事先預防。有些只有在系統使用一段時間之後才會出現。資訊系統和使用者單位不僅僅是相互影響，而且是相生相應。資訊系統讓使用者以新的方式行動，而當他們以新的方式行動時，就會想出新的系統需求。當系統加入新的功能之後，使用者又再度能夠以新的方式行動，也就會再想到額外的功能。

因此，系統的開發與使用就構成了持續的變動週期。最終結果是資訊系統永遠會有新的需求。只要系統開始使用，新的功能需求馬上會出現。這是使用者與系統間動力學的基本特徵。

這並不是說使用者與開發團隊可以省卻他們的責任；他們不能把頭埋在沙堆中，然後希望一切都有最好的結局。反之，他們必須列出所有已知的需求，並且盡可能地驗證資料模型。然而，這樣的審查永遠無法達到十全十美。只要系統仍在使用，就永遠都會有對第二版、第三版、第四版的需求。請預做準備囉！

討論問題

1. 說明要為訂單加入第二位業務人員會發生什麼事？為什麼這麼簡單的改變會如此困難？

2. 用你自己的話說明在開發資料庫應用時，使用者的責任為何？

3. 請描述哪些類型的系統變動應該是可以防範的？哪些又是無法預防的？

4. 為了納入那些無法避免的系統變動，應該要做些什麼呢？

Prospect (*ProspectID*, Name, Street, City, State, Zip, EmailAddress)
Phone (*ProspectID*, PhoneType, PhoneNumber)
Contact (*ProspectID*, Date, Time, Notes, *EmployeeName*)
Work (*ProspectID*, Date, Time, Notes, NumCalls, TotalDonations)
Employee (EmployeeName, Phone, EmailAddress)

Note:
Underline means table key.
Italics means foreign key.
Underline and italics means both table and foreign key.

圖4-29
志工資料庫的第二次表格設計

ID的值對使用者並沒有意義，但是可以用來確保每位人選在志工資料庫中都只有唯一的一筆記錄。因為這個ID對使用者並沒有意義，所以顧問在給使用者用的表單與報表中並不會顯示這個欄位。

在資料模型與表格設計間有一個差異；在資料模型中，Work實體有一個屬性AvgDonation，但是在Work表格中並沒有對應的AvgDonation欄位。因為表單與報表中的這個值可以使用NumCalls與TotalDonation的值來計算，所以顧問決定不需要在資料庫中存放這個值。

一旦表格都設計完成，顧問就建立了一個微軟Access資料庫。他在Access中定義了表格，建立表格間的關係，並且建構了表單與報表。圖4-30是志工資料庫所使用的主要資料輸入表單。表單的上半部是聯絡資料，包括多筆電話號碼。電話的種類非常重要，

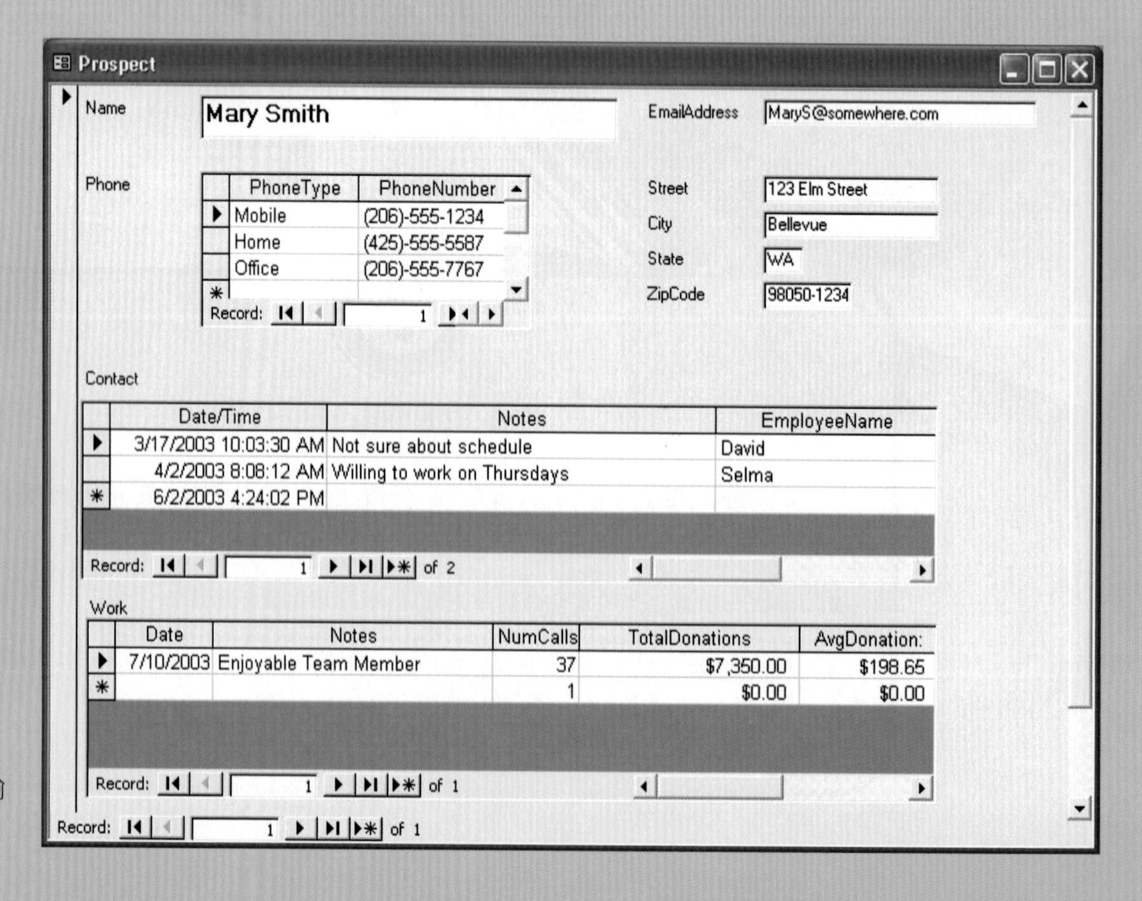

圖4-30
志工人選的資料輸入表單

因為這樣才知道會打到哪裡（住家、公司或手機）。中間和下半部是聯絡記錄和之前的工作資料。請注意，AvgDonation是根據NumCalls與TotalDonation的值來計算的。

你對這個資料庫應用相當滿意，並且確定它將能協助你改善電視台的志工招募。當然，你會漸漸想出新的需求，並且心中已經開始構思明年要做的變動了。

本章摘要

- 資料庫的目的是要記錄東西。資料庫是是一組能夠自我描述、且經過整合的記錄。位元組會組合為欄位；欄位會組合為資料列（記錄）；而記錄則組合為表格（檔案）。資料庫是由表格、表格間的資料列關係、及metadata所組成。

- 在關聯式模型中，資料儲存在表格中，而關係則是由欄位值來呈現。表格的主鍵是能夠識別出唯一一列資料的一個欄位或一組欄位。外來鍵則是能夠識別出另一個表格中某一列資料的一個欄位或一組欄位。外來鍵會呈現出記錄間的關係。Metadata是描述資料的資料。資料庫包含metadata以描述其內容。

- 資料庫應用系統包括資料庫、資料庫管理系統（DBMS）、和資料庫應用。DBMS是用來建立、處理、與管理資料庫的程式。很少有組織會自行開發他們的DBMS；這些產品通常是由廠商處取得授權使用。常見的產品包括DB2、Access、SQL Server、Oracle與MySQL。DBMS可以用來建立表格、關係、與其他結構；還可以用來讀取、新增、修改與刪除資料。

- 結構化查詢語言（SQL）是定義及處理資料庫資料的國際標準。DBMS是用來管理資料庫，包括建立與管理安全性系統、備份資料庫和移除不必要的資料。

- 資料庫應用包含表單、報表、查詢與應用程式。表單是用來顯示、新增、更新、與刪除資料。報表會以有意義的背景脈絡來顯示資料，並且可以直接算出一些值。

- DBMS產品包含查詢資料的強大能力。應用程式是用來執行應用中，簡單表單、報表或查詢所無法完成的獨特任務。當不只一位使用者同時處理資料庫中的資料時，就會發生特殊的問題。當某位使用者的更新覆蓋掉先前使用者的更新時，就會發生遺失更新問題。鎖定資料可以防止遺失更新，但是鎖定本身又會造成其他的問題。

- DBMS產品可以分為兩大類：企業DBMS產品支援許多使用者及龐大的資料庫，並且提供24/7的支援，如DB2、SQL Server與Oracle都是常見的企業DBMS產品；目前唯一存活的個人DBMS產品則是微軟的Access。

- 資料模型是資料庫的一種邏輯呈現，用來描述資料與關係。實體－關係（E-R）模型是最常見的資料模型。

- 實體是使用者希望記錄的東西，具有屬性來描述它們的特徵。大多數實體具有識別子，也就是只跟單一實體實例對應的一個屬性（或一組屬性）。

- 實體之間具有關係。最大基數是關係所能擁有的最大實體數目，常見的例子是1：N與N：M。最小基數是關係必須具備的最少實體數目。實體可以是必備的，或是可選擇的（optional）。

- 資料庫設計是將資料模型轉換成表格、關係、與資料限制的過程。正規化是將結構不良的表格轉換成結構良好表格的過程。表格可以根據它們潛藏問題的類型分成不同的正規化形式。每個結構良好的表格應該都只包含單一主題。

- 要變更資料庫結構，最簡單的時機是在資料塑模階段。只有使用者可以驗證資料模型，所以他們必須進行詳盡的審查。在資料塑模階段遺漏的錯誤，未來會很難修正，並且相當昂貴。
- 資料庫管理（DBA）的目的是要管理資料庫的開發、運作、及調整。較大型企業資料庫是由資料庫管理單位支援，小型資料庫則是由一個人或兼職擔任資料庫管理者。圖4-26摘述了資料庫的管理工作。

關鍵詞

Access：微軟資料庫
Attribute：屬性
Byte：位元組
Column：欄位
Crow's foot：鳥爪
Crow's-foot diagram version：鳥爪圖版本
Data integrity problem：資料完整性問題
Data model：資料模型
Database：資料庫
Database administration：資料庫管理
Database application：資料庫應用
Database application system：資料庫應用系統
Database management system（DBMS）：資料庫管理系統
DBA：資料庫管理者
DB2：IBM資料庫
Enterprise DBMS：企業DBMS
Entity：實體
Entity-relationship（E-R）data model：實體－關係資料模型
Entity-relationship（E-R）diagram：實體－關係圖
Field： 欄位
File：檔案
Firewall：防火牆
Foreign key：外來鍵
Form：表單
Identifier：識別子
Key：主鍵
Lost-update problem：遺失更新問題
Maximum cardinality：最大基數
Metadata
Minimum cardinality：最小基數
Multi-user processing：多用戶處理
MySQL：開放原始碼資料庫
N：M（many-to-many）relationship：多對多關係
Normal forms：正規化形式
Normalization：正規化
1：N（one-to-many）relationship：一對多關係
Object-relational database：物件-關聯式資料庫
Oracle：Oracle資料庫
Query：查詢
Personal DBMS：個人DBMS
Record：記錄
Relation：關聯表
Relational database：關聯式資料庫
Relationship：關係
Report：報表
Row：資料列
SQL Server：微軟資料庫
Structured Query Language（SQL）：結構化查詢語言
Table：表格
Unified Modeling Language（UML）：統一塑模語言
User account：使用者帳號
User role：使用者角色

學習評量

複習題

1. 資料庫的目的為何？
2. 使用你自己的話，說明何時適合使用試算表來記錄資料？何時應該使用資料庫呢？
3. 說明資料庫的元件。
4. 說明如何使用鍵來表示關係？
5. metadata如何讓資料庫更有用？
6. DBMS的功能為何？
7. 資料庫應用的元件為何？

8. 舉出本章之外的例子來說明遺失更新問題。

9. 為什麼使用者應該要知道如何解讀資料模型？

10. 定義實體並且舉出本章之外的一個例子。

11. 定義屬性並且為第10題的答案舉出它的屬性範例。

12. 定義識別子並且為第10題的答案舉出它的識別子範例。

13. 舉出兩個與第10題答案有關係的實體範例。

14. 為第13題的答案畫出實體－關係圖。

15. 為第14題答案中的關係畫出最大與最小基數。

16. 資料庫管理的目的為何？

17. 摘述DBA在下列活動中的責任：

 a. 資料庫開發期間

 b. 資料庫運作

 c. 資料庫備份與復原

 d. 資料庫調整

應用你的知識

18. 畫出能顯示資料庫、資料庫應用與使用者間關係的實體－關係圖。

19. 考慮圖4-19中Adviser與Student間的關係。請說明當這個關係的最大基數如下時，分別代表什麼意義：

 a. N：1

 b. 1：1

 c. 5：1

 d. 1：5

20. 在圖4-27中的Contact實體取決於Prospect。請問如果這個實體也取決於Employee，則代表什麼意義？

21. 如果每名志工人選只需要記錄一筆電話號碼，你會如何修改圖4-27的E-R圖？

22. 圖4-31的E-R圖是銷售訂單的部分E-R圖，假設每筆SalesOrder都只有一名Salesperson：

 a. 請指定每個關係的最大基數。如果需要的話，請說明你的假設。

 b. 請指定每個關係的最小基數。如果需要的話，請說明你的假設。

23. a. 為圖4-2的資料建構資料模型

 b. 圖4-2的資料庫中包含單一課程的資料。假設使用資料庫的教授希望記錄數個課程的資料。此外，假設某些學生會選修這位教授的好幾門課。請修改你的資料庫以反映上述改變。

 c. 你的第一與第二個資料模型之中，哪個比較好呢？

應用練習

24. 假設你在業務部門工作，你的老闆要求你建立一個「電腦檔案」來記錄提供給顧客的產品報價。假設你決定使用試算表：

 a. 建立具有下列欄位的試算表： CustomerName、CustomerLocation、MeetingDate、ProductName、UnitPrice、Salesperson與Salesperson_Email。

 b. 假設你有三位顧客： Ajax、Baker與Champion。假設Ajax住在紐約市，Baker住在多倫多，而Champion也住在紐約市。假設你有兩位業務人員

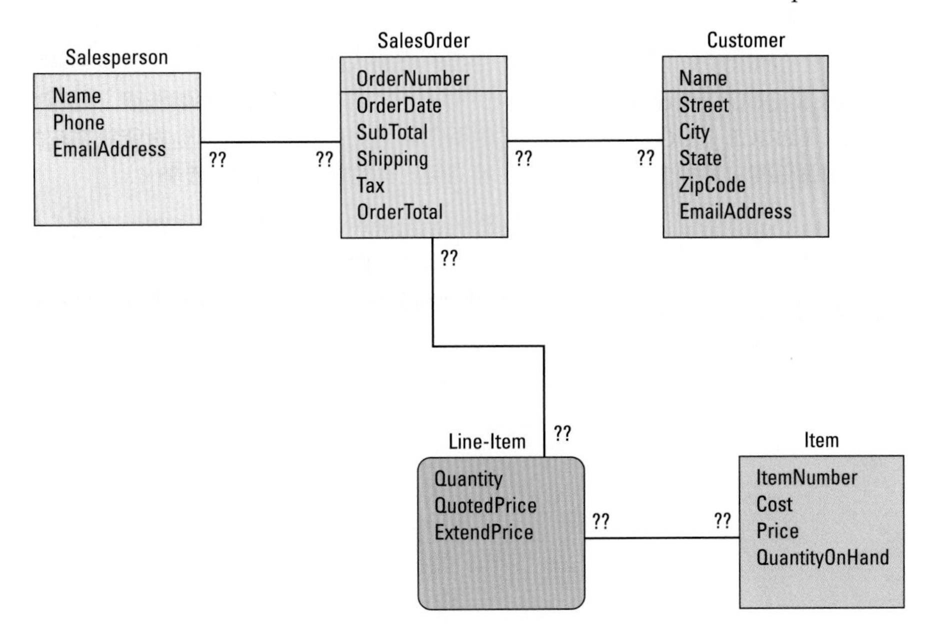

圖4-31
SalesOrder的部分E-R圖

Johnson與Jackson（請分別幫他們捏造電子郵件位址）。

假設你有三種產品P1、P2與P3。你的業務人員會定期與顧客碰面，並且協商產品價格。業務人員在這些會面中會盡力推銷一、二或三種產品。有些顧客會得到較好的價格，所以不同顧客的售價是不一樣的。

使用這些資訊，在你的試算表中填入至少20列的樣本資料。請自行捏造售價。假設價格會隨時間波動。為2005及2006年的一些會議輸入資料。

c. 將你的試算表拷貝到一張新的試算表。假設你犯了個錯；Champion是住在舊金山，不是紐約市。請使用第二張試算表進行必要的變動以修正你的錯誤。

d. 假設你發現產品P1在2006年被重新命名為P1-Turbo，請說明修正這個錯誤所需的步驟。

e. 真正的業務追蹤應用往往包含了數百位顧客、許多業務員、幾百項產品以及可能上千次的會議。對這種試算表，你會如何修正c與d的問題呢？請評論使用試算表來執行這種應用的適當性。

25. 考慮第24題的相同問題，但是使用資料庫來追蹤報價。

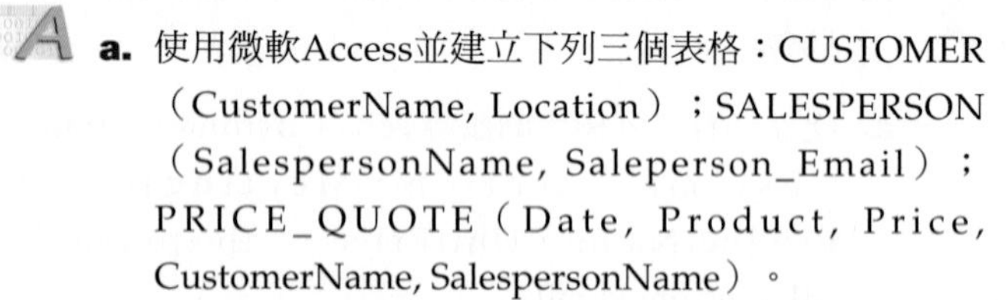

a. 使用微軟Access並建立下列三個表格：CUSTOMER（CustomerName, Location）；SALESPERSON（SalespersonName, Saleperson_Email）；PRICE_QUOTE（Date, Product, Price, CustomerName, SalespersonName）。

此外，假設：CustomerName是CUSTOMER的主鍵；SalespersonName是SALESPERSON的主鍵；而（Date, Product與CustomerName）這三個欄位是PRICE_QUOTE的主鍵。請自行假設每個欄位的資料型態。

b. 使用Access在CUSTOMER與PRICE_QUOTE間建立1：N的關係；在SALESPERSON與PRICE_QUOTE間建立1：N的關係；檢查這兩個關係間有實施參照完整性（referential integrity）。

c. 在資料庫中填入與第24題相同的資料。

d. 進行必要的變動以記錄顧客Champion是住在舊金山，不是紐約市。為了這項修正，你必須變動多少項目？

e. 對所有2006年之後的報價，將產品P1變更為P1-Turbo。

f. 使用Access的輔助說明，學習更新動作的查詢。建立更新動作的查詢以進行上題所需的變動。

g. 比較在這個應用中使用試算表與資料庫，哪個較適合？為什麼？什麼樣的應用特徵會讓你選擇資料庫？什麼又會讓你選擇試算表呢？

職涯作業

26. 在美國勞工局網站的「勞工職業展望手冊」（bls.gov/oco/home.htm）搜尋資料庫管理師（Database administrator）一詞，並回答下面的問題：

a. 資料庫管理師未來五年的工作展望如何？

b. 資料庫管理師需要哪些技能（備註：該手冊有時會將幾個工作組合成群組，請確定你找到的是真正關於資料庫管理師的必要技能）。

c. 你可以從事哪些課程或活動來為這種工作預作準備？

27. 在網站上搜尋「XX資料庫」，其中的XX以你的主修來代替。例如你是主修會計，則搜尋「會計資料庫」，如果是主修行銷，則搜尋「行銷資料庫」。閱讀其中兩三條你覺得有趣的超鏈結。搜尋比較非技術性、而比較管理性的文章。

a. 摘述你的發現。

b. 描述對具有商管學歷（如會計、行銷）及一些技術知識的人，所存在的兩、三種工作機會。這些工作機會可能並不會用這種方式表列，你必須根據你在本章所學及所讀到的文章，想像可能會有什麼工作機會。

c. 今日的商務人士必須更主動涉入資訊系統的開發與使用。正式的職務描述可能無法跟上這種需要。請說明你如何利用這件事實與你對資訊系統的知識來建立優於其他求職者的競爭優勢。

d. 你的系所會與你主修領域中活躍的從業人員保持關係。請描述你要如何接觸其中一位，以驗證你在a到c中所得到的結論。如果你這樣做，還會有什麼附帶的好處呢？

個案研究 4-1

飛航安全網

飛航安全網（Aviation Safety Network, ASN）的目的是要針對客機意外事件與安全性問題，提供最新、完整、並可靠的資訊給對航空業有專業興趣的人。ASN將客機定義為能夠承載14名以上乘客的飛機。ASN的資料中包含了商用、軍用及企業用的飛機資訊。

ASN會從多個來源收集資料，包括國際民航委員會、國際運輸安全委員會、和民航局。另外還有來自雜誌（如飛安週刊、航空週刊及太空技術）、書籍、和飛安產業知名人士的資料。

ASN Aviation Safety Database results

24 occurrences in the ASN safety database:

date	type	registration	operator	fat.	location	pic	cat
26-JUN-1988	Airbus A.320	F-GFKC	Air France	3	France		A1
14-FEB-1990	Airbus A.320	VT-EPN	Indian Airlines	92	India		A1
20-JAN-1992	Airbus A.320	F-GGED	Air Inter	87	France		A1
27-MAR-1993	Airbus A.320	VT-E..	Indian Airlines	0	India		H2
26-AUG-1993	Airbus A.320	G-KMAM	Excalibur Airways	0	U.K.		I2
14-SEP-1993	Airbus A.320	D-AIPN	Lufthansa	2	Poland		A1
22-OCT-1993	Airbus A.320	F-....	Air Inter	0	France		I2
10-DEC-1993	Airbus A.320	F-GF..	Air France	0	France		H2
19-DEC-1996	Airbus A.320	F-OHMK	Mexicana	0	Mexico		A2
10-MAR-1997	Airbus A.320	A4O-EM	Gulf Air	0	U.A.E.		A1
22-MAR-1998	Airbus A.320	RP-C3222	Philippine Air Lines	0	Philippines		A1
12-MAY-1998	Airbus A.320	SU-GB?	EgyptAir	0	Egypt		A2
21-MAY-1998	Airbus A.320	G-UKLL	Air UK Leisure	0	Spain		I2
12-FEB-1999	Airbus A.320	F-GJVG	Air France	0	France		U2
02-MAR-1999	Airbus A.320	F-G...	Air France	0	France		H2
26-OCT-1999	Airbus A.320	VT-ESL	Indian Airlines	0	Myanmar		A2
11-APR-2000	Airbus A.320	F-OHMD	Mexicana	0	Mexico		O1
05-JUL-2000	Airbus A.320		Royal Jordanian	1	Jordan		H2
23-AUG-2000	Airbus A.320	A4O-EK	Gulf Air	143	Bahrain		A1
07-FEB-2001	Airbus A.320	EC-HKJ	Iberia	0	Spain		A1
17-MAR-2001	Airbus A.320	N357NW	Northwest Airlines	0	USA		A2
20-MAR-2001	Airbus A.320	D-AIP.	Lufthansa	0	Germany		I2
24-JUL-2001	Airbus A.320	4R-ABA	SriLankan Airlines	0	Sri Lanka		O1
28-AUG-2002	Airbus A.320	N635AW	America West	0	USA		A1

資料來源：Aviation Safety Network，http：//aviation-safety.net。

圖1
ASN飛航安全資料庫中關於空中巴士320的意外與事故

ASN將來源資料編纂收錄在微軟的Access資料庫。核心的表格中包含超過一萬筆關於意外與事故描述的資料。這個表格會聯結到其他幾個儲存有關機場、飛機、飛機類型、國家等資料的表格。Access的資料會定期重新調整格式，並匯入到MySQL資料庫中，供支援ASN網站（aviation-safety.net）查詢的程式使用。

網站上的意外與事故可以依照年份、航線、班機、國家和其他方式來存取。例如圖1就是關於空中巴士320的意外與事故清單。當使用者點選特定事故（例如2001年3月20日的事故）時，就會出現該事故的摘要，如圖2。

Incident Description Status: **Final** [legenda]

Date:	**20 MAR 2001**
Time:	12:00
Type:	Airbus A.320-211
Operator:	Lufthansa
Registration:	D-AIP.
Year built:	1990
Engines:	2 CFMI CFM56-5A1
Crew:	0 fatalities / 6 on board
Passengers:	0 fatalities / 115 on board
Total:	0 fatalities / 121 on board
Airplane damage:	None
Location:	Frankfurt International Airport (FRA) (Germany)
Phase:	Take-off
Nature:	International Scheduled Passenger
Departure airport:	Frankfurt International Airport (FRA)
Destination airport:	Paris

Narrative:
The Airbus 320 hit turbulence just after rotation from runway 18 and the left wing dipped. The captain responded with a slight sidestick input to the right but the aircraft banked further left. Another attempt to correct the attitude of the plane resulted in a left bank reaching ca 22deg. The first officer then said "I have control", and switched his sidestick to priority and recovered the aircraft. The left wingtip was reportedly just 0.5m off the ground. The aircraft climbed to FL120 where the crew tried to troubleshoot the problem. When they found out that the captain's sidestick was reversed in roll, they returned to Frankfurt. Investigation revealed that maintenance had been performed on the Elevator Aileron Computer no. 1 (ELAC). Two pairs of pins inside the connector had accidentally been crossed during the repair.

圖2
ASN飛航安全資料庫中的事故描述摘要

資料來源： Aviation Safety Network，http：//aviation-safety.net。

Date	Type	Occupants	Survivors	Phase [1]	Safest location
02 MAY 1970	DC-9	63	40	ER	rear
04 APR 1977	DC-9	85	22	ER	rear
12 AUG 1985	Boeing 747	524	4	ER	rear
11 NOV 1965	Boeing 727	91	48	LA	rear
20 NOV 1967	Convair CV-880	82	12	LA	rear
13 JAN 1969	DC-8	45	30	LA	front
08 DEC 1972	Boeing 737	61	18	LA	rear
29 DEC 1972	Lockheed L-1011	176	77	LA	front & rear
30 JAN 1974	Boeing 707	101	4	LA	center
11 SEP 1974	DC-9	82	12	LA	rear
24 JUN 1975	Boeing 727	124	9	LA	rear
27 APR 1976	Boeing 727	88	51	LA	front
11 FEB 1978	Boeing 737	49	7	LA	rear
28 DEC 1978	DC-8	189	179	LA	rear
02 JUN 1983	DC-9	46	23	LA	center
02 AUG 1985	Lockheed L-1011	163	29	LA	rear
15 SEP 1988	Boeing 737	104	69	LA	rear
08 JAN 1989	Boeing 737	126	79	LA	front
19 JUL 1989	DC-10	296	185	LA	center
01 FEB 1991	Boeing 737	89	67	LA	rear
20 JAN 1992	Airbus A.320	96	9	LA	rear
26 APR 1994	Airbus A.300	271	7	LA	center
01 JUN 1999	DC-9	145	134	LA	front & rear
03 DEC 1990	DC-9	44	36	TA	front
27 NOV 1970	DC-8	229	182	TO	front
13 JAN 1982	Boeing 737	79	5	TO	rear
22 AUG 1985	Boeing 737	137	82	TO	front
15 NOV 1987	DC-9	82	54	TO	rear
31 AUG 1988	Boeing 727	108	94	TO	front & center
22 MAR 1992	Fokker F-28	51	24	TO	front & rear
02 JUL 1994	DC-9	57	20	TO	rear
31 OCT 2000	Boeing 747	179	96	TO	front & rear

圖3
ASN飛航安全資料庫中關於飛機的最安全位置

資料來源：Aviation Safety Network，http：//aviation-safety.net。

除了描述意外與事故之外，ASN也會摘述這些資料以協助使用者判斷飛航事故的趨勢。例如圖3是一組飛航事故發生時最安全的位置（Phase欄位中的ER值表示意外是發生在路上，LA表示發生在著陸時，而TO表示發生在起飛時）。根據ASN的說法：「坐在飛機的前方或後方，對於乘客的存活率並沒有顯著的差異」。

荷蘭的Hugo Ranter在1995年設立了ASN網站，阿根廷的Fabian I. Lujan則是從1998年開始維護這個網站。ASN有來自150個國家、超過1萬名的電子郵件訂戶，每週的訪客數則超過5萬。

問題：

1. 資料庫中的所有資料都可以從公共文件中取得。既然如此，飛航安全網的價值在哪裡？為什麼使用者不直接存取那些參考文件的線上版本？在你回答時，請考慮資料與資訊間的差異。
2. 圖2中的事故原因為何？這個無人傷亡的事故發生在由德國機場起飛之Lufthansa航空的空中巴士320客機。從這個事故就推論說空中巴士320、Lufthansa、或德國機場很危險，並不合邏輯。但假設你想判斷空中巴士320、Lufthansa、或德國機場的維護問題是否有系統性的模式，你會怎麼做呢？你要怎麼使用飛航安全網的資源來做判斷呢？
3. ASN資料庫與網站的建立與維護全靠兩個人。資料庫可能很完整而精確，但也可能並不如此。你應該依賴這些資料到什麼程度呢？你可以做些什麼來決定自己是否應該依賴這個網站上的資料呢？
4. 考慮圖3中的資料。你同意坐在飛機的前方或後方，其安全性沒有顯著差異嗎？為什麼呢？事故次數與航行階段間似乎的確有差異；是什麼樣的差異呢？你要如何使用它來降低自己遇到空難受傷的危險？
5. 假設你在航空公司的行銷部門工作，你可以在行銷企劃中使用這些資料嗎？如果可以的話，要如何做呢？根據安全性來進行行銷又有什麼危險呢？
6. 假設你是一家大航空公司的維護經理，你可以如何使用這些資料？你覺得如果自行開發一個類似的自用資料庫明智嗎？為什麼呢？
7. 為這個網站所需的資料庫開發資料模型。你的模型應該包含下列實體：Aircraft_Type, Airline, Accident, Cause, and Country。在你的資料模型中指定實體間的關係，並且為每個實體加入數個屬性。

個案研究 4-2

比較標竿（benchmarking）、板凳行銷（bench marketing）、或是一派胡言（bench baloney）？

哪種DBMS產品最快？哪個產品的價格／效能比最低？哪種電腦設備搭配每種DBMS產品都能有最好的效果？這些合理的問題應該很容易回答，但其實並不是如此。

事實上，你挖的越深，就會發現越多問題。首先，哪種產品做什麼最快？要做有效的比較，所有被比較的產品都必須做相同的工作。因此，廠商與協力廠商都定義了比較標竿，用來描述要做的工作，與要處理的資料。要比較效能，分析師就對相同標竿執行各式DBMS產品，並且衡量其結果。典型的衡量指標包括每秒處理的異動數目、每秒服務的網頁數目、和每名使用者的平均回應時間。

最初，DBMS廠商都建立自己的標竿測試，並且發表結果。當然，當廠商A使用自己的標竿來宣稱其產品優於其他廠商時，沒有人會相信這個結果。顯然廠商們有動機要建立能展現其產品長處的標竿，因此，協力廠商就去定義了標準的標竿。即使這樣還是會有問題，根據標竿手冊所言（benchmarkresources.com/handbook）：

> 當比較數字是由協力廠商或競爭者公佈時，輸家通常會大喊作弊，並且試著敗壞這組標竿的名聲。這種事件通常會引發標竿戰爭。標竿戰爭始於某人輸掉一項重要或能見度高的標竿評鑑。輸家會找某些專家重新執行，然後，當然會取得更好的數字。之後，下個輸家就會找某些一星級的大師來重新執行。這會一直持續，直到五星級的大師為止。

舉例而言，2002年7月的PC Magazine執行了稱為Nile benchmark的標準標竿。這個測試包含了透過網頁處理的一組混合的資料庫工作。DBMS越快，能夠處理的頁面也就越多。測試的結果如圖1。

這項測試包括五種DBMS產品：DB2（來自IBM）、MySQL（MySQL.com的免費、開放原始碼DMBS產品）、Oracle（來自Oracle）、SQL Server（來自微軟）、ASE（來自Sybase）。圖中的縱軸是每秒處理的頁面數目，如圖上標示所說的，數字越高越好。

根據這個圖可以看到SQL Server的效能最差，在雜誌的評論中，作者指出他們相信SQL Server的得分很差，是因為這個測試使用了新版的非微軟驅動程式（傳送請求給DBMS並傳回結果的程式）。

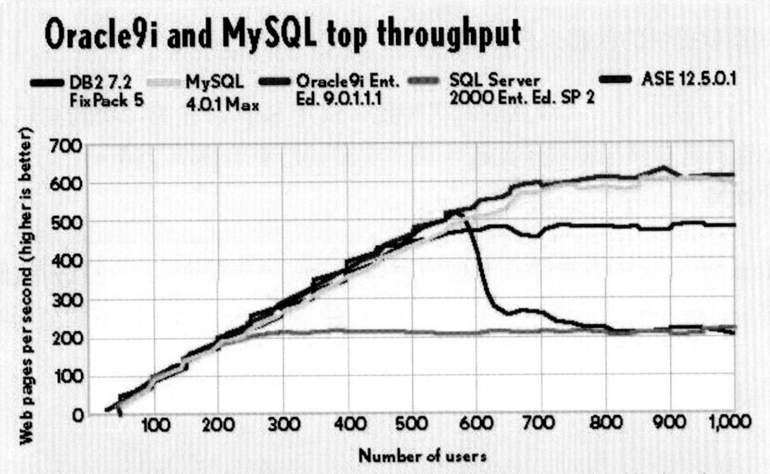

圖1
第一次Nile benchmark的測試結果

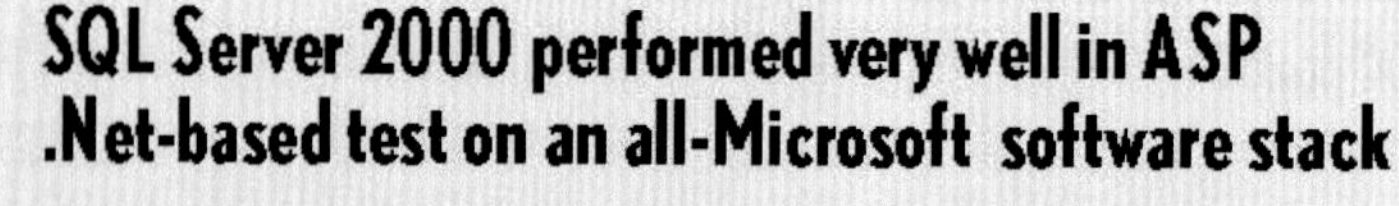

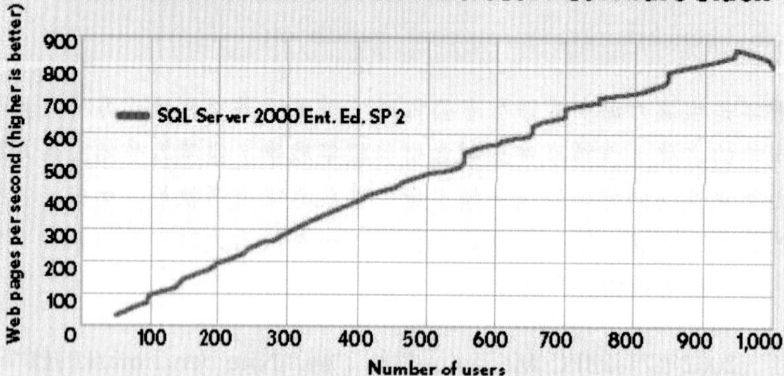

Throughput is in returned Web pages per second from the application server. Number of users is number of concurrent Web clients driving the load. Response time is the time to complete the six bookstore user action sequences, weighted by frequency of each sequence in the mix. All tests were conducted on an HP NetServer LT 6000r with four 700MHz Xeon CPUs, 2 GB of RAM, a Gigabit Ethernet Intel Pro/1000 F Server Adapter and 24 9.1GB Ultra3 SCSI hard drives used for database storage.

圖2
第二次Nile benchmark的測試結果

你可以想像，在這篇測試公佈之後不久，微軟的抗議如潮水般地湧入PC Magazine的電話與電子郵件伺服器。PC Magazine重新執行這些測試，將有嫌疑的驅動程式替換為全副武裝的微軟產品。雖然該文沒有明言，但可以想像有五星級的微軟大師包下了PC Labs來執行測試（你可以在eweek.com/article2/0,4149,293,00.asp找到這兩階段的標竿）。

重新使用微軟提供的軟體來執行測試之後，SQL Server的結果如圖2。

跟其他所有產品在第一次測試的結果相比，SQL Server在第二次的測試結果比較好，但現在我們相當於是拿蘋果和橘子比較。第一次測試是使用標準軟體，而第二次測試使用的是微軟專用的軟體。

當Oracle或MySQL的五星級大師也使用他們最愛的支援產品，並且對這個特定標竿進行「效能調整」之後，他們重新執行的結果也會優於SQL Server，而這個結局就會不斷地循環下去。

問題：

1. 假設你所主管的業務活動需要一套配備資料庫的新資訊系統，開發團隊對於應該使用哪個DBMS的意見分歧。有一個人希望使用Oracle，另一個想用MySQL，還有一個想用SQL Server。他們彼此無法決定，所以他們安排了一場與你的會議。這個團隊提出了上面的各項標竿，請問你要如何回應？
2. 效能只是選擇DBMS的標準之一，其他的標準還包括DBMS的成本、硬體成本、職員的相關知識、使用的容易度、效能調校的能力、及備份與復原能力。對這些因素的考量，會如何改變你對第1題的答案呢？

3. TPC（Transaction Processing Council）是個非營利公司，它定義了異動處理與資料庫標竿，並且出版獨立於廠商、可驗證效能的資料。請造訪它的網站tpc.org。

a. 什麼是TPC-C、TPC-R和TPC-W？

b. 假設你在Oracle公司的行銷部門工作。你會如何使用TPC-C標竿所得到的TPC結果？

c. 你對b的回答，對Oracle公司會有什麼危險？

d. 假設你在IBM的DB2行銷部門工作，你會如何使用TPC-C標竿所得到的TPC結果？

e. TPC-C的結果會改變你對第1題的答案嗎？

f. 如果你是DBMS廠商，你可以忽略標竿測試嗎？

4. 回想你對第1到3題的答案。持平而論，標竿測試的好處為何？他們只是廠商間互踢的皮球嗎？廣告商與出版商是唯一的真正受益者嗎？DBMS顧客能從TPC及其他類似團體的努力中受益嗎？顧客應該如何使用標竿測試的資料呢？

資料通訊與網際網路技術

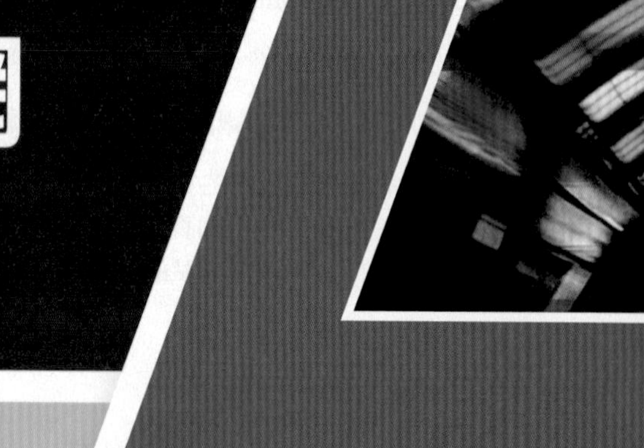

學習目標

- 知道基本的電信術語。
- 知道 LAN、WAN 與網際網路的定義與特徵。
- 瞭解分層式通訊協定處理問題的性質。
- 知道 TCP/IP-OSI 協定中五個階層的目的。
- 瞭解乙太網路與無線網路。
- 瞭解使用個人電腦與數據機連上網際網路、專線網路、PSDN、與虛擬私有網路等 WAN 的特徵。
- 知道關於網際網路運作的基本觀念。

專欄

解決問題導引
以如指數函數成長的方式來思考是不可能的，但是....

反對力量導引
OFF 的按鈕在哪裡？

安全性導引
加密

倫理導引
工作時的個人電子郵件？

深思導引
人際網路更重要

本章預告

本章討論電腦網路與技術。這個複雜的主題涉及數十種設備、方法、與標準之間的相互作用，而且很容易淹沒在名詞與縮寫的大海中。為了避免遭滅頂，並且讓你為這個快速變化的領域做些準備，我們將先介紹一些基本的網路觀念，然後是對階層式協定的討論。你可以使用這個架構來協助你組織本章的資訊。

事實上，資料通訊與網路是非常困難、且具挑戰性的主題，而本章則是本書中最技術性的一章。請保持耐心。你的目標應該是去學習基本的觀念，以便回應如本章開頭故事中營運長的請求。

本章的最後一部分說明網際網路的運作方式。因為網際網路是21世紀商務活動的基礎，瞭解網際網路元件及它們的互動是商務人素養的一部分。就像你必須知道諸如LIFO與FIFO之類名詞，並且瞭解邊際收益等於邊際成本是什麼意義一樣，你也必須知道什麼是TCP/IP和相關協定，以及它們的使用方式。

連線評估專案

假設你是負責回答第3章價值八萬美金問題的應付帳款部門主管。經過六個月，你已逐步往成功方向邁進。你成功回答了硬體問題，主管相當高興，而且你並未有硬體預算的問題。而你推動的變革，也提高了部門的生產力。簡而言之，你的事業有很好的起步。

不過，當某天你的老闆把頭探進你的辦公室，說道：「營運長想要見你。我想他有個特殊的專案要交給你。這可能是個很好的機會！」時，你仍舊感到相當驚訝。

第二天，你去見營運長（Chief Operating Officer, COO），他說：「我們對你的工作印象非常深刻。你的部門做的非常好。但這並不是我想要見你的原因。我們喜歡你處理電腦預算的方式，所以我們有另一個比較大的問題想交給你處理。」

「你可能知道我們買下了加州羅培茲的製造工廠。我們必須把波啟普契這裡的電腦連上那邊的電腦。MIS部門給了我一份計劃，但我不確定他們是否檢討了所有的可能性。這些計畫太過於技術層面了，我不知道這是否如我所希望地採取更廣泛的管理觀點。或許他們有，但我並不確定。」

「下面是我希望你做的事情。從下星期一開始，我希望你用一個禮拜的時間研究將羅培茲跟我們的電腦連線的可能方案，我已經要求你老闆先幫忙處理你部門的事情。我知道你並不是技術人員，我也不想要一份技術提案。我希望有一份從管理角度出發，針對可能方案、成本／效益、未來潛力等的業務報告。」

「如果你希望找顧問也沒問題，只要他們不要貴的離譜就行了。你可以去找艾倫來安排這方面的預算，OK？如果你需要什麼，回來找我就是了；否則，我希望能在三週內聽到你的報告。」

你很高興自己被賦予這項特殊的任務，而且你也知道這是大展鴻圖的好機會。因此，你在週末花了不少時間來尋找電腦通訊顧問。

你列出三個可能的顧問。當你告訴第一位顧問你不是技術人員，他的語氣馬上變得很不屑。他說：「開張支票給我，我就會幫你解決這個問題。」你很確定這不是營運長心裡想要的答案。另一位顧問聽起來太過技術性，他的說法類似：「嗯！你需要使用第5類的無遮蔽雙絞線（Category 5 UTP）來佈線，把它連到每個房間牆壁上的RJ-45插座，最後再用網路線將電腦的網路卡連到這些RJ-45插座上。」你很懷疑他應該不懂什麼叫做更廣泛的管理觀點。第三位顧問聽起來比較有希望；她瞭解你的任務，而且你覺得她也知道自己在做什麼。可惜即使是她，也會用到像LAN與WAN、專線與PSDN與VPN、以及網際網路隧道技術（tunneling）之類的詞彙。你不知道這些名詞是什麼意思。這該怎麼辦呢？

網路通訊的基本觀念

電腦網路（network）是指一組透過傳輸線路相互通訊的電腦。圖5-1是三種基本的網路類型，包括區域網路（local area network, LAN）、廣域網路（wide area network, WAN）、及互連網路（internet）。

區域網路（LAN）連結那些位於單一地理位置的電腦，所連結的電腦數目可能從兩台到數百台之多。區別LAN的最大特徵就是單一位置。廣域網路（WAN）會連結位於不同地理區域的電腦。位於公司兩個不同地點的電腦就必須使用WAN來連接。舉例而言，位於同一個校區的電腦可以透過LAN來連接，但是位於不同校區的電腦就必須透過WAN來連接。

單一與多個地點的區別非常重要。組織可以任意佈建LAN的網路線，反正都在自己的場地中，但是WAN可不能如此。公司位於台北與台南的辦事處就不能直接拉條線來連接，反之，公司必須與那些政府核准、並且在兩地間已經建立線路或有權建立線路的通訊廠商簽約。

互連網路（internet）是由網路互相連接而形成的網路。互連網路連接LAN、WAN、和其他的互連網路。網際網路（Internet）是最著名的互連網路（開頭為大寫的I），這是在傳送電子郵件或瀏覽網站時所使用的網路群。

由互連網路所構成的網路會使用多種通訊方法與協定，而且資料必須天衣無縫地穿越它們。為了提供這樣的流動，技術上使用了稱為階層式協定（layered protocol）的複雜架構。下面將先討論這種架構，然後再回頭細談LAN、WAN、與互連網路。

階層式協定

假設你正在夏威夷渡假，並且想要傳送一張可以展現你驚人衝浪技巧的相片給位於冰天雪地的俄亥俄州的朋友。你用筆記型電腦接上旅館的網路，啟動電子郵件程式，寫好電子郵件，加上附件，然後按下「傳送」鈕。數分鐘之後，你的朋友就可以讚嘆你的衝浪技術了。即使你可能不清楚，但這些背後其實可是有技術奇蹟正在發生。

圖5-2是傳送你的電子郵件所涉及的網路。你住的旅館跟朋友公司都有一個LAN，而網際網路則連接這兩者。假設你從旅館的3號電腦（C3）送出訊息，而你的朋友正坐在俄亥俄州公司的10號電腦（C10）前面。

你知道你的電子郵件與照片會穿越網際網路，也就是一個由網路互相連接而形成的網路，但是怎麼做呢？這有一大堆的問題需要克服：你的朋友有一台麥金塔，你有一台Dell。你們使用不同的電子郵件程式。如圖，你們都連在LAN上，但是旅館的LAN使用網路線，而朋友公司的LAN則是無線網路。因此，這些LAN是不同的類型，並且以不同的方式來處理訊息。

類型	特徵
區域網路	在一個地點相互連結的電腦
廣域網路	在兩個以上之地點間相互連結的電腦
網際網路與互連網路	由網路互相連接而形成的網路

圖5-1
主要網路類型

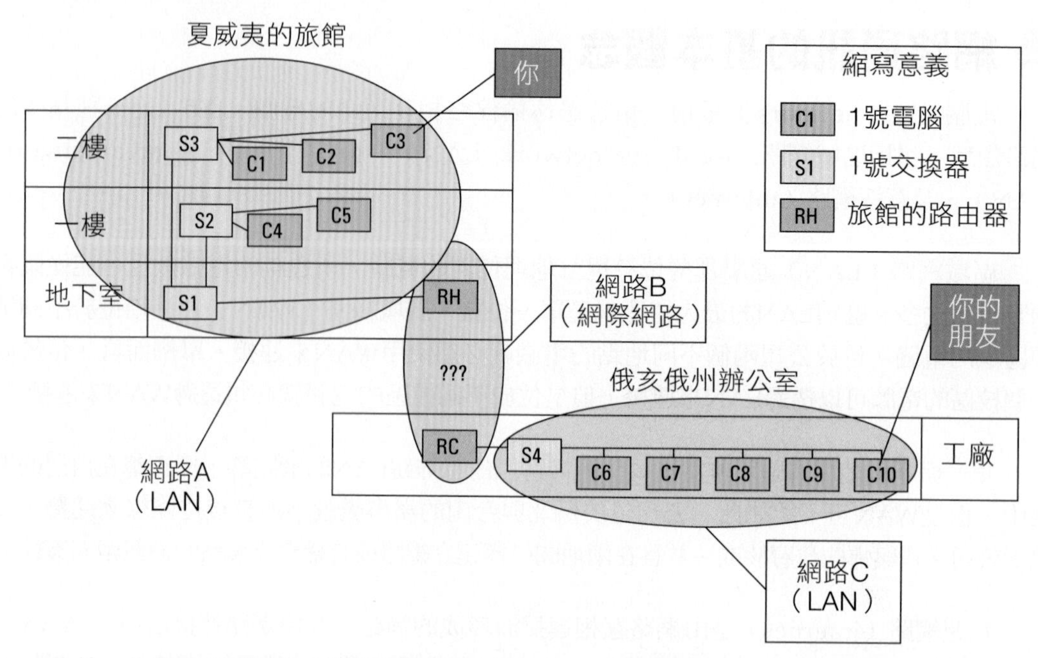

圖5-2
網路範例

此外，你的訊息與相片是透過海底的光纖傳送，然後由舊金山的某台電腦接收。但是你的相片太大了，無法一次傳送，所以會先被分割為小片段分開傳送。當這些小片段（稱為封包）抵達舊金山，有一台設備（稱為路由器）判斷，將它們送給你朋友的最好方法是透過位於洛杉磯的一台路由器，再依次轉送給位於丹佛與辛辛那提的路由器，由最後的這台路由器傳送給與你朋友公司簽約提供網際網路服務的廠商，由這裡傳送到你朋友公司的郵件伺服器上。在此同時，你的電腦判斷其中有一個片段在半路遺失了，所以它再自動重傳這個片段。

當所有片段都組合之後，你朋友的電腦上就出現了「新郵件」的提示。他看著你的照片喃喃自語說：「他是怎麼做到的啊？」他其實應該問的是：「網際網路是怎麼做到的啊？」

關鍵的觀念在於「各個擊破」（divide and conquer）。所有的工作被拆解分類，然後將各類工作分層處理。要更瞭解這部分，我們要先說明何謂通訊協定。

通訊協定

協定（protocol）是在兩個或更多實體間協調活動的標準化方法。人類會使用社會性協定，例如在引見兩個人的時候，就存在著某種協定。圖5-3則是另一種發生在雜貨店的人類協定。就像所有協定一樣，這個協定也會經過一系列有順序的步驟。如果，在回應收銀員詢問「信用卡或現金卡」時，你輸入你的密碼，這表示你略過了一些步驟，而違反了這個協定。收銀員會糾正你，並且再次詢問她的問題。如果你說：「信用卡」，則收銀員就不會詢問關於領錢的問題或是請你輸入密碼。

收銀員：總共是57.55美元。
你：[將信用卡或現金卡刷過讀卡機]
收銀員：信用卡或現金卡？
你：現金卡。
收銀員：好的，要領現金嗎？
你：是的，請領50元。
收銀員：請輸入你的密碼。
你：[你輸入密碼]這樣就好了嗎？
收銀員：是的，請在這裡簽名。
你：[簽名]
收銀員：這裡是你的50元。

圖5-3
雜貨店協定範例

通訊協定（communications protocol）是為兩台或更多進行通訊的電腦，協調它們之間活動的方法。兩台機器必須使用一致的協定，而且在收發訊息時必須遵守這個協定。因為要做的事情非常多，所以通訊協定就被分割為多個階層。

TCP/IP-OSI架構

事實上，有幾種不同的階層式協定（layered protocol）架構被提出。國際標準組織（International Organization for Standardization, ISO）發展出稱為「開放系統互聯」的參考模型（Reference Model for Open Systems Interconnection, OSI），此一模型具有七個階層。另一個稱為「網際網路工程任務小組（Internet Engineering Task Force, IFTF）」的組織則發展出具有四個階層的架構，稱為TCP/IP架構（Transmission Control Protocol/Internet Protocol architecture）。今日最常用的架構是這兩者混合的五層式架構，稱為TCP/IP-OSI架構。

圖5-4是這個混合式架構的五個階層。如最右邊欄位所示，最底下兩層與在單一網路中的資料傳輸相關。接著的兩層是使用在跨互連網路的資料傳輸。最上層提供的是讓應用程式間能夠互動的協定。

第五層（layer 5）

回頭看看圖5-2中介於旅館與你朋友公司間的網路。你或你的朋友並不知道，你們的電腦中都包含了在TCP/IP-OSI架構之每一層中運作的程式。你的電子郵件程式是在第五層運作。它會根據針對第五層定義的某種標準電子郵件協定來傳送與接收電子郵件（以及像你的照片之類的附件），而最可能是使用稱為SMTP（Simple Mail Transfer Protocol）的協定。

層級	名稱	特定功能	廣泛功能
5	應用	應用層管理兩個應用如何彼此合作 — 即使兩者是來自不同廠商。	應用程式的互通性
4	傳輸	傳輸層標準決定在兩個端點的主機間進行端點對端點的通訊時，網路層所沒有處理的部分。這些標準也讓來自不同廠商與具有不同內部設計的電腦可以一同合作。	跨互連網路的傳輸
3	網路	網路層標準決定跨互連網路的封包傳輸：通常是透過路徑上的幾台路由器來傳送。網路層標準還會規範封包結構、時間限制與可靠度。	
2	資料鏈結	資料鏈結層標準決定單一網路上的訊息框傳輸 — 通常是透過資料鏈結上的幾台交換器來傳送。資料鏈結層標準也會規範封包結構、時間限制與可靠度。	在單一網路上的傳輸
1	實體	實體層標準規範由傳輸媒介相連之相鄰裝置間的傳輸。	

圖5-4
TCP/IP-OSI架構
資料來源：Ray Panko, Business Data Networks and Telecommunications, 5th Ed. (Prentice Hall, 2005), p. 92，授權使用。

第五層還有許多其他的協定。HTTP（Hypertext Transfer Protocol）是用在網頁的處理；當你在瀏覽器中輸入www.ibm.com時，你的瀏覽器會加上http：// 的標記（如果你從來沒有注意到這個，請動手試試看）。瀏覽器藉由填入這些字元來表示它是使用HTTP協定與IBM網站進行通訊。

順帶一提，網站（Web）與網際網路並不相等。網站是網際網路的子集合，由處理HTTP協定的網站與使用者組成。網際網路則是支援包括HTTP、SMTP及其他所有應用層協定的通訊結構。

FTP（File Transfer Protocol）是另一個應用層協定。你可以使用FTP將檔案從一台電腦複製到另一台。在圖5-2中，如果1號電腦想要從9號電腦處複製檔案，就可以使用FTP。

在這些討論中隱藏著三個重要的名詞：

- 架構。架構是協定階層的安排，其中每一層都要完成特定的任務。
- 協定。架構中的每一階層都定義一或多個協定。每個協定是一組規則，用來規範完成指派給該階層任務的工作。
- 程式。程式是用來實作某個協定的特定電腦產品。

例如TCP/IP-OSI架構有五個階層，在最上層有為數眾多的協定，包括HTTP、SMTP與FTP。對其中的每個協定，都有程式產品來實作這個協定。瀏覽器就是實作HTTP協定的程式。最常見的瀏覽器包括網景的Navigator與微軟的Internet Explorer。

第四層（Layer 4）

圖5-5顯示你的電子郵件程式（使用SMTP）會與另一個稱為TCP（Transmission Control Program）的協定互動。TCP在TCP/IP-OSI架構的第四層運作。請注意TCP的縮寫有兩種用法：它是某個第四層協定的名稱，也是TCP/IP-OSI協定架構名稱的一部分。事實上，這個架構會取這個名稱就是因為該結構的運作通常包含了TCP協定。

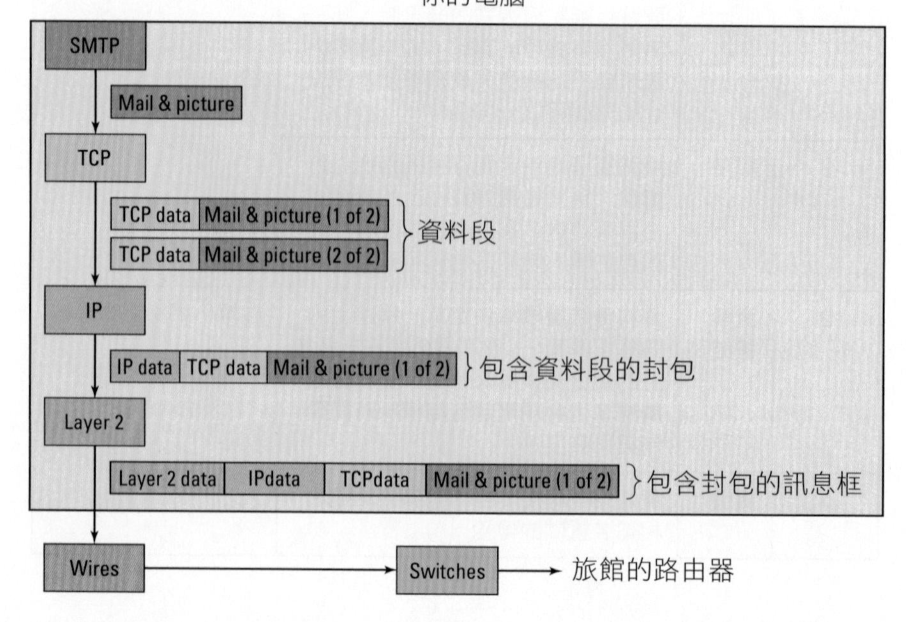

圖5-5
你電腦上的TCP/IP-OSI

TCP會執行許多重要任務。你的Dell與朋友的麥金塔具有不同的作業系統，會以不同的方式來呈現資料。在這些作業系統中實作TCP協定的程式則會將一種資料呈現方式轉換為另一種。此外，TCP程式還會檢查你的電子郵件與相片，並且將很長的訊息（像你的相片）分割成稱為資料段（segment）的小片段。當它這樣做的時候，它會將識別資料放在每個資料段的前面，就像是你在傳統郵件上所寫的寄件與收件地址。

TCP程式也提供可靠的訊息傳輸。在你電腦上的TCP程式會注意到有某個片段沒有抵達你朋友的電腦，並且自動重新傳送這個片段。

你朋友的麥金塔電腦上也有執行TCP協定的程式。它會接收來自你的電腦的資料段，並且在收到每個資料段時傳回確認訊息給你的電腦。TCP程式還會將來自Windows（Dell）的資料段轉換成麥金塔的格式，並且將資料段重組回原始的大小，以供你朋友的郵件程式使用。

第三層（Layer 3）

TCP會與其下的第三層協定互動。在TCP/IP架構中，第三層的協定就是IP（Internet Protocol）。IP的主要目的是要在互連網路上遶送訊息。在電子郵件的例子中，你電腦上的IP程式並不知道如何抵達你朋友的電腦，但是它的確知道要如何開始。它知道要將你電子郵件及相片的所有片段送給旅館網路中稱為路由器（router）的裝置（在圖5-2中標示為RH。這並不是路由器的廠牌，只是放在本圖中的標籤而已）。

要傳送資料段給RH，你電腦上的IP層程式會先將每個資料段封裝，封裝後的資料段稱為封包（packet）。如圖5-5所示，它也會將IP的資料放在封包前方，後面接著TCP的資料。這個動作就很像將一封信放入一個信封中，然後在信封外層上加上額外的寄件／收件資料。

路由器是用來實作IP層協定的特殊用途電腦。標示為RH的路由器會檢查你封包的目的地，並且使用IP層協定的規則來判斷要把它們傳給誰。RH並不知道如何直接將它們送往俄亥俄州，但它確實知道如何送它們啟程。在本例中，它決定要將它們送往位於舊金山的另一台路由器。網際網路上其他的數十台路由器最終會讓包含你訊息與相片的封包抵達位於你朋友公司的路由器。本章將會對此過程有更多的解釋。

第一層與第二層

在圖5-2中，你旅館使用LAN來連結旅館各房間的電腦。基本的電腦連結是使用架構的第一、二層來達成。你將會學到，稱為交換器（switch）的電腦系統裝置會協助資料的傳送。（參見圖5-5）

實作第二層協定的程式會將每個封包封裝成訊息框（frame），也就是在第一、二層所使用的容器（資料段封裝成封包，封包又再封裝成訊息框）。接著，程式、交換器和其他裝置會讓你郵件與相片的各片段從你的電腦傳到3號交換器，再從3號交換器傳到1號交換器，再從1號交換器傳到路由器RH（參見圖5-2）。

在我們結束你郵件的傳奇旅程之前，你必須多瞭解一下LAN與WAN。我們現在要回到這幾個主題，並且在本章描述網際網路運作方式的最後一節中，說完剩下的電子郵件故事。

順便一提，任何電腦系統裝置（即使是烤麵包機或微波爐）都可以執行TCP/IP-OSI協定的程式。不過在你投資這類裝置之前，請先閱讀「解決問題導引」。

解決問題導引

以如指數函數成長的方式來思考是不可能的，但是...

Nathan Myhrvold是微軟在1990年代的首席科學家。他曾經說過，人們是無法以如指數函數成長的方式來思考的。反之，當某件事物以指數函數成長的方式改變時，我們是以所能想像的最快速線性變化為基礎，再加上外插法來輔助的方式來思考，如右頁的圖形所示。Myhrvold曾經有過關於磁性儲存裝置的容量以指數函數成長的文章。他的觀點是沒人能夠想像磁性儲存裝置的容量可以成長至多大，以及我們可以用它來做什麼。

這個限制在電腦網路的成長現象中也同樣適用。我們見證了數個領域是以指數函數成長的方式成長：網際網路連線數、網頁數、以及網際網路上可以存取到的資料量。而且，所有的跡象都顯示這種指數性成長尚未結束。

你可能會問：這和我有什麼關係呢？假設你是家電用品的產品經理。當大多數家庭都有無線網路時，家電就可以既便宜又容易地彼此對談。當這天來臨時，你目前的產品線會有什麼變化呢？競爭者所生產的能說話家電會搶走你的市場佔有率嗎？反之，能說話的家電也可能並不能滿足真正的需求。如果烤麵包機與咖啡壺之間並沒有什麼話想說，那你製造這樣的東西就是在浪費錢。

每個企業、每個組織都必須思考正在以指數函數成長、普遍而便宜的連線。有什麼新的機會？有哪些新的威脅？我們的競爭者會如何回應？我們應該如何定位？我們應該如何回應？當你在考慮這些問題時，別忘了人類無法以指數方式思考，我們都只是在猜測而已。

所以我們可以做什麼，才能在指數現象下對變化有更好的準備呢？不論技術人員如何大力鼓吹，單單瞭解技術並不能推動人們去做過去沒有做過的事（我們能做某件事，不代表就會有人想去做那件事）。

社會的進步是發生在漸進、而且微幅的適應性步調中。例如就在現在，好幾千個人正開車去店裡租影片。當他們抵達時，他們可能找不到想要的電影，他們可能要排長長的隊伍，或是他們可能找不到停車場。是否可能有人想在線上租片呢？可能吧！線上租賃是延伸人們已經在做的事情，它可以解決已有的問題。所以，當網路能力足以支援線上影片租賃時，就有可能成功。

另一方面，網路技術也可以讓洗衣店老闆在彈指間通知我衣服已經洗好，但我需要知道嗎？我會在乎我的衣服是在週一的1點45分洗好，或是在週二的4點

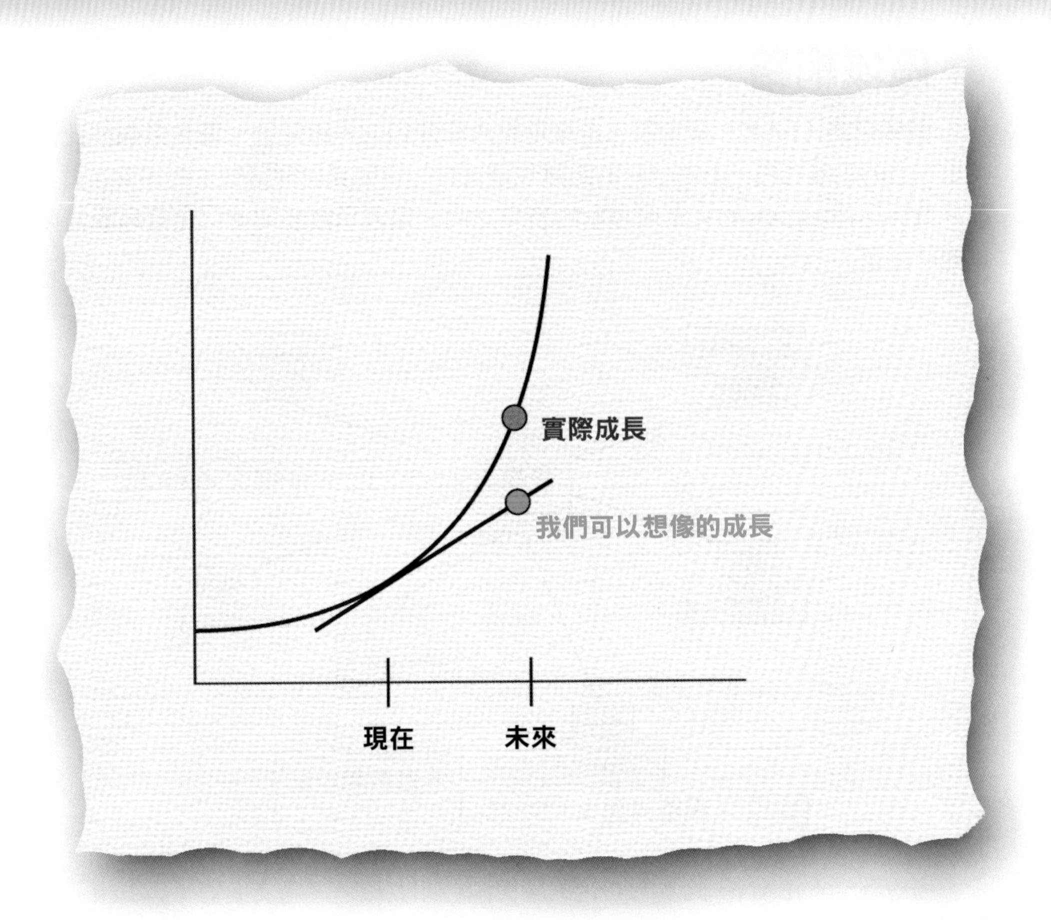

洗好嗎？事實上，我可不在乎。這種技術並不能解決我的問題。

所以，即使技術提供某種能力，這種可能性並不意謂著有人需要這種能力。人們希望去做他們已經在做的事，而且做的更容易；他們希望能解決現有的問題。

另一項對指數性成長的回應方式是兩面都下注。如果你不知道某個指數性成長現象的結果，就不要完全都在某一邊下注。將你自己定位成可以在方向清楚時盡快地移動。發展某些會說話的家電，讓你的公司定位在可以開發得更多，但是在全心投入之前，先等待市場有明顯的接受跡象。

最後，請注意在指數曲線中，現在與未來間的距離越大，誤差也就越大。事實上，隨著預測的長度增加，誤差也呈指數性成長。因此，如果你在書中讀到IPv6（第六版的IP協定）會在一年內取代IPv4（第四版的IP協定），請對這個敘述抱持一定程度的懷疑。另一方面，如果你讀到它會在五年內取代IPv4，請對這個敘述抱持指數程度的懷疑。

討論問題

1. 用你自己的話來解釋「以如指數函數成長的方式來思考是不可能的」這句話的意義。你同意嗎？
2. 描述除了連結性與磁性儲存裝置之外，其他你認為也是以指數性成長的現像。說明為什麼很難預測這種現象在三年後的結果。
3. 你認為技術對於新聞來源數量的成長應該負多大責任？為了平衡起見，你認為有具有不同品質的許多新聞來源，會比少數高品質控制的新聞來源更好嗎？
4. 列出三種像影片租賃之類，可能因為連結性的增加而發生大幅改變的產品或服務（不要包括影片租賃）。
5. 請根據第4題答案能滿足人們今日問題的程度，評估你的答案。

區域網路

區域網路（LAN）是在單一企業地點內相連結的一組電腦。通常電腦彼此是坐落在一英里左右的距離之內，不過較長的距離也是可行。它與其他網路的主要差異在於，所有電腦都是位於運作該LAN的企業所控制的資產之內，這表示該公司可以隨意地視需要來佈線，以連結電腦。

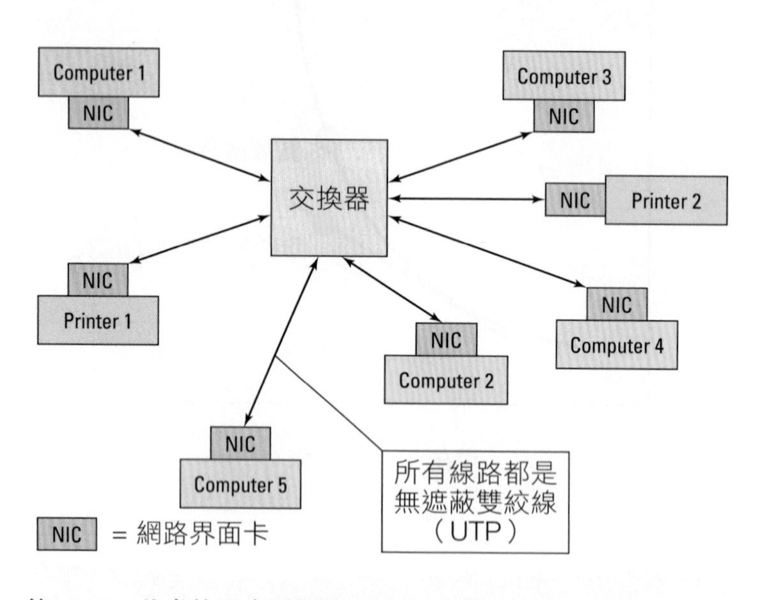

圖5-6
區域網路

考慮圖5-6的LAN。此處的五台電腦與兩台印表機是透過交換器（switch）連接；交換器是在LAN上接收與傳輸訊息的特殊用途電腦。在圖5-6中，當1號電腦存取1號印表機時，它是先將列印工作送到交換器，再由它將資料重新導向1號印表機。

LAN上的每台裝置（電腦、印表機等等）都有網路界面卡（network interface card, NIC），能夠將裝置的電路連到網路線上。NIC與每台裝置的程式一同運作，以實作第一、二層的協定。在較舊的機器上，NIC是一片要插入擴充槽的界面卡。較新的機器通常都有內建在主機板上的NIC（onboard NIC）。

圖5-7是典型的NIC裝置。每個NIC都有唯一的識別子稱為MAC（media access control）位址。電腦、印表機、交換器、及LAN上的其他裝置都是使用兩種媒介之一相連。大多數連線是使用無遮蔽雙絞線（unshielded twisted pair, UTP）。圖5-8是UTP網路線的橫斷面，包含四對的雙絞線。UTP網路線使用稱為RJ-45的連接頭將NIC裝置連到LAN上。

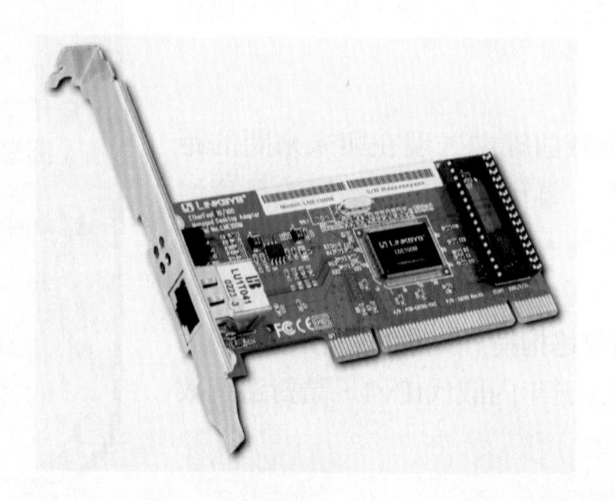

圖5-7
NIC界面卡

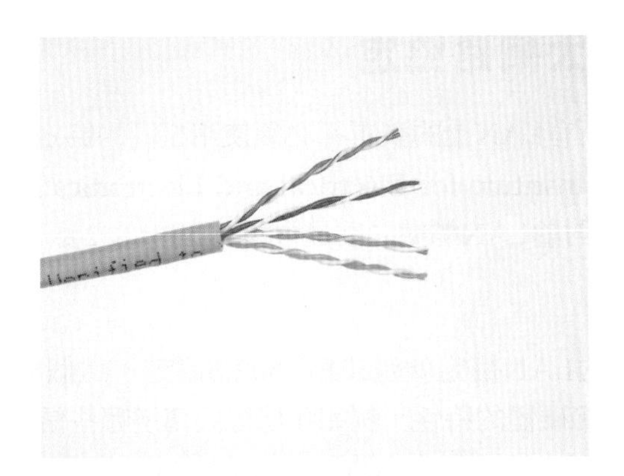

圖5-8
無遮蔽雙絞線（UTP）

有些LAN（通常是比圖5-6還大的LAN）會使用不只一台的交換器。圖5-2中旅館的LAN就有三台交換器。通常，在有數個樓層的建築中，每個樓層的電腦會使用UTP連到交換器，每個樓層的交換器則會由一台主交換器相連（通常是位於地下室）。

交換器間的連線可以使用UTP網路線，但是如果它們的交通量很大，或是距離很遠，就可能要用光纖（optical fiber cables）來代替UTP。光纖上的信號都是光波，他們會在光纖內部的玻璃芯線中反射前進。芯線周圍會加上包覆材質以遏阻光波信號外溢，而包覆之外會再包上一層外殼來提供保護。在圖5-2中，就可能是使用光纖來連接交換器S1與S3。光纖使用特殊的連接頭，稱為ST與SC連接頭，如圖5-9的藍色塞子。ST與SC的縮寫並不重要，不過它們代表最重要的兩種光纖連接頭。

圖5-9
光纖

IEEE 802.3或乙太網路協定

LAN要能夠運作，所有LAN上的裝置都必須使用相同的協定。電機與電子工程師協會（IEEE，讀做I triple E，Institute for Electrical and Electronics Engineers）會支援協定與其他標準的制定委員會。討論LAN標準的委員會稱為IEEE 802委員會，因此，IEEE LAN協定都是以802開頭。

今天全世界最常見的LAN協定就是IEEE 802.3協定。這個協定標準也稱為乙太網路（Ethernet），是用來規範硬體的特性，例如哪條線要傳送哪些信號。它還描述了在LAN上傳輸所需的訊息封裝與處理方法。乙太網路是在TCP/IP-OSI架構的第一、二層上運作。

大多數今日的個人電腦主機板上都配備有支援10/100/1000乙太網路的NIC。這些產品符合802.3的規格，並且可以在10、100、或1000 Mbps（每秒百萬位元）的速率下進行傳輸。交換器會偵測特定裝置所能處理的速度，並且用這種速度與它通訊。如果你檢查電腦Dell、HP、Toshiba與其他製造商的電腦清單，可以看到在廣告中的PC規格也包含了10/100/1000 Mbps的乙太網路。

順便一提，通訊速率所使用的縮寫與電腦記憶體並不相同。就通訊設備而言，k代表1000，而不像在電腦記憶體中的k代表1024。同樣的，M代表1,000,000，而不是1024 x 1024；G則代表1,000,000,000，而不是1024 x 1024 x 1024。因此，100Mbps是每秒100,000,000位元的意思。另外，通訊速率是以位元來表示，但記憶體大小則是以位元組來表示。

具有無線連線能力的LAN

近年來，具有無線連線的LAN日益普及。圖5-10除了有兩台電腦及一台印表機是採無線連線之外，其他都跟圖5-6一樣。請注意無線裝置的NIC會被無線NIC（wireless NIC, WNIC）取代。就筆記型電腦而言，這種裝置可能是PCMCIA卡，或是內建在主機板上的裝置。

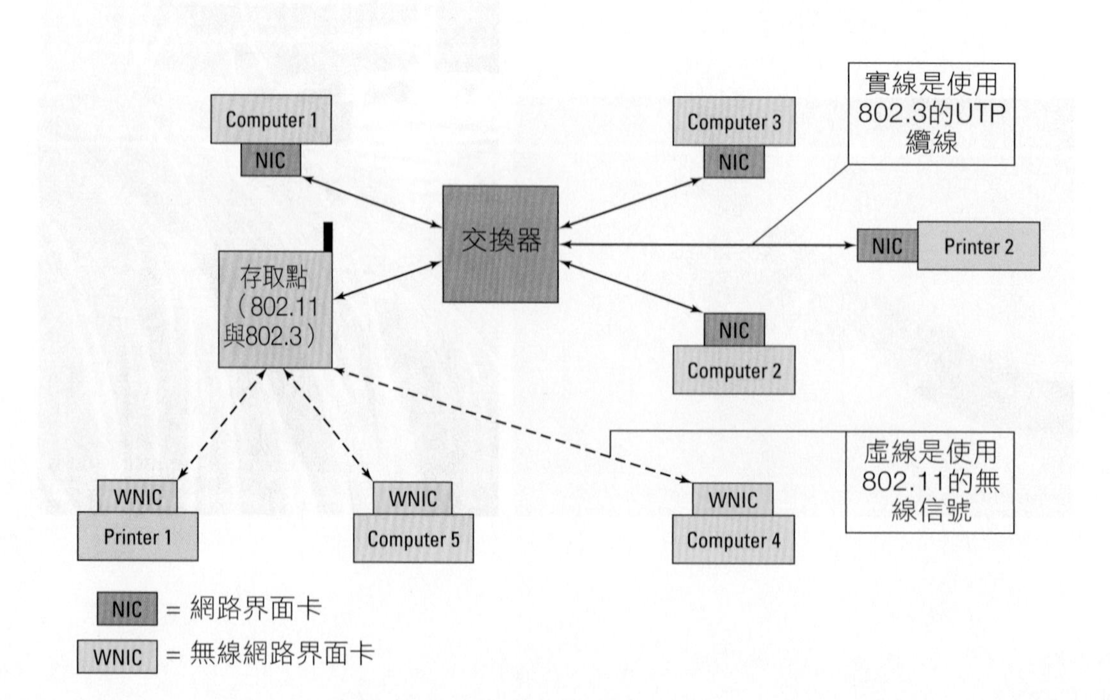

圖5-10
具有無線連線能力的LAN

目前有一些不同的無線標準存在，如圖5-11。在2005年這段期間，最普遍的是IEEE 802.11g。這些不同標準間的差異已經超出本書的討論範圍，只要注意的是，目前的標準802.11g最高可以允許54Mbps的速率。所有802.11的標準都是在TCP/IP-OSI模型的第一、二層運作。

802.11標準	估計速率*	註解
802.11a	54Mbps	沒有廣泛使用，因為它是在需要較貴存取點與NIC的高頻頻帶中運作。 當低頻的干擾造成問題時適用。
802.11b	11 Mbps	安裝很普遍，但因為速度很慢，已經逐漸淘汰。 802.11g的設備與802.11b設備共同運作時就必須降低速度，但這樣就會損失掉802.11g設備的可用速度。
802.11g	54 Mbps	今日的WLAN主流。 在較低頻率的頻帶中運作，容易受到微波爐與其他設備的干擾。這很少成為問題，但有時還是會很嚴重。
802.11n	100 Mbps到250 Mbps	標準尚未完成。

＊ 實際的速率最快也只能達到一半或更慢。

圖5-11
無線存取標準

資料來源：Ray Panko, Business Data Networks and Telecommunications, 5th ed.（Prentice Hall, 2005）, p. 92.

在圖5-10中的LAN同時使用了802.3與802.11協定。NIC會根據802.3協定來運作，並且直接連到同樣根據802.3標準運作的交換器。WNIC是根據802.11協定運作，並且連到存取點（access point, AP）。AP必須要能夠同時根據802.3與802.11標準來處理訊息，因為它會使用802.11協定以無線方式傳送與接收資料，再跟使用802.3協定的交換器進行通訊。LAN的特徵摘述在圖5-12的上方。

無線網路的知識讓學生在學校就有開啟事業的機會，請參考「MIS的使用5-1」。

廣域網路

廣域網路（WAN）會連結位於不同地點的電腦。在台北與高雄同時有辦公室的公司就必須使用WAN來將電腦連在一起。因為這些地點是分開的，所以公司無法從一點拉線到另一點，而必須從其他取得政府授權提供通訊的公司取得連線能力。

雖然你可能並不知道，但當你將你的個人電腦連上網際網路的時候，就是在使用WAN。你是連到你的網際網路服務供應商（Internet service provider, ISP）所擁有的電腦，而這些電腦實際上並不是位於你的所在地。

ISP有三種重要功能。首先，它提供你合法的網際網路位址。其次，它擔任你進入網際網路的閘道。ISP會接收來自你電腦的通訊，然後將它們傳到網際網路上，並且從網際網路上接收通訊，然後將它們傳給你。最後，ISP會為網際網路付費。它們從顧客那邊收取費用，然後替你負擔存取費用和其他開銷。

我們先從數據機對ISP的連線開始，進行WAN的討論。

類型	拓樸	傳輸線	傳輸速率	使用的設備	常用協定	註解
區域網路	區域網路	UTP或光纖	10、100或1000 Mbps	交換器 NIC UTP或光纖	IEEE 802.3（乙太網路）	交換器連接裝置，除了小型LAN之外，通常會有多台交換器。
	無線區域網路	非無線連線處會使用UTP或光纖	最多54Mbps	無線存取點 無線NIC	IEEE 802.11g	存取點將有線區域網路（802.3）轉換到無線區域網路（802.11）。
廣域網路	撥接式數據機連到網際網路服務供應商（ISP）	一般電話	最多55kbps	數據機 電話線	調變標準（V.32、V.90、V.92）、PPP	電話線的第一部分需要調變。 使用電腦會佔用電話線的使用。
	DSL數據機連到ISP	DSL電話	個人：上行速度256kbps，下行速度768kbps 企業：最高1.544Mbps	DSL數據機 具有DSL能力的電話線	DSL	電腦與電話可同時使用。 持續維持連線狀態。
	纜線數據機連到ISP	有線電視纜線到光纖	上行速度256kbps，下行速度300-600kbps（理論上可達10Mbps）	纜線數據機 有線電視纜線	纜線	與其他點共用頻寬；效能取決於其他人的使用。
	點對點專線	專線網路	T1–1.5 Mbps T3– 44.7 Mbps OC48–2.5 Gbps OC768–40 Gbps	存取裝置 光纖 衛星	PPP	使用由通訊廠商提供之專線跨越分開的地理區。 建置與管理成本高昂。
	PSDN	私有網路的租賃使用	56 Kbps – 40Mbps+	專線到PSDN POP	訊框中繼 ATM 10 Gbps與40 Gbps乙太網路	在由獨立團體營運之公眾交換數據網路上租用時間。 在企業間通訊上效能不彰。
	虛擬私有網路（VPN）	使用網際網路來提供私有網路	取決於連接網際網路的速度而有不同	VPN客戶端軟體 VPN伺服器硬體與軟體	PPTP IPSec	安全的私有連線，提供穿越網際網路的隧道。 可以支援企業間通訊。

圖5-12
LAN與WAN網路的摘要

將個人電腦連上ISP：數據機

家用電腦及小型企業的電腦通常都是以下面三種方式連到ISP：使用一般的電話線、使用稱為DSL的特殊電話線、或是使用有線電視的纜線。

所有這三種方式都需要將電腦中的數位資料轉換成類比（analog）信號。這種轉換是由稱為數據機（modem）、又稱為調變／解調器（modulator/demodulator）的裝置來執行。圖5-13顯示將數位位元組01000001轉換成類比信號的一種方法。

如圖5-14所示，一旦數據機將你電腦的數位資訊轉換成類比信號之後，就會透過電話線或有線電視纜線來傳送。如果是從電話線來傳送，則你的信號所抵達的第一台電話交換機會將信號轉換成國際電話系統所使用的格式。

MIS的使用5-1

Larry Jones（學生）網路服務

在2003年的時候，Larry Jones還是個剛進入Big State大學的新鮮人（這是個真實的個案；不過為了保護隱私權，學生與大學的名稱都是虛構的）。Larry一直對技術很有興趣，在高中的時候就曾經贏得Cisco公司（製造路由器及其他通訊硬體的廠商）的獎學金。因為獎學金的緣故，Larry也得以參與一些關於Cisco的LAN、交換器、及路由器設定的訓練課程。

Larry加入了Big State的兄弟會，當兄弟會領袖們知道他的專長時，他們要求他為兄弟會的聚會所建立能夠連上網際網路的LAN。這對Larry而言是個簡單的任務，而且他的兄弟會同伴們對他的成果非常滿意。他以志工的身份免費完成這個LAN，並且很珍惜這個讓他有機會認識兄弟會資深領袖的專案。這個專案讓他能夠去建立自己的人際網路。

不過在2003年夏天，Larry突然頓悟他的兄弟會並不是Big State校園中唯一需要連上網際網路的LAN的單位。因此，他開始開散發行銷資料，描述需求與他能夠提供的服務。那年秋天，他開始去拜訪校園內各兄弟會與女學生聯誼會，並且簡介他的技術及他為其兄弟會所建立的網路。在一年之內，他就簽下了十來個兄弟會與女學生聯誼會的顧客。

Larry很快發現他不能只是建置LAN和網際網路連線、收錢、然後拍拍屁股走開。他的顧客會一直發生問題，需要他回頭解決問題、加入新的電腦、新增列表機伺服器等等。最初他將這類支援的成本算在安裝價格之內，但他很快發現他可以採用定期收費的方式來提供服務，甚至在超過一般支援的項目上另外收費。在2004年底，支援的費用已經能夠支付Larry的求學花費，甚至還有餘額。

當我上次見到Larry的時候，他已經與其他幾位學生建立合夥關係，將服務擴展到當地的公寓與大樓。

本章最後的「個案研究5-1」將會繼續討論這個個案。

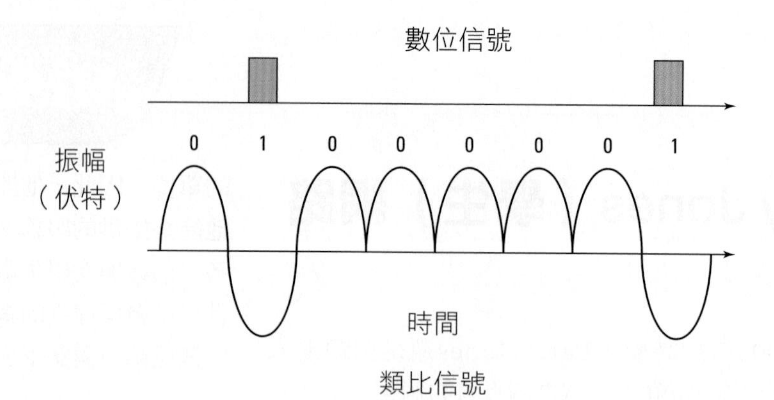

圖5-13
類比與數位信號

撥接式數據機

撥接式數據機會執行類比與數位間的轉換，使得信號能在一般的電話線上傳送。如同它的名字一樣，你撥打ISP的電話號碼，並且連接上去。交換機的最大傳輸速度是56kbps（實際的上限為53kbps）。當使用不同速度的兩個裝置相連時，它們會以較慢的那台速度來運作。

調變是由下面這三種標準來管理：V.32、V.90和V.92。這些標準會規定數位信號要如何轉換成類比，這標準是在TCP/IP-OSI架構的第一層（實體層）運作。

你的數據機和ISP間的訊息封裝和處理方式則是由稱為PPP（Point-to-Point Protocol）的協定來管理。這個第二層的協定是使用在只涉及兩台電腦的網路上，所以才會稱為點對點。

DSL數據機

DSL數據機是第二種數據機；DSL是數位用戶線路（digital subscriber line）的英文縮寫。DSL數據機使用與語音電話和撥接式數據機相同的線路，但是它們的信號不會干擾到語音電話的服務。DSL數據機提供比撥接式數據機快的資料傳輸速度。此外，DSL數據機會一直維持連線，所以不需要撥接；網際網路連線隨時可用。

因為DSL信號不會干擾電話信號，所以DSL的資料傳輸與電話對談可以同時進行。電話公司中的設備會將電話信號與電腦信號區分開來，並且將電腦信號送去給ISP。DSL數據機會使用自己的第一和第二層協定來進行資料傳輸。

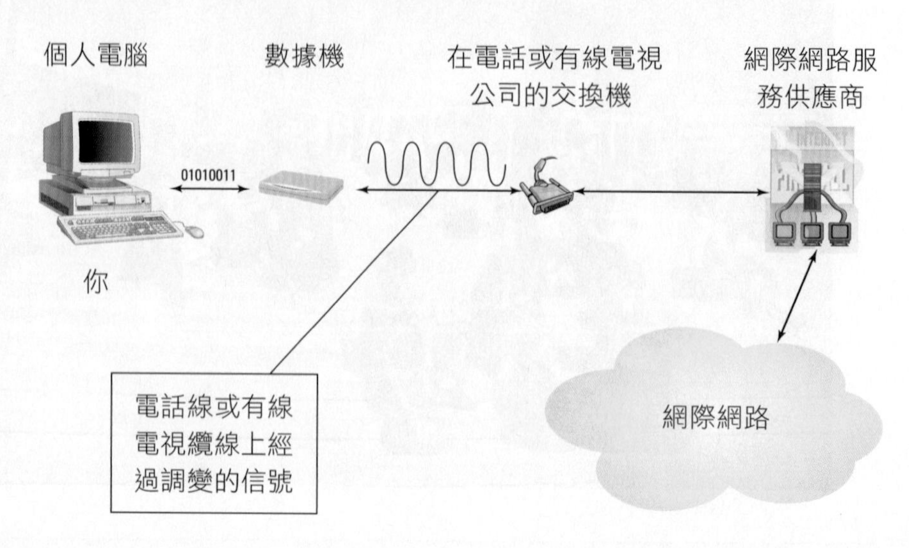

圖5-14
個人電腦的網際網路存取

DSL有分階段性的服務與速度。大多數家用DSL線路的下載資料速度落在256kbps到768kbps範圍中，而上傳資料的速度則較慢，例如256kbps。上傳跟下載速度不同的DSL線路稱為ADSL（asymmetric digital subscriber lines，非對稱式數位用戶線路）。大多數家庭與小企業都可以使用ADSL，因為它們接收的資料通常都多於傳輸的資料量（例如新聞故事中的圖片）。因此，傳送的速度不需要跟接收一樣快。

不過，有些使用者跟較大型企業則需要收送速度相同的DSL線路，以及效能等級方面的保證。SDSL（symmetric digital subscriber lines，對稱式數位用戶線路）就能夠提供雙向的相同速率來滿足這個需求。它最多可保證1.544Mbps。

纜線數據機

纜線數據機（cable modem）是第三種數據機類型。纜線數據機使用有線電視纜線來提供高速資料傳輸。有線電視公司會在它所服務的區域配送中心安裝一條高速、高容量的光纖纜線。光纖纜線會在配送中心連接通往訂戶家中的一般有線電視纜線。纜線數據機的調變方式可以避免它們的信號對電視信號產生干擾。它也像DSL線路一樣是一直維持連線的。

因為這些設備最多可以供500個用戶地點同時共享，所以它的效能會取決於有多少其他使用者正在收發資料。在最快的情形下，使用者可以用10Mbps的速度下載資料，並且以256kbps的速度上傳。在大多數的情況下，纜線數據機與DSL數據機的速度大致相同。纜線數據機是使用它們自己的第一、二層協定。圖5-12摘述了這些可能方案。

一直維持連線真的是個好處嗎？請參考「反對力量導引」的討論。

你有時會聽到在討論通訊速度時用到窄頻（narrowband）或寬頻（broadband）等詞彙。窄頻線路的傳輸速率通常少於56kbps，寬頻線路則超過256kbps。因此，撥接式數據機提供窄頻的存取，DSL及纜線數據機則提供寬頻的存取。

專線網路

如圖5-12所示，另一種WAN的選擇就是在企業據點間建立專線網路（network of leased lines）。圖5-15是將企業三個據點的電腦相連的WAN。連結這些地點的線路是向電信公司租用的。

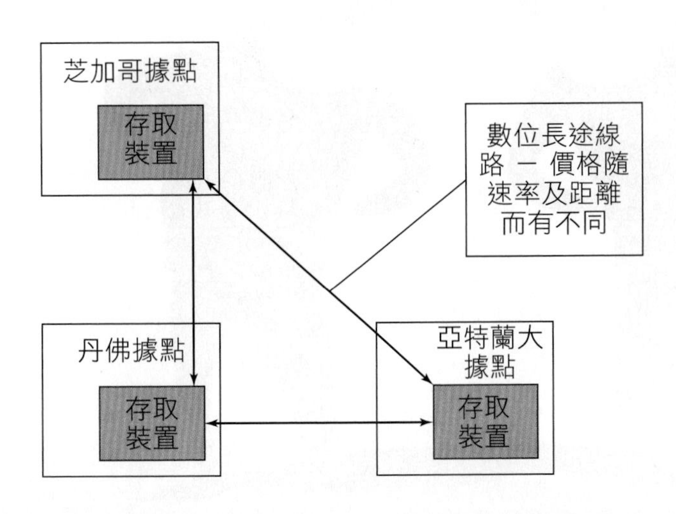

圖5-15
使用專線的廣域網路

OFF按鈕在哪兒？

DSL數據機是一個分水嶺 － 我們失去獨立性的那個轉折點。在此之前，你必須先撥接 －採取行動，然後才能連上網。預設的模式是Off，而你必須做某些動作讓它On。從DSL開始，預設的模式就是On。

Delbert Scott是個在西科羅拉多州種植旱地小麥的農夫。他生於1920年，並且在他一生的絕大多數時間裡，長時間工作是很稀鬆平常的事。他一直到40歲才擁有電力，而農場中也一直都沒有抽水馬桶。不過Delbert可是個快樂的人，他喜歡農場、山脈、和孤寂。「有時候我會沿著小溪走下去，行到水窮處，坐看雲起時。有時候，我就是在家裡閒坐。」

現在，永久地連在網路上真的很可怕：它很有用，也能夠增加生產力。但是，那「閒閒地坐著」這件事要怎麼辦呢？可能有人會說：「誰在乎啊？誰會只想閒閒地坐著啊？那很無聊耶！」我們會不會不只是失去了離線的能力，也失去了離線的念頭呢？這會不會是母體（Matrix）（譯註：請參考電影「駭客任務」）的來臨？也就是說，沒有人奴役我們，但我們自己選擇這樣做？今日，我們選擇永久的連線能力，因為我們需要服務、資訊、和立即的滿足，但是在此過程中，我們損失了什麼呢？

討論問題

1. 你對「閒閒地坐著」這個想法的反應是什麼？想想看關掉手機、不回電子郵件、甚至於離開小鎮。你可以用這種方法過多久日子呢？你想用這種方式過多少天呢？

2. 獨立是種幻覺嗎？我們不是社會性動物嗎？Delbert的故事只是個神話嗎？他在獨坐的時候，會希望他也能同時跟他的哥哥聊天嗎？網際網路只是支援我們與他人連繫的本性而已嗎？這樣有什麼不對嗎？

3. 現在，永久連上網是自願的，只要你不想選課、收你老師的電子郵件、與其他同學約碰面時間、娛樂自己、或是找工作，你也可以選擇不上網。但是，你「自願」的程度如何？它重要嗎？

4. 你使用即時傳訊嗎？如果有的話，你會覺得當你朋友登入電腦時就被你發現，感覺怪怪的嗎？或者，當你登入電腦時就被朋友發現呢？為什麼他們要這麼清楚你的行蹤？如果你未來擔任主管的時候呢？你會希望即時傳訊系統告訴你的員工你是何時抵達公司開始工作嗎？這跟他們有關嗎？當你沒有登入時，會不會被注意到呢？

5. 無所不在的連結性會將我們帶到哪裡呢？母體的世界無可避免嗎？

有很多種存取裝置（access devices）能夠連結每個據點來進行傳輸。這些裝置通常是特殊用途的電腦；所需的特定裝置種類則取決於所使用的線路及其他因素。有時會使用交換器與路由器，但也需要其他類型的設備；不過這部分的討論就不在本書範圍之內了。

不同的專線選擇方案是根據它們的用途和速度來分類，如圖5-16。T1線路最多可以支援到1.544Mbps；T3則可以高達44.736Mbps。使用光纖則甚至可以更快；OC-768的線路可以支援到40Gbps。除了T1之外，更高速的線路都需要光纖或衛星通訊，T1則可以靠一般的電話線、光纖、和衛星來支援。

一旦租用之後，點對點的專線需要受過高度訓練、非常昂貴的專家才會設定。將公司的LAN與其他設備連在一起是很有挑戰性的工作，而且維護這些連線也很花錢。在某些情況下，組織會跟其他公司簽約，由它們來設定與支援所租用的專線。

請注意在點對點線路上，隨著地點的數目增加，所需的線路數目也會大幅增加。如果在圖5-15中加入另一個據點，最多需要加入三條新的專線。一般而言，如果網路上已經有n個點，則要將一個新據點連上其他所有據點，最多還必須再額外租用、設定、跟支援n條專線。

此外，只有預先定義的地點可以使用這些專線。臨時待在某處（例如旅館）的員工就沒辦法使用這個網路。同樣地，顧客或廠商也沒辦法使用這種網路。

然而，如果組織在某些固定地點間有大量的交通，專線就能夠提供很低的位元傳輸成本。例如像主要設施位於西雅圖、聖路易、與洛杉磯的波音公司就可以因為使用專線來連接這些地方而獲得好處。這種公司的運作需要在這些固定地點間傳輸大量的資料，此外，這種公司也知道如何雇用與管理所需的技術人員來支援這種網路。

專線上最常見的協定是PPP（Point-to-Point Protocol）；這也是將撥接式數據機連到ISP所用的協定。

線路種類	用途	最大速度
電話線路（雙絞銅線）	撥接式數據機	56 Kbps
	DSL數據機	1.544 Mbps
	WAN － T1：使用一對電話線	1.544 Mbps
同軸電纜	纜線數據機	上行為256 Kbps 下行為10 Mbps （不過通常會小得多）
無遮蔽雙絞線（UTP）	LAN	100 Mbps
光纖	LAN與WAN － T3, OC-768等	40 Gbps或以上
衛星	WAN － OC-768等	40 Gbps或以上

圖5-16
傳輸線路類型、用途、與速度

公眾交換數據網路

另一種WAN的選擇方案是公眾交換數據網路（public switched data network, PSDN），這是由廠商開發和維護的電腦與專線網路，用來出租上網時間給其他公司；亦即，PSDN就是供應網路給其他公司租用的設施。圖5-17將PSDN描繪成具有能力的一片雲，租用者對於這團雲中發生什麼則不需要關心。

當使用PSDN的時候，每個據點必須租用一條線路連上PSDN網路；這個連接的位置稱為POP（連結點，point of presence），它是對PSDN的存取點。你可以將POP想像成是打電話連上PSDN時的電話號碼。一旦連上PSDN POP之後，這個據點就取得存取其他連上PSDN據點的能力。

PSDN可以節省使用專線所需的設定與維護活動。因為企業不需要負擔整個網路的費用，而只負擔它傳輸資料所需的費用，所以也可以節省成本。此外，使用PSDN需要的管理工作也比使用專線簡單。PSDN還有一項優點是，只需要一條線就可以將新的據點連上其他所有的據點。

PSDN使用3種第一與第二層協定：訊框中繼、ATM、和乙太網路。訊框中繼（Frame Relay）可以處理落在56kbps到40Mbps範圍內的交通，ATM（Asynchronous transfer mode，非同步傳輸模式）則可以處理從1到156Mbps的速度。訊框中繼雖然較慢，但在支援上比ATM簡單，而且PSDN提供訊框中繼的成本較ATM低。另一方面，有些組織需要用到ATM的較高速度，而且ATM還可以同時支援語音與資料通訊。

通常，PSDN會同時在網路上提供訊框中繼與ATM。顧客可以選擇最適合它們的技術。有些公司也會使用PSDN網路來取代長途電話公司。

為了LAN所發展的乙太網路也可以用來當作PSDN的協定。較新版本的乙太網路可以在10到40Gpbs的速度上運作。

虛擬私有網路

虛擬私有網路（Virtual Private Network, VPN）是圖5-12中，第四種可能的WAN方案。VPN使用網際網路或私有互連網路來建立看似私有的點對點連線。在IT世界中，虛擬代表某種看似存在但實際上並不存在的東西。在此，VPN是使用公共網際網路來建立看似私有的連線。

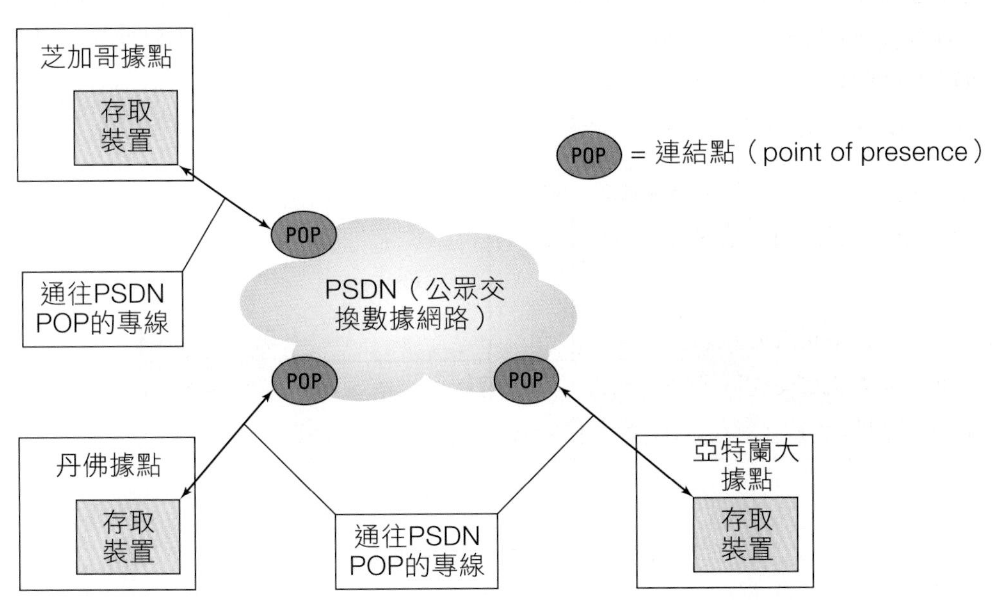

圖5-17
使用PSDN的廣域網路

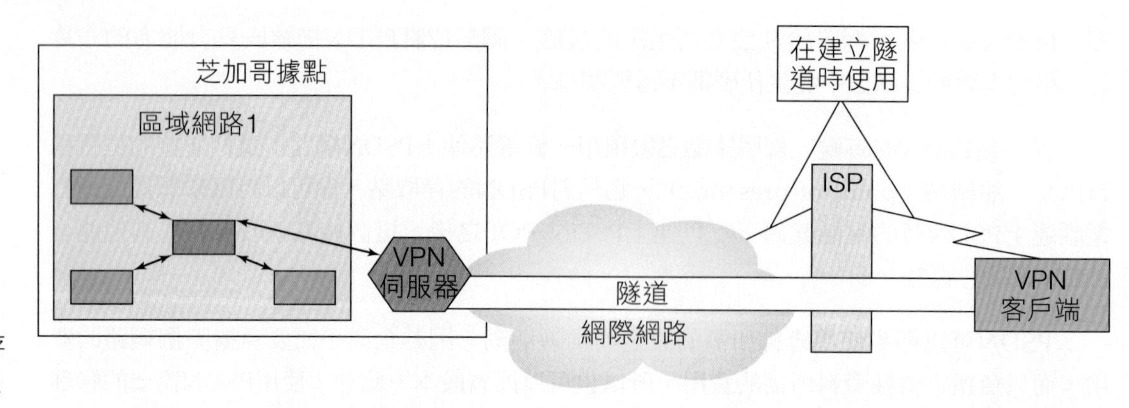

圖5-18
使用VPN的遠端存取：實際上的連線

圖5-18是建立VPN來連結遠方電腦的一種方法 － 可能是在邁阿密旅館工作的員工連到芝加哥的LAN上。遠端使用者是VPN的客戶端。這個客戶端會先建立通往網際網路的連線。這條連線可以透過存取當地的ISP來取得（如圖），或是在某些旅館中，旅館本身就提供直接的網際網路連線。

不論是哪種情況，一旦建立網際網路連線之後，遠端使用者電腦上的VPN軟體就會與芝加哥的VPN伺服器建立連線。VPN客戶端與VPN伺服器接著設立一個點對點的連線，稱為隧道（tunnel），這是VPN客戶端與VPN伺服器在公共或共享網路之上所建立的虛擬、私有通道。圖5-19描述遠端使用者所看到的連線外貌。

VPN提供安全的通訊 － 即使它們是在公共的網際網路上傳輸。為了確保安全性，VPN客戶端軟體會將原始的訊息加密（encrypt），也稱編碼（code），讓它的內容隱藏起來（請參考「安全性導引」）。接著，VPN客戶端將VPN伺服器的網際網路位址加到訊息上，然後透過網際網路將訊息傳送給VPN伺服器。當VPN伺服器收到訊息之後，它會將訊息最前面的位址除去，對編碼後的訊息解密（decrypt），然後將明文的訊息送往LAN上的原始位址。因此，安全的私有訊息就可以透過公共的網際網路遞送。

虛擬私有網路提供了點對點專線的好處，而且讓員工或其他有在VPN伺服器上註冊的人能夠做遠端存取。例如假設顧客或廠商有在VPN伺服器上註冊，就可以從它們自己的地點使用VPN。圖5-20中有三條隧道；一條支援亞特蘭大與芝加哥之間的點對點連線，另兩條則支援遠端的連線。

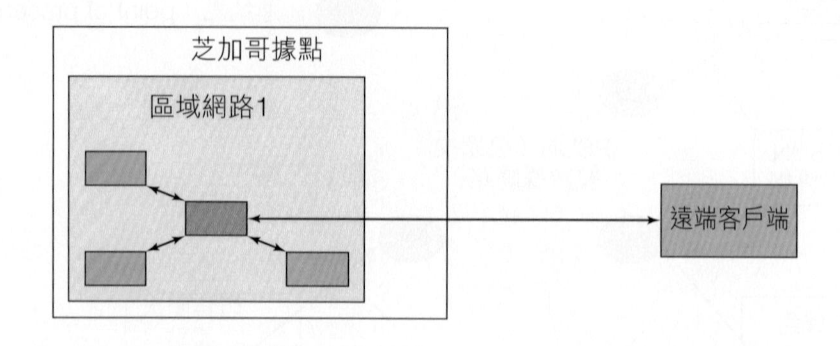

圖5-19
使用VPN進行遠端存取：表面上的連線

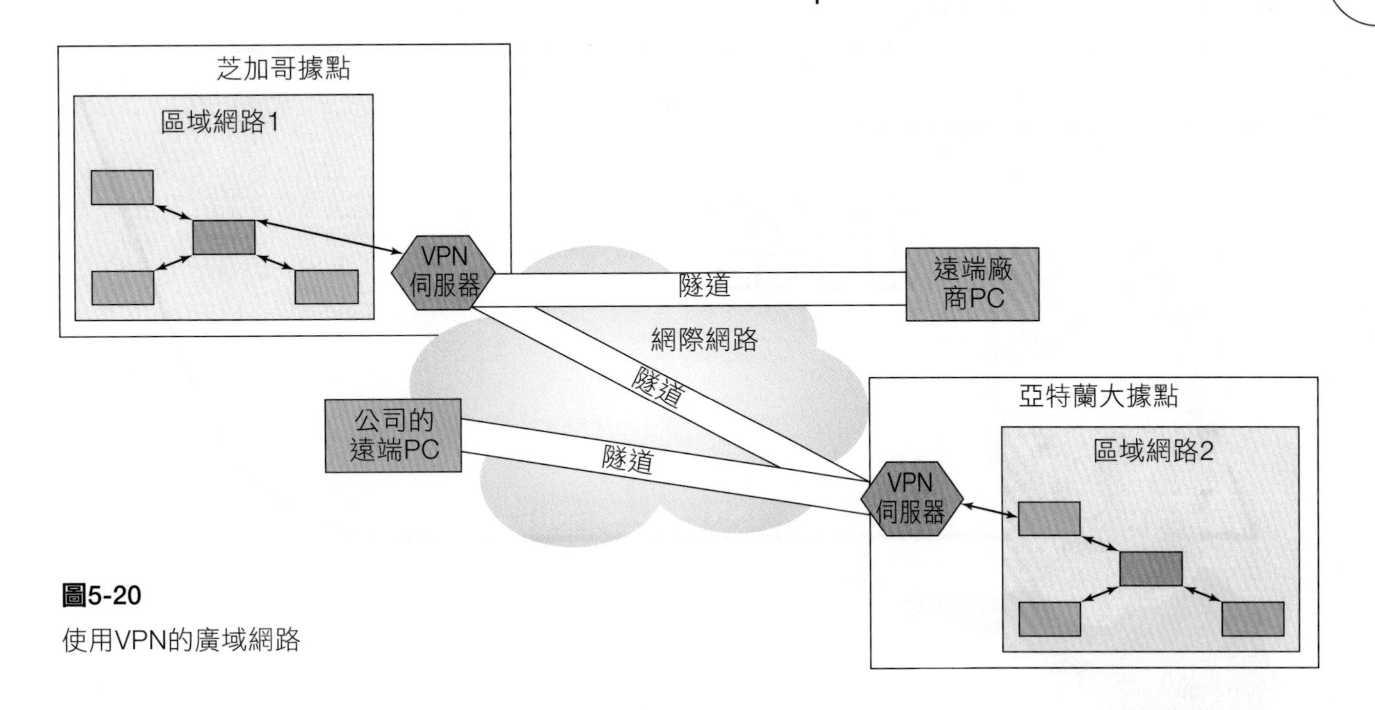

圖5-20
使用VPN的廣域網路

微軟在Windows中加入對VPN的支援，也有助於VPN的普及。微軟Windows的所有版本都有扮演VPN客戶端的能力。Windows的伺服器版本則可以扮演VPN伺服器。

比較網路方案的標準

你已經學到許多不同的網路方案，各有不同的特徵。在它們之間做選擇是一件很複雜的任務。圖5-21列出比較不同選擇時的三類標準。

如圖所示，有三種成本必須考慮。安裝成本包含取得傳輸線路與必要設備（如交換器、路由器與存取裝置）的成本。如果線路或設備是用租的，還是可能會有安裝成本。此外，如果你的公司本身必須要負責一部分的安裝工作，則還要納入所需的人力成本。最後，還要加上訓練成本。

運作成本包括線路與設備的租賃費用，ISP的費用，後續訓練的成本和其他類似成本。通訊設備也需要維護；維護成本中包括了定期維修，問題檢測與修復，和必要性升級等。

圖5-21列出關於效能的六項考量。除了線路和設備的速度之外，延遲（latency）則是因為網路在尖峰時間的壅塞所造成的傳輸延遲（delay）。可用性（availability）是服務中斷的頻率與時間長度。遺失率（loss rate）是通訊網路發生問題而必須重傳資料的頻率。

最後，透通性（transparency）則是使用者對其使用的通訊系統的知覺程度。例如持續連線的DSL數據機，就比要先取得電話線然後撥打ISP號碼的撥接式數據機，要更具有透通性。透通性越高，使用網路就越容易。

在很多情況下通訊設備與服務廠商都會願意提供效能保證（performance guarantee），以確保服務品質的等級。這些等級可能包括可用性、遺失率、速度等等。當廠商有提供效能保證且無法滿足協議的服務等級時，就必須承受協議的懲罰成本。

加密

加密（encryption）是將明文轉換成經過編碼而無法理解的文字，以確保安全地儲存或傳輸的過程。有很多研究在發展難以破解的加密演算法（encryption algorithms）。最常見的方法為DES、3DES、和AES。如果你想更瞭解這些方法，可以上網際網路搜尋這些名詞。

金鑰（key）是用來進行加密的一組數字。加密演算法會將金鑰應用在原始訊息上，以產生經過編碼的訊息。訊息的解碼（解密）也很類似，是要將金鑰應用在編碼後的訊息上，以恢復原始的內容。對稱式加密（symmetric encryption）使用相同的金鑰來編碼與解碼，而非對稱式加密（asymmetric encryption）則使用不同的金鑰；一把金鑰用來編碼，另一把金鑰用來解碼。對稱式加密比非對稱式簡單，速度也比較快。

網際網路上常見的公開金鑰／私密金鑰（public key/private key），是非對稱式加密的特殊版本。在這個方法中，每個點用一把公開金鑰對訊息進行編碼，並且用一把私密金鑰對它們解碼（假設是兩台一般電腦A與B）。要交換安全的訊息，A跟B會以未編碼的明文形式傳送自己的公開金鑰給對方。因此，A會收到B的公開金鑰，而B會收到A的公開金鑰。接著，當A傳送訊息給B時，它會先使用B的公開金鑰來對訊息加密，然後將加密後的訊息傳送給B。電腦B收到A送來的加密訊息後，會使用自己的私密金鑰來解碼。同樣的，當B想傳送加密訊息給A時，也是使用A的公開金鑰編碼，然後再將加密的訊息傳送給A。電腦A會使用自己的私密金鑰對B傳來的訊息解碼。私密金鑰永遠不會被傳送（你還會學到公開／私密金鑰的其他用途）。可惜公開金鑰／私密金鑰加密方法相當複雜，因此速度也很慢。它只能應用在很短的訊息上。

在網際網路上的安全通訊大多是使用HTTPS協定。在HTTPS中，資料是使用稱為SSL（Secure Socket Layer）的協定來加密；它也稱為TLS（Transport Layer Security）。SSL/TLS使用公開金鑰／私密金鑰與對稱式加密的組合。它的運作方式如下：首先，你的電腦會取得所連結之網站伺服器的公開金鑰，然後產生對稱式加密所需的金鑰，並且使用網站的公開金鑰對這個對稱式金鑰編碼，然後送回網站。網站接著會使用它的私密金鑰對這個對稱式金鑰解碼。

之後，你的電腦與網站就會使用對稱式加密來進行通訊。在會談結束時，你的電腦與這個安全網站會丟棄這把金鑰。透過這種策略，大量的安全性通訊可以使用較快速的對稱式加密來進行。此外，因為金鑰的使用期間很短，就比較不可能被破解。

使用SSL/TLS可以讓信用卡號與銀行帳號等敏感資料的傳送更安全。請確定在這時候，你的瀏覽器中顯示的是「https：//」，而不是「http：//」。

討論問題

1. 描述能夠將一個字母用另一個字母來取代的簡單加密架構。如果某人擁有你編碼後的訊息樣本，他們要如何破解你的編碼？有多難破解呢？
2. 說明對稱式加密與非對稱式加密的差異。
3. 對稱式加密的優點為何？缺點呢？
4. 說明公開金鑰／私密金鑰加密如何運作？一共需要幾把金鑰呢？
5. 說明SSL/TLS如何運作。為什麼會談結束後要丟棄對稱式金鑰呢？

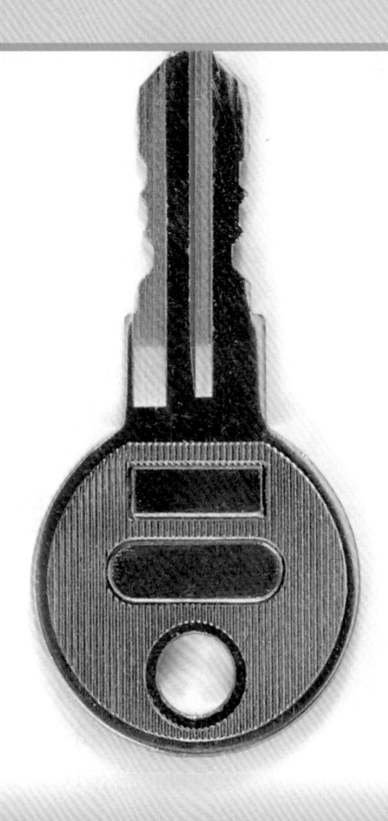

標準類別	標準	描述
成本	最初安裝	傳輸線路 設備 安裝費用 安裝人力 訓練成本
	運作	線路租賃費 設備租賃費 ISP及其他服務費用 後續訓練
	維護	定期維護成本 問題檢測與修復成本 必要性升級的成本
效能	速度	線路與設備速度
	延遲	尖峰時間的延遲
	可用性	服務中斷的頻率
	遺失率	必須重傳的頻率
	透通性	使用者對運作的涉入程度
	效能保證？	廠商同意在無法滿足服務等級時的成本懲罰
其他	成長潛力	當有服務需要或容量要增加時，升級的困難度
	承諾期間	租賃和其他協議的長度
	管理時間	需要多少管理活動？
	財務風險	如果系統無效時要承受多少風險？
	技術風險	如果使用新技術，失敗的可能性

圖5-21
比較網路方案的標準

其他可以用來比較網路方案的標準還包括成長潛力（更大容量）以及合約承諾多長的期間。較短的期間可以有較大的彈性，通常也比較受歡迎。此外，需要投入多少管理時間呢？需要內部技術人員的方案意謂著需要更多的管理時間。最後兩項要考慮的標準是財務與技術風險的程度。

圖5-21的標準可以用來比較與評估圖5-12中的所有選擇方案。這類的比較很可能就是本章開頭那位營運長想要的東西（請參考學習評量中「應用你的知識」的第17題）。

網際網路如何運作

根據這些背景知識，我們現在可以回到你在夏威夷的旅館房間了。你正傳送一封訊息及你神奇的衝浪照片給你的朋友。後面我們將從比較高的層次來說明它的運作。

這是本書最複雜的一段，要瞭解這些內容，我們將它分成四節。首先，我們將討論電腦與其他裝置的定址：每台電腦與裝置都有兩個位址，分別是實體位址與邏輯位址。接著，我們將討論在TCP/IP-OSI模型中所有層級的協定如何運作，以傳送請求到LAN中的網站伺服器。第三，我們會討論這些協定如何透過網際網路傳送訊息。最後，我們將稍微細談IP位址與網域名稱系統。請保持耐心，並且多花點時間；你可能需要重複閱讀這幾節的內容。

網路位址：MAC與IP

在大多數網路和每一個互連網路上，都使用兩個位址的架構來識別電腦與其他裝置。實作第二層協定的程式是使用實體位址（physical address），也稱為MAC位址（MAC address）。實作第三、四、五層協定的程式則是使用邏輯位址（logical address），也稱為IP位址（IP address）。下面將分別討論這兩種位址。

實體位址（MAC位址）

如前所述，每個網路裝置（包括你的電腦）都具有存取網路用的NIC。每個NIC在出廠時就被賦予一個位址，也就是這個裝置的實體位址（MAC位址）。根據電腦製造商間的協議，這些位址的指定方式可以確保沒有兩台NIC裝置會具有相同的MAC位址。

MAC位址是使用在TCP/IP-OSI模型的第二層網路中。實體位址只有在特定網路或網段中才會被知道、分享、與使用。在包含網際網路在內的互連網路中，則必須使用另一種位址架構。這種位址架構因為很有用，所以後來除了MAC位址之外，這種位址也被應用在LAN中。

邏輯位址（IP位址）

包含網際網路在內的互連網路以及許多的私有網路都是使用邏輯位址（IP位址）。你可能曾經看過IP位址；它們是以點號分開的一串十進位數字，例如192.168.2.28。我們稍後會描述IP位址的結構。

IP位址並不是永久對應到特定的硬體裝置，而是可以在需要的時候重新指定給另一台電腦、路由器、或是其他裝置。為了瞭解邏輯位址的一個優點，請想想看當IBM公司更動了一台用來接收使用者www.ibm.com請求的裝置（路由器）時，會發生什麼狀況。這個名稱是對應於特定的IP位址（稍後會解釋）。如果IP位址是像MAC位址一樣固定不變，則當IBM升級它的入口路由器時，全球所有的使用者都必須將對應於www.ibm.com的IP位址變更為新的位址。反之，透過邏輯IP位址，網路管理者只要重新將原先的IP位址指定給這台新的路由器就好了。

公共與私有IP位址

實務上存在兩種IP位址。公共IP位址使用在網際網路上，由ICANN（Internet Corporation for Assigned Names and Numbers）整段分派給一些主要機構。網際網路上所有電腦都具有唯一的IP位址。反之，私有IP位址則是在私有網路與互連網路上使用；它們是由運作這個私有網路或互連網路的企業來控制（請注意IP位址是一串由點號分開的十位數字；在此並不包含可以識別的文字，例如pearson.com）。

DHCP（Dynamic Host Configuration Protocol）

目前，當你將你的電腦接上網路（或登入無線網路）時，通常Windows或其他作業系統上的程式會在網路上搜尋DHCP伺服器 － 這是一台執行DHCP（Dynamic Host Configuration Protocol）通訊協定的程式的電腦或路由器。當這支程式找到這台裝置時，你的電腦就會向DHCP伺服器請求一個暫時的IP位址。當你連在LAN上時，這個IP位址就暫時借給你使用；當你離線時，這個IP位址又會歸還回去。DHCP伺服器會視需要重新將這個IP位址指派給其他電腦系統。

當然，在私有網路中，管理者也可以手動地指定IP位址。通常，私有網路的策略是手動指定IP位址給需要有固定IP的機器 － 通常是執行網站伺服器的電腦或其他共享裝置。不過，大多數使用者的IP位址則是透過DHCP來指定。

夏威夷旅館中的私有IP位址

圖5-22是你在夏威夷的旅館所運作的LAN。假設你住在頂樓的豪華套房（多幸運啊！），並且將電腦接上網路，成為圖5-22中的電腦C3。當你這樣作的時候，你的作業系統中會有支程式在網路上搜尋DHCP伺服器。結果發現，路由器RH正是這種伺服器。你的電腦跟RH要求IP位址，RH也指定了一個給你。它可能是像192.168.2.28之類的數字，不過為了簡化起見，我們先將你的IP位址用符號IP3來表示。

在旅館內使用TCP/IP-OSI協定

一旦取得IP位址後，你電腦中位於第三、四、五層的協定程式就可以與你網路上的其他任何電腦溝通。假設電腦HS是提供資訊給旅館住客的網站伺服器。這是個私有的網站伺服器；旅館希望只有住客跟其他位於旅館之內的人可以存取，因此，該伺服器只在LAN上運作。

假設網路管理者已經指定了伺服器的IP位址，標示為IP8。圖5-22中的路由器RH也有IP位址，標示為IP9。現在，讓我們來看看這些位址如何在旅館的LAN中使用。

你電腦上的通訊處理

旅館在你房間的手冊中說明了如何在瀏覽器中輸入一個名稱，以登入本地的網站伺服器。當你遵循這些指示時，你的瀏覽器建構了對伺服器的請求，並且使用HTTP協定傳送給HS。

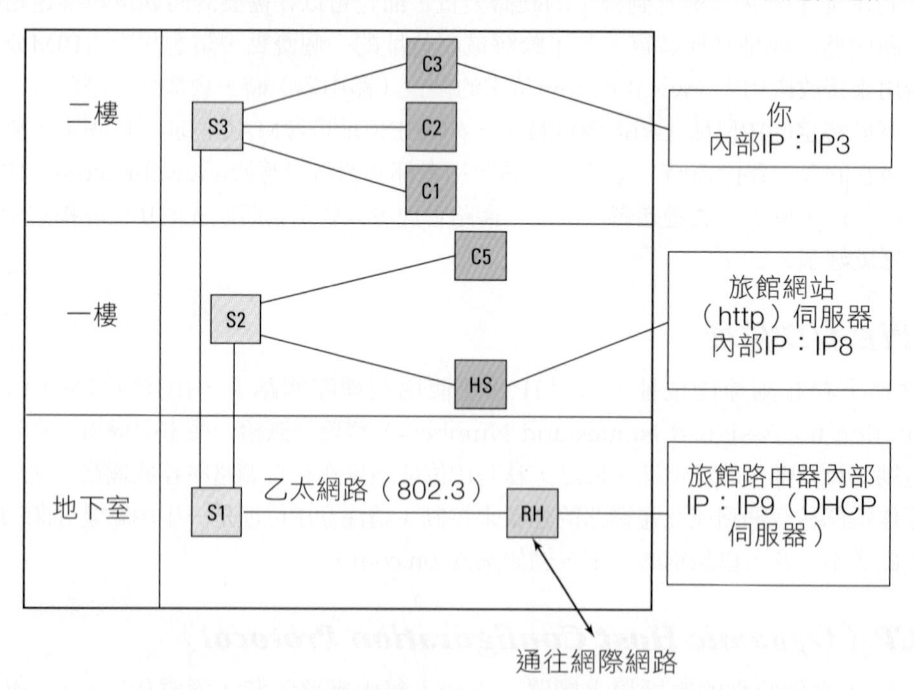

圖5-22
夏威夷旅館中的LAN

我們可以利用圖5-23來觀察這個行動。你的瀏覽器將它對HS的服務請求傳送給實作TCP的程式。TCP的一項功能是視需要將請求分割為資料段。在這個案例中，假設它將請求分為兩個資料段。TCP程式會加入額外的資料到資料段中。圖中顯示了一個「IP3到IP8」的標頭（header），但也可能會加入其他資料，甚至加上一個尾段資料（trailer）。我們將不管真正的標頭和尾段，以專注於基本的觀念。

TCP程式會將資料段傳送給實作IP的程式。如前所述，IP程式的主要功能是資料遶送。它判斷要抵達IP8的唯一路徑是透過RH路由器（IP位址為IP9），所以IP程式會加上IP9的標頭，並且將封裝好的封包向下傳給實作乙太網路的程式。

乙太網路程式將IP位址轉換成MAC位址。乙太網路會判斷位於IP9的裝置具有哪個特定的MAC位址（一長串數字）。為了簡化起見，我們將這個位址表示為RH。乙太網路會將封包封裝成以裝置RH的位址為目標的訊息框。

當你簽入LAN時，你的乙太網路程式知道它能連上其他電腦的唯一方式是透過交換器S3（參見圖5-22）。因此，它將訊息框送給S3。

交換器上的通訊處理

所有交換器都有一個稱為交換表（switch table）的資料表格。這個表格告訴交換器要如何傳送交通到其目的地。交換器S3的表格中會紀錄LAN上的其他所有裝置。例如它知道要將訊息框送往RH，就必須將它送給交換器S1，所以它會將該訊息框送往S1。

S1也有一份交換表；它會參考該表，並且判斷自己跟RH間有直接的連線。因此，它會將訊息框送給RH。

路由器上的通訊處理

當訊息框抵達RH時，它已經算是抵達目的地，所以乙太網路會將訊息框解開，並且將內含的封包往上送給IP。IP會檢視封包，並且判斷這個封包的目的地是IP8。RH是台路由器，所以它有一份路徑表告訴它要將IP8的交通送往哪裡。路徑表指出IP8只在一步之遙，所以IP將封包的目的地改成IP8，並且把它再向下傳回乙太網路。

乙太網路發現位於IP8的裝置的MAC位址為HS，所以將封包封裝為訊息框，並且指定訊息框的位址為HS。接著將訊息框送往它的交換器S1。S1參考它的交換表，並且將訊息框送往S2；S2再將訊息框傳給HS。

網站伺服器上的通訊處理

HS是訊息框的目的地，所以乙太網路程式會解開訊息框，並且將內含的封包往上送給IP程式。IP8是封包的目的地，所以IP程式將IP標頭除去，然後將其中的資料段向上送給實作TCP的程式。這個程式會檢視資料段，並且判斷這是兩段其中的第一段。TCP將確認送回給你的電腦，表示它收到第一段了（當然，這個確認也必須經過遶送與交換），TCP接著會等待第二段抵達。

一旦兩段都抵達了，TCP程式會將完整的請求往上送給處理HTTP協定的網站伺服器程式。

總而言之：

- 交換器會作用在第二層的訊息框上。它們會在交換器間傳送訊息框，直到抵達訊息框的目的地為止。它們使用的是MAC位址。
- 路由器會作用在第三層的封包上。它們會在路由器間傳送訊息框，直到抵達訊息框的目的地為止。它們使用的是IP位址。

在網際網路上使用TCP/IP-OSI協定

最後，我們終於能夠描述你的郵件如何從夏威夷的旅館抵達你朋友在俄亥俄州的公司。事實上，你只需要再多學一個主題，就可以瞭解這整個技術奇蹟是如何發生。這個主題就是私有與公共IP位址的轉換方式。

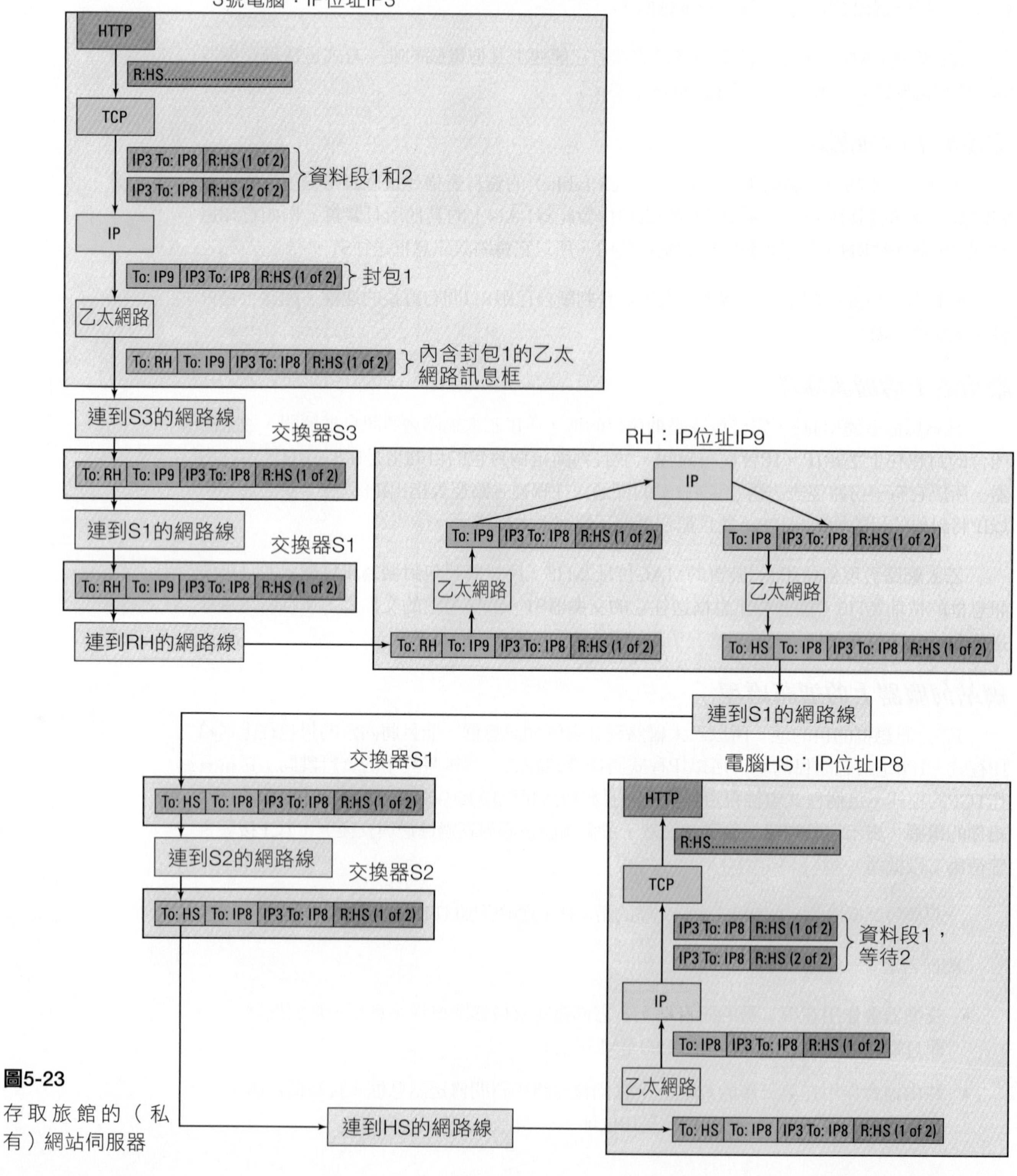

圖5-23

存取旅館的（私有）網站伺服器

網路位址轉換

前一節描述的所有IP位址都是私有IP位址，它們只能在你旅館內部的LAN上使用。不過在網際網路上傳送的訊息，則只能使用公共IP位址。這些位址是成段地分派給像ISP之類的大型企業。

你的旅館也有它用來連上網際網路的ISP。這家ISP會從它的公共IP位址中，指定一個給旅館的路由器。我們將這個IP位址稱為IPx（它當然還是以點號分開的數字，不過目前請先不要管它）。

因此，如圖5-24所示，路由器RH具有兩個IP位址：一個是私有的IP9，另一個是公共的IPx。所有要送往旅館LAN內任何電腦的網際網路交通都會使用IPx在網際網路上傳送。路由器會接收要送給旅館內所有電腦的所有封包。當它收到一個封包時，它會先找出LAN中那台電腦的內部IP位址，然後將封包內的位址從IPx（路由器的IP位址）轉換為旅館中電腦（封包真正目的地）的內部IP位址。因此，如果路由器接到你的一些交通時，它就會將封包位址從IPx轉成IP3，並且傳送給你（註1）。

公共IP位址和私有IP位址間相互轉換的這種過程稱為網路位址轉換（Network Address Translation, NAT）。NAT使用埠號（port）的觀念，不過讓我們就此打住，這些就已經夠受的了。如果你是主修資管，那可以再繼續研究NAT。不過，在此我們就繼續向前，並且相信NAT能夠發揮作用就好了。

本章所描述的所有技術都是全世界每天都在使用的東西。例如「MIS的使用5-2」中就描述了在小型家庭辦公室所使用的設備。

你的電子郵件（！）

最後，我們終於可以描述你的電子郵件如何抵達俄亥俄州了。在我們描述這個過程之前，讓我們順便討論一個相關的主題：在工作時處理個人的電子郵件，是否有踰越倫理的界限。請參考「倫理導引」。

假設你判斷傳送電子郵件給你的朋友是合乎倫理的，所以你開始啟動電子郵件程式，並且輸入朋友的電子郵件位址。再假設你朋友叫作Carter，而且他的電子郵件位址是CarterK@OhioCompany.com。你的電子郵件程式是在應用層運作，並且實作SMTP。根據這個協定，你的電子郵件會送往網際網路位址為OhioCompany.com的郵件伺服器。

你的電子郵件程式會使用網域名稱系統（稍後描述）來取得位於OhioCompany.com郵件伺服器的公共IP位址：在此稱為IPz。

要送往IPz的訊息接著先以下列步驟傳給路由器RH：實作SMTP的電子郵件程式將訊息送給TCP。TCP將它分割為資料段然後傳送給IP。IP將每個資料段分別放入封包，並且指定要遞送給RH。接著，每個封包會分別傳給你的乙太網路程式，在此放入訊息框，送往交換器S3，再送往S1，然後抵達路由器。

＊ 註1：不論你是否相信，這裡已經是簡化後的版本。這種描述通常是用在SOHO網路。真正的旅館和企業可能會使用路由器之外的設備來進行DHCP和NAT。

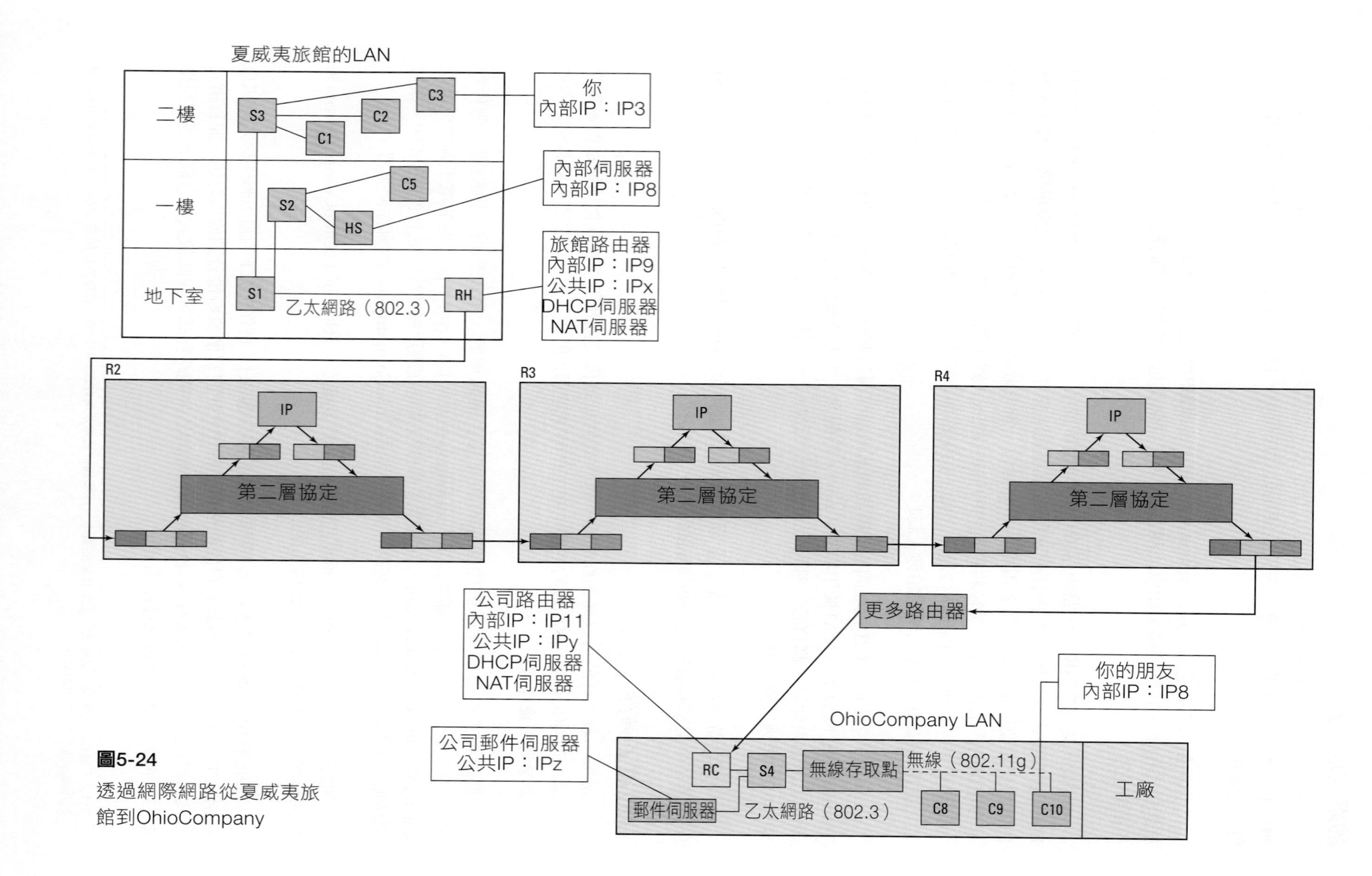

圖5-24
透過網際網路從夏威夷旅館到OhioCompany

MIS的使用5-2

作用中的網路：葫蘆裡賣的是什麼藥？

下面的照片是在SOHO（small office、home office）公司所使用的LAN與網際網路硬體。這一堆線路、設備和辦公器材展現了本章的許多觀念。

這台扁平的小黑盒是連到電話線的DSL數據機。DSL數據機還連到有一個黑灰色小天線的直立銀盒子。銀色盒子是微軟的無線基地台。無線基地台（wireless base station）是微軟發明的行銷詞彙，用來掩飾這個灰盒子中實際包含的複雜度。這個小盒子很神奇地包含了乙太網路LAN交換器、802.11g無線存取點、和路由器。請注意有幾條UTP線將無線基地台連到LAN上的電腦與其他裝置。微軟無線基地台的一般性說法是裝置存取路由器（device access router）；這也是你在採購時應該使用的名詞。

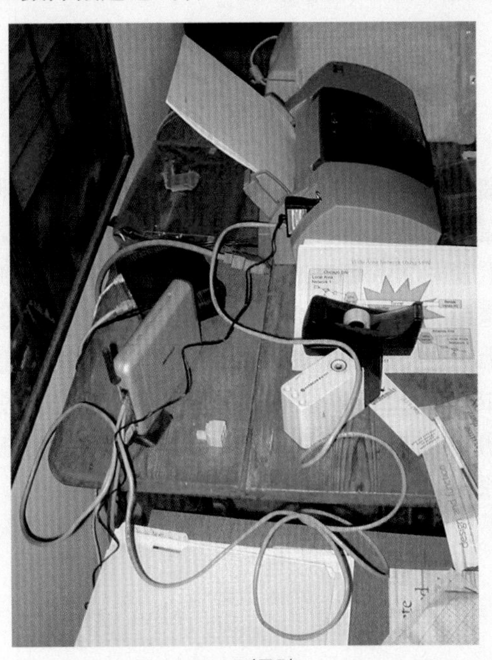

SOHO網路

除了交換器、存取點、與路由器之外，無線基地台還包含了預先安裝有韌體程式的小型特殊用途電腦。這些程式提供DHCP與NAT服務。無線基地台還有管理及設定無線安全性的程式。

請注意那台印表機（在膠帶台的後面）。這台印表機有個連接灰色UTP線的小黑盒，以及一條黑色的電源線。這個小黑盒是將印表機連上LAN的NIC。這個NIC稱為印表機伺服器（printer server）；它也是具有韌體的特殊用途電腦，可以用來設定與管理印表機伺服器和印表機。使用印表機伺服器，印表機就不用直接連到任何一台電腦上。LAN上的任何使用者都可以使用印表機而不需要打開任何電腦來服務列印工作。

本章最後的「個案研究5-2」將會再繼續這個個案。

當你的電子郵件和相片的某個封包抵達路由器時，它會進行網路位址轉換，並且將你的私有IP位址（IP3）取代為它的公共IP位址（IPx）。路由器RH會參考它的路徑表，並且判斷將封包送給IPz的最佳方法。假設它決定應該將封包送往網際網路路由器R2。

在網際網路上的封包處理工作就跟在圖5-22中對旅館的描述完全相同。封包會在路由器間傳送，直到它們抵達路由器RC（也就是你朋友公司的閘道路由器），負責將他們送往郵件伺服器。

在伺服器上，資料段會從封包中解開，並且送給郵件伺服器上的TCP程式。TCP程式會將確認傳回給你的電腦。然後TCP會一直等到你郵件（與相片）的所有資料段都抵達之後，然後將完整的訊息與附件送給實作SMTP的程式。這個在第五層運作的程式會將訊息與相片放到CarterK的信箱中。

倫理導引

工作時的個人電子郵件？

本章中的網際網路個案讓你傳送個人的電子郵件給你正在OhioCompany工作的朋友。你的電子郵件跟你朋友的工作或他公司的業務完全無關。這並不是封緊急的郵件，甚至不是要請你朋友幫忙載你一程 － 它只是在展現你的衝浪技巧（我們假設你朋友的公司與衝浪產業無關）！更糟的是，你的電子郵件還不只是包含幾句話的小郵件。它包含了一張圖，而且在你的疏忽下，你傳送的是6.3Mbytes的高品質照片。

「得了吧！」你會說：「饒了我吧！有附圖片的郵件有什麼了不起的？它是我的衝浪照片，又不是什麼奇怪的色情圖片。」

你可能是對的；它或許不是什麼大事。不過考慮你在傳送這封電子郵件時所消耗的資源：你的6Mbytes訊息先穿越網際網路到OhioCompany的ISP；這些封包再傳送到OhioCompany的路由器，並且從這台路由器送到OhioCompany的郵件伺服器。它還消耗了路由器與郵件伺服器電腦上的處理資源。接著，你的照片還會儲存在郵件伺服器上，直到你的朋友把它刪除為止，但這可能是數週之後的事了。此外，你的朋友要使用他的電腦與OhioCompany的LAN來下載照片到他的桌上型電腦（所以他的電腦裡面也會儲存一份照片）。事實上，從ISP到你朋友電腦這整個運算基礎建設都是由OhioCompany所擁有、運作、與負擔的。最後，如果你朋友是在上班時間閱讀電子郵件，他也是在消耗公司資源 － 他的時間與注意力。

討論問題

1. 你傳送郵件與相片給工作中的朋友是合乎倫理的嗎？

2. 你對第1題的答案會受到相片大小的影響嗎？

3. 如果郵件是關於你受傷的消息，會影響你對第1題的答案嗎？如果是關於希望你朋友到機場接你的消息呢？

4. 如果你傳送的是10張圖片，會影響你的答案嗎？如果是100張呢？如果是1000張呢？如果你的答案都沒有改變，那你的底線是什麼呢？

5. 如果你傳送1張圖片給任職於100間不同公司的100位朋友，會比傳100張圖片給某間公司的1位朋友要來得合乎倫理嗎？請說明你的答案。

6. 一旦圖片儲存在OhioCompany的郵件伺服器之後，誰擁有這張圖片呢？誰控制這張圖片呢？ OhioCompany有權檢查員工的信箱內容嗎？如果是這樣的話，主管在發現你的相片與公司業務完全無關時，他們應該怎麼做呢？

7. 如果你的朋友在工作時間從他自己的私人帳號下載你的電子郵件，他會用到公司的哪些資源呢？將你的相片傳送給朋友的私人Yahoo!帳號會比較合乎倫理嗎？

8. 你認為下列何者對OhioCompany造成的成本較大：傳送與儲存電子郵件的基礎建設成本，或是你朋友在上班期間閱讀及欣賞你的相片的時間成本？這項考量會影響你對上面各題的任何答案嗎？

9. 雖然本文中沒有提及，但你認為「電子郵件騷擾」（email nuisance）一詞可能是什麼意思？

當你的朋友檢查他的郵件時，他電腦上的郵件程式會使用到TCP/IP-OSI架構的五個層級，將他的檢查郵件請求送給郵件伺服器。他的電腦也是在提供NAT的路由器後面運作，所以具有內部IP位址IP8。請注意他具有跟你旅館的伺服器HS相同的IP位址。但這種重複並不會造成問題，因為這些IP位址都只使用在本地的私有網路中，而沒有使用在公共的網際網路上。

Carter的電腦使用無線協定802.11g連到郵件伺服器，但是他與郵件伺服器間的通訊，基本上與你旅館的LAN並無不同。郵件伺服器會將你的郵件與相片送給郵件伺服器上的TCP程式，它再將它們送給IP程式以遶送到IP8。IP程式會把它們轉送給處理乙太網路的程式，然後由交換器S4將乙太網路訊息框轉換成802.11g訊息框，並且傳送到你朋友的電腦上。

這就是整個傳送的過程！

網域名稱系統

IP位址對電腦間通訊很有用，但是並不適合人類使用。我們希望能在瀏覽器中輸入像www.icann.org之類的名稱，而不要去記憶與輸入它的IP位址192.0.34.65。網域名稱系統（domain name system, DNS）的目的就是要將使用者容易記憶的名稱轉換成它們的IP位址。任何經過註冊的有效名稱就稱為網域名稱（domain name）。將名稱改變為IP位址的過程就稱為網域名稱解析。

這個過程需要解決兩個問題。首先，要有作用，每個網域名稱都必須具有全球的唯一性。為了確保不會發生重複，有專責機構負責網域名稱的註冊，並且將對應的IP位址記錄在一個全域目錄（global directory）中。其次，當使用者在瀏覽器或其他第五層應用中輸入網域名稱時，應用必須要能夠解析出這個網域名稱。下面將依序討論這兩個問題。

註冊網域名稱

ICANN是負責管理網域名稱註冊的非營利組織；它本身並不會去註冊網域名稱，而是授權其他組織去註冊名稱。另外，ICANN還負責管理網域名稱解析系統（domain name resolution system）。

任何網域名稱的最後幾個字母稱為頂層網域（top-level domain, TLD）。例如網域www.icann.org的頂層網域是.org。同樣地，在網域名稱www.ibm.com中的頂層網域是.com。非美國的網域名稱中，頂層網域通常是所在國家的兩個字母縮寫。例如www.somewhere.tw是台灣的網域名稱，而www.somewhere.uk則是位於英國的網域名稱。

圖5-25是2005年間，美國的頂層網域。這些TLD中有些是專屬於特定產業、目的、或組織。例如.aero就是航空業組織專用的TLD，而.name是給個人使用，.mil則是保留給美國軍方。

如果你想註冊網域名稱，首先要先決定適當的TLD。然後你應該去icann.org網站找出ICANN授權哪個機構負責這個TLD的網域註冊。最後再根據這些機構的規定完成註冊手續。如果你想要的網域名稱已經有人用了，你的註冊就會被拒絕，而必須選擇其他的網域名稱。

網域名稱解析

URL（uniform resource locator，可以直接念這三個字母，或念作「Earl」）是網站上的文件位址。URL的開頭是網域名稱，後面則跟著選擇性資料，用來指定文件在該網域的位置。因此，在www.prenhall.com/kroenke的URL中，網域名稱為www.prenhall.com，而kroenke則是該網域中的目錄。

TLD	引入時間	目的	贊助者／操作者
.aero	2001	航空運輸業	Societe Internationale de Telecommunications Aeronautiques SC（SITA）
.biz	2001	企業	
.com	1995	沒有限制（但是傾向於商業登記者）	VeriSign, Inc.
.coop	2001	合作企業	DotCooperation, LLC
.edu	1995	美國教育機構	EDUCAUSE
.gov	1995	美國政府	U.S. General Services Administration
.info	2001	不限用途	Afilias, LLC
.int	1998	由政府間的國際協議所建立的組織	Internet Assigned Numbers Authority
.mil	1995	美國軍方	U.S. DoD Network Information Center
.museum	2001	博物館	Museum Domain Management Association（MuseDoma）
.name	2001	個人註冊用	Global Name Registry, LTD
.net	1995	沒有限制（但是傾向於網路供應商等）	VeriSign, Inc.
.org	1995	沒有限制（但是傾向於無法歸屬其他類別的組織）	Public Interest Registry; Global Registry Services
.pro	2002	會計師、律師、醫師及其他專業人士	RegistryPro, LTD

圖5-25
2005年的頂層網域

網域名稱解析（domain name resolution）是將網域名稱轉換成公共IP位址的流程。這個流程始於TLD，然後一路向URL的左邊進行。在2005年間，ICANN管理了13台分散世界各地、稱為根伺服器（root server）的特殊電腦。每個根伺服器會維護一份解析各類型TLD之伺服器的IP位址清單。

例如要解析位址www.somewhere.biz，你要先去根伺服器並且取得能夠解析.biz網域名稱的伺服器IP位址。要解析位址www.somewhere.com，你要先去根伺服器並且取得能夠解析.com網域名稱的伺服器IP位址。在第一個情況下，取得解析.biz的伺服器位址後，你就可以向該伺服器查詢來找出能夠解析somewhere.biz名稱的伺服器IP位址。接著，你要再去那台伺服器來找出管理www.somewhere.biz的伺服器IP位址。

在實務上，網域名稱的解析流程會更快，因為網路上有好幾千台網域名稱解析器（domain name resolver）會儲存網域名稱與IP位址的對應。這些解析器可能位於ISP、學

人際網路更重要

你可能沒有看過一齣叫作「六度分隔」的電影，由史塔克錢寧（Stockard Channing）與唐納蘇德蘭（Donald Sutherland）主演。它的片名是源自匈牙利作者Frigyes Karinthy的概念：地球上的每個人都可以透過五或六個人連繫到其他任何人（註2）。例如根據這個理論，你可以透過認識某甲的某乙，和認識某乙的某丙...直到你連繫到Eminem，中間不會超過五或六個人。根據相同的理論，你也同樣可以連到西伯利亞的海豹獵人。事實上，今天透過網際網路，這個數字也許已經降低至接近三人，但不論如何，這個理論指出了人際網路的重要。

假設你想要去見學校的校長，而校長則有位秘書擔任守門員的角色。如果你直接去找這位秘書，並且說：「我想跟校長談半個小時。」你可能直接被安排去見其他的行政人員。你還可以怎麼辦呢？

如果你跟這個星球上任何人的距離都不會超過六度，那你顯然可以用更少的步驟連繫上校長。假設你是網球校隊，而且你知道校長也喜歡打網球，則網球教練可能會認識校長。因此，安排一場教練與校長的比賽如何？哈！你就找到碰面的機會了。而且，在網球場上碰面可能比在校長辦公室更好。

如同史塔克錢寧常說的：六度理論的問題在於即使那些人真的存在，我們也不知道他們是誰。更糟的是，我們通常不知道最後能幫我們連上想要的人的那個某甲是誰。例如假設現在就有個某甲，剛好認識可以提供一份非常適合你的工作的某乙。可惜你並不知道那個某甲是誰。

會計部的人
你部門的人
Deb
Bruce
Eileen
Zaki
?
Aaron
Shawna
You
John
?
Linda

即使在你得到工作之後，這個問題還是一樣。如果你有個工作上的問題，像第3章那個價值八萬美金的問題，而有某甲剛好認識能夠幫得上忙的某乙，但是你還是不知道那個某甲是誰。因此，大多數成功的專業人士總是持續地建立個人的人際網路，因為他們知道某處總是有某個他們必須認識、或是未來必須認識的人。他們在專業與社交場合認識人、收集和交換名片、並且進行令人愉快的對話（都是社會性協定的一部分），以拓展他們的網路。你可以應用某些電腦網路的觀念，來讓這個過程更有效率。考慮文中的網路圖。假設每條線代表兩個人之間的關係。請注意在你部門中的人大多相互認識，而會計部門裡的人也大多彼此熟識。通常都是如此。

＊ 註2：關於這個理論的背景資料，請參考Albert Laszlo Barabasi書中的「The Third Link」（New York： Perseus Publishing, 2002）

現在假設你正在參加每週的員工下班後聚會，而且有機會向Linda或Eileen自我介紹。不管個人的需要，單從建立網路的角度來考慮，你應該去找誰呢？

如果你選擇向Linda自我介紹，你可以把通往她的路徑從兩步縮短為一步，而通往Shawna的路徑則從三步縮短成兩步。你並沒有開啟任何新的管道，因為你在自己的樓層就已經有這些路徑了。

不過，如果你是向Eileen自我介紹，你就開啟了全新的熟人網路。因此，單從建立網路來考慮，你與Eileen和其他不屬於你目前圈子的人碰面，是比較好的時間投資。它會開啟更多的可能性。

在社會網路理論（註3）中，你到Eileen的連結稱為弱繫結（weak tie）；這種連結對於你要在六度內連上任何人是非常重要的。一般而言，你最不認識的人對你的人際網路會有最大的貢獻。

這個觀念很簡單，但只有非常少數的人會注意到它。在企業的大多數事件中，每個人都是跟他們認識的人談話；如果這項活動的目的是為了娛樂，那這種行為還有道理。但事實上，不論人們怎麼說，沒有企業的社交活動只是為了娛樂而存在。企業活動是為了業務理由存在，你可以用它們來建立與拓展人脈。基於時間總是有限，你應該盡可能有效率地利用這些活動。

＊ 註3：請參考Terry Granovetter, "The Strength of Weak Ties," American Journal of Sociology, May 1973.

討論問題

1. 找出從你到你的校長的最短路徑。它需要多少個連結？
2. 舉出一個你所屬的人際網路（如本文的圖）。畫出這個團體中大約六個人的認識關係。
3. 回憶最近一次社交場合，並找出一位相當於Linda角色的人（在你的團體中，你所不認識的人），以及一位相當於Eileen角色的人（屬於你不認識的團體中的人）。你會如何向這兩個人自我介紹？
4. 用這種方式來思考你的社交關係會不會太做作而且心機過重？即使你沒有用這種方式來建立關係，你會對別人這樣做感到驚訝嗎？在什麼情況下，這種分析似乎是適當的？什麼情況下是不適當的呢？
5. 考慮這句話：「重要的不是你知道什麼，而是你認識誰」。在什麼情況下這可能是對的？什麼時候不對？
6. 描述你可以如何將這個原則：「你最不認識的人對你的人際網路會有最大的貢獻」，應用在求職上。

術機構、大型企業或政府組織等等。你的學校也可能有網域名稱解析器；那麼當你校園中的任何人解析了某個網域名稱之後，解析器就會將網域名稱與對應的IP位址儲存在本地的檔案中。當學校中其他人也要解析相同網域名稱時，就不用再經歷整個解析過程，而只要直接由解析器從本地檔案中找出IP位址即可。

當然，網域名稱與它們的IP位址可能會改變。因此，網域名稱解析器會從清單中刪除舊的位址，或是檢查它們的正確性並加以更新。

你已經在本章中學到了電腦網路的相關知識，「深思導引」則將告訴你如何管理你的人際網路。

IP定址架構

目前共有兩種IP定址架構。第一種較常用的是IPv4架構，它會建構出具有32位元的位址。這些位元每8位元一組，以一個十進位數字表示，共分為四組。

IPv4位址是在每組位元間加上點號，典型的IPv4位址看起來就類似63.224.57.59。因為8位元所能表示的最大十進位數為255，所以點號間的數字一定會介於0到255之間。像444.200.209.001絕對不可能是IPv4的位址。

在開發IPv4時，網際網路只有很少的使用者；能容納4,294,967,295個不同位址的32位元位址看起來已經綽綽有餘。不過近年來，網際網路的成長已經嚴重挑戰了這項假設。因此，開始出現新的IP定址架構，稱為IPv6。目前網際網路上同時存在有IPv4與IPv6，不過未來若干年後，IPv6將會取代IPv4。

IPv6位址共有128位元，可以容納2^{128}個不同的位址；這個數量足以為宇宙中每一粒微塵都賦予一個位址。我們怎麼會需要這麼多位址呢？

它的原因在於：不論是IPv4或IPv6，我們都沒辦法用到所有的位址。這是因為位址是以整段的方式配置給政府機構與企業等主要組織，而組織可能並不會用掉分派給它的所有位址。因此，許多IP位址其實並沒有用到。

IP位址的整段配置方式相當複雜，而且IPv4與IPv6的配置架構也不相同。這個主題對本書並不重要。目前，你只要記得網際網路上的每台電腦都被指定一個唯一的IP位址，而其長度則可能是32或128位元。

順便一提，IPv6除了有更多的IP位址之外，還有許多其他優於IPv4的好處。詳情請參考ipv6.org。

連線評估專案（後續）

在本章開頭，我們交給你一個專案，是要提供營運長一份高階管理性報告；報告內容則是關於如何整合總部與加州新購工廠的可能通訊方案。在本章中，你知道LAN無法滿足這項任務。波啟普契與加州工廠都很可能有LAN，但是你不能用另一個LAN將這兩個地點連結起來。

你需要使用某種WAN、互連網路、或是網際網路。一種方式是取得兩地間的專線，但是專線具有某些缺點。同樣地，你也可以在PSDN上購買時間來解決問題，但它同樣也有些缺點。你還可以建立某種類型的VPN，但是你並不確定它是否足以負荷兩地間的通訊量。

不過，你認為你已經找出三個可能可行的解決方案。為了更進一步地評估這些方案，你需要更深入地瞭解，而且也可能需要雇用一位顧問。你可以在「應用你的知識」第17題中做這件事。

本章摘要

- 電腦網路是一組彼此透過傳輸線路進行通訊的電腦。電腦網路的三種類型為LAN、WAN、與互連網路（包括網際網路）。LAN是連結同一地點的電腦，WAN會連結不同地點的電腦，而互連網路則是網路的網路。

- 協定架構將通訊活動分割成數層，每一層都負責執行特定的功能。協定是一組規則，用來規範完成特定階層功能的程式。協定乃實作在軟體程式中。

- TCP/IP-OSI架構具有五個階層，如圖5-4所示。LAN與WAN協定是與建構於此模型的第一、二階層，並且是應用在單一網路上。互連網路的協定則建構於所有五個階層。SMTP、HTTP與FTP是最常見的第五層協定。TCP協定是屬第四層的協定；IP協定在第三層；而IEEE 802協定則是規範第一、二層的運作。

- LAN是由單一組織據點內的電腦所組成，透過UTP或光纖相連。每台電腦都有網路界面卡（NIC）；這是用來連結LAN纜線的特殊用途電腦。交換器也是台特殊用途電腦，用來接收某台電腦的交通再傳送給另一台。許多LAN中都有多台交換器。

- IEEE 802.3（乙太網路）是最普遍的LAN標準。10/100/1000乙太網路可以在10/100/1000Mbps下傳輸；無線電腦則需要無線NIC。今日最常見的無線標準是IEEE 802.11g。802.3與802.11g都是規範TCP/IP-OSI協定模型的第一、二層的運作。圖5-12摘述了LAN與WAN網路的可能方案。

- WAN的可能方案包括透過數據機、專線網路、PSDN、與虛擬私有網路（VPN）來將PC連到ISP。數據機是將數位信號轉換成類比信號的裝置。ISP（網際網路服務供應商）提供網際網路位址，扮演進入網際網路的閘道，並且向它的顧客收費以負擔網際網路的費用。數據機共有三大類，包括撥接式、DSL、和纜線數據機。窄頻通訊線路提供少於56kbps的傳輸速率，寬頻線路的速度則會超過256Kbps。

- 專線網路是由連接兩點的高速線路組成；這種線路是使用PPP（Point-to-Point Protocol）來管理。當組織在兩個據點間有大量交通時，最適合使用專線。

- PSDN（公共交換數據網路）是電腦與專線構成的網路，由負責開發與維護的廠商向其他公司出租網路的使用時間。三種常見的PSDN協定是訊框中繼、ATM、與10和40Gbps的乙太網路。

- 虛擬私有網路（VPN）使用網際網路或其他互連網路來建立看似私有的點對點連線。VPN客戶端和VPN伺服器會建立一條隧道，成為透過公共或共享網路上的虛擬私有通道。VPN提供固定地點、在遠方工作的人、或是任何在VPN伺服器上註冊的人的點對點線路。

- TCP/IP-OSI協定可以在LAN內或是跨網際網路（或其他互連網路）的應用中使用。

- 通訊裝置具有兩個位址：一個實體位址（MAC）與一個IP位址（邏輯位址）。私有IP位址只在LAN或其他私有網路中有效，公共IP位址則是在網際網路上有效的位址。DHCP是提供電腦使用者暫時性私有IP位址的服務。交換器會處理第二層的訊息框。它們會在交換器間傳送訊息框直到這些訊息框抵達目的地為止；它們是使用MAC位址。

- 路由器會處理第三層的資料封包；它們會在路由器間傳送資料封包直到抵達目的地為止；它們是使用IP位址。

- 將IP位址從私有轉成公共、以及從公共轉成私有的過程稱為網路位址轉換（NAT）。NAT功能是由路由器和其他裝置提供。

- 網域名稱系統會將網域名稱解析為IP位址。ICANN會授權其他機構來註冊唯一的網域名稱和其對應的IP位址。網域名稱的最後幾個字母稱為頂層網域，例如.com、.org、.tw。不同的機構被授權負責註冊不同頂層網域下的網域名稱。要解析網域名稱，必須先從DNS的根伺服器取得解析頂層網域之電腦的IP位址。然後再使用這個IP位址去取得網域名稱下個部份的IP位址，依此類推，直到解析出整個網域名稱的IP位址為止。網域名稱解析器電腦可以將解析後的網域名稱暫存起來，以節省這些工作。IPv4的位址包含32位元，IPv6位址則包含128位元。兩者目前在網際網路上都有使用。

關鍵詞

Access device：存取裝置
Access point（AP）：存取點
Analog signal：類比信號
Architectures：架構
ADSL（Asymmetric digital subscriber line）：非對稱式數位用戶線路
Asymmetric encryption：非對稱式加密
ATM（Asynchronous transfer mode）：非同步傳輸模式
Broadband：寬頻
Cable modem：纜線數據機
Communications protocol：通訊協定
Device access router：裝置存取路由器
Dial-up modem：撥接式數據機
Domain name：網域名稱
Domain name resolution：網域名稱解析
Domain name resolver：網域名稱解析器
DNS（Domain name system）：網域名稱系統
DSL（digital subscriber line）modem：DSL數據機
DHCP（Dynamic Host Configuration Protocol）：動態主機組態協定
Encryption：加密
Encryption algorithms：加密演算法
Ethernet：乙太網路
FTP（File Transfer Protocol）：檔案傳輸協定
Frame：訊息框
Frame relay：訊框中繼
HTTPS：具安全機制的超本文傳輸協定
HTTP（Hypertext Transfer Protocol）：超本文傳輸協定
IEEE 802.3 protocol：IEEE 802.3協定
ISO（International Organization for Standardization）：國際標準組織
Internet：網際網路
Internet Corporation for Assigned Names and Numbers（ICANN）：網際網路域名及參數指派組織
IETF（Internet Engineering Task Force）：網際網路工程任務小組
IP（Internet Protocol）：互連網路協定
ISP（Internet service provider）：網際網路服務供應商
IP address：IP位址
IPv4：第四版IP協定
IPv6：第六版IP協定
Key：金鑰
Layered protocols：階層式協定
Local area network（LAN）：區域網路
Logical address：邏輯位址
MAC address：MAC位址
Modem：數據機
Narrowband：窄頻
Network：網路
NAT（Network Address Translation）：網路位址轉換
NIC（Network interface card）：網路界面卡
Network of leased lines：專線網路
Onboard NIC：內建在主機板上的NIC
Optical fiber cable：光纖纜線

Physical address：實體位址

PPP（Point-to-Point Protocol）：點對點協定

POP（Point of presence）：連接點

Private IP address：私有IP位址

Protocol：協定

Public IP address：公共IP位址

Public key/private key：公開金鑰／私密金鑰

PSDN（Public switched data network）：公共交換數據網路

Reference Model for Open Systems Interconnection（OSI）：開放系統互連參考模型

Root server：根伺服器

Routing table：路徑表

Secure Socket Layer（SSL）

Segment：資料段

SMTP（Simple Mail Transfer Protocol）：簡易郵件傳輸協定

SOHO（small office, home office）：個人工作室

Switch：交換器

Switch table：交換表

Symmetric encryption：對稱式加密

SDSL（Symmetrical digital subscriber line）：對稱式數位用戶線路

TCP/IP–OSI architecture：TCP/IP–OSI架構

10/100/1000 Ethernet：10/100/1000乙太網路

Top-level domain（TLD）：頂層網域

TCP（Transmission Control Program）protocol：傳輸控制程式協定

Transmission Control：傳輸控制

TCP/IP（Program/Internet Protocol）architecture：TCP/IP架構

Tunnel：隧道

URL（Uniform resource locator）：統一資源定位器

UTP（Unshielded twisted pair）cable：無遮蔽雙絞纜線

Virtual private network（VPN）：虛擬私有網路

Wide area network（WAN）：廣域網路

Wireless NIC（WNIC）：無線NIC

學習評量

複習題

1. 請舉出本章之外的另一個人際協定範例。
2. 說明TCP/IP–OSI階層式協定的五個層級名稱。簡短描述每一層的功能。
3. 說明下列敘述：「在階層式協定中，除了最底層之外的每一層都有跟其上和其下層級的介面，但是它們並不和同一層的協定共用介面。」
4. 如果製造商說它提供內建乙太網路10/100/1000能力的電腦，那是什麼意思？
5. 乙太網路支援TCP/IP–OSI的哪些層級？
6. 列出WAN的四種不同方案，並且解釋每一種方案的優點與缺點。
7. ISP伺服器的目的為何？
8. 說明下列各項間的差異：
   - a. 撥接式、DSL、與纜線數據機
   - b. 交換器與路由器
   - c. 訊息框與資料段
   - d. MAC位址與IP位址
   - e. 私有IP位址與公共IP位址
9. 從較高階的角度來說明DHCP如何運作。
10. 說明圖5-24中發生了什麼事。
11. 從較高階的角度說明為什麼圖5-24中的路由器RH需要兩個IP位址。
12. ICANN代表什麼？它做些什麼？
13. 網域名稱系統的功能為何？
14. 說明註冊網域名稱所需的步驟。

應用你的知識

15. 假設你在小企業中管理有七名員工的一個單位。你的每個員工都希望連上網際網路。請考慮下列兩個方案：
   - 方案一：每名員工有它自己的數據機，並且個別連上網際網路。
   - 方案二：使用LAN來連結員工的電腦，並且使用單一數據機來連結網路。

a. 畫出每種方案需要的設備與線路。

b. 說明你建立每個方案所需採取的行動。

c. 使用圖5-21的標準來比較這兩個方案。

d. 你會建議使用哪個方案？

16. 假設有家公司有分隔兩地的兩個辦事處，且每個辦事處都有15台電腦。

a. 如果這兩個辦事處是經營畫廊業務，則兩者間最可能發生的通訊是什麼？根據你的回答，你認為哪種WAN最適合？

b. 假設這兩個辦事處是透過電子郵件溝通的製造廠房，並且會定期交換大型的圖檔及計劃。這四種WAN應用在這種辦事處的優點與缺點。

c. 假設這兩個辦事處同b小題，但是除此之外，兩者也都有在外奔波的業務員，必須能夠連上辦事處的電腦。你會如何調整上題的答案呢？

d. 如果兩個辦事處是位於同一個建築物，你會改變上題的答案嗎？為什麼？

e. 如果c小題中的一個辦事處位於洛杉磯，另一個位於新加坡，你還需要考慮哪些額外的因素呢？

17. 考慮開頭的連線評估專案：

a. 使用文中的敘述與圖5-21，列出你對每個可能方案所需回答的問題清單。如果你可以回答其中的任何問題，也請回答。

b. 根據你的問題清單，你需要雇用顧問嗎？如果需要的話，請指出你想問他哪些問題，哪些是你自己再深入研究後就可以自行回答的？

c. 根據你有的資料，有哪些方案是你可以直接排除而不需要進一步研究的？

d. 假設你在研究過程中，你發現資訊部門推薦使用VPN。請列出這項建議的優缺點。如果營運長詢問你對在此情況下使用VPN的看法，你會如何回應？

18. 假設你是名叫Taylor Blitherspoon的行銷顧問，並且希望為自己的業務設立一個網站。你想使用的網域名稱是TaylorBlitherspoon。

a. 請說明註冊網域的一般性流程。

b. 你認為哪個頂層網域比較適合？

c. 造訪icann.org，並且取得可以在你所選擇之TLD下註冊網域名稱的機構名稱。這個機構名稱為何？

d. 造訪該機構網站，並且瞭解你必須使用的註冊流程。註冊你的網域名稱需要多少成本？後續持有這個名稱又要多少錢呢？

應用練習

19. 假設你工作的公司安裝了電腦網路，並且要求你建立試算表來做成本估計。

a. 建立試算表來估計硬體成本。假設試算表的使用者會輸入設備的數量，及每種設備的標準成本。再假設網路中可能包含下列元件：NIC卡、WNIC卡、無線存取點、兩種交換器（一快、一慢；價格不同）、路由器。另外，假設公司會使用UTP與光纖，且線材是以每呎為單位來計價。

b. 請展示你如何使用a的試算表來估計不同效能網路的成本。使用圖5-2的網路佈局，並且假設不同類型裝置的價格也不同。請自行假設電腦與裝置間的距離。

c. 修改你的試算表以加入人工成本。假設安裝每種設備及每呎纜線都是需要固定的成本。

職涯作業

20. 假設你對於在電腦網路及相關產業銷售產品與服務感到興趣。使用你最常用的搜尋引擎來尋找諸如PSDN業務員、WAN業務員、和網路業務員等工作機會。此外，搜尋諸如Cisco、Juniper、Redback、Nortel、及其他通訊廠商的網站人員招募消息。

a. 描述目前可以找到的工作特徵。

b. 搜尋勞工局的職業展望手冊（bls.gov/oco/）和其他相關資源來判斷這些工作的前景。

c. 你可以參加什麼課程或活動（例如實習）來為這些工作預作準備？

21. 回答第20題，但是假設你有興趣的是網路顧客支援工作。

22. 回答第20題，但是假設你有興趣的是網路管理工作。

個案研究 5-1

Larry Jones網路服務

SOHO網路正日益普遍。今日，許多家庭都有不只一台電腦，雖然他們也有共用資源（如印表機）的需要，但推動家用電腦建立網路的主要動力是希望能共用網際網路連線。家中每一位成員都必須連上網際網路，但沒人會想要各自負擔連線費用。

未來隨著電腦網路在娛樂上的使用越來越多，這種情況可能會更複雜。我們可以看到線上遊戲的趨勢，但這些遊戲對網路的要求遠小於電視、廣播、電影、與音樂的下載。到時候，家中所有的運算設備都必須要連網。

請重讀Larry Jones的個案，並且回答下列問題：

問題

1. 請考慮Larry建置的第一個兄弟會場所。請說明如何使用LAN來連結聚會場所中的所有電腦。你會建議使用乙太網路LAN、802.11 LAN，或是兩者的組合？請說明你的理由。
2. 本章並沒有提供足夠的資訊讓你判斷這個場所可能需要幾台交換器。不過，請用一般性名詞描述他們要如何使用多台交換器？請比較你的答案與圖5-2旅館的做法。
3. 就網際網路連線部分，你會建議兄弟會使用撥接、DSL、或纜線數據機？雖然以你目前的知識，你有能力排除至少一種方案，但如果要提供具體的建議，你還需要哪些其他的資訊呢？
4. 請說明兄弟會場所要如何使用DHCP？你會建議他們這樣做嗎？
5. 請說明兄弟會場所要如何使用NAT？你會建議他們這樣做嗎？
6. Larry應該要為所有顧客發展標準的套裝解決方案嗎？這樣做有什麼好處？缺點呢？
7. 你在學校有看到提供類似Larry服務的機會嗎？如果你沒有加入學生組織，那有沒有公寓或大樓有類似需求呢？
8. 使用Larry的經驗作為指引，對於小型本地的顧問公司而言，有什麼建置SOHO網路的機會呢？
9. 很少家庭娛樂消費者會想知道關於DHCP、NAT、IP位址設定之類的東西。因此，廠商都嘗試要將技術隱藏起來，以簡化家用娛樂網路的設定。他們最後應該會成功，不過近期內，顧客支援的負擔還是無法避免。雖然有些支援可以委外並且交到海外處理，但設備的安裝與設定則必須在當地完成。請描述有什麼事業機會可以讓你為廠商提供顧客支援。
10. 有沒有當地的家用娛樂設備零售商可能對家用網路建置服務感到興趣？如果有的話，請描述他們的需求與你能夠提供的服務。

個案研究 5-2

SOHO網路管理

這個專案延續「MIS的使用5-2」的SOHO網路個案。圖1是這個SOHO網路的結構。

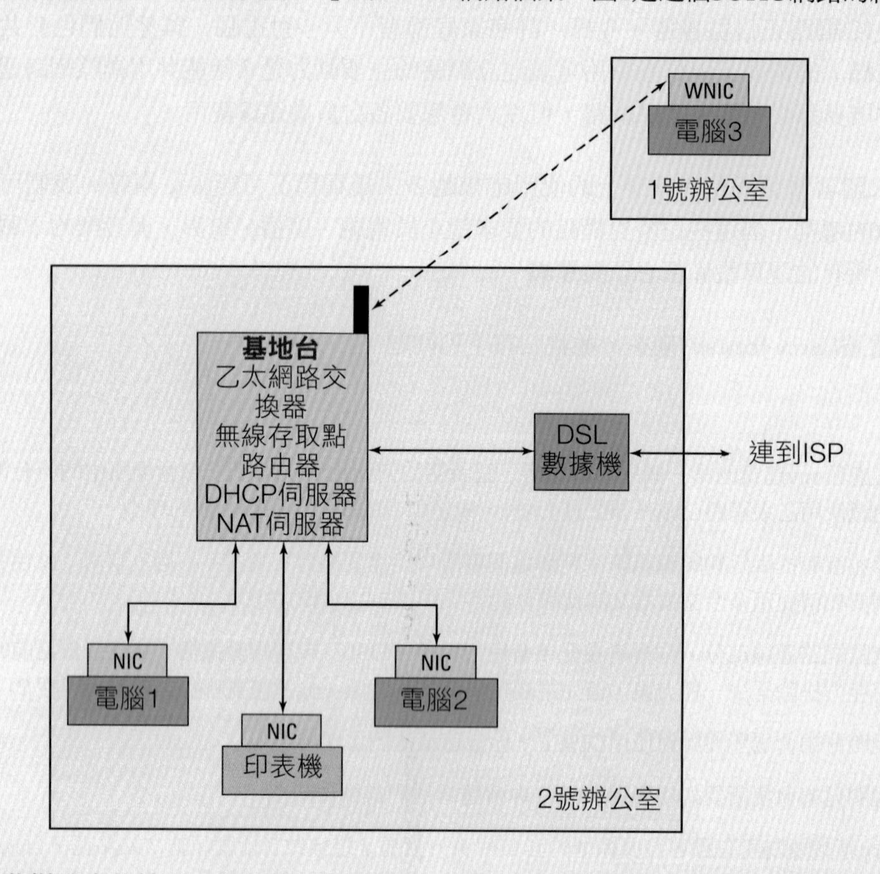

圖1

這些辦公室位於同一棟建築。如圖所示，基地台中包含有乙太網路交換器、 無線存取點、路由器、DHCP伺服器和NAT伺服器。這個一般稱為裝置存取路由器的基地台最多可以容納四條來自電腦與伺服器的實體纜線。

問題：

1. 使用本章的觀念來回答下列問題：

a. 要在乙太網路LAN上新增一台電腦需要什麼硬體？

b. 描述在新電腦上使用DHCP的好處。

c. 基地台與數據機間的線路並不是電話線。哪些線會是電話線？

d. 哪些線是UTP纜線？

e. 要新增另一台無線電腦，需要哪些硬體？

f. 1號辦公室的電腦使用者必須進入2號辦公室來使用印表機。這對於兩間辦公室的人都造成困擾。要將印表機搬到兩個辦公室之間的中立位置必須要做些什麼呢？

g. 根據f，假設LAN中的使用者決定使用無線印表機伺服器。請連上cnet.com或其他有電腦硬體資訊的網站，並且找出無線印表機伺服器的大概成本。在什麼情況下比較適合購買無線印表機伺服器。在什麼情況下，為1號辦公室另外買一台印表機，會比購買印表機伺服器更適合？

h. 基地台最多可以連上四台乙太網路裝置。如果已經使用乙太網路連結三台電腦與一台印表機，那有什麼方法可以將另一台電腦連上LAN呢？

i. LAN上的所有電腦都是執行微軟的Windows。1號電腦的使用者點選螢幕下的網路圖示，並且看到圖2的畫面。

i. 這個畫面的IP位址是內部或公共IP位址？

ii. 哪台電腦位於IP位址192.168.2.19？

iii. 哪台裝置位於IP位址192.168.2.1？

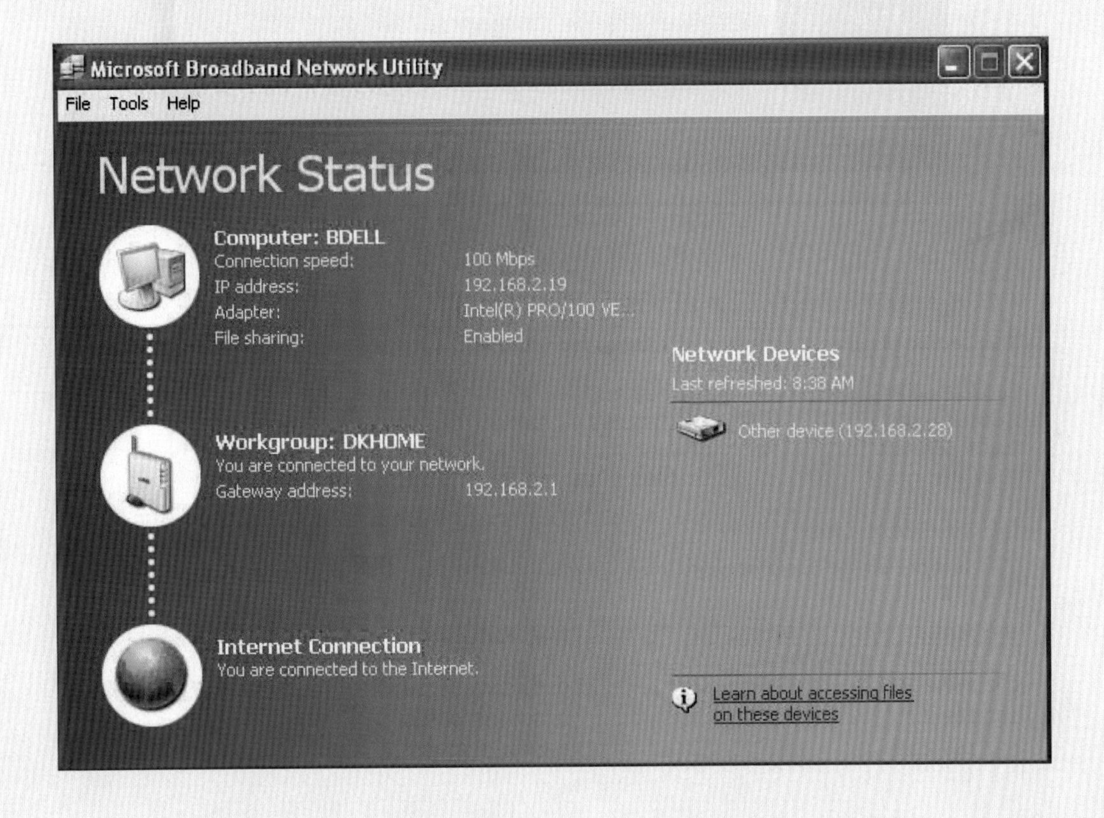

圖2

2. 使用者不知道哪個裝置位於IP位址192.168.2.28，所以他開啟瀏覽器，並且輸入http：//192.168.2.28，然後就出現圖3的畫面。

a. SOHO LAN上哪個裝置被指定為這個IP位址？

b. 哪個裝置建立了這個畫面？

c. 這個畫面的目的為何？

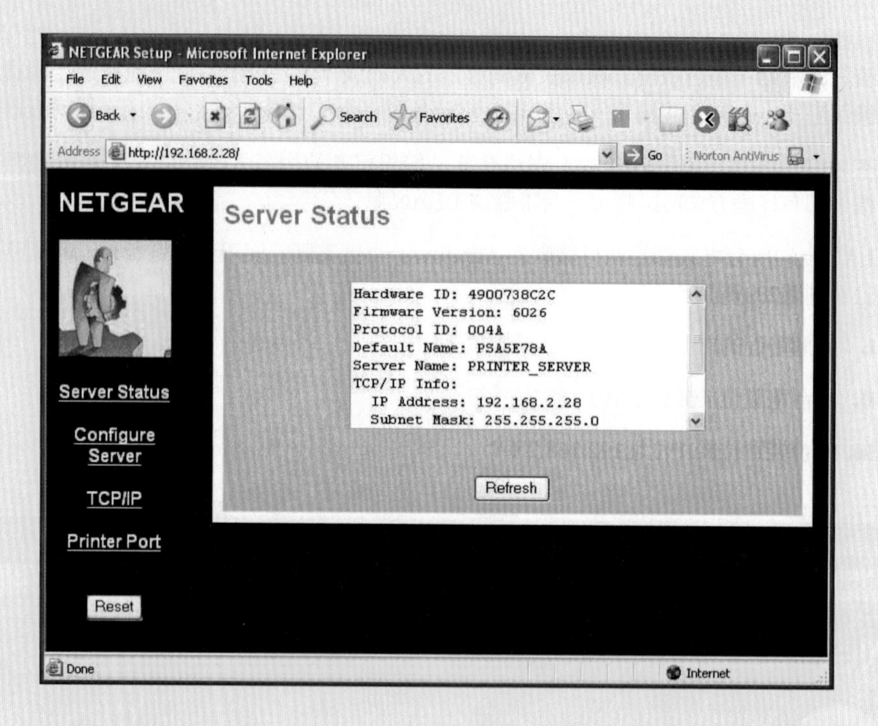

圖3
資料來源：NETGEAR, Inc. 授權使用

Local Area Network (LAN) Settings

This section displays a summary of settings for your LAN.

Local IP address:	192.168.2.1
Subnet mask:	255.255.255.0
DHCP server:	Enabled
Firewall:	Enabled

DHCP Client List

This section lists the computers and other devices that the base station detects on your network.

IP address	Host name	MAC address
192.168.2.28		0x00c002a5e78a
192.168.2.20		0x000e3589b565
192.168.2.19		0x000cf18e7a55

Base Station Information

Runtime code version:	V1.11.017
Boot code version:	V1.02
LAN MAC address:	00-50-F2-C7-B0-9A
MAC address:	00-01-03-21-AB-98
Serial number:	A240054408

圖4

3. 出於好奇，使用者接著在瀏覽器中輸入http：//192.168.2.1，並且得到圖4的畫面。在本章中，你並沒有學到什麼是子網路遮罩。不過，你應該還是能夠想出畫面資料的意義。

a. 哪個裝置產生了這個畫面？

b. 「DHCP server： enabled」是什麼意思？

c. 說明DHCP這部份的資料。

d. 基地台有兩個MAC位址。你覺得基地台中的兩個裝置是指什麼？

e. 印表機伺服器的MAC位址是什麼？（提示：請使用前兩個畫面的資料）

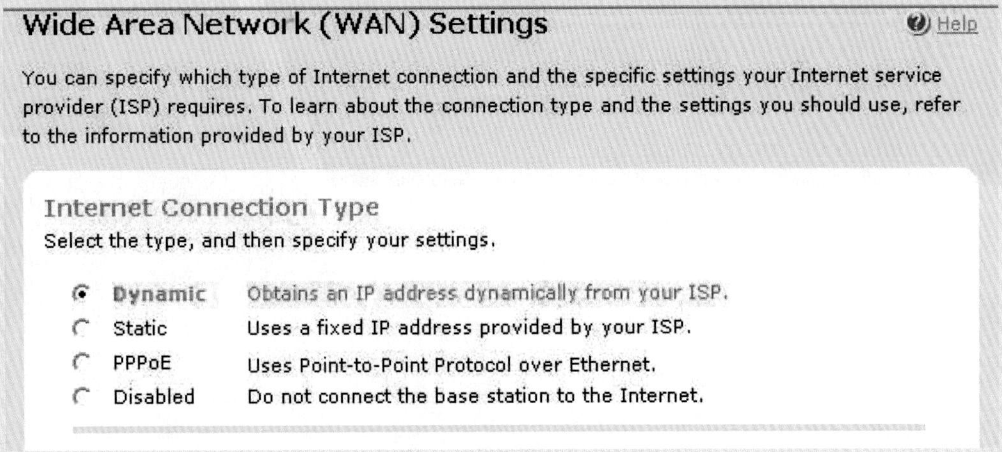

Wide Area Network (WAN) Settings　Help

You can specify which type of Internet connection and the specific settings your Internet service provider (ISP) requires. To learn about the connection type and the settings you should use, refer to the information provided by your ISP.

Internet Connection Type
Select the type, and then specify your settings.

◉	Dynamic	Obtains an IP address dynamically from your ISP.
○	Static	Uses a fixed IP address provided by your ISP.
○	PPPoE	Uses Point-to-Point Protocol over Ethernet.
○	Disabled	Do not connect the base station to the Internet.

圖5

4. 這個 SOHO LAN 網路管理者可以存取基地台內的管理程式。他使用這個程式並進入圖 5 的畫面。

a. 畫面中的資料是關於乙太網路交換器或路由器？

b. 本章顯示在LAN中的DHCP使用情況。這個畫面讓基地台能透過DHCP從ISP處取得自己的公共IP位址。ISP透過使用DHCP得到什麼好處？

c. 網路管理者何時會不使用DHCP而連接ISP？

d. 在哪種情況下，一個人會使用基地台但不將它連上網際網路。

系統開發

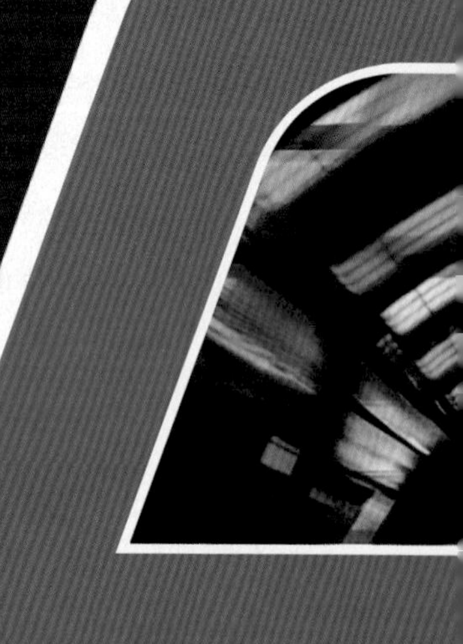

學習目標

- 知道系統開發的特徵。
- 瞭解專業系統分析師在做什麼。
- 瞭解程式開發與系統開發的差異。
- 學習系統開發的主要挑戰。
- 知道古典系統開發週期（SDLC）的性質與階段。
- 知道快速應用開發（RAD）的性質和所使用的工具。
- 知道使用統一過程（UP）的物件導向開發性質與階段。
- 瞭解極端程式設計（XP）的性質與優點。

專欄

倫理導引
倫理的評估

解決問題導引
鎖定目標

反對力量導引
真實估計流程

安全性導引
安全性與系統開發

深思導引
處理不確定性

本章預告

本章介紹開發資訊系統的流程。首先討論開發工作的本質和系統開發與生俱來的挑戰；接著研究四種不同的開發方法論：古典系統開發生命週期（SDLC）、快速應用開發（RAD）、物件導向開發（OOD）、和極端程式設計（XP）。

在這些討論中，我們會介紹身為商務人士與主管，應該要扮演的角色。請特別注意這些討論。你的目標應該不僅只成為電腦專業與服務的明智消費者，而且要能在開發專案中擔任活躍的使用者代表。

Baker 先生、Barker 先生與 Bickel 小姐

Baker先生、Barker先生與Bickel小姐在2005年的旅館業者與旅遊業者大會中相遇。他們在等候簡報時恰巧坐在一起，並且在彼此自我介紹而且大笑三人姓名的巧合之後，意外地發現彼此都是在經營類似的業務。Wilma Baker住在新墨西哥州的聖塔非，專長是將房屋與公寓出租給當地的觀光客。Jerry Barker住在英屬哥倫比亞的惠斯勒山谷，專長是出租透天別墅給前往惠斯勒／黑梳渡假區的滑雪客和其他觀光客。Chris Bickel住在麻州錢森，專長在出租房屋及別墅給到鱈魚岬渡假的遊客。

他們三個人同意在簡報後一起吃午飯。在午餐時，他們分享著對於取得新顧客方面的挫折感。在進行對話的過程中，他們開始想到是否有辦法可以結合大家的力量（也就是藉由聯盟來尋找競爭優勢）。因此，他們決定略過明天的簡報，並且碰面討論形成聯盟的方法。他們希望能進一步討論關於共用顧客資料、開發聯合訂位服務、和交換房屋清單等想法。

當他們開始討論之後，發現顯然彼此都無意要合併自己的業務；他們都希望能維持獨立性。而且也發現每個人都非常關切、甚至於近乎恐懼地保護著自己的顧客基礎不要被侵蝕。不過，這些衝突並沒有一開始感覺那麼嚴重。Barker的業務主要跟滑雪有關，冬天是他的生意旺季；Bickel的業務主要是在鱈魚岬的渡假活動，所以她在夏天最忙；Baker的旺季則是夏天與秋天。不論如何，看起來他們之間仍存在有足夠的差異，而不會讓他們因為提供對方的業務給自己的客人，而傷害到自己的生意。

接下來的問題就是要如何進行。根據他們對保護自己顧客的強烈希望，他們並不希望開發共同的顧客資料庫。最佳的做法似乎是共享關於房屋的資料，這樣他們就可以保有對顧客的控制，但是仍然有機會幫忙銷售對方的業務。

他們討論了幾種可能的方案。他們可以各自開發自己的房屋資料庫，然後透過網際網路共享這些資料庫。或者，他們可以開發共同使用的集中式房屋資料庫。或者，他們可以找到一些其他的方法來共享房屋清單。

Baker先生、Barker先生與Bickel小姐必須開發資訊系統來支援他們的新聯盟。在我們繼續本章的內容時，就會看到他們可以如何做。

系統開發基本概念

系統開發（system development）有時候又稱為系統分析與設計（systems analysis and design），是建立與維護資訊系統的過程。請注意這個過程是關於資訊系統，而不是電腦程式。開發資訊系統涉及所有五個元件：硬體、軟體、資料、程序、與人。但開發電腦程式只涉及軟體程式，加上有部分還可能著重在資料和資料庫。圖6-1顯示系統開發的範圍顯然超過電腦程式開發。

「MIS的使用6-1」討論大規模之企業資訊系統的本質，以及這種系統需要正式開發方法的原因。

因為系統開發討論所有五個元件，它需要的不只是程式設計或技術上的專業。設定系統的目標、建立專案、決定需求等，都需要商業知識和管理技能。像建立電腦網路和撰寫電腦程式之類的任務需要技術技能，但是開發其他元件則需要非技術的人際關係技巧。建立資料模型需要的能力包括訪談使用者和瞭解他們眼中的業務活動。設計程序，特別是涉及團體行動的程序，需要業務知識和對團體動力學的瞭解。發展職務說明、人員招募和訓練，則需要人力資源和相關專業。

因此，不要假設系統開發只是由程式設計師和硬體專家所從事的技術性任務。反之，它需要具有業務知識的專家和非專家的團隊合作。

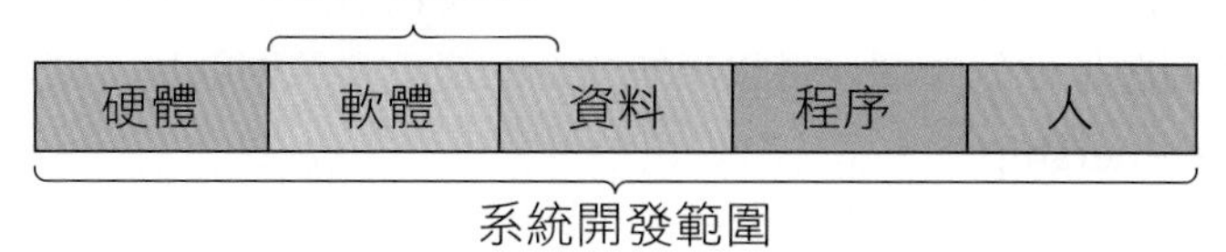

圖6-1
系統開發與程式開發

資訊系統不會是現成的

在第3章，你學到軟體有三種來源：現成、現成再修改、和量身訂做。雖然這三種來源都與軟體相關，但只有兩種跟資訊系統相關。資訊系統不像軟體，它永遠無法買現成的。因為資訊系統涉及企業中的人與程序，不論你是如何取得電腦程式，你都必須建構或調整程序來配合你的業務與人員。

身為未來的企業主管，你將會在資訊系統開發中扮演關鍵性角色。為了達成你部門的目標，你必須確定具備有效的程序來使用資訊系統。你必須確定人員都經過適當的訓練，並

MIS的使用6-1

把系統開發想得很偉大

許多學生並不能體會系統開發流程的必要性。你可能只有使用會計試算表或是單一使用者的聯絡資料管理資料庫。這些都是很容易瞭解的小系統。如果你未曾使用過大型的企業資訊系統，沒有看過它們的規模，就可能無法瞭解為什麼系統開發流程如此重要。

請考慮第1章關於國稅局的案例。IRS在超過一千個地點雇用了超過10萬名的員工。IRS系統的開發團隊包括超過500名的專業人士。你要如何管理他們？你如何確定他們是針對相同的一組目標和需求，並且使用相同的設計呢（請參考「個案研究6-1」）？

或者，考慮跨國企業的問題。假設可口可樂公司希望針對飲料的生產，能完全在單一資訊系統上標準化。可口可樂工廠幾乎分散在全世界的每個國家；新的系統會涉及數萬人及超過五十種不同的語言。你要如何開發這種系統？顯然，不論不同的語言與文化，都必須一致地遵循和執行複雜的流程。

或者，想像如3M這類的公司。3M具有超過50個事業單位，在超過90個國家銷售數千種產品。3M很關切它全球的產品是否有被適當而安全的使用。假設3M的法務部門要求你開發一套資訊系統，能夠儲存產品資訊、產品安全要求、和產品需求，以及國際、國內、和當地勞工法律間的關係。假設新系統的開發時間為三年，預算為一千萬美金，你會如何進行？

在第7章中將會討論到，企業性的資訊系統很少只是將現有程序自動化。反之，大多數資訊系統都是流程設計導向（process-design oriented）。它的概念是先將基礎的事業流程現代化和流暢化（streamline），然後開發資訊系統支援與強制實施這些新的事業流程。然而，新系統會改變人們工作的方式；它會改變習慣、職權、呈報結構等等。這些對人而言都是非常困難的改變。為全球性組織設計這種系統是個非常偉大的任務。

大型系統的影響範圍很廣，因此，這種專案的開發必須要使用完善有效的開發流程來小心地規劃與執行。若欠缺這種流程，結果就可能是場混亂與災難。

且能夠有效地使用資訊系統。如果你的部門沒有適當的程序和受過訓練的人員，就必須採取矯正措施。雖然你可能會將硬體、程式、或資料問題交給資訊部門，但無法將程序或人員問題交給它們。這類問題是你的問題。資訊系統成功的最重要準則就是：讓使用者承擔他們的系統所有權身分（ownership）。

資訊系統維護

系統開發的定義是建立與維護資訊系統的流程。在繼續討論之前，你必須先瞭解，事實上，維護是個很不好的字眼。維護好像意謂著是某人在換機油或幫輪胎打氣。它暗示某種讓系統保持運作的活動，但這不是個正確的印象。就資訊系統而言，維護意謂著下列兩件事情：修正系統讓它能夠完成原本該做的事，或是調整系統來配合需求的變動。雖然維護一詞無法完全表達出這兩種行動，但這個產業已經固定使用這個名詞，所以書中也就這樣使用。不過請務必瞭解在資訊系統中，維護（maintenance）表示修正或調整。

系統開發的挑戰

系統開發非常困難，風險也很大。許多專案從來沒有完成。在已經完成的專案中，有些超出預算200或300%。還有些專案雖然在預算與時程之內完成，但從未令人滿意地達成其目標（請參考「個案研究6-2」）。

你可能對於系統開發有如此驚人的失敗率感到驚訝。你可能假設在這些年間開發了那麼多的電腦和系統，現在應該已經有些方法論可以成功地開發系統了。事實上，的確有些系統方法論可以獲致成功，並且將在本章中討論。但是即使找到稱職的人，並且遵循其中一種方法論來開發，失敗的風險仍然很高。

在下面幾節中，我們將討論系統開發的主要挑戰：

- 決定需求的困難處
- 需求的變動
- 時程與預算方面的困難
- 技術的變動
- 不具經濟規模

決定需求的困難處

首先，需求很難決定。試想Baker、Barker和Bickel想要開發的系統。共享房屋清單的意思是什麼？更具體來說，要分享的是房屋的哪些資料？資料的輸入表單要長成什麼樣子？經營者需要什麼樣的報表？他們要如何查詢資料？每家公司的資料相同嗎？或是它們都各不相同呢？

此外，這些旅遊業主要如何預約另一家的房屋？這些預約要告知另一家嗎？費用要如何處理？這些問題層出不窮。本章中所描述的每種開發流程設計都是希望確保這些問題能被問到，並且能被回答。

需求的變動

更困難的是，系統開發其實是相當於在瞄準一個動態飛靶。在系統開發的時候，需求同時也在發生變動；而且系統越大，專案越長，需求的變動也越大。

當需求真的改變時，開發團隊該怎麼辦呢？停止工作並且根據新需求重建系統？如果他們這麼做，系統開發會時斷時續，並且永遠沒有完成的一天。或者，團隊應該先完成系統，無視於系統在完成的那天也就是立即需要開始維護的那天。

時程與預算上的困難

其他的挑戰還涉及時程與預算。建立一套系統需要多久的時間？要回答這個問題並不容易。假設你正在為Baker、Barker和Bickel建立房屋資料追蹤系統，要建立資料模型需要多久呢？即使你知道要建立完整的資料模型需要多久，Baker、Barker和Bickel彼此間的意見也可能各不相同。你要重建多少次資料模型才能得到他們全體的首肯呢？

資料塑模只是專案的一個元素。假設Baker、Barker和Bickel決定使用公眾交換數據網路（PSDN）來連接這三家公司，從PSDN廠商租用線路要多久的時間呢？協商合約需要多久呢？決定需要哪些硬體與軟體要多久呢？讓系統開始能夠運作又要多久呢？

考慮應用本身。建立表單、報表、查詢、和應用程式需要多久？測試這些又要多久呢？程序與人員方面呢？需要發展什麼程序，以及應該安排多少時間來建立與記錄這些程序，開發訓練計劃，並且執行人員訓練呢？

此外，這些成本總共是多少？人力成本是工作時數的函數，如果你無法估計人力時數，就無法估計人力成本。如果你無法估計系統成本，如何進行財務分析來判斷系統是否能產生適當的投資報酬率。

技術的變動

另一項挑戰是當專案在進行的時候，技術也在持續變動。例如當你在開發Baker、Barker和Bickel的房屋資料共享系統時，微軟、Sun和IBM也正在發展稱為XML網站服務（Web Service）的新技術。你知道這項新技術可以大幅縮短開發時間，將成本減半，並且得到較佳的系統。當然前提是，如果它真的能像廠商描述的方式運作。

即使你相信新技術是個可行的答案，你會想中斷目前的開發，然後轉換到新技術嗎？根據現有計劃完成開發會不會比較好呢？

不具經濟規模

不幸的是，隨著開發團隊逐漸成長，每名工作者的平均貢獻也會降低。這是因為人力規模增加，因此也需要更多的會議和其他協調活動來維持大家的同步。直到某一點之前還能有經濟規模，但超過之後（例如20個人的工作小組），就會開始出現規模不符合經濟效益的情況。

有一句稱為布魯克斯定律（Brooks's Law）的俗語也點出了相關的問題：將越多的人加到已經延遲的專案中，會讓專案延遲得更嚴重（註1）。布魯克斯定律成立的原因不僅僅是因為人越多，越需要協調，同時也是因為新加入的人還需要訓練。唯一能夠訓練新人的，是目前的團隊成員，因而造成他們無法專注於手頭上的生產性任務。訓練新人的成本可能會高過他們所貢獻的效益。

---

* 註1：Fred Brooks是IBM在1960年代非常成功的高階主管。他從IBM退休之後，寫了一本IT專案管理的經典書籍 <<The Mythical Man-Month>>（中譯為 <<人月神話>>），於1975年由Addison-Wesley出版。這本書一直到今天仍然適用，而且是所有IT或IS專案經理都應該要讀的一本書。此外，它也是本有趣的書。

簡而言之，軟體開發專案經理面臨一項兩難：他們可以藉由增加每個人的工作量，來維持團隊規模不要太大；但是這樣做，就會延長專案的時程。或者，他們也可以增加人手來縮短專案時程，但是因為規模不具經濟效益，他們必須增加150或200小時的人力，但只能得到100小時的工作效果。而且，根據布魯克斯定律，一旦專案已經延遲，這兩種選擇都很糟糕。

此外，時程可以壓縮的程度也很有限。

真的如此無望嗎？

系統開發真的像前面所列的挑戰聽起來那麼沒有希望嗎？是的，但也不是！所有的挑戰確實存在，而且它們也是每個開發專案都必須克服的重大障礙。如前所述，一旦專案已經延遲與超出預算，就沒有什麼好的選擇存在。一位受延遲專案深深困擾的經理表示：「我必須在各種遺憾中精挑細選。」

IT產業有超過50年的資訊系統開發經驗，在這些年間，能夠成功處理這些問題的方法論逐漸出現。在以下四節中，我們要討論下面四種不同的系統開發流程：

- 系統開發生命週期（SDLC）
- 快速應用開發（RAD）
- 物件導向開發（OOD）
- 極端程式設計（XP）

你可能在想：為什麼有四種不同的方法論呢？為什麼不是只有一種？因為資訊系統不同，所有沒有單一流程可以適用於所有情況。在第2章中說過，有些系統會自動化業務流程和決策制定，有些則是加以增補。自動化系統必須是個完整的系統；而增補式系統則可以有一些由使用者填補的缺口。

此外，資訊系統的規模也有很大差異。個人系統支援有限需求的個人，工作群組系統通常是支援一組人的單一應用。企業系統則支援有許多不同應用的多個工作群組。企業間系統支援具有不同組織文化的多個組織；有些甚至支援位於不同國家及不同文化的使用者。

因此，不同的系統類型需要不同的開發流程。我們接著將從古典的系統開發流程開始討論。

系統開發生命週期的開發流程

系統開發生命週期（system development life cycle, SDLC）是用來開發資訊系統的經典流程。SDLC是由資訊科技產業的「苦幹學派」所發展出來的。早期，有許多專案都遇到災難，所以企業與系統開發人員仔細檢視了這些災難的餘燼，以找出到底哪裡出了問題。到了1970年代，大多數經驗豐富的專案經理對於要成功建立與維護資訊系統所必須執行的基本任務開始有了共識；這些基本工作就被結合成系統開發的各個階段。

不同作者與組織將這些任務包裝為不同數目的階段。有些組織使用八階段的流程，另外一些則使用七階段或五階段的流程。在本書中，我們將使用以下的五階段流程：

1. 系統定義
2. 需求分析
3. 元件設計
4. 實作
5. 系統維護（修正或加強）

圖6-2顯示這些階段間的相關性。開發始於在企業規劃流程中發現需要新系統的時候。我們將在第10章討論資訊系統規劃流程，現在只要先假設管理階層已經用某種方式決定，建立新資訊系統是達成組織目標的最佳方法。

在SDLC的第一個階段：系統定義，開發人員會使用管理階層對所需系統的描述來開始定義新的系統。本階段所得到的專案計劃就是第二個需求分析階段的輸入。開發人員會在需求分析階段中找出新系統的特定功能；它的輸出是一組經過審核的使用者需求，並且成為設計系統元件的主要輸入。在第四階段中，開發人員會實作、測試、與安裝這個新系統。

慢慢地，使用者會發現錯誤與問題，他們也會想出新功能的需求。這些改變的需求成為系統維護階段的輸入。維護階段會重新開始全部的流程，所以這個流程才會被視為是個週期循環。

在下面幾節中，我們會更詳細討論SDLC的每個階段。

系統定義階段

為了回應新系統的需要，組織會指派一些人員，可能是以兼職的情況來定義新系統，評估它的可能性，並且規畫這個專案。通常資訊部門的某人會負責領導這個初始團隊，但是初始團隊的成員應該同時包含使用者跟資訊人員。

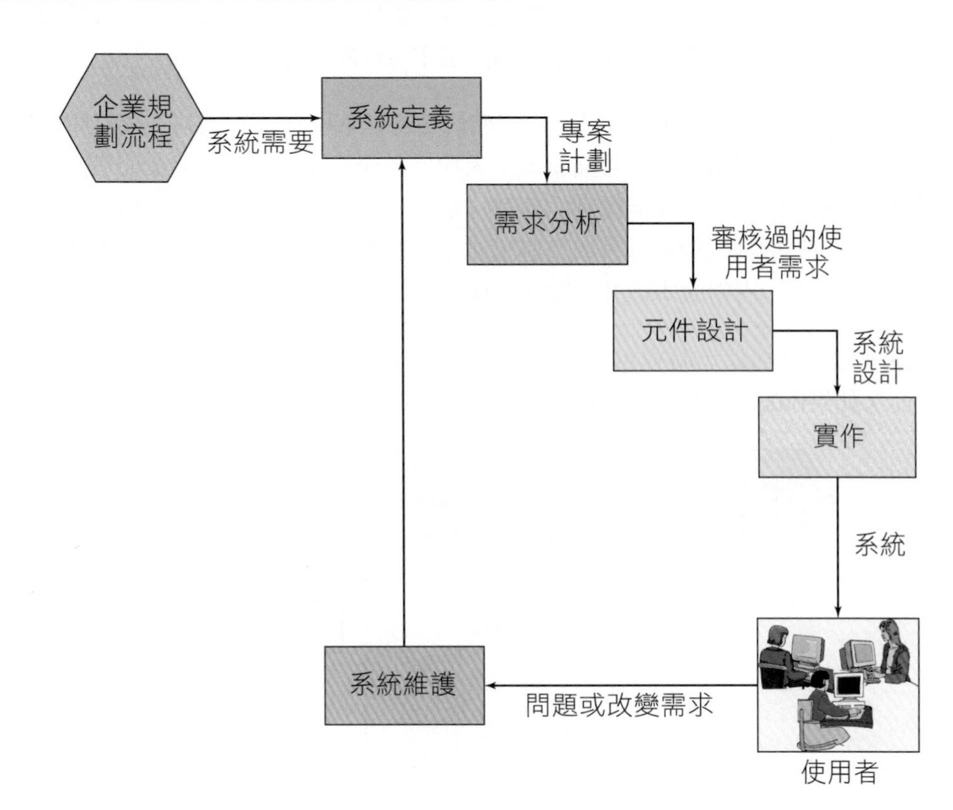

圖6-2
SDLC的階段

定義系統目標與範圍

如圖6-3所示，第一步是要定義新系統的目標和範圍。第2章中說過，資訊系統是為了下列三個理由其中之一所開發的：取得競爭優勢、解決問題、或是協助決策。在這個步驟，團隊會根據這幾個理由來定義新系統的目標。

以Baker、Barker與Bickel的房屋清單共享系統來說，它的目的是什麼呢？每個企業主都希望保護他的顧客基礎，但利用聯盟來拓展他的產品供應範疇。這個系統的目標包含了取得競爭優勢，以及解決客源不足的問題。

專案定義過程中會描繪出專案的範圍。在Baker、Barker與Bickel表示他們不想合併業務和企業營運時，其實就已部分地定義了專案的範圍。他們也表示不想共享顧客資訊，而是希望共享房屋清單，讓每個公司都能保留自己的顧客基礎。

Baker、Barker與Bickel專案定義中有一個部分是我們沒有討論到的。聯盟中的成員要如何相互酬庸對方？Baker有什麼動機要去出租Barker的房屋？Barker又有什麼動機讓Baker這麼做呢？像這些重要的問題都是專案目標與範圍的一部分。此處的目的只是要說明系統開發，所以這個特定的安排如何在此並不重要。不過，它確實需要被定義，所以目前，我們假設當Baker出租Barker的房屋時，他們就會平分出租的佣金。

評估可行性

一旦我們定義了專案的目標和範圍，下個步驟就是要評估可行性。這個步驟是要回答：「這個專案有道理嗎？」此處的目標是要在組成專案開發團隊並投資相當人力之前，排除顯然無意義的專案。

可行性有四個向度：成本、時程、技術、與組織上的可行性（organizational feasibility）。因為資訊系統開發專案很難規劃預算和時程，成本與時程的可行性只能進行約略性的分析。它的目的是希望盡快排除任何顯然不可行的構想。

例如，如果Baker、Barker與Bickel相信他們必須有某種整合的網站式資料庫，他們可以詢問顧問關於這種資料庫的一般性開發成本大約是多少。如果答案是最少要三萬美金，那麼他們可以判斷在合理預期下所能得到的效益，是否能超過這筆費用。如果他們認為不會有足夠的效益，就可以取消這個專案，或是協議使用其他系統（例如電子郵件）來達成他們的目標。「倫理導引」中有對成本估計相關之倫理議題的討論。

就像成本可行性一樣，時程可行性也很難決定，因為要估計建立系統所需的時間非常困難。然而，如果Baker、Barker與Bickel決定至少要六個月來開發系統，並且讓它開始運

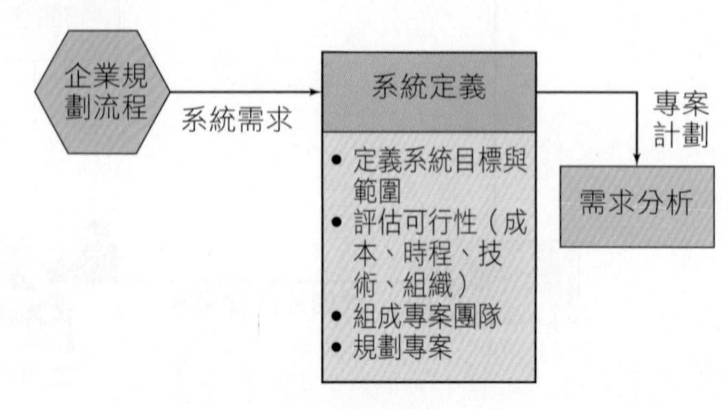

圖6-3
SDLC：系統定義階段

作，他們就可以決定是否要接受這個最短時程。在專案的這個階段，組織不應該信賴成本或時程估計；這些估計的目的只是要排除任何顯然無法接受的專案。

技術可行性是指現有的資訊科技是否能夠滿足新系統的要求。就Baker、Barker與Bickel之類的小系統而言，技術的可行性是相當確定的。對效能有嚴苛需求的大型複雜專案而言，可行性可能沒有這麼確定。技術可行性最常用來排除那些根據資訊科技可以做什麼的天真想法所提出的專案，例如像人一般的電腦自控裝置系統。

在IRS中提出CADE系統的團隊，就應該先對技術可行性做更深入的研究。從公開文件看來，資深的IRS主管並不知道當他們同意CADE系統時，他們正步入技術的極限。請參考「個案研究6-1」。

最後，組織可行性是關於新系統是否能配合組織的顧客、文化、章程、或法律要求。例如假設Baker、Barker與Bickel中有一位投資人跟其他兩人的某些業務衝突，這個系統在組織面可能就不可行。或者，如果結合後的銷售清單會違犯反托拉斯法，新系統在組織面也同樣缺乏可行性。

組成專案團隊

如果定義的專案是可行的，下一步驟就是要組成專案團隊。通常這個團隊會由資訊人員和使用者代表組成。專案經理與資訊人員可能是企業內部人員或外部承包商。我們將在第10章資訊系統管理中，描述使用外部來源取得資訊人員的不同方式，以及委外的效益和風險。

開發團隊的典型成員包括專案經理（較大專案可能不只一名）、系統分析師、程式設計師、軟體測試員、和使用者。系統分析師（systems analysts）是同時瞭解業務與技術的資訊人員。他們在整個系統開發過程中都很活躍，並且扮演透過系統開發流程推動專案的重要角色。系統分析師會整合程式設計師、軟體測試員、和使用者。根據專案的不同性質，團隊中還可能包含硬體與通訊專家、資料庫設計人員與管理者、以及其他的資訊科技專家。

團隊的組成會隨時間改變。在需求定義階段，團隊中會包含大量系統分析師。到了設計與實作階段，團隊的主要成員應該是程式設計師、軟體測試員、和資料庫設計師。整合測試與轉換期間，團隊中還會增加測試人員和企業使用者。

在整個系統開發流程中，使用者的投入（user involvement）非常重要。根據專案的規模與性質，企業會以全職或兼職的方式指派使用者來參與專案。有時候使用者會被指派要參與審查與監督委員會；委員會會定期開會，特別是在專案的某個階段或其他里程碑完成的時候。使用者有許多不同的投入方式。重點在於使用者必須能在整個開發過程中主動參與，並且承擔專案擁有者的角色。

專案團隊的首要任務就是要規劃專案。專案團隊成員要界定專案必須完成的任務，指派人員，判斷任務相依性，並且設定時程。你可以在作業管理課程學到更多專案規劃的觀念。

需求分析階段

需求分析階段的主要目的是要決定與紀錄新系統的具體功能。對大多數開發專案而言，這個階段需要訪談數十名的使用者，並且可能要紀錄數百項的需求。因此，需求定義相當昂貴。此外，它也相當困難。

倫理的評估

當公司同意以比已知價格更低的代價來生產一個系統或產品時，就發生所謂的採信（buy-in）狀況。例如，假設根據合理估計技術顯示Baker、Barker與Bickel的系統需要75,000美元，但是有顧問同意以50,000美元的價格建立系統時，就可能發生採信狀況。如果一個系統或產品的合約是屬於工／料計價合約（time and materials），則顧客最終可能會為系統付出75,000美元；或者，顧客可能會在知道實際成本時取消這個專案。如果這個合約是以固定價格（fixed cost）簽約，則開發人員會自行消化額外的成本。如果這個合約能夠開啟其他價值超過25,000美元的業務機會，就可以使用後面這個策略。

採信通常涉及欺騙。大多數人會同意，若是讓顧客採行工／料計價專案，往往是為了稍後可以使顧客吐出全部成本；這是不符合倫理而且錯誤的行為。對於以採行固定計價合約的意見則比較分歧。有些人認為採信就是一種欺騙，而且應該避免。有些人則認為這只是許多種經營策略的一種。

那企業內部專案又如何呢？如果內部開發團隊是要建立內部使用的系統，判斷的倫理準則會改變嗎？如果團隊成員知道預算只有50,000美元，可是他們相信真正的成本是75,000美元，他們還應該開始這個專案嗎？如果他們真的開始做了，在某個時間點，高階主管要不就得承認錯誤，並且取消這個專案；或者就得要再另外找到25,000美元。專案倡議人可以對這種採信提出種種藉口，例如：「我知道公司需要這個系統。如果管理階層沒有注意到，並且提供適當的資金，那我們只好勉強他們囉！」

如果團隊成員對於專案的成本有不同意見時，這些問題就更棘手。假設團隊中有部分人相信專案成本是35,000美元，有部分人估計是50,000美元，還有人認為是65,000美元。專案倡議人可以認為平均是合理的嗎？或者，他們應該描述估計的範圍。

其他類型的採信則比較微妙。假設你是一個專案經理，負責一個令人興奮的新專案，而這可能是你生涯的一大突破。你非常忙碌，不眠不休地工作了整整六天。你的團隊針對這個專案提出50,000美元的估計。你心中有個小小的聲音在說：「這可能還沒有包含整個專案的全部成本」。你打算再繼續思考一下，但是你還有更緊急的事情必須處理，所以很快你就發現自己已經站在管理階層前面，報告成本估計為50,000美元。你可能應該再找些時間來研究這個評估，但是你並沒有。你的行為不合乎倫理嗎？

或者，假設你找一位較資深的經理來討論你的矛盾：「我覺得可能還有別的成本，但是我知道50,000美元是我們目前已有的估計。我應該怎麼辦呢？」假設這位資深經理說了一些諸如：「嗯，我想就繼續往下吧！你又不知道還有什麼，而且如果需要的話，我們總是可以在某處找到更多的預算。」你會如何回應呢？

你也可能對時程採信。如果行銷部門說：「我們在商展時一定要有這項新產品。」即使你知道非常不可能，你會同意嗎？如果行銷部門說：「如果我們到時候沒辦法拿到它，就應該直接取消這個專案。」假設這個目標並非完全不可能，但無法達成的可能性很高，你會如何回應呢？

討論問題

1. 你覺得對成本／料計價專案的採信是不合倫理的嗎？說明你的推論。在哪些情況下它可能是非法的呢？
2. 假設你透過私人管道聽說你的對手將在競標時對固定成本合約採信。這會改變你對上一題的答案嗎？
3. 假設你是位專案經理，正在準備回應一項成本／料計價的系統開發標案，你會做什麼來防止採信呢？
4. 你覺得在什麼情況下對成本／料計價的合約採信是合乎倫理的呢？這種策略的危險是什麼？
5. 說明為什麼內部開發專案一定是工／料計價的專案。
6. 根據你對第5題的回答，說明對內部專案的採信是否一定是不合倫理的？在什麼情況下你認為它是合乎倫理的？在什麼情況下你覺得即使不合倫理，但仍是可以接受的？
7. 假設你要求資深經理提供如本文中的建議。這位經理的回應有解除你的罪惡感嗎？假設你詢問之後沒有遵照她的指導，會導致什麼問題呢？
8. 說明你如何會像對成本採信一樣，對時程採信？
9. 對內部專案而言，假設行銷經理表示，如果專案無法趕上商展就應該取消；你會如何回應？在你的答案中，假設你不同意這個意見，意即假設你知道不論是否能趕上商展，這個系統都非常有價值。

決定需求

決定系統需求是系統開發流程中最重要的階段。如果需求錯誤，系統也跟著會錯誤。如果需求完整且正確，設計與實作就會比較容易，也更可能成功。

報表中的內容或是資料輸入表單的欄位等，都算是需求。需求中不只包含要產生的內容，還要包含它產生的次數以及必須多快產生。有些需求還會指定要儲存和處理的資料量。

如果你去上系統分析與設計的課程，就會花好幾週的時間來學習決定需求的技巧，但此處我們只會摘述這個過程。通常，系統分析師會去訪談使用者，並且以某種一致的方式記錄下來。良好的訪談技巧非常重要；使用者向來就以無法清楚描述其需求而聞名。使用者在訪談時傾向於專注在他們當時所執行的工作；如果訪談是發生在一季的中間，則季末或年度結束時的工作往往會被遺忘。經驗豐富的系統分析師知道如何執行訪談，以帶出這些需求。

如圖6-4所示，需求的來源包括現有的系統，以及新系統所需的表單、報表、查詢和應用功能。安全性也是另一種重要的需求。

如果新系統設計了新的資料庫，或是對現有資料庫進行大幅變動，則開發團隊將會建立資料模型。如同在第4章所學，這種模型必須反應使用者對他們業務和企業活動的觀點。因此，資料模型是建構在使用者訪談的基礎上，並且必須由這些使用者驗證。

有時候，決定需求的時候會太專注在軟體和資料元件上，而遺忘了其他元件。有經驗的專案經理會確保資訊系統的所有五個元件都有考慮到，而不是只有軟體和資料。關於硬體方面，團隊可能會問：硬體上有什麼特殊的需要或限制嗎？組織對於可能要使用的硬體有什麼規範標準嗎？新系統必須使用現有的硬體嗎？通訊與網路硬體上有什麼需求呢？

同樣地，團隊還應該考慮程序與人員的需求：會計控制方面需要有權責區分的程序嗎？有某些行動只能限定由特定部門或個人執行嗎？有政策或工會規定要求只有某類員工才能從事的活動嗎？這個系統需要存在與其他公司資訊系統的介面嗎？簡而言之，新資訊系統必須考慮到所有元件的需求。

這些問題是在需求分析階段必須被詢問和回答的一些問題範例。

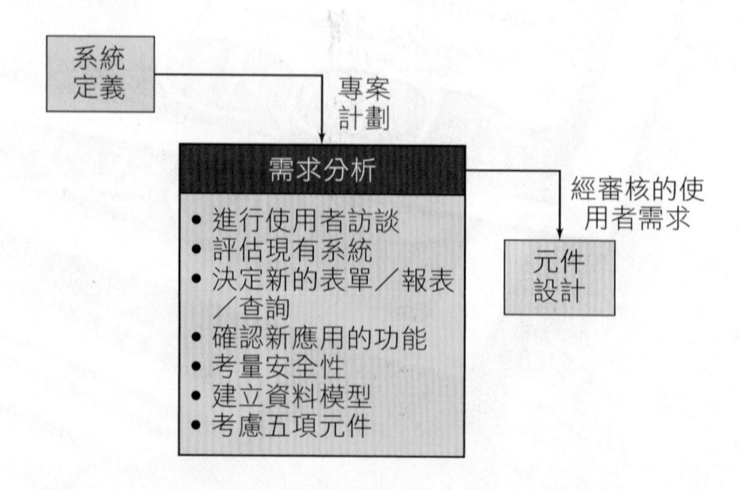

圖6-4
SDLC：需求分析階段

取得使用者的核准

一旦需求定義完成，在專案繼續之前，必須先由使用者檢討與審核。需求階段是修改資訊系統最簡單、且最便宜的時機。在這個階段改變需求只需要變更需求的描述，但在實作階段則可能需要花好幾週來重新修改應用元件與資料庫。

「解決問題導引」中討論了不論是要開發資訊系統或是達成任何目標，在一開始就得找出精確需求的必要性。

元件設計階段

資訊系統的五個元件都是在這個階段進行設計。通常，團隊會去發展可能方案，根據需求評估這些方案，然後從中選擇一個方案。精確的需求對此非常重要；如果它們不完整或不正確，就會誤導評估的工作。

圖6-5是與五個元件相關的設計任務。

硬體設計

在硬體方面，團隊要決定他們想要取得的硬體規格。

例如在Baker、Barker與Bickel系統中，可能有各種硬體通訊方案：

1. 透過公共網際網路連結PC和LAN。
2. 租用三條獨立的點對點專線。
3. 租用某種PSDN的時間。
4. 在網際網路上建立VPN。

開發團隊會使用如圖5-22的標準來評估這些方案。

程式設計

程式設計取決於程式的來源。對於現成的套裝軟體而言，團隊必須找出可能的產品，並且根據需求來進行評估。對於現成再修改的產品，團隊則必須找出要採購的產品，並且判斷所需的調整。對於客製化的程式，團隊則要開發撰寫程式所需的設計文件。

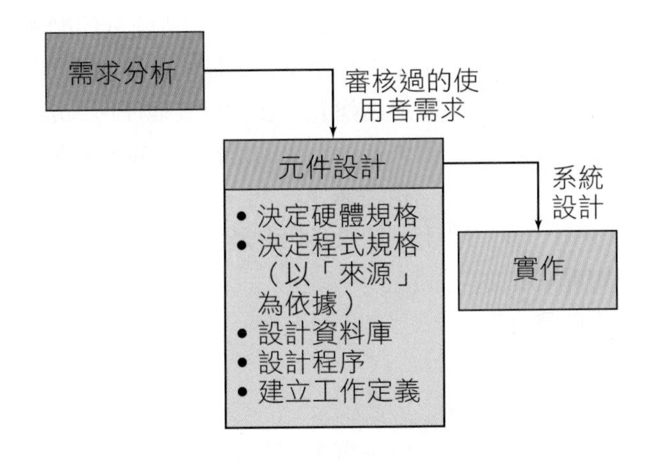

圖6-5
SDLC：元件設計階段

鎖定目標

你曾經看過有人在兩根很近的柱子之間騎腳踏車嗎？為了避免撞車，騎士通常會一直瞪著一根柱子，然後車頭就往那邊斜；接著他會再看著另一根柱子，車頭再往另一邊歪過去。如果運氣夠好的話，他會這樣搖搖晃晃地穿過去而沒有撞到。

賽車選手知道如何避免這種忽左忽右的搖晃。他們會建議說：「把眼睛盯在你要去的地方，不要去看其他的車子。注視著你要去的地方，注視著介於其他車子中間的點。」下次你騎車通過狹路時，不妨試試看。盯著前方大約5到10呎距離，位於路中央的一個點。專注在你想要去的地方，你就能筆直地穿越狹路，順暢地移動。

為什麼這個策略能成功呢？搞不好，我們大腦的結構會無意識地實現我們所專注的東西。雖然我們有意識地想著：「我不希望它發生。」但那個「不」好像並沒有進到我們的潛意識中。如果專注在柱子上，最終就會撞到。

與其專注在你希望避免的事物上，不如專注在你希望的東西，或是你想要去的方向。這些簡單的概念在商業上也是同樣有效。將你的注意力放在希望的結果上，然後努力。

當然，要使用這種策略，你必須知道自己想要什麼。而這正是重點。你想要一份好工作。沒問題，但是哪一種好工作？你想要去管理人？管錢？管理專案？你可能想要成為財務分析師。果真如此，你想要成為哪種分析師？在哪個產業？專注在你所想要的工作的細節之上，就會比較容易得到這份工作。所有的徵才者都會同意這點。

假設你說：「我就是不知道。我知道我應該要知道，但是我不知道。」當你說這些話的時候，你正把你的視線放在柱子上，而不是放在你想要的工作上。請將注意力放在你可以做什麼來決定自己想要哪種工作。或者，就先選擇一份最接近你的期望的工作，並且開始把注意力放在它的身上。這個策略會把你從自我批評的泥淖中拯救出來。

這些討論跟資訊系統有什麼關係呢？當然是「需求」！你希望新系統能做什麼？沒有精確的需求，系統就無法建立。在你或其他任何人能建立系統之前，你必須先知道你要的是什麼。如果團隊中有一部分人專注在一組需求上，另一部分人卻專注在另一組不同的需求上，結果必然會是災難。

身為未來的使用者，你最重要的系統開發工作就是去管理你的需求。它們完整嗎？一致嗎？開發團隊瞭解它們嗎？團隊有專注在它們之上嗎？你有記錄需求的工具嗎？你的需求有排定優先順序嗎？你有追蹤延遲需求的方法嗎？你會定期與開發人員碰面，以確定每個人瞭解的是同一組需求，並且朝著相同的目標努力嗎？

當然，專案也有可能大到無法知道所有的需求。在這種情況下，請用漸進的方式來建立系統。你可能希望將風險往前移（例如使用本章稍後將討論的RAD與UP）。果真如此，就集中心力去定義專案中最不明確的部分的需求，定義並完成系統的那個部分。

將注意力放在你要去的地方！

討論問題

1. 在一條偏僻的公路上，有部車在暴風雪中滑離路面。另一部車內的駕駛不敢置信地看著那部車子滑下路面，直直地撞到1000呎內唯一的一根柱子（這是真實的故事）。到底發生什麼事呢？為什麼那個駕駛不往柱子任意一邊的500呎空曠空間衝過去呢？

2. 「胡扯！這完全是心理學在胡說八道。賽車手可能可以用這一招，但是賽車跟找工作用的技巧可不一樣。」你同意這句話嗎？為什麼？

3. 有一位退休的高階主管表示：「一般而言，我認為你會在員工身上看到你所尋找的東西。如果你認為他們又懶又笨，你會發現正是如此。如果認為他們聰明、積極、而且想做好工作，你也會發現他們正是如此。」這跟賽車手的策略有何關係？你同意嗎？

4. 用你自己的話來描述賽車手的策略要如何應用在系統開發上。要避免哪些柱子？使用者應該將注意力放在哪裡？開發者應該將注意力放在哪裡？而管理者又應該將注意力放在哪裡呢？

	使用者	操作人員
正常處理	• 使用系統來完成企業任務的程序	• 啟動、停止、與操作系統的程序
備份	• 備份資料與其他資源的使用程序	• 備份資料與其他資源的操作程序
故障復原	• 當系統故障時繼續作業的程序 • 在復原之後轉換回系統的程序	• 辨識故障來源與修正的程序 • 復原與重新啟動系統的程序

圖6-6
要設計的程序

資料庫設計

如果開發人員要建構資料庫，則他們會在這個階段使用如第4章所描述的技術，將資料模型轉換成資料庫設計。如果開發人員是使用現成的軟體，則不需要做什麼資料庫工作；程式會管理它們自己的資料庫處理。

程序設計

就商業資訊系統而言，系統開發人員與組織還必須為使用者及操作人員設計程序，包括圖6-6所摘述之正常處理、備份、與故障復原程序。程序通常是由系統分析師與關鍵使用者組成的小組來設計。

職務說明設計

人員方面的設計涉及使用者與操作人員的職務說明。有時候，新資訊系統需要新的職務。果真如此，就必須根據組織的人力資源政策來定義新職務的職責。通常更常發生的是組織會在現有職務中增加新的職責。此時，開發人員要在這個階段定義這些新的任務與責任。有時候，這些人員設計工作可能很簡單，例如像：「Jason要負責備份」之類的敘述。職務說明跟程序一樣，是由系統分析師與使用者小組來負責。

Baker、Barker與Bickel的設計

因為我們並沒有詳細定義Baker、Barker與Bickel的需求，所以無法描述具體的設計決定。但是一般而言，必須先決定他們到底想建構一套多完善的資訊系統。他們可以用電子郵件為基礎，建立一套很簡單的系統；每個公司透過電子郵件傳送房屋的說明給其他公司，各公司同樣使用電子郵件將這些說明轉送給自己的顧客。當顧客要預約某間房屋時，就透過電子郵件將這個請求送回給該房屋的經理人。

另一方面，他們也可以使用網站式的共享資料庫建立比較複雜的系統，利用資料庫來存放所有關於房屋及預約的資料。因為預約管理是很常見的企業任務，所以他們也可以試圖取得這方面的現成應用的授權。果真如此，在設計階段，他們必須要選擇想要授權的產品，並且設計一套系統將他們的房屋資料轉入新產品中。他們還需要設計與新系統操作和使用相關的程序和職務說明。最後，他們還要決定所需的通訊能力（如前所示）。

如果他們不購買現成產品的授權，而是要建立自己的資料庫與應用，則必須進行更多的設計工作。這個方案可能非常昂貴，就他們的需求而言，這可能並不合算。

因為Baker、Barker與Bickel是一種鬆散的結盟關係，而且他們並沒有共事的經驗，所以這個聯盟在產生預期效益上失敗的風險相當大。因此，Baker、Barker與Bickel在知道到底有哪些真正的效益之前，會儘可能不要投資太多。在這種環境下，比較好的規劃應該是儘可能設計最簡單的系統、評估其效益，稍後再視需要建立更完整的系統。

實作階段

一旦設計完成，SDLC的下個階段是實作階段。這個階段的任務是建立、測試、並且將使用者轉換到新系統上（如圖6-7）。開發人員會獨立建構每個元件；取得、安裝、與測試硬體；授權與安裝現成的套裝程式；視需要撰寫調整用與客製化的程式；建構資料庫並填入資料；記錄、檢視、與測試程序；並且建立訓練計劃。最後，組織要雇用與訓練所需的人員。

系統測試

一旦開發人員建構並測試所有元件之後，他們會整合個別元件，並且測試這個系統。到目前為止，我們對測試一直都輕描淡寫。事實上，軟體和系統的測試是非常困難、費時、且複雜的工作。開發人員必須設計與開發測試計劃，並且記錄測試的結果。他們必須設計系統來分配修正工作，並且確認修正的工作是正確而完整的。

測試計劃（test plan）包含一系列使用者在使用新系統時所需採取的行動。測試計劃不只包含使用者會採取的正常行動，也包含不正確的行動。完整的測試計劃應該要能執行到程式碼的每一行。因此，測試計劃應該要能讓所有的錯誤訊息都顯示出來。測試、重測、與重測的重測會消耗大量的人力。通常，開發人員可以透過撰寫自動執行系統功能的程式，來降低測試所需的人力成本。

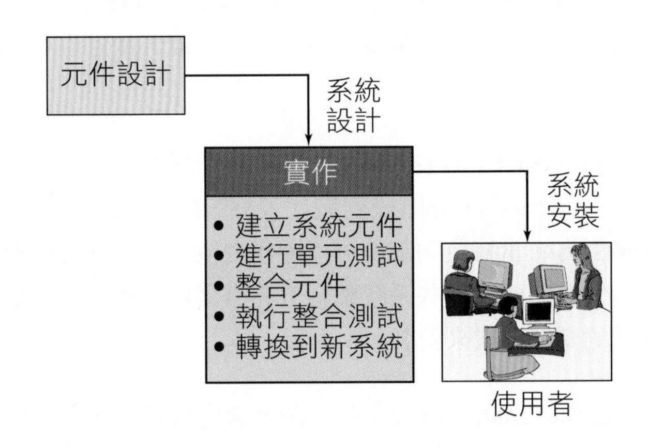

圖6-7
SDLC：實作階段

目前，許多資訊人員是擔任測試專家的工作。測試通常稱為產品品保（product quality assurance, PQA）或檢驗，也是個重要的職業。PQA人員通常會在使用者的建議與協助之下建構測試計劃。PQA測試工程師本身會去執行測試，也會監督使用者的測試活動。許多PQA專業人員本身也是程式設計師，負責撰寫自動化的測試程式。

除了資訊人員之外，使用者也應該參與系統測試。使用者會參與測試計劃與測試案例（test case）的開發，此外，他們也可能是測試團隊的一份子，通常是在PQA人員的指導下工作。使用者對系統是否已經可用有最後的發言權。如果你受邀擔任使用者測試員，請嚴肅看待這個責任。在正式使用系統之後，要修正問題就困難得多了。

Beta測試（Beta testing）是讓系統未來使用者自行嘗試新系統的工程。像微軟之類的軟體廠商經常會發表產品的beta版本，供使用者嘗試與測試。這種使用者會將問題回報給廠商。Beta測試是測試的最後階段。通常，處在beta測試階段的產品已經是完整而且可以完全運作；它們往往沒有太多嚴重的錯誤。開發大型新資訊系統的組織，有時候也會和軟體廠商一樣使用beta測試流程。

系統轉換

系統一旦通過整合測試，組織就會安裝新系統。我們一般使用系統轉換（system conversion）一詞來表示將企業活動從舊系統轉換到新系統。

組織可以用下列四種方式來實作系統轉換：

- 前導式
- 分階段式
- 平行式
- 一次完成式

資訊專業人士建議視情況使用前三項策略，在大多數情況下，企業應該要避免奮不顧身的一次完成。

在前導式安裝（pilot installation）的情況下，組織會在企業的有限範圍內實作整個系統。例如由Baker在出租Bickel的房屋時先試用系統。前導式實作的好處是如果系統失敗，則失敗會侷限在有限的範圍內。這可以降低企業的受害程度，並且也可以保護新系統的壞名聲不會傳遍整個組織。

分階段式安裝（phased installation）就是分階段在組織中安裝新系統。例如在Baker、Barker與Bickel的例子中，分階段安裝代表只嘗試系統的某一部分，例如這三家企業互相傳送房屋說明給對方。當特定的部份可以運作之後，組織就可以安裝並測試系統的另一部分，直到整個系統安裝完成。有些系統整合得非常緊密，無法用分階段的方式安裝；這種系統就必須使用上述的其他方式來安裝。

在平行式安裝（parallel installation）時，新系統會與舊系統平行執行，直到新系統測試完成，並且能完全運作為止。平行安裝很昂貴，因為組織要承擔執行兩套系統的成本。使用者必須花兩倍的時間去執行這兩套系統。然後，還需要相當多的工作來判斷新系統的結果是否與舊系統一致。

不過，有些組織將平行式安裝的成本當作某種形式的保險。這是一種最慢、且最昂貴的安裝方式，但是如果新系統失敗的時候，它的確能提供最簡單的撤退形勢。

最後一種轉換是一次完成式安裝（plunge installation），有時候也稱為直接安裝（direct installation）。在這種方式下，組織就是關掉舊系統，然後開始新系統。如果新系統失敗，組織的麻煩可就大了：在新系統修復或舊系統重新安裝之前，什麼事都沒辦法做。因為這種風險，組織應該盡可能避免這種轉換方式。有一個例外是當新系統所提供的是對組織營運並不重要的新能力時，這種做法則可以接受。

Baker、Barker與Bickel系統就是一個這種例外的例子。他們並沒有舊系統；這些公司目前並沒有相互出租彼此的房屋。如果新系統失敗，這表示他們只是延續之前，無法出租他人房屋的情況罷了。在這類情況下，一次完成不失為一種方法；否則，請盡量避免。

圖6-8摘述了在設計與實作期間，與五項元件相關的任務。使用下圖來測試你對這兩個階段任務的相關知識。

系統維護階段

SDLC的最後一個階段是維護階段。如前所述，維護這個字眼並不好；在這個階段做的工作可能是修正系統讓它正確運作，或是根據變動的需求來調整。

圖6-9是維護階段的任務。首先，我們需要有追蹤失敗（註2）與改進之請求，以滿足新需求的方法。對小型系統而言，組織可以使用文書處理的文件來記錄失敗與改進要求。不過當系統變大時，失敗與改進的數量也變多，許多組織發現必須要開發一個追蹤用的資料庫。這種資料庫中包含對失敗或改進的描述，同時還會紀錄誰提出這個問題，誰要負責修正或改進，該工作目前的狀態為何，以及原提案人是否已經測試和驗證過這項修正或改進等。

	硬體	軟體	資料	程序	人
設計	決定硬體規格	選擇現成程式 視需要設計可能方案與客製化程式	設計資料庫與相關結構	設計使用者與作業程序	開發使用者與作業的工作說明
實作	取得、安裝、與測試硬體	授權並安裝現成程式 撰寫並客製化程式 測試程式	建立資料庫 填入資料 測試資料	記錄程序 建立訓練計劃 檢視與測試程序	雇用與訓練人員
	整合測試與轉換				

每個元件的單元測試

圖6-8
五項元件的設計與實作

＊ 註2：失敗（failure）是指系統目前所做與它應該做到的事情之間的差異。有時候，你會聽到有人使用「有蟲」（bug）來代替失敗。身為未來的使用者，請將失敗叫做失敗，因為它們本來就是失敗。不要使用「臭蟲」清單（bug list），而是使用「失敗」清單（failure list）。不要說有未解決的程式蟲，而要說有未解決的失敗。如果在面臨嚴重失敗的組織中擔任管理職幾個月，你就會發現這兩者之間的重要差異。

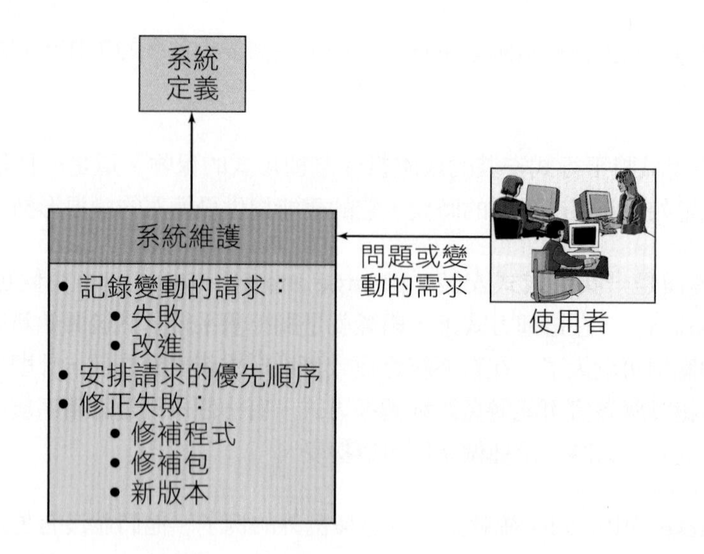

圖6-9

SDLC系統維護階段

通常，資訊人員會根據系統問題的嚴重性來安排它們的優先順序。他們會盡快修正高優先順序的項目，並且在時間與資源許可的情況下，再修正低優先順序的項目。

就軟體元件而言，軟體開發人員會將優先順序高的失敗所進行的修正，一併放入修補程式（patch）中，以便應用在特定產品的所有複本上。如同第3章所言，軟體廠商會提供修補程式來修正安全性和其他重要的問題。他們通常將優先順序較低的問題修正整批放入較大的一組程式中，稱為修補包（service packs）。使用者應用修補包的方式與修補程式完全相同，只不過修補包通常包含對數百種或數千種問題的修正。

順帶一提，你可能會覺得很驚訝，不過所有商業軟體產品出廠時都包含有已知的失敗。廠商通常會測試他們的產品，並且排除重大的問題，但是很少會排除所有他們已知的缺陷。推出有瑕疵的產品已經變成是這個產業的慣例；微軟、Adobe、Oracle、RedHat和其他許多廠商都會推出具有已知問題的產品。

因為改善是因應新需求做調整，開發人員通常在考慮改善請求的優先順序時，會與失敗分開考量。對於改善的決策中，包括了這項改善是否能產生可接受的投資報酬率之類的企業決策。雖然小幅的改善可以使用修補包來進行，但重大的改善請求通常會導致產品全新改版。

當你讀到這裡，請記得雖然我們通常想到失敗與改進時，是以軟體為對象，但它們同樣可能會用在其他元件上。它們也可能是硬體或資料庫的失敗或改進；或是程序與人的失敗和改進（雖然應用在人的身上，我們通常會使用比失敗或改進更人性化的字眼，不過背後的念頭其實是一樣的）。

如前所述，維護階段會開啟另一次的SDLC循環。決策要改進系統，也就是決策要重新開啟系統開發流程。即使是簡單的失敗修正也要經過SDLC的所有階段；如果是個小小的修正，可能由一個人簡短地完成這些階段即可。但無論如何，所有這些階段都會被重複一遍。

SDLC的問題

雖然這個產業透過SDLC流程取得相當明顯的成功，但它也有不少的問題。

SDLC瀑布

SDLC問題的成因之一，是由於它瀑布式（waterfall）的本質。這個流程就像一系列的瀑布，是以一系列不再重複的階段來執行。例如當團隊完成需求階段，就會順著瀑布流到設計階段，然後再依序往下流經整個流程（可參考圖6-2）。

不幸的是，系統開發很少能夠運作得這麼順利。通常，總是有需要必須逆流而上，然後重複前一個階段的工作。最常見的是在設計工作剛開始，團隊在評估可能方案時，發現有些敘述不夠完整或是被遺漏了。此時，團隊必須進行更多的需求分析，但這個階段理論上已經結束了。在某些專案中，團隊會在需求與設計階段間不斷地來來回回，使得整個專案看起來好像已經失去了控制。

記錄需求上的困難

另一個問題（特別是在複雜的系統中）則是如何以好用的方式來記錄需求，這方面往往很困難。筆者曾經在波音公司管理過一個軟體專案的資料庫部分；這個專案一共投注了超過70個人年（labor-year）在需求分析上。所有的需求文件總共有20餘冊，疊起來大約有7呎高。

當我們進入設計階段，沒有人能夠真正知道某個特定功能的所有需求有哪些。我們只要開始設計某個功能，就會發現有某個沒有考慮到的需求被埋在那堆厚厚的文件中。簡而言之，太過笨重的需求就相當於是無用的需求。此外，在需求分析階段，飛機業務也在持續發展。在我們進入設計階段之前，許多需求就已經不夠完整，有些甚至已經過時了。花費這麼多時間在記錄需求上的專案，有時候就被稱為是處於分析癱瘓（analysis paralysis）之中。

時程與預算上的困難

對新的大型系統而言，時間與預算的估計與實況相符的程度，幾乎可以當作是一個笑話。管理者試圖擺起嚴肅的臉孔來要求時程與預算，但是當你在開發數年期、數百萬美金的大型專案時，人時（labor hour）估計與完成日期都只是個大概，而且很模糊。專案的員工，也就是這些估計的來源，都很清楚自己對某項任務要花費多久時間實在所知有限，也很清楚他們到底做了多少的猜測。因此，他們也知道整體的預算和時間也不過是每個人進行類似猜測的加總罷了。許多大型專案是活在預算與時間的幻想世界中。「反對力量導引」中討論了專案估計的困難度。

事實上，軟體社群已經在如何改善軟體開發的預測方面做了很多努力。但是對需要大型SDLC階段的大型專案而言，過多的未知使得沒有任何技術能夠有效地發揮作用。因此，SDLC之外的一些開發方法論開始出現，試圖透過一系列較小、較容易管理的段落來開發系統。快速應用開發、物件導向式開發、和極端程式設計都是這類的方法論。

真實估計流程

我是個軟體開發人員。我使用一種物件導向式語言C++來開發程式；而且我也是個物件導向設計的老手。這是理所當然，因為我從事這方面的工作已經12年了，並且參與過數家軟體公司的重要專案。最近這四年間，我開始擔任團隊領導者。我經歷過dot-com的全盛期，現在則是在一家大型製藥廠的資訊部門服務。

「所有這些估計理論就只是『理論』啦！這不是事情真正運作的方式。當然，我有參與過一些嘗試使用各種估計技巧的專案。但真實的情況是：不論你使用什麼技術來發展估計，你的估計將會跟其他的團隊領導者合併。專案經理把這些估計加總，然後產生專案的整體估計。」

「順帶一提，在我的專案中，時間因素比金錢更重要。在我服務的軟體產業中，你可能會超過預算300%，但只受到溫和的口頭關切。但是如果慢個兩週，你就完蛋了。」

「不管怎樣，專案經理會帶著專案時程去給高階主管批准，然後呢？高階主管會認為他們要討價還價一下。他們會說：『不行！那太久了。你一定可以從時程中再砍掉一個月。我們會核准這個專案，但是我們要它在2月1日，而不是3月1日完成。』」

「現在告訴我，他們的理由是什麼？他們認為緊湊的時程才能得到有效率的工作。你知道每個人都必須要額外加班來滿足更緊縮的時間表。他們知道帕金森定律（Parkinson's Law），也就是能夠執行工作的時間越多，完成工作所需的時間也就越多。所以，為了怕因為太寬鬆的時程會造成時間的浪費，他們就將我們的估計時間縮短一個月。」

「估計就是估計；你不能沒有任何問題就隨便砍掉一、兩個月。最後的結果就是專案落後，然後主管們就希望我們能工作地越來越晚。就像微軟早期的那些員工說的：『我們的工作時間很彈性。你可以在一週的任何時間工作65個小時。』」

「我們的估計技術也不是都很好。大多數軟體開發人員都是樂觀主義者。他們安排時間就好像每件事都會如計劃般地發生，但事情往往很少如此。此外，安排時程的人通常也會忽略掉休假、生病、看牙醫、新技術的受訓、同儕互評、以及其他所有我們在寫軟體之外會做的事。」

「所以，我們先建立一個非常樂觀的時間表，然後管理階層再協商砍掉一、兩個月，之後，我們就有個延遲的專案囉！過一陣子，管理階層開始對延遲的專案感到非常不悅，所以他們在心裡把這一個月、或甚至更多的時間加回正式的時程中。然後，雙方都在一個想像的世界中工作；在這裡，沒有人真正相信時程，但是每個人都假裝他們相信。」

「我喜歡我的工作。我喜歡開發軟體。這裡的主管不比其他地方的主管更好或更壞。只要我有喜歡的工作可以做，我就會待在這裡。但是我才不會笨笨的讓自己辛苦工作去滿足這些想像中的截止期限。」

討論問題

1. 你認為這名開發人員的態度如何？你認為他過份悲觀，或者你認為他講的也有些道理？
2. 他說管理階層認為他們要討價還價一下，你對他的想法有何看法？管理階層應該對時程進行討價還價嗎？為什麼？
3. 假設專案事實上需要12個月完成。你覺得下列何者可能會付出更高的成本：（a）訂出11個月的正式時程，加上至少1個月的延遲；或是（b）訂出13個月的正式時程，並且遵照帕金森定律讓專案花13個月做完？
4. 假設你是位業務主管，而且有套要供你使用的資訊系統正在開發中。你檢視時程規劃文件，並且發現幾乎沒有預留休假、生病、雜項工作等等的時間。你會怎麼辦呢？
5. 說明當組織普遍相信時程總是不合理時的無形成本。
6. 如果這位開發人員是為你工作，你會如何處理他對時程的態度？
7. 你認為安排資訊系統開發專案時程，與安排其他類型專案間有什麼不同嗎？哪些特性讓這種專案如此獨特呢？它們在哪些方面與其他專案是相同的呢？
8. 你認為根據你第7題的答案，管理者應該做些什麼呢？

快速應用開發

James Martin是資訊系統規劃的先驅之一，他在其1991年的書名中打響了快速應用開發（rapid application development, RAD）這個名詞。快速應用開發的基本想法，就是要將SDLC的設計與實作階段打破成更小的段落，並且盡可能大量地藉助電腦來設計與實作這些段落。圖6-10是Martin想像中的流程。

就像SDLC那樣，RAD也有個需求階段，但是它的設計與實作階段則相互交織。也就是說，開發人員會設計、實作、並且修正新系統的一部分，直到使用者對這部分滿意為止。然後，開發人員再接著移往系統的另一個部分進行設計、實作、和修正，依此類推，直到整個系統完成為止。這個流程也稱為漸進式開發（incremental development），是藉由使用各個擊破（divide-and-conquer）的策略來降低開發的挑戰。

因為使用者會主動參與設計與實作，所以RAD的需求分析要比SDLC簡略，也不用那麼完整。事實上，在設計/實作/修正流程中，使用者會提供更詳細的需求。

RAD的特徵

RAD的主要特徵如下：

1. 設計／實作／修正的開發流程（如之前所討論）
2. 使用者持續地參與整個過程
3. 廣泛地使用雛型
4. 聯合應用設計
5. 使用CASE工具

在RAD中，使用者要主動參與整個開發流程，並且成為開發團隊中的關鍵成員。讓使用者成為團隊的一部分，不只能增加需求的精確性與完整性，還能促成更佳的轉換環境。新的系統不再是由陌生人安裝的系統，而是在使用者的主動參與下安裝。下面詳細討論最後三項特徵。

雛型

RAD的另一項特徵是使用雛型。雛型（prototype）是新系統某些方面的模擬。雛型可能是模擬表單、報表、查詢、或是使用者介面的其他元素。圖6-11是Baker、Barker與Bickel房屋出租系統的資料輸入表單雛型。這個表單是使用微軟Access產生的，這是開發人員經常用來製作雛型的工具。

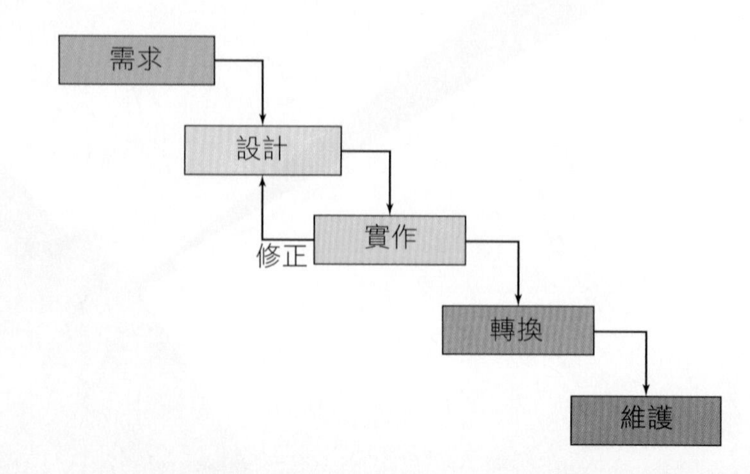

圖6-10
Martin的RAD流程

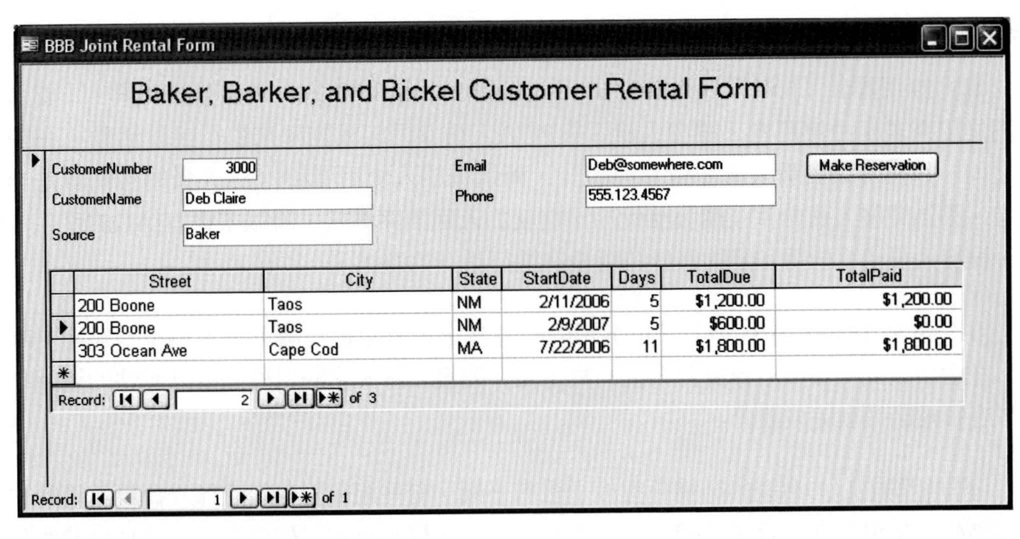

圖6-11

雛型表單的範例

雛型在功能與實用性方面的差異很大。有些雛型只是最終系統元件在視覺上的模擬；有些則是使用者可以啟動某些系統功能的可運作雛型。此外，有些雛型只是展示用，它們是以用過就丟的方式來設計的；有些雛型則會一直保留，並且演化成為最後的表單、報表、或是其他系統元件。

雛型會顯示真實情境下的資料，所以能夠協助使用者評估需求。例如當使用者檢視圖6-11的表單時，可能會發現這個系統應該依照StartDate的順序來排列格子裡的資料。如果沒有雛型，就不容易知道或指出這項需求。

雛型也可以提供使用者測試使用者介面的機會。使用者可以使用圖6-11的表單來輸入、修改、或刪除資料。

雛型要比資料模型更容易瞭解。例如圖6-11的雛型中描述每名顧客可能有許多的出租案，而且每個出租案最多只有一個顧客。它也顯示同一名顧客可能在不同時間租用同一間房屋。我們也可以使用圖6-12的資料模型來表示相同的事實，但是對使用者而言，表單比較容易瞭解。

可惜的是，雛型可能造成應用看起來比實際完成度更高的假象。例如圖6-11的表單只是個模擬。如果你點選Make Reservation按鈕，將不會有任何事情發生。實際上建立預約的程式碼還不存在。因為比起產生模擬，實際撰寫這支程式可能需要多花三、四倍的力氣。但團隊中的使用者可能會相信這個系統比實際上更接近完成。

雛型是使用者與開發人員間非常有用的溝通工具。只要開發人員能限制使用者的期望，雛型就是很有用的工具。

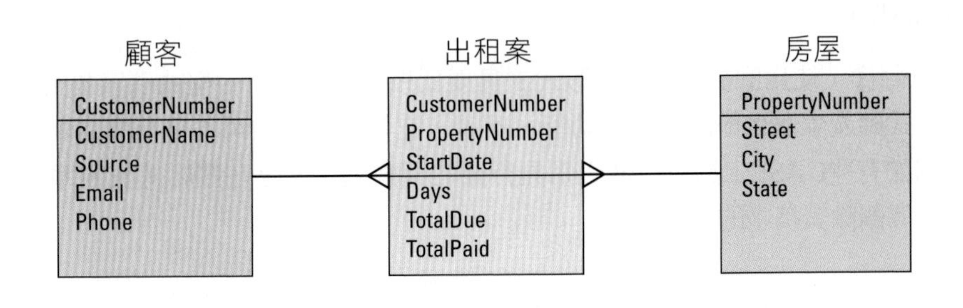

圖6-12

圖6-11中雛型表單的資料

聯合應用設計

聯合應用設計（Joint application design, JAD）是RAD的另一項重要元素。「聯合」一詞是用來表示由使用者、開發人員、與PQA人員共同組成團隊來執行設計活動。在1990年之前，只有專業開發人員才會參與設計，而這種納入使用者和PQA人員的想法算是非常激進。因為開發人員希望在開發流程的早期就加入回饋與測試，所以才會有JAD的產生。最後，開發人員決定取得回饋的最佳時機是在進行設計的時候。

JAD會談（JAD session）是指很短的設計會議，可能是一個下午，最多不超過一或兩天。在會談期間，參與者會針對系統的特定元件開發設計。它的目標是要讓元件的範圍小到可以在很短時間就完成設計。

不同組織在JAD會談的結構化程度上也有不同。有些組織對JAD流程及會談前後的文件有很嚴格的指導原則；有些組織在流程與文件上則比較不正式。如果你受邀擔任JAD會談的使用者，請事先瞭解它的規則與期望。此外，要投注心力在會議上；這種會議是很重要的。

CASE與視覺開發工具

CASE代表電腦輔助軟體工程（computer-assisted software engineering）或是電腦輔助系統工程（computer-assisted system engineering），取決於是誰在使用這個名詞。第一種意義是專注在程式開發，第二種意義則是專注在具有五個元件的系統開發。這兩個意義你都可能碰到。

不論哪一種意義，基本的概念都是使用稱為CASE工具（CASE tool）的電腦系統，來協助開發電腦程式或系統。CASE工具的功能各不相同，有些會處理從需求到維護的完整系統開發流程，有些則只處理設計與維護階段。不管是哪一種，大多數CASE工具都有個儲存庫（repository），這是個包含開發中軟體或系統的文件、資料、雛型、與程式碼的資料庫。

大多數CASE產品都有建立雛型的工具，許多還有可以針對經常執行的任務產生應用程式碼的程式碼產生器（code generator）。它的概念是希望盡可能讓工具去產生程式碼，以增加開發人員的生產力。

為了讓你瞭解程式碼產生器如何運作，圖6-13示範了微軟FrontPage的應用，這是用來產生網頁的產品。FrontPage並不是CASE工具，但是因為它具有產生程式碼的能力，所以我們用它來做個示範。

在圖6-13a 中，開發人員建立了具有文字、標籤、與資料輸入方塊的網頁。開發人員可以在頁面上使用圖形式工具與符號來調整它們的大小、位置、或改變顏色等等。在背後，FrontPage會產生HTML程式碼；這是瀏覽器用來定義網頁的語言。圖6-13b 中是對應圖6-13a 的程式碼。

你可以想像，使用圖6-13a 的圖形式工具要比撰寫圖6-13b 的程式碼容易得多。CASE工具中的程式碼產生器也提供類似的功能，不過，它們可以做的可不只有撰寫表單與報表的程式碼。例如有些CASE工具可以產生常見行動的程式碼，像是在關聯式資料庫中讀取、新增、更新、與刪除表格中的資料列。

Baker, Barker, & Bickel

Reservations Query Form

Start Date:

End Date:

Number Bedrooms: 1 2 3 4

Maximum Daily Rate:

圖6-13a
視覺化的網頁開發

```
<meta name="ProgID" contents="FrontPage.Editor.Document">
<title>IS300 - Classes</title>
<meta name="MicroSoft Border" content="1">
<link rel="File-List" href="Figure%206-13_files/filelist.xml">
</head>
<body>
<hl align="center"><font face="Comic Sans MS" size="7">Baker, Barker, &amp; Bickle</font></hl>
<p align="center"><b><font face="Comic Sans MS" size="5" color="#FF0000">
Reservations Query Form<font>/b></p>
<blockquote>
<p align="left"><b><font face="Comic Sans MS" color="#ff0000" size="5">     </font> </b></p>
<p align="left"><b><font face="Comic Sans MS" size="5" color="#0000FF">
Start Date:              </font></b>
<input type="text" name="T1" size="20"></p>
   <p align="left"><b><font face="Comic Sans MS" size="5" color="#0000FF">End
    Date:                 
    </font></b><input type="text" name="T1" size="20"><b><font face="Comic Sans MS" size="5"color="#0000FF">   
    </font></b></p>
    <p align="left"><b><font face="Comic Sans MS" size="5" color="#0000FF">
    Number Bedrooms:       </font>
    <font face="Comic Sans MS"><font size="5" color="#008000">
    <input type="radio" Value="V1" checked name="R1"> 1 </font>
    <font size="5" color="#008000">
    <input type="radio" Value="V1" checked name="R1"> 2
    <input type="radio" Value="V1" checked name="R1"> 3
    <input type="radio" Value="V1" checked name="R1"> 4 </font></font></b></p>
    <p align="left"><!—[if gte vml 1]><v:rect id="_x0000_s1027"
  alt="" style='position:absolute;left:3.75pt;top:8.25pt;width:663.75pt;
  height:347.25pt;z-index:-1' strokecolor="#930" strokeweight="3pt"/><![endif]--><![if !vml]><span
style='mso-ignore:vglayout;position:absolute;z-index:-1;left:3px;top:9px;
width:899px;height:467px'><img width=889 height=467
src="Figure%206-13_files/image001.gif" v:shapes="_x0000_s1027"></span><![endif]>
<b><font face="Comic Sans MS" size="5" color="#0000FF">Maximum
  Daily Rate:</font></b></p>
</blockquote>

</body>

</html>
```

圖6-13b
視覺化網頁背後的程式碼

視覺化開發工具（visual development tools）也被使用在RAD專案中，以改善開發人員的生產力。圖6-14是微軟的Visual Studio.Net。底部中央的視窗內容是處理上方中央表單的程式碼。Visual Studio.Net所寫的程式碼就是顯示在這裡。開發人員會以這些程式碼做為骨架，然後在它上面再新增功能。

順帶一提，雖然我們是在討論RAD時介紹了視覺化開發工具，但這種工具的用途可不侷限在RAD專案中。它們可以使用在所有類型的軟體開發專案中。

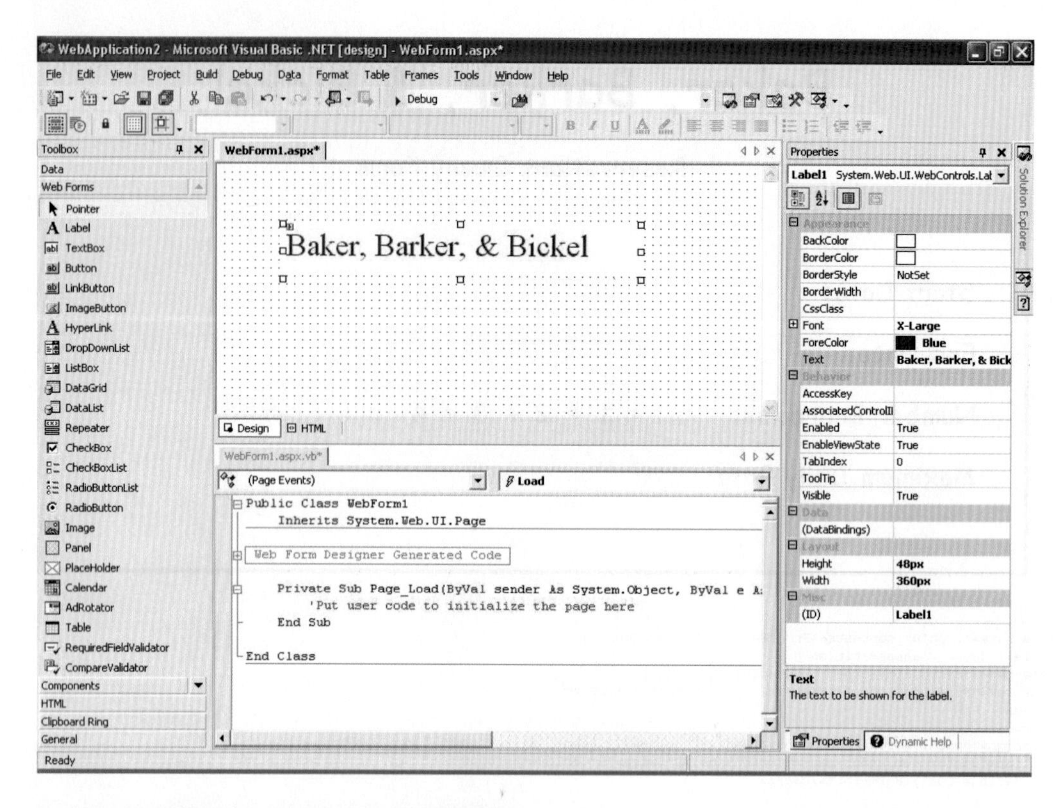

圖6-14

視覺化程式設計工具範例

物件導向式的系統開發

第三種開發方法論是源自物件導向式程式設計領域，並且稱為物件導向式開發（object-oriented development, OOD）。OOD與RAD有一些共同的特點，但是它將這些觀念又進一步延伸。OOD的使用是在RAD之後，大約在1990年代中期。

因為有人認為電腦的程式設計太過自由，所以才有物件導向式開發的出現。<<人月神話>>一書的作者Fred Brooks說，電腦程式就像是邏輯的詩歌。就像一首詩有千百種的寫法，一支電腦程式也有千百種的寫法。可是程式不像詩歌，它必須跟其他程式共同合作。像Windows這種大型系統是有好幾千支程式以統一的方式共同運作。要建立這種產品，程式人員必須遵循一致的規範；否則，就會產生混亂。

OOD是使用物件導向式程式設計（object-oriented programming, OOP）的技術來開發程式；OOP是設計與撰寫電腦程式的一種規範。相較於傳統的技術，使用OOP開發的程式比較容易修正與調整，也比較便宜。因此，目前幾乎所有的軟體廠商都是使用OOP來開發程式。例如微軟Windows和Office都是使用OOP的技術來撰寫。

企業應用的開發人員比較晚才開始採用OOP，部分原因是它們必須整合新程式與現有非OOP的程式。不過，OOP在企業應用上的使用仍在逐年增加，並且很快也將會成為這類應用的標準。

稱為UML（Unified Modeling Language，統一塑模語言）的一系列圖示技術也協助了OOP的開發。UML有數十種不同的圖示符號，可以用於系統開發的所有階段。事實上，對於UML的抱怨之一，就是有這麼多的圖示讓專案陷入繪圖的泥淖，而阻礙了系統的完成。UML的倡議者則認為圖示的使用是可選擇的，而好的專案經理應該去選擇要使用哪些圖示。

UML本身並不需要、也沒有打算發揚哪種特定的開發流程。但是有一種稱為統一過程（Unified process, UP）的方法論則是針對UML的使用所設計。我們將在此摘述這個流程，但是請注意，UML與UP都只是OOD圖示與流程的例子。你的組織可能會使用不同的技術。此外，還要注意雖然UP主要是開發電腦程式、而不是資訊系統的流程，但是UP的觀念也可以加以擴展，以涵蓋包含五項元件的系統開發。

統一過程

圖6-15是UP的基本階段，其中有三個階段與SDLC的階段類似：

- 起始階段（inception）類似SDLC定義階段的第一部分
- 移轉階段（transition）類似SDLC實作的轉換階段
- 維護階段類似SDLC的維護階段

另外兩個階段：精鍊（elaboration）與建構（construction）則與SDLC有很大差異。

精鍊階段

在精鍊階段，開發人員會建構與測試新系統的架構，得到的成果則是具有基本能力的可運作系統。精鍊中包含了需求定義、設計、程式設計、與測試。

在UML與UP的環境，開發人員是以使用案例（use case）的形式來表達需求。使用案例（use case）只是對新系統應用的描述。圖6-16是Baker、Barker和Bickel房屋預約系統的使用案例範例。如圖所示，使用案例包含一或多個腳本（scenario），用來描述系統的使用方式。主要的成功腳本是用來描述系統如何產生所需的結果－也就是所謂的快樂腳本（happy scenario）。其他的腳本則是描述其他的情況；可能是其他的成功版本，或是不同的失敗情境。

使用案例會驅動精鍊階段的循環（iteration）。舉例而言，在某次循環中，開發人員是在實作圖6-16使用案例中的腳本1。在後續的循環中，他們則會實作其他的腳本。每次循環的結束會得到一個經過測試、可以運作的系統。開發人員不會在一次循環中實作所有的使用案例，但是他們所實作的部分就一定可以運作。

根據UP，精鍊階段會處理系統中風險和不確定性最高的部分。開發人員會把風險很低的功能留待建構階段再做。

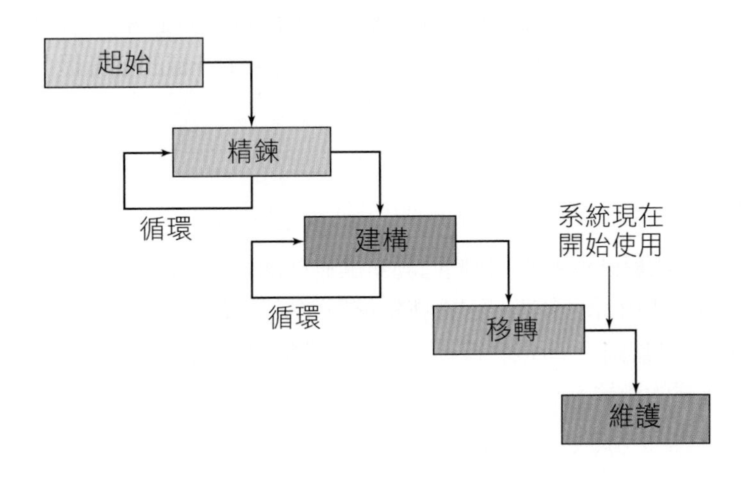

圖6-15
UP的階段

Baker預約Barker或Bickel房屋

主要成功腳本：

1. 顧客打電話給Baker，並且希望預約Barker或Bickel的房屋。顧客說明需求，Baker的職員向系統查詢是否有符合這些需要的房屋。顧客說明需要的日期，職員檢查這些日期是否有空房屋可預約。職員說明價格，顧客表示同意。職員記錄信用卡資訊。職員傳送通知給相關的Barker或Bickel，並且傳送確認函給顧客。

其他腳本：

2. 找到某日有空的房屋。顧客希望先考慮看看。職員傳送更多資訊給顧客，並且為該房屋保留預約48小時。
3. 找到某日有空的房屋。顧客說價格太高。
   a. 職員尋找另一筆房屋。
   b. 職員詢問顧客預算，並且向Barker或Bickel的職員協商價格變更。
      i. 價格變更成功，顧客表示同意。
      ii. 價格變更不成功，職員尋找其他房屋。
4. 找到房屋，但該日期沒有空。
   a. 職員尋找其他房屋。
   b. 顧客改變所需的日期。

圖6-16
使用案例範例

在今日的世界中，安全性是系統需求的重要來源。不論是使用哪種開發方式，開發人員都必須處理安全性的需要。就SDLC與RAD而言，開發人員會在需求分析期間取得安全性需求。就UP而言，開發人員通常是在精鍊階段處理安全性。請參考「安全性導引」以瞭解系統開發的重要安全性議題。

建構階段

在UP建構階段，開發人員會設計、實作、與測試比較簡單、低風險的功能，也就是在精鍊階段沒有處理的那些需求。就像在精鍊階段一樣，建構階段也包含多次的循環，且每次循環都會得到一個經過測試、而且可以運作的系統版本。一旦開發人員已經建構完所有的功能，系統就可以佈建了。

如前所述，UP的最後兩個階段（移轉與維護）與SDLC的階段類似，所以將不再討論。

本章到此為止，已經學了三種不同的開發流程：SDLC流程、RAD、與UP。企業會選擇其中一種流程來進行所有的資訊專案嗎？有些會，但有些則不會。「MIS的使用6-2」中討論了Sears、Roebuck and Company如何發現自己使用了多種開發流程，然後採取標準化開發流程的措施。

UP的原則

圖6-17摘述了UP背後的原則。我們已經討論過前面五項。就第六項原則而言，UP的整個開發流程都持續有使用者的參與。因為在精鍊與建構階段都會以循環的方式進行，而且使用者會提供每次循環的需求，所以會持續需要使用者的參與。此外，使用者還會提供測試標準，甚至進行漸進式的測試。

MIS的使用6-2

Sears將開發標準化

Sears、Roebuck and Company在美加各地銷售家用商品、服飾、和汽車用品。Sears經營2,300家零售店，並且在sears.com及landsend.com網站上銷售。它還透過各種特產型錄來提供產品。此外，Sears還在美國經營最大的家用產品修復服務，每年可以接到超過1,400萬通的服務電話。

Sears僱用超過1,000名資訊人員，分別使用不同的系統開發方法論，包括SDLC、RAD、和不同版本的UP。這些不同的開發方法論導致各種系統間的品質和及時性互異。Sears的資訊科技方法論顧問John Morrison說：

> 我們最重要的挑戰之一，就是整個IT部門所使用的不同方法論。同事們以不同的方式來詮釋這些方法論...在每個專案開始的時候，團隊必須要分配專案角色，決定使用哪些符號...沒有一致而可重複的方法論，就沒有辦法傳遞你所取得的流程知識。

為了解決這個問題，Sears建立了全企業一致的單一開發流程。這個流程依賴由IBM授權的軟體開發工具支援，並且是以稱為RUP（Rational Unified Process）方法論的某個UP版本為基礎。這些工具提供Sears開發人員管理需求、開發文件、測試結果、以及需求變更的能力。因為Sears的團隊曾經在不同的獨立專案中使用RUP而獲得成功，所以選擇RUP做為標準。

到目前為止，成果相當正面。資訊人員只需要學習一種開發流程，所以變得更有效能。此外，開發專案在管理上的改善，將系統瑕疵與失敗的相關成本降低了20%。資訊部門希望在開發人員對這個方法與工具更有經驗之後，可以省下更多的成本。

＊ 資料來源：" Sears Builds Enterprise-wide Solution Delivery Framework," 306.ibm.com/software/success/cssdb.nsf/CS/MGER-5S3N9N?OpenDocument&Site=software（資料取得日期：2005年6月）。

漸進式開發的危險之一是專案可能永遠沒有結束的一天。使用者會加入越來越多的需求，所以永遠會有另一次循環的需要。如果使用者必須為系統付費（例如在Baker、Barker和Bickel的案例），或是如果他們需要系統來解決很困擾的問題，就比較不會有持續的循環發生。但是永遠可能會有不同的使用者群堅持不同的需求。為了避免專案越拖越長，並且確保專案最終能夠結束，專案團隊的經理必須安排需求的優先順序，並且制定流程，可以在必要時延遲某些需求。

類似的建議也適用於變更管理。當開發人員完成循環之後，使用者可能會希望對已經開發好的系統進行部份的變更。有些變動是無可避免，而且應該在預期之內；但如果開發人員與組織允許太多的變更，系統就可能陷入癱瘓，而且永遠無法往前。

1. 漸進式開發
2. 以使用案例來敘述需求
3. 先處理高風險功能
4. 先建立易整合的架構（cohesive architecture）
5. 儘早和經常地測試與驗證品質
6. 持續的使用者參與
7. 管理需求
8. 管理變更請求

圖6-17
UP原則

資料來源：摘錄自Craig Larman, Applying UML and Patterns：An Introduction to Object – Oriented Analysis and Design and the Unified Process 2nd Edition。

安全性與系統開發

什麼是安全的系統？具體的要求取決於資訊系統的功能，但下面是個有用的一般性定義：安全的資訊系統是指，該系統會限制有經過授權的使用者才能採取經過授權的行動。

建立安全系統的流程可以摘述為下面五個步驟：

- 決定使用者的驗證方式
- 決定使用者群組
- 列出系統的主要功能
- 決定要如何強制實施這樣的安全限制
- 針對特定功能配置權限給使用者群組

第一步是要決定系統該如何驗證使用者的身分。當使用者以John Adams的身分登入，資訊系統要如何知道他真的就是John Adams？有兩種可能的做法：資訊系統可以依賴作業系統或網路所做的身分驗證，也可以執行自己的驗證。

在組織中普遍使用的系統可以依賴作業系統或網路的認證。例如當你登入學校的網路時，會有安全性應用驗證你的系統名稱和密碼。一旦你通過網路的驗證之後，其他的資訊系統（例如選課系統）就可以使用這個驗證結果。

在組織網路外部運作的應用則必須執行自己的驗證。例如Amazon.com的帳號應用會根據名稱與密碼來驗證使用者。使用者的名稱與密碼是最低層次的使用者驗證。第11章中討論了其他的驗證方式。

一旦通過驗證之後，使用者就可以執行經過授權的活動。雖然我們可以針對每一位通過驗證的使用者定義一組可使用的活動，但這種政策會造成管理上的困擾。如果一共有200位使用者，就必須定義200組權限。當權限變動時，所有這200個帳號都必須經過檢查。當然，如果有2,000或甚至20,000名使用者的時候，情況就更糟了。

因此，使用者通常是先被指定到一或多組使用者群組中，然後再針對每一個群組來定義權限。因此，開發安全系統的第二步就是要決定使用者群組。例如在Baker、Barker與Bickel的系統中，可能會有經營者群組、預約職員群組、和系統管理者群組。從某一方面來說，使用者群組可以算是使用者能夠扮演的角色。一個人可能屬於數個群組，就像一位使用者可能扮演多種角色。例如Baker、Barker與Bickel可能會同時被指定到經營者群組和預約職員群組，而辦公室的職員則只被指定到預約職員群組。另外，負責幫Baker、Barker與Bickel維護系統的人員則會指定到系統管理者群組。

下一個步驟是要列出系統的功能。這個清單是系統設計活動的直接結果。Baker、Barker與Bickel系統所需的功能包括：房屋查詢，取得房屋可租用日期，建立變更、或刪除預約等等。稍後，使用者群組會依據適當條件被授予或不許可特定系統功能的使用權限。

在設計過程中，開發人員還得決定要如何實施限制。限制某項行動的最基本方法，就是讓使用者去嘗試，然後出現個錯誤訊息「羞辱」他說：「你沒有執行這項作業的權限」。這種訊息基本上是個侮辱，所以並不建議使用這種技術。

這種方式的改良版本是將使用者無法執行的功能關閉（disabled）。在微軟的Office中，被關閉的功能會以淺灰色顯示，而大多數的使用者也都已經學會如果他們去點選灰色的選項，將不會發生任何事情。有些應用也遵循相同的慣例，把被安全性系統關閉的功能設為淺灰色。

這個技術的另一種版本，是將資料輸入表單中使用者無法變更的部分關閉成淺灰色。例如在Baker、Barker與Bickel的系統中，預約表單中的Price欄位就可能是以淺灰色顯示。這個欄位的顏色會告訴職員它已經被關閉，所以他們不能去改變價格。

最好的辦法是不要顯示使用者無權執行的行動。這個方法不僅能避免未經授權的使用，還能對未經授權的人員隱藏功能。因為他們無法看到，所以甚至不知道有這個功能的存在。

涉及財務交易的應用，例如應付帳款、應收帳款、及薪資應用，都需要特別的安全性考量。更具體來說，這些系統的設計必須要能提供適當的責任與權利區隔。例如同一個人應該不能既被授權付款，又能夠產生支票。在這種應用中，良好的安全性需要將職務說明、使用者程序、與程式安全性功能都設計在一起。你在會計課程中會學到更多關於內控方面的知識。目前，只要記得光靠電腦程式無法有效控管財務系統，還必須靠適當的人工程序與職務說明來補強。

討論問題

就本地雜貨店的庫存應用而言，假設這個系統是在收銀機中記錄銷售與退貨的項目、訂貨的內容、以及相關的庫存管理活動。請回答下列問題，視需要建立假設，並說明你的假設。

1. 說明為什麼這套系統需要處理安全性。描述這個系統可能遭受誤用或電腦犯罪破壞的方式。
2. 說明安全性系統的定義。這個定義如何應用在雜貨店的庫存應用中？
3. 這個應用可以使用哪種類型的驗證？
4. 定義可能的使用者群組。
5. 列出五項系統功能。描述這些功能要如何分配給第4題中定義的使用者群組。
6. 雖然文中沒有討論，但有時候安全性也可能過多。請描述你認為當系統的安全性過高時，會發生什麼情況。你認為系統開發人員應該如何決定多少的安全性才最適當？

大多數成功的UP專案會對變更請求安排優先順序，並且依序實作。為了確保請求不會被遺漏或重複，開發人員會使用某類的變更追蹤系統。

極端程式設計

本章最後將針對一種新興的電腦程式開發技術「極端程式設計」（extreme programming, XP）進行簡短的討論。它對需要新業務流程與程序的大型系統開發沒什麼用，但是有組織使用它成功地開發出應用程式。

極端程式設計是循環式開發的極致。程式設計師只建立能在兩週之內完成的新程式功能。如果專案中有許多的程式設計師，每名人員的工作成果必須能夠在這段期限截止的時候組合在一起。使用者與PQA人員會在過程中持續地測試所開發的程式碼。

除了這種極端的循環風格之外，XP還有三項重要特徵：（1）以顧客為中心，（2）運用及時（just-in-time, JIT）的設計，（3）配對式程式設計。

以顧客為中心的本質

在XP中，新程式的顧客或使用者是開發團隊中的關鍵部分。顧客在專案中全職工作，並且與程式人員和測試工程師密切協商。顧客會為開發團隊主動定義個人的需求，並且在程式人員需要的時候提供需求的細節。顧客也會協助測試人員開發測試計畫和自動化測試，並且定期且循環地進行應用測試。

JIT設計

JIT是just-in-time的縮寫（請參考第7章）；XP的JIT設計是指程式人員會將程式的設計儘可能延遲到最後一刻才開始。程式人員會建立他們完成目前這次循環所需要的最少量設計－ 僅此而已。不像其他的開發技巧，JIT設計的開發人員並不會預先準備主要的程式設計；他們只在需要的時候才會去寫它。

當專案持續進行，而現有的設計開始無法運作時，開發團隊會丟棄這個設計，並且建立新的設計（這個新的設計可能會比原先丟棄的設計更簡單、或更複雜，取決於這個開發中系統的特質）。開發人員接著視需要調整現有程式，以符合新的設計。這種設計技巧意謂著開發人員會在開發過程中變動與調整程式數十次之多。雖然這種重新進行程式設計的成本可能很昂貴，但JIT的設計流程意味著最後的程式將會是最簡單的型式。

配對式程式設計

配對式程式設計（paired programming）是XP最不傳統的一項特徵：兩名程式人員會肩並肩地在同一台電腦上共同工作。當他們在同一台電腦上撰寫程式時，他們會一同看著螢幕，並持續地溝通。根據XP的鼓吹者所言，研究顯示當兩名程式人員以這種方式工作時，至少可以完成兩名程式人員各自獨立工作時的工作量，而且最終的程式碼錯誤較少，也較容易維護（註3）。此外，曾經嘗試過三週以上配對式程式設計的程式人員中，有90%都比較偏好這種方式（同註3）。

在專案的每一次循環中，其中一位程式人員會移到不同的小組。如此，許多不同的程式人員都會看到同樣的程式碼。慢慢地，共同開發的程式碼就會有一致的外觀。此外，專案也不會完全依賴單一程式人員的專業能力。許多程式人員會知道程式碼的許多不同部分。

極端程式設計並不適合所有的專案，或是所有的組織，但它至少提供了勝過傳統程式設計方法的一種希望。

四種開發方法論的比較

圖6-18比較了本章描述的四種開發技術。SDLC與RAD都處理了包含五項元件的資訊系統；OOD的UP和XP則主要是與電腦程式的開發相關。諸如微軟或Oracle等軟體開發廠商比較可能會使用後面這兩種技術；而開發諸如庫存或訂單系統等組織資訊系統的公司則比較可能使用SDLC和RAD。

你應該要熟悉這些技術，因為你可能被要求以使用者或顧客的身分參與其中的某套系統。果真如此，請嚴肅看待這份責任。使用者的參與攸關系統的成功與否，請參考「深思導引」。

系統開發方法論	範圍	優點	缺點
SDLC	所有五項元件	• 完整 • 同時處理企業與技術議題 • 試驗過、也測試過	• 需求分析可能導致分析癱瘓 • 瀑布式本質不切實際
RAD	所有五項元件	• 循環式性質能降低風險 • JAD能改善設計 • 使用雛型和CASE工具來增加生產力	• 需求分析可能導致分析癱瘓 • 較不適合非常大型專案
OOD的UP	主要是物件導向式程式	• 使用案例是有效的需求文件 • 風險往前移到精鍊階段 • 每次循環結束會得到一套可運作系統	• 對企業系統開發不如對程式開發有用 • 有沉沒在精鍊黑洞中的危險
極端程式設計	程式	• 永遠有顧客（使用者）的參與 • 配對式程式設計能改善品質、降低風險 • 當需求隨著系統開發演進時最為有用	• 焦點放在程式設計上 • JIT設計可能會浪費在重新設計上 • 當系統涉及有許多可能相互衝突的不同需求時比較沒有用

圖6-18
開發技術的比較

＊ 註3：Ron Jeffries, “What Is Extreme Programming？” XP Magazine, November 11, 2001, xprogramming.com/xpmag/whatisxp.htm#pair（2005年3月的資料）。

深思導引

處理不確定性

在1970年代中期，我擔任資料庫災難的修復員。當時有些公司會去購買那時候還很新的資料庫管理系統，但是不太知道要怎麼使用它們。身為獨立顧問，我就是受雇於那些組織。

有一家令我印象深刻的客戶，將公司的帳務系統從技術較舊的系統，轉換到新的資料庫處理領域。不幸的是，在他們關閉舊系統之後，卻在新系統中發現嚴重的瑕疵；從11月中一直到1月中，這家公司都無法送出帳單。更糟的是，它有些顧客是使用曆年的稅制，並且希望在年底之前結清帳款。當這些顧客打電話來詢問所欠帳款時，應收帳款的職員必須回答：「嗯！我們還不知道。資料就在公司裡面，但是我們沒辦法取出來。」這家公司就是在這個時候找我去擔任資料庫的災難復原工作。

問題的直接原因是這家客戶使用一次完成的轉換方式，但是如果更深入觀察，這家公司如何發現新的帳務系統有這麼多失敗呢？

在這個組織中，主管階層完全不知道要如何跟資訊人員溝通，而資訊人員也沒有與高階主管打交道的經驗。他們直接略過彼此地談話。

所幸，這家客戶在其他方面的管理大多相當健全。高階主管只需要學習如何以管理其他部門所要求的紀律，來管理他們的資訊系統專案即可。因此，一旦我們修補了帳務管理系統去解決現金流量的問題之後，管理團隊開始實施一些政策與程序來灌輸下列原則：

- 企業使用者應該要承擔新系統是否成功的責任，而非資訊人員。
- 在系統開發過程，特別是在需求階段，使用者應該主動與資訊人員合作。
- 使用者要在專案規劃、專案管理、與專案檢討中扮演主動的角色。
- 任何開發階段都必須等到使用者代表與管理階層檢視並審核完後，才算完成。
- 使用者要主動測試新系統。
- 所有未來的系統都應該以小幅漸進的方式開發。

我沒辦法斷言在使用者開始實行這些原則之後，該公司其他的所有開發專案都能順利地進行。事實上，許多使用者在承擔新責任的時候相當遲疑。在某些情況

下，使用者會痛恨他們被要求投資在這些新做法上的時間。此外，有些人對這些新角色也覺得不適應。他們希望能在自己的專業上工作，而不是被要求去參與他們沒有太多概念的資訊系統專案。還有些人並沒有嚴肅看待他們的責任；他們會毫無準備地出席會議，沒有全心投入整個過程，或是隨意核准他們並不瞭解的工作。

不過，在這場帳務災難之後，高階主管會瞭解需要做的是什麼。他們將這些做法列為優先事項，慢慢地，大多數使用者的抗拒都會逐漸被克服。當它無法被克服時，顯然高階主管才是真正的問題所在。

討論問題

1. 用一般性的說法來描述如何使用前導式轉換來實作帳務系統。描述如何使用平行式轉換來實作。
2. 如果你是帳務系統的專案經理，在決定要使用哪種轉換方式時，你的考慮因素為何？
3. 如果帳務系統是使用前導或平行方式來轉換，可能會發生什麼情況呢？
4. 用你自己的話來說明使用新原則後可能會有的好處。
5. 摘述使用者抗拒這些新原則的理由。可以做些什麼來克服這些抗拒呢？
6. 假設在你工作的公司中，使用者幾乎不主動涉入系統開發的工作。請描述這種情況的可能後果。描述你可以用來修正這個情況的五項行動。

Baker先生、Barker先生與Bickel小姐（後續）

在本章中，我們討論了許多系統開發原則在Baker、Barker與Bickel新系統上的應用。因此，我們在此不再進一步考慮這個情境。但是，「應用你的知識」第31題會請你應用這些原則，以SDLC來規劃一個開發專案。回答這些問題會協助你在未來公司的開發專案中扮演更稱職的使用者代表。

本章摘要

- 系統開發是建立與維護資訊系統的流程。它需要資訊專業人員與使用者的團隊合作。系統分析師是同時具有企業知識與技術知識的資訊人員。
- 因為資訊系統涉及所有五項元件，所以它們絕不會是現成的。
- 系統開發是關於資訊系統的建立與維護。在這個情況下，維護可能代表修正系統讓它如預期般運作，或是依據變動的需求進行調整。
- 系統開發的主要挑戰包括決定需求的困難、需求變動、時程與預算很難預估、技術變動、與規模的不經濟。
- 系統開發生命週期（SDLC）流程的主要階段包括系統定義、需求分析、元件設計、實作、與系統維護。可行性的四個向度包括成本、時程、技術、與組織的可行性。定義具體的系統需求是系統開發流程的最重要任務。在元件設計階段中必須要設計這五項元件的每一項。
- 在實作階段，開發人員會建構、測試、與安裝資訊系統的元件。產品品保（PQA）人員的專長在系統測試。系統轉換的四種方式是前導、分階段、平行、與一次完成式。通常，組織應該避免一次完成的轉換方式。
- 在維護階段，開發人員會修正或調整系統。組織必須維護一套追蹤失敗與追蹤改進請求的系統。SDLC是個週期，因為改良系統的決策就是開啟下個SDLC週期的決策。SDLC被稱為瀑布式模型，因為它假設這個流程是以一系列不再重複的階段來運作。
- 快速應用開發（RAD）使用漸進式開發，分解設計與實作階段，並且盡可能在這些階段中使用電腦來協助。RAD相互交織設計與實作階段，並且使用雛型（新系統的一種模擬）。使用雛型的危險是它們讓系統看起來比實際上更接近完成。
- 聯合應用設計（JAD）是另一種RAD做法。使用者、開發人員、與測試人員所組成的團隊，會在短短幾天的會議中，一同合作設計系統的某些部分。RAD也會使用電腦輔助軟體/系統工程（CASE）工具。
- 第三種開發方法論是物件導向式開發（OOD）。OOP所得到的程式比使用其他技術所開發的程式更容易修正與調整。統一塑模語言（UML）是一組支援OOD的圖示技術。UP是OOD開發方法論的一個範例。
- UP的階段為起始、精鍊、建構和移轉。精鍊與建構階段與SDLC的階段都不相同；他們包含需求／設計／建構工作的循環。每次循環結束時都會有一個經過測試且可以運作的系統。精鍊與建構階段都是以使用案例來表示需求。在精鍊階段，開發人員會建立系統架構，並且實作高風險的功能。在建構階段，開發人員會建構風險較低的系統功能。

- 極端程式設計（XP）是開發電腦程式的新興技術。專案被切割為兩週或更短的循環週期。XP具有以使用者為中心、使用JIT設計、與程式人員配對工作等特徵。

關鍵詞

Analysis paralysis：分析癱瘓
Beta testing：Beta 測試
Brooks's Law：布魯克斯定律
CASE tool：CASE工具
Code generator：程式碼產生器
Computer-assisted software/systems engineering（CASE）：電腦輔助軟體／系統工程
Cost feasibility：成本可行性
Extreme programming（XP）：極端程式設計
Incremental development：漸進式開發
Joint application design（JAD）：聯合應用設計
Maintenance：維護
Object-oriented development（OOD）：物件導向式開發
Object-oriented programming（OOP）：物件導向式程式設計
Organizational feasibility：組織可行性
Paired programming：配對式程式設計
Parallel installation：平行式安裝
Patch：修補程式
Phased installation：階段式安裝
Pilot installation：前導式安裝
Plunge（direct）installation：一次完成（直接）式安裝
Product quality assurance（PQA）：產品品保
Prototype：雛型
Rapid application development（RAD）：快速應用開發
Repository：儲存庫
Schedule feasibility：時程可行性
Service pack：修補包
System analyst：系統分析師
System conversion：系統轉換
Systems analysis and design：系統分析與設計
Systems development：系統開發
Systems development life cycle（SDLC）：系統開發生命週期
Technical feasibility：技術可行性
Test plan：測試計畫
Unified Modeling Language（UML）：統一塑模語言
Unified process（UP）：統一過程
Use case：使用案例
Visual development tools：視覺化開發工具
Waterfall：瀑布式

學習評量

複習題

1. 說明系統開發與電腦程式開發間的差異。何者與商務人士的關係較密切？
2. 資訊系統中關於程序與人員問題的修正，是誰的責任？
3. 說明為什麼電腦需求很難決定。請舉出本章之外的一個例子。
4. 說明為什麼系統開發是針對移動中的目標瞄準。請舉出本章之外的一個例子。
5. 說明為什麼系統開發的時程與預算很難估計。請舉出本章之外的一個例子。
6. 說明技術變動所造成的兩難。
7. 什麼是規模不經濟？它與系統開發有什麼關係？

第8到18題是關於SDLC的問題。

8. 列出SDLC的五個階段。
9. 摘述需求階段的主要任務。
10. 可行性評估的目的為何？

11. 使用者在資訊系統開發專案團隊中扮演什麼角色？

12. 列出需求的來源。

13. 描述程序元件是一個需求來源的情況。描述人員元件是一個需求來源的情況。

14. 如果需求定義得不正確或不完整，會發生什麼情況？

15. 分別摘述五項元件的設計任務。

16. 分別描述五項元件的實作活動。

17. 列出並描述四種轉換方式。

18. 資訊系統開發的瀑布式模型有什麼問題？

第19到22題是關於RAD的問題。

19. RAD流程與SDLC流程有何不同？

20. 描述漸進式開發的性質。

21. 使用雛型的危險是什麼？

22. 描述JAD會談。

第23到27題是關於OOD與UP的問題。

23. 解釋下列敘述：「電腦程式設計的問題在於存在有太多的自由。」

24. 在起始階段要完成什麼任務？

25. 描述精鍊階段的性質。這個階段應該處理哪些任務？

26. 描述建構階段的性質。

27. 用你自己的話說明UP與SDLC有何不同？它與RAD有何不同？

28. 摘述XP的重要特徵。

應用你的知識

29. 重讀第4章關於電台志工資料庫的開發專案，從系統開發的角度來思考這個專案：

- **a.** 使用SDLC為這個專案發展一個簡短的計畫。列出每個階段需要執行的主要任務。
- **b.** 使用RAD為這個專案發展一個簡短的計畫。列出每個階段需要執行的主要任務。
- **c.** 使用UP為這個專案發展一個簡短的計畫。列出每個階段需要執行的主要任務。
- **d.** 你認為這三項技術何者最適合用來開發這個資料庫？

30. 重讀第5章中與新併購公司連線的專案，從系統開發的角度來思考這個專案。使用SDLC為這個專案發展一個簡短的計畫，列出每個階段需要執行的主要任務。而且請針對五項元件各必須完成之工作，一併在計畫中描述。

31. 假設你是Baker、Barker與Bickel聯盟的成員之一，而且其他成員要求你帶領專案的規劃，以開發符合三家公司出租彼此房屋所需的資訊系統。因為聯盟的實際價值還不清楚，你和其他成員希望能限制前端的資訊公開程度。使用SDLC來建立計畫。

- **a.** 列出你在需求階段所必須執行的具體任務。
- **b.** 假設你不是自行開發程式，而是向廠商取得授權後修改。列出你在設計階段必須執行的具體任務。答案中應考慮到所有的五項元件。
- **c.** 列出你在實作階段必須執行的任務。考慮所有五項元件。分別描述你要如何實作本章所描述的四種轉換技術。
- **d.** 描述維護活動。包括必須執行以便協助判斷聯盟真正價值的那些活動。

應用練習

32. 假設你的任務是追蹤系統開發專案中投資在開會的人力時數。如果你們用傳統的SDLC，而且每個階段都需要兩種會議：涉及使用者、系統分析師、程式人員、與PQA測試工程師的工作會報；以及涉及上述所有人員跟使用者單位與資訊部門一、二級主管的審查會議。

- **a.** 建構一份試算表，用來計算投資在專案每個階段的總人力時數。開會時，假設你會輸入專案階段、會議類型、開始與截止時間、和每種與會人員的數目。你的試算表應該要能計算總人力時數，並且能夠將總時數加入該階段與專案的整體時數上。
- **b.** 修改你的試算表，加入每個階段每種人員的人力時數預算。在試算表中顯示預估與實際消耗時數之間的差異。

c. 修改你的試算表，加入人力的預算成本與實際成本。假設每種員工的平均人力成本都只需要輸入一次。

33. 使用Access開發一個追蹤失敗的資料庫應用。對每個失敗，你的應用都應該記錄下列資料：

FailureNumber（使用Access自動編號的資料型態）

DateReported

FailureDescription

ReportedBy（報告這項失敗的PQA工程師姓名）

FixedBy（被指派修正這項失敗的程式人員姓名）

DateFailureFixed

FixDescription

DateFixVerified

VerifiedBy（驗正修正結果的PQA工程師姓名）

a. 建立Failure表格、PQA Engineer表格、和Programmer表格。後兩個表格應該有Name與Email欄位（假設每個表格中的姓名都沒有重複）。為每個表格增加其他適當的欄位。

b. 建立可以用來報告有關失敗、失敗修正、以及失敗驗證的表單。表單應該可以讓使用者只需要用下拉式方框，就可以將適當表格中的PQA工程師或程式人員姓名填入ReportedBy、FixedBy、和VerifiedBy欄位。

c. 建構一份報表，可以先依照報告失敗的PQA工程師姓名，再依照DateReported欄位排序，來顯示所有的失敗。

d. 建構一份只顯示已修正、且已驗證之失敗的報表。

e. 建構一分顯示已修正、但尚未驗證之失敗的報表。

職涯作業

34. 使用你最習慣的搜尋引擎，上網搜尋系統分析師的工作機會。點選你覺得有趣的四到五條超鏈結，並回答下列問題：

a. 描述這項工作的教育要求。

b. 描述取得這種工作所需的資格。

c. 描述你可以為這種工作預作準備的實習與兼職工作。

d. 摘述這個工作的職業展望。

e. 你對這個工作有興趣嗎？請說明為什麼。

35. 回答第34題，但改成測試工程師的工作機會。

36. 回答第34題，但改成應用程式設計師的工作機會。

個案研究 6-1

技術可行性的必要性

美國國稅局（IRS）的「企業系統現代化」（BSM）專案是個以現代技術系統取代現有稅務處理資訊系統的多年期專案。請回顧「MIS的使用1-1」與「個案研究1-2」，關於其需要、問題、和建議解決方案的討論。

產生最多爭議、並且造成最嚴重延遲的子系統是顧客帳戶資料引擎（Customer Account Data Engine, CADE）。CADE的核心是業務規則（business rule）的資料庫。CADE的資料庫不像大多數資料庫中包含的是諸如顧客姓名、電子郵件、帳戶餘額等等的事實和數字，而是關於組織應該如何執行業務的業務規則。就IRS的情況，這個資料庫中包含的是關於稅法與處理稅務表單的規則。下面是這種規則的一個例子：

規則10：
IF 表單 1040EZ第7行的數字大於0
THEN 啟動規則15

利用規則式運算，IRS只要開發能夠存取資料庫的程式，並且遵照規則執行即可；完全不必開發其他的程式。

規則式系統與傳統的應用程式有很大的差異。使用傳統的技術，開發人員要訪談使用者，決定有哪些業務規則，然後撰寫根據這些規則運作的電腦程式。這種傳統程式設計的缺點，在於只有受過技術訓練的程式人員能夠解讀程式碼中的規則。此外，只有受過訓練的程式人員能夠新增、修改、或刪除規則。

CADE這種規則式系統的好處是將業務規則儲存在資料庫中，因此，可以由具備業務知識但僅有少許電腦訓練的人員來解讀、新增、修改、或刪除。因此，理論上CADE比使用傳統程式語言所開發的系統更能隨著需求的變動作調整。

不幸的是，對於像IRS稅務處理這麼龐大而複雜的問題上，使用規則式系統的技術可行性尚不確定。至少從公開記錄上看來，沒有人曾經評估過這項可行性。結果是一連串的時程落後，與成本超支。第一版的CADE只處理最簡單的個人退稅（使用國稅局1040EZ表單），預計應該於2002年1月完成。但是它一直延遲到2003年8月，然後又再次延遲到2004年9月，才終於能展示第一版的部分功能。

這個簡單退稅活動的資料庫包含約1,200條業務規則，但是當時並沒有對整個系統所需的規則數目做任何可靠的估計。缺乏這項估計的後果特別嚴重，因為有些專家認為建立規則的難度與複雜度，會隨著規則數目的增加，而呈幾何倍數增加。同時，IRS在2003年已經投資了3,300萬美金，而2004年又花了8,400萬美金。

IRS雇用了卡耐基美隆大學（Carnegie Mellon University）的軟工學會（Software Engineering Institute, SEI），請他們根據問題的歷史，對此專案進行獨立的稽核。SEI確認沒有人確實知道最終會需要多少的業務規則。此外，根據SEI的報告書：

> 我們相信業務規則的收割、而不是撰寫，將是後續CADE版本之成本與時程的主要驅動因素。我們所謂的「收割」是指捕捉、判斷、並且將規則分類。CADE已經投資了許多資源來探索規則引擎，但是卻沒有投注多少資源在規則本身。IRS必須先瞭解並記錄它的業務規則，以及規則間的複雜互動。有些對CADE造成傷害的延遲，其實是對業務規則不夠瞭解的直接結果。這個情況只會隨著所實作規則的數目及複雜度增加而更為嚴重。

根據SEI的證詞，在沒有對業務規則數目的可靠估計下：

沒有人知道規則的收割要歷時多久，需要多少人員，所需人員的背景、訓練、與經驗，或者它的成本是多少。根據我們所聽到的閒談資訊，我們相信這個時間將以數年計，而成本則可能要以數千萬美金計。

在收割規則方面，除非能夠取得可靠、且受到支持的成本與時程估計，否則未來的CADE計畫與時程只是一個不斷延遲與錯過里程碑的可能題材罷了。

資料來源： U.S. House, Committee on Ways and Means, Subcommittee on Oversight, Statement of M. Steven Palmquist, Chief Engineer for Civil and Intelligence Agencies, Acquisition Support Program, Software Engineering Institute, Carnegie Mellon University, Pittsburgh, Pennsylvania, February 12, 2004; and treas.gov/irsob/documents/special_report1203.pdf（資料取得日期：2005年6月）。

問題：

1. 姑且略過本案例撰寫之後再發生的開發活動，請陳述本專案的技術可行性、成本可行性、與時程可行性。

2. 使用你的想像去嘗試瞭解這個情況是如何發生的。IRS選擇一組承包商來開發能夠支援現代化工作的資訊系統。這些承包商提議使用規則式系統，但是顯然沒有人問過這種系統是否能在這麼大規模的問題上運作。怎麼會發生這種事呢？假設你是IRS的非資訊主管，你會想到要問這個問題嗎？假設你是其中一位承包商的高階主管，又如何呢？如果你真的問了，而你的技術人員說：「沒問題」，你會怎麼做呢？

3. 假設你是IRS的高階主管。為了幫你的管理辯護，你說：「我們雇用了聲譽優良的承包商，它們對於開發大型複雜系統的經驗豐富。當他們告訴我們規則式系統是解決之道，我們當然就同意囉！我們應該對專家心存懷疑嗎？」請評論這個敘述。你相信這個說法嗎？你認為這是個理由嗎？

4. 根據SEI的檢討，值得注意的是沒有人考慮到收割規則的時間、成本和困難度嗎。顯然，從專案一開始就必須要配置時間與人力來處理這個問題。你覺得為什麼會有這種疏忽發生？這個疏忽的結果是什麼？

5. 假設最後發現規則式系統對於處理更複雜的退稅是不可行的，IRS還有什麼選擇方案呢？身為納稅人，你有什麼建議呢？

6. 到Google搜尋「IRS CADE problems」，並且閱讀三到四篇關於最近發展的文章與報告。評論最近的資訊中，能夠闡明你第1到5題答案的內容。IRS看起來是遵照什麼策略來解決這個問題？這個策略成功的可能性有多大呢？

個案研究 6-2

學習遲緩，或是什麼呢？

在1974年，當我在科羅拉多州立大學任教時，我們進行了一項資訊系統失敗原因的研究。我們訪談了數十個專案的人員，並且收集另外50個專案的資料。根據我們對資料的分析顯示，資訊系統失敗的最重要因素就是缺乏使用者的參與。第二個主要因素則是不明確、不完整、與不一致的需求。

當時，我是個非常虔誠的電腦程式人員與資訊科技迷，而且老實說，我真的很驚訝。我認為最重要的問題應該是技術問題。

我特別記得其中的一次訪談。一家大型糖果製造商嘗試建立一套付款給甜菜農夫的新系統。新系統要在大約20個不同的甜菜收集地點導入，它們大都位於鐵路調度場鄰近的小型農村中。因為有新系統就不再需要在地的審計人員，所以新系統有一大好處是可以大幅節省成本。預估新系統可以省掉20個左右的資深人員職務。

然而過去數十年來，一直是這些審查員負責付款給當地農夫；他們不僅是公司內深受歡迎的領導人物，在村中亦是如此。他們是深受喜愛、備受尊敬的重要人士。造成他們失業的系統，套句本章的術語，至少是缺乏組織可行性。

不論如何，這套系統還是開發了，但是一位參與的資訊人員告訴我：「就某種程度來說，這套新系統就好像從來沒有運作過。資料從來沒能及時輸入，不然就是有錯或不完整；有時候，資料根本完全沒有輸入。在重要的收割季節中，我們的作業完全失敗，最後，我們決定撤退，並且回到原本的系統。」如果有系統使用者的主動參與，則在系統開始實作之前很久，就可以發現這項組織可行性上的缺失。

你會說，這是很早以前的歷史。可能吧！不過在1994年Standish Group出版了一份新的關於資訊系統失敗的著名研究，標題為「混亂報告書」。研究中指出資訊系統失敗的首要原因，依序為：（1）缺乏使用者輸入，（2）需求與規格不完整，和（3）變動的需求與規格（standishgroup.com）。這篇報告可是在我們研究之後二十餘年才完成的。

更近一些，馬里蘭大學的Joseph Kasser教授和他的學生在2004年分析了19個失敗的系統，目的是要判斷他們的原因。他們接著將他們對原因的分析，和參與這些失敗的專業人員意見進行相關性分析。分析的結果顯示，系統失敗的首要原因就是「不良的需求」，第二個原因則是「與顧客的溝通不良」（softwaretechnews.com/technews2-2/trouble.html）。

在2003年，IRS的檢討委員會歸納出IRS BSM失敗的首要原因（參見「個案研究6-1」）為「專案所有權與主辦者沒有歸屬到適當的事業單位」。這導致不切實際的企業案例，以及專案範疇一直持續蔓延。

超過30年間的持續研究，顯示系統失敗的主要原因是缺乏使用者的參與，以及不完整與變動的需求。然而，來自這些失敗的失敗還是持續增加。

資料來源：standishgroup.com; softwaretechnews.com/technews2-2/trouble.html。

問題：

1. 使用本章的知識，摘述你認為使用者在資訊系統開發專案中應該擔任的角色。使用者有哪些責任？他們應該與資訊系統團隊多密切合作？誰要負責說明需求與限制？誰要負責管理需求？

2. 如果你詢問使用者為什麼他們不參與需求規格制定，下面是一些常見的回應：

a. 他們沒有問我。

b. 我沒有時間。

c. 他們在討論18個月後的一套系統，但我現在正忙著擔心今天就要出貨的一筆訂單。

d. 我不知道他們要什麼？

e. 我不知道他們在說什麼。

f. 當他們開始這個專案的時候，我還不在這裡工作。

g. 從他們來了之後，整個情況已經改變；那是18個月前囉！

請評論這些說法。對於未來可能是使用者或使用者主管的你，這使你聯想到什麼樣的策略？

3. 如果你詢問資訊人員為什麼他們沒有取得完整與精確的需求清單，下面是一些常見的回應：

a. 要安排使用者的時間簡直就不可能。他們一直都很忙。

b. 使用者都沒有定期參與我們的會議。因此，某次會議可能是以某個群組的需求為主，另一次會議又是以另一個群組的需求為主。

c. 使用者並沒有認真看待需求流程。他們在審查會議之前都沒有完整地檢視需求說明。

d. 使用者一直在換。我們第一次是跟某人討論，第二次又換了一個人，而且他們要的是不同的東西。

e. 我們的時間不夠。

f. 需求一直在變。

請評論這些說法。對於未來可能是使用者或使用者主管的你，這使你聯想到什麼樣的策略？

4. 如果大家都能體認到資訊系統失敗的主要原因之一，就是缺乏使用者參與，而且如果在經過30年的經驗之後，這個因素仍舊是個問題，這意謂著這是個無解的問題嗎？舉例而言，每個人都知道如果你可以在當年度股價最低時買進，最高時賣出，就可以賺最多的錢，但是要做到可是非常困難。是否同樣如此，雖然每個人都知道使用者應該參與需求制定，而且需求應該要完整，但就是無法做到？為什麼呢？

第 3 單元

資訊系統

本單元主要介紹今日組織所使用的主要資訊系統。這些系統都應用了在第 3 到 6 章學習到的資訊科技，可用以協助企業與組織取得競爭優勢、解決問題、與制訂決策。

第 7 章探討組織內的資訊系統，內容介紹針對單一企業功能的功能性應用，以及支援跨部門流程的整合性應用。第 8 章探討企業間的資訊系統，討論了電子商務與供應鏈，描述如何使用資訊系統來解決多個組織間的問題，並整合它們的活動。第 9 章介紹商業智慧與知識管理系統，內容涵蓋報表系統、資料倉儲、資料探勘應用、和知識管理系統。

組織內的資訊系統

學習目標

- 瞭解功能性系統和整合性跨部門的流程式系統。
- 學習人力資源、會計、業務與行銷、作業、和製造等功能性資訊系統的功能與目的。
- 瞭解因為功能性系統彼此孤立所造成的問題。
- 瞭解 Porter 競爭策略與價值鏈模型的基本觀念。
- 瞭解價值鏈與企業流程再造如何導致整合性應用系統的開發。
- 學習三種整合性系統的特性與功能：客戶關係管理（CRM）、企業資源規劃（ERP）、和企業應用系統整合（EAI）。

專欄

倫理導引
打電話找錢

解決問題導引
思考變革

反對力量導引
時尚俱樂部

安全性導引
集中式的弱點

深思導引
ERP 與標準、標準藍圖

本章預告

本章將討論組織如何應用你在第3到6章學到的技術。企業應用這些技術的目標是要建立資訊系統，以提供競爭優勢、協助解決問題、並促進決策制定。如本章的章名所示，本章只討論組織內企業流程相關的資訊系統。處理跨組織的資訊系統也很重要，但留在第8章討論。

本章的討論分為三個部分。首先，我們要研究支援人力資源、會計、業務與行銷、作業、和製造的功能性資訊系統。這種功能性系統能協助組織達成他們的目標，但是它們也有重要的限制，將在本節的最後討論。

下一節將應用Michael Porter所開發的兩個模型。你會看到Porter的模型指出整合性資訊系統的開發方式。這種系統提供跨部門界線的特性與功能。最後，本章將說明三種重要的整合性系統：客戶關係管理（CRM）、企業資源規劃（ERP）、與企業應用系統整合（EAI）。

通用電子

假設你是電子設備製造商通用電子（Universal Electronics）的客服主管。公司的產品是小型的電子儀器，例如電壓計、多功能量測器、和電路檢測設備等。且公司的策略盡可能以最低的價格提供具備基本功能的產品。

目前，通用公司只收集與儲存有限的客戶資料。你服務的部門負責在產品因安全問題而回收時，記錄下客戶的姓名和地址，但這些資料卻很少用到。事實上，客服部門除了處理回收及其他問題外，很少提供其他的客戶服務。

你是一位具有能力且有企圖心的專業人士，並且持續留意著客戶服務與支援的最新趨勢。你知道若公司能維護客戶特性與採購記錄的資料庫，就能夠提供更好的支援，而你也可以藉由分析這些資料，為銷售與採購模式做出判斷。例如，你可以推斷購買了引擎調整設備的客戶，很有可能會購買萬用電錶。而銷售部門就可以使用這類資料進行促銷與銷售的前置作業。

你向老闆說明了這些想法，他很感興趣，所以交代你在兩週內釐清這個想法。而你依據MIS課程中所學到的資訊系統開發技術，決定先做這個系統的可行性分析。你知道會需要資訊部門支援系統的開發，因此連絡了資訊部門主管。他也對這個計畫感興趣，並且指派一位系統分析師與你合作，一起進行了可行性分析，並且開發了專案計畫書。

在分別向兩個部門的主管報告了剛完成的計畫案，並經過些許修正後，他們通過了這個計畫。公司內部有一個負責審查具潛力的新專案的高階主管委員會，經過安排，你將在下次的月會中，針對這個計劃向委員會進行簡報。

通用的營運長（COO）是這個委員會的主席，而這是你第一次有機會向他做簡報。可以想像，在一開始時你有多緊張，但因為你對這個計畫的瞭解與熱忱，讓你完成了一場出色的簡報。在會議結束時，營運長感謝你傑出的工作表現，並且表示委員會將在看完當天所有的提案後給你回覆。

你知道這是個很好的想法，也盡力完成這項作業，同時，你也清楚地表達了這個系統的概念和可以為組織帶來的效益。你相信這個提案應該會通過，而你很快就可以參與這個專案的開發工作。因此，當你走進老闆的辦公室，並獲知委員會否決這個構想時，你真的非常驚訝！委員們並不希望你或公司內其他人花時間在這個專案上。到此為止！

你的老闆說：「老實說，我很驚訝。我真的認為他們應該會同意。不過，營運長有說，如果你想知道他們拒絕的原因，可以安排時間跟他開會。」

你很沮喪、而且憤怒。這個新系統的效益如此明顯，而且投資的回收很高，你真的無法理解委員會的決定。你開始質疑公司的管理階層。也許他們根本搞不清楚他們在做什麼？也許你應該考慮換個工作？

那個周末，你決定開始找新的工作。同時，也決定要去赴營運長的約，既然都要換工作了，這樣做也沒什麼損失。

隔週的週二下午，當你在營運長大辦公室坐定之後，他說：「你上週五表現得很好，我們對你工作的品質印象深刻。這是很有趣的想法，而且簡報很成功。」

你開始結巴：「那我就不懂了。為什麼你要拒絕這個提案呢？是因為太貴了嗎？」

「不，我們可以負擔得起。這並不是問題。」

「那問題是？」

「這不是我們該做的事。它不符合我們的策略。」

「你的意思是？」

「我們的目標是要提供市場上最低價的電子設備。我們一直都是市場的成本領導者，所以，我們所做的每件事都是要讓我們更接近這個目標。你的簡報確實在委員會中激起了相當的迴響，但如果像你這樣聰明而且積極的年輕人都不瞭解我們的策略，表示我們這些高階主管沒有做好我們的溝通工作。關於這個問題，你過幾週就會看到它反映在我們對員工的新溝通方案上。」

「但是...」你繼續說：「我有證明開發這個保存客戶資料的系統，能夠有很好的投資報酬率啊！」

「你的確有做，但是這跟投資報酬率無關。它跟策略有關。從公司的角度，我們不想去建立可能有某些人會用的客戶資料庫。如果我們這麼做，就會因為耗費掉人力時間，而無法成為成本領導者，這才是我們真正該做的事，這也就是客戶對我們在這個產業的印象。如果我們失去了這個特色，也就失去了我們的事業。」

「但是這套新系統可以節省成本...」

「啊！這就不一樣了。」營運長打斷了你的話：「不過，你的計畫書中並沒有提到這一點，對嗎？你的計畫書著重在提供更好的客戶服務、支援、與銷售。這些是我們競爭對手的重要目標，因為他們不是成本領導者。它們正試著要成為產品領導者。」

「所以如果我能證明它能節省成本...」

「是的，但先別往這個方向走...我會告訴你原因。先花些時間想想我們要如何使用資訊系統來節省成本。你提議的系統可能是一種節省成本的方式，但未必是最好的一種。好好想想這點。之後的三個禮拜我會去亞洲出差。回來後我會忙著開上幾個禮拜的會。請跟Brenda預約我六週後的開會時間。然後告訴我公司如何使用資訊系統來節省成本。順帶一提，你得另外找時間做這件事。我希望你還是得好好做你原來的工作。我們可沒辦法負擔在你做這件事的時候，另外找個人來管理你的部門。所以，兩邊都要顧好。」

在你走回辦公室時，腦中還一片混亂。

為了回應營運長的要求，我們需要運用到本章跟下一章介紹的觀念。我們會在本章最後回顧這個故事，並且在下一章的最後把它結束。

資訊系統的三種類型

如果我們先從一段簡短的歷史開始說起，會更容易瞭解組織內的資訊系統。圖7-1是資訊系統演進的三個階段。

計算性系統

最早的資訊系統是計算性系統（calculation system），這在今日似乎已經是老骨董了，但其實它們距離現在並沒有真的那麼久。事實上，他們可能是你祖父母工作時使用的系統。

這些早期系統的目的是希望將工作者從繁瑣重複的計算工作中解放出來。初期的系統會計算薪資和開立支票；它們會將借方與貸方登錄到總帳中，並且完成借貸平衡。它們也會追蹤存貨數量，透過每季一次的實際盤點進行驗證。而當系統有在運作時，計算機器會比人類更精確。這些系統是為了省力而使用的裝置；但事實上，它們生產的資訊很少。現在已經沒有這種系統了。

功能性系統

第二代的功能性系統（functional systems）是要協助單一部門或功能的運作。他們是第一代系統能力自然延伸後的結果。例如薪資延伸為人力資源，總帳成為財務報表，而庫存則併入作業或製造。這可不僅僅是名稱的改變。在每個功能領域，企業都加入了更多的功能來涵蓋更多的活動，並且提供更多的價值和協助。

功能性應用系統的問題在於它們的孤立性（isolation）。事實上，功能性應用系統有時稱為自動化的孤島（islands of automation），因為它們彼此之間是獨立運作的。可惜的是，獨立而孤立的系統無法產生企業所需的許多效率。採購會影響庫存，庫存會影響生產，生產會影響客戶滿意度，而客戶滿意度又會影響未來的銷售。有時候就單一功能（例如採購）看起來很適當的決策，對整個流程而言可能是毫無效率。

名稱	世代	範圍	觀點	範例	技術象徵
計算性系統	1950－1980（你的祖父母）	單一目的	免除煩瑣的人工計算。「讓它做就是了！」	薪資 總帳 庫存	大型主機 打洞的卡片
功能性系統	1975－20??（你的父母）	企業功能	使用電腦來改善各別部門的作業與管理	人力資源 財務報表 訂單輸入 製造（MRP與MRP II）	大型主機 單機式PC 網路與LAN
整合性系統（跨功能或流程式系統）	2000...（你）	企業流程	開發資訊系統將獨立的部門整合為組織性的企業流程	客戶關係管理（CRM） 企業資源規劃（ERP）	網路式PC 主從式架構 網際網路與企業內網路

圖7-1
組織內的資訊系統歷史演進

整合的跨功能系統

功能性系統的孤立問題，導致第三代資訊系統的產生。在這個世代，系統的目的不是為了協助單一部門或功能的作業，而是將活動整合在完整的企業流程中。因為這些活動會跨越部門疆界，所以有時候又稱為跨部門（cross-departmental）或跨功能系統（cross-functional systems）。因為它們支援完整的企業流程，所以也稱為流程式系統（process-based systems）。

從單一目的過渡到功能性應用系統相當容易。較新的系統只是在單一部門內提供較多的功能。權力的界線十分清楚，而且不需要太多部門間的協調。不幸的是，從功能性系統過渡到整合性系統非常困難。整合性的處理需要許多部門去協調他們的活動。權力的界線不清楚，同儕間的競爭可能很激烈，而部門間的對立可能會破壞新系統的開發。

今日的大多數組織都是功能性與整合性系統的混合體。不過，要成功地在世界各地競爭，組織最終必須取得整合性跨部門的流程式系統的效率。因此，在你的職涯中，你可以預期會看到越來越多的整合性系統，以及較少的功能性系統。事實上，你將來很可能就是其中一名要求導入整合性新系統的企業領導人。

順帶一提，不要假設本章之後所討論的系統和流程只適用在商業性組織。非營利和政府組織也有幾乎相同的流程，只是取向不同。例如政府的勞工局同樣有員工與客戶。美國女童軍也有總帳與財務報表，以及作業性系統。非營利與政府組織的資訊系統是以服務品質和效率導向，而不是以營利為目的，但是這些系統都還是存在。

功能性系統概論

圖7-2列出主要的功能性系統。如前所述，這些都是針對特定的企業功能需求。下面將逐一討論。

人力資源系統

人力資源系統（human resource system）支援組織員工及相關人員的雇用、薪給、評估、和開發。第一代的人力資源（HR）應用系統基本上只做薪資的計算，現代的HR應用系統則涵蓋HR活動的所有面向，如圖7-3所示。

企業的規模和複雜度不同，人員招募的方法也可能很簡單或很複雜。在小型企業中，發佈職缺可能是只需要一、兩個人審核的簡單工作。在較大、較正式化的組織中，發佈新職缺就可能需要多個層級的審核，以及緊密控制與標準化的程序。

薪酬（compensation）包含對月薪與時薪人員的薪給；還可能包含對顧問和約聘人員的薪資給付。此外，薪酬處理的工作不僅包含薪資，還包括休假、病假、醫療、和其他福利的處理與記錄。薪酬活動還會支援退休計畫、企業認股、和股票選擇權。它還可能包括勞退基金的管理。

功能	資訊系統範例
人力資源	• 雇用 • 薪酬 • 評鑑 • 發展與訓練 • 人力資源規劃
財務會計	• 總帳 • 財務報表 • 成本會計 • 預算 • 應收帳款 • 應付帳款 • 現金管理 • 財務管理
業務與行銷	• 業務名單追蹤 • 銷售預測 • 客戶管理 • 產品管理
營運	• 訂單輸入 • 訂單管理 • 成品庫存管理 • 客戶服務
製造	• 庫存 • 規劃 • 排程 • 生產作業

圖7-2
典型的功能性系統

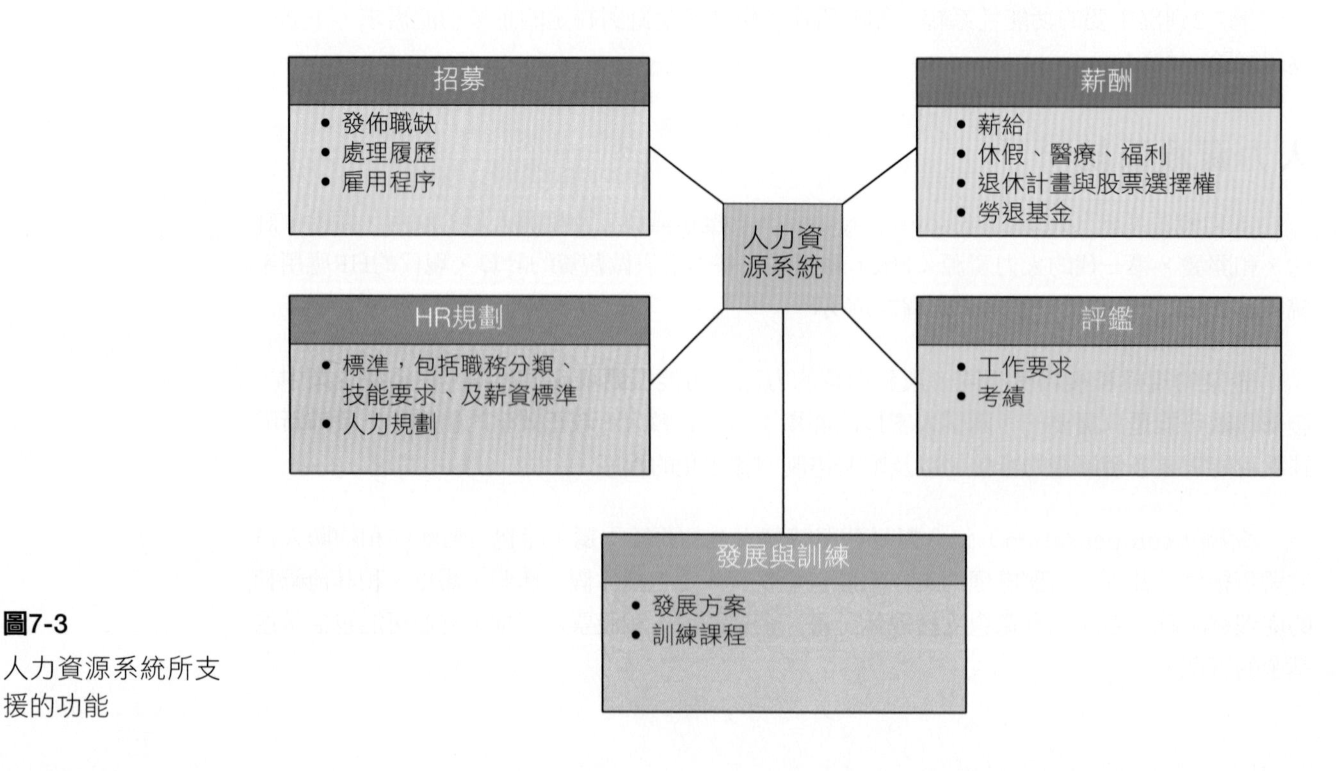

圖7-3
人力資源系統所支援的功能

員工評鑑（assessment）功能包括出版標準職務與技能說明，以及支援員工考績的進行。這種支援功能使讓員工能進行自我評鑑，以及對同儕和下屬的評鑑。員工考績是薪酬與升遷的基礎。

每家公司的員工發展與訓練活動都不盡相同，包括組織標準職務分類的建立，以及各職等的薪給範圍等。規劃中還包括根據職等、經驗、技能和其他因素來決定員工的未來需求。

財務會計系統

圖7-4是典型的財務會計系統（accounting and finance systems）。你在會計課程中應該已經知道什麼是總帳。財務報表應用系統使用總帳資料來提供財務報表和其他報表給管理階層、投資人、和政府機構（例如證管會）。

成本會計應用系統會決定產品與產品家族的邊際成本與相對利潤。預算應用系統會分配與安排營收跟費用的進度，並且將真實的財務結果與預定計畫進行比對。

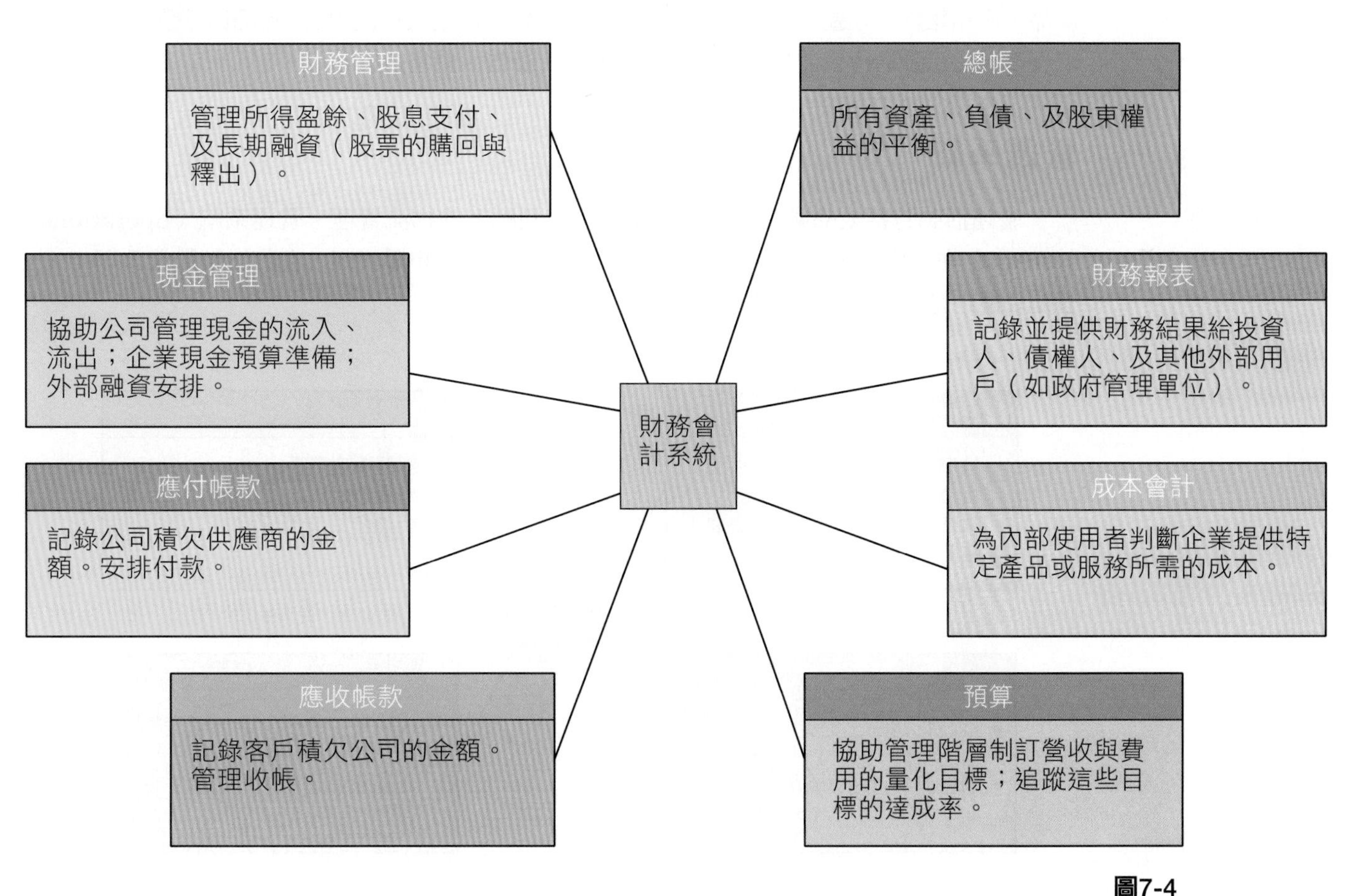

圖7-4
財務會計系統

應收帳款不只包括應收與收款，還包括帳齡與收帳管理。應付帳款系統則包含採購的銷帳，以及根據組織付款政策來安排付款時間。

現金管理負責安排付款與應收時程的流程，以及規劃現金的使用以平衡組織的可用現金與現金需求。其他的財務管理應用系統還包含活存管理及電子轉帳。最後，財務管理應用系統則是關於組織資金的投資管理，以及股息的分配等。

銷售與行銷系統

圖7-5是典型的銷售與行銷系統（sales and marketing systems）。它們會儲存潛在客戶的資料、客戶有興趣的產品、以及業務員在開發客戶時的聯絡資料。業務主管會使用銷售預測系統來預測未來的銷售量。通常，這種系統會加總個別業務人員的估計，以得到營業所的預測，再加總營業所的預測以得到區域性預測，依此類推。管理階層使用這些計算結果來規劃企業的營運，以及製作給投資人的營收預測。

客戶管理系統會維護客戶聯絡資料、信用狀態、過去的訂單、和其他的資料。客戶和潛在客戶的差異在於已經下過訂單的才算是客戶。在某些組織，潛在客戶的追蹤與客戶管理資料都是由同一套系統處理。

行銷人員會使用產品管理系統。這種系統包含多種不同的功能，例如有些系統會根據產品、產品類別、地區、通路等回報產品的銷售量。行銷人員使用這些資訊來判斷產品的成功程度，並且評估行銷活動的效果，包括促銷、廣告、銷售通路等等。

營運系統

營運活動包括成品庫存管理，以及從庫存到顧客的物流管理。營運系統（operations systems）在非製造業特別重要，例如經銷商、批發商、和零售商。在許多製造業公司中，營運功能則是合併在製造系統中。

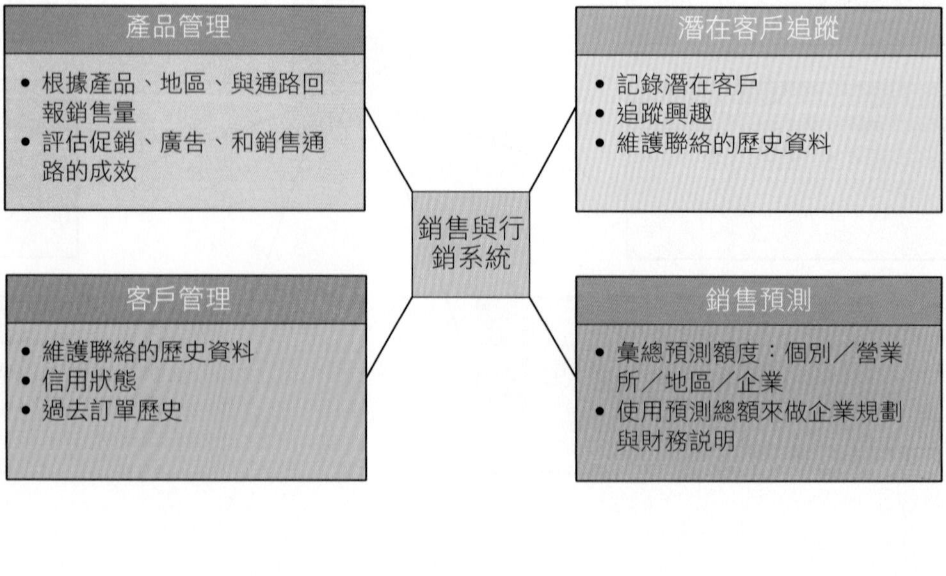

產品管理
- 根據產品、地區、與通路回報銷售量
- 評估促銷、廣告、和銷售通路的成效

潛在客戶追蹤
- 記錄潛在客戶
- 追蹤興趣
- 維護聯絡的歷史資料

銷售與行銷系統

客戶管理
- 維護聯絡的歷史資料
- 信用狀態
- 過去訂單歷史

銷售預測
- 彙總預測額度：個別／營業所／地區／企業
- 使用預測總額來做企業規劃與財務說明

圖7-5
銷售與行銷系統

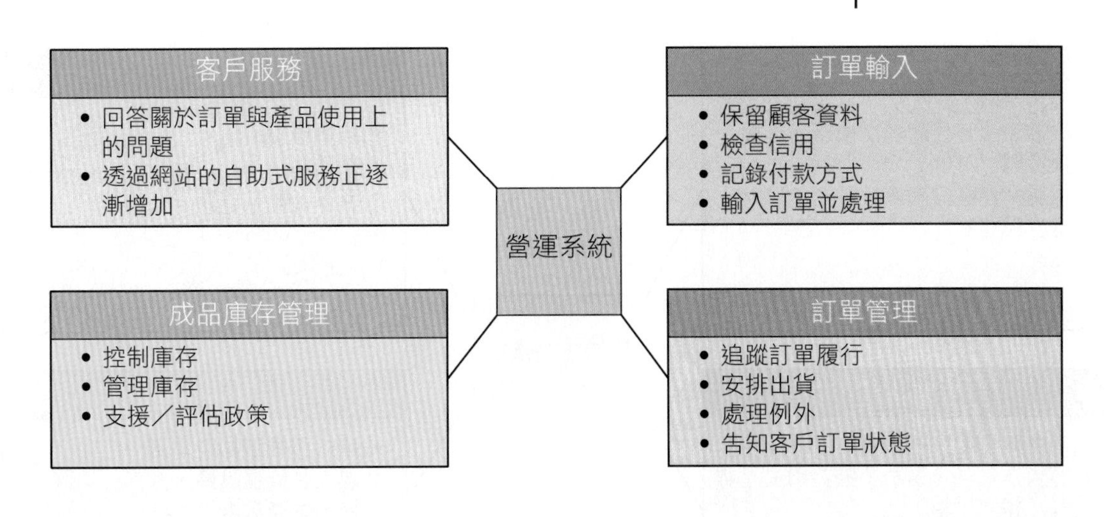

圖7-6
營運系統

圖7-6列出主要的營運系統。訂單輸入系統會記錄客戶的採購，通常，訂單輸入系統會保存客戶的聯絡資料和出貨資料、檢查顧客的信用狀態、確認付款方式，並且輸入訂單以供處理。訂單管理系統會追蹤整個訂單履行流程，安排出貨時間，並且處理例外狀況，例如庫存不足。訂單管理系統會告知顧客訂單狀態並安排遞送日期。

在非製造業的組織中，營運系統會包含成品庫存管理系統。這些系統留待下一節的製造系統中討論。當你在閱讀下一節時，只要記得非製造商沒有原料或再製品這類的存貨。他們只有成品的存貨。

客戶服務是圖7-6中的最後一個營運系統。客戶會打電話給客戶服務中心，來詢問產品、訂單狀態和問題，或是抱怨。目前很多企業都盡可能將客戶服務功能放在網頁上。許多組織允許客戶直接存取訂單狀態與遞送資訊。此外，越來越多的組織開始透過網站系統來提供產品在使用上的支援。

製造系統

製造系統能協助貨物的生產。如圖7-7所示，製造系統包含庫存、計劃、排程、和生產作業。

庫存系統

資訊系統能協助庫存控制、管理、和政策。在庫存控制方面，庫存應用系統會追蹤商品和原料的出／入庫，以及不同倉庫間的轉撥。庫存追蹤需要透過編號來辨識品項。最簡單的系統必須由人員手動輸入存貨編號，但今天大多數系統在品項出／入庫時，都是使用UPC條碼（在超商貨品上可以看到的那種條碼）來掃描產品編號。

未來，RFID（無線射頻識別標籤，radio frequency identification tags）應該會被廣泛使用。事實上，Wal-Mart在2003年要求所有的供應商要在所提供的所有產品加上RFID。RFID是一種電腦晶片，能夠送出它所附著的容器或產品資料。RFID的資料不只包括產品編號，還有產地、成分、和特殊處理需要；如果是會腐爛的產品，還會有保存期限。RFID會在通過生產設備時，送出信號通知掃描器它們的存在，以協助庫存的追蹤。

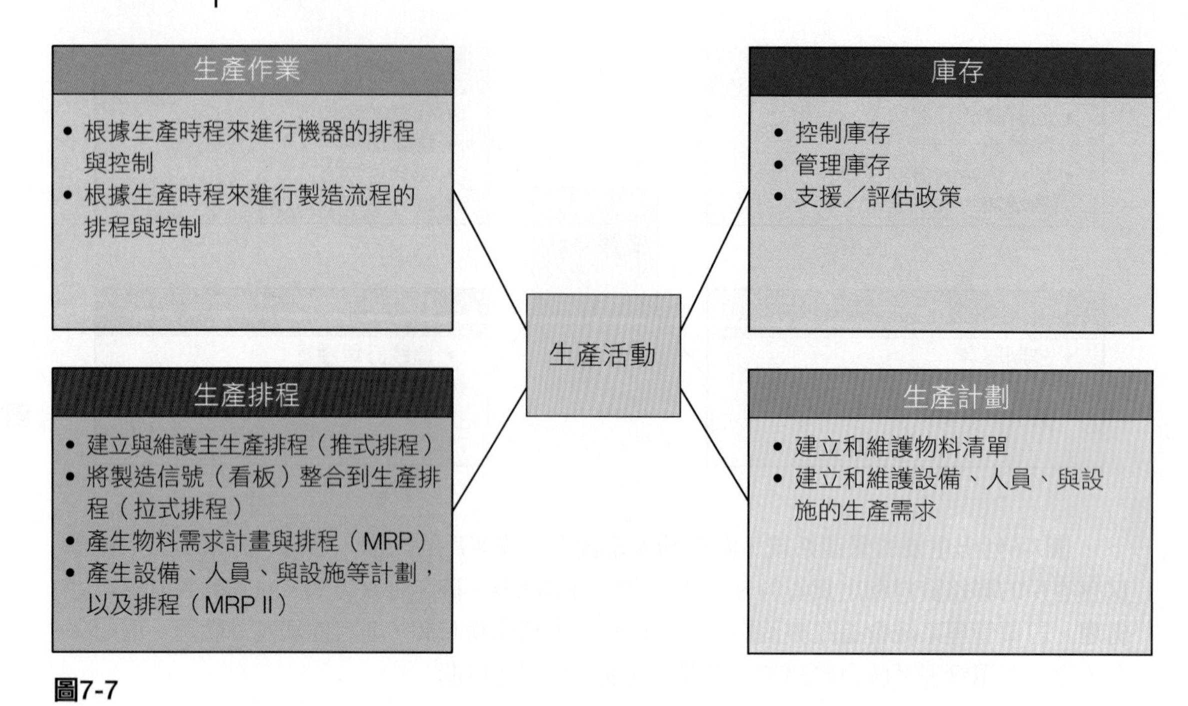

圖7-7

資訊系統支援的生產活動

庫存管理應用系統使用過去的資料來計算庫存標準，並根據庫存政策計算補貨標準和補貨數量。他們還能協助庫存盤點，並根據盤點結果與庫存異動資料計算庫存損失。

在庫存政策方面，現代的營運管理有兩派不同的觀點。有些公司將存貨視為資產，此時，大量的存貨是有益的，因為它可以降低缺貨對作業或銷售的影響。大量的成品庫存可以提供客戶更多的產品選擇和可用量，因而增加銷售量。

其他公司（像Dell）則將庫存視為是種負債。此時，企業會試圖盡可能維持最少的庫存，甚至在可能的情況下完全排除庫存。這種觀點的極致表現就是及時庫存政策（just-in-time inventory policy）。這種政策會嘗試讓生產投入（原料與在製品）直到需要的那一刻才運送到製造地點。藉由對投入的這種時程安排方式，企業就可以將存貨量降到最低。

還有些公司同時採用這兩種哲學；例如Wal-Mart的店鋪中擁有大量的庫存，但是卻盡量降低其倉庫及配送中心的庫存量。

庫存應用系統能協助公司實施它自己的獨特哲學，並且在這種哲學之下，取得存貨成本與可用量間的適當平衡。它的功能包括計算庫存的投資報酬率（ROI）、建立目前庫存政策的效能報表，以及執行what-if分析來評估替代庫存政策的一些工具。

生產計劃系統

為了規劃生產原料，首先必須記錄製造品項的組成成份。用料清單（bill of materials, BOM）是構成產品的原料清單。這份清單可比乍聽之下更為複雜得多，因為構成產品的原料又可能是由更小的零組件生產而成，依此類推。

除了BOM之外，如果生產應用系統還要安排設備、人員、和相關設施的時程，就需要記錄每種成品所需的這些資源。公司可能會對BOM加以補充，以顯示所需的人力與設備，或是建立單獨的非物料需求檔案。

圖7-8是一台紅色兒童手推車的BOM樣本，包含四項零件：手把、車體、前輪組件、和後輪組件。圖中還有其中三者的子組件。當然，這些子組件又可以再分成子組件的組件，依此類推；只是圖中沒有顯示。總而言之，這個BOM顯示建立推車所需的所有零件，以及這些零件之間的關係。

生產排程系統

企業使用三種哲學來建立生產排程。一種是產生主生產排程（master production schedule, MPS） – 這是生產產品的計劃。要建立MPS，企業必須先分析過去的銷售量，並且預估未來的銷售量。這個流程有時候又稱為推式生產流程（push manufacturing process），因為公司希望根據MPS將產品「推」向銷售（和顧客）。

圖7-9是一家玩具公司生產推車用的生產排程。這項計畫中包含三種顏色的推車，而且其產量在夏季月份和耶誕假期之前都會提高一點。同樣地，這家公司是經由對過去銷售的分析而得到這些產量標準。當然，真正製造商的MPS應該會複雜許多。

Bill of Materials

Ajax Toy Manufacturing
Bill of Materials

PartNumber	Level	Description
1	1	Child's Red Wagon

Level2 subform

PartNumber	Level	Description	QuantityRequired	PartOf
2	2	Handle Bar	1	1

PartNumber	Level	Descrption	QuantityRequired	PartOf
3	3	Bar Grip	1	2
4	3	Bar Tang	1	2
14	3	Bar Stock	1	2
(AutoNumber)			0	2

PartNumber	Level	Description	QuantityRequired	PartOf
5	2	Wagon Body, Metal	1	1
6	2	Front Wheel Assembly	1	1

PartNumber	Level	Descrption	QuantityRequired	PartOf
7	3	Front Wheels	2	6
8	3	Axel	1	6
9	3	Wheel retainer	2	6
(AutoNumber)			0	6

PartNumber	Level	Description	QuantityRequired	PartOf
10	2	Rear Wheel Assembly	1	1

PartNumber	Level	Descrption	QuantityRequired	PartOf
11	3	Rear Wheels	2	10
12	3	Axel	1	10
13	3	Wheel retainer	2	10
(AutoNumber)			0	10

Record: 1 of 3

Record: 1 of 1

圖7-8
用料清單範例

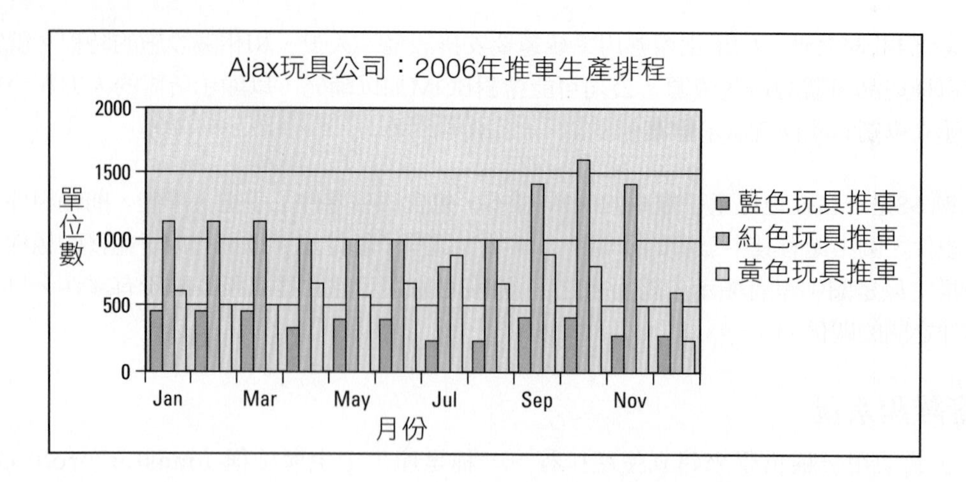

圖7-9
生產計劃範例

第二種哲學是不使用預先規劃、預測的排程，而是根據來自顧客或產品下游之生產流程對目前的產品需求信號，來規劃生產。日本的看板（kanban）有時候就是用來表示要製造某樣東西的信號。回應看板的製造流程必須比以MPS為基礎的流程更具彈性。以這種信號為基礎的流程有時又稱為拉式生產流程（pull manufacturing process），因為這些產品是由需求「拉」過來生產的。

最後，第三種哲學是前兩者的組合。公司建立MPS，並且根據MPS規劃生產，但是使用類似看板的信號來修改排程。例如，假設公司接收到信號表示顧客需求增加，它可能會臨時加班生產，以滿足增加的需求。這種組合式的方法需要複雜的資訊系統來實作。

在製造領域有兩個常見的縮寫：物料需求計畫（Materials requirements planning, MRP）是規劃生產流程所需之物料需求和庫存的資訊系統。MRP並不包含人員、設備或相關設施的需求。

製造資源規劃（Manufacturing resource planning, MRP II）是MRP的後續版本，納入了物料、人員、和設備的規劃。MRP II支援組織內的許多連結，包括透過主生產排程與業務和行銷的連結。MRP II也包含對排程、原料可用量、人員、和其他資源變異量的what-if分析能力（註1）。

整合兩個以上部門活動的應用系統，具備讓生產作業更流暢的潛力。但請閱讀「倫理導引」，認識一些可能發生的危險。

生產作業

製造方面的第四類資訊系統，是設備和生產流程的控制。電腦程式會去操作車床、銑床、和機械手臂，甚或是整個生產線。在現代工廠中，這些程式會跟生產排程系統相連。但因這個部份並不屬於本書的討論範圍，有興趣的讀者請自行參閱相關資訊。

* 註1：營運管理領域有些人用MRP Type I和MRP Type II來代替MRP和MRP II。MRP Type I是指物料需求計劃，MRP Type II是指製造資源規劃。當這樣使用時，MRP就被當成一個專有名詞，而這三個字母本身是哪些字的縮寫已經不重要了。不幸的是，在一個成長中的領域，這種術語的混淆是很難避免的。

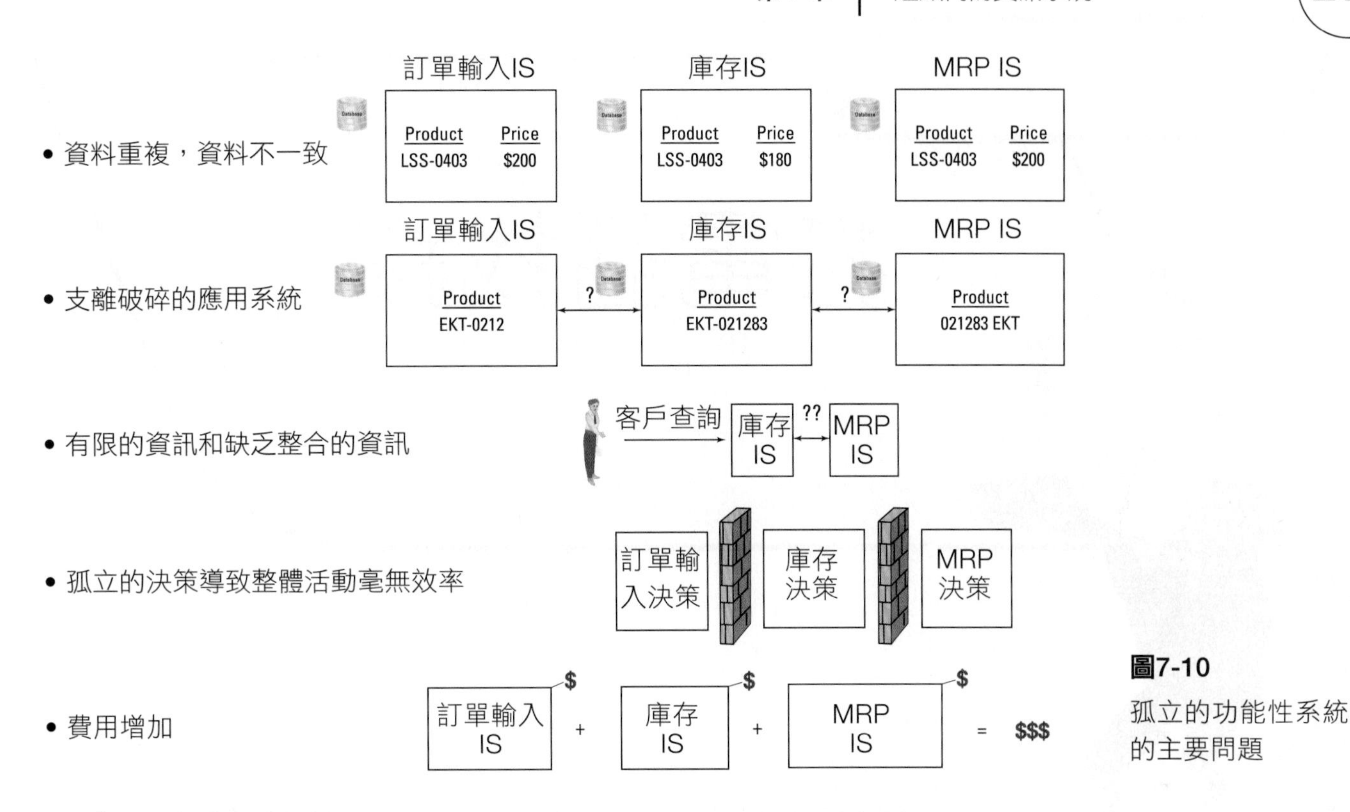

圖7-10
孤立的功能性系統的主要問題

功能性系統的問題

功能性系統為使用該系統的部門帶來很大的效益，但因為它們是孤立運作的，所以也有侷限。更具體而言，功能性系統具有圖7-10中的問題。首先，因為每個應用系統都有自己的資料庫，所以孤立的系統會發生資料重複的問題。例如當會計和業務／行銷應用系統分別獨立時，其中的客戶資料可能會重複，甚至於不一致。如同第4章所言，資料重複的主要問題可能會影響到資料的完整性。在某個系統中產品資料的改變，可能需要好幾天、或好幾週才能傳到其他的系統。在這段期間，不一致的資料會造成應用系統的結果不一致。

此外，當系統孤立時，企業流程就支離破碎。例如業務／行銷系統的活動就很難和會計系統整合。單單是將資料從一個系統傳到另一個系統就可能會有問題。

以圖7-11為例，假設訂單輸入系統將產品編號定義為四個字元、一條橫線、再加上九位數字的組合。但假設同一家公司的MRP系統將產品定義為八位數字加上四個字元（也就是說，它的MRP系統沒有用到訂單輸入系統九位數字中的第一個數字），則每次要從訂單輸入系統匯出零件資料，並且匯入到MRP時（或是反過來），都必須將資料從一個結構轉換成另一個結構。將這種轉換過程乘以數百筆資料品項和數十個其他系統，就可以瞭解為什麼功能性應用系統間的處理會如此支離破碎。

- CRM產品編號：
  - 格式：cccc-nnnnnnnnn
  - 範例：COMP-334455667
- MRP產品編號：
  - 格式：nnnnnnnncccc
  - 範例：34455667COMP

圖7-11
系統整合問題範例

倫理導引

打電話找錢

假設你是業務，而公司的銷售預測系統預估你本季的業績會嚴重低於分配的業績額度。你打電話給所有的好客戶，但沒有人想要再多買一些。

老闆說這一季所有業務的業績都蠻慘的。事實上，情況糟到業務副總已經同意新訂單都可以有兩成的折扣，但唯一的條件，就是必須在本季結束前出貨，以便能計算在本月的帳上。「開始打電話找錢吧！」他說：「使出你的渾身解數，要有創意！」

你利用客戶管理系統找出業績額度最大的客戶，並且向他們提出折扣方案。第一家客戶對於增加庫存相當遲疑：「我不認為我們可以賣掉這麼多。」

「嗯！」你回應說：「如果我們同意能讓你們在下一季把沒有賣掉的貨退回來呢？」（這樣做，你可以提高目前的業績和佣金，也能協助公司達成銷售預測。剩下的產品可能會在下一季退回，不過你覺得：「到時候再說吧！」）

「好吧！」他說：「但是我希望你能在採購訂單上註明退貨權利。」

你知道採購訂單上無法這樣寫，否則會計部門不會接受這筆訂單。所以你告訴他會寄給他一份電子郵件註明這個條件。他增加了訂單，而且會計也登錄了完整的金額。

你對另一家客戶使用了第二種策略。你並沒有提供折扣，但是同意在下一季訂貨時，給予這次貨款的20%做為下次進貨的折扣。這樣你就可以登錄全部的金額。你的推銷方式是：「我們行銷部門使用我們全新的CRM電腦系統分析過去的銷售狀況，並且知道增加廣告會提昇銷售量。所以如果你現在訂購更多的產品，下個月我們將會退給你訂單的兩成做為廣告費。」

事實上，你覺得客戶並不會把錢花在廣告上，而只是接受這筆折扣的金額，然後坐擁更多的存貨。這對於你下一季的銷售會有影響，不過到時候再來解決這個問題吧。

即使有這些額外的訂單，你還是沒能達成業績額度。極端沮喪之餘，你決定要將產品銷售給一家由你姊夫「設立」的虛擬公司。你建立一個新的客戶，當會計打電話給你的姊夫進行信用查核時，他就配合你的方案演出。接著，你銷售了四萬美金的產品給這家虛擬的公司，並且將產品送進你姊夫的車庫。會計部門登錄了這筆收入，而你也終於達成配額。下一季的第一週，你的姊夫就將所有的商品退回了。

同時，你並不知道公司的MRP II系統正在進行生產排程。建立MPS的程式讀取了你（和其他業務人員）的銷售業績，並且發現在產品需求上有大幅的提昇。因此，它產生的MPS也大幅增加了產量規劃和工人的排班。MRP系統接著使用庫存應用程式來安排物料需求，增加了原料的採購以滿足生產排程上的增產。

討論問題

1. 你以電子郵件表示同意退貨是合乎倫理的做法嗎？
2. 你提供「廣告」折扣是合乎倫理的行為嗎？這個折扣對公司的資產負債表有何影響？
3. 出貨給虛擬的公司是合乎倫理的行為嗎？合法嗎？
4. 描述你的行為對下一季庫存的影響。

使用孤立系統的結果之一，就是會產生缺乏整合性的企業資料。當顧客詢問一筆訂單時，可能需要查詢好幾個系統。例如有些訂單資訊是在訂單輸入系統，有些是在成品庫存系統，還有些是在MRP系統。要取得完整的顧客訂單說明必須分別處理這些系統，而且還可能會拿到不一致的資料。

孤立系統的第四種後果就是缺乏效率。當使用孤立的功能性系統時，部門只能根據它所擁有的孤立資料來做決策。因此，原料庫存系統只會根據它的存貨成本與效益來制訂補貨決策。但是，如果考量企業的銷售、訂單輸入、和製造系統的整體效率，可能應該在原料方面維持略少於最佳量的庫存。

最後，孤立的功能性系統可能導致組織成本的增加。重複的資料、各自獨立的系統、有限的資訊、和效率低落都意謂著較高的成本。

組織發現孤立系統問題的時間可以回溯到1980年代，而當時的企管顧問也開始尋求建立更整合系統的方式。在1980年代中期，Michael Porter提出數個重要的模型，奠定了整合性系統開發的基礎。下面將討論這些模型。

競爭策略與價值鏈

當Michael Porter在1980年代中期撰寫現在已經成為經典的<<競爭優勢>>一書時，他的觀念奠定瞭解決孤立資訊系統問題的基礎。在他的書中，Porter定義並說明了價值鏈（value chains），也就是組織內企業活動的網路。價值鏈指出了如何移出功能性系統孤立性的方向。

除了價值鏈，Porter的書中還發展了競爭策略模型，能夠協助組織選擇要開發的資訊系統。我們先討論競爭優勢，然後定義價值鏈。之後，再說明組織如何使用價值鏈來開發流程導向的系統（第8章將討論Porter的另一個概念：五項競爭力模型）。

競爭策略

根據Porter的觀念，企業可以從事圖7-12中四種基本競爭策略的其中一種。組織可以專注於成為成本領導者，或是著重在建立其產品與競爭者間的差異。此外，組織可以針對整個產業執行其成本或差異化策略，也可以專注在特定的產業區隔中。

以汽車租賃業為例，根據圖7-12的第一欄，租車公司可以嘗試提供產業中最低價格的汽車租賃，也可以嘗試特定的產業區隔，例如針對美國國內的商務旅客，提供最低價格的汽車租賃。

根據第二欄，租車公司可以嘗試尋求與競爭者的差異化。這可以透過各種不同的方式達成：例如提供多樣化的高品質汽車、提供最佳定位系統、提供最乾淨的車子或最快的租車手續等等。同樣的，公司可以尋求對整個產業或特定產業區隔的差異化。

	成本	差異
整個產業	產業最低價	產業中較好的產品／服務
焦點	產業區隔的最低價	產業區隔中較好的產品／服務

圖7-12

Porter的四種競爭策略

根據Porter的觀點，組織要有效能，其目標、文化、和活動都必須與組織的策略一致。對MIS而言，這表示組織中的所有資訊系統都必須以促成組織策略為目的。

價值鏈

雖然競爭策略很重要，但Porter認為價值鏈的觀念對於定義整合的流程式資訊系統卻更有幫助。在Porter模型中的價值（value），是指顧客願意為某種產品或服務花費的總收入。Porter強調價值而非成本，因為採用差異化的組織可能會增加成本以創造價值。不過，這種組織必須確定成本增加能提供足夠的價值，以取得正面的利潤（margin；Porter用這個名詞來表示價值與成本間的差異）。

價值鏈（value chain）是價值創造活動的網路。圖7-13是Porter所發展的一般性價值鏈模型。這個一般性價值鏈是由五種主要活動（primary activities）和四種支援活動（support activities）所構成。

為了瞭解價值鏈的要素，讓我們先以一家小型的自行車製造商為例。首先，這家製造商必須先使用進貨物流（inbound logistics）活動取得原料。這項活動與原料及其他投入的收貨和處理有關。原料的累積增加了價值，也就是說，即使是一堆尚未組裝的零件，對客戶還是有些價值（一堆組裝自行車所需的零件集合，要比空空的貨架更有價值）。這些價值不僅是來自零件本身，也包含聯絡供應商採購這些零件所需的時間、與供應商維持的商務關係，和進貨處理等等。

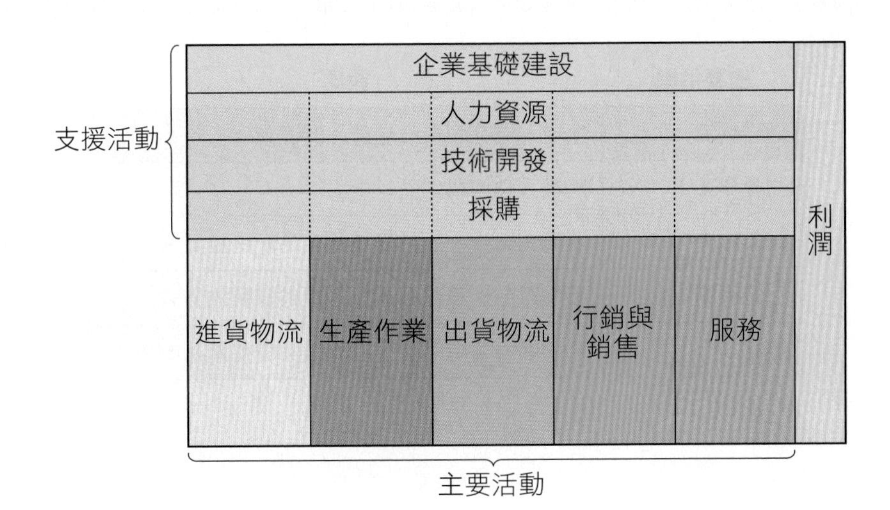

圖7-13

Porter的價值鏈模型

資料來源：Competitive Advantage：Creating and Sustaining Superior Performance, Copyright © 1985, 1998 by Michael E. Porter. The Free Press, a Division of Simon & Schuster Adult Publishing Group授權翻印

在生產作業（operation）中，自行車製造商將原料轉換成自行車成品；這個流程增加了更多的價值。接著，企業使用出貨物流（outbound logistics）活動將成品遞送給顧客。當然，自行車不會在沒有行銷與銷售活動的情況下，送到顧客的手中。最後，服務活動提供自行車用戶所需的客戶支援。

這個一般性價值鏈的每個階段都會累積產品的成本並增加它的價值。最終的結果就是價值鏈的總利潤；也就是增加的總價值和帶來的總成本之間的差異。圖7-14摘述了價值鏈的主要活動。

圖7-13是一般性情況下的價值鏈，它必須針對特定企業進行調整。例如將它調整為大學商學院的價值鏈。請想想看你學校的這五項主要活動會是什麼？

價值鏈中的支援活動

一般性價值鏈中的支援活動是對產品的生產、銷售、和服務，提供間接的貢獻。例如採購活動，就包括了尋找廠商、簽訂合約、和協商價格等過程（這跟進料物流不同；進料物流是根據採購所簽訂的協議來執行的訂貨和收料等活動）。

Porter對技術的定義很廣泛，包含了研發和組織內其他與新技術、方法、與程序相關的開發活動。他對人力資源的定義與我們在功能性系統的定義方式相同。最後，組織基礎建設則包括了一般性管理、財務會計、法律和政府事務等。

雖然支援功能間接地增加了價值，但是它們也同時產生了成本。因此，如圖7-13所示，它們也會產生利潤。但就支援功能而言，要計算利潤相當困難，例如製造商對政府的遊說究竟增加了多少利潤是很難知道的。不過，只要有附加價值和成本，就會牽涉到利潤的多寡，即使只是觀念上的利潤。

價值鏈的連結

Porter的企業活動模型中包含了鏈結（linkage）的觀念，也就是價值活動之間的互動。鏈結是效率的重要來源，並且已經有資訊系統支援，例如MRP和MRP II就是使用鏈結來降低庫存成本的功能性系統。使用銷售預測來規劃生產，然後使用生產計劃來決定原料需求，再使用原料需求來安排採購。最終的結果是及時的庫存，因而能降低存貨數量和成本。

主要活動	說明
進料物流	接收、儲存、和分送產品的輸入
生產作業	將輸入轉換為成品
出貨物流	收集、儲存、並且實際將產品配送給買方
行銷與銷售	吸引買方採購產品，並且提供購買的方式
服務	協助顧客使用產品，以維護與增進產品的價值

圖7-14
價值鏈主要活動的任務說明

藉由說明價值鏈和它們之間的連結，Porter啟動了建立整合性跨部門企業系統的新方向。逐漸地，Porter的觀念引導出企業流程設計的新領域。

企業流程設計

Porter的觀念獲得許多企管顧問、分析師、和其他專業人士的迴響。價值鏈的概念成為企業流程設計（business process design）風潮的基石；這場運動有時又稱為企業流程再造（business process redesign）。它的中心想法是組織不應該只是自動化或改善現有的功能性系統，而是應該創造更有效率的新企業流程，將價值鏈中所涉及的所有部門活動整合起來。

因此，在1990年代早期，有些組織開始涉及跨部門的企業流程。它的目標是要盡可能利用活動間的鏈結。例如，跨部門的客戶管理流程會整合與客戶的所有互動，包括從接觸、初次訂購、到再訂購的整個流程，並且包含客戶支援、信用稽核、和應收帳款等活動。

企業流程設計的挑戰

不幸的是，流程設計專案不僅昂貴，而且困難。受過良好訓練的系統分析師會訪談來自多個部門的關鍵人員，並且記錄現有的系統及一或多個可能方案。管理者多次檢視分析師的成果之後，嘗試開發出新的改善流程。接著，開發新資訊系統來實作這些新企業流程。這些都需耗費相當的時間，而就在同時，新系統所要實作的流程也正在變動；這意謂著在專案完成之前，設計好的流程可能就需要再重新設計了。

好不容易克服了這些困難，並且完成新的整合性系統之後，就會出現更大的挑戰：員工抗拒變革。人們並不想用新的方式工作，不想看到部門重組或消失，也不想為新的主管工作。即使系統可以在抗拒聲浪中導入，但有些人仍會持續抗拒。所有的困難都會轉換成人力工時，而工時則會轉換為成本。因此，企業流程設計會非常昂貴。

更糟的是，最終的結果並不確定。擁抱企業流程設計專案的組織並無法預先知道最終成果的成效。

有些企業成功地完成了流程設計活動，但也有許多企業鎩羽而歸。有些案例投入了數百萬美元，但最終卻宣告放棄。讓企業流程更加以整合的概念在受到非預期的哄抬時（來自整合性應用系統的廠商），就變得令人相當錯亂與掙扎。

內建流程的效益

許多早期的企業流程設計專案失敗的原因，在於它們是量身訂做，專門滿足特定組織，所以必須由單一企業承擔設計工作的成本。在1990年代中期，有數家成功的軟體廠商開始推廣預先開發、且具有內建流程的整合性應用系統（請見「MIS的使用7-1」介紹的案例。

當組織向Oracle 或SAP購買企業應用系統時，所使用的流程是軟體的內建流程（inherent process）。在大多數情況下，組織必須讓它的活動符合這些流程。如果軟體的

MIS的使用7-1

企業流程應用系統廠商

下圖列出了企業流程應用系統的最大、也是最成功的廠商。除了一家廠商之外，其餘的都是從單一的企業流程應用程式開始。當廠商的第一個應用系統成功之後，它會再開發或是透過購併的方式，取得其他流程的應用系統。最後，成功的廠商就會擁有主要企業流程的所有應用系統。接著，它們會將這些應用系統合併成一組產品，並且將這組產品稱為企業資源規劃（ERP）解決方案（本章稍後會討論這種解決方案）。

PeopleSoft就是典型的企業流程應用系統廠商。它從薪資應用系統起家，並且擴展為完整的人力資源應用系統。接著，這家公司將越來越多的應用系統加入它的產品組合中。在2003年，它購併了專精於庫存與製造應用系統的JD Edwards。藉由將本身開發的應用系統跟從JD Edwards取得的應用系統結合，PeopleSoft就擁有了包含價值鏈主要活動的應用系統，並且可以宣稱它提供了整合性的資訊系統方案（Oracle在2004年秋季購併了PeopleSoft）。

SAP就不是採取這種策略。SAP創造了整合性資訊系統。它並不是先開發一、兩種的價值鏈活動，而是從一開始就設計了完整的一組應用系統，能夠支援所有的組織活動。

SAP是ERP的早期領導廠商，但是其他開發整合性資訊系統的廠商則藉由在自己的套裝組合中加入越來越多的應用系統，以挑戰SAP的地位。逐漸地，這些公司的產品看起來越來越相似。很快的，組織資訊系統就會成為「一般性的ERP商品」（ERP commodity），彼此間的功能幾乎沒有什麼差別。

在這些新興軟體業務出現時，Oracle和微軟之類的主要軟體廠商並沒有袖手旁觀。IBM、Oracle、和微軟開始自行開發和購買程式以擁有組織應用系統軟體。今日，這三家公司都宣稱提供完整的整合性資訊系統方案；根據他們的財力，他們可能會是撐到最後的勝利者。時間會說明一切。

主要應用系統廠商		
PeopleSoft	人力資源	於2004年被Oracle購併
JD Edwards	製造	於2003年被PeopleSoft購併
Siebel Systems	銷售自動化 客戶關係管理	2004年營業額13.39億美元；於2005年被Oracle購併
SAP	企業資源管理	2004年營業額101.79億美元
Great Plains	會計	於2003年被微軟購併
Oracle	針對DBMS銷售所開發的應用系統組合	2004年營業額101.56億美元
微軟	購併與自行開發的應用系統組合	2004年營業額368.35億美元

設計良好，內建流程將可以有效整合跨部門的活動。這些預建的流程可以為組織省下自行設計新流程的驚人成本。

圖7-15是由SAP提供之SAP R/3軟體產品的內建流程範例。當組織取得這項產品授權時，SAP會提供數百張像這樣的圖，用來描述要有效使用這套軟體所必須建立的企業流程。

這張圖顯示一組內建流程的流向和邏輯。在它的最上面幾行中指出，在沒有採購需求，但是必須建立詢價單（request for quotation, RFQ）的情況下，採購部門會產生RFQ，並且送給相關的廠商詢價。讀者可以自行研究範例，以瞭解這段流程的重點。

對某些組織而言，在購買跨部門軟體的授權時，主要的效益未必是軟體本身，而是軟體中的內建流程。整合性應用系統不僅能節省組織流程設計的時間、費用、和煩惱，還能讓組織立刻從已經過測試和驗證的跨部門流程中受益。

當然，這也有缺點。內建流程可能跟現有流程有很大差異，所以組織必須進行大幅的改變。這種變動可能會對目前的作業造成破壞，並且影響員工的心情。「解決問題導引」中將更詳細討論組織變革的效應。

整合性跨功能資訊系統的三個範例

本章最後將以三個範例來說明整合性跨功能資訊系統的性質：

- 客戶關係管理（CRM）
- 企業資源規劃（ERP）
- 企業應用系統整合（EAI）

第一項客戶關係管理（customer relationship management）會整合所有接觸客戶的流程；第二項企業資源規劃（enterprise resource planning）則會整合組織內的所有直接活動，包括後勤、營運、生產、銷售和行銷、支援；最後的企業應用系統整合（enterprise application integration）則是一種混合體，提供許多（但不是全部）的整合效益，但沒有汰換現有系統的煩惱。

提醒一下：當你在廠商網站、產品說明、產業刊物和雜誌中讀到企業流程和應用系統的說明時，你會發現許多不一致的用詞。例如Oracle的Siebel Systems是從協助業務人員分析潛在客戶起家，所以它定義的CRM會強調新客戶的售前活動（pre-sale）；而SAP對CRM的定義則相當廣泛，將顧客資訊與價值鏈的所有活動相關連，並且以顧客為中心來設計整個企業的活動。因此，廠商和本書作者雖然都使用相同的術語，但是各有不同的意義和重點。

你可能會覺得這種詞彙上的不一致很令人沮喪，但是別忘了想想看這些不一致的術語，對於想要購買這些應用系統的組織會造成什麼樣的問題。因為廠商對於CRM的定義不同，當公司在評估應用系統時，它等於是拿蘋果和橘子做比較。某家產品的內建功能可能是另一家產品的選購功能，甚至於在第三家產品中根本沒有提供。買方可得要多加小心。

解決問題導引

思考變革

新資訊系統，特別是那些跨部門的資訊系統，往往需要員工去做改變。員工可能必須以不同的方式工作，可能會被指派新的職務、新的主管、或新的部門，並且可能與新的一群人一同工作。至少，他們一定會用到新資訊系統的表單、報表、和其他功能。許多組織發現要導入這種變革，其實是資訊系統導入中最困難的部分。

因為組織變革是個常見的問題，於是變革管理產業逐漸興起，以協助組織處理這類問題。變革管理是企業、工程、社會學、和心理學的整合，試圖瞭解組織變革的動力學，並發展和溝通能成功促成組織變革的理論、方法、和技術。

根據Adel Aladwani（2001）的研究，成功變革的最大障礙是來自員工的抗拒。員工抗拒變革的原因如下：首先，變革必須適應新的情境或系統，同時，在短時間內，變革會讓工作變得更困難，而非更簡單。除非員工瞭解變革的必要性，否則他們不會願意投入所需的額外能量和工作。

要讓員工願意改變，他們必須能瞭解新系統或專案的重要性和必要性。CEO或其他的高階主管必須支持這個新系統，並且在專案開始和執行過程中持續闡明需要系統的理由。許多主管在專案導入後的檢討中會說，他們並未針對新系統的必要性做足夠的溝通。經驗顯示員工希望從兩種人那裡聽到變革的必要性：CEO和他們的直屬上司。

員工抗拒變革的另一項原因，是對未知的害怕。最近的激勵研究非常強調自我效能（self-efficacy）的觀念。自我效能是指人們相信他們具有勝任其工作所需的知識和技能。當員工有這種感覺時，不僅會比較快樂，也會做得更好。自我效能可以提供成功的養分：當員工覺得有信心時，就能夠將更多的能力投注在他們面對的問題之上。

然而，變革會威脅到自我效能。當變革在進行之中，人們會問：「我瞭解如何使用新系統嗎？」「我會跟過去一樣成功嗎？」「我會被要求去做我不知道該怎麼做的事情嗎？」單單這些疑問就會損及個人的工作能力。

因為變革具有威脅性，所以組織必須要採取一些步驟來增進員工的自我效能感。這些步驟不僅僅是解釋系統的必要性，員工還要瞭解新系統會如何改善他們的工作情境。他們必須接受新程序的訓練。如果可能的話，還應該讓員工有機會取得對新系統、以及對自己使用能力的信心。他們還需要看到其他人（不論是自己或其他組織的人）從新系統中得到正面的結果。有些組織發現建立員工的溝通網路有助於降低變革的壓力。

在最近的研究中，Siebel Systems找出了變革管理的幾項成功關鍵因素。其中，最重要的兩項就是老闆們的行為和溝通。員工會視老闆的反應來做反應。如果他們的老闆不僅僅是說說而已，而是以實際的態度和行動來支持變革，則員工就比較可能去接受變革。此外，經常的雙向溝通也非常重要。管理階層需要經常去說明變革的原因和重要性，而員工也需要經常有機會表達他們對變革的想法和感受。

員工比較可能會支持他們所建立的東西。當員工有機會參與變革，並且表達他們對變革的想法時（要如何改善等等），他們就在變革中參了一腳，也就比較可能去支持它。

資料來源：Adel Aladwani, "Change Management Strategies for Successful ERP Implementation," Business Process Management Journal, vol. 7, no. 3, 2001, page 266; Siebel Systems, "Applied Change Management：A Key Ingredient for CRM Success," Siebel eBusiness, June 2003, www.siebel.com/resource-library/reg-resource.shtm（資料取得時間：2005年6月）；Tom Werner, "Change Management and E-Learning," www.brandon-hall.com（資料取得時間：2004年9月）。

討論問題

想像你的學校宣布下個學期，所有學生都必須使用新的資訊系統來選課。

1. 你聽到這個消息的第一個感受（不是想法）是什麼？
2. 你希望學校的行政單位用什麼方式跟你溝通這項改變？
3. 說明自我效能跟這項改變的關係？學校應該怎麼做以增進你的自我效能感受？
4. 假設你的好朋友試用了這套新系統，並且告訴你：「它比以前那個系統好用多了。」你對這項改變的感受有受到什麼影響嗎？如果你的朋友說：「這套系統真爛。」你的感受又會受到什麼影響呢？
5. 根據你第4題的答案，學校可以發展什麼方案來降低對變革的抗拒？
6. 你的教授說什麼會讓你對這個改變感覺比較舒服？你的教授說什麼會讓你對這個改變的感受更不好？
7. 在這個情況下，你朋友或教授的意見會比較有影響力？說明你的反應。在企業中，你同事或是老闆們的意見會比較重要呢？

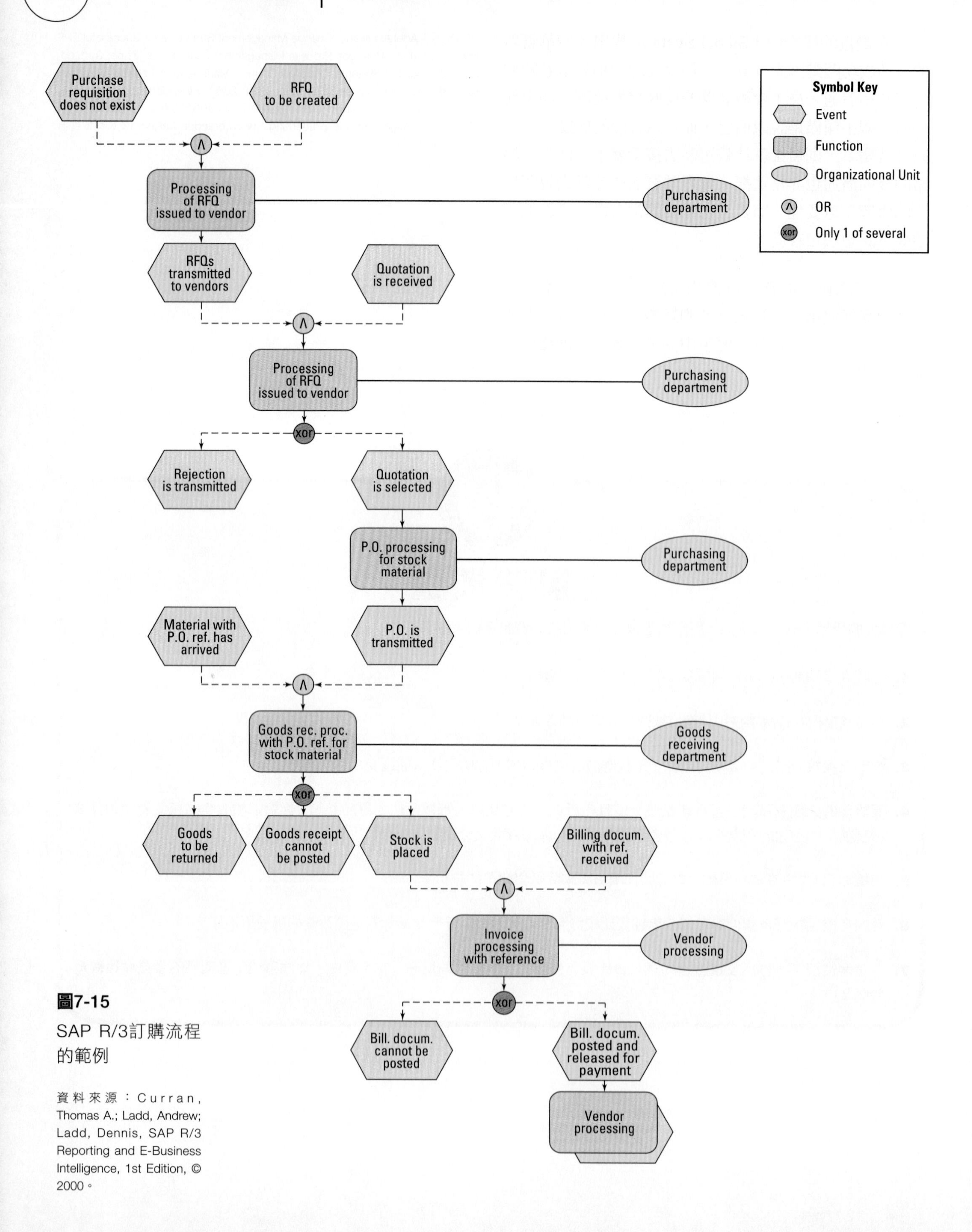

圖7-15

SAP R/3訂購流程的範例

資料來源：Curran, Thomas A.; Ladd, Andrew; Ladd, Dennis, SAP R/3 Reporting and E-Business Intelligence, 1st Edition, © 2000。

客戶關係管理系統

客戶關係管理（customer relationship management, CRM）是用來吸引、銷售、管理、與支援客戶的一組企業流程。CRM系統與傳統功能性應用系統間的差異，在於CRM會處理接觸客戶的所有活動和事件，並且提供關於客戶所有互動資料的單一儲存庫。在功能性系統中，關於客戶的資料是散佈在組織各地的資料庫中。有些客戶資料是在客戶管理資料庫中，有些則是在訂單輸入資料庫、客戶服務資料庫等等之中。CRM系統將客戶所有資料儲存在單一位置，讓組織得以存取關於該客戶的所有資料。

順帶一提，有些CRM系統還會納入發生在客戶端的活動。這種系統支援兩個組織間的連結，已經超出本章的討論範圍。因此，本章只考慮組織內的CRM，而下一章討論供應鏈管理時則會討論組織間的CRM議題。

圖7-16是客戶生命週期的四個階段：行銷、客戶取得、關係管理、和客戶流失。行銷會傳送訊息給目標市場以吸引潛在客戶。當潛在客戶下訂單的時候，他們就會成為必須支援的客戶。此外，重複銷售流程可以增加現有客戶的價值。當然，組織也無可避免地會逐漸損失客戶。當這件事情發生的時候，贏回客戶的流程會根據價值來區分客戶，並且試圖贏回高價值的客戶。

圖7-17是CRM系統的構成元件。請注意客戶生命週期的每個階段都有元件支援。支援吸收客戶（solicitation）的資訊系統包括電子郵件應用系統和組織網站。此外，有些資訊系統還支援傳統的直銷郵件、型錄、和其他應用。

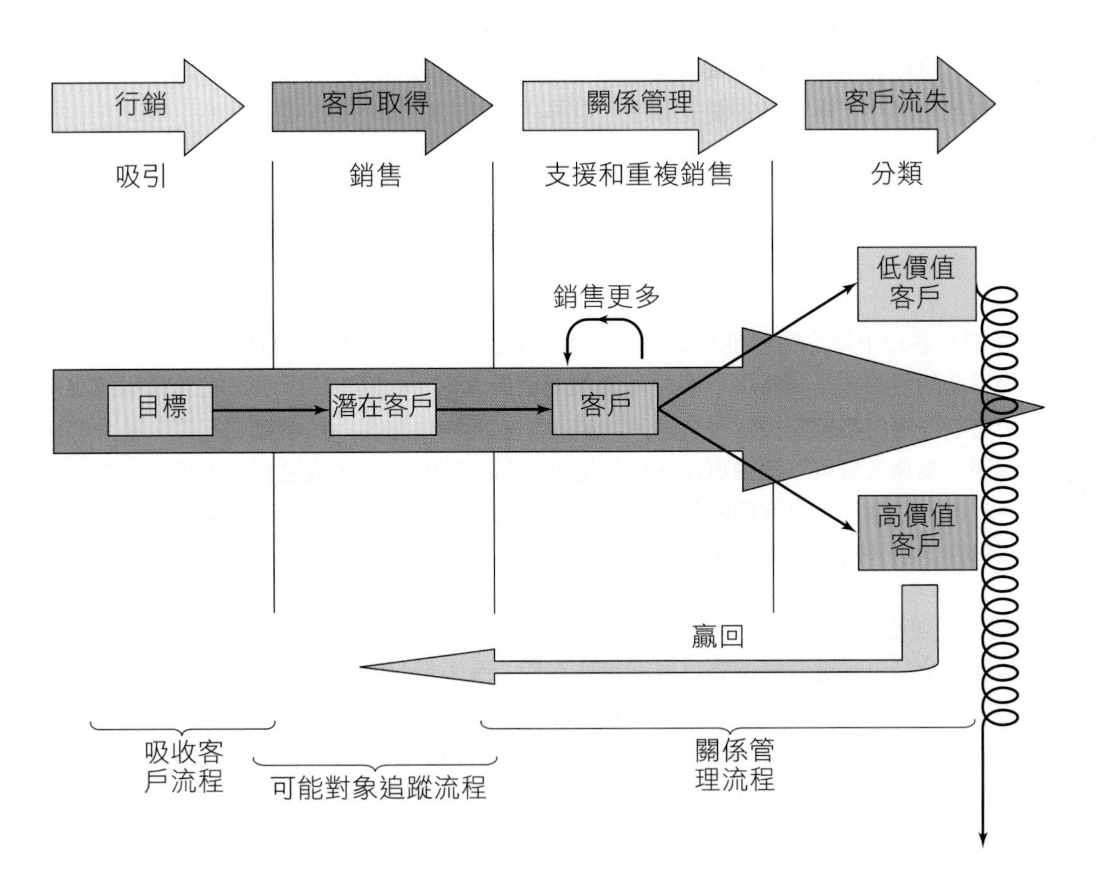

圖7-16
客戶生命週期

資料來源：Douglas MacLachlan, University of Washington

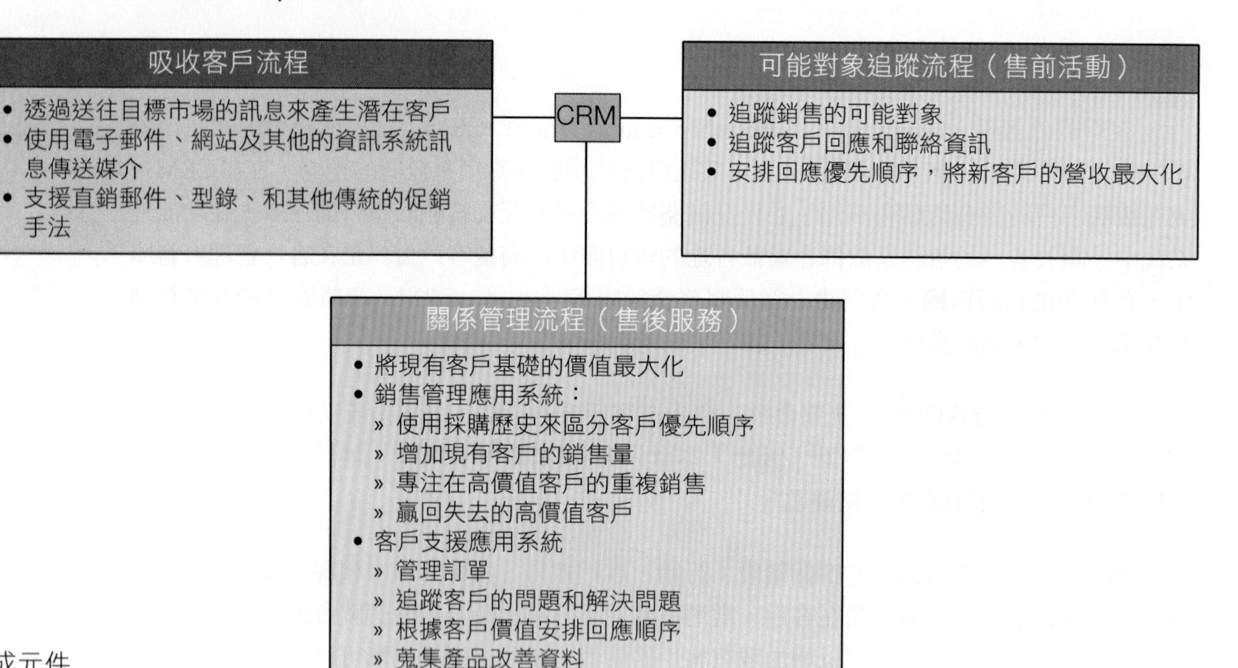

圖7-17
CRM的構成元件

組織的網站是越來越重要的吸收客戶的工具。網址很容易推廣（和記憶），而一旦潛在目標客戶進入網站，就可以很容易地提供給產品說明、使用案例、成功故事、和其他誘人的內容。許多網站在提供高價值的促銷資料之前，會要求客戶先提供姓名和聯絡資訊。這些聯絡資訊就會被送入潛在客戶追蹤應用系統之中。

潛在客戶追蹤應用系統（亦即售前活動應用系統）的目的，是要將潛在客戶轉換成真正的客戶。這種應用系統會追蹤潛在客戶，並且記錄他的回應和聯絡資訊。這類應用系統大都可以讓業務部門安排聯絡的優先順序，以專注在潛力較高的潛在客戶上。

當有多個業務人員會拜訪相同客戶時，潛在客戶追蹤功能就變得特別重要。通常業務人員可能會共同協商出一個銷售拜訪和後續追蹤策略，因此潛在客戶追蹤應用系統有助於避免業務人員重複拜訪和相互干擾。

當潛在客戶下單之後，他就成為正式客戶以及關係管理應用系統的處理對象。關係管理應用系統的目的，是要將現有客戶基礎的價值最大化。如圖7-17所示，它包含兩種應用系統。銷售管理應用系統支援對現有客戶的銷售；它能夠根據客戶採購歷史紀錄，區分客戶的優先順序。業務人員可以藉由專注在已經進行大量採購的客戶，或是具有大筆採購潛力的大型客戶身上，以增加現有客戶的銷售量。這種應用系統的目標，是要確定業務主管具有足夠的資訊可安排銷售時間和銷售工作的優先順序。

銷售管理應用系統還能夠區分出走客戶的優先順序，以判斷哪些出走客戶具有較高價值，並且協助銷售團隊發展策略以贏回這些客戶。令人驚訝的是，企業可能很難知道何時已經失去了一名客戶。當客戶取消電話服務的時候，電信公司就知道它已經失去這名客戶，但是一名線上零售商可能很難知道它已經失去了一名客戶。此時，只有來自採購歷史紀錄的分析，才能知道這名客戶已經離去。

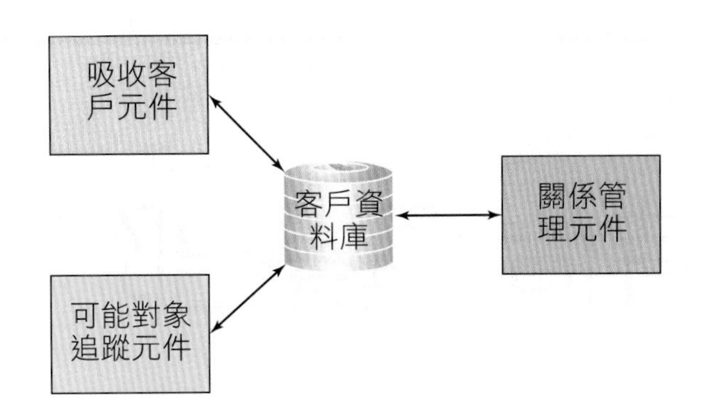

圖7-18
以整合性客戶資料庫為核心的CRM

當然，在成本上，保留現有客戶比取得新客戶或是贏回舊客戶要便宜得多。因此，關係管理的另一項要素就是客戶支援。訂單管理應用系統能協助客戶瞭解訂單的狀態、何時出貨和出貨方式、以及退貨狀態等等。此外，其他的客戶支援應用系統能追蹤客戶問題和解決問題，並且確保客戶不需要對每位客服代表重複一遍問題。

整合性CRM應用系統會將資料儲存在單一資料庫中，如圖7-18所示。因為所有客戶資料都存在單一位置，所以CRM的各流程之間就可以彼此相連。例如客戶服務活動可以連結到客戶採購記錄，藉此，銷售和行銷都能知道客戶的滿意狀態，可以針對個別客戶進行未來的銷售拜訪，並且共同分析客戶的整體滿意度。此外，許多客戶支援應用系統都能排列客戶的優先順序，以避免提供價值1萬美金的支援給終身價值只有500美元的客戶。最後，客戶支援跟產品行銷與開發的關聯非常重要；他們比其他任何群組更知道客戶用產品來做什麼，以及他們所遇到的問題。

企業資源規劃

企業資源規劃（enterprise resource planning, ERP）整合了組織的所有主要流程。ERP是MRP II的自然發展，而主要的ERP用戶就是製造業。SAP（SAP AG Corp.，總部位於德國）是ERP軟體的第一家廠商，也是最成功的一家。SAP在全球有超過88,000家的客戶，約有1200萬名的使用者（sap.com/company，資料取得時間：2005年3月）。

目前，ERP代表跨部門流程系統的極致。ERP整合了銷售、訂單、庫存、製造、和客戶服務活動。ERP系統為組織流程整合提供了軟體、預先設計好的資料庫、程序、和職務說明。對這種變化，一定會發生抗拒和反對，請參考「反對力量導引」。

請注意有些公司將ERP一詞誤用在它們的系統上。這是個熱門的主題，而且在ERP廣告中沒有任何證據確保所有宣稱有ERP能力的廠商都真的符合此處的描述。

ERP的特徵

圖7-19列出ERP的主要特徵。首先，ERP對組織整體採取跨功能別的流程觀點。在ERP中，整個組織被視作是相互關聯的一組活動。

其次，真正的ERP是個正式的方法，以經過記錄和測試的企業模型為基礎。ERP應用系統包含對組織所有活動的一組完整內建流程。SAP將這個集合稱為流程藍圖（process blueprint），並且使用一組標準化符號的圖示來記錄每個流程，例如圖7-15。

TQM

時尚俱樂部

KNOWLEDGE MANAGEMENT

喔！別又來了。我已經在這裡30年了，並且早就聽夠了。所有這些管理計畫，哼！很多年前，我們有所謂的零缺點。然後是全面品質管理、六個標準差...。我們擁有來自西半球所有顧問的得意理論。等等！我們甚至還有來自亞洲的顧問呢！

ZERO DEFECTS

「你知道現在最受歡迎的是什麼？我們正要重新再造為「顧客導向」。我們正要把CRM系統整合到ERP系統中，以便將整個公司轉變為『以顧客為中心』。」

「你知道這些計劃會如何進行？首先，我們會在『誓師大會』中有個公開宣言；CEO會在會議中告訴我們新的流行是什麼，還有它為什麼很重要。接著，一大群顧問和變革管理專家會告訴我們，他們要如何『授權』給我們。然後HR會在我們的年度檢討中加上一些新項目，例如達成以客戶為導向的企業的衡量指標。」

「所以，我們會想出一些無聊的事情來做，以便填到我們年度檢討的項目中。然後我們就把這些忘得一乾二淨，因為我們知道下個月又會流行新的東西。或者更糟的是，如果他們真的逼我們去用新的系統，我們就陽奉陰違。你知道，就是用我們的方式去突顯新系統真的無法運作，讓它真的把所有東西搞得亂七八糟。」

「你覺得我說的話聽起來很刻薄？但是我真的已經看過太多這類東西了。顧問和公司的明日之星聯合起來，幻想出一個這種方案，然後再對高階主管做簡報。這是他們犯的第一個錯：他們認為如果這個方案可以成功地推銷給管理階層，那這鐵定是個好主意。他們把高階主管當做顧客一樣對待。其實他們應該對我們這些真正在銷售、支援、或生產的人推銷這些想法。高階主管只是管錢的老大；管理者應該讓我們來決定這是否是個好主意。」

「如果有人真的想授權給我，他就應該用聽的，而不是用說的。我們真正做事的人對於要怎樣做得更好有無數的想法。現在，輪到顧客導向？好像我們過去這些年都沒有這樣做似的。」

「無論如何，在CEO公開宣布新系統之後，他就忙著其他的事情，並且暫時把它丟到腦後。等六個月之後，我們可能會被告知我們對於顧客導向（或其他新口味）做的不夠，或者公司又宣布了下個新東西。」

「在製造業，他們談論推與拉。你知道，在推式做法下，你先完成東西，然後把它們推給業務人員跟顧客。在拉式做法下，你則是讓顧客的需求把產品拉出生產線。當你庫存有缺口時，你就去生產。嗯！他們應該將這些想法用在他們所謂的『變革管理』上。我是說，真正的變革需要任何人去管理嗎？有人有『使用手機』方案嗎？有CEO宣布：『本年度我們都要使用手機』嗎？HR部門有在年度評鑑中詢問我們使用手機的頻率嗎？當然沒有！顧客『拉』出了手機的需求。我們需要它，所以我們會去買跟使用手機。彩色印表機、PDA、和無線網路都是如此。」

「這就是拉的力量。你找一群人形成網路，然後在做這件事的人員中取得突破。之後，你再以此為基礎來得到真正的組織變革。為什麼他們不這樣想呢？」

「不管如何，我得落跑了。我們要去參加新方案的誓師大會 － 關於供應鏈管理的某樣東西。現在他們準備要授權我們跟供應商買東西；就像我過去這些年做的一樣。反正，我打算不久後就要退休了。」

「喔，等等！送你一件兩年前知識管理方案的T恤。我從來沒有穿過。它上面印著『透過知識管理賦予你權力』。這並沒有持續太久。」

討論問題

1. 顯然，這個人對新方案跟新想法很不以為然。你認為可能是什麼事情造成他的敵意？他看來最關心的是什麼？
2. 他說「陽奉陰違」的意思是什麼？請舉出一個你自身的經驗。
3. 他認為新方案的提案人將高階主管當做顧客。他是什麼意思？對顧問而言，高階主管是顧客嗎？你認為他想表達的是什麼？
4. 當他說：「如果有人真的想授權給我，他就應該用聽的，而不是用說的」，他的意思是什麼？為什麼聽某人說話是授權給那個人呢？
5. 他對「拉式變革」的範例都與新產品的使用有關。你認為拉的方法對新的管理方案會多有效呢？
6. 你認為管理階層在引入新方案時，如何能讓它們被拉入整個組織？請考慮他的建議和你自己的想法。
7. 如果你管理的員工具有這樣的態度，你會做什麼讓他對組織變革和新的方案更為正面呢？

- 對組織採取跨功能的流程觀點

Acctg Sales OPS Mfg

- 具有以正式企業模型為基礎的正式方法

- 以集中式資料庫來維護資料

資料 資料
資料 資料

- 提供很大的效益，但是相當困難，伴隨著挑戰，並且可能導入得很緩慢

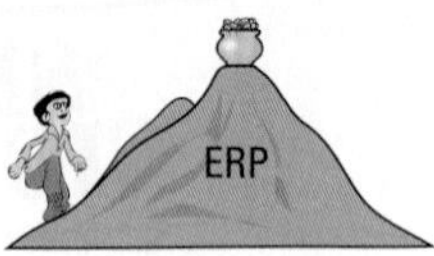

- 通常非常昂貴

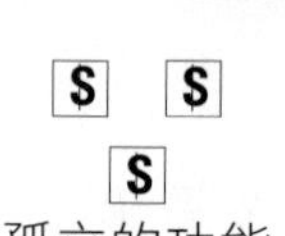

孤立的功能性應用系統　ERP

圖7-19
ERP的特徵

因為ERP是根據正式定義的程序，所以組織必須根據ERP藍圖來調整它的做法。否則，系統將無法有效能地運作，甚至可能會不正確。在某些情況下，可以將ERP軟體的程序調整到與藍圖不同，但是這種調整相當昂貴，而且經常會有問題。

如前所述，在孤立系統中，每個應用系統有它自己的資料庫。這種分隔使得授權的使用者難以取得客戶、產品等等的所有相關資訊。在ERP系統中，組織的資料是在集中式的資料庫中處理。這種集中方式讓授權的使用者可以很容易從單一來源取得所需的資訊。不過，這種整合也有其不利的一面，請參考「安全性導引」的討論。

組織一旦導入ERP系統之後，就會帶來很多的好處。但是如圖7-19所示，從孤立的功能性系統移植到ERP系統非常困難，且伴隨著挑戰，同時有可能會相當的緩慢。更具體來說，改變組織程序對許多組織都是很大的挑戰，在某些情況下，甚至是妨礙ERP導入成功的陷阱。最後，轉換到ERP系統也非常昂貴，不只是因為需要新的硬體和軟體，而且還包含開發新程序、訓練人員、轉換資料、還有其他開發費用等成本。

ERP的效益

圖7-20整理出ERP的主要效益。首先，企業藍圖中的流程已經在數百家組織中實驗與測試過了。這些流程一定有效，而且通常效率很好。轉換到ERP的組織不需要再重新建立企業流程。他們可以直接取得曾經讓許多組織成功運作的流程。

- 有效率的企業流程
- 降低庫存
- 縮短前置時間
- 改善客戶服務
- 對組織更深入而即時的洞察力
- 較高的利潤

圖7-20
ERP的潛在效益

藉由採取組織的整體觀點，讓許多企業發現它們可以降低庫存，且有時候是相當大幅度的降低。藉由更好的規劃，就不必維持大量的庫存。此外，品項在庫存中停留的時間更短，有時候不超過數小時或一天。

ERP的另一項優點是協助組織縮短前置時間。因為有更有效率的流程和更好的資訊，組織就能夠更快地回應新的訂單或現有訂單的變更。這表示它們可以更快地將貨物遞送給客戶。在有些案例中，以ERP為基礎的公司可以在支付訂單所使用的原料費用之前，就先完成出貨並收到貨款。

如同之前的討論，因為所有ERP資料都儲存在整合的資料庫中，所以就不再有資料不一致的問題。此外，因為所有關於客戶、訂單、零件、或其他項目的資料都集中在一處，所以可以很方便存取。這表示組織可以提供更好的訂單、產品、和客戶狀態給他們的客戶。這些不僅會導致更好的客戶服務，而且服務的成本會更低。

最後，以ERP為基礎的組織通常會發現他們會因為較少的存貨、縮短的前置時間、和較便宜的客戶支援，而能夠以較低的成本來生產和銷售相同的產品。這就代表了較高的利潤。不過，重點在於要能走到這裡。

導入ERP系統

圖7-21摘述了ERP系統導入的主要工作。第一項工作是要建立目前企業流程的模型。接著，管理者和分析師對這些流程與ERP藍圖流程進行比較，並且記錄兩者的差異。公司必須找出方法來排除這些差異：可能是改變現有的企業流程來配合ERP流程，或是去改變ERP系統。

現有企業流程的塑模是項困難且費時的工作。它需要受過訓練且技術精湛的分析師來觀察、研究和記錄目前的做法。通常，現有的程序都不會有書面記錄，並且只有那些執行的人才知道其內容。為了挖出這些程序並加以記錄，可能需要許多的會議、訪談、和觀察。這項活動非常重要，因為組織在轉換到新系統之前，必須先瞭解需要做哪些程序上的改變。

要體會這些工作的份量，可以想想看SAP藍圖中包含了超過千筆的流程模型。採用ERP的組織必須檢視這些模型，並且判斷哪個最適合，然後對ERP模型與依據目前做法所開發的模型做比較。目前做法的模型中一定有些是不夠完整、模糊不清、或是不太精確，所以專案團隊必須再次重複現有流程的塑模。有時候，根本無法將任何現有系統調整到藍圖模型，此時，專案團隊必須調整、處理、和定義新程序。而這通常會造成目前人員的混亂。

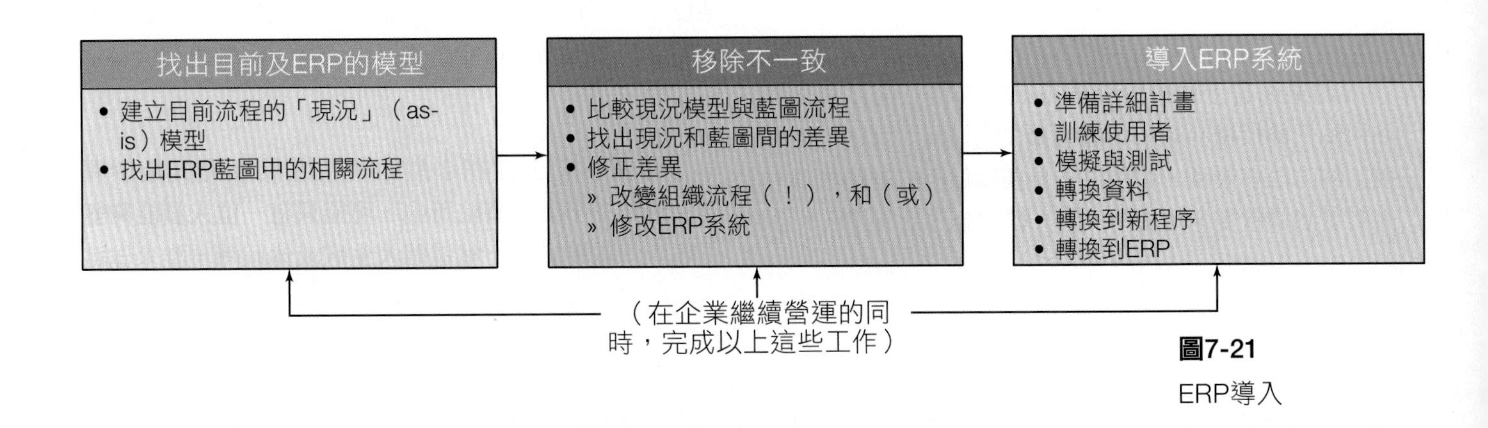

圖7-21
ERP導入

集中式的弱點

組織資訊系統已經從單獨支援企業活動，演進為支援數個企業功能間的整合性處理。這項演進讓組織得以透過企業功能間的連結而獲取效率，不過，它的副作用，就是弱點也增加了。

在ERP和其他多功能系統會使用集中式資料庫，讓授權的使用者可以取得整合的資訊。然而，集中式資料庫也讓非授權使用者和電腦罪犯能夠更容易取得相同的整合資訊。此外，在發生災難性的資料毀損事件時，ERP中的所有應用系統都會無法使用，而整個組織也會就此癱瘓。

簡而言之，支援ERP的資料庫，甚至於只是涵蓋數個企業活動的功能性系統資料庫，都會增加組織的脆弱程度。因為如此，安全性、備份、和復原就變得非常重要。

如果你有上過會計資訊系統的課程，則你會學到如何降低非授權活動和災難性損失的控制和程序。這種控制的方法有幾種，其中之一是要確保組織網路和資料庫有受到適當安全措施的保護，如第4、5章所述。

另一種控制是要確保已替應用系統使用者定義適當的角色，並且設定權限和密碼以強制執行這些角色。這種控制的目的，是要能適當的區分責任和權責。舉例而言，應該沒有人可以同時具有輸入和核准採購的權利。

除了對使用者活動的限制外，組織還必須防止資料資產因為天災或人禍所造成的損失。第11章會更深入討論這個部分。

這些關於ERP和其他集中式資料庫弱點的評論都很正確，但這些措施也可能會有其他的副作用。首先，安全是很昂貴的。組織必須持續回答這個問題：「花多少錢就夠了？」就像保險一樣，高階主管必須在提昇安全性的效益、與導入更穩固的安全系統的成本間求取平衡。

其次，在提昇安全性的同時，彈性也會降低。例如在一套控制嚴密的CRM中，客服人員可能無法改變某位客戶的資料。客戶和客服人員可能都會覺得這種限制不合理，但是它可能是要提供適當等級的控制所必須採取的方式。

嚴密的安全性在小型組織或部門中尤其是個問題。例如在小型醫療院所中，可能只有一位人員能夠變更病人的帳務記錄。當這個人生病或休假時，誰來做這項工作呢？醫院可能無法等到這名員工回來再執行這些變更；這就表示必須要有某位可能沒有受過變更訓練的人來執行這些更動。這個人就會被指派新的角色，甚至於新的帳號和密碼。當最初被授權的人員回來時，這些工作又都必須還原。這會對每個人造成麻煩，而且通常會導致對安全系統的輕忽，並踰越它的控制。

結論：在資訊安全方面，沒有一體適用的方案。每個系統和每個組織都必須根據它的目標、安全性預算、和對資訊系統缺乏彈性的忍受程度，來設計提供適當保護的安全系統。

討論問題

1. 你認為資料和系統的日益集中化，會造成脆弱程度加劇嗎？在什麼情況下不會發生這種問題？
2. 列出三種資訊系統控制的類型。
3. 說明在提昇安全性和成本間會發生的取捨。
4. 說明在提昇安全性和彈性間會發生的取捨。
5. 組織如何決定第3、4題的最佳取捨？
6. 說明為什麼嚴密的控制在較小的組織和部門較難實施？

一旦現況流程和藍圖調和完成，下一步就是要導入系統。不過，在導入開始之前，必須先訓練使用者關於新流程、程序、和ERP系統功能的使用。此外，企業必須執行新系統的模擬測試以找出問題。接著，組織必須將資料、程序、和人員都轉換到新的ERP系統。所有的動作都必須在企業的舊系統仍然持續運作的情況下完成。

如第6章所說，讓組織一次直接轉換到新系統，有點像是開門去迎接災難。反之，企業需要完整而且適當規劃的新系統測試，再加上細心的轉換到新系統。要記得在新ERP系統安裝的同時，正常的企業活動仍在進行。組織的員工必須在轉換進行期間讓公司持續運作。對任何正在經歷這個過程的組織而言，這都是艱困而具挑戰性的一段時間。「MIS的使用7-2」描述了Brose Group公司導入ERP的過程。

導入ERP系統不是為了要讓心臟衰弱。因為要歷經如此大幅的組織變動，所有的ERP專案都必須有CEO跟經營團隊的全力支援。因為ERP流程橫跨部門疆界，所以沒有單一部門主管有權強制導入ERP。但即使具有這樣的支持，還是會有很多的耳語和牢騷，一如「反對力量導引」中的內容。

MIS的使用7-2

Brose Group導入SAP：一次一個地點

Brose Group供應超過40個汽車廠牌的門窗、座椅調節器、和相關產品。主要客戶包括通用汽車、福特、戴姆勒克萊斯勒、寶馬、保時捷、福斯、豐田、和本田。這家汽車和飛機零件製造商是在1908年於柏林創立，目前已經在20個國家的30幾個地點設有工廠。它在2004年的營收超過20億歐元。

在1990年代，Brose的成長非常快速，但他們發覺現有的資訊系統無法支援公司逐漸浮現的需求。有太多不同的資訊系統顯示缺乏標準化，並且也妨礙了供應商、工廠、和客戶間的溝通。Brose決定使用R/3將作業標準化；這是由SAP授權的ERP應用系統，能夠支援超過千種不同的企業流程。Brose選擇不要自行導入這些流程，而是雇用SAP顧問來領導這個專案。

SAP團隊提供流程諮詢和導入支援，並且負責訓練終端使用者。根據SAP專案經理Christof Lutz表示：「我們的顧問和Brose專家以開放、彈性、和建設性的態度一同合作。在信任的氣氛下，我們建立了導入模組，可以提供客戶當做長期使用的基礎。」

Brose/SAP團隊決定採用前導式（pilot）的做法來進行導入。第一個上線地點是在巴西Curtiba的新工廠。團隊將這次導入當作其他工廠上線的雛型。第一次導入的開發可不是件小事，因為它涉及銷售和配銷、原料管理、生產計劃、品質管理、以及財務會計和控制的資訊系統。

一旦最初的系統在Curitiba工廠運作之後，這個雛形就逐步推展到其他工廠。第二個上線地點是墨西哥的Puebla，只花了六個月就開始運作；接著在德國Meerane的導入只花了19週。

轉換到ERP系統能大幅提昇生產力。在1994年，Brose有2,900名員工，和5億4千萬歐元的銷售量，相當於每名員工的產值為18萬6千歐元。十年之後，Brose在2004年即擁有8,200名員工，和20億歐元的銷售量，相當於每名員工的產值為24萬歐元。

本章最後還會再討論這個個案。

* 資料來源：brose.de/en/pub/company（資料取得時間：2004年11月）；sap.com/industries/automotive/pdf/CS_Brose_Group.pdf（資料取得時間：2004年11月）。

企業應用系統整合

ERP系統並不適合所有的組織。例如有些非製造業公司發現ERP的製造導向不適合自己。即使是製造業，有些公司仍會發現要從目前的系統轉換到ERP系統太過艱鉅。還有些對本身的MRP系統相當滿意，並不想要改變。

然而，不適用ERP的公司仍然有孤立系統的問題，所以有些就選擇使用企業應用系統整合（enterprise application integration, EAI）來解決這種問題。EAI會提供連結應用系統的軟體層，以整合現有的系統。EAI可以完成下列工作：

- 透過新的軟體／系統層來連結系統「孤島」。
- 讓現有應用系統間能夠溝通和分享資料。
- 提供整合的資訊。
- 提昇現有系統能力：老舊系統／功能性系統維持不變，但是在其上提供整合層。
- 協助逐漸轉移至ERP。

EAI軟體層（可以視為資訊系統間的結締組織）是要協助現有應用系統間彼此溝通和共享資料。例如EAI軟體可以設定為自動進行圖7-11所需的資料轉換。當CRM應用系統要將資料傳送給MRP系統時，它會先將資料傳給EAI軟體程式。EAI程式先進行轉換，然後將轉換後的資料送給MRP系統。當MRP要把資料送回CRM系統時，則會發生反過來的動作。

雖然EAI沒有集中式的資料庫，但是EAI軟體會建立metadata檔案，用來描述資料的位置。使用者可以存取EAI系統以找出他們所需的資料。某些EAI系統也會提供「虛擬的整合資料庫」（virtual integrated database）服務給使用者。

EAI的主要效益在於它讓組織能使用現有的應用系統，但是排除了許多孤立系統所造成的嚴重問題。轉換到EAI系統並不像轉換到ERP那麼具有顛覆性，同時又能提供ERP的許多效益。有些組織開發EAI應用系統作為邁向完整ERP系統的踏腳石。

內建流程和程序的效益非常明顯，但是也可能會有意料之外的結果。請參考「深思導引」的風險討論。

通用電子（後續）

營運長指派你推薦一或多套可以節省成本的資訊系統。從本章對競爭優勢的討論，你現在瞭解通用的目標是成為市場中的成本領導者。

在本章中，你還學到整合性系統比功能性系統更好的原因，在於它們能避免單獨處理所造成的問題。但是你很懷疑營運長是否能接受CRM或ERP系統的成本。你也可以考慮EAI，但是它的主要效益顯然不是節省成本，但你知道這個問題會是關注的焦點。

在仔細考慮之後，你判斷通用的主要成本來源是庫存。有沒有辦法可以降低庫存費

深思導引

ERP與標準、標準藍圖

設計企業流程相當困難、耗時、而且非常昂貴。受過良好訓練的專家必須與使用者和領域專家進行似乎沒完沒了的訪談，以決定企業的需求。接著，甚至還要更多的專家加入這個團隊，然後一起投資好幾千個工時進行設計、開發、和導入符合這些需求的有效企業流程。這些都是很容易出錯的高風險活動，而且甚至在資訊系統開始開發之前，就必須通通做完。

諸如SAP等ERP廠商投資了數百萬工時在他們ERP方案的企業藍圖上。這些藍圖包含數百或數千個不同的企業流程，例如員工招募流程、固定資產取得流程、消費性產品取得流程、和客戶專屬生產流程等等。

於此同時，ERP廠商在數百個組織中導入他們的企業流程。因此，他們也被迫將標準藍圖客製化，以適用於特定產業。例如SAP擁有針對汽車零件業、電子業、和航空業客製化的配銷業務藍圖。此外，還有數百個不同的客製化方案。

更好的是，ERP廠商已經開發好符合它們企業流程藍圖的軟體解決方案。理論上，如果組織可以採納ERP廠商的標準藍圖，就完全不需要開發軟體了。

如本章所述，當組織導入ERP解決方案時，首先要判斷在現有企業流程與標準藍圖間的差異，然後去弭平這項差異。它可以改變企業流程以符合標準藍圖，或是由ERP廠商或顧問修改標準藍圖（和對應的軟體方案）以符合獨特的需求。

在實務上，這種標準藍圖的變動相當少。它們的實作不僅困難而昂貴，並且在新版ERP軟體出來時，組織還必須去維護這些變動。因此，大多數組織會選擇修改流程以滿足藍圖，而不是反其道而行。雖然，這種流程的改變也很難導入，但只要組織轉換到標準藍圖之後，他們就不再需要支援變動的維護了。

因此，從成本、所需工作、風險、和避免未來問題的角度來看，組織都很希望能調整為標準的ERP藍圖。

最初，SAP是唯一真正的ERP廠商，但是其他公司也已經開發和購併了ERP解決方案。因為軟體產業的競爭壓力，這些產品都開始具備相同的一組功能；ERP解決方案越來越像一般性的日常商品了。

目前這些都還好，但是它引發了一個讓人擔憂的問題：如果，每個組織都逐漸地傾向於導入標準ERP藍圖，而且每家軟體公司都開發出基本上相同的ERP功能和特性，每家企業會不會看起來都跟其他企業一般呢？如果組織都使用相同的企業流程，那他們要如何取得競爭優勢呢？

如果每家汽車零件批發商都使用相同軟體提供的相同業務流程，他們會不會都像是同一個模子倒出來的呢？企業要如何建立自己的特色？創新要如何發生呢？即使某個零件批發商真的成功創新出能提供競爭優勢的企業流程，ERP廠商會不會成為將這些創新傳送給競爭對手的管道呢？使用「日常商品」式的標準藍圖，是否意謂著沒有企業能維持他的競爭優勢呢？

討論問題

1. 用你自己的話說明為什麼組織會選擇改變流程來配合標準藍圖。這樣做有什麼好處？
2. 說明軟體廠商間的競爭壓力如何讓ERP解決方案演變成日常商品。這對ERP軟體產業有什麼影響？
3. 如果兩家公司使用完全相同的流程和軟體，他們還會有任何差異嗎？為什麼？
4. 解釋這句話：ERP廠商可能成為將創新傳送給競爭對手的管道。這對創新的公司會有什麼後果？對軟體廠商呢？對整個產業呢？對經濟呢？
5. 理論上，這種標準化雖然可能，但是全世界有這麼多的商業模式、文化、人種、價值、和競爭壓力，真的可能有兩家公司完全一模一樣嗎？

用呢？通用可以大幅減少它的庫存嗎？可不是小小的5%，而是40%或50%？你認為，如果通用與供應商更密切的合作，就可能達成這種巨幅的成本縮減。

事實上，與供應商更密切合作的確可以節省成本。這種系統將在下一章討論，所以我們會在下一章繼續討論你的建議。

本章摘要

- 資訊系統的三種類型分別為計算性系統、功能性系統、和整合性系統。
- 功能性系統支援單一的企業功能。功能性系統支援人力資源、財務會計、行銷和銷售、以及生產活動（請參考圖7-2到圖7-7）。
- 主生產排程（MPS）是生產產品的計畫，它是用在推式的生產排程。拉式排程會回應來自客戶的信號或看板：用來表示需要某個產品。有些組織會將這兩種方式結合，以建立原始的MPS，然後根據需求信號加以修正。
- 物料需求計劃（MRP）藉由規劃物料和庫存需求，將生產與進料物流相連結。製造資源規劃（MRP II）則是MRP的延伸；除了物料之外，它將人員和裝置的規劃也一併納入。
- Michael Porter認為，企業可以在四種競爭策略中選擇一種：在整個產業或單一產業區隔中的低成本策略，或是在整個產業或單一產業區隔中的差異化。組織的資訊系統必須要能支援組織的競爭策略。
- 在Porter的模型中，價值是客戶願意為產品或服務花費的總金額。價值鏈則是由創造價值的活動所構成的網路。
- Porter價值鏈模型中的五項主要活動是進料物流、生產作業、出貨物流、行銷和銷售、以及客戶服務。支援活動是採購、技術開發、人力資源、和組織基礎建設。鏈結是價值鏈活動間的互動。
- 客戶關係管理（CRM）支援吸收客戶、可能對象追蹤、和關係管理活動。CRM將所有客戶資料儲存在單一資料庫中，讓客戶資料更容易存取。
- 企業資源規劃（ERP）系統支援組織內所有主要的企業活動。ERP是以標準企業流程藍圖為基礎；這些藍圖已經在數百個組織中使用和測試過了。採用ERP系統的組織必須轉換流程以符合藍圖，或是修改藍圖和ERP軟體以符合流程。
- 企業應用系統整合（EAI）是ERP之外的另一種選擇，能夠提供許多整合性IS的效益。EAI會提供連結應用系統的軟體層，以整合現有的應用系統。

關鍵詞

Accounting and finance systems：財務會計系統

Bill of materials（BOM）：用料清單

Business process design：企業流程設計

Calculation systems：計算性系統

Cross-departmental systems：跨部門系統

Cross-functional systems：跨功能系統

Customer relationship management（CRM）：客戶關係管理

Enterprise application integration（EAI）：企業應用系統整合

Enterprise resource planning（ERP）：企業資源規劃

Functional systems：功能性系統

Human resource systems：人力資源系統

Inherent processes：內建流程

Islands of automation：自動化孤島

Just-in-time（JIT）inventory policy：及時的庫存政策

Kanban：看板

Linkages：鏈結

Manufacturing resource planning（MRP II）：製造資源規劃

Manufacturing systems：生產系統

Margin：利潤

Master production schedule（MPS）：主生產排程

Materials requirements planning（MRP）：物料需求計畫

Operations systems：營運系統

Primary activities（value chain）：主要活動（價值鏈）

Process blueprint：流程藍圖

Process-based systems：流程式系統

Pull manufacturing process：拉式生產流程

Push manufacturing process：推式生產流程

Radio frequency identification（RFID）tags：無線射頻識別標籤

Sales and marketing systems：銷售與行銷系統

Support activities（value chain）：支援活動（價值鏈）

Value：價值

Value chain：價值鏈

學習評量

複習題

1. 摘述資訊系統發展的三個時期。為什麼自計算性系統移到功能性系統，比從功能性系統轉移到整合性系統容易呢？

2. 從人力資源、財務會計、銷售和行銷、營運、或製造領域中選擇一個有興趣的領域，並說明這個領域所使用的資訊系統。

3. 摘述功能性系統的問題。你覺得哪個問題是最嚴重的？你的回答是針對特定公司或產業嗎？為什麼？

4. 說明組織的競爭策略與資訊系統設計的關係。

5. 列出Porter價值鏈模型的五項主要活動，並且說明每一項功能。

6. 列出Porter價值鏈模型的四項支援活動，並且說明每一項功能。

7. 為什麼活動的鏈結很重要？

8. 摘述企業流程再造的活動。

9. 說明為什麼企業流程再造既困難又昂貴。

10. 說明整合性應用系統廠商如何為企業流程再造推波助瀾。

11. 描述你學校所使用的三種不同企業流程。

12. 描述客戶生命週期。

13. 說明CRM系統如何支援產品生命週期。為什麼CRM系統比較容易存取客戶資料？

14. 列出ERP系統的主要優點。

15. 摘述ERP系統的導入流程。

16. 說明EAI的基本觀念。

應用你的知識

17. 在Target（target.com）之類零售商身上應用價值鏈模型。它的競爭優勢為何？描述它在每項主要價值鏈活動中必須完成的工作。它的競爭優勢和業務本質如何影響其資訊系統的一般特性？

18. 在L. L. Bean（llbean.com）之類的郵購商身上應用價值鏈模型。它的競爭優勢為何？描述它在每項主要價值鏈活動中必須完成的工作。它的競爭優勢和業務本質如何影響其資訊系統的一般特性？

19. 選擇下列基本企業流程的其中之一：庫存管理、營運和生產、人力資源管理、或財務會計管理。使用網際網路找出三家提供產品支援這個流程的廠商。根據下列條件比較這三家廠商的產品：

a. 判斷它們所用術語的差異，特別是這些廠商對相同術語使用方式的差異。

b. 比較每種產品特性和功能的差異。

c. 對每一家廠商，分別指出哪種公司的特徵最適合這家廠商的產品。

20. 存取SAP、Siebel、和PeopleSoft的網站：

a. 判斷每家廠商如何使用ERP這個術語。它們使用這個術語的方式相同嗎？它們的差異在哪裡？

b. 這些廠商都是提供單一的ERP產品，或是提供不同的產品但合起來可以組合成ERP的解決方案？

c. 如果你正在為公司尋找ERP方案，你要如何處理這種ERP詞彙的混淆？你要如何進行產品比較，以找出最適合你公司的產品？

d. 你對c的回答，會因為下列不同的假設而如何改變：（1）你的公司是製造商，（2）你的公司是批發商，（3）你的公司是連鎖旅館。

應用練習

21. 假設你的主管要求你建立試算表來計算生產排程。你的排程是根據公司三個銷售區的地區經理所提出的銷售預測，而來規劃七種產品的產量。

a. 為每個地區建立單獨的工作表。假設每張試算表包含過去四季每一季中的每月銷售預測。假設它還包含這四季中，每一季的每月實際銷售量。最後，假設每張試算表還包含下一季的每月預測。

b. 為上題中的每張工作表填入樣本資料。

c. 在每張工作表使用前四季的資料，來計算實際銷售量和銷售預測間的差異。這種差異可以用下列幾種方式計算：你可以計算所有的平均，或是計算每一季和每月的平均。你也可以為較近期的差異加上較高的權數。說明你選擇哪種計算方法的理由。

d. 修改工作表，使用計算所得的差異值來調整下一季預測。因此，你的每張試算表都要顯示下一季每個月的原始預測和調整後的預測。

e. 建立第四張工作表，計算所有地區的總銷售預測。顯示每個地區和整個公司的原始預測和調整後預測。顯示月份和每一季的加總。

f. 建立長條圖顯示每月的整體產量。使用不同顏色的長條來顯示原始和調整後的預測。

22. 圖7-8的用料清單樣本，是使用微軟Access製作的表單。製作這種表單需要一點技巧，所以我們會帶著你一步步作完這個練習。然後你就可以用學到的這些技巧來製作類似的報表。你也可以使用Access來練習擴充這個表單。

a. 建立PART表格，包含下列欄位： PartNumber、Level、Description、QuantityRequired和PartOf。Description和Level應該是文字型態，PartNumber是自動編號，而QuantityRequired和part of則是長整數。將圖7-8的PART資料加入表格中。

b. 建立包含PART所有欄位的查詢。限制只顯示Level值為1的資料列。將查詢命名為Level1。

c. 再建立兩個能顯示所有欄位、且Level值為2和3的查詢，分別命名為Level2和Level3。

d. 從Level1建立包含PartNumber、Level和Description的表單。如果需要的話，你也可以使用精靈來做。將你的表單命名為Bill of Materials。

e. 使用工具列中的子表單工具建立上題之表單的子表單。將子表單中的資料設定為Level2中所有的欄位。在你建立子表單之後，請確定Link Child欄位屬性設定為PartOf，而Link Master欄位的屬性設定為PartNumber。關閉Bill of Materials表單。

f. 開啟e所建立的子表單，並且建立它的子表單。將子表單中的資料設定為Level3中所有的欄位。在你建立子表單之後，請確定Link Child欄位屬性設定為PartOf，而Link Master欄位的屬性設定為PartNumber。關閉Bill of Materials表單。

g. 開啟Bill of Materials表單。它看起來應該就像圖7-8。開啟和關閉表單，並且加入新的資料。使用這個表單，選擇產品並新增BOM的資料樣本。

h. 依照類似的流程建立Bill of Materials報表，列出你所有產品的資料。

i. （選擇性的延伸挑戰）圖7-8的每個零件最多只可以用在一項配件中（因為只有存放一個PartOf的空間）。你可以依照下列方式變更設計，以容納超過一項的配件：首先從PART移除PartOf。接著，建立包含兩個欄位的第二個表格：AssemblyPartNumber和ComponentPartNumber。

前者是配件的零件編號，後者則是零組件的零件編號。配件的每個零組件在表格中都有一列。使用這個表格並且建立類似圖7-8的畫面。

職涯作業

23. 使用搜尋引擎在網站上搜尋MRP工作機會。研究幾個你找到的網站並回答下列問題：

a. 描述搜尋結果中你最有興趣的兩項工作。

b. 描述每個工作的教育要求。

c. 描述可以讓你為這些工作預做準備的實習和練習機會。

d. 使用網站資源和你自己的經驗，來描述這些工作的職業展望。

24. 與第23題相同，但是改成搜尋ERP工作機會。

25. 與第23題相同，但是改成搜尋EAI工作機會。

個案研究 7-1

企業資訊系統和實際工作場所

Knoll公司（knoll.com）是製造辦公設備的領導廠商。創立於1938年，Knoll素來以其突破性的創意設計知名。今日，這種創意不只意謂著現代的設計風格，還必須體認到工作環境本質上的改變。Knoll很早就注意到從傳統階層式思考方式，轉換到著重跨部門企業流程，對工作者環境的實體設計所產生的劇烈衝擊。

Knoll的工作場所研究室主任Christine Barber表示：「資訊科技的劇變造成企業辦公室從行政性作業，轉變為管理性、專業的創意工作...在19世紀和20世紀的大部分時間裡，白領工作都是有一大群職員在一組管理菁英監督之下，進行機械式的工作。但現在大多數的一般性工作已經被電腦所取代。三分之二的辦公室職員將自己描述為「問題解決人員」、「資訊分析人員」和「創意人員」...有半數在中大型企業工作的人認為自己的工作本質上就需要「協同合作」（Barber and Yee, 2004）。

因為工作場所的變化對Knoll非常重要，所以它委託進行了一項研究，針對350名辦公室職員進行了1,500次訪談。研究者要求這些工作者根據辦公室因素對生產力的貢獻度，為這些因素的重要性評分。下面是最重要的五項因素，依照對生產力的影響程度遞減排列：

- 現代化的電腦技術
- 充裕的工作事項儲存空間
- 溫度控制
- 安靜的工作空間
- 可以個人化的空間

在這項研究中，Knoll還發現工作者對隱私性的有趣矛盾。大多數工作者同時希望：可以擁有自己的辦公室或私人空間，以便集中注意力工作或舉行私下會議而不受干擾；但又希望有合作的開放空間，一種團隊的感覺和家庭的氣氛。根據Knoll的研究，現代工作者同時迫切渴望隱私和親密感。他們希望有開放空間而不是小隔間。事實上，根據研究，小隔間是「舊經濟」工作空間設計的象徵，引發「囚禁」的印象，變成是一個數字，或是被貼上一個條碼（Barber and DYG, Inc., 2004）。

根據Barber的研究：「當新經濟的工作者越來越傾向自我指導的跨領域腦力工作時，不論是在技能、經驗、和責任上，管理者與被管理者間的差距已經越來越小。但是組織金字塔的扁平化並沒有激發辦公空間的任何真正改變（Barber and DYG, Inc., 2004）。

這些是很有趣的說法。我們知道資訊系統能改進溝通，並且培養跨部門的流程思考。它們也會改變工作場所的形式嗎？根據Barber的說法，它們至少應該如此。「企業被迫投資在先進的資訊科技以維持競爭力；但是它們仍繼續將辦公室看做是生產線，而不是生產知識產品和服務的智庫。」（Barber and DYG, Inc., 2004）。

* 資料來源：Christine Barber and DYG, Inc., "The 21st Century Workplace"; Christine Barber and Roger Yee, "Brave New Workplace," 2004, knoll.com/research/index.htm（資料取得時間：2005年3月）。

問題：

1. 根據Knoll贊助研究的這種做法，Knoll比較可能是選擇成本領導或差異化的競爭策略？請說明你的答案。

2. 從階層式到跨部門流程式思考的變化，對辦公傢俱和設備的設計有何影響？你認為衝擊的程度合乎Knoll的關切和研究嗎？像Knoll之類的公司如果沒有考慮這些趨勢會有什麼危險？

3. 描述除了辦公傢俱之外，同樣可能受到跨部門企業資訊系統和相關組織變革所改變的兩個非科技相關產業。說明對這些產業的衝擊性質。

4. 假設你是Knoll行銷單位的產品經理。請利用本案例所列出的五項生產力因素，描述三種新產品、產品功能、或產品改良的可能設計方式。

5. 假設你管理的業務部門有兩種業務人員：一種負責開發新客戶，另一種則負責對現有客戶的銷售。如果每位業務人員都在自己的小隔間內工作，而且小隔間是隨意而不是根據業務性質來分配。

假設你的部門正要轉換到新的CRM系統，而你趁此機會提議要改善你銷售團隊的工作環境。

a. 根據本案例的資訊，你想做什麼樣的改變？

b. 假設你要求新CRM的專案經理提供採購新辦公傢俱和設備的資金，而他拒絕你的要求說：「新傢俱跟我們新系統的成功與否完全無關。」你會如何回應？

c. 針對工作場所佈置對於新資訊系統使用者的重要性，設定其順序。環境跟系統功能一樣重要嗎？更重要嗎？還是更不重要？

個案研究 7-2

Brose Group的生產計畫

在繼續本個案之前，請先重讀「MIS的使用7-2」。

現代化生產試圖藉由降低浪費改善生產力，這意謂著要消除：

- 過度生產導致存貨過剩
- 無法取得需要料件；這會導致人力和設備的閒置
- 因為物料處理和生產活動規劃不良造成多餘的移動和處理

排除這些浪費的生產方式稱為精實生產（lean manufacturing）。

為了達成精實生產，SAP發明了一個它稱為「及時依序」（just-in-sequence, JIS）的生產流程。JIS是拉式哲學之JIT（just-in-time）的延伸。JIS讓零件不僅剛好及時抵達，而且是以剛好正確的順序抵達。

例如Brose Group在巴西的工廠為通用汽車生產車門。當通用開始建造新汽車時，它會送出需要車門的信號給Brose Group。這個信號會開始在巴西的四條獨立產品線上建立四個車門。Brose會安排每條生產線的工作時程，以生產這四個車門和它們相關的配備，並且在正確時間以正確順序將它們送到通用。因此，如果通用依序需要後車門的門框、前車門的門框、前車門、和後車門，則Brose就會根據這個順序來安排生產和送貨的順序。

為了達成JIS，Brose使用SAP R/3與追加的SAP模組「SAP for Automotive with JIS」結合。就像所有ERP軟體一樣，這些應用系統包含內建流程。在本例中，這些企業流程包括JIS的生產計畫方法和程序。

* 資料來源：brose.de/en/pub/company（資料取得時間：2004年11月）；sap.com/industries/automotive/pdf/CS_Brose_Group.pdf, 2003（資料取得時間：2005年3月）。

問題：

1. 仔細思考JIS規劃的性質。一般而言，Brose必須要有哪種資料才能提供JIS給它的客戶？Brose必須知道些什麼？它當然需要生產品項的用料清單，除此之外，它還需要什麼種類的資料？
2. 根據前面的描述，SAP系統中包含有銷售與配送、物料管理、生產規劃、品質管理、以及財務會計和控制。請用一般的說法來描述提供JIS所需應用系統的功能和特性。
3. Brose在巴西的工廠不只生產通用的車門。它必須協調通用的車門訂單跟其他產品和其他車廠的訂單。要提供這種經過協調的生產規劃，需要哪些類型的資訊系統？

4. 巴西人是說葡萄牙語，而美國的工人是說英語和西班牙語，而Brose總部的人員則是說德語。請描述Brose和SAP顧問在導入系統給使用四種語言，並且生活在至少四種不同文化的使用者時，所面臨的挑戰。

5. 造訪sap.com/industries/automotive並且研究「SAP for Automotive with JIS」。這項產品具有哪些標準SAP R/3所沒有的功能？SAP建立這項產品可以得到什麼優勢？SAP的客戶從這項產品可以取得什麼優勢？在你的回答中，請同時考慮R/3的車廠和非車廠客戶。

6. Brose試圖提供JIS服務給它的客戶。這個目標是否需要Brose的供應商也提供JIS服務給Brose呢？如果它的供應商不提供這種服務，Brose可以怎麼辦呢？Brose有沒有什麼理由會希望它們不要提供這種服務？你認為是否供應鏈中的所有公司都必須提供JIS，然後其中的某家公司才能夠提供這種服務。

電子商務和供應鏈系統

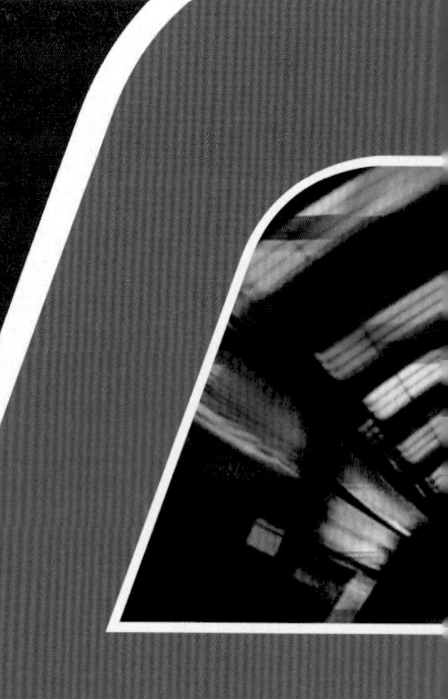

學習目標

- 瞭解 Porter 的五項競爭力模型。
- 定義電子商務和重要的電子商務術語。
- 瞭解電子商務對市場效率的效應。
- 學習支援商務伺服器的技術。
- 瞭解供應鏈的結構、利潤、和動力學。
- 瞭解 EDI 的目的、觀念、優點、和缺點。
- 瞭解 XML 的目的、觀念、優點、和缺點。

專欄

解決問題導引
組織間的資訊交換

反對力量導引
律師的充分就業法案

倫理導引
供應鏈資訊共享的倫理

安全性導引
特洛伊木馬？

深思導引
XML 和運算的未來

本章預告

第 7 章研究組織內的資訊系統，本章則討論跨組織的資訊系統。因為電腦網路（網際網路和私有及專屬網路）日益普及，所以這種系統在近年來也日益重要。大約 10 到 15 年前，組織主要是透過電話和傳真溝通。今日，這些原始的溝通方法已經被電腦通訊所取代。

本章首先討論 Porter 的五項競爭力模型，以及它和與跨組織處理相關運作間的關係。接著定義電子商務和相關術語，並且評估電子商務運作對市場效率的影響。然後我們將說明支援電子商務運作的技術，再描述供應鏈的結構和特徵。我們介紹兩項重要的供應鏈問題，並且介紹供應鏈上用來交換訊息和資料的兩種技術：EDI 和 XML。最後，則是對 XML 網站服務的簡短討論；這是跨組織資訊系統的一種重要的新技術。

通用電子（後續）

在第7章結束時，你還在處理營運長交代的任務。他拒絕了你對新客戶支援系統的構想，因為這並不符合組織成為產業成本領導者的策略。他並不想知道你的系統可以如何節省客戶服務的成本；至少，他說：「且慢」。他希望你為整個公司尋找其他節省成本的應用。在第7章的結尾，你已經決定研究能夠降低通用庫存的應用，但這需要跨組織系統的相關知識。本章要討論這種系統，並且在最後為這個故事做個結尾。

Porter的五項競爭力模型

在前一章中，你學到Porter的競爭策略模型和價值鏈模型。我們使用價值鏈模型來突顯從功能性資訊系統移向跨部門流程式資訊系統的重要性。

Porter還發展了第三個模型，有助於介紹跨組織系統的觀念。圖8-1的模型稱為Porter的五項競爭力模型。根據這個模型，有五種力量會決定產業的獲利：供應商的議價能力、客戶的議價能力、市場的新進入者、市場內企業間的競爭、和組織產品或服務的替代品。

這些因素不僅決定組織如何取得競爭優勢，還包括這些優勢能夠多持久。舉例而言，當組織為產品增加價值並且提高價格時，他可能無法一直維持這種價格。上游供應商也可能提高價格以要求取得價值的一部分。同樣地，根據產業的競爭狀況，其他公司也可能會模仿該公司所增加的價值：模仿的競爭者可能很快就降低了附加價值的價格。最終，雙方可能發現彼此的利潤又降低了。他們都繼續提供新的服務，但是以降低後的價格提供。

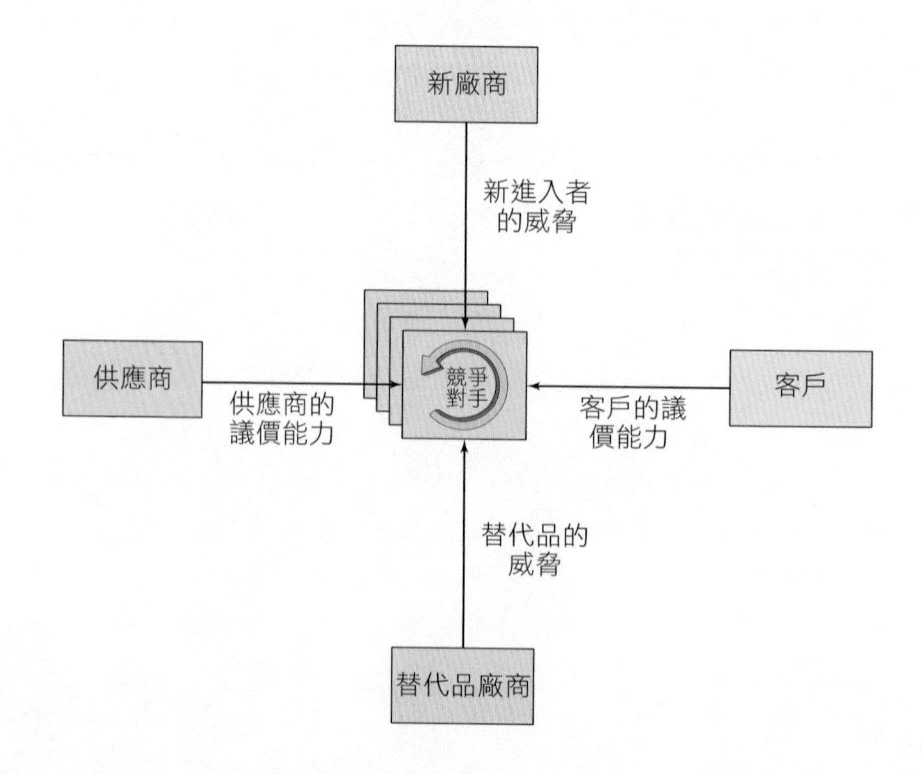

圖8-1

Porter的產業結構模型

（資料來源：Competitive Advantage：Creating and Sustaining Superior Performance, Copyright © 1985, 1998 by Michael E. Porter. The Free Press, a Division of Simon & Schuster Adult Publishing Group授權翻印）

資訊系統在組織取得持久優勢方面扮演關鍵性角色。在第2章，我們討論資訊系統如何提供進入障礙，以降低新進入者、同業競爭、和替代品的風險。在本章，我們要考慮資訊系統如何在客戶和供應商間建立持久優勢。我們將會先討論電子商務，然後再談供應鏈管理。

電子商務

電子商務（e-commerce）是指透過公眾和私有電腦網路購買與銷售產品及服務。請注意，這個定義將電子商務限制為購買和銷售的交易；所以，上yahoo.com看氣象並不算是電子商務，但是付費訂閱透過網際網路傳送的氣象服務則算是電子商務。

圖8-2列出電子商務公司的類型。美國人口普查局出版的電子商務活動統計中，將買賣業（merchant company）定義為擁有存貨的企業，也就是購入貨物再售出的公司，而非買賣業（nonmerchant company）則是那些安排貨物的採購和銷售，但本身並不擁有存貨的公司。在服務方面，買賣業銷售他們所提供的服務；而非買賣業則銷售別人提供的服務。以下將分別討論買賣業與非買賣業。

電子商務的買賣業

買賣業有三種主要的類型：直接銷售給消費者、銷售給企業、和銷售給政府的公司。每一種公司在做生意時使用的資訊系統都略有不同。B2C，也就是企業對消費者（business-to-consumer）的電子商務涉及供應商和零售顧客（消費者）間的銷售行為。典型的B2C資訊系統透過網站提供商務應用（亦即網站式應用環境或網站店面（web storefront）），也就是消費者可以透過網站輸入和管理訂單。例如Amazon.com、REI.com、和LLBean.com都是使用B2C資訊系統的公司（註1）。

B2B，也就是企業對企業（business-to-business）的電子商務是指企業間的銷售行為。例如在圖8-3中，原料供應商使用B2B系統銷售給製造商，製造商使用B2B系統銷售給批發商，而批發商則使用B2B系統銷售給零售商。

B2G，也就是企業對政府（business-to-government）的電子商務是指企業和政府間的銷售行為。如圖8-3所示，當製造商使用電子商務網站銷售電腦硬體給美國國防部，就是一種B2G的商務行為。供應商、批發商、和零售商也同樣可以銷售商品給政府。

買賣業	非買賣業
• 企業對消費者（B2C）	• 拍賣
• 企業對企業（B2B）	• 結算所
• 企業對政府（B2G）	• 交易所

圖8-2
電子商務公司的類型

＊ 註1：嚴格來說，B2C並不是兩個組織間的商務行為。不過，因為它是兩個獨立個體（零售商和消費者）間的商務，所以我們還是將它放在這一章。

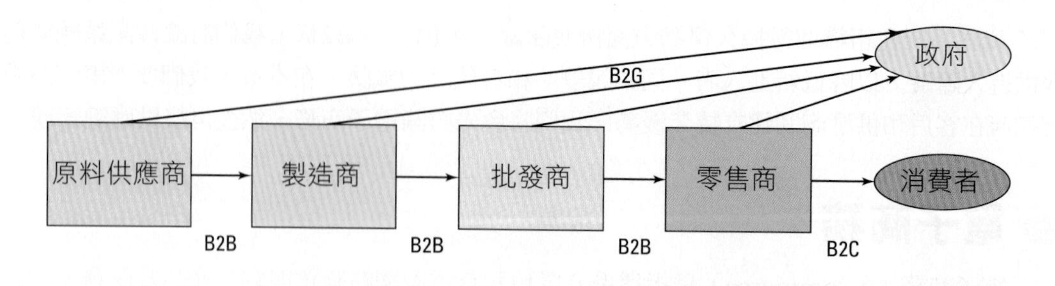

圖8-3
B2B、B2G、和B2C的使用範例

B2C應用首先引起郵購業和相關企業的注意，但整個經濟體很快就發現到B2B和B2G的龐大潛力。現在，從事B2B和B2G商務的企業數目，遠超過那些從事B2C商務的企業數目。

此外，今日的B2B和B2G應用其實只導入了它們潛在能力的一小部分。若要它們完全發揮，應該還要等到若干年後。雖然大多數專家同意這些應用涉及CRM和SRM（Supplier Relationship Management，供應商關係管理）系統的某種整合，但是這種整合的性質仍不明朗，並且仍在發展之中。因此，你可以預期在未來就業期間，還會看到B2B和B2G應用的持續演進和發展。本章稍後會討論B2B的一些問題，以及用來解決這些問題的技術。

非買賣業電子商務

最常見的非買賣業電子商務公司就是拍賣和結算所。電子商務的拍賣（auctions）是透過標準拍賣的電子商務版本來撮合買方和賣方。這種電子商務應用讓拍賣公司得以提供貨物銷售，並且支援競標流程。最知名的拍賣公司就是eBay。但是其實還有許多其他的拍賣公司存在；許多是服務特定的產業。「MIS的使用8-1」中就介紹了鋼鐵業的B2B電子商務網站。

結算所（clearinghouse）提供指定價格的產品和服務，並且安排它們的遞送，但是他們沒有存貨。例如Amazon.com的一個子公司就是以非買賣業的結算所形式運作，並且銷售他人所擁有的書籍。扮演結算所的Amazon會撮合賣方和買方，然後從買方收取貨款，扣除佣金之後轉交給賣方。

結算所業務的另一種例子是撮合買方和賣方的電子交易所（electronic exchange），它的企業流程很類似股票交易所。賣方透過電子交易所提供指定價格的貨物，而買方則透過相同交易所出價。如果價格相符就可以成交，而交易所則從中抽取佣金費用。例如Priceline.com就是消費者所使用的一個交易所範例。

電子商務改善市場效率

產業觀察家一直爭論不休的一項議題，就是電子商務到底是全新的一樣東西，或者它只是現有企業實務的另一種技術性延伸罷了。在1999到2000年間的dot-com熱潮中，有些人宣稱電子商務開創了全新的時代和「新經濟」（new economy）。雖然專家對於是否真的創造出「新經濟」的看法分歧，但所有人都同意電子商務的確創造出更大的市場效率。

MIS的使用8-1

Steel Spider

Steel Spider（steelspider.com）是個非買賣業網站，能夠協助鋼鐵供應商推廣它的公司，接觸銷售可能對象，並且銷售鋼鐵。它也協助買方尋找和採購鋼鐵。賣方會付費廣告他們的鋼鐵產品，並且出資贊助Steel Spider上的邀約式鋼鐵拍賣（invitational auction）；買方則可以免費參與。

供應商製造數十種不同種類和形式的鋼鐵。買方在Steel Spider上搜尋他們所需的鋼鐵種類和形式。如果買方所需要的鋼鐵目前無法取得，則買方可以在網站上登錄他們未來的需要。Steel Spider網站上的軟體代理人Boris會注意新的供應商名單，並且在可以找到所需的鋼鐵類型時，通知之前登錄的買方。另一項功能則讓買方描述立即的需求，而Steel Spider則會通知這項需求給他現有的供應商；他們可以直接與買方聯絡。

Steel Spider還提供邀約式拍賣。供應商會跟網站安排拍賣，並且指定拍賣的日期、時間、和長度。他們還會提供關於拍賣鋼鐵的描述、起標價格、和最小出價增額。此外，供應商還要審核參與競標的買方，並會提供核准之買方的電子郵件位址名單。Steel Spider接著就根據這些條件執行拍賣。競標過程很類似像eBay之類公共拍賣網站；主要的差異在於賣方必須為每筆拍賣付出固定費用，而且競標者必須先經過賣方核准。

資料來源：steelspider.com（資料取得時間：2005年5月），Mountain Hawk Corporation授權使用。

一方面，電子商務導致去中間化（disintermediation）的現象，消除了供應鏈的中間層級。你可以在傳統的電子專賣店購買平面的LCD HDTV，也可以使用電子商務直接向製造商購買。如果使用後者，你就跳過了批發商、零售商、甚至可能更多的中間商。產品會直接從製造商的成品倉庫中運送給你。你省下了批發商和零售商的存貨持有成本，也省掉了貨物運送的間接成本和處理活動。因為批發商和相關存貨成為不必要的浪費，所以去中間化可以增加市場的效率。

另一方面，電子商務也改善了價格資訊的流動。身為消費者，你可以上任意數目的網站進行比價。你可以搜尋你所想要的HDTV，並且根據價格和廠商名聲排序。你也可以尋找免稅或是免運費的廠商。傳播價格和合約條款等資訊的能力改進了，你因此可以付出最低的成本，最終並且可以淘汰掉沒有效率的廠商。市場整體都會變得更有效率。

從賣方的角度來看，電子商務提供了以前無法取得的價格彈性（price elasticity）。價格彈性利用價格的變動來衡量需求上升或下降的數量。利用拍賣，企業不僅可以瞭解一項產品的最高價格，還可以從未得標者的出價中瞭解第二高、第三高、和其他的價格。藉此，企業就可以判斷價格彈性曲線的形狀。

同樣地，電子商務公司也可以直接從客戶經驗中瞭解價格彈性。例如Amazon.com在一項實驗中將類似的書籍分成三個群組。並將其中一組的價格提高10%，第二組降低10%，第三組則維持不變。透過客戶是否決定要根據某一群組的特定售價買書的結果，產生對這些價格變動的回饋。Amazon.com計算了每一群組的總營收（數量乘以價格），並且對所有書籍都採取使得營收最大化的行動（包含提高、降低、或維持原價）。Amazon.com會重覆這個過程，直到他的行動結果是維持原價為止。

比起透過觀察競爭者的訂價來管理價格，透過直接與客戶互動可以得到更好的資訊。藉由對客戶的實驗，企業可以知道客戶對競爭者訂價、廣告、和訊息接受的程度。客戶可能並不知道競爭者的價格較低，因此也沒有減價的必要；或者，也可能如果比競爭者的價格略低，就可以大幅提升需求並增加整體的營收。圖8-4摘述了電子商務的市場影響。

許多B2B和其他跨組織資訊系統需要參與的企業共同開會討論，以設計未來所要使用的共用流程，並協商合作的協議。你可能會被要求參與這種會議，果真如此，你就必須知道如何因應。請參考「解決問題導引」。

電子商務經濟學

雖然對許多組織而言，從事電子商務有很大的好處和機會，但電子商務對某些產業可能未必有利。企業必須考慮下面的經濟因子（economic factor）：

- 通路衝突（channel conflict）
- 價格衝突（price conflict）
- 後勤費用
- 客戶服務費用

圖8-3中的製造商會直接銷售商品給政府機關。在從事這種電子商務之前，製造商必須考慮上述的每一項經濟因子。首先，會發生哪些通路衝突？假設製造商是B2G的電腦製造商，直接銷售電腦給美國國務院，當製造商開始賣電腦給過去都是直接跟街上零售商購買電腦的美國國務院員工時，他的零售商必然會感到憤怒，並且可能會拒絕販售這家製造商的產品。如果因此損失的銷售量大於B2G的銷售價值，則電子商務可能就不是個好選擇。

市場效率增加	價格彈性的知識
• 去中間化 • 價格和合約條款的資訊增加	• 未得標者的出價 • 價格實驗 • 直接得自客戶的更精確資訊

圖8-4
電子商務的市場影響

此外，當企業從事電子商務時，他也可能造成與傳統通路間的價格衝突。因為去中間化的結果，製造商可能可以提供較低的價格而仍然獲利。但是只要製造商開始提供較低的價格，現有的通路就會抗議。即使製造商和零售商不是在競爭相同的顧客，零售商還是不希望在網站上能夠得知有較低價格的存在。

此外，現有的批發和零售夥伴確實有提供價值。沒有他們，製造商就必須增加輸入和處理小額訂單的後勤費用。如果處理1單位訂單的費用跟處理12單位訂單的費用相同（往往是如此），則透過電子商務販售產品的後勤處理費用可能會大幅增加。

同樣地，使用電子商務直接銷售給消費者的製造商，他的客戶服務費用也可能會增加。製造商必須提供服務給較不熟練的使用者，而且還得以一對一的方式進行。舉例而言，製造商以前只要針對單一業務人員說明最近售出的100份Gizmo 3.0產品需要新的支架，但現在可能必須對比較欠缺專業知識而且受挫的顧客做100次的說明，這種服務需要更多的訓練和費用。

當組織考慮是否該投身電子商務銷售時，這四項經濟因子都非常重要。

電子商務和全球資訊網

如前所述，電子商務是透過公眾和私有網路來購買與販售產品和服務。大多數B2C商務都是透過全球資訊網（WWW），使用商務伺服器所支援的網站店面來進行。商務伺服器（commerce server）是一台執行網站程式的電腦，能夠展示產品、支援線上訂購、記錄和處理付款、並且提供與存貨管理應用的介面。如果你正從事公司電子商務運作的管理，就必須瞭解商務伺服器的作業方式。但首先，我們必須先討論全球資訊網的結構和組成元件。

網站技術

第4章說明了網際網路的運作方式，並且介紹了幾種最重要的網際網路協定，如圖8-5。簡單回顧一下，SMTP是使用在電子郵件上；FTP則是用來交換檔案。這些協定對電子郵件和檔案傳輸都非常重要，但是對於電子商務和網站應用而言，大多數網站會產生HTML，並且使用HTTP（Hypertext Transfer Protocol）來傳送。

網頁和HTML

HTTP是在網際網路上用來交換網頁（web pages）的協定。網頁是使用HTML（Hypertext Markup language，超文件標記語言）編碼的文件。這種語言會定義網頁的結構和版面。HTML標籤（tag）是用來定義資料元素的顯示或其他目的之標記。下面的HTML碼就是典型的標題標籤。

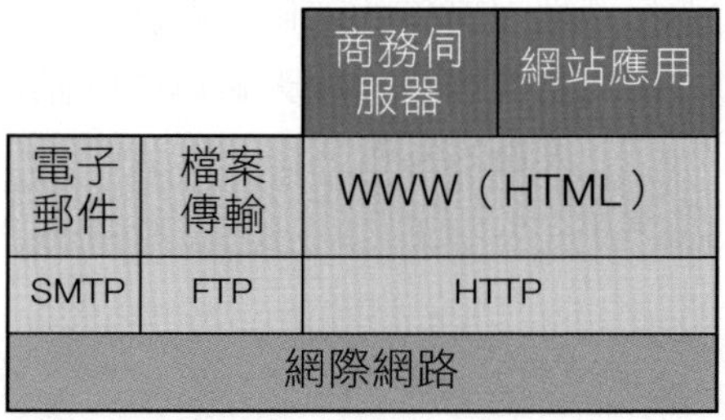

		商務伺服器	網站應用
電子郵件	檔案傳輸	WWW（HTML）	
SMTP	FTP	HTTP	
網際網路			

圖8-5
網際網路協定和用途

跨組織的資訊交換

連結兩個或更多組織的跨組織資訊系統，需要各個企業和組織間的共同協議。這種協議只有在所有參與者對於共同合作的效益、成本、和風險都有清楚的構想時才會成功。要創造共同的協議需要許多次的聯合會議，讓每個參與者澄清他們的目標，並且決定如何才是最好的資訊與資源分享方式。

在你的職涯中，可能會被要求參與這種會議。在參與之前，你應該先瞭解一些基本的原則。

首先，當你遇到其他公司的員工時，要記得你和對方的對話，應該要比同事之間的對話設定更嚴格的限制。至少，與你開會的公司也可能會成為你最強勁的競爭者。一般而言，你應該要有心理準備，你與另一家公司員工說的任何事情，可能在第二天就會傳遍整個產業。

當然，這種會議的目的是要發展協同合作的關係，而你無法什麼都不說就達成這個目標。不過，最佳的策略就是揭露所有必須揭露的內容，但僅此而已。

在你與另一家公司碰面之前，你和你的團隊必須對此會議的目的有明確和相同的瞭解。你的團隊必須事先對所要處理的議題和所要避免的議題建立共識。關係的發展通常都有階段性：兩家公司會面、建立某種程度的瞭解、再次會面並取得另一種程度的瞭解，依此類推，彼此相互試探地往某種關係前進。

你可能被要求簽署一份保密協定。這種協定是一種契約，用來規範每一方對保護另一方私有資訊的責任。這種協定的篇幅差異很大；有些只有一頁，有些則可能多達三十頁。你在會議開始之前，就必須先瞭解你公司對這種協定的政策。有時候，企業會在會議開始前先交換彼此的標準保密協定文件，以便雙方的法務部門可以預先檢視並核准這些協定。

你的言談得扣緊會議的目的。避免談論你的公司，或是與會議主題無關的其他公司。你永遠不知道對方正在進行什麼；你不會知道他們正在和其他哪些公司會面；你也不會知道他們想要知道你公司的哪些資訊。

要知道會議永遠在最後一刻才結束。即使在等候電梯的時候，會議仍舊是在進行中。午餐時間、共乘一部車前往機場期間也依然如此。順便一提，電梯中唯一可行的兩個話題就是天氣和要去的樓層。不要在公共場合提起天氣以外的話題，避免造成自己或對方人員的為難。

所有的建議似乎相當偏執，但即使偏執的企業也有競爭者。除了粗心或愚蠢，不會有其他原因需要跟其他公司討論無關的主題。你的公司在建置跨組織系統時就已經承受相當大的風險了，不要再無端發表關於自己或其他公司的評論來增加風險。

討論問題

1. 假設你被要求參加與供應商的會議，以討論銷售資料的分享問題。你完全不知道會議的具體目標為何、你為什麼會被邀請、以及組織期望你有什麼貢獻。你應該怎麼辦呢？

2. 假設你飛了1,500英哩去參加一場會議，而在會議開始前，對方公司要求你簽署一份保密協定。你事先對於要簽署這份協定一無所知。你會怎麼做？

3. 有些公司的作風相當開放而民主，員工間有大量的合作和開放性的討論。有些公司則很封閉而官僚，員工都是等待命令才行動。請描述當這兩家公司的人員會面時，會發生什麼情況。要如何改善這個情況？

4. 假設在午餐的時候，對方公司的人員詢問你：「你們都用XML網站服務來做什麼？」（本章稍後會討論這個主題）。假設這個主題與會議目的毫不相干。你想了一下，並且判斷回應這個問題不會有太大風險，所以你說：「沒做什麼」。你在這句話中傳遞了什麼資訊？什麼是更好的回應方式呢？

5. 假設你正在聯合會議中，並且被問到：「所以你還跟誰一同處理這個問題？」請描述你可以用什麼原則來決定如何回答這個問題。

6. 解釋這句話：「會議永遠在最後一刻才結束。」這句話跟其他會議（例如求職面談），可能有什麼關係呢？

```
<h2>Price of Item</h2>
```

請注意標籤是放在 < >（角括號）之中，並且成對出現。這個標籤的開頭是由 <h2> 表示，結尾是由 </h2> 表示。標籤之間的文字是標籤的值。這個HTML標籤是說：使用第二層標題的形式，將「Price of Item」放在網頁上。網頁建立者會定義標題和其他標籤的形式（字體、顏色等等）。

網頁包含超鏈結（hyperlink），也就是指向其他網頁的指標。超鏈結中包含當使用者點選超鏈結時所會取得之網頁的URL（參見第5章）。URL可能是指向與原本網頁（容納該超鏈結者）相同的伺服器，也可能是指向另一個伺服器上的網頁。

圖8-6a 是一個簡單的HTML文件，包含提供該頁面metadata的標頭部分（heading），以及包含內容的本體部分（body）。標籤 <h1> 表示其中的文字要顯示為第一層的標題；<h2> 則表示是第二層的標題。標籤 <a> 定義了一個超鏈結；這個標籤有一個屬性（attribute），也就是用來提供標籤性質的變數（variable）。不是所有標籤都有屬性，但許多都有。每個屬性都有標準的名稱，例如超鏈結的屬性為href，而它的值是用來指示當使用者點選鏈結時，要顯示哪個網頁。例如當使用者點選圖8-6b 上的超鏈結時，就會傳回prenhall.com/kroenke網頁。圖8-6b 是從Internet Explorer看到的這段HTML文件畫面。

網站伺服器（Web server）會傳送HTML文件給瀏覽器（browser）使用。網站伺服器上執行一支能夠處理HTTP協定，並且根據要求來傳送網頁的程式。當你輸入http：//ibm.com時，你是透過HTTP送出請求給網域名稱為ibm.com的伺服器，要它傳給你它的預設網頁。最常見的網站伺服器程式有兩個：一個是一般使用在Linux上的Apache，另一個是IIS（Internet Information Server，為Windows XP Professional和其他Windows產品中的元件）。

瀏覽器也是電腦程式，負責處理HTTP協定，接收、顯示、和處理HTML文件，以及傳送回應。常見的瀏覽器有Internet Explorer、Netscape Navigator、和Mozilla的FireFox。順帶一提，有些HTML文件會包含小段的程式碼。這些程式是由網站伺服器傳送給使用者的瀏覽器，並且在使用者電腦上的瀏覽器內執行程式

```
<html>

<head>
<meta http-equiv="Content-Language" content="en-us">
<title>Using MIS</title>
</head>

<body>

<h1 align="center"><font color="#800080">Using MIS</font></h1>
<p> </p>
<h2><font color="#000080">Example HTML Document</font></h2>

<p> </p>
<p>Click here for textbook web site at Prentice-Hall: 
<a href="http://www.prenhall.com/kroenke">Web Site Link</a></p>

</body>

</html>
```

圖8-6a
HTML文件樣本

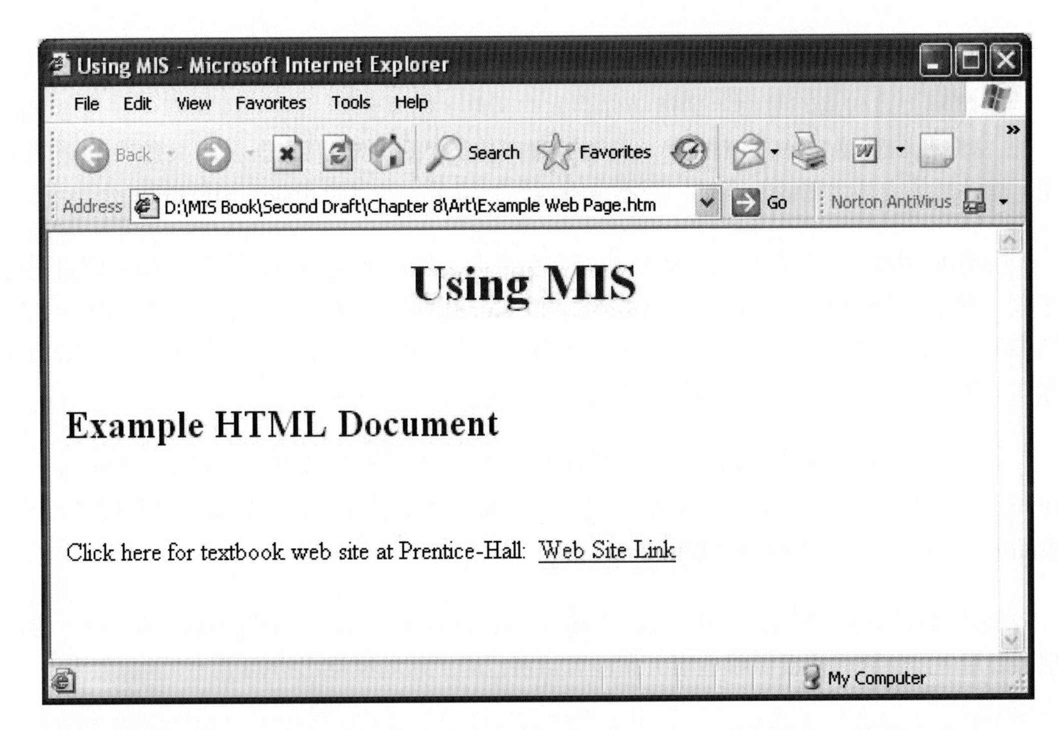

圖8-6b

使用Internet Explorer瀏覽圖8-6a 的HTML文件

三層式架構

大多數商務伺服器應用都是使用三層式架構（three-tier architecture）；這三層代表三種不同類型的電腦。用戶層（user tier）的電腦上有請求和處理網頁的瀏覽器，伺服器層（server tier）則有執行網站伺服器的電腦，並且會產生網頁以回應瀏覽器的請求。在圖8-7中，伺服器電腦同時執行了商務伺服器和其他應用。

為了確保商務網站具有可接受的效能，網站通常是由數個、甚至於很多個網站伺服器電腦所支援。在多個網站伺服器上執行的架構稱為網站叢集（web farm）。在這種環境中，工作會分散給網站叢集內的電腦，以便縮短客戶感受到的延遲。多個網站伺服器電腦間的協調是一場神奇的舞蹈，我們無法在此細述，但不妨設想一下當你在線上訂單中加入項目時，不同網站伺服器要如何接收和處理每次的新增，以改善整體效能。

第三層是資料庫層（database tier）。這一層的電腦會接收和處理SQL請求，以擷取和儲存資料（參見第4章）。圖8-7的資料庫層中只有一台電腦。雖然的確也有多部電腦的資料庫層，但不如多部電腦的伺服器層那麼常見。

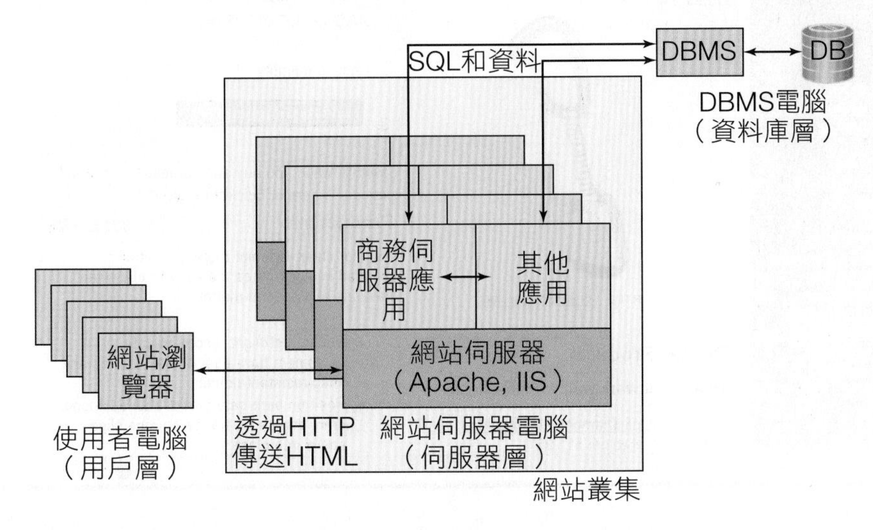

圖8-7

三層式架構

一個進行中的範例

要瞭解上述討論的應用，請造訪你喜愛的網站，將某個產品放進購物車，並且思考圖8-7。當你在瀏覽器中輸入位址時，瀏覽器會向位於該位址的伺服器請求其預設的網站頁面。網站叢集中某台電腦的網站伺服器會處理你的請求，並且將預設的網頁送回。

當你點選該網頁和其他網頁來尋找所需產品時，網站叢集中某台電腦的商務伺服器會存取一或多個資料庫，以便將頁面填入你所需產品的資料。商務伺服器會根據你的選擇，將結果傳回給你的瀏覽器。當然，對於你一連串的請求，可能是由伺服器層中的不同電腦負責處理，並且持續維持與你相關活動的溝通。

在圖8-8a，使用者正在REI.com瀏覽登山設備，以尋找特定產品。要產生這個網頁，商務伺服器會先存取資料庫以取得產品的圖片、價格、產品資訊、特殊條款（購買6種以上的產品可以有95折）、和其他相關產品。

使用者在購物車中放入六種產品，圖8-8b 是它的回應。請再次回想圖8-7的行動，並且想像要產生這個網頁需要做哪些事。請注意這邊已經正確地反應出折扣了。

當顧客結帳時，會呼叫另一個商務伺服器程式來處理付款、安排存貨的處理時程以及出貨方式。這個商務伺服器很可能具有與CRM應用系統的介面，以處理這個訂單。當然，這的確是很神奇的能力！

「MIS的使用8-2」中有另一個企業執行網站式電子商務的例子。

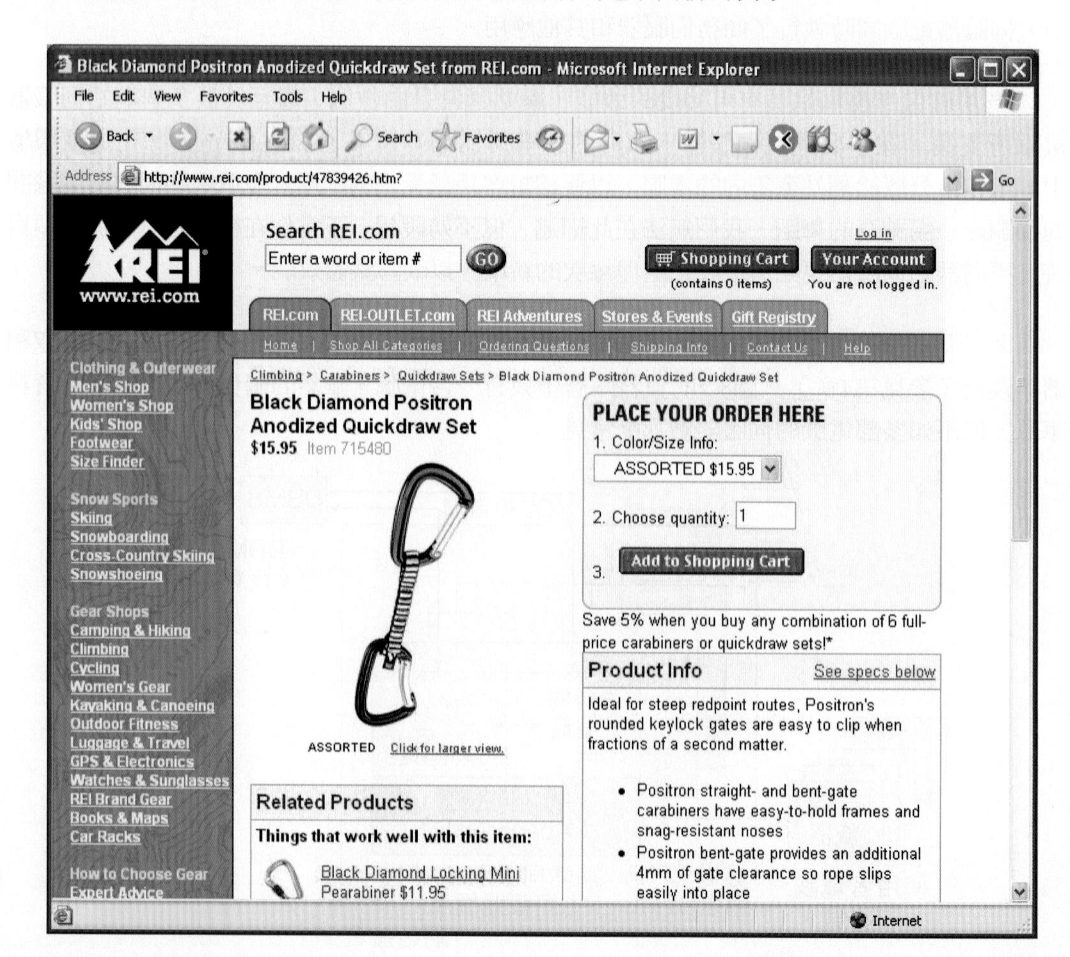

圖8-8a

商務伺服器網頁範例：產品網頁

（資料來源：REI授權使用）

圖8-8b
購物車的網頁

（資料來源：REI授權使用）

到目前為止，我們只討論了支援B2C商務的技術。在我們能夠討論B2B商務和其他連接兩個或兩個以上組織的資訊系統之前，我們必須先描述企業間供應鏈的性質，並且探索兩項重要的供應鏈問題。

供應鏈管理

供應鏈（supply chain）是組織和工廠間的網路，用來將原料轉換成遞送給客戶的產品。圖8-9描繪的是一般性的供應鏈。顧客跟零售商下單，零售商跟批發商下單，批發商跟製造商下單，而製造商則跟供應商下單。除了圖中的組織之外，供應鏈還包含了貨運公司、倉儲、存貨，以及在參與組織間傳送訊息和資訊的某些方法。

因為去中間化的效應，不是每個供應鏈都包含全部的組織。例如Dell就是直接銷售給顧客；他的供應鏈中沒有批發商和零售商。在其他一些供應鏈中，製造商則會直接銷售給零售商，並且排除批發商這一層。

供應鏈的「鏈」有點誤導，它彷彿意謂著每個組織都只連到上游（朝向供應商）和下游（朝向客戶）的一家公司。事實上可不是這樣。每一層的組織都可能與供應鏈上游和下游的許多公司一起工作。因此，供應鏈事實上是個網路。

要瞭解供應鏈的運作，請參考圖8-10。假設你決定要從事越野滑雪。你到REI（店面或網站）去買滑雪板、鞋套、雪鞋、和雪杖。為了履行你的訂單，REI將之前跟批發商採購的

MIS的使用8-2

Dun & Bradstreet使用電子商務來銷售研究報告

Dun & Bradstreet（D&B）收集並出版公共和私有企業的企業與財務資料、以及資料的分析。客戶使用D&B的產品來評估潛在客戶的信用，找出並評估可能的交易對象、選擇潛在供應商，並且協助與供應商的協商。D&B在這一行已經超過160年，並且儲存了超過200個國家、約8千萬家企業的資料。為了提供最新的資訊，D&B的資料庫每天更新超過1百萬次。

過去這些年來，D&B一直使用最新的科技來提供他的報告。一開始，報告是印在紙上，然後透過信件寄送。後來則是使用傳真來傳送報告，接著是使用私有通訊網路來傳送。不過，在網際網路蓬勃發展後，D&B有了更有效的傳送媒介：網站式的電子商務。

圖1是D&B網站（dnb.com）的搜尋頁面。使用者選擇了信用報告項目，並且使用圖中的表單來尋找位於美國喬治亞州的建築用品公司Georgia-Pacific之信用報告。圖2是相關的報告，可以透過D&B的商務伺服器在線上購買。

想想D&B透過網站傳送這些報告的好處。首先，這個網站的運作全年無休。其次，使用者要購買一份報告時，會輸入所有的顧客資料，省下了D&B的資料輸入和相關行政成本。此外，透過網站式電子商務，D&B只要對其商務伺服器資料庫進行一些變動，就可以輕易改變或延伸他所提供的產品，而完全不必建立、列印、庫存、或郵寄新的型錄。最後，商務伺服器所記錄的客戶採購資料可以進行資料探勘，以取得引導未來產品走向的資訊（下一章會討論）。總而言之，使用電子商務技術讓D&B能夠全年無休地銷售商品、節省成本、傳送更即時的資料、並且取得行銷資訊。

「個案研究8-2」會繼續討論這個案例。

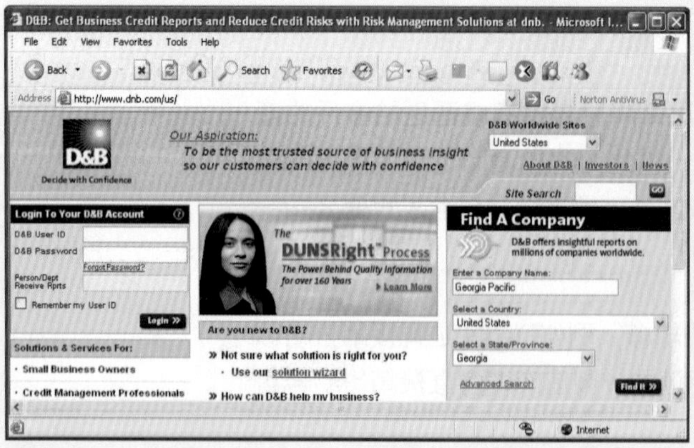

圖1

D&B網站店面

（資料來源：D&B Corporation授權使用）

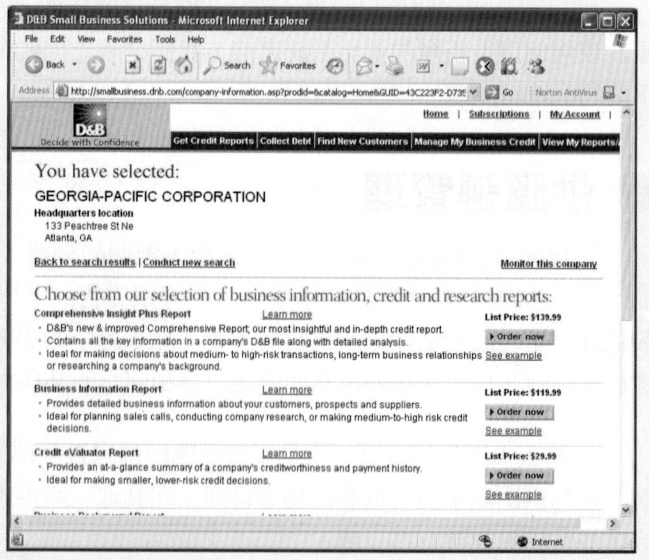

圖2

D&B提供的產品範例

（資料來源：D&B Corporation授權使用）

這些貨品從倉庫移出。根據圖8-10，REI是向某家批發商購買滑雪板、鞋套和雪杖，並且跟另一家批發商購買雪鞋。這些批發商則是向製造商採購所需的品項，而製造商則是跟他們的供應商採購原料。

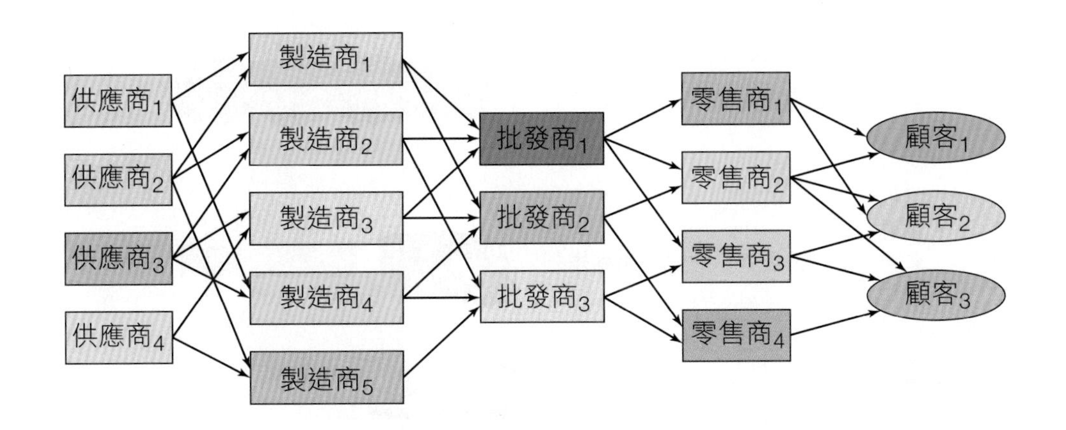

圖8-9
供應鏈關係

供應鏈營收的唯一來源就是顧客。在REI這個例子中，只有你將錢花在滑雪裝備上。從你之後一直到原料供應商的整條供應鏈都不再有現金的挹注。你花在滑雪裝備上的錢會向上傳遞做為貨品或原料的貨款。因此，顧客是營收的唯一來源。

供應鏈效能的驅動因素

有四個主要因素會影響供應鏈的效能：設施、庫存、運輸、和資訊（註2）。圖8-11列出影響供應鏈效能的驅動因素（driver）。我們先摘述前三項因素，然後我們將重點放在第四項資訊因素上（你可以在生產管理課程中學到前三項因素）。

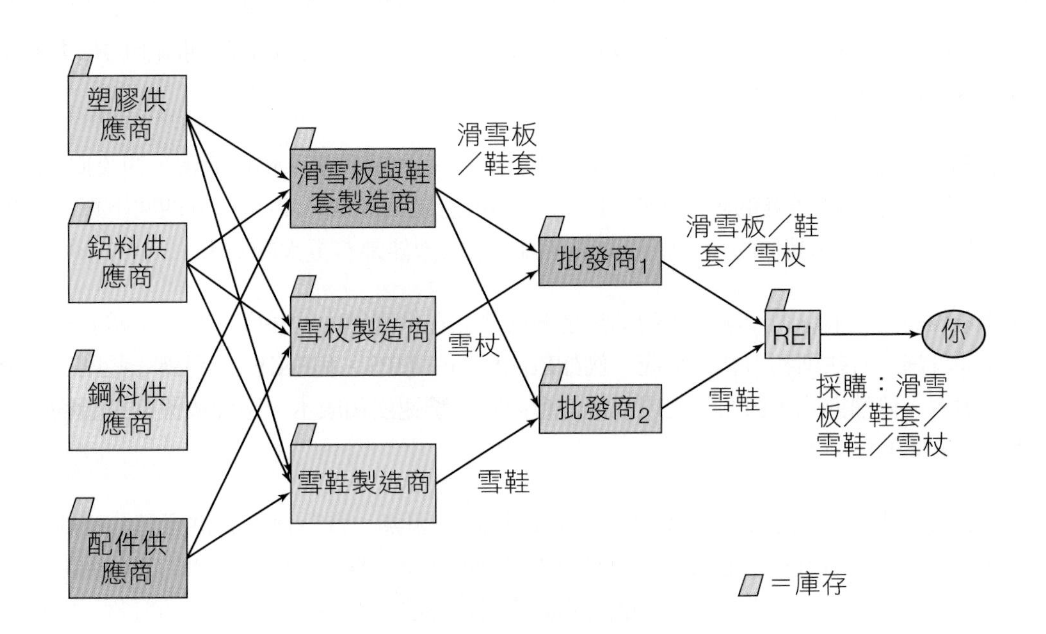

圖8-10
供應鏈範例

＊ 註2：Sunil Chopra and Peter Meindl, Supply Chain Management（Upper Saddle River NJ： Prentice Hall, 2004）, pp. 51–53。

- 設施
  - 位置、規模、作業方法論

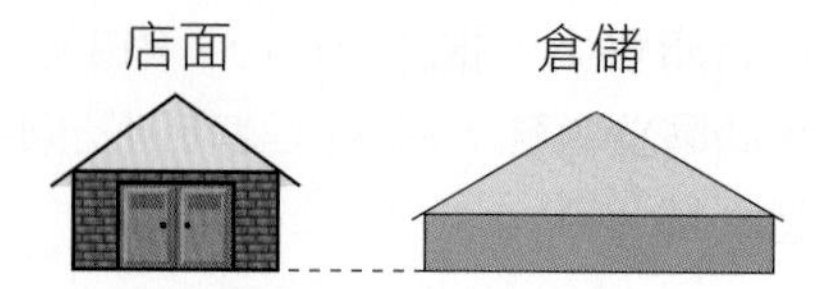

- 庫存
  - 規模、存貨管理
- 運輸
  - 自行處理／委外、方式、路線規劃

- 資訊
  - 目的、可取得性、方法

圖8-11
供應鏈效能的驅動因素

如圖8-11所示，設施與產品生產、組裝、或儲存場所的位置、規模、和作業方法論相關。最佳的設施設計是個複雜的主題。舉例而言，根據REI的所有店面和其電子商務網站，他應該將倉儲放在哪裡呢？它們應該要多大？品項要如何存放和提取？如果考慮整個供應鏈，則這些設施相關的決策就更為複雜了。

庫存涵蓋供應鏈中的所有物品，包括原料、在製品、和成品。圖8-10的每家公司都有庫存。當你和其他人從REI購買貨品時，他的庫存會減少，等到某個時間點，REI會跟他的批發商訂貨。而供應商也有自己的庫存，他們也會在某個時間進行補貨；依此類推。

管理庫存需要在可用量和成本間取得平衡。庫存主管可以增加庫存規模，以提高產品的可用量；但是這樣也會增加存貨成本，而降低公司的利潤。不過，減少庫存的規模則會增加缺貨的機率。果真如此，客戶可能會向其他來源下訂單，而造成營收和利潤上的損失。存貨管理永遠是在可用量和成本間求取平衡。

存貨管理的決策除了存貨規模，還包括補貨的頻率和補貨量。舉例而言，假設REI決定他每個月需要1,000雙雪鞋的庫存，他可以在月初就訂購1,000雙，也可以分四次下單，每次訂購250雙。像這類和其他的存貨管理決策，對供應鏈效能都有重大的衝擊。

圖8-11的第三項驅動因素是運輸；它是關於物品在供應鏈中的移動。有些組織有他們自己的運輸設施；有些則利用委外廠商，例如Roadway、UPS、和FedEx；另外一些則是使用兩者的組合。傳輸方式（例如陸運或空運）會同時影響速度和成本。路線決策則影響物品在供應鏈各層間的移動方式。

第四項驅動因素是資訊；這是與本課程最相關的因素。資訊會影響供應鏈各組織間請求、回應、和告知的方式，進而影響到整條供應鏈的效能。圖8-11列出資訊的三個因素：目的、可取得性、方法。資訊的目的可能是屬於交易性質的，例如下訂單和退回訂貨；它也可能是屬於資訊性質的，例如庫存和客戶訂單資料的分享。可取得性（availability）是指組織分享資訊的方式；也就是說，哪些組織在什麼時間可以存取哪些資訊。最後，方法是指資訊傳輸的方式，例如本章稍後將討論的EDI和XML就是其中的兩種方式。

供應鏈獲利能力與組織獲利能力

圖8-9和8-10中的每個組織都是獨立的公司，各自有其目標和目的。每一家都有自己的競爭策略，而且跟供應鏈中的其他組織可能並不相同。單獨來看，每一個組織都會想將自己的利潤最大化，而不管自己的行動對他人的利潤有何影響。

供應鏈獲利能力（supply chain profitability）是指供應鏈中所有組織產生的營收總和，減去他們產生的成本總合。一般而言，如果供應鏈中的每個組織都試圖獨自將本身的利潤最大化，則供應鏈將無法得到其最大獲利。通常，如果有一或多個組織以略少於本身最大利潤的方式運作，供應鏈的獲利就會增加。

要瞭解原因，請回想對REI的滑雪裝備採購。假設你要不就是購買了全套滑雪裝備，否則就什麼都不買。例如假設你無法買到雪鞋，則其他滑雪板、鞋套、和雪杖就毫無價值。此時，雪鞋缺貨所造成的損失不僅僅是雪鞋的收入，而是整套滑雪裝備的營收損失。

根據圖8-10，REI會向批發商2購買雪鞋，並且跟批發商1購買其他品項。如果雪鞋缺貨，批發商2損失了雪鞋的收入，但是並不會因為滑雪板、鞋套、和雪杖沒有賣出而蒙受損失。因此，批發商2不是根據整套設備的營收損失，可能會只根據雪鞋的營收損失來考慮最佳的雪鞋庫存量。此時，如果批發商2能建立比他本身最佳庫存量更多的庫存，就可以增加整個供應鏈的獲利能力。

理論上解決這個問題的方法是使用某種形式的轉移支付（transfer payment），以誘使批發商2願意持有較多的雪鞋存貨。例如REI可以在銷售整套設備時，針對雪鞋部分付給批發商2一些補貼，並且向批發商1收取部分的補貼金額；批發商1可以再向上收取一部分的補貼，依此類推。但事實上，這種解決方案很難實行，請參考「反對力量導引」。對較高單價或數量很龐大的品項而言，可能值得建立資訊系統來辨識這種情境。如果這種動態相當持久，則可能值得去協商轉移支付的協定。但後面將會學到，這些工作都需要很完善的供應鏈資訊系統協助。

長鞭效應

長鞭效應（bullwhip effect）是指在供應鏈中，從顧客到供應商每向上一層，訂單的數量和時機的變動程度也跟著增加的現象。圖8-12就是這種情況。在一項著名研究（註3）中，就觀察到寶僑公司紙尿布供應鏈的長鞭效應。

＊ 註3：Hau L. Lee, V. Padmanabhan, and S. Whang, "The Bullwhip Effect in Supply Chains," Sloan Management Review, Spring 1997, pp. 93–102。

反對力量導引

律師的充分就業法案

我不認為供應鏈獲利能力這種事能夠用這邊提到的方式達成。它聽起來就像是關在象牙塔裡的經濟學家的夢想。

「首先，REI銷售多少產品？好幾千種！他有多少批發商呢？好幾十家！這家公司怎麼會知道雪鞋的缺貨會限制滑雪裝備的銷售呢？他有遍佈全美的四十幾家店面，一個網站，以及電話推銷。REI怎麼會知道有這種模式存在呢？」

「但是，為了便於討論，假設他的確知道好了。那又怎樣？假設REI發現每次他的雪鞋缺貨，就會損失特定數量的滑雪裝備銷售量。隨便選個數量，就說五分之一好了。再假設REI的每套滑雪裝備可以有200美元的利潤，因此，每次他雪鞋缺貨時，獲利就會損失40美元。」

「因此，REI決定要補貼雪鞋批發商，讓他願意持有高於一般的雪鞋庫存。首先，為什麼REI不自己持有這些庫存算了？不論如何，他當然可以花錢請批發商多進一些雪鞋存貨。但是當然，這還得假設這家批發商有這麼密切地管理自己的存貨。好，現在再假設REI要向滑雪板、鞋套、和雪杖的批發商索取部分的補貼，要怎麼做呢？用支票嗎？」

「就算我們完全不管這些，假設好吧～他們就打算這麼做了。現在，REI必須與至少三家公司進行協商，如果加入製造商就更多了。你知道多家企業間的協商是怎樣的情況嗎？它永遠不會結束。每個人都很忙，就算要把大家找過來開會都很困難。而且，每次你新增一家公司，需要的時間就至少會再加倍。」

「但是，假設REI真的取得了協議，又會發生什麼事呢？參與者將協議交給律師，然後原本看來簡單的一頁協定，就會變成二、三十頁的冊子。當然，嘗試取得協議的這些人都不懂得「法律措詞」，所以他們又必須把它拿給他們的律師。你看，然後你就陷入了各家律師和法律事務所之間的尊嚴戰。所有這些不只會造成專案延遲，而且現在你已經花掉一大筆錢了。這些律師可都很昂貴。」

「在你完成所有這些工作之前，滑雪季就已經結束了，而且你並沒有售出任何滑雪裝備。在下個年度來臨時，你已經換批發商了。看！這就是行不通吧！」

討論問題

1. 你認為REI能夠知道雪鞋的缺貨會限制滑雪裝備的銷售嗎？請描述這家公司能夠用來找出這個模式的三種方法。

2. 每項產品對利潤的貢獻度並不相同。請說明組織如何利用獲利能力來選擇他們要用來檢視供應鏈獲利能力的產品。

3. 你認為REI為什麼不要自己持有較多的雪鞋存貨，而是要求他的批發商這麼做？在什麼情況下，REI應該自行持有較多的存貨？

4. 假設REI希望批發商持有較多的存貨。除了送錢給批發商之外，他還可以如何誘使批發商配合？

5. 這些公司可以採取哪些步驟來降低達成協議所需的時間、人力、和費用，並增加供應鏈的獲利能力。

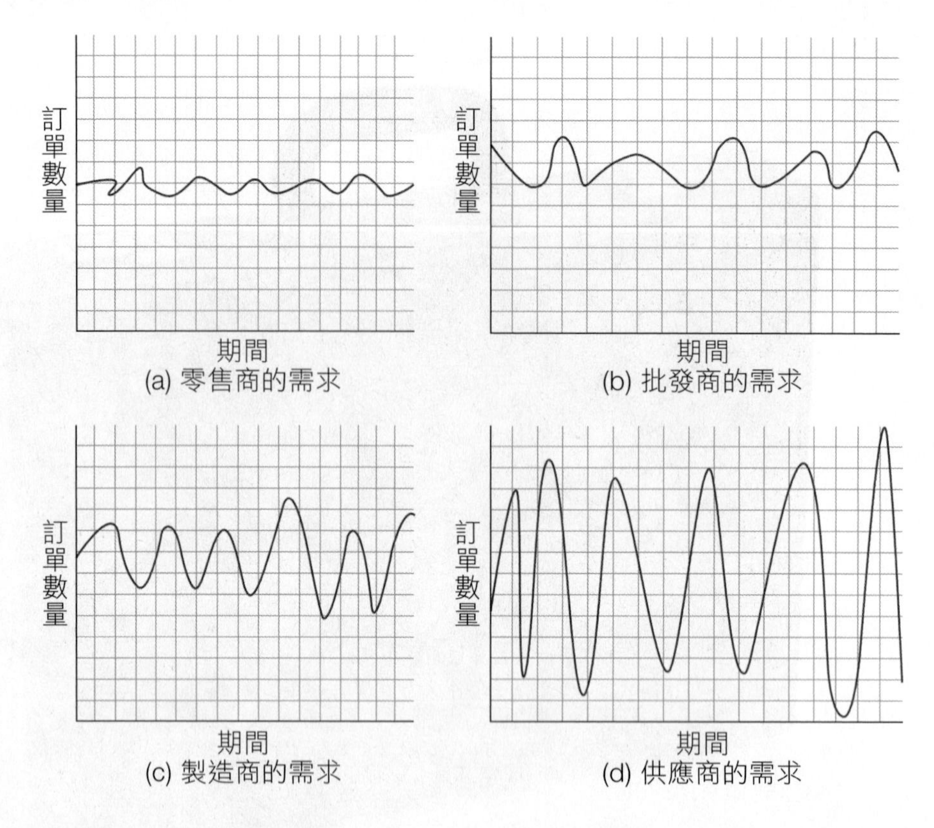

圖8-12
長鞭效應

你可以想像，除了隨機的變動之外，紙尿布的需求應該相當穩定。紙尿布並沒有季節性；而且它的需求也不會跟著流行或其他東西改變。嬰兒的數目決定了紙尿布的需求，而且這個數量相當穩定，或者改變地相當緩慢。

零售商並沒有在每一箱紙尿布售出時，就跟批發商訂貨。他會先等到存貨低於特定數量（這稱為補貨量，reorder quantity），然後才會下訂單。而訂單的量可能會比預期銷售量多一些，以免發生缺貨的情況。

批發商收到零售商的訂單，並且遵循相同的流程來處理。他會一直等到供給低於補貨量時，再向製造商下訂單，但他也可能會多訂一點以預防缺貨。製造商則會依照類似的流程向原料供應商訂貨。

因為這個流程的特質，零售商那邊的少許需求變動，會在供應鏈的每一層放大。如圖8-12所示，這些小變動會在供應商那邊變成相當大的變動。

長鞭效應就是因為供應鏈這種多層的特質，所自然發生的動態變化。就像對紙尿布的研究顯示，它並不是因為消費者需求不穩定所造成的。你在高速公路開車時，可能也有發現類似的效應。一旦有車慢下來，它後面的車也會稍微突然地變慢，然後又造成後面第三輛車更突然地變慢，依此類推，直到大約第三十輛車時，就必須狠狠踩下剎車。

長鞭效應的大幅波動迫使批發商、製造商、和供應商必須持有超過滿足消費者實際需求所必要的存貨，因此，長鞭效應會降低供應鏈的整體獲利能力。

消除長鞭效應的一個方法是讓供應鏈的所有成員都能夠存取零售商的消費者需求資訊。每個組織就可以根據真實需求（供應鏈中唯一出錢者的需求）、而不是供應鏈下一階所看到的需求，來規劃其存貨或生產。當然，要共享這種資料就需要跨組織的資訊系統。

跨組織資訊系統

圖8-13是供應鏈管理中涉及的三種基本資訊系統：供應商關係管理（supplier relationship management, SRM）、庫存、和客戶關係管理（customer relationship management, CRM）。請注意製造商可能還有像MRP、MRP II或ERP等生產應用系統。我們接著將討論SRM，其他則已經在第7章介紹過了。

供應商關係管理

供應商關係管理（Supplier Relationship Management, SRM）是管理組織和供應商間所有接觸的企業流程。供應商關係管理中供應商一詞的含意，遠比圖8-9或8-10要來得廣泛。在這些圖中，供應商是指製造商的原料和零組件供應商；但SRM中的供應商則比較一般性，當某個公司銷售東西給導入SRM應用系統之組織的時候，這個公司就是他的供應商。因此，根據這個意義，製造商就算是批發商的供應商。

SRM是個整合性系統。根據Porter的模型，SRM支援進料物流這項主要活動，以及採購這項支援活動。就企業流程而言，SRM應用支援三種基本流程：尋找供應商、採購、和結算，如圖8-14。

就尋找供應商部分，組織必須先尋找所需原物料或服務的可能廠商；審核所找到的供應商；協商條款；並且將談妥的條款訴諸於正式的採購契約。SRM軟體與尋找和審核廠商比較相關。有些SRM應用具有搜尋產品來源並尋找廠商和產品評鑑的能力。當你在cnet.com之類網站上搜尋電子產品時，就會看到類似這種功能的東西。你可以依此判斷哪個廠商提供哪種產品，並且取得關於產品和廠商的評估資料。SRM軟體中也會內建類似的能力。

一旦公司找出合適的廠商，並且有適當的採購合約之後，接下來就是要執行採購動作。SRM應用會跟有意願的供應商要求資訊、報價、和建議書。公司接著可以使用SRM來管理審核工作流程，以通過採購案並送出訂單。

SRM的第三項主要活動是結算，是由會計部門根據採購文件和收到的貨物或服務來結算並安排付款。SRM的付款部分通常會連到財務管理應用的現金管理子系統。

圖8-13
一段供應鏈中的B2B

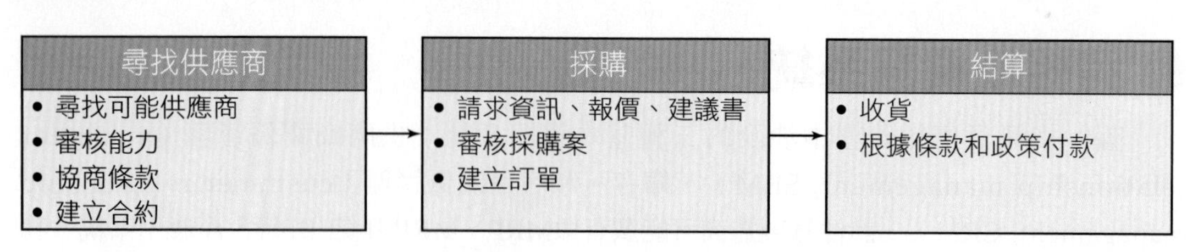

圖8-14
SRM流程摘要

有些SRM套裝軟體還包含支援採購競標的功能。通常，企業會使用競標來取得大量的原料、能源、或其他耗材。在這些採購競標中，組織會指出他們想要採購的產品或服務，並且邀請可能的賣方來投標。而通常是低價者得標。組織競標可能會吸引大量的廠商，並且通常能省下相當的成本。

將SRM與CRM整合

根據圖8-15，供應商的CRM應用會與採購者的SRM應用間建立界面。事實上，從流程的觀點來看，這兩個系統是一體的兩面，並且共享相同的流程目標。供應商和顧客都希望盡可能便宜而有效率地執行訂單。要達到這個目的，CRM和SRM應用就必須整合。

根據第7章，CRM的功能之一就是要增加現有客戶的價值；其中方法之一就是將CRM跟客戶的SRM相連，以便將重複的採購自動化。SRM會檢視庫存，決定需要哪些品項，並且透過跟供應商的CRM連結自動產生訂單。

Hackett Group認為，透過將採購專注在少數廠商並且將採購流程自動化，企業就可以用低於平均70%的採購成本來運作（註4）。

有些企業最初對於將其供應鏈資訊系統與其他組織相連的想法覺得很不安；他們可能害怕會洩漏企業資料，或是失去自主性或控制。而若資訊分享做的不好，的確可能發生這些問題。「倫理導引」中討論了一些供應鏈資訊分享相關的倫理議題。

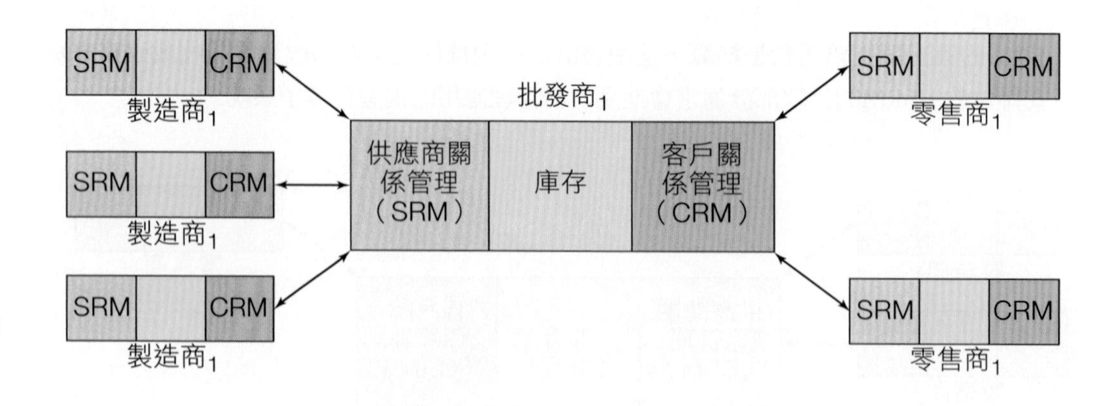

圖8-15
一段供應鏈中的ERP II

＊ 註4：The Hackett Group, Achieving World-Class Source to Settlement Through Best Practices, Miami, Florida, March 2003, thehackettgroup.com（2004年10月的資料）。

資料交換的資訊科技

網站式電子商務伺服器應用對B2C很有用，但是對B2B而言並不足夠。一般而言，組織在交換資料和訊息時，需要比商務伺服器所提供的方式更為一般性、且更具彈性的方法。從前面的討論可以知道，他們可能必須要交換訂單、確認訂單、請求詢價、品項庫存狀態資料、應付和應收資料、以及有其他許多類型的資料和文件。

圖8-16是資料和訊息交換的可能方案。最基本的方法是透過電話，以及使用傳真或郵寄來交換文件。另一種方式是透過電子郵件來交換訊息和文件。這些都不需要用到任何你尚未學到的資訊技術。

下面三個可能方案則涉及額外的技術。電子資料交換（Electronic Data Interchange, EDI）是機器間以電子形式交換文件的標準。過去，EDI是使用在點對點或加值網路上，近年來則已經有使用網際網路的EDI系統。另一種選擇是XML（eXtensible Markup Language），這是一種優於EDI的標準，大家普遍認為它最終會取代EDI。下一節會討論EDI和XML。

除了文件的分享之外，有些SCM應用還允許程式間的直接溝通。過去，兩個組織必須要設計專屬的系統來滿足這個需要，但是近年來發展出來的XML網站服務標準讓許多組織能夠用來進行程式間的溝通。我們將在稍後討論這個主題。

電子資料交換

電子資料交換（EDI）是常見企業文件格式的標準。要瞭解EDI的必要性，請回想圖8-9中的供應鏈，並且假設其中共有五家批發商和十家製造商。此外，假設每家批發商都希望透過電子形式傳送訂單給所有的製造商。因為這是電子形式的傳輸，所以批發商和製造商必須先協調訂單的格式（格式中應該包含要傳送的資料欄位數目、傳送的順序、每個資料欄位的字元數目等等）。這並不是很困難的工作；它只是需要針對訂單傳輸達成共同的設計。

不過，若每家批發商都針對每家製造商設計不同的電子訂單格式，就共會設計出5 x 10 = 50種不同的訂單格式。別忘了，企業不僅希望交換訂單，還有詢價要求、訂單確認、訂單出貨通知等等；可以想見批發商和製造商可能會發展出數千種不同的文件格式。

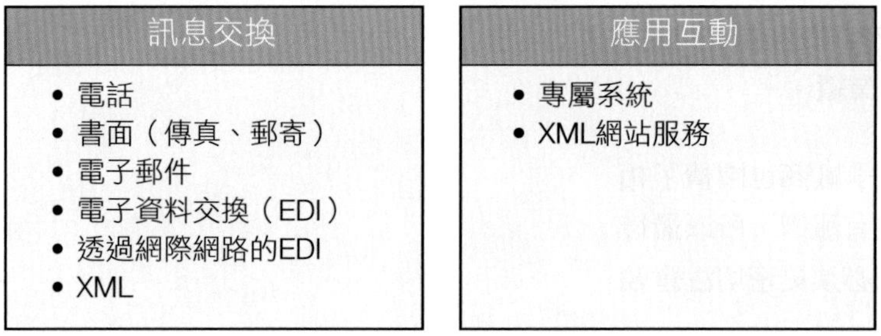

訊息交換	應用互動
• 電話 • 書面（傳真、郵寄） • 電子郵件 • 電子資料交換（EDI） • 透過網際網路的EDI • XML	• 專屬系統 • XML網站服務

圖8-16
跨組織訊息和資料交換的可能方案

倫理導引

供應鏈資訊共享的倫理

假設你為一家批發商工作，而且他已經開發了一套資訊系統，能夠讀取供應鏈上游與下游的庫存資料。你可以查詢製造商的成品庫存，和零售商的店面庫存。這些系統是為了增進供應鏈效率和獲利能力所開發的。考慮下面的情況：

情況A：你發現所有零售商對於特定產品家族中各品項的店面存貨量都快用完了。你知道這些零售商很快就會同時對其中一些品項送出訂單，所以你先對這些品項下了超額的訂單。你查詢製造商的庫存資料，並且發現他的成品庫存量也不多。因為你相信只有你會持有這些品項，所以將它們的價格提高了15%。當零售商詢問原因時，你宣稱是因為額外的運輸成本所造成的。事實上，所有增加的營收都直接納入你的業績。

情況B：你並不知道，有一位競爭廠商也囤積了相同品項的大量存貨。你的競爭者並沒有漲價，所以最後你並沒有賣出任何東西。你決定未來必須更密切注意競爭者的庫存情況。

你無法直接讀取競爭者的庫存，但是你可以藉由觀察製造商庫存量的降低情況，再比對零售商銷售的降低情況來推估。你知道生產了什麼，也知道售出了什麼。你還知道有多少是在你的庫存中。剩下的差異顯然是在你競爭者的庫存中。使用這個方法，你現在能夠估計出競爭者的庫存。

情況C：假設你和零售商的協議是你可以查詢他們目前所有的存貨量，但是只能針對他們對你的訂單部分；你應該不能查詢他們對你的競爭者的訂單情況。但是，這個資訊系統有個漏洞，你不小心發現你可以查到所有人的訂單。

情況D：假設協議內容同情況C。但是你的一位開發人員發現零售商的安全系統有個漏洞，並且寫了一支程式來利用這個漏洞。你現在可以存取到零售商所有的銷售、庫存、和訂單資料。

討論問題

1. 情況A的漲價行為是合法的嗎？合乎倫理嗎？明智嗎？為什麼呢？宣稱是因為運輸成本而漲價合乎倫理嗎？這項行動會有哪些長期的後果？

2. 在情況B中，你查詢和分析資料以估計競爭者的庫存水準合法嗎？合乎倫理嗎？你會建議做這種分析嗎？

3. 你有責任揭露情況C中的資訊系統漏洞嗎？如果你不揭露這個問題，會有什麼後果？你從這個錯誤中牟利是非法或不合倫理呢？

4. 你有責任揭露情況D中的資訊系統漏洞嗎？如果你不揭露這個問題，會有什麼後果？你從這個錯誤中牟利是非法或不合倫理呢？你的反應會和情況C不同嗎？為什麼？

5. 在供應鏈中，很可能其他組織可以查詢你的資料，你也可以查詢他們的資料。你認為你必須採取什麼步驟來確保你自己的系統不會被誤用，而且沒有錯誤或安全性漏洞？

這項工作其實是不必要的重複。這些公司不需要為了保有秘密而去設計這些表單；這些都是基本的行政工作設計。為了降低這種行政工作負擔，三十幾年前，企業就開始定義文件進行電子傳輸時的標準格式。

EDI X12標準

在美國，美國國家標準局（ANSI）的X12委員會負責管理EDI標準。今日，EDI X12標準中包含了數百種文件；它們都有標準名稱，例如EDI 850（採購訂單）、EDI 856（預先出貨通知）、和EDI 810（電子發票）。

EDI文件定義中包含好幾個段落，每一段都定義一組欄位。圖8-17是EDI 850標準（採購訂單）中的一段，用來指定所要訂購的項目。訂單的每一個品項都對應到一個這樣的段落。在本例中，這個段落名稱為P01，而段落中每個資料欄位名稱則是P01xx，例如P0101、P0102...依此類推。每個資料元素都有編號、描述、和屬性，包括是否需要這個元素、應該使用的資料型態、和以nn/mm表示的所需字元數／最大字元數。

你並不需要去記憶圖8-17的資訊；只要使用這個圖來瞭解EDI標準的本質。瞭解在開發這種格式時所必須牽涉的細部工作，以及為什麼企業決定他們需要這種標準的原因。如果沒有標準，每個交易的夥伴間都必須要去協商像圖8-17的規格。

段落：**P01** － 基本品項資料
使用：必要
最大數量：99
目的：指定最常用的基本品項明細資料

段落編號	資料元素	名稱	屬性
PO101	350	指定識別子 採購訂單明細編號	M AN 1/11
PO102	330	訂購數量	X R 1/7
PO103	355	度量單位或基礎碼	M ID 2/2
PO104	212	單價 三位數字	X R 1/9
PO106	235	產品ID識別子 UI – UPC條碼 UP – UPC條碼	M ID 2/2
PO107	234	產品ID UPC條碼	M AN 12
...			

圖8-17
EDI 850標準（採購訂單）的一部分

其他EDI標準

可惜的是，X12並不是唯一的EDI標準。另外還有一項國際通用的標準，稱為EDIFACT標準。第三種標準HIPAA標準則是使用在醫療紀錄上。因為有多種標準存在，當兩個組織想要交換電子文件時，就必須先協議要使用哪種標準。

另外一個更大的障礙是這些標準並不穩固。組織在使用的過程中發現調整的需要，所以EDI X12、EDIFACT、和HIPAA標準都有很多版本。因此，要交換文件，兩個企業必須協議所要使用的標準和這個標準的哪個版本。不過，一旦達成協議之後，這兩個公司就可以交換文件而不再需要其他的設定工作了。

XML

現在，你可能很想問一個問題：為什麼不使用HTML來交換文件呢？為什麼還要跟EDI這些東西攪和在一起？為什麼不使用HTML來建立採購訂單、報價、或是其他商業文書？然後就可以像網頁一樣使用HTTP來傳送。

事實上，組織已經在用HTML來分享文件。不過，這樣做會有幾個問題。我們先說明這些問題，然後描述HTML的後繼者XML。XML能夠克服這些問題。

HTML的問題

HTML有三個問題：

- HTML標籤沒有一致的意義。
- HTML只有固定數目的標籤。
- HTML將格式、內容、和結構都混在一起。

第一個問題是標籤的用法並不一致。例如在標準用法中，標題標籤應該以大綱的形式來使用；最高層級的標題標籤應該是h1，h1之內則應該有一或多個h2標籤；而在h2之內則應該是h3標籤，依此類推，視文件作者所需的標題層級而訂。

不幸的是，HTML並沒有功能可以強制大家用法一致。標籤h2可以出現在任何位置 － 在h1的上方、在h4的下方或是其他任何地方。標籤h2可以用來表示第二層的標題，但是也可能只是用來表示特定的格式類型。如果我希望這段話「Prices guaranteed until Jan. 1, 2005」表現出與第二層標題相同的格式，我就可以寫成：

```
<h2>Prices guaranteed until Jan. 1, 2005</h2>
```

這個敘述並不是要做為第二層的標題，但是它會具有與這種標題相同的字體大小、粗體、和顏色。

標籤可能被亂用代表我們不能依賴標籤來推測文件的結構。標籤h2可能根本不是標題。這種限制意謂著組織不能可靠地使用HTML標籤來交換文件。

HTML的第二個問題是它定義了一組固定的標籤。如果兩個企業想要定義新標籤，例如<PriceQuotation>，這在HTML中是無法辦到的。HTML文件僅限於預先定義的標籤。

HTML的第三個問題在於HTML將文件的結構、格式和內容都混在一起。例如下面這行HTML：

```
<h2 align="center"><font color="#FF00FF">Price of Item</font></h2>
```

這個標題中混合了結構（h2）、格式（對齊和顏色）、和內容（Price of Item）。這種混合讓HTML很難處理。理想上，這三者應該分開。

XML的重要性

為了克服HTML的問題，電腦產業設計了一種新的標記語言稱為XML（eXtensible Markup Language）。XML是在全球資訊網聯盟（World Wide Web Consortium, W3C）支持下運作的委員會所發展的；這個聯盟負責主導網站標準的開發和傳播。順便一提，W3C發行很棒的指導手冊，你也可以在他的網站w3c.org上找到XML手冊。

XML提供組織極佳的文件交換方式。它解決了前述HTML的問題，並且成為電腦處理的重要標準。例如微軟Office 2003所有產品的文件都可以使用XML的格式來儲存。XML也是網站服務標準很重要的一部分，並且對於供應鏈的管理尤其重要。

在供應鏈上應用XML

XML具有大幅改善供應鏈流程和活動效率的潛力。請回顧REI和他跟批發商間的關係。假設REI希望傳送庫存品項的數量給所有供應商，所以他設計了XML文件來傳送品項數量（目前只要把XML文件想像成是像HTML文件的一連串標籤和資料即可）。一旦REI設計好文件之後，他就將文件的結構記錄到XML綱要（XML schema）中。這種綱要其實就是另一份XML文件，只不過是用來記錄第一份文件結構的文件。假設這個綱要被命名為品項數量綱要。

接著，REI根據他的設計來準備庫存數量文件。在將這些文件傳送給批發商之前，REI會將它跟綱要做比對，以雙重確認文件是有效的。幸好目前已經有數百支程式能夠根據綱要來驗證XML文件。舉例而言，Internet Explorer和Netscape Navigator都能驗證XML文件。因為不需要靠人力來檢查文件，所以這種驗證功能可以省下相當的成本。

在傳送品項數量文件給批發商之前，REI會先跟他們分享品項數量綱要 － 可能是發佈在批發商有權限存取的網站上。當批發商收到REI的庫存數量文件時，他會使用發佈的綱要來驗證收到的文件。如此，批發商可以確定他們有收到正確和完整的文件，而且沒有哪一部分的文件在傳輸中遺失。同樣地，這個自動化的流程也可以讓批發商不需要人工來驗證文件的正確性，而節省相當的人力。

在產業中使用XML

現在將這種觀念由兩個企業擴充到整個產業。假設房地產業協議出財產清單的XML綱要文件，則每家使用這個綱要格式來產生資料的房地產公司，都可以彼此交換清單。根據這個綱要，每個公司都得以傳送和接收有效的文件。

圖8-18列出目前正在不同產業進行中的一些XML標準相關工作。

產業	XML標準範例
會計	美國會計師認證機構（AICPA）：可延伸的財務報表標記語言（Extensible Financial Reporting Markup Language）
汽車	汽車工程協會（SAE）：汽車業XML – SAE J2008
金融	財務服務技術聯盟（FSTC）：銀行網際網路付款系統（BIPS）
人力資源	HR-XML聯盟
保險	ACORD：產險和意外險
房地產	OpenMLS：房地產清單管理系統
工作流程	網際網路工程小組（IETF）：簡單工作流程存取協定（SWAP）

圖8-18
XML產業標準

供應鏈中的應用互動

你已經瞭解企業如何使用EDI和XML來交換文件。但是，如果兩個組織希望他們的電腦程式能夠互動，又要怎麼辦呢？如果某家公司希望他的SRM應用程式能直接連到供應商的CRM應用，要怎麼辦呢？不論是EDI或XML標準本身，都沒有辦法支援這種活動。

某台電腦的程式去存取另一台電腦程式的流程稱為遠端運算（remote computing）或分散式運算（distributed computing）。這有幾種不同的技術可以使用，其中最重要的兩種是使用專屬性設計和網站服務。

使用專屬性設計的分散式運算

開發分散式電腦程式的一種方式是開發專屬性的分散式應用。專屬性（proprietary）是指這套解決方案是唯一的一套，而且是由開發和負擔這套系統開發成本的組織所擁有。它是獨一無二的一個解決方案。

要開發專屬性設計，來自各參與企業的開發人員會使用如第6章所描述的開發流程一同工作。這個團隊會決定應用系統的需求，依據需求進行設計，並且根據設計來撰寫和測試程式。這種專案與其他開發專案的主要差別只在於它有遠端處理的需求。

舉例而言，假設供應鏈中的各公司決定想要消除長鞭效應。要達成這個目標，供應鏈中的零售商必須與供應鏈上游的所有公司分享銷售資料。因此，供應鏈中的各公司組織了一個開發團隊，由來自所有主要企業的資訊人員所組成。

聯合開發團隊在設計這個應用時使用了特定的通訊技術，特定的作業系統、和特定的分散式運算技術。開發工作中的主要部分是要選擇使用哪種通訊技術、作業系統、和分散式技術，以及在程式碼中要如何使用這些技術。

安全性導引

特洛伊木馬？

假設你在一家對於管理庫存非常小心的批發商工作。假設你的一位主要製造商說，如果你的採購人員可以直接向他們的CRM下訂單，就可以大幅縮短其大多數產品的訂購所需前置時間。為了要達到這個目的，製造商必須將他的一些程式安裝在你採購部門的電腦上。你的員工要使用這些程式來向製造商的系統下訂單。

縮短前置時間對你非常有價值，因為它會直接降低庫存的需求 – 這可能是你公司夢寐以求的東西。你連絡其他已經讓該製造商安裝程式的公司，他們都表示沒有發生什麼困難。安裝有時會有點小差錯，製造商的CRM有時會連不上，但沒有人表示有什麼嚴重的問題。因此，你同意先試用三個月。

你跟製造商議定協商的細節，雙方公司的法務部門也都簽署了協議。一切都進展得相當順利，直到你公司的資訊長聽到了這個專案的風聲。他拒絕讓程式安裝在執行採購的電腦上。他還指示公司的保全人員不可以讓製造商的人員進入公司。

當你知道CIO的做法後，立刻安排跟他碰面。在會議中，你發現他幾乎無法控制自己的憤怒。「首先！」他說：「你有想到將別人程式放在我們網路的後果嗎？放在我們防火牆的後面？我們花了大把力氣和大筆銀子建立這些防火牆，然後你再把別人的軟體放在裡面？你知道什麼是特洛伊木馬嗎？」

「但是」你結結巴巴地說：「其他公司這樣做並沒有發生問題啊！」

「可能吧，也可能他們有安全問題但並不知道。我簡直不敢相信你這個專案已經執行到這個地步，而甚至沒有任何人想到該跟我說一聲。真的是不可思議！」

「是！」你開始爭取：「我瞭解你的看法，我也很抱歉我們沒有更早跟你說。但是現在我們可以怎麼辦呢？使用他們的系統能夠幫我們省下一大筆成本。」

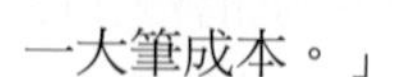

討論問題

1. 為什麼CIO這麼在意？企業經常會安裝來自微軟、Oracle、IBM、Sun和其他廠商的軟體。為什麼他這次會這麼擔心？

2. 用你自己的話來說明在自己網路內部安裝其他公司軟體的問題。「特洛伊木馬」一詞在此處是什麼意思？

3. 這個專案沒有讓CIO參與，是否是不負責任呢？即使你不知道要聯絡CIO，法務部門是否也應該這樣做呢？根據這個情況，你覺得資訊部門在這個公司的地位如何？

4. 可以怎麼辦呢？這個問題嚴重到要取消這個專案嗎？CIO可以採取什麼步驟來降低風險？你可以採取什麼步驟？法務部門或會計部門呢？如果你的公司有風險管理部門，該部門又應該做些什麼呢？

5. 要保護電腦系統的安全有這麼多額外的工作，所以你開始思考這個直接訂單的輸入系統是否值得。CIO是錯的嗎？如果你無法有效管理庫存，你的公司可能無法存在很久。CIO是不是太過謹慎了？為什麼呢？

另一種可能的專屬性開發方法是由一家公司自行開發所有必要的程式，然後在另一家公司的電腦上安裝這些程式的某些部份。過去，有些製造商會開發訂單輸入程式，並且安裝在他們客戶的電腦上。這些程式可以直接叫用製造商的CRM應用。客戶只需要安裝製造商提供的程式即可。

當然，這種流程也是說比做容易。客戶電腦總會有些差異是製造商所無法預見的，因此，製造商必須為不同的批發商建立特殊的程式版本。有時候，這種情況會發生好幾十次，造成軟體組態的管理成為製造商的噩夢。「安全性導引」中則討論了使用其他公司軟體程式所伴隨的另一種風險。

專屬性解決方案很難開發和運作，而且非常昂貴。不過，如果它們提供足夠的商業價值，則或許還是有足夠的投資報酬率。但即使如此，它還是需要相當的管理時間和注意力。因為開發這種解決方案涉及的這些困難、費用、和時間，今日許多組織開始使用另一種技術：XML網站服務。

XML網站服務應用程式

XML網站服務（XML Web service）有時也簡稱為網站服務，是使用網際網路技術協助分散式運算的一組標準。網站服務是應用程式間互動的最新、和最佳工具，而且它們在你工作的早期應該會非常重要。每個主要的軟體廠商都有產品能支援網站服務。例如微軟提供.Net開發工具，IBM則提供J2EE開發工具（因為有這個標準，所以這些不同工具開發的應用系統可以一同運作而不會有問題）。

基本的網站服務觀念：網站服務的目標是要提供程式互相進行遠端存取的標準方式，而不需要開發專屬性解決方案。因為它們是支援全球性的標準，所以可以立即被存取。例如現在你不需要協商，就可以直接存取Amazon.com，並且使用網站服務標準來撰寫個人的Amazon型錄前端應用程式（更詳細的資料請參考amazon.com/webservices）。因為所有必要的東西都已經是網站服務標準的一部分，開發人員不必碰面即可建立程式間的通訊設計。

目前已經定義了數個重要的網站服務標準，但這些標準的內容並不在本書的討論範圍。一般而言，這些標準讓一台電腦上的程式能夠取得服務描述（service description）－說明另一台電腦上存在哪些程式，以及如何和這些程式溝通的細節。

一旦服務的使用者取得服務描述之後，就可以使用其中的資訊來啟用服務。在Amazon.com的例子中，服務的使用者可以啟用Amazon.com服務來尋找特定書籍、尋找一組書籍、或是提供額外的Amazon.com型錄資訊。尤其神奇的是，對於服務的使用者而言，所有Amazon.com的程式好像就是在使用者的電腦上一樣。如果你是服務的使用者，你會感覺好像Amazon.com的型錄程式（和資料庫）就是在你自己的機器上。

所有網站服務的資料都是以XML文件形式傳送。這些文件會定義XML綱要，而且XML網站服務架構的所有程式元件都可以自動驗證它們。請參考「深思導引」中對XML重要性的探討。

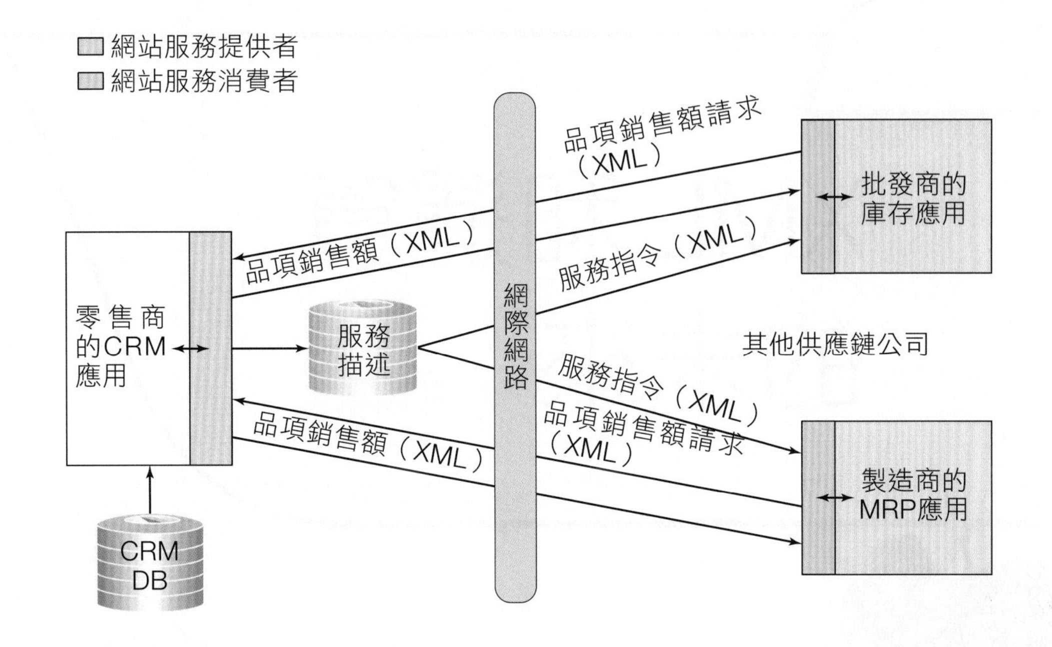

圖8-19
分享銷售資料的網站服務範例

網站服務和供應鏈：網站服務有潛力能簡化供應鏈互動的自動化。供應鏈的任何組織都可以開發網站服務，並且將這些服務發佈給供應鏈中的其他組織。這些其他組織的開發人員可以存取服務描述，並且撰寫呼叫網站服務的程式。

舉例而言，假設為了減少長鞭效應，一家零售商開發了網站服務，以便與供應鏈中的企業分享其CRM銷售資料。供應鏈的其他公司，例如批發商和製造商，都會利用這個服務來規劃他們的庫存和生產活動。如圖8-19所示，零售商會發佈服務描述，並且讓批發商和製造商可以取用這些描述。這些公司的開發人員會根據這些網站服務描述來撰寫程式。

為了取得銷售資料，批發商或製造商的網站服務程式會建立服務請求。這些網站服務程式會將請求傳送給零售商電腦上的服務提供者。這些程式會呼叫CRM應用系統來讀取CRM資料庫中的資料，然後以XML文件的形式產生回應，並且傳送給服務的消費者（批發商或製造商）。

因為有標準存在，所以組織間要使用網站服務，並不需要聯合的開發會議或是其他的協調活動，開發人員都是使用相同的網站服務標準。

網站服務的功能並不只是節省開發跨組織資訊系統的成本，它們還能大幅節省取得運作能力所需的時間。此外，使用網站服務提供很大的彈性。例如製造商可以將幾家不同公司的網站服務結合成單一的應用系統。製造商還可以隨時改變和調整這些組合以滿足新的企業需求。

深思導引

XML和運算的未來

很久很久以前，電腦只是用來計算。它們的價值在於執行算術和複雜計算的能力。今日，很少有電腦是因為扮演運算工具而受到肯定，它們是因為能夠溝通而受到肯定。

以本章中的系統為例，供應鏈中資訊系統的主要目的為何？溝通訂單、發票、和其他文件，或者在程式間收送資料。更廣泛來看，如果你觀察20到40歲族群常看的球賽或連續劇的廣告，可以發現電腦主要是用在溝通和娛樂（這也是一種溝通）。

要溝通一定要有共同的標準。使用不同語言的兩個人是無法溝通的，而語言就是人們交換聲音和書寫符號的一種標準方式。因此，電腦也必須共用標準才能溝通。第5章討論過一些電腦通訊標準，例如TCP/IP、IPv6、和URL。這些標準處理訊息的封裝，但是它們並不處理訊息的內容。

這正是XML的切入點。Bill Gates將XML稱為是「網際網路上的國際語言」；也就是使用不同母語者所共同使用的語言。Bill Gates可能稍微走在時代的前端，但是XML就算目前還不是網際網路的國際語言，也很可能會在未來五年內取得這樣的地位。

目前，許多製造商的辦公室仍然塞滿了處理訂單的人員。這些訂單可能是透過郵寄、傳真、電子郵件附件、或是資訊系統送達。不論如何，如果沒有XML，所有訂單都必須經過人工驗證；訂單完整嗎？客戶會填完所有資料嗎？出貨地址和收費地址完整而正確嗎？處理訂單所需的資料都齊備嗎？有缺少任何零件編號、規格、顏色、或數量嗎？出貨指示完整且清楚嗎？結果就是需要數百名人員日復一日地驗證訂單。

如本章所述，XML提供結構、內容、和格式的明確區分。一旦XML訂單綱要完成後，所有訂單的檢查都可以自動化，而不需要人工檢查。而撰寫XML綱要並不困難；它不需要很久的時間，而且很容易修正。一般人經過大約一週的訓練，就可以撰寫XML綱要，而不需要受過高度訓練的程式人員。只要有了綱要，你就可以找到數百種可以根據綱要來驗證XML文件的不同程式，而不需要撰寫任何新程式。在你自己的家用電腦上就已經包含所有需要的東西了。

XML成長的一項驚人結果可能與資料庫相關。如第4章所述，資料庫儲存的是表格，而非XML文件。所以，整個流程可能會是如此：將資料從資料庫取出、放

入XML文件、傳送文件到某處、收到XML文件、取出資料，而後將它存回關聯式資料庫。這個過程可能就是瓶頸。

所以，為什麼要將資料放入關聯式資料庫呢？為什麼不乾脆以XML文件的型式儲存呢？對許多人而言，這簡直就是異端邪說：「什麼！不把資料放進關聯式資料庫？」

在可以這麼做之前，必須先克服一些重要問題：如何有效率地查詢XML文件？如何處理重複的資料？以及如何讓Excel之類表格導向的程式來使用XML資料。是的，還有些問題尚待克服。不過我敢打賭在你退休之前，關聯式資料庫應該已經是過去式了。沒有人會記得（或在乎）為什麼之前人們要使用它。到處都會是XML的儲存庫（註5）！

* 註5：參閱David Kroenke, "Beyond the Relational Database Model," IEEE Computer, May 2005。

討論問題

1. 什麼是國際語言？它為什麼可以節省時間？
2. 根據本文的評論以及本章對XML的討論，用你自己的話來解釋XML的好處。
3. 描述如果以XML形式來儲存XML文件可以省下什麼？
4. 以XML形式儲存XML文件的想法會受到什麼樣的抗拒？目前的資訊部門會對這種提議有什麼反應？資料庫顧問又會如何反應？
5. 你認為第4題中的抗拒可能克服嗎？為什麼？哪些因素會影響到關聯式資料庫的消失與否？
6. 具備XML與關聯式資料混合體的DBMS產品可以扮演什麼樣的角色。目前在www.microsoft.com或www.oracle.com網站上是否可以看到這種混合開始出現的證據？

通用電子（後續）

根據你在本章所學到的跨組織系統知識，我們現在可以繼續通用的故事了。

在周末和晚上的加班工作下，你開始更廣泛地思考通用的處境。公司最主要的成本在哪裡？在營運長的支持下，你和會計部門聯絡，並且得到會計部門的一位員工的協助。

你們一同分析了通用的財務報表。你發現通用的最主要的成本就是存貨。想到解決問題的最佳方式就是不要有問題，所以你自問可以如何消除通用的庫存。經過數晚的研究（別忘了你白天還是得管理自己的部門），你相信雖然不可能完全消除庫存，但是如果許多產品可以透過供應商直接出貨給客戶，就可能大幅降低存貨成本。

你安排跟採購部門主管開會，討論這個想法。當問及可行性時，他表示：「我們曾經嘗試過一次，或者說至少我們有實驗過，但是它不可行。我們沒有關於製造商庫存最新且可靠的資訊。我們可能會答應客戶要送貨，然後發現製造商那邊已經沒有庫存了。所以我們決定我們得保留自己的庫存。」

「如果我們能有關於製造商庫存的可靠資料呢？」你問道：「那是否可能直接出貨給我們的客戶呢？」

「可能吧！不過，我不知道要怎麼拿到那些資料。」

此時，你知道你找到一些東西了。如果你可以找出方法將製造商的庫存資料精確即時地傳遞給你的業務人員，就至少可以將一些訂單由製造商直接交貨給客戶，並且省下存貨處理和儲存的成本。這種節省將足以滿足營運長交給你的挑戰。

根據這個想法，你和採購主管找出了七家不同的製造商，每家都有很高的存貨成本並且具有直接出貨的潛力。你連絡這些公司，並且發現有兩家已經開發了XML網站服務能夠發佈他們的庫存資料。

根據這些瞭解，你聯絡資訊部門並且說明你的想法。你與該部門的一位人員發展了一個測試程式的計畫，由資訊部門開發程式來存取其中一家製造商的網站服務，並且取得存貨資料。資訊部門同意支援你的想法，但是希望能參與你對營運長的簡報：「即使我們要開發只有最少功能的測試應用，都需要額外的預算。」

你製作了一份關於這些想法的簡報，並且安排了與營運長、採購主管、和資訊主管的會議。為了確定不會有人覺得過於意外，你在對營運長簡報前先送了一份簡報資料給採購和資訊主管。你的計畫中包含為你、採購、和資訊部門的額外預算請求。經過些許的修改，大家都大致瞭解這個想法。

你與營運長的會議情況與之前那次相當不同。首先，營運長知道你非常誠懇和有能力（並且很感謝你在管理部門的同時還完成這些工作）。而且，他看來似乎比較能接受。他聽完你的簡報，問了幾個問題，最後他說：

「動手吧！你可以得到所要求的預算。」

你相當驚訝：「但是我的部門怎麼辦？」

他說：「沒問題，在你執行這個特殊專案期間，我們會找個人來負責你的部門。你有六週的時間可以先完成初步的結果。到時候，我們再決定接下來要你做什麼。把它完成！」

這就是為什麼你必須要瞭解XML和XML網站服務！

本章摘要

- Porter定義了五種競爭力量：供應商的議價能力、客戶的議價能力、新進入者、市場上的競爭者、以及組織產品或服務之替代品的威脅。
- 電子商務是指在公眾和私有網路上購買和銷售貨物與服務。買賣業公司會持有所銷售的貨物，非買賣業公司則會撮合採購和銷售但並不實際持有貨物。B2C是指企業和消費者間的電子商務；B2B是指企業間的電子商務；B2G則是在企業和政府間執行的電子商務。電子商務的其他形式包括拍賣、結算所、和電子交易所。
- 電子商務透過去中間化、改善價格資訊的流動、以及直接從客戶取得的價格彈性知識，因而能夠改善市場效率。
- 組織在考慮電子商務活動時，應該處理四項經濟因素：通路衝突、價格衝突、後勤費用、和客戶服務費用。
- 大多數B2C商務是使用商務伺服器進行。這種伺服器使用以HTML撰寫的網頁。網頁是由網站伺服器建立，而由瀏覽器來消費。三層式架構包括用戶層、伺服器層、和資料庫層。
- 供應鏈是將原料轉換為成品的組織和設施所構成的網路。大多數供應鏈中包含了供應商、製造商、批發商、和零售商。供應鏈還包含貨運公司、倉儲、存貨、和傳送訊息與資訊的一些方法。供應鏈效能的四項驅動因素是設施、庫存、運輸、和資訊。
- 一般而言，如果供應鏈中每個獨立的組織都各自最大化本身的利潤，則供應鏈將無法達到最大利潤。
- 長鞭效應是指供應鏈每向上一級，訂單的數量和時間變動就會放大的現象。
- 三種基本的供應鏈資訊系統是供應商關係管理（SRM）、庫存、和CRM。SRM應用是跨功能的應用，具有尋找供應商、採購、和結算的功能。將SRM與CRM應用整合可以讓組織大幅降低採購成本。
- 組織可以使用不同的方法在程式間交換文件和資料；兩種重要的文件交換標準為EDI和XML。
- EDI是常用商業文書的格式標準。EDI標準將文件定義為一系列的段落和每一段中的資料欄位。常見的EDI標準有X12、EDIFACT、和HIPAA。
- XML是類似HTML的一種標記語言，但是它針對HTML進行改良：它要求對XML元素的標準用法，允許使用者延伸XML元素，並且清楚地區分文件的結構、內容、和格式。
- XML綱要是定義其他XML文件結構的一份XML文件。
- XML非常適合應用在供應鏈。兩個組織可以協議共同的XML綱要，並且使用它來安排交換文件的格式和驗證。XML也可以用來定義產業的文件標準。
- 應用間共享資料的兩種標準方式：使用專屬性方法和使用XML網站服務。專屬性解決方案在過去就已經在使用了，但是它很耗時、需要大量人力、而且很昂貴。
- XML網站服務讓程式能夠以標準化的方式交換資料。網站服務供應商會發佈服務描述，讓人用它來開發程式以呼叫該網站服務。所有XML網站服務所交換的資料，都會使用自動化的XML文件驗證。

關鍵詞

Attribute：屬性
Auctions：拍賣
Distributed computing：分散式運算
Browser：瀏覽器
Bullwhip effect：長鞭效應
Business-to-business（B2B）e-commerce：企業對企業電子商務
Business-to-consumer（B2C）e-commerce：企業對消費者電子商務
Business-to-government（B2G）e-commerce： 企業對政府電子商務
Clearinghouses：結算所
Commerce server：商務伺服器
Database tier：資料庫層
Disintermediation：去中間化
E-commerce：電子商務
EDIFACT standard：EDIFACT標準
EDI X12 standard：EDI X12標準
Electronic Data Interchange（EDI）：電子資料交換
Electronic exchanges：電子交易所
HIPAA standard：HIPAA標準
Hyperlink：超鏈結
Hypertext Markup Language（HTML）：超文件標記語言
Merchant companies：買賣業公司
Nonmerchant companies：非買賣業公司
Porter's five competitive forces model：Porter的五項競爭力模型
Price elasticity：價格彈性
Remote computing：遠端運算
Server tier：伺服器層
Service description：服務描述
Supplier relationship management（SRM）：供應商關係管理
Supply chain：供應鏈
Supply chain profitability：供應鏈獲利能力
Sustainable（advantages）：可持久的（優勢）
Tag：標籤
Three-tier architecture：三層式架構
User tier：用戶層
Web farm：網站叢集
Web page：網頁
Web server：網站伺服器
Web storefront：網站店面
World Wide Web Consortium（W3C）：全球資訊網聯盟
XML：eXtensible markup language
XML schema：XML綱要
XML Web services：XML網站服務

學習評量

複習題

1. 說明Porter的五種競爭力量與跨組織資訊系統的關連。
2. 舉出本章所提到的買賣業和非買賣業之外的其他公司。
3. 如果去中間化可以增進市場效率，為什麼批發商和零售商依然存在？
4. 說明批發商和零售商容易受到去中間化影響的產業特性。什麼樣的產業特性不容易受到去中間化的影響？
5. 說明價格彈性對零售商的重要性。零售商如何對價格彈性做最佳利用？
6. 描述組織在投入電子商務前應該先處理的經濟因素。
7. 造訪你喜愛的網站店面，並且將兩項產品放入購物車。使用圖8-7做為指引，說明在你每次點選網頁的背後所發生的活動。
8. 說明為什麼供應鏈中的「鏈」有誤導的效果？
9. 供應鏈的唯一營收來源是什麼？
10. 列出影響供應鏈效能的四項驅動因素特徵。
11. 當每家組織都最大化自身的獲利能力時，供應鏈的獲利能力就不是最大化的。請舉出本書之外的一個例子。
12. 說明長鞭效應。如何使用資訊系統來消除長鞭效應？
13. 說明下列這句話：「從流程的觀點來看，CRM和SRM是一體的兩面」。
14. 說明EDI文件描述的一般性質。
15. X12、EDIFACT和HIPAA標準是什麼？
16. 為什麼EDI的網際網路標準可能不重要？
17. 描述為什麼HTML應用在文件交換上會受到限制的三項特性。
18. 說明兩個組織如何能透過共享XML綱要文件而受益。
19. 說明產業如何透過共享XML綱要文件而受益。

20. 開發應用間互動的專屬性解決方案有何缺點？

21. 說明網站服務如何可用來消除長鞭效應。

應用你的知識

22. 假設你是高階的家用廚具製造商，並且即將推出淘汰現有款式的新組合。假設你目前的款式還有五百組的成品庫存。請描述使用電子拍賣來清倉的三種策略。你會建議使用哪種策略？

23. 在微軟、Oracle、和SAP網站上搜尋SRM應用。將你找到的功能和本章所描述的內容相比較。這些產品已經是一般性商品？還是具有不同的功能和特性？他們對術語的使用方式一致嗎？如果不一致，請描述重要的差異。

24. 本章斷言XML網站服務最後將取代EDI。請在網站上搜尋支持或駁斥這項主張的證據。你有找到從EDI轉換成網站服務的應用嗎？有EDI廠商將網站服務應用加入他們的產品嗎？在SAP之類廠商的網站上，你有看到更多EDI或網站服務功能的證據嗎？

25. 搜尋網站找出網站服務和供應鏈管理的個案。你可以從搜尋供應鏈和網站服務開始，看能找到什麼。尋找關於大企業在供應鏈中使用網站服務的文章。摘述該公司的經驗。

26. Amazon.com讓開發人員可以很容易地使用他的網站服務。你認為Amazon.com為什麼要這麼做？請描述其他產業中，另一家可以藉由開發易於使用的網站服務而得到類似效益的B2C企業。

應用練習

27. 假設公司要求你建立試算表來協助判斷網站叢集中的伺服器應該用買的或用租的。假設你針對五年的期間進行考慮，但是你並不知道到底需要多少台伺服器。你知道一開始只需要五台伺服器，但是根據公司電子商務運作的成功程度，最後可能會需要多達五十台的伺服器。

a. 針對購買方案的計算，請將試算表設定為可以輸入伺服器硬體的基本價格、所有軟體的價格、以及維護費用（硬體價格的某個百分比）。假設你輸入的百分比涵蓋了硬體和軟體的維護費用。此外，假設每台伺服器的使用年限為三年，之後它就沒有價值了。假設電腦使用直線法來計算折舊，而且在五年後，你可以用三年折舊後的殘值售出。再假設你組織對現金費用支付2%的利率。假設每台伺服器的成本為5,000美元，所需軟體為750美元，而維護費用則是從2%到7%。

b. 針對租賃方案的計算，假設租賃廠商能夠提供你想採購的電腦硬體。租賃還涵蓋你所需要的所有軟體和維護。建立試算表以輸入不同的租賃價格；這些價格是根據租用年數（1、2、或3）而變動。假設三年租賃的成本是每台機器每個月285美元，兩年的成本是每台機器每個月335美元，而一年的成本是每台機器每個月415美元。此外，如果你租用20到30台電腦，則有5%的折扣，而如果你租用31到50台電腦，則可以便宜10%。

c. 使用你的試算表來比較在下面情況下，購買對照.租賃的成本（假設你不能同時租用和購買）。請視需要自行假設，並說明這些假設。

i. 你的組織在五年期間需要20台伺服器。

ii. 你的組織在前兩年需要20台伺服器，之後三年則需要40台伺服器。

iii. 你的組織在前兩年需要20台伺服器，之後兩年需要40台伺服器，最後一年則需要50台伺服器。

iv. 你的組織在第一年需要10台伺服器，第二年需要20台伺服器，第三年需要30台伺服器，第四年需要40台伺服器，最後一年則需要50台伺服器。

v. 在前面的情況下如果伺服器的成本為4,000美元，最便宜的方案會改變嗎？如果是8,000美元呢？

28. 假設你公司的採購人員要求你彙整他們對廠商所做的評估。每名採購人員每個月會根據三項條件來評估他在這個月合作的所有廠商：價格、品質和負責程度。假設評分方式為1到5分，且5分是最好。因為你的公司有數百家廠商和數十名採購人員，你決定使用Access來彙整這些結果。

a. 建立容納三個表格的資料庫：VENDOR (VendorNumber, Name, Contact)、PURCHASER (EmpNumber, Name, Email)和RATING (EmpNumber, VendorNumber, Month,Year, PriceRating, QualityRating, ResponsivenessRating)。假設VendorNumber和EmpNumber分別是VENDOR和PURCHASER的主鍵。請決定何者才是RATING的適當主鍵。

b. 使用工具／資料庫關聯圖建立適當的關係。

c. 使用表格視窗來輸入廠商、員工、和評分的樣本資料

d. 建立查詢來顯示所有廠商的名稱和他們的平均分數。

e. 建立查詢來顯示所有員工和他們的平均給分。提示：在本題和下題中，你必須在查詢中使用Group By函式。

f. 建立包含參數的查詢，可以取得特定廠商在每項標準的最低、最高、和平均分數。假設你輸入「VendorNumber」做為參數。

職涯作業

29. 使用搜尋引擎搜尋電子商務行銷的職務。研究數個網站並回答下列問題：

a. 描述搜尋結果中你覺得最有趣的兩項工作。

b. 描述這些工作的教育要求。

c. 描述可以讓你為這些工作預做準備的實習和練習機會。

d. 使用網站資源和你自己的經驗，來描述這些工作的職業展望。

30. 與第29題相同，但是改成搜尋供應鏈管理的工作機會。

31. 與第29題相同，但是改成搜尋XML程式人員的工作機會。

個案研究 8-1

Getty Images

Getty Images創立於1995年，其目標是希望透過併購許多小公司、對合併的組織實施商業訓練、並開發現代資訊系統，以整合分散的攝影市場。網站的發展驅使這家公司投入電子商務，並且在此過程中改變了專業視覺內容產業的工作流程和商業實務做法。在2004年，Getty Images已經從一家新創公司，成長為一家公開上市且身價超過六億美元的（NYSE：GYI）全球性企業。

Getty Images從簽約攝影師那邊取得影像（平面和電影），並且擁有全世界最大的私人影像收藏。Getty還雇用攝影師拍攝世界各地的新聞、運動、和娛樂事件。對於非他所擁有的影像，他則提供部分的收入給內容的擁有者。Getty Images同時是影像的生產者和經銷商，而且他所有的產品都是透過網站上的電子商務銷售。

Getty Images採用三種授權模式：第一種是訂閱，簽約客戶可以無限次數地取用他們所需要的影像（適用於新聞、運動、和娛樂類影像）。第二種是無權利金模式。這個模式的顧客是根據影像的檔案大小收費，並且可以用任意的方式來使用這個檔案。不過，這種客戶並沒有影像的專屬權可以禁止競爭者同時使用相同的影像。

第三種方式是權利管理模式，它還包含創意影像的授權。在這個主要營收模式下，使用者會根據所需使用的權利來付費 − 大小、產業、地理區、卓越性、頻率、獨佔權等等。

Getty Images的網站上說：

> Getty Images首先引進無權利金影像，並且是第一家透過網站授權影像的公司，持續將整個產業移往線上。本公司也是第一家雇用創意研究人員來預測全球傳播業的視覺內容需求，而且Getty Images也是全世界第一家和唯一一家公開上市的影像公司（corporate.gettyimages.com/source/company, 資料取得日期：2004年12月）。

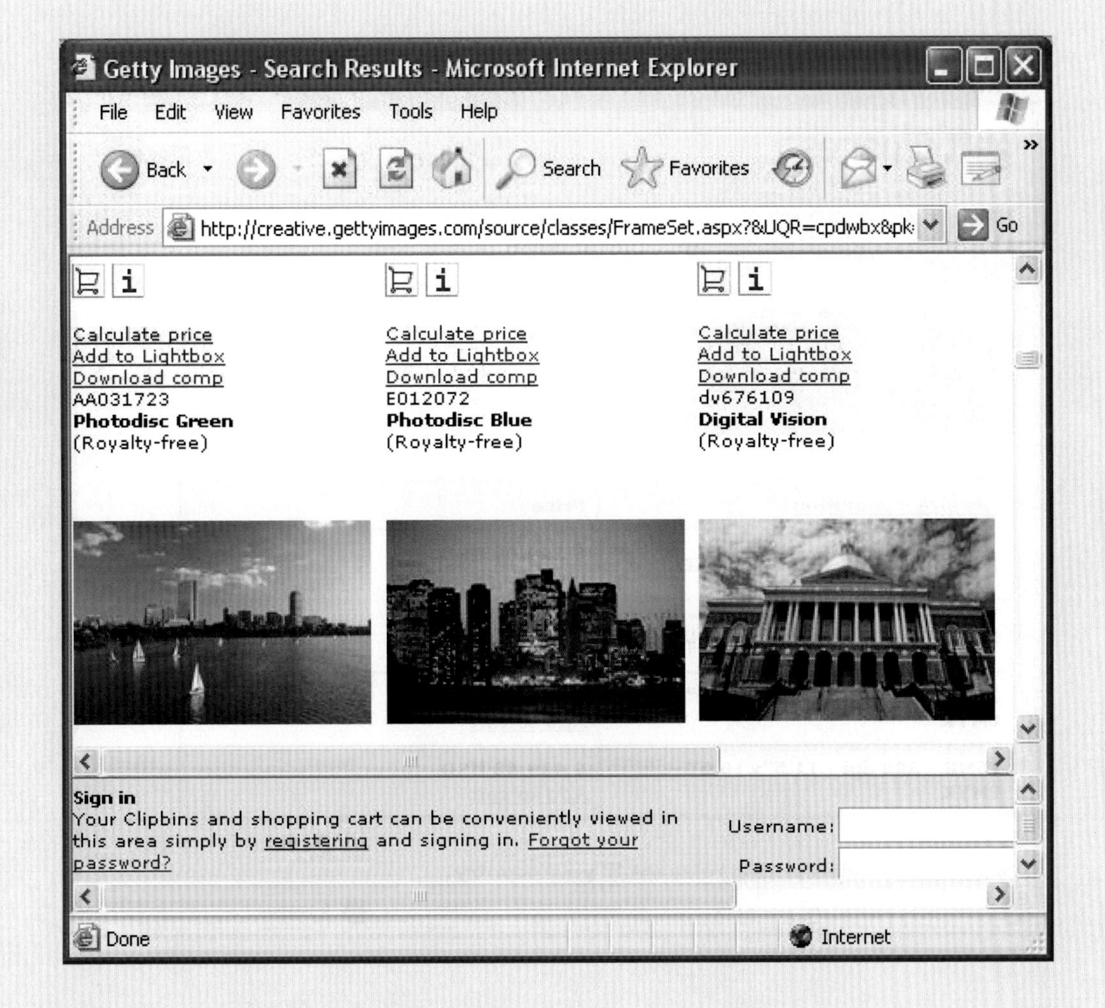

圖1
Getty Images的搜尋結果

在2003年，Getty Images的網站gettyimages.com有超過5,200萬名訪客，並且使用超過13億次的網頁服務。單看2004年的第3季，網站訪客就檢視了超過67億張的縮圖。

因為Getty Images是授權數位相片，所以他的變動生產成本基本上為0。一旦公司取得相片並且放到商務伺服器資料庫之後，將它傳送給客戶的成本就是0。Getty Images的確要負擔設定和運作電子商務網站的間接成本，而且也要為影像付出一些成本－雇用攝影師的成本或是建立和維持與外部攝影師關係的成本。他還必須為某些影片支付版稅給其擁有人。但一旦這些成本支付之後，生產相片就不再有成本了。這意謂著Getty Images的獲利能力會隨著數量的增加而大幅增加。

圖1是當使用者選取無權利金的創意影像，並且搜尋Boston時，Getty Images商務伺服器所產生的網頁。

當使用者在Photodisc Green影像上點選「計算價格」時，商務伺服器會產生如圖2的網頁。這個網頁會顯示預設的價格。不同國家的使用者可能會因為不同的協議、稅金、和當地政策而有不同的價格。

File size/resolution	Price
1-3MB - 72 dpi - 9"x12" - RGB	$ 149.00 USD Add to cart
10-16MB - 300 dpi - 4"x6" - CMYK	$ 299.00 USD Add to cart
25-30MB - 300 dpi - 8.5"x11" - CMYK	$ 399.00 USD Add to cart
75MB - 300 dpi - 11.5"x16.5" - CMYK	$ 409.00 USD Add to cart

圖2
Boston影像的價格計算

問題：

1. 造訪gettyimages.com網站，並且選擇「Creative, Royalty Free Photography」。搜尋較接近你校園的某個城市的影像。選擇一張相片，並且瞭解它的價格。使用圖8-7做為指引，列出當你點選這些網頁時，Getty Images網站上所發生的動作。

2. 考慮Getty Images的固定成本與變動成本間的關係，為什麼他要「雇用創意研究人員來預測全球傳播業的視覺內容需求」？這項研究為什麼重要？什麼是可以合理說明負擔這種研究成本的理由？

3. 根據第2題，說明Getty Images可以如何使用客戶在其網站上的活動來預測未來的需求。他要處理哪些資料？可以開發出哪些資訊？

4. 研究Getty Images網站並且判斷他如何使用網站來吸引新的攝影師。

5. 在評估Getty Images時可以使用的一些關鍵因素包括：客戶、照片庫存、攝影師關係、和資訊科技基礎建設。

   a. 依照遞減的重要性來排列這些因素，並說明你的理由。

   b. 說明是否有哪項關鍵因素可以做為其他線上相片公司的進入障礙。

6. 因為電子商務的關係，Getty Images令人羨慕地取得了近乎0的變動生產成本。請描述另外兩種可以使用電子商務來取得相同優勢的產業。

個案研究 8-2

透過網站服務提供的Dun and Bradstreet資料

如前面Dun and Bradstreet（D&B）的個案所述，D&B蒐集了超過8千萬家企業的資料，並且銷售給企業用來分析其客戶的信用、選擇可能銷售對象、並找出潛在的供應商。

有些客戶願意使用前面D&B個案中描述的商務伺服器來購買企業報告，但有些公司覺得這個流程太緩慢而笨拙。以使用D&B資料來評估信用的客戶為例，因為競爭壓力，有些公司必須在與客戶互動之際，即時完成信用的評估。如果是透過D&B商務伺服器購買預先寫好的報告，就無法適用在這類應用上。

反之，這些客戶希望能使用自動化的流程來存取D&B的資料庫。他們希望撰寫信用分析程式，能夠即時從D&B取得所需的資料。以電腦批發商或零售商（例如第3章的CDW）為例，某個批發商的顧客可能使用網站店面下了一筆大訂單。對於中等規模網路的設備總價大約是美金四萬到五萬之間。此時，批發商會希望他的商務伺服器程式能夠存取到D&B的資料，並且透過程式來評估信用。

為了滿足這項需求，D&B開發了一個網站服務版本，能夠讓客戶的程式進行存取。雖然D&B網站服務使用XML文件來進行資料交換，但並沒有使用所有的XML網站服務標準。特別是沒有提供標準的服務描述，也沒有使用標準的服務協定，而是提供客戶專屬性的介面。D&B網站服務無法使用目前最新的標準，是因為在D&B開發其網站服務系統時，這些標準都還沒有定案。

但是D&B的網站服務的確使用了XML。因此，他的使用者還是可以利用綱要驗證的優點，而且D&B和他的客戶都可以使用XML標準來自動重新設定文件的格式。

為了使用D&B的網站服務，客戶必須與D&B簽署協議，規範哪些資料可以存取，以及如何支付資料存取費用。然後，客戶必須學習D&B的介面，並且依此來開發程式。D&B會提供客戶的程式開發人員一些技術上的協助。

藉由使用網站服務來取得資料，客戶就可以取得目前最新的資料。這個優點非常重要，因為D&B每天會對資料庫進行超過百萬次的更新。此外，D&B網站服務也提供客戶單一的一致性使用介面。客戶也可以省下成本，因為他們只需要開發一次存取程式，然後所有應用都可以使用這些程式來取得D&B的資料。最後，D&B的客戶還可以使用網站服務介面提出請求，以便在特定資料更新時得到示警。這些示警讓客戶得以使用最新的資料來更新他們自己的資料庫。

資料來源：Sean Rhody, "Dun and Bradstreet," Web Services Journal, Vol. 1, Issue 1, sys-con.com/webservices（資料取得時間：2004年12月）；Dun and Bradstreet, "Data Integration Toolkit," PowerPoint Presentation, globalaccess.dnb.com（資料取得時間：2004年12月）。

問題：

1. 摘述透過D&B商務伺服器購買報告，和透過網站服務來取得D&B資料的差異。
2. 說明綱要驗證如何改善資料交換的品質。D&B和其網站服務客戶可以如何使用綱要驗證的好處？
3. 如前所述，D&B並沒有使用標準的方法來描述他們的網站服務。這對D&B有什麼影響？對D&B的客戶又有什麼影響？D&B可以升級其網站服務以使用這些標準。如果你在D&B工作，你會如何決定是否要進行升級呢？請考慮升級對D&B網站服務新客戶和現有客戶的影響。
4. 除了信用報告之外，D&B客戶還使用D&B的資料來尋找和評估可能銷售對象，以及供應商的潛在來源。請說明如何在這些應用上使用網站服務。
5. D&B是提供全球客戶資料的國際性組織。提供網站服務對非美國客戶有什麼好處呢？
6. D&B的網站服務介面如何提供競爭優勢，讓D&B勝過其他的資料供應商？

商業智慧和知識管理

- 瞭解商業智慧系統的需求。
- 瞭解報表系統的特徵。
- 瞭解資料倉儲和資料市集的角色和目的。
- 瞭解基本的資料探勘技術。
- 瞭解知識管理系統的目的、特性、和功能。

專欄

安全性導引
語義上的安全性

解決問題導引
計算、計算、計算

倫理導引
分類的倫理

反對力量導引
真實世界的資料探勘

深思導引
理由的合理化？

本章預告

第7、8章所描述的資訊系統產生了大量的資料。這些資料大多用於作業性目的，例如追蹤客戶訂單、庫存、出貨、應收帳款、應付帳款、員工派任等等。這些作業性資料具有潛在的效益：它們包含模式（pattern）、關係、叢集（cluster）、和其他能夠協助管理、特別是規劃和預測用的資訊。商業智慧系統就是從作業性資料中產生這種資訊的資訊系統。

除了資料中的資訊之外，更重要的資訊來源是員工本身。員工帶著他們的專業技術來到組織，而隨著他們在組織中的經驗累積，他們的專業技術又有所增長。所有組織成員的心中存在著收集而來的大量知識。問題在於，這些知識要如何分享？有特定問題的某個員工如何知道有另一個員工剛好知道解決這個問題的方法？知識管理應用程式會處理這個需求，而本章的結尾將描述這些應用程式的目的、特性、和功能。

Carbon Creek Gardens

Mary Keeling經營的Carbon Creek Gardens是一家樹木、盆栽、一年生植物、和球莖植物的零售商。它也販售土壤、肥料、小型園藝工具、和庭園裝飾品；它的顧客都叫它「The Gardens」。這家公司是源起於Mary在十年前買了一塊地，因為排水問題不適合做建築用地而創立的。Mary創造了一個溫暖而親切的環境，加上獨特與精心挑選的植物。The Gardens因而成為社區中熱衷園藝者最喜愛的苗圃。

Mary說：「問題是公司成長到這麼大之後，我已經無法追蹤我的顧客了。幾天前，我在超商偶遇Tootsie Swan，而且我發現我已經好久沒看到她了。我說：「嗨！Tootsie，好久不見了。」這句話引發了好一陣情緒宣洩。原來她在一年多前曾經到店裡想要退還一株盆栽，但是負責招呼她的一位兼職員工顯然讓她受到委屈，或至少沒有提供她所想要的服務。所以她決定以後不要再到The Gardens了。

「Tootsie是我最好的顧客之一。我已經失去她了，而我甚至對此一無所知！這真的讓我很沮喪。是不是當公司成長之後，就沒有辦法瞭解我的顧客了呢？我不這麼認為。但我必須能在常客不再光顧的時候有所警覺。如果我早知道Tootsie不跟我們打交道了，我一定會打電話問問看發生什麼事。我很需要像她這樣的顧客。」

「我的銷售資料庫中已經有所有該有的資料了。似乎我需要的資訊都在那裏，但我要怎麼把它抓出來呢？」

商業智慧系統的需求

根據加州大學柏克萊分校的一份研究（註1）顯示，單單2002年就產生了403PB（petabyte，10^{15} 位元組）的新資料。無疑地，今日所產生的數量更大，但是單單考慮這個數量也就夠大的了。如圖9-1所示，403PB大約是目前所有印刷品的數量總和。美國國會圖書館所收藏的印刷品數量為 .01PB，因此，400PB相當於國會圖書館收藏的4萬份複本。這的確是很大量的資料，而且這僅僅是一年間的生產量。在2007年之前，大約會產生2,500PB，也就是2.5EB（exabyte）的資料。

這些資料的產生與莫爾定律息息相關。儲存裝置的容量不斷增加，但成本持續下降。今日，儲存容量幾乎沒有限制。圖9-2顯示在2003年底的硬碟儲存總容量已經超過41EB，相當於全人類有史以來說過的話的8倍。這些儲存裝置並非完全用於商業，還有許多被用來儲存音樂、數位圖片、視訊，和電話的對話。然而，還是有許多容量是用來儲存來自商業資訊系統的資料。例如在2004年Verizon的SQL Server資料庫中就包含了超過15TB的資料。如果這些資料是印在書上，就需要長達450英哩的書架來擺放！

---

* 註1："How Much Information, 2003," sims.berkeley.edu/research/projects/how-much-info-2003（資料取得時間：2005年5月）。

Kilobyte (KB)	1,000 位元組或10^3 位元組 2 KB：打字一頁的字數 100 KB：一張低解析度的照片
Megabyte (MB)	1,000,000位元組或10^6 位元組 1 MB：一本短篇小說或3.5吋的磁片 2 MB：一張高解析度的照片 5 MB：莎士比亞的所有作品 10 MB：一分鐘長度的高傳真聲音 100 MB：書架上長達一公尺的書籍 500 MB：一片CD光碟
Gigabyte (GB)	1,000,000,000位元組或10^9 位元組 1 GB：一台裝滿書籍的小貨車 20 GB：貝多芬作品全集 100 GB：圖書館一個樓層的期刊
Terabyte (TB)	1,000,000,000,000位元組或10^{12} 位元組 1 TB：50,000棵樹做成的紙張的印刷成品 2 TB：學術研究圖書館 10 TB：美國國會圖書館館藏 400 TB：美國國家氣象資料中心（NOAA）資料庫
Petabyte (PB)	1,000,000,000,000,000位元組或10^{15} 位元組 1 PB：三年的EOS資料（2001） 2 PB：所有美國學術研究圖書館 20 PB：1995所生產的硬碟總容量 200 PB：所有印刷品
Exabyte (EB)	1,000,000,000,000,000,000位元組或10^{18} 位元組 2 EB：西元1999年產生的資訊總量 5 EB：人類曾經說過的所有言語

資料來源：sims.berkeley.edu/research/projects/how-much-info/datapowers.html (資料取得時間：2005年5月)。

圖9-1
Exabyte有多大？

（資料來源：Peter Lyman and Hal R. Varian, University of California at Berkeley）

年度	售出的硬碟（千台）	儲存容量（PB）
1992	42,000	
1995	89,054	104.8
1996	105,686	183.9
1997	129,281	343.63
1998	143,649	724.36
1999	165,857	1394.60
2000	200,000 (IDEMA)	4,630.5
2001	196,000 (Gartner)	7,279.14
2002	213,000 (Gartner 預測)	10,849.56
2003	235,000	15,892.24
總數	1,519,527 (15億台硬碟)	41,402.73 (41 EB)

資料來源：sims.berkeley.edu/research/projects/how-much-info/datapowers.html (資料取得時間：2005年5月)

圖9-2
硬碟儲存容量

（資料來源：Peter Lyman and Hal R. Varian, University of California at Berkeley）

有這麼多的資料，我們正淹沒在資料中，但同時又嚴重缺乏資訊。我們要如何在茫茫的資料海中尋找資訊呢？

商業智慧工具

天文學家使用望遠鏡在天空搜尋有意義的模式，我們也需要資料的望遠鏡，在無垠的資料海中搜尋出有意義的模式。用來搜尋商業資料以取得這種資訊的工具就稱為商業智慧工具（business intelligence tools, BI）。在本章中，我們將討論兩種BI工具：報表工具和資料探勘工具。

報表工具（reporting tools）是能夠從多種來源讀取資料、進行處理、產生格式化報表，然後傳遞給使用者的程式。它的資料處理很簡單：對資料進行排序和分群，然後計算簡單的加總和平均。報表工具主要是用在評估（assessment）。它們被用來處理類似下面的問題：過去發生了什麼？目前的情況如何？目前和過去相比如何？

資料探勘工具（data-mining tools）則是使用統計技術來處理資料，這些工具都非常複雜。本章稍後將會討論資料探勘，但現在只要瞭解資料探勘是要在資料中搜尋模式和關係就夠了。在大多數情況下，資料探勘工具是用來進行預測。例如我們可以使用分析表單來計算顧客會拖欠貸款的機率，或是顧客對某項促銷方案會有正面回應的機率。另一種資料探勘技術則可以用來預測可能會被同時購買的產品。在一個著名的範例中，資料探勘分析發現購買尿布的顧客很可能會同時購買啤酒（註2）。這項資訊讓店長可以將啤酒和紙尿布陳列在鄰近的貨架上。

雖然報表工具較常被用來進行評估，而資料探勘工具則傾向於用在預測上，但事實上不見得必然如此。要區分這兩種BI工具比較好的方式是：報表工具使用簡單的運算（例如排序、分群、和加總），而資料探勘工具則使用複雜的統計技術。本章稍後還會有更多的討論。

商業智慧系統

如你所知，工具和資訊系統間還是有所不同；工具是電腦程式，而資訊系統則是一組硬體、軟體、資料、程序、和人的集合。

商業智慧系統（Business intelligence system）是要在正確的時間點，提供正確的資訊給正確的使用者。工具會產生資訊，而系統則確保正確的資訊能在正確的時機提供給正確的使用者。

BI系統藉由提供深刻的洞察力來引發行動，而能協助使用者完成他們的目標。例如報表工具可以產生報表來顯示某位顧客取消了一筆重要的訂單，而報表系統則會即時地提醒負責這位顧客的業務人員這個不好的消息，讓他能夠嘗試去改變顧客的決定。

同樣地，資料探勘工具可以建立公式來計算顧客會賴帳的機率，而資料探勘系統則會使用這個公式，讓銀行人員能評估新的貸款申請。因此，BI系統能協助使用者將洞察力轉變為行動。

---

* 註2：Michael J. A. Berry and Gordon Linoff, Data Mining Techniques for Marketing, Sales, and Customer Support (New York: John Wiley, 1997)。

報表系統

報表系統（reporting system）的目的是要從分散的資料來源建立有意義的資訊，並且即時提供這些資訊給適當的使用者。在我們描述報表系統的元件之前，讓我們先來看看如何使用報表運算建立有意義的資訊。

使用報表運算建立資訊

第1章定義了資料和資訊的差異。資料是記錄下來的事實或數字；資訊則是由資料所得到的知識。另一種說法則是：資訊是資料在有意義的背景脈絡下的呈現。報表系統會透過對資料的四種運算來產生資訊：

- 過濾
- 排序
- 分群（grouping）
- 簡單計算

要描述這些運算的使用，請參考圖9-3；這是NDX.X（100種在NASDAQ進行交易的股票指數）價格的原始資料檔。資料中包含有交易日期、開盤價、收盤價、以及交易量。圖9-3是個簡單的資料列表，其中並沒有顯示太多的資訊。

TDate	Open	Close	Volume
2003-08-27	1305.98	1318.93...	13497300.0
2003-08-26	1298.23	1309.05	13828600.0
2003-08-25	1302.5	1306.64...	11178400.0
2003-08-22	1338.19...	1304.54	17052000.0
2003-08-21	1309.56...	1314.65...	17224700.0
2003-08-20	1289.43...	1299.73	15067600.0
2003-08-19	1291.37...	1299.69...	17243900.0
2003-08-18	1258.18...	1284.80...	14763100.0
2003-08-15	1250.45	1253.63...	7039500.0
2003-08-14	1241.17...	1251.90...	13115700.0
2003-08-13	1247.55...	1240.37...	14492000.0
2003-08-12	1227.5	1240.7	13298400.0
2003-08-11	1209.35...	1223.14...	12037800.0
2003-08-08	1223.66...	1207.28	13363300.0
2003-08-07	1214.89...	1217.17...	16380400.0
2003-08-06	1221.99	1215.13...	18622700.0
2003-08-05	1263.79	1229.72	17433800.0
2003-08-04	1263.62...	1267.38...	15734100.0
2003-08-01	1274.61...	1264.33...	14840400.0
2003-07-31	1278.29	1276.94...	18584700.0
2003-07-30	1276.57...	1263.78	15137600.0
2003-07-29	1284.24	1275.17...	17038000.0
2003-07-28	1281.5	1280.53	15358200.0
2003-07-25	1252.62...	1278.30...	15879800.0

圖9-3
NDX.X（NASDAQ 100）的交易資料

星期	2003年平均收盤價變化
星期一	3.77
星期二	4.41
星期三	−1.70
星期四	5.71
星期五	−2.48

圖9-4
根據圖9-3交易資料所建立的報表

但是只要使用上面列出來的四種報表運算，就可以從這些資料中建立出資訊。更具體來說，假設你相信這個指數的股價漲跌取決於今天是星期幾。為了檢驗你的想法，你建立了一份2003年的交易資料報表。在報表中，你先過濾出2003年的交易資料，然後計算每天收盤價的變化。接著你使用星期幾來將資料分群，最後按照星期幾來將資料排序。

圖9-4顯示運算後的結果。的確，在2003年，NDX.X平均是在每週一、二、四上漲，每週三、五下跌（註3）。再次重申，圖9-3是資料，圖9-4則是資訊。

要建立這種報表並不太困難（圖9-4是使用第4章的資料庫處理語言SQL所產生的。程式人員可以使用這種語言的簡單敘述來建立相當複雜的資料轉換）。

在本節之後的內容會說明報表系統的其他部分，包括這些系統的元件和功能，以及一些範例。

報表系統元件

圖9-5是報表系統的主要元件。來自不同資料來源的資料會被讀取與結合，並使用過濾、排序、分群、和簡單計算來產生資訊。圖9-5結合了Oracle資料庫、SQL Server資料庫、和其他非資料庫資料。有些資料是在組織內產生的，有些則是由公共來源取得，還有些可能是向資料機構購買的。

報表系統會維護報表Metadata的資料庫。Metadata會描述報表活動中涉及的報表、使用者、群組、角色、事件、和其他項目。報表系統使用Metadata以便及時製作和提供報表給適當的使用者。

如圖9-5所示，組織可以用各種不同的形式來製作報表。圖9-6列出報表的類型、媒介、和模式特徵，以下分別討論之。

報表類型

就報表類型（report type）來看，報表可以分為靜態或動態。靜態報表（static report）是只使用基本資料製作一次之後，就不再改變。例如去年度的營業報表就是靜態報表。另一種報表則是動態的（dynamic）；在建立的時候，報表系統會去讀取最新的資料，然後使用這些資料來產生報表。例如今日營業報表和目前股價報表都是動態報表。

* 註3：等一下！在你急忙根據這個模式下單之前，要知道這只是一年份的資料。事實上，這個模式在2002和2004年都不成立。大多數分析家相信星期幾是很糟的市場方向指標。雖然這份報表有產生資訊，但相對的洞察力（和行動）則要取決於人們如何詮釋這些資訊。

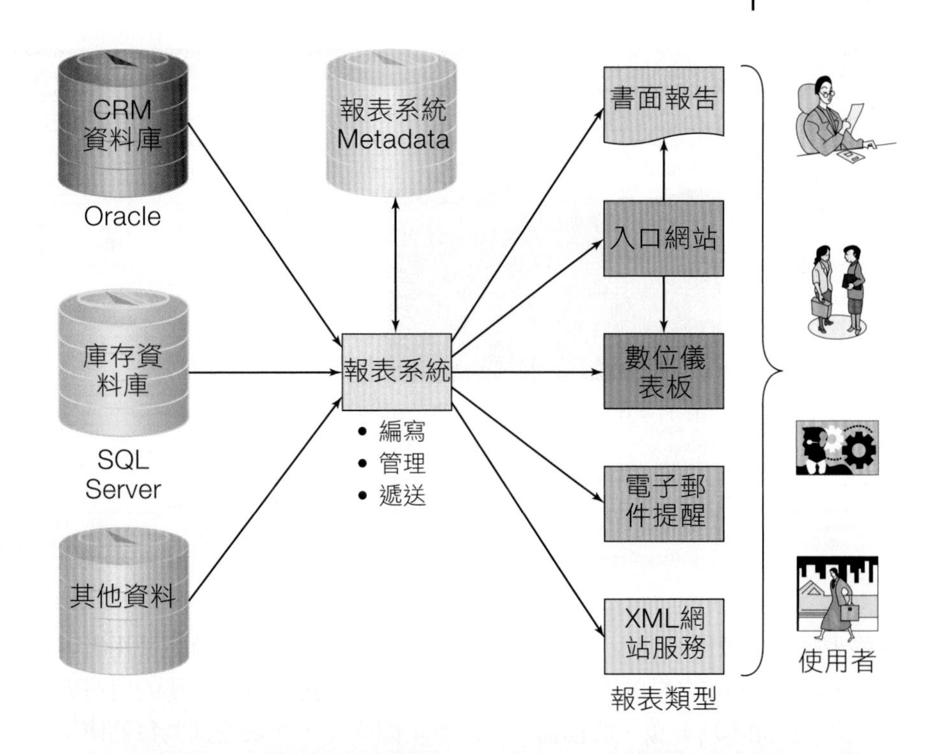

圖9-5
報表系統的元件

類型	媒介	模式
靜態	紙本	推
動態	應用系統的電腦畫面	拉
查詢	網站	
線上分析處理（OLAP）	數位儀表板	
	透過電子郵件或手機的提醒	
	匯出到Excel、Quicken、Turbo Tax、QuickBooks或其他應用系統	
	XML網站服務	

圖9-6
報表特徵摘要

查詢報表（query report）是為了回應使用者輸入的資料所製作的報表。Google提供了查詢報表的很好範例：你輸入想要搜尋的關鍵字，然後Google內部的報表系統就會搜尋它的資料庫，並且針對你的查詢產生回應。在組織之中，查詢報表可能是因為要顯示目前的庫存水準。使用者輸入品項編號，而報表系統則回應這些品項在不同店面和倉庫中的庫存量。

線上分析處理（Online analytical processing, OLAP）是第四種報表。OLAP報表讓使用者可以動態改變報表的分群結構。本章稍後會再描述OLAP報表應用程式。

報表媒介

今日，報表會透過許多不同的報表媒介（report media）或通路來傳送。有些報表是印在紙上，有些則是以PDF之類的格式建立，可以列印或是透過電子形式檢視。其他的報表則是傳送到電腦螢幕上。例如CRM和ERP系統的應用程式中就包含了數十種不同的報表，可以讓使用者在線上檢視。此外，企業有時也會將報表放在企業內部網站供員工存取。例如組織可能會將最新的銷售額報表放在業務部門的網站，或是將關於顧客服務的報表放在客服部門的網站。

圖9-7
數位儀表板範例

另一種報表媒介是數位儀表板（digital dashboard）；這是針對特定使用者客製化的電子式顯示。Yahoo! 和MSN之類的廠商都有提供這方面的服務。這些服務的使用者可以定義他們想要的內容，例如本地氣象、股價清單、或是新聞來源，而廠商則為每個使用者建立客製化的顯示。圖9-7就是一個範例。

其他的儀表板則是針對特定的組織。例如製造業的主管可能有個顯示最新生產和銷售活動的儀表板。

提醒（alert）則是另一種報表。使用者可能會表示他們希望透過電子郵件或手機收到事件的通知。當然，有些手機可以顯示網頁，那還可以為他們顯示數位儀表板。

有些報表是從報表產生器匯出到另一支程式，例如Excel、Quicken、QuickBooks等等。例如許多銀行的應用程式都可以將顧客的活存交易匯出到Excel、Quicken或Money。

最後，報表也可以透過網站服務來發佈。網站服務會產生報表以回應服務應用系統的請求；如第8章所示。這種報表在諸如供應鏈管理之類的跨組織資訊系統中特別有用。

報表模式

圖9-6的最後一項報表特徵是報表模式。組織根據預定的時程將推式報表（push report）傳送給使用者，使用者本身則不需要任何動作就可以收到報表。反之，使用者必須請求才能收到拉式報表（pull report）。要取得拉式報表，使用者要先到入口網站或數位儀表板上，然後點選鏈結或按鈕，讓報表系統產生並傳送報表。

Carbon Creek Gardens（後續）

在我們繼續之前，請再度檢視圖9-6，並且考慮Carbon Creek Gardens的情況。Mary想要知道何時失去了一名顧客。一種方式是產生靜態報表，例如PDF，來顯示前一年度的前五十大顧客。Mary可以把它列印出來，或是將它放在她網站的私有部分，以便隨時下載。Mary也可以定期，例如每週一次，去請求一份顯示該週主要客戶的動態報表。這份報表也可以是PDF，或是在螢幕上顯示。Mary可以比較這兩份報表來判斷誰不再出現了。如果她想知道如Tootsie等顧客是否有選購任何東西，也可以針對Tootsie的活動請求一份查詢報表。

這些解決方案將尋找失聯客戶的責任放在Mary身上，不過她也可能會沒有注意到誰已經不再出現了。本章稍後將會討論其他的可能性。

報表系統的功能

在圖9-5的中間，列出了報表系統的三項功能：編寫、管理、和遞送。

編寫報表

編寫報表（report authoring）涉及連結資料來源、建立報表結構，以及將報表格式化。圖9-8和9-9是使用微軟的Visual Studio.Net開發工具來編寫報表。在圖9-8中，開發人員已經指定了包含NASDAQ交易資料的資料庫，並且在螢幕的下半部輸入SQL敘述，以產生報表。

在圖9-9中，報表編寫者正透過指定資料項目的標題和格式，以建立報表的格式。在更複雜的報表中，編寫者會指定資料項目的排序和分群，以及頁面的頁首和頁尾。開發人員使用圖9-9畫面右方的屬性清單來設定項目屬性值。

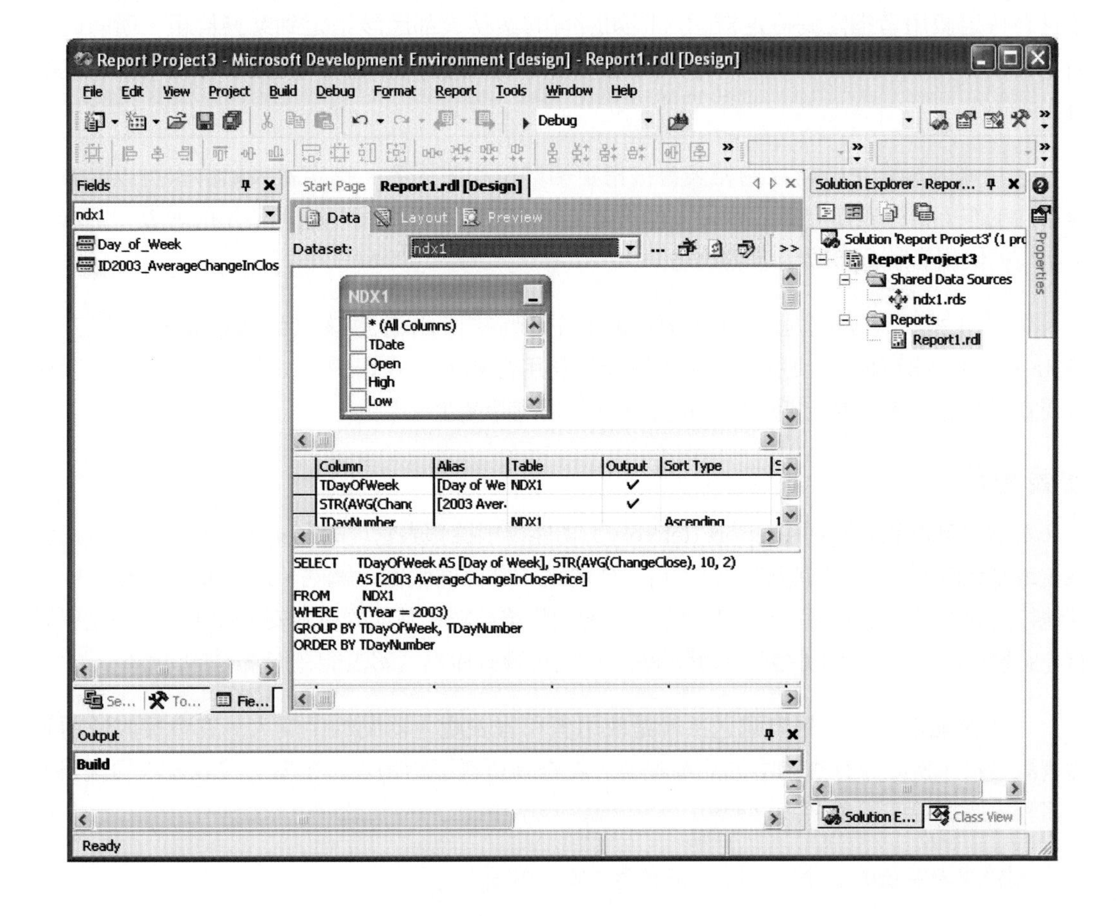

圖9-8
使用Visual Studio.Net連到報表資料來源

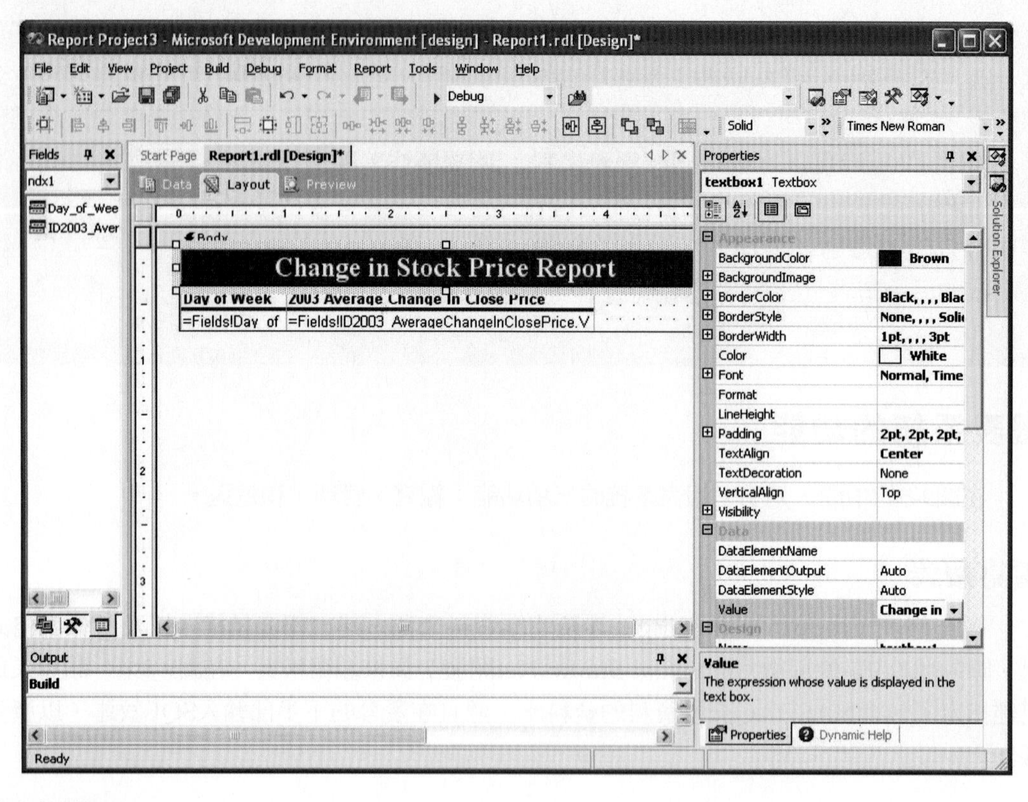

圖9-9
使用Visual Studio. Net來建立報表格式

報表管理

報表管理（report management）的目的是要定義誰要接收哪份報表、在哪個時間、以及用什麼方式。大多數報表管理系統能夠讓報表管理者定義使用者帳號和使用者群組，並且將特定使用者指定到特定群組。例如所有的業務員都應該指定到業務群組，所有的高階主管則指定到高階主管群組，依此類推。所有這些資料都是儲存在圖9-5中報表系統的Metadata。

使用報表編寫系統建立的報表會被指定給群組和使用者。指定報表給群組可以節省管理者的工作：當報表建立、改變、或移除時，管理者只需要改變指定給群組的報表，則群組中所有的使用者就會接收到這個改變。

如前所述，報表管理的Metadata會指定哪些使用者應該收到哪種格式的報表。Metadata也會指示報表使用的通路，以及應該用推式或拉式報表。如果是推式報表，管理者要宣告該份報表是要定期產生，或是在需要提醒時產生。

報表遞送

報表系統的報表遞送（report delivery）功能會根據報表管理的Metadata來決定要推送報表，或是允許使用者拉取報表。報表可以透過電子郵件伺服器、網站、XML網站服務、或是其他特定的程式功能來遞送。報表遞送系統使用作業系統和其他的程式安全性元件，來確保只有經過授權的使用者能接收到有授權的報表。它也會確保推式報表能在適當的時間產生。

就查詢報表而言，報表遞送系統是使用者和報表產生器間的中間人。它會接收使用者的查詢資料，例如庫存查詢中的品項編號、將查詢資料送給報表產生器、接收最終的報表，再將報表遞送給使用者。

關於報表系統的安全性問題，請參考「安全性導引」。

報表系統範例

到目前為止，關於報表系統的討論都專注在它們的特性和功能。這種討論讓你對報表系統的能力有個概念，但是對如何使用它們卻沒多大幫助。在本節中，我們將討論兩種報表系統的應用。第一種是一般應用在行銷上的簡單報表，另一種則是用來展示OLAP分析的威力。

RFM分析

RFM分析（RFM analysis）是根據客戶採購模式進行分析，並且將客戶分級的一種方法（註4）。它是一種簡單的技術，考慮客戶最近（recently, R）的採購、採購的頻率（frequently, F）、和每次訂單的平均金額（money, M）。此處選擇這個技術，是因為它是可以使用報表系統實作的有用分析。

若要產生RFM分數，程式會先針對客戶最近（R）的採購記錄加以排序。在這種分析的一般形式下，程式會接著將客戶分成5組，並且為每組中的客戶分別賦予1到5的分數。因此，最近下單的客戶中，最靠近目前時間點的前20%的R分數為1，而接下來20%的R分數則為2，依此類推，最後20%客戶的R分數則為5。

這支程式接著會根據客戶下單的頻率重新排序，而最常下單的前20%客戶之F分數為1，依此類推，最不常下單的客戶之F分數則為5。

最後，程式會根據客戶訂單金額來將客戶排序。採購最昂貴產品的前20%客戶之M分數為1，依此類推，金額最少的20%客戶之M分數則為5。

圖9-10是RFM的樣本資料。第一家客戶Ajax最近有下單，而且經常下單。不過它的M分數只有3，表示它並沒有訂購最貴的產品。根據這些分數，銷售團隊可以推測Ajax是個好顧客和常客，但是他們應該設法將更昂貴的產品銷售給它。

圖9-10中的第二家客戶則可能會有問題。Bloominghams有好一段時間沒有下單，但是它以前的確經常下單，而且訂單的金額最高。這份資料顯示Bloominghams可能已經改成跟別的廠商做生意了。銷售團隊應該立刻派人去跟這位客戶聯絡。

客戶	RFM分數
Ajax	1 1 3
Bloominghams	5 1 1
Caruthers	5 4 5
Davidson	3 3 3

圖9-10
RFM分數的資料範例

銷售團隊應該不要派人去接洽第三家客戶Caruthers。這家公司已經有一段時間沒有下單，它也沒有經常下單，而且即使下單，它也只購買最便宜的品項。銷售團隊不應該把時間浪費在這個客戶身上；如果Caruthers投向競爭對手，所造成的損失也最小。

最後一家客戶Davidson則正好位於中間。它是個OK的客戶，但是可能也不需要業務人員花太多時間在它身上。也許銷售團隊可以設定自動化的聯絡系統，或是利用Davidson做為部門新進助理或實習人員的練習對象。

報表系統可以使用多種方式來產生和遞送RFM資料。例如所有客戶的RFM分數報表可以用「推」的方式送給業務部門副總；特定區域的分數報表可以「推」送給分區業務主管；而特定客戶的分數報表則「推」給該客戶的業務人員。所有的這些報表活動都可以自動化。

＊ 註4：Arthur Middleton Hughes, “Boosting Response with RFM,” Marketing Tools, May 1996。請參閱網站dbmarketing.com。

語義上的安全性

安全性是非常困難的問題，而且一年比一年嚴重。我們不僅擁有更便宜、更快的電腦（還記得莫爾定律），也有更多資料、更多的資料報表和查詢系統、以及更容易、更快、也更廣泛的通訊能力。所有這些加在一起，也增加了我們不小心洩漏私有或專屬資訊的機會。

實體上的安全性就已經夠難了：我們怎麼知道以「Megan Cho」登入的人（或程式）真的是Megan Cho？我們使用密碼，但密碼檔也可能被偷。姑不論這個問題，我們還必須知道Megan Cho的權限設定是適當的。假設Megan在HR部門工作，所以她可以存取其他員工的個人和隱私資料。我們就必須設計報表系統，讓Megan能夠存取到她工作所需的所有資料，而且僅此而已。

此外，報表遞送系統也必須受到保護。報表伺服器對任何可能的入侵者而言，都是明顯而「美味」的目標。可能有人會入侵，並且改變存取權限，或者，駭客也可能以他人的身份進入並取得報表。報表伺服器能夠協助合法使用者快速存取到更多的資訊，但是，如果沒有適當的安全性，報表伺服器也可能簡化非法者的入侵工作。

所有這些都關係到實體的安全性，但安全性的另一個向度也同樣嚴重，並且有更大的問題：語義上的安全性（semantic security）。語義安全性是關於透過整合個別未受保護的報表或文件，而造成受保護資訊的非預期洩露。

以課堂為例，假設我指定一份小組作業，並且公佈組別清單，以及分組的學生姓名。稍後，在作業完成並評分之後，我在網站上公佈了成績列表。因為學校的隱私權政策規定，我不能在公佈成績的同時顯示學生的姓名或學號。因此，我選擇公佈每組的成績。如果你想知道每名學生的成績，你要做的就是將第五次上課時的分組名單，跟第十次上課的分組成績結合。你可能會認為在這個例子中，成績的揭露並不會造成什麼傷害。畢竟，它只是一次作業的成績罷了。

但是回到前面HR的Megan Cho例子。假設Megan負責評估員工獎勵計劃。營運長認為公司在不同時間所核准的薪資水準並不一致，而且部門間的差異也過大。因此，營運長授權Megan取得一份列出SalaryOfferAmount和OfferDate的報表，以及另一份列出Department和AverageSalary的報表。

這些報表跟她的工作相關，而且看似無害。但是Megan發現她可以使用它們包含的資訊來判斷個人的薪資 － 這些是她不應該擁有、也無權接收的資訊。她的做法如下。

Megan和其他員工一樣，能夠存取入口網站上的員工名單。利用這份名單，她可以得到每個部門的員工清單，再利用方便好用的報表系統將這份名單和部門及平均薪資報表結合。現在她有每個群組的員工姓名清單，以及該群組的平均薪資。

Megan的老闆希望能歡迎新進員工進入公司，所以該公司每週會發佈關於新進員工的文章，文中會列出對每名新進員工的親切評論，並且鼓勵大家去認識和歡迎他們。

不過，Megan可有其他的想法。因為這個報表是公佈在入口網站，所以她可以取得一份電子複本。這是一份PDF報表，而使用Acrobat的搜尋功能，她很輕鬆就可以找出本週雇用的員工名單。

她現在開始檢視自己收到的報表，其中一份有核准的薪資（SalaryOfferAmount）和核准日期（OfferDate），然後她開始進行解讀。在7月21日那一週核准了三份薪資，分別是美金35,000、53,000、和110,000元；而同一時間，關於新進員工的文章中則提到公司雇用了一位行銷主管、一位產品測試工程師、和一位接待人員。因為接待人員的薪資不可能是110,000元；而行銷主管聽起來比較可能。所以，她現在「知道」（推論出）那個人的薪資了。

接著，再檢視部門報表和員工名單，她發現這位行銷主管是隸屬於行銷企劃部門。這個部門一共只有三名人員，而他們的平均薪資為105,000元。透過簡單的計算，她現在知道另外兩個人的平均薪資為102,500元。如果她可以找到其中一人的雇用日期，她就可以知道這兩個人的薪資了。

你瞭解了嗎？Megan只是取得兩份執行任務所需的報表。但是結合其他公開的資訊，她就可以推論出至少某些人的薪資。這些薪資資訊已經超過她所應該知道的範圍。這就是語義上的安全性問題。

討論問題

1. 用你自己的話來說明實體安全跟語義安全的差異。
2. 為什麼報表系統會增加語義上的安全性問題？
3. 組織可以如何保護自己不會因為語義上的安全性問題而遭受到意外的損失？
4. 組織在保護語義上的安全性問題方面有何法律責任？
5. 假設語義上的安全性問題是無法避免的。你認為保險公司在此有任何新產品的機會嗎？如果有的話，請描述這項保險產品。如果沒有的話，請說明原因。

線上分析處理

第二種報表系統：線上分析處理（Online analytical processing, OLAP），是比RFM更一般性的應用類別。OLAP提供對資料群組加總、計算數目、平均、和其他簡單算術運算的能力。OLAP報表最值得注意的特徵是它的動態特性。它的報表檢視器可以在執行時動態改變報表的格式，所以才被稱為線上。

OLAP報表具有衡量指標和維度。衡量指標（measure）是感興趣的資料項目；也就是要在OLAP報表中加總、平均、或是做其他處理的項目，例如總銷售額、平均銷售額、和平均成本等。維度（dimension）則是衡量指標的特徵，例如採購日期、客戶類別、客戶位置、和銷售區域等。

圖9-11是典型的OLAP報表。此處的衡量指標為Net Store Sales，而其維度則是Product Family和Store Type。這份報表顯示商店淨銷量會隨著產品家族和商店類別而有不同，例如在商店類別中，超市對非消費性產品的淨銷售量為36,189美元。

如圖9-11呈現的衡量指標與對應維度通常稱為OLAP立方結構（OLAP cube），或簡稱立方結構。這個名詞的由來是因為有些產品會使用三個軸來顯示這些資訊，就像是幾何學中的立方體。不過，這個詞的源起在此並不重要，只要知道OLAP立方結構和OLAP報表其實是指相同的東西就好了。

圖9-11的OLAP報表是由SQL Server Analysis Service所產生，並且在Excel的樞紐分析表中顯示。資料本身則是取自SQL Server所提供的Food Mart樣本資料庫。除了Excel之外，還有許多其他顯示OLAP立方結構的方式。有些第三方廠商提供類型更廣泛的圖形式顯示。要知道這類產品的更多資訊，請參考dwreview.com/OLAP/index.html網站的Data Housing Review。另外請注意，OLAP報表也可以用前述報表管理系統處理其他報表的那些方式來遞送。

如前所述，OLAP報表的一個特徵是使用者可以改變報表的格式。圖9-12就是這樣的一個改變。此處，使用者在水平顯示處加入了另一個維度：商店所在的國別和州別。現在，產品家族的銷售量會根據商店的位置來區分。樣本資料中僅包含位於美國西部加州、奧瑞岡州、和華盛頓州的商店。

OLAP報表還可以提供資料的向下探勘（drill down）；也就是更詳細地分解資料。例如在圖9-13中，使用者已經向下探勘到位於加州的商店；這份OLAP報表顯示出在加州相關商店所在之4個城市的銷售資料。

	A	B	C	D	E	F	G
1							
2							
3	Store Sales Net	Store Type					
4	Product Family	Deluxe Supermarket	Gourmet Supermarket	Mid-Size Grocery	Small Grocery	Supermarket	Grand Total
5	Drink	$8,119.05	$2,392.83	$1,409.50	$685.89	$16,751.71	$29,358.98
6	Food	$70,276.11	$20,026.18	$10,392.19	$6,109.72	$138,960.67	$245,764.87
7	Non-Consumable	$18,884.24	$5,064.79	$2,813.73	$1,534.90	$36,189.40	$64,487.05
8	Grand Total	$97,279.40	$27,483.80	$14,615.42	$8,330.51	$191,901.77	$339,610.90

圖9-11

根據Store Type呈現的OLAP產品家族

	A	B	C	D	E	F	G	H	I
1									
2									
3	Store Sales Net			Store Type					
4	Product Family	Store	Store State	Deluxe Superma	Gourmet Supermar	Mid-Size Groce	Small Grocery	Supermarket	Grand Total
5	Drink	USA	CA		$2,392.83		$227.38	$5,920.76	$8,540.97
6			OR	$4,438.49				$2,862.45	$7,300.94
7			WA	$3,680.56		$1,409.50	$458.51	$7,968.50	$13,517.07
8		USA Total		$8,119.05	$2,392.83	$1,409.50	$685.89	$16,751.71	$29,358.98
9	Drink Total			$8,119.05	$2,392.83	$1,409.50	$685.89	$16,751.71	$29,358.98
10	Food	USA	CA		$20,026.18		$1,960.53	$47,226.11	$69,212.82
11			OR	$37,778.35				$23,818.87	$61,597.22
12			WA	$32,497.76		$10,392.19	$4,149.19	$67,915.69	$114,954.83
13		USA Total		$70,276.11	$20,026.18	$10,392.19	$6,109.72	$138,960.67	$245,764.87
14	Food Total			$70,276.11	$20,026.18	$10,392.19	$6,109.72	$138,960.67	$245,764.87
15	Non-Consumable	USA	CA		$5,064.79		$474.35	$12,344.49	$17,883.63
16			OR	$10,177.89				$6,428.53	$16,606.41
17			WA	$8,706.36		$2,813.73	$1,060.54	$17,416.38	$29,997.01
18		USA Total		$18,884.24	$5,064.79	$2,813.73	$1,534.90	$36,189.40	$64,487.05
19	Non-Consumable Total			$18,884.24	$5,064.79	$2,813.73	$1,534.90	$36,189.40	$64,487.05
20	Grand Total			$97,279.40	$27,483.80	$14,615.42	$8,330.51	$191,901.77	$339,610.90

圖9-12

根據Store Type呈現的OLAP產品家族和商店位置

	A	B	C	D	E	F	G	H	I	J
1										
2										
3	[illegible]				[illegible]					
4	[illegible]	[illegible]	[illegible]	[illegible]	Deluxe Super	Gourmet Supermar	[illegible]	[illegible]	[illegible]	[illegible]
5	USA	CA	Beverly Hills	Drink		$2,392.83				$39283
6				Food		$20,026.18				$002618
7				Non-Consumable		$5,064.79				$06479
8			Beverly Hills Total			$27,483.80				$748380
9			Los Angeles	Drink					$87033	$87033
10				Food					$359828	$359828
11				Non-Consumable					$30514	$30514
12			Los Angeles Total						$277374	$277374
13			San Diego	Drink					$05043	$05043
14				Food					$362783	$362783
15				Non-Consumable					$03934	$03934
16			San Diego Total						$271761	$271761
17			San Francisco	Drink				$2738		$2738
18				Food				$96053		$96053
19				Non-Consumable				$7435		$7435
20			San Francisco Total					$66226		$66226
21		CA Total				$27,483.80		$66226	$549135	$563741
22		OR		Drink	$4,438.49				$86245	$30094
23				Food	$37,778.35				$381887	$159722
24				Non-Consumable	$10,177.89				$42853	$660641
25		OR Total			$52,394.72				$310985	$550457
26		WA		Drink	$3,680.56		$40950	$5851	$96850	$351707
27				Food	$32,497.76		$039219	$14919	$791569	$1495483
28				Non-Consumable	$8,706.36		$81373	$06054	$741638	$999701
29		WA Total			$44,884.68		$461542	$66824	$330057	$5846891
30	USA Total				$97,279.40	$27,483.80	$461542	$33051	$9190177	$3961090
31	Grand Total				$97,279.40	$27,483.80	$461542	$33051	$9190177	$3961090

圖9-13

根據Store Type呈現的OLAP產品家族和商店位置

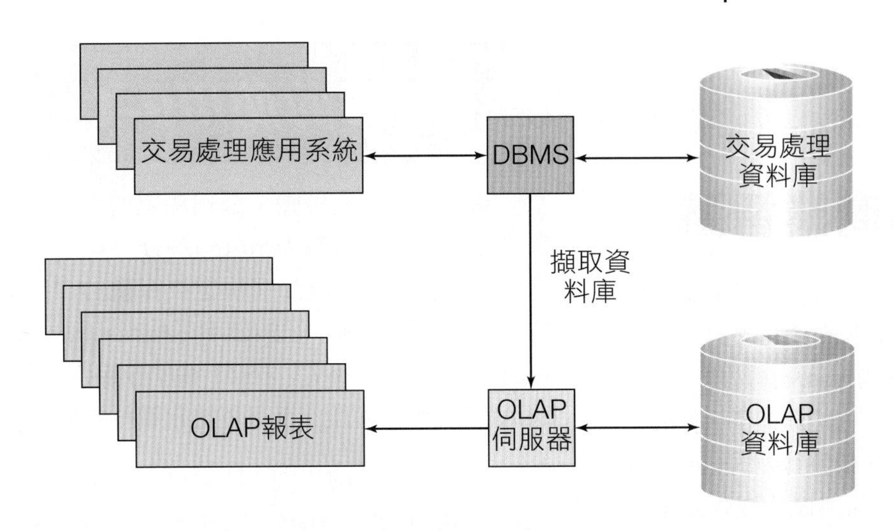

圖9-14
OLAP伺服器和OLAP資料庫的角色

請注意在圖9-12和9-13間的另一項差異。使用者不只是向下探勘，而且還改變了維度的順序。圖9-12先顯示產品家族，然後才是商店位置。圖9-13則先顯示商店位置，然後才是產品家族。

這兩種都是有效而且有用的顯示方式，取決於使用者的觀察角度。產品經理可能會想要先看到產品家族，然後才是商店位置資料；但業務經理則可能希望先看到商店位置，然後才是產品資料。OLAP報表可以提供這兩種觀點，而使用者則可以在檢視報表的時候在兩者間切換。

可惜這些彈性也有對應的代價。如果資料庫很大，對這種動態顯示執行必要的計算、分組、和排序，會需要大量的運算。雖然標準的商用DBMS產品的確具備建立OLAP報表所需的功能，但它們並不是針對這種工作所設計的；反之，它的目的是要能快速回應交易處理的應用系統，例如訂單輸入或生產排程。

因此，有專門針對OLAP分析所開發之特殊目的的OLAP伺服器產品。如圖9-14所示，OLAP伺服器會從營運資料庫中讀取資料，執行基本的計算，然後將結果儲存在OLAP資料庫中。這種儲存會使用數種不同的架構，但是這些架構的特點則不在討論範圍之內（如果想知道更多資訊，請在網路上搜尋MOLAP、ROLAP、和HOLAP）。通常，為了效能和安全性的理由，OLAP伺服器和DBMS會在不同的電腦上執行。

MIS的使用9-1中討論了OLAP的成功導入，改善了商業智慧分析的生產力。

資料倉儲和資料市集

基本的報表和簡單的OLAP分析都可以從作業性資料中直接產生。在大多數情況下，這種報表會顯示企業目前的狀態；如果資料中遺漏了少許值或有小小的不一致，沒有人會太在乎。但是，作業性資料並不適合更複雜的分析，特別是需要高品質輸入才能獲得精確有用結果的資料探勘分析。因此，許多組織選擇將作業性資料擷取到資料倉儲（data warehouse）和資料市集（data mart）之中；它們能協助準備、儲存、和管理那些專為資料探勘及其他分析所需的資料（之後將說明資料倉儲和資料市集間的差異）。

圖9-15是資料倉儲的示意圖。程式會讀取作業性資料，並且擷取、清理、和準備資料，以供BI處理。準備好的資料會儲存在使用資料倉儲DBMS的資料倉儲資料庫中；這種DBMS

MIS的使用9-1

Avnet, Inc. 的商業智慧

Avnet在2004年間的營收超過100億美金；它為68個國家超過10萬家公司提供各類型的電子產品和服務。位於亞利桑那鳳凰城的Avnet有數個分公司，並且銷售多條產品線的產品。它扮演電子元件的批發商，並且根據大企業的需求來調整其中的一些元件。它還建立、行銷、和販售特殊用途的嵌入式運算系統。根據它的規模和廣度，Avnet可以算是電子產品供應鏈的重要玩家。

在過去十年間，Avnet透過購併超過30家不同的企業來加速它的成長。因此，根據Avnet策略財務主管Steve Slatzer的說法：「我們的痛苦也跟著成長」。在整合這些購併企業個別資訊系統的同時，還要支援銷售交易的強勢成長，就成了會計和財務報表的噩夢。

在1997到2001年間，Avnet開發了OLAP應用系統，讓財務主管能根據他們獨特的需要來向下探勘財務資料。可惜的是，隨著公司的成長，OLAP應用系統的速度也大幅變慢。更新OLAP立方結構的架構需要的時間過長，使得OLAP的財務報表應用系統變得不穩定。

為了回應這些挑戰，公司決定要重新設計它的商業智慧系統。因為Avnet有些分公司是使用SAP進行作業性處理，該公司決定要採購SAP的附加產品「商業資訊倉儲」（SAP Business Information Warehouse, SAP BW）。SAP BW不僅能提供較佳的OLAP效能和穩定度，而且能簡化資料的整合工作。

目前，Avnet不只使用SAP BW來整合SAP資料來源，還納入了來自購併公司所使用的非SAP老舊系統之資料。Slatzer表示：

「現在我們可以將所有資料來源的資訊拉到同一處，所以我們能夠建立非常豐富的報表環境。它讓使用者可以向下探勘各種細節，這是在老系統中看不到的細節...例如他們可以從總帳一直向下探勘到固定資產系統，以找出現在被分派到特定位置的固定資產有哪些。」

透過這套新系統，使用者不必在具有不同使用者介面的不同資訊系統間來回切換，不必去熟悉不同的資料表示方式，或是煩惱如何從不同的系統取得資料。反之，他們可以專注在結果的分析 － 這是公司付錢給他們的目的，也是他們真的想要做的事。

資料來源：avnet.com (資料取得時間：2005年1月); sap.com (資料取得時間：2005年1月)。

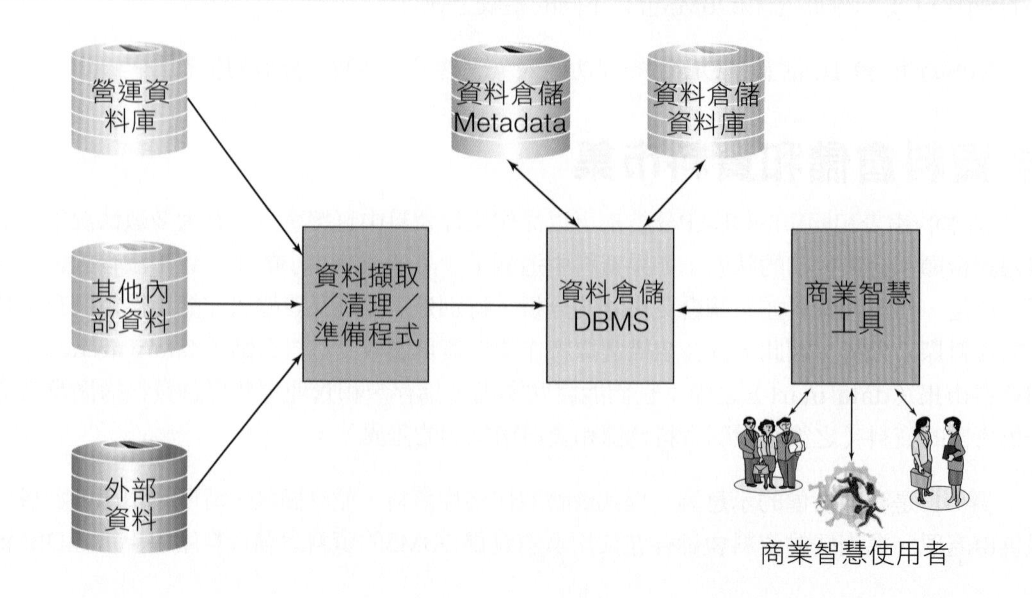

圖9-15
資料倉儲元件

• 姓名、地址、電話	• 交通工具
• 年齡	• 訂閱的雜誌
• 性別	• 嗜好
• 種族	• 型錄訂單
• 宗教	• 婚姻狀態、生命階段
• 收入	• 身高、體重、髮色、和眼睛顏色
• 教育程度	• 配偶姓名、生日
• 選舉人登記	• 小孩姓名、生日
• 房屋所有權	

圖9-16

可以向資料供應商購買的消費者資料

跟組織的作業性DBMS並不相同。例如組織可能使用Oracle來擔任作業性的處理，但是在資料倉儲中使用SQL Server。其他組織可能使用SQL Server來擔任作業性的處理，但是在資料倉儲中使用諸如SAS或SPSS等統計套裝廠商的DBMS。

資料倉儲包含從外部來源採購的資料。典型的範例是客戶信用資料。圖9-16列出今日可以向資料供應商採購到的一些消費者資料。由圖中可知，其實可以取得的資料量相當驚人（從隱私的觀點來看，也相當嚇人）。

與資料相關的Metadata（資料的來源、格式、假設和限制、以及其他事實）是保存在資料倉儲的Metadata資料庫。資料倉儲的DBMS會擷取並提供資料給商業智慧工具，例如資料探勘程式。

作業性資料的問題

可惜的是，大多數作業性和買來的資料都有一些問題，而妨礙了它們在商業智慧上的使用。圖9-17列出了主要的問題類別。首先，雖然對於決定作業是否能成功的關鍵資料必須要完整和精確，但其他資料未必如此。例如有些系統會在訂貨過程中蒐集人口統計資料，但是因為這些資料不會用來填寫訂單、送貨、或收帳，所以它們的品質就會比較差。

有問題的資料被稱為髒資料（dirty data），例如顧客性別為B，或者顧客年齡為213。其他的例子還有美國國內的電話號碼為999-999-9999，零件的顏色為gren，或是電子郵件位址為WhyMe@GuessWhoIAM.org等。所有這些值在進行資料探勘時都可能造成問題。

買來的資料通常包含一些遺漏的項目。大多數資料供應商會說明所售資料在每個屬性中缺值的比例。組織會購買這種資料來使用，因為有資料總比完全沒有好。對於很難取得的資料尤其如此，例如家庭中的成人數目、家庭收入、住所類型、和主要收入來源的教育程度等。然而，對資料探勘應用系統而言，一些遺漏或錯誤的資料點，可能比完全沒有資料更糟；因為它們會造成偏頗的分析。

- 髒資料
- 缺值
- 不一致的資料
- 沒有整合的資料
- 不當的細緻度
  - 太詳細
  - 太粗略
- 太多資料
  - 太多屬性
  - 太多資料點

圖9-17

使用交易資料進行分析和資料探勘的問題

圖中的第三個問題是不一致的資料；這在長時間蒐集的資料中最常見。例如當區碼改變時，在改變前收集到的客戶電話，跟改變後的電話就不相符。這種資料在可以使用之前，必須先記錄研究期間的一致性。

有些資料的不一致是源自商業活動的本質。以全球客戶所使用的網站式訂單輸入系統為例，當網站伺服器記錄訂單時間時，它應該使用哪個時區？伺服器的系統時鐘時間與客戶行為的分析完全無關。格林威治時間也沒有太大意義。無論如何，網站伺服器的時間必須調整到客戶的時區。

另一個問題是沒有整合的資料。假設有個組織想要執行RFM分析，並且加入客戶的付款行為。該組織想要根據客戶多快付款做為第四個因素（稱為P），並且賦予1到5的分數。可惜這個組織記錄付款資料的PeopleSoft財務管理資料庫，跟記錄訂單資料的Siebel CRM資料庫是各自獨立的。在組織能夠執行這項分析之前，這些資料必須要能整合。

資料也可能太詳細或太粗略。在太詳細方面，假設我們想要分析訂單輸入網頁中圖形和控制元件的位置安排，我們可以去捕捉顧客的點選行為，此稱為點選流資料（clickstream data）。然而這些資料包含了顧客在網站上的所有行為。在訂單流的中間包含了顧客對新聞、電子郵件、即時通訊、和氣象預報的點選資料。雖然這些資料對於研究顧客的電腦行為都很有用，但是如果我們只想知道顧客如何回應位於畫面不同位置的廣告時，這些資料就太多了。要進行分析，資料分析師必須扔掉數以百萬計的點選資料。

資料也可能太粗略。例如訂單總金額的檔案就無法用來進行購物籃分析（market basket analysis）。因為在購物籃分析中，我們必須知道哪些品項會與其他品項一同採購。這並不表示訂單總額的資料沒有用處。例如它們可以用在RFM分析；它們只是不適合用在購物籃分析。

如果資料的格式不對，有時候的情況是不當的細緻度（granularity）。通常細緻度太細總比太粗要好。如果細緻度太細，則可以透過加總或組合來變粗；只是要勞動分析師和電腦的處理。但如果細緻度太粗，就沒有辦將資料分割成更細的組成成份。

圖9-17中的最後一個問題是資料太多。如圖中所示，它可能是有太多的屬性，或是太多的資料點。以第4章的表格來看，它可能是太多的欄位或是太多的資料列。

就太多屬性而言，假設我們想要知道影響顧客回應某項促銷的因素。如果我們將內部的顧客資料與買來的顧客資料結合，就會有超過一百多項屬性要考慮。我們要如何從中選擇？有個現象稱為維度的詛咒（curse of dimensionality）：擁有的屬性越多，越容易建立符合樣本資料的模型，但是它做為預測因子的價值也就越低。縮減屬性數目還有其他的好理由；資料探勘的主要活動之一，就是關於如何有效選取屬性的方法。

第二種資料太多的原因是有太多的資料點，也就是有太多列的資料。假設我們想要分析CNN.com上的點選流資料；這個網站每個月會收到多少次點選？百萬的百萬！為了對資料做有意義的分析，我們必須降低資料量。有一個解決這個問題的好方法：統計取樣。在這種情況下，組織不應該抗拒資料抽樣，請參考「解決問題導引」的說明。

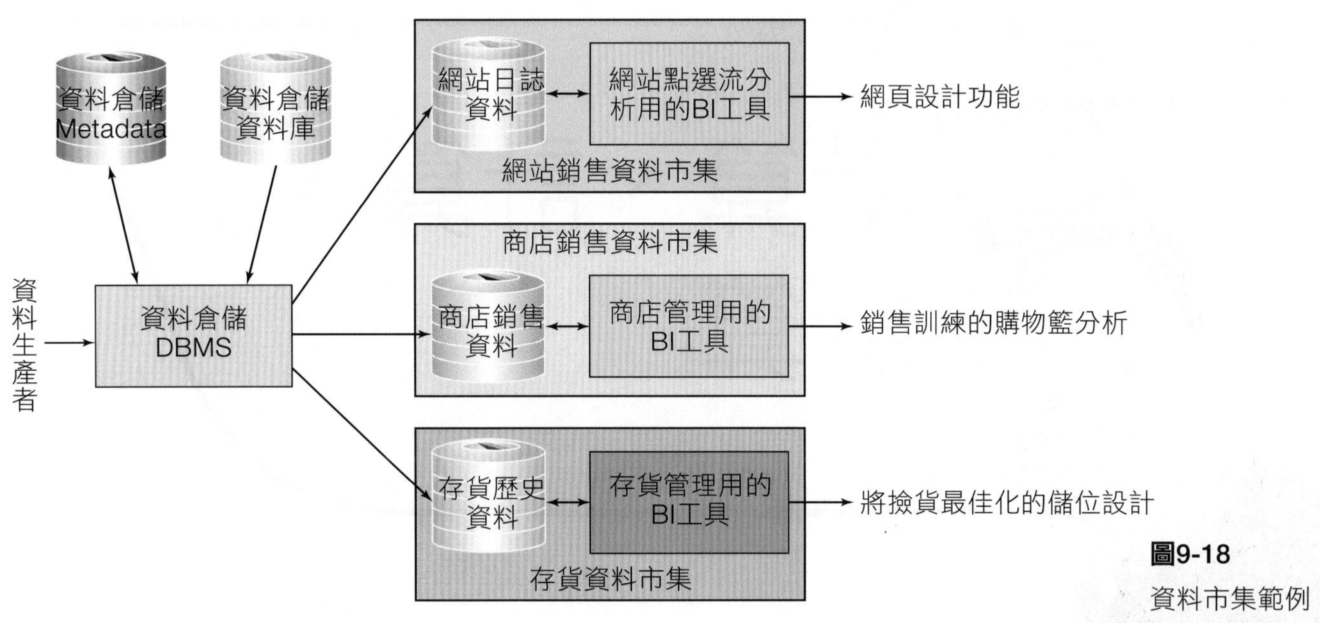

圖9-18
資料市集範例

資料倉儲與資料市集

資料倉儲和資料市集有何不同呢？你可以將資料倉儲想成是供應鏈中的批發商。資料倉儲從資料製造商（作業性系統和買來的資料）取得資料，進行清理和處理，然後將資料放在資料倉儲的「貨架」上。在資料倉儲工作的人是資料管理、資料清理、資料轉換等方面的專家。不過，他們通常並不是特定企業功能的專家。

資料市集則是比資料倉儲小的資料集合，並且是針對特定的企業功能領域。如果資料倉儲是供應鏈中的批發商，那資料市集就像是供應鏈中的零售商店。資料市集的使用者會取得資料倉儲中與特定企業功能相關的資料。這種使用者不必像資料倉儲的工作人員一樣是資料管理方面的專家，但是他們必須是對特定企業功能方面知識淵博的分析師。

圖9-18中描繪了這些關係。資料倉儲從資料生產者處取得資料，然後分送到三個資料市集中。其中一個資料市集是用來分析點選流資料以進行網頁設計。第二個市集分析商店銷售資料，並且判斷哪些產品可能會同時購買。這項資訊可以用來訓練業務人員對顧客向上銷售的最佳方式。

第三個資料市集是用來分析顧客的訂單資料，以降低倉庫撿貨所需的人力。例如像Amazon.com之類的公司就花了很大的力氣來組織它的倉庫，以降低撿貨的成本。

你可以想像，要建立資料倉儲和資料市集，並且配備人員以及讓它們運作，都要花費相當高的成本。只有財力雄厚的大企業才能負擔起如圖9-18這樣的系統。較小的組織只會運作這個系統的子集合；例如它們可能只有簡單的資料市集用來分析促銷資料。

資料探勘

資料探勘（data mining）是應用統計技術來尋找資料中的模式和關係，以及進行分類和預測。如圖9-19所示，資料探勘技術來自統計和數學，以及電腦科學的人工智慧和機器學習（machine learning）領域。因此，資料探勘術語是這些不同領域的奇怪混合。有時候人們也會使用資料庫知識發掘（Knowledge discovery in databases, KDD）當作資料探勘的同義詞。

計算、計算、計算

不久之前，在一間很大的軟體公司，有一組很優秀的產品經理和一組同樣很優秀的資料探勘師在一起開會。產品經理希望資料探勘師分析顧客在網頁上的點選紀錄，以判斷顧客對特定產品線的偏好情況。這些產品彼此會互相競爭資源，所以分析的結果對於資源的配置非常重要。

會議一開始進行得很順利，直到有一位資料探勘師開始解釋他們要使用的抽樣結構。

「抽樣？」所有的產品經理異口同聲地問：「抽樣？不行，我們要所有的資料。這很重要。我們不想要任何的猜測。」

資料探勘師開始不安：「可是這裡有數百萬次，一點也不誇張，真的是數百萬次的廣告點選要分析。如果我們不抽樣的話，可能要花好幾個小時、甚至於好幾天才能算完。你們要到幾天之後才能看到當天的分析。」

「我們不在乎，」產品經理說：「我們一定要有精確的調查。不要抽樣！」

這讓我們來到你不可不知的統計概念：抽樣沒有什麼不對。適當的抽樣可以得到與完整資料一樣精確的結果。使用抽樣所做的調查也更便宜、而且更快。抽樣是節省時間和金錢的好方法。

假設你有一袋隨機混合的藍色球和紅色球，而且袋子大到可以容納100,000顆球。你要檢查多少顆球，才能精確地算出每種顏色的比例呢？

你在一個晴朗的春日來到公園，坐在袋子的旁邊，開始從袋子中掏出球。在100顆球之後，你得到的結論是：藍色和紅色的比例是3比4。在500顆球之後，你得到的結論是：藍色和紅色的比例是3比4。在5000顆球之後，你得到的結論是：藍色和紅色的比例是3比4。在10000顆球之後，你得到的結論還是：藍色和紅色的比例是3比4。你真的需要在那裡坐到下個禮拜，日以繼夜地計算這些球，檢查袋子裡的每顆球嗎？如果你是個想知道它們比例的主管，你會想要付錢給某人來計算所有的球嗎？你在數完100顆球以後，其實就已經知道答案了。

這就是為什麼資料探勘師在與產品經理開完會之後如此沮喪的原因。他們知道即使在已經無法取得更多資訊之後的很長一段時間，他們還是必須要繼續地計算下去。而且，他們必須如此做的原因只是因為產品經理的無知。

事實上，要發展出良好的樣本是需要技術的。產品經理應該要聽取資料探勘師的抽樣計畫，並且確定就這份調查的目的而言，這些樣本是適當的。如果他們沒有能力判斷抽樣計畫是否正確，他們應該要雇用有相關知識的第三方來進行評估。雇用第三方會遠比購買處理所有資料所需的電腦要來得更便宜、也更快。不幸的是，這家公司選擇的是去買電腦！

瞭解這個觀念可以為你和你的組織省下大量的金錢。

討論問題

1. 用你自己的話說明為什麼樣本可以得到跟整個資料集合同樣精確的結果。在什麼情況下它沒有辦法得到相同的結果呢？

2. 假設你希望根據過去的銷售資料來預測牙刷的需求。假設一共有五種顏色和十種形式。如果你想要預測所有形式牙刷的銷售量，你要如何抽樣呢？如果你想要預測每種顏色和形式的銷售量，你的抽樣方式會有不同嗎？為什麼呢？

3. 資料探勘師嘗試要從減少工作量的角度來推銷抽樣的觀念。假設他們當時是嘗試從具有相同精確度的角度來推銷這個觀念，結果會有不同嗎？

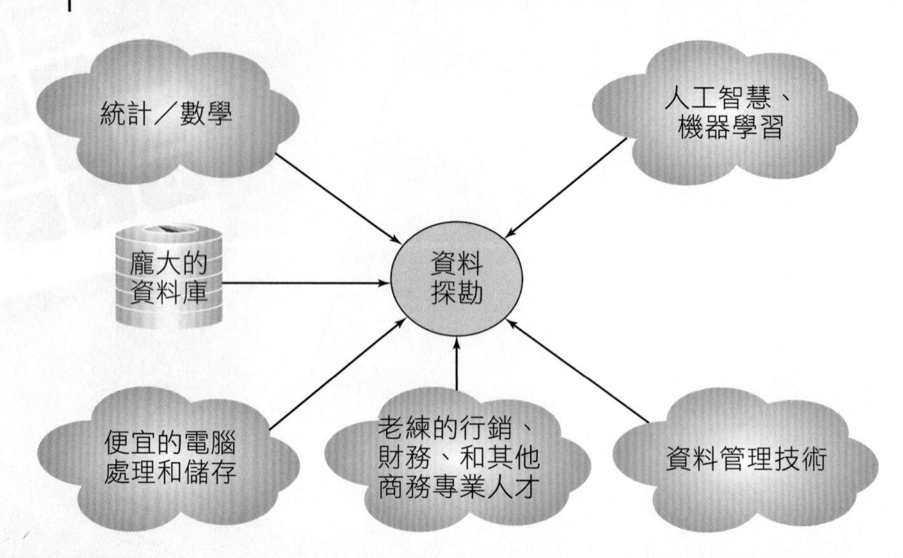

圖9-19
多領域匯聚而成的資料探勘

資料探勘技術利用了近十年資料管理在處理龐大資料庫方面的發展。當然，如果不是因為快速和便宜電腦的出現，就不會產生這些資料，而沒有這些電腦，也無法使用這些新技術來計算。

大多數的資料探勘技術都很複雜，而且許多都很難妥善地運用。但是這種技術對組織非常有價值，而且有些商務人士，特別是財務和行銷領域的專業人員已經成為這方面應用的專家。事實上，今日對於那些嫻熟於資料探勘技術的企業人員而言，存在有許多非常有趣而且待遇優渥的工作機會。

資料探勘技術可以分為兩大類：非監督式（unsupervised）和監督式（supervised）。下面分別解釋之。

非監督式的資料探勘

在非監督式的資料探勘中，分析師並不會在執行分析前建立模型或假說；反之，他們是先將資料探勘技術應用在資料上，然後觀察其結果。因此，在這個方法中，分析師是在分析完之後建立假說以說明所發現的模式。

一種常見的非監督式技術是集群分析（cluster analysis）。它使用統計技術來找出具有類似特徵的項目群組。集群分析經常用來在客戶訂單和人口統計資料中找出由類似客戶所組成的客戶群組。

例如假設集群分析找出兩組差異很大的顧客。其中一組顧客的平均年齡為33歲，至少擁有一台筆記型電腦跟一部PDA，駕駛昂貴的休旅車，並且傾向於購買昂貴的兒童遊戲設備。第二組顧客的平均年齡為64歲，在渡假區擁有產業，打高爾夫球，並且購買昂貴的酒。假設分析中還發現兩者都會買設計師品牌的兒童服飾。

這些發現都完全是透過資料的分析取得；在此之前，並沒有存在任何關於其模式和關係的模型。分析師負責根據找出來的事實來形成假說，以說明為什麼這兩個不同的群體都會購買設計師童裝。

監督式的資料探勘

在監督式的資料探勘中，資料探勘師會在分析前先發展模型，然後將統計技術應用在資料上，以估計模型的參數。例如假設一家通訊公司的行銷專家相信週末手機的使用量是由顧客的年齡和顧客申請手機帳號的月數所決定。則資料探勘分析師就會進行分析來估計顧客年齡和取得帳號期間的影響。迴歸分析（regression analysis）就是一種用來衡量一組變項對另一變項影響程度的技術。下面是手機範例的一個抽樣結果：

```
CellPhoneWeekendMinutes =
12 + (17.5 * CustomerAge) + (23.7 * NumberMonthsOfAccount)
```

藉由這個等式，分析師就可以將12，加上顧客年齡乘以17.5，再加上申請帳號的月數*23.7，來預測顧客在週末的手機使用分鐘數。

你在統計課程中會學到，要解讀這種模型的品質需要相當的技巧。迴歸工具會建立像上面的等式，而這個等式是否是手機使用量的良好預測子則取決於統計因子，如t值、信心區間（confidence interval）、和相關的統計技術。

類神經網路（neural network）是另一種很常見的監督式資料探勘技術，可以用來預測值和進行分類，例如「好的潛在顧客」或「不好的潛在顧客」。類神經網路一詞有點誤導的效果，因為它暗示這是一種類似動物大腦的生物性流程。事實上，雖然類神經網路的原始概念可能真的來自神經的解剖學和生理學，但類神經網路其實只是一組可能為非線性公式的複雜集合。類神經網路所使用的技術不在本書的討論範圍之內，如果你有興趣的話，可以在kdnuggets.com上搜尋類神經網路。

下一節將介紹兩種典型的資料探勘技術：購物籃分析和決策樹，以及這些技術的應用。從以下的討論中你應該可以對資料探勘技術的可能性有些感覺。不過，在你能夠自行進行這種分析之前，你還需要先學習統計、資料管理、行銷、和財務等相關知識。

購物籃分析

假設你經營一家潛水用品行，有一天，你發現有位業務人員特別擅長對顧客進行向上銷售。你的任何業務助理都可以填寫顧客訂單，但這位業務人員特別擅長讓顧客多購買計劃之外的品項。有一天，你問他是怎麼做到的。

「這很簡單，」他說：「只要問問我自己，他們接下來想買的東西是什麼。如果有人買了一隻潛水計時錶，我就不會想跟她推銷蛙鞋。如果她要買潛水計時錶，表示她已經是位潛水客，而且已經有蛙鞋了。但是這些潛水計時錶的不容易看得清楚，如果有一個好一點的面鏡，就比較容易讀取顯示，並且更能完整地享受到潛水計時錶的好處。」

購物籃分析（market-basket analysis）就是用來決定銷售模式的一種資料探勘技術。購物籃分析顯示客戶有可能會一起採購的物品。它可以使用幾種不同的統計技術，下面我們將討論會使用到機率的一種技術。

圖9-20是來自潛水用品行中1000筆交易所得到的假設資料。每個欄位下的第一列數字是包含該欄位產品的交易總數。舉例而言，面鏡下第一列的270代表這1000筆交易中有270筆包含面鏡的採購。在潛水計時錶下面的120，則表示在這1000筆交易中有120筆包含潛水計時錶的採購。

我們可以使用第一列來估計顧客採購某個產品的機率。因為1000筆交易中有270筆中包含有面鏡，所以我們可以估計一位顧客購買面鏡的機率為270/1000，也就是 .27。

1000筆交易	面鏡	鋼瓶	蛙鞋	重量袋	潛水計時錶
	270	200	280	130	120
面鏡	20	20	150	20	50
鋼瓶	20	80	40	30	30
蛙鞋	150	40	10	60	20
重量袋	20	30	60	10	10
潛水計時錶	50	30	20	10	5
其它產品	10	—	—	—	5

支持度 = P（A&B） 例如:P（蛙鞋&面鏡）= 150/1000 = .15
信心水準 = P（A|B） 例如:P（蛙鞋|面鏡）= 150/270 =.55556
增益 = P（A|B）/P（A） 例如:P（蛙鞋|面鏡）/ P（蛙鞋）= .55556/.28 = 1.98
注意： P（面鏡|蛙鞋）/ P（面鏡）=（150/280）/.27 = 1.98

圖9-20
購物籃分析範例

在購物籃分析的術語中，支持度（support）是指兩個品項會被同時購買的機率。在圖9-20中，有150筆交易中同時包含蛙鞋和面鏡，所以蛙鞋和面鏡的支持度就是150/1000，也就是 .15。同樣地，蛙鞋和重量袋的支持度為60/1000（.06），而蛙鞋與第二雙蛙鞋的支持度則是10/1000（.01）。

這些資料本身就非常有趣，但還可以透過另一個步驟來精煉這項分析，並且考慮其他的機率。例如在買面鏡的顧客中，有多少比例還會同時購買蛙鞋？有270筆交易中包含面鏡，而在這些當中，有150筆包含蛙鞋。因此，對於購買面鏡的顧客而言，我們可以估計他同時購買蛙鞋的機率為150/270（.5556）。在購物籃分析的術語中，這種條件式機率估計稱為信心水準（confidence）。

仔細考慮信心水準值的意義。某人走進店門，然後購買蛙鞋的可能性為280/1000（.28）。但是某人買了面鏡之後，又買蛙鞋的機率則是 .5556。因此，如果某人買了面鏡之後，他會買蛙鞋的機率幾乎就從 .28倍增為 .5556。所以我們應該訓練所有的業務人員，在任何人購買面鏡的時候，嘗試跟他推銷蛙鞋。

現在考慮潛水計時錶和蛙鞋。在1000筆交易中，蛙鞋賣出了280次，所以某人走進店門，並且購買蛙鞋的機率為 .28。但是在120次購買潛水計時錶的交易中，只有20筆交易中包含有蛙鞋。所以某人買了潛水計時錶之後，又買蛙鞋的機率為20/120（.1666）。因此，當某人購買潛水計時錶時，他會買蛙鞋的可能性就從 .28降為 .1666。

信心水準對購買某項產品之基底機率的比值稱為增益（lift）。增益顯示出當購買其他產品的時候，基底機率增加或減少的情況。蛙鞋和面鏡的增益就是在購買面鏡情況下，蛙鞋的信心水準，再除以蛙鞋的基底機率。在圖9-20中，蛙鞋和面鏡的增益為 .5556/.28（1.98）。因此，某人在買面鏡的時候又買蛙鞋的可能性幾乎增加為2倍。令人驚訝的是，蛙鞋和面鏡的增益，與面鏡和蛙鞋的增益完全相同，都是1.98。

不過在這裡要小心，因為這項分析僅顯示了購物籃的兩項產品。我們不能從這個資料中指出買了面鏡，同時還買重量袋和蛙鏡的顧客的機率。要評估這個機率，我們必須分析三樣產品的購物籃。這個敘述再度突顯出我們在開始建立資料探勘的資訊系統之前，必須先知道我們要解決的是什麼問題。問題的定義可以協助我們決定是否需要分析三樣產品、四樣產品、或其他數量產品的購物籃。

今日許多組織都從購物籃分析中獲益。你可以預期未來的職業生涯中，這項技術將會成為CRM的標準分析。

順帶一提，稍早提到啤酒和尿布相關的研究就使用了購物籃分析。同時在週四時，這點相關性特別顯著。訪談顯示那些顧客正在為週末進行採購，而採購品項中就同時包含了啤酒和尿布。

決策樹

決策樹（decision tree）是對判斷標準進行階層式的安排，用來預測分類或值。這裡我們將考慮用它來預測分類。決策樹分析是屬非監督式的資料探勘技術：分析師安裝電腦程式，並提供資料進行分析，然後決策樹程式產生一個樹狀結構的分類標準。

學生成績的決策樹

決策樹的基本想法是要挑選出最能夠根據某個標準來進行分類的屬性。例如假設我們想要根據MIS課程的成績對學生進行分類，若要建立決策樹，我們得先收集學生之前課程的成績和屬性。

接著，我們將資料輸入決策樹程式中。程式會分析所有屬性，並選擇一個最能建立不同群組的屬性。它背後的邏輯是群組間的差異越大，分類的效果越好。例如假設住在校外的每個學生的分數都高於60，而住在校內的每個學生分數都低於60，則程式會選擇住在校內或校外這個變項來將同學分類。在這個虛構的例子中，這支程式會是個完美的分類器，因為每個群組都很乾淨，沒有任何分錯的情況。

更實際的情況可能如圖9-21，這是關於MIS課程成績的一個假想的決策樹分析。同樣假設我們是根據學生成績是否高於60分來分類。

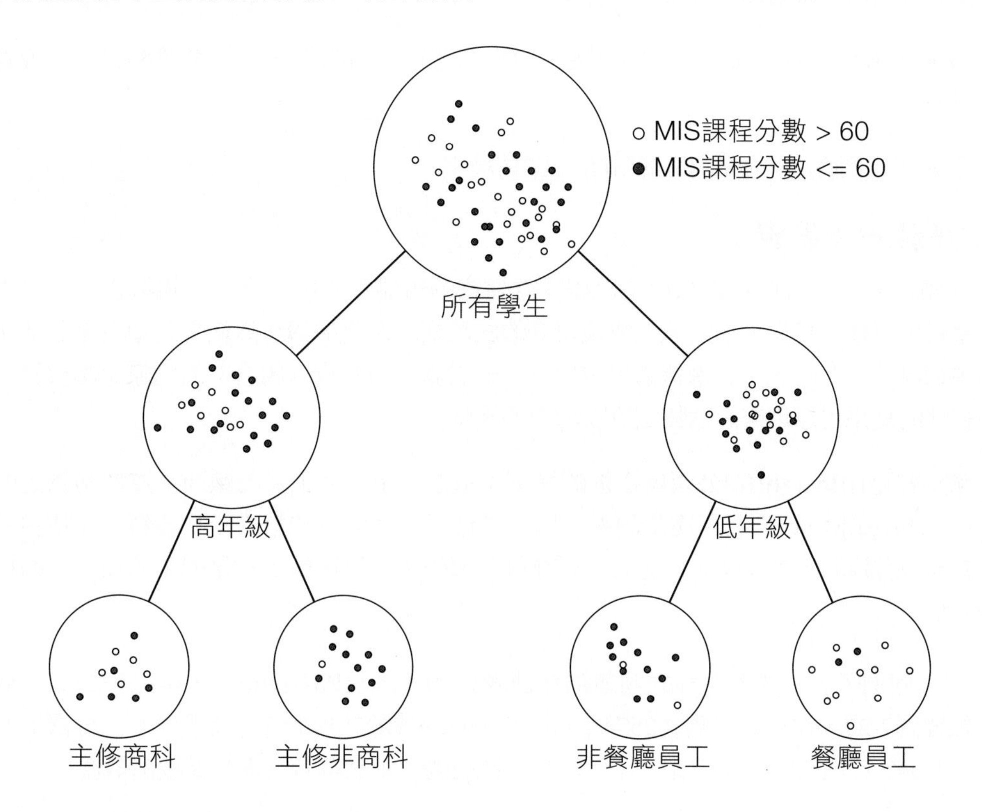

圖9-21
學生之前MIS課程的成績（假設性資料）

建立這棵樹的決策樹工具檢查了學生的特徵，例如年級（高年級或低年級）、主修、職業、年齡、社團、和其他的特徵。然後，使用這些特徵的值來建立群組，盡量將60分以上和以下的學生區分開來。

根據圖中的結果，決策樹程式判斷一開始最好的標準是學生的年級。在這個案例中，分類並不完美，因為高年級或低年級群組中都無法只包含成績高於或低於60分的學生。不過，它還是建立了比所有學生混在一起稍為「乾淨」一些的群組。

接著，程式會檢查其他標準以便將高年級和低年級更進一步區分為更「乾淨」的群組。程式將高年級群組分為主修商科和非主修商科的子群組；但是它在分析低年級資料的時候，主修造成的差異不夠顯著，而最佳的分類標準（能夠產生最大差異的分組）反而是低年級生是否有在餐廳打工。

檢查這些資料，可以看到在餐廳打工的低年級生的課堂表現很好，但是非餐廳員工的低年級生和非主修商科的高年級生表現得不好。另一組高年級生的表現則有好有壞（別忘了這只是假想的資料）。

像圖9-21的決策樹可以轉換成一組 If...then... 形式的規則集合。這個範例的決策規則如下：

- 若學生是低年級生，而且在餐廳工作，則預測他的成績會 > 60。
- 若學生是高年級生，而且不是主修商科，則預測他的成績會 <= 60。
- 若學生是低年級生，而且沒有在餐廳工作，則預測他的成績會 <= 60。
- 若學生是高年級生，而且主修商科，則他的成績將無法預測。

如前所述，決策樹演算法會盡可能建立乾淨的群組，或者換種說法，盡可能讓群組之間有最大的差異。有關這些技術的進一步說明已超出本書的範圍。目前，只要瞭解群組間的最大差異會被用來做為建立決策樹的標準即可。

分類架構有許多的問題，特別是用來對人們進行分類的架構。「倫理導引」將會對此進行討論。

現在讓我們將決策樹的技術應用在企業情境中。

貸款評估的決策樹

決策樹的一項常見商業應用是根據貸款違約的可能性來區分貸款。組織會分析過去的貸款資料，以建立能夠轉換為放款決策規則的決策樹。金融機構可以使用這種樹來評估新貸款的違約風險。有時候，金融機構也會出售一組貸款（稱為貸款組合）給別家金融機構。決策樹程式的結果可以用來評估特定貸款組合的風險。

圖9-22是由Insightful公司所提供的範例；這是商業智慧工具的廠商。這個範例是使用它的Insightful Miner產品所產生的。這個工具檢視了來自3485筆的貸款資料。在這些貸款中，72%沒有違約，而28%則有違約。要進行這項分析，決策樹工具檢視了六項不同的貸款特徵的值。

在這個例子中，決策樹程式判斷逾期放款比例（PercPastDue），是最好的第一個標準。根據圖9-22，你可以看到在2574筆PercPastDue等於或低於.5（超過一半已付清）的貸款中，有94%都沒有違約。因此，任何已經償還超過一半貸款者的違約風險都很低。

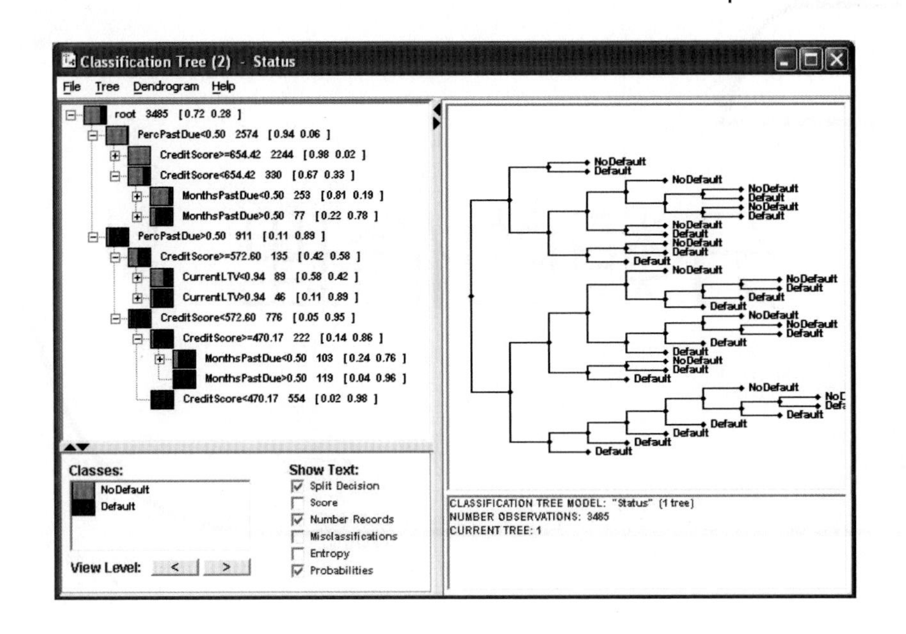

圖9-22

信用評等決策樹

（資料來源：Insightful Corporation. Copyright © 1999－2005 Insightful Corporation）

沿著樹繼續往下讀幾行，911筆貸款的PercPastDue值大於.5；這些貸款中，有89%有違約的現象。

這兩大類接著再細分為三類：CreditScore是從某信用機構取得的信用評等分數；MonthsPastDue是上次付款後的月數；而CurrentLTV則是目前貸款未償還餘額與抵押品價值的比值。

藉由像這樣的決策樹，金融機構就可以發展出決策規則，用來接受或拒絕其他金融機構提出的購屋貸款提議。例如：

- 若貸款已經償還一半以上，則接受這筆貸款。
- 若貸款償還不到一半，而且
  - 若CreditScore大於572.6，且
    - 若CurrentLTV小於.94，則接受這筆貸款。
- 否則，拒絕這筆貸款。

當然，金融機構必須將這些風險資料與每筆貸款的經濟分析做結合，以決定要承接哪些貸款。

決策樹很容易瞭解，而且更好的是，它很容易使用決策規則來實作。它還可以使用多種變項，並且在遺漏了部份值的情況下仍運作得不錯。組織可以單獨使用決策樹，或是跟其他的技術結合使用。在某些情況下，組織會使用決策樹來選擇其他類型資料探勘工具所需的變項。例如使用決策樹來找出類神經網路的良好預測變項。

知識管理

本章最後將介紹知識管理和知識管理系統。資料探勘非常倚重統計技術以便從資料所隱藏的模式中取得未知的資訊，而知識管理系統則著重在分享已知的知識；這些知識可能是在文件庫中、在員工的腦中，或是在其他已知的來源。

知識管理（knowledge management, KM）是指從智慧資本建立價值，並且與需要這些資本的員工、主管、供應商、客戶、和其他人分享這些知識的過程。雖然知識管理要靠資

倫理導引

分類的倫理

分類是種有用的人類技能。想像你走進最喜愛的服飾店，並且看到所有的衣服都堆在中央的桌上；不同尺寸的T恤、長褲、和襪子全部混在一起。像這樣的零售店很難生存，而像這樣管理庫存的批發商或製造商應該也很難生存。排序和分類都是必要、重要、而且基本的活動。但是這些活動也可能相當危險。

當我們把人分類的時候，就可能會有嚴重的倫理問題。什麼能夠決定一個人是好或不好的「潛在客戶」？如果我們討論的是如何將客戶分類，以便安排銷售聯絡的優先順序，可能沒有太大的倫理問題。但如果是將入學申請者分類呢？只要申請的人數超過名額，就必須進行某種形式的分類和選擇。但是什麼樣的形式好呢？

假設有間大學收集了它所有學生的人口統計資料和學業表現。入學委員會接著使用決策樹資料探勘程式來處理這些資料。假設經過適當的分析，而且這個工具使用統計上有效的衡量指標來取得在統計上有效的結果。所以，下面的決策樹精確地呈現並說明了資料中所找到的變異；其中沒有參雜任何人類的判斷（或偏見）在內。

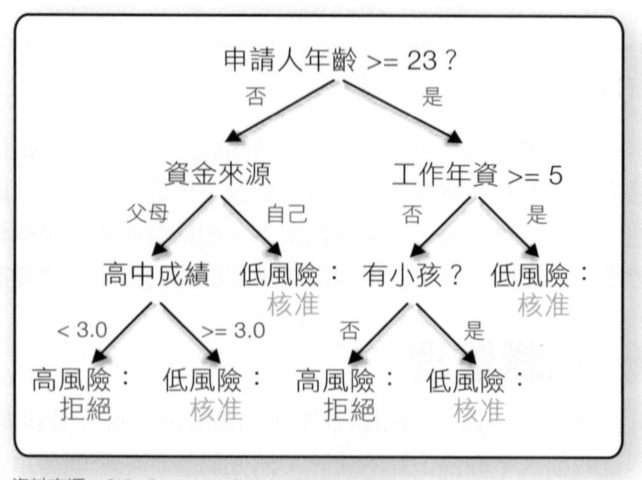

資料來源：CIO. Copyright ©2005 CXO Media Inc.

討論問題

1. 說明資料中的哪些條件可能會導出這樣的結構。舉例而言，哪樣的條件會讓自己負擔學費、而且年齡低於23歲的學生被分類為低風險？說明你認為這棵樹的另外三條分支是如何出來的。

2. 從下面的觀點來考慮這棵樹：

   a. 一位在華爾街成功擔任三年財務分析師的23歲女性。

   b. 一位具有四年工作經驗的28歲男同性戀，沒有子女，並且自行負擔學費。

   c. 學校的經費自籌委員會，希望能向家長募款。

   d. 在一流高中就讀期間重病，但仍靠在病房自學而以GPA 2.9的成績勉強畢業。

3. 假設你在入學委員會工作，而且你學校的公關部門希望你接受當地一家報社的採訪，以撰寫一篇關於貴校入學許可政策的文章。你會為這場會面做什麼準備呢？

4. 如果你是在一家私立學校而非公立大學工作時，你對第3題的答案會有改變嗎？如果你在一所小型的文學院工作，而不是在一間工程導向的大型大學工作時，你的答案會改變嗎？

5. 你對於使用決策樹來將申請學生分類這件事有何結論？

6. 你對於使用決策樹來將潛在客戶分類這件事有何結論？

訊系統技術的支援，但它並不是項技術，而是由資訊系統五項元件所支援的一個流程。它的重點是在人、他們的知識、以及和他人共享知識的有效方法。

KM的效益在於協助員工和其他人充分發揮組織的知識，以便能更聰明的工作。Santosus和Surmacz指出知識管理具有下面的優點（註5）：

1. 知識管理能鼓勵想法的自由流動而滋養出創新。
2. 知識管理能加速回應時間以改善客戶服務。
3. 知識管理讓產品和服務更快上市而提高營收。
4. 知識管理能表揚員工知識的價值並提供獎賞，因而能改進員工的留任比率。
5. 知識管理能排除多餘或不必要的流程，而加速作業並降低成本。

此外，知識管理能捕捉和儲存員工所學到的教訓和重要員工的最佳實務，而保存了組織的記憶。

知識資產可以分為三大類：資料、文件、和員工。在本章在討論報表和資料探勘兩項主題時已經探討了由資料衍生的資訊。在最後一節中，我們將討論與內容管理和員工知識分享相關的知識管理。

資料探勘和其他商業智慧系統都很有用，但也有其問題，請參考「反對力量導引」。

內容管理系統

內容管理系統（content management system）是能追蹤組織文件、網頁、圖片和相關材料的資訊系統。這種系統與作業性系統不同之處在於，它們並不直接支援企業的運作。例如保險公司會掃描收到的所有文件，並且將它們儲存起來，做為客戶處理應用系統的一部分。但這並不是KM系統，因為它是作業性的交易處理應用系統的一部分。KM內容管理系統與作業性文件無關，而是要建立、管理、和遞送為了知識分享目的所存在的文件。

網際網路上存在著有史以來最大的文件集合，而全世界最著名的文件搜尋引擎則是Google。當你搜尋某個詞的時候，你正在使用全球最大的內容管理系統，不過，這套系統並不是針對特定KM目的所設計的；它是自然浮現的。此處我們所要討論的內容管理系統，則是組織為了特定KM目的所建立和使用的內容管理系統。

內容管理系統的典型使用者是銷售複雜產品，並且想和員工及客戶分享這些產品知識的公司。例如Toyota公司中的某個人知道如何更換2000年份四缸Camry的皮帶，則Toyota會希望能與車主、技師、和公司員工分享這個知識。Cisco會希望跟網路管理者分享它對如何判斷Cisco路由器是否故障的知識。微軟則希望能跟全球的資料探勘師分享如何使用它的Data Transformation Service產品將資料從Oracle資料庫移到Excel的知識。

內容管理系統的基本功能跟報表管理系統相同：編寫、管理、和遞送。不過，文件的編寫通常是在內容管理程式的範圍之外。文件和其他的資源通常會透過Word、FrontPage、Acrobat、或其他文書工具來準備。內容管理程式在文件編寫上的唯一需求，就是要以標準化的格式來建立文件。

＊ 註5：Megan Santosus and John Surmacz, "The ABCs of Knowledge Management," CIO Magazine, May 23, 2001. cio.com/research/knowledge/edit/kmabcs.html (資料取得時間：2005年7月)。

- 110GB的內容
- 320萬個檔案
- 以每天5GB的速率，不間斷地建立／修改內容
- 1,100個資料庫
- 多國語言
- 每個月有1.25億名不同的使用者
- 每個月9.99億次網頁檢閱

圖9-23

Microsoft.com上的文件管理（2003年12月）

資料來源：microsoft.com/ backstage/ inside.htm (資料取得時間：2004年2月)。

內容管理問題

不過，內容管理功能非常地複雜。首先，大多數的內容資料庫都非常龐大；有些擁有數千份不同的文件、頁面、和圖形。圖9-23顯示Microsoft.com的內容管理規模。雖然所儲存的內容規模令人印象深刻（根據圖9-1，110GB相當於裝滿110台小貨車的書籍），但最關鍵的數字是每天新增或改變的內容數量：5GB。這表示微軟的網站每天大約有5%的內容在改變。

另一個內容管理系統的複雜性是文件間並不是獨立存在的。文件可能會相互參考，或者可能有多份文件參考到相同產品或程序。當其中之一改變時，其他也必須改變。有些內容管理系統會記錄文件間的語義關聯，以瞭解內容的相依性，並且用來維護文件的一致性。

第三項複雜性是文件的內容會過時，而必須修改、移除、或取代。以新產品的推出為例，圖9-24中的文件是在微軟報表服務推出之前所寫的文件，用來建立該產品的商業論據。但是當產品推出之後，文件中的描述就必須要改變。例如第二段中指出這個產品目前已經上市，但是在最早撰寫的時候，它的說法是該產品很快就要上市。在Reporting Service推出的那天，Microsoft.com上所有關於該產品的文件都必須經過檢查，甚至於修改或移除。

最後，考慮跨國公司的內容管理問題。微軟以超過40種語言來發佈Microsoft.com。事實上，在Microsoft.com中，英文只是一種語言而已。不論每份文件最初是用什麼語言編寫，在發佈之前都必須先翻譯成所有的語言。圖9-25是圖9-24文章的簡體中文版。

Microsoft.com Home | Site Map

Search Microsoft.com for: Go

Microsoft Windows Server System

Microsoft SQL Server

SQL Server Home
Product Information
How to Buy
Technical Resources
Downloads
Support
Community
Partners
Technologies
SQL Server Site Map
SQL Server Worldwide
Windows Server System

Rounding Out the BI Platform with Reporting Services

Posted: October 13, 2003

Companies today are collecting a wealth of information about finances, customers, and external market conditions. Yet data alone cannot give your company a competitive edge. You need to be able to leverage that data to make quality business decisions quickly and easily.

With the addition of SQL Server 2000 Reporting Services, Microsoft provides a comprehensive data management and business intelligence (BI) platform, with integrated analysis and extract, transform, and load (ETL) services, extensive development and management tools, and interoperability with widely accepted client applications from Microsoft Office System. Built on the Microsoft Windows Server™ operating system and the SQL Server relational database, this reporting infrastructure enables you to take critical business data, create rich reports, and deliver those reports to the people who depend on data to make better business decisions.

Connect to Different Data Sources

With today's decentralized, flexible organizations, more and more companies are relying on multiple data sources to support their

Tom Rizzo, a group product manager in SQL Server, has been at Microsoft for nine years. Before joining the SQL Server team, Tom worked with e-business servers, including BizTalk Server and Commerce Server, as well as Microsoft Exchange Server. He is also the author of two MSPress books about programming solutions on Microsoft's collaboration platform. If you have any questions, comments, or article ideas, please feel free to send an e-mail to Tom.

圖9-24

Reporting Service（美國）

（資料來源：Tom Rizzo of Microsoft Corporation）

真實世界的資料探勘

我並不是全然反對資料探勘。我相信它。畢竟，它就是我的工作。但是真實世界中的資料探勘與課本上的描述可是有天壤之別。

「造成兩者之間不同的原因有很多。其中之一是資料永遠都是髒的、有遺漏的值、沒有落在合理範圍的值，還有無意義的時間值。這裡有個例子：有人把伺服器的系統時鐘設錯了，而且這個錯誤的時間還跑了好一陣子。等到他們注意到這個錯誤後才把時鐘改回正確的時間。但是在那段期間執行的所有交易的結束日期都早於開始日期。等我們執行資料分析，並且計算交易時間長度時，這些交易的結果都是負值。」

「遺漏的值也有類似的問題。以十筆採購記錄為例。假設其中有兩筆記錄都遺漏了客戶編號，而另外一筆則遺漏了交易日期中的年度。所以你得丟掉三筆資料，而這相當於30%的資料。接著，你發現還有兩筆記錄有髒資料，所以再把它們也丟掉。現在，你已經少了一半的資料了。」

「另一個問題是你在開始研究前幾乎一無所知。所以你工作了好幾個月，然後發現如果你有另一個變項，例如客戶的郵遞區號、或年齡、或其他東西，你的分析結果就可以好得多。但是這些資料就是無法取得；或者他們可以取得，但是你得先重新處理好幾百萬筆交易才能得到這些資料，而你並沒有時間或預算這麼做。」

「過度吻合是另一個問題 – 而且是很大的問題。我可以建立一個模型來滿足你的任何一組資料。給我100個資料點，只要幾分鐘，我就可以給你100個可以預測這些資料點的不同公式。使用類神經網路，你可以建立任意複雜度的模型，只是這些公式沒有一個能精確地預測出新的案例。在使用類神經網路時，你要非常小心不要過度吻合資料。」

「然後，資料探勘是關於機率，而不是確定的東西。總會有運氣不好的時候。例如我建立一個模型來預測客戶採購的機率。將這個模型使用在新客戶資料上，發現有三位客戶的採購機率為.7。這是個不錯的數字，比50－50的機率要高，但是還是有可能他們什麼

都不買。事實上，他們三個都不買的機率是 .3＊.3＊.3（.027），也就是2.7%。」

「現在假設我將這三名客戶的姓名交給業務人員，由他去和他們聯絡，而且我們的運氣真的很差，這三個客戶都沒有下單。這個結果不表示模型就是錯的，但是那個業務員會怎麼想呢？他會覺得這個模型沒有價值，而他自己可以做得更好。他告訴他的主管，他的主管告訴他的同僚，他的同僚又告訴了整個北美地區，然後你可以確定這個模型從此在公司裡就有了很不好的名聲。」

「當你開始一個資料探勘專案時，你絕不會知道最後的結果如何。我在一個專案中工作了六個月，在結束之後，我完全不覺得我們找到了一個好模式。資料有太多的問題：錯誤、髒資料、和遺漏。我們無法事先知道會有這種情況發生，但它的確發生了。」

「等到要向高階主管報告結果的時候，我們能怎麼辦？我們怎麼能說我們花了六個月的時間和大量的電腦資源，只建立了一個爛模型？我們有個模型，但是我就是不覺得它可以做出任何精確的預測。不過我只是團隊中的菜鳥，還輪不到我做決定。所以我閉起嘴巴，但我的感覺很差。幸運的是，這個專案後來因為其他一些理由而取消了。」

「不過，我只是在說一些不好的經驗。我的一些專案的確相當成功。在許多專案中，我們找出了有趣而重要的模式和資訊，而且有幾次，我的確建立了非常精確的預測模型。不過，這並不容易，而且你要非常小心。還要有些好運！」

討論問題

1. 請摘述這個人所表達的疑慮。
2. 你認為此處所提出的疑慮是否充足到要完全放棄資料探勘專案？
3. 如果你是資料探勘團隊的資淺人員，而且你認為所發展的模型不夠有效，甚至可能是錯誤的，你會怎麼辦？如果你的老闆不同意你的看法，你會跟更高層的主管反映嗎？這樣做會有什麼風險？你還可以怎麼做？

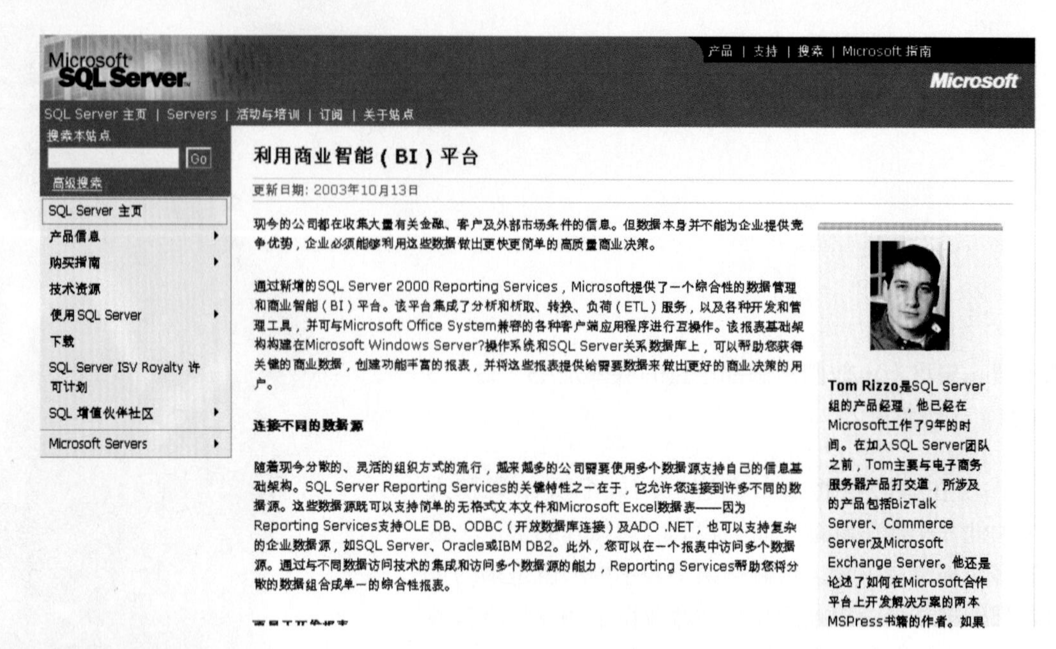

圖9-25
Reporting Service：中國

（資料來源：Tom Rizzo of Microsoft Corporation）

內容遞送

內容管理系統的遞送通常採用一種主要的方式，因此比報表管理系統簡單得多。幾乎所有的內容管理系統使用者都是採取將內容「拉」出來的方式。跟報表系統不同的是，它不必去設定使用者、使用者群組、報表、和時程等「推」送內容所需的結構。反之，內容已經存在，只等使用者需要時取用。

當然，使用者如果不知道內容的存在，就無法將它拉出。所以內容必須經過安排、建立索引，並且設計搜尋內容的工具。但是組織至少在可公開存取的內容方面沒那麼辛苦。

如前所述，Google是世界最大、而且最普及的搜尋引擎；它會搜尋所有組織的公開網站。這表示Google通常是尋找一份文件最快速、且最簡單的方式。即使在組織內部也經常如此。例如通用汽車的員工使用Google來尋找一份通用汽車文件，可能比使用內部的搜尋引擎更容易。Google會在通用汽車的網站中穿梭，並且使用它卓越的技術為所有文件建立索引。

不過，位於企業防火牆後方的文件並不對外開放存取，所以Google或其他搜尋引擎也無法找到。組織必須自行建立專屬文件的索引，並且提供對它們的搜尋能力。

最後一項要考慮的是文件遞送時的格式。網站瀏覽器和其他程式都可以呈現以HTML、PDF、或其他標準格式所表示的文件格式。此外，XML文件則通常包含有瀏覽器能夠解讀的格式規則。內容管理系統必須要為以其他方式表示的內容決定一種適當的格式。

使用KM系統來促進人類知識的共享

對主管來說，沒有什麼事比發現有一名員工正在苦苦思索一個問題，但另一名員工早就知道如何輕鬆解決這個問題，更令人沮喪了。知道有名顧客退掉一大筆訂單，只是因為這名顧客無法執行許多員工（和其他顧客）都會執行的基本功能，也同樣令人沮喪。

KM系統不僅與內容的分享相關，它還跟人與人之間的知識分享相關。一個人要如何跟他人分享知識呢？一個人如何知道另一個人的偉大想法呢？

1 入口網站、討論群組、電子郵件
- 觀念發佈
- 佈告欄
- 常見問題（FAQ）

2 協同系統
- 網路簡報
- 視訊會議
- 網路會議

3 專家系統
- 人類主導的決策樹
- 1980和1990年代的一些重大成功
- 非預期的副作用造成龐大的維護成本
- 在較小的範圍內可以運作的很好

圖9-26
共享人類知識的技術支援

如圖9-26所示，有三種形式的技術被用來分享人與人之間的知識：

- 入口網站、討論群組、電子郵件
- 協同系統
- 專家系統

下面分別描述每一種系統。當你在閱讀這些描述時，請記住KM並不真的是與技術相關，而是與人群之間的想法分享相關。技術只是促進這個過程的因素而已。

入口網站、討論群組、電子郵件

考慮下面的故事：

> 大約在2000年的聖誕假期期間，Giant Eagle連鎖熟食店的一位店長想出一種展示海鮮美食的方式，對聖誕購物人潮造成無法抗拒的誘惑；每週的營業額整整增加了200美元。因為不確定自己策略的效果，所以他先將這個想法張貼在KnowAsis入口網站。其他分店的店長有點不以為然，但有一個人真的在自己的店裡嘗試這個想法，而且也看到類似的銷售量成長情況。這家公司因為這個小小的資訊，在這兩間店總共增加了大約20,000美金的營業額。公司估計如果它在這段期間全面採用這個展示想法，最終應該可以淨賺35萬美元。Giant Eagle企業系統的副總裁Jack Flanagan表示：「以前，分店間並沒有分享想法的傳統。」（註6）

某位員工可能有很好的主意、新穎的方法、或是更好的方式來解決某個問題，而KM系統則讓那位員工能夠與他人分享知識。請注意在前面的例子中，那位店長是主動地分享他的想法；並沒有人詢問他要如何安排海鮮佳餚的陳列，而是他主動將這個好主意張貼在入口網站上。其他店長或員工可以自行決定是否要從入口網站「拉」出這項知識。

討論群組（discussion group）是另一種形式的組織知識管理；它讓員工或客戶能張貼問題，並且查詢解答。Oracle、IBM、PeopleSoft和其他廠商都支援產品討論群組，讓使用

＊ 註6：Lauren Gibbons Paul, “Why Three Heads Are Better than One,” CIO Magazine, December 1, 2003, cio.com/archive/120103/km.html (資料取得時間：2005年7月)。

者能夠張貼問題，而員工、供應商、或其他使用者則可以去回答這些問題。稍後，組織可以將這些討論群組的問題加以編輯彙整成常見問題集（FAQ），這是另一種形式的知識分享。

基本的電子郵件也可以用來做知識分享，特別是如果在建立電子郵件名單時能將KM放在心上。例如組織中所有工廠之產品品質工程師的電子郵件名單就可以促進這些員工之間的溝通。

然而，有兩項人性因素會阻礙知識的分享。第一項是員工可能不願意表現出他們的無知。因為害怕看起來無能，員工可能不願意將問題張貼在佈告欄或是使用電子郵件群組。這些團體主管的態度和立場有時可以降低這種抗拒。員工應付這種情況的策略之一，是使用電子郵件名單來找出較小一群對特定問題有興趣的人。這個較小團體的成員就可以在比較沒有顧忌的論壇中討論這個問題。

另一項造成阻礙的人性因素是員工間的競爭。「你瞧」，頂尖業務員說：「我因為是頂尖業務員，所以能得到很豐厚的業績獎金。我幹嘛要跟其他人分享我的銷售技巧？這樣只會增加跟我的競爭而已。」這是個可以理解的觀點，而且可能很難改變。知識管理應用可能不適用在相互競爭的團體中。或者，公司必須要改變獎酬和誘因的設計，以培養員工間的想法分享（例如提出最佳想法的團隊可以獲得額外的獎金）。

即使在沒有直接競爭關係的情況下，員工可能還是會因為害羞、怕被嘲笑、或是惰性，而不願分享想法。在這些情況下，主管對知識管理的強烈支持可能非常有效，特別是如果伴隨著強烈的正向回饋的時候。如同一位高階主管所言：「讚美或現金都沒有問題，特別是現金更是有用。」

協同系統

協同系統（collaboration system）是讓人們能夠更有效地一同工作的資訊系統。數個世紀以來，會議一直是人們交換知識和資訊的主要方法。今日的資訊科技可以從幾個方面來促進會議的進行。一方面，網際網路可以用來當作演講、座談、和其他類型會議的廣播媒介。因為網站廣播（web broadcast）是數位的，所以可以視觀賞者的方便加以儲存和重播。網站廣播也可以在播送期間組成現場的討論群組佈告欄，而提供即時的互動。通常，贊助的組織會控制討論群組的意見發佈，以過濾不適當的評論。

視訊會議（video conference）是另一種由資訊科技支援的會議形式。不過，視訊會議設備很昂貴，所以通常只會位於組織中幾個選定的地點中。員工必須到這些地點來參與會議。

網路會議（net meeting）提供個人參與遠方會議，而不需要離開自己位子的方法。透過喇叭和網路攝影機，就可以讓員工坐在自己的辦公室進行虛擬會議。

專家系統

專家系統是我們要討論的最後一種知識管理應用形式；它是以規則為基礎的系統，使用類似決策樹分析所建立的If...then規則。不過決策樹是透過資料探勘來建立規則，而專家系統（expert system）則是透過與特定企業領域的專家訪談，並且將這些專家的意見編纂成規則。此外，決策樹的規則通常只有十幾條，但專家系統中可能有好幾百、甚至好幾千條規則。

1980年代晚期和1990年代早期建立了許多專家系統，其中有些非常成功。然而，它們通常有三項主要的缺點。首先，專家系統的開發相當困難，而且昂貴。它們需要領域專家和專家系統設計人員的長時間工作。這項費用還要加上綁住那些領域專家所造成的高昂機會成本。這些專家通常是組織中最熱門的一些員工。

其次，專家系統很難維護。因為規則式系統的本質問題，在數百條規則之中插入新的規則可能會有非預期的結果。一個小小的改變可能會造成相當不同的結果。不幸的是，這種副作用是無法預測或排除的。複雜的規則式系統的本質就是如此。

最後，專家系統並無法滿足它們名稱所賦予的高度期望。一開始，鼓吹專家系統的人希望能複製經過高度訓練專家（如醫師）的表現。但最後發現，沒有一套專家系統能達到專業且富經驗的醫師所能擁有的相同診斷能力。即使專家系統發展到具有相近的能力，但醫療技術的演進也造成專家系統必須持續地改變，而非預期結果所造成的問題也讓這種改變的成本非常昂貴。

不過，今日仍有一些沒有這麼大野心的專家系統相當成功。這些系統通常是用來處理有所限制、而沒有像複製醫師診療能力那麼複雜的問題。例如在「MIS的使用」9-2中介紹的華盛頓大學醫學院的一套系統。

本章所描述的BI系統可以提供組織相當大的效益。可惜它的結果可能會因為使用過程而無意間造成偏誤，請參考「深思導引」。

Carbon Creek Gardens（後續）

還記得Mary Keeling在知道她已經失去一名顧客，而且對此一無所知時，所感到的困窘和挫折嗎？我們在報表一節中描述了一種可能的解決方案，但這個方案並不太令人滿意；它需要Mary比較兩份報表的資料，看哪些人曾出現在前一份報表，但現在卻不再出現，以找出失去的顧客。對於經過一天繁忙工作的Mary而言，她應該不太可能還想再做這件工作，而且在做的時候，她也可能會出錯。

你應該會馬上想到本章的另一項技術正好是Mary的最佳解答。不過我們沒有在此提供這個解決方案，而是由你在第22題中回答。你應該可以根據書中的內容，想出系統來解決Mary的問題。

我在1971到1973年間，在五角大廈協助建立一套第三次世界大戰的電腦模擬系統。這是一個很大的專案，可能是當時最大的軟體專案之一。與今日諸如Windows之類的作業系統相比，它可能不算什麼。但在當時，它可是個很大的專案。

我協助建立的是支援這套模擬的資料庫管理系統，所以我並不是非常接近分析的過程。但是執行一次模擬需要花電腦24小時的時間，這表示在每次執行時，我們整組人就必須輪流照顧一台大型主機。我花了許多的夜晚在兩台打孔機之間，希望不要發生什麼事（例如有天早晨我在半睡半醒之間，就忘了列印結果，這表示這24小時的電腦時間完全白費了！）。

無論如何，這就是分析過程如何出現在打孔機的原因：我們會執行模擬，然後取得一組結果。軍事分析家和武器專家會檢查這些結果，如果結果不如預期或不是他們想要的，分析師就會要求我們改變某些輸入值，或是修改模型的某一部分，然後再執行一次模擬。如果下一次的結果比較接近他們想要的東西，我們就會保留下來。否則，分析師會再把結果丟掉，然後我們就要再改掉一些東西，並且再次執行模擬。

時間慢慢流逝，我們也累積了一組分析師認可的結果。這些累積的結果被呈報給四星上將和五角大廈的其他高階長官。有時候，這些高階人員會看到分析中有些問題，那我們就得丟掉一些結果，或是再次執行模擬。等到高階長官們核准分析之後，我們就將累積的結果做個摘要總結送往國會，以支持某一部分的國防預算編列。

我不相信這裡面有任何人認為他們是在欺騙其他的人。高階長官並不知道他們所看到的結果已經刪除一大部份不當的模擬。他們根本無從知道這些其他的結果。即使是過濾掉這些數字的分析師也不覺得自己不誠實。他們只是覺得這些結果是錯誤或不真實的。我不認為他們有想到自己是在使用電腦來傳達他們對軍事需求的預設想法。

多年之後，我為一家大型零售商進行購物籃分析。分析師發現包含工具類產品的訂單中幾乎很少包含其他類別的產品。可是服飾／精品類中則包含有來自33項其他子類別的產品。我懷疑這種現象就是為什麼很少男士喜歡陪女士購物的原因，但這只是在結果上反映我個人的購物態度罷了。

這正是重點。零售商會怎麼使用關於購物模式的資訊呢？有些人希望重新設計店面將更多類別的產品放在工具部，有些人則會想要擴充服飾部的規模。可能還有人會想重新設計網頁，或是有人想要完全放棄工具類

討論問題

1. 說明「他們是在使用電腦來傳達他們對軍事需求的預設想法」這句話是什麼意思？

2. 零售商的員工只是使用購物籃分析的結果來合理化他們預設的信念嗎？你要如何知道他們的確如此，或沒有如此？

3. 布希政府對於伊拉克毀滅性武器的情報誤判，是否也可以用因為預設信念造成分析結果的偏差來解釋？

4. 主管要如何確保員工不是只使用資料分析的結果來加深他們原來的信念？

產品。所以你會懷疑，是否所有的人都只是用購物籃分析來合理化他們所預設的信念？果真如此，那還要做這個分析幹什麼呢？

這是個很好的問題。為什麼要進行分析？你要如何使用它的結果？你想要知道或決定的事是什麼呢？在你開始分析之前先回答這些問題，然後專注在結果上；不要與資料爭論。如果結果不符合你的期望，在更改模型、調整資料、或修改答案之前，先認真想想是否要改變自己的預期。

如果你不想專注在結果，並且修改你的預期，那就省省你的錢吧。那就不要把它花在資料分析上；把它花在業績獎金或產品開發上吧。

MIS的使用9-2

製藥廠的專家系統

密蘇里州聖路易市的華盛頓大學醫學院之醫療資訊團隊開發了創新而有效的資訊系統，用來支援用藥決策。這個團隊開發了數種專家系統用來做為安全網，以篩檢醫師和其他醫護人員的決策。這些系統能夠協助醫院達成最新而且無過失的醫療目標。

醫療研究者開發了早期的專家系統來支援、甚至取代醫療決策。MYCIN就是在1970年代早期所開發的專家系統，用來支援特定傳染病的診斷。醫師從來沒有在例行的工作中採用MYCIN，但研究者則使用它的專家系統架構做為其他許多醫療系統的基礎。不過因為某些不同的理由，這些系統都沒有被普遍採用。

反之，華盛頓大學所開發的系統卻被採納在每日即時的例行工作中。其中一套系統DoseChecker會檢查醫院處方劑量的適當性，另一套應用PharmADE則能確保開給病人的藥物間不會產生有害的交互作用。藥物處方輸入系統會在處方輸入時開啟這些應用系統，如果任一系統發現處方有問題，它就會產生如圖1的警告。

在將警告送給醫師之前，藥劑師會先檢視這項警告。如果藥劑師不同意這項警告，就會摒棄它。如果藥劑師同意在劑量或藥物交互作用上有問題，他就會將警告送給醫師。醫師可以修改處方，或是撤銷這項警告。如果醫師沒有回應，系統會持續將警告等級升高，直到這項潛在問題解決為止。

不論是DoseChecker或PharmADE都不是企圖要取代醫護人員的決策，而是在幕後扮演協助提供無過失醫療的可靠助手。

Washington University in St.Louis
School of Medicine

Pharmacy Clinical Decision Support
Version 2.0

Developed by The Division of Medical Informatics at Washington University School of Medicine for the Department of Pharmacy at Barnes Jewish Hospital.

Data as of: Mar 10 2000 4:40 AM **Alert #: 13104** **Satellite: CHNE**

Patient Name	Registration	Age	Sex	Weight(kg)	Height(in)	IBW(kg)	Location
SAMPLE,PATIENT	9999999	22	F	114	0	0	528

Creatinine Clearance Lab Results (last 3):

Collection Date	Serum Creatinine	Creatinine Clearance
Mar 9 2000 9:55 PM	7.1	14

DoseChecker Recommendations and Thoughts:

Order	Start Date	Drug Name	Route	Dose	Frequency
295	Mar 10 2000 12:00 AM	MEPERIDINE INJ 25MG	IV	25 MG	Q4H
Recommended Dose/Frequency:				0.0 MG	PER DAY
Comments:	0 <= CrCl < 20. Mependine should not be used for more than 48 hours or at doses > 600 mg per day in patients with renal or CNS disease. Serious consideration should be given to using an alternative analgesic in this patient population.				

圖1

藥物臨床決策支援系統的警告

顯然，這些系統很成功。醫療資訊團隊的網站上指出：「在六個月期間，這套系統（DoseChecker）在1,400家教學醫院共篩檢了57,404筆處方，並且偵測出3,638項潛在的劑量錯誤。」此外，從醫院導入這套系統之後，警告的數量已經下降了50%，表示警告所提供的回饋也改善了處方的過程。」

資料來源：The Division of Medical Informatics at Washington University School of Medicine for the Department of Pharmacy at Barnes Jewish Hospital. informatics.wustl.edu (資料取得時間：2005年1月)，Medical Informatics at Washington University School of Medicine and BJC Healthcare授權使用。

本章摘要

- 每年都會產生大量的資料。商業智慧（BI）工具會在這些日益增加的資料中搜尋有用的資料。BI的工具有兩種：報表和資料探勘。報表工具傾向於使用在評估方面，是使用加總和平均等簡單的計算來處理資料。資料探勘工具傾向於用來進行預測，使用複雜的統計和數學技巧來處理資料。BI系統的目的是要在正確的時間提供正確的資訊給正確的使用者。

- 報表系統會從不同的資料來源建立有意義的資訊，並且及時的遞送這些資訊給適當的使用者。報表系統透過過濾、排序、分群、和計算來產生資訊。圖9-7是報表系統的元件。報表的種類、媒介、和模式都各不相同。報表系統的三大功能是編寫、管理、和遞送。

- RFM和OLAP是報表應用系統的兩個例子。RFM是根據顧客多久之前下單、下單頻率、和訂單金額來分類顧客。OLAP則是用來分類資料，並且可以沿著資料的維度向上或向下探勘。

- 資料倉儲和資料市集是用來準備、儲存、和管理資料探勘和其他分析所需資料的工具。因為在使用作業性資料進行資料探勘時所發生的問題，所以資料倉儲必須要清理和處理資料。資料倉儲像是供應鏈中的批發商，而資料市集則像是零售商。資料市集中包含的是特定企業活動或部門所使用的資料。

- 資料探勘可以分為監督式或非監督式。非監督式技術沒有預設的模型。監督式技術則需要先發展模型。集群分析、購物籃分析、和決策樹都是非監督式技術，類神經網路則是監督式技術。

- 購物籃分析是用來判斷客戶可能會一同購買的產品。決策樹是用來建構可以做分類預測的If...Then...規則。與神經系統生理關聯不大的類神經網路則是用來建構一組複雜的非線性公式。

- 知識管理是從智慧資本建立價值，並且分享給需要這些資本的員工、主管、供應商、顧客、和其他人的過程。知識管理系統會組織好已知存在的知識並進行分享；這些知識可能是在圖書館的文件或是員工的心中。內容管理系統會管理文件、網頁、和圖片，讓它們可以被存取和搜尋。

- 人類的知識分享系統可以使用入口網站、布告欄、和電子郵件來促進知識的交換。協同系統包含網路會議、視訊會議、和專家系統。

關鍵詞

Business intelligence（BI）systems：商業智慧系統

Business intelligence（BI）tools：商業智慧工具

Clickstream data：點選流資料

Cluster analysis：集群分析

Collaboration systems：協同系統

Confidence：信心水準

Content management systems：內容管理系統

Curse of dimensionality：維度的詛咒

Data mart：資料市集

Data mining：資料探勘

Data-mining tools：資料探勘工具

Data warehouse：資料倉儲

Decision trees：決策樹

Digital dashboard：數位儀表板

Dimension：維度

Dirty data：髒資料

Discussion groups：討論群組

Drill down：向下探勘

Dynamic report：動態報表

Exabyte：EB

Expert systems：專家系統

Frequently asked questions（FAQs）：常見問題

Granularity：細緻度

If...then...rules：If...then...規則

Knowledge management（KM）：知識管理
Lift：增益
Market-basket analysis：購物籃分析
Measure：衡量指標
Neural networks：類神經網路
OLAP cube：OLAP立方結構
OLAP server：OLAP伺服器
Online analytical processing（OLAP）：線上分析處理
Petabyte：PB
Pull report：拉式報表
Push report：推式報表
Query report：查詢報表
Regression analysis：迴歸分析
Report media：報表媒介
Report mode：報表模式
Report type：報表類型
Reporting systems：報表系統
Reporting tools：報表工具
RFM analysis：RFM分析
Semantic security：語義安全
Static report：靜態報表
Supervised data mining：監督式資料探勘
Support：支持度
Unsupervised data mining：非監督式資料探勘

學習評量

複習題

1. 摩爾定律對資料儲存有何影響？
2. 說明報表和資料探勘工具在典型用途上的差異。
3. 說明報表和資料探勘工具在處理技術上的差異。
4. 說明報表系統的主要元件和它們之間的關係。
5. 說明業務團隊對於RFM分數為 [4, 1, 1]、[1, 1, 3]、和[5, 5, 5] 的客戶應該採取什麼行動。
6. 什麼是OLAP報表最顯著的特徵。
7. 說明圖9-12和9-13的報表間有何差異。
8. 摘述在使用作業性資料進行資料探勘時，可能發生的五項潛在問題。
9. 資料倉儲和資料市集間的差異是什麼？
10. 根據本章的內容，在考慮資料探勘流程時，最重要的重點是什麼？
11. 說明為什麼類神經網路一詞有些誤導。
12. 對學生進行分類之決策樹的四個If...then...規則各舉出一個例子。
13. 說明知識管理和資料探勘間的差異。
14. 舉出本章之外需要內容管理系統的一個例子。
15. 摘述內容管理的四項複雜度。
16. 說明組織何時、以及如何依賴Google來建立網站內容的索引。這項政策的危險性在哪？
17. 什麼因素會阻礙員工間的知識分享？主管要如何降低這些因素的影響？
18. 根據本章的內容，專家系統的最佳用途為何？

應用你的知識

19. 思考報表系統和資料探勘系統間的差異。它們的相似點和不同點有哪些？它們的成本可能有什麼不同？它們的效益呢？組織要如何在這兩種BI工具間做選擇？
20. 假設你是奧杜邦學會（Audubon Society）會員，而本地分會的委員會請你幫忙分析它的會員資料。這個小組想要分析成員的人口統計變項跟成員的活動，包括活動參與、上課、志工活動、和捐贈等。請描述他們可能開發的兩種不同的報表應用系統和一個資料探勘應用系統。請具體說明每個系統的目標。
21. 假設你是學校的學生活動組組長。最近，有些學生指控你的單位資源配置不當；他們宣稱資源是根據過時的學生興趣來分配。基金被分配給只有少數學生有興趣的活動，而學生真的想參加的新活動卻基金不足。請描述你要如何使用報表或資料探勘系統來評估這項指控？
22. 考慮Carbon Creek Gardens案例中Mary Keeling的問題。下面的技術中有一種是問題的最佳解決工具：OLAP報表、決策樹、RFM報表、類神經網路、或購物籃分析。

a. 這些技術中的哪個可以解決她的問題？為什麼？

b. 說明你選擇的技術為什麼比其他方案更好。

c. 為什麼你選擇的方案比之前的報表方案好？

d. 描述Mary在使用你所建議的技術時所需的資料。

e. 假設前述報表系統的成本比你建議的技術要便宜一半，Mary會如何在兩者間取捨呢？

應用練習

23. OLAP立方結構非常類似微軟Excel的樞紐分析表。如果你不熟悉樞紐分析表，請開啟Excel並閱讀關於樞紐分析表的說明。選擇一個demo來觀察樞紐分析表的運作方式。或者，你也可以直接跟著下面的指示進行。在本練習中，假設你組織的採購人員在進行廠商評分（類似第8章第28題）。你可以使用樞紐分析表提供彈性的資料顯示方式。

a. 開啟Excel，在試算表中加入下列欄位標題：VendorName、EmployeeName、Date、Year、和Rating。在這些標題之下輸入樣本資料。為至少三家廠商加上分數，而每個廠商至少要有三筆資料。要加入足夠的資料，讓每個廠商至少有五個分數，且每名員工至少輸入了五筆分數。此外，資料至少應涵蓋不同的兩個月份和兩個年份。

b. 在Excel的資料選單下選擇「樞紐分析表及圖報表」（這裡功能表的確切名稱取決於你所使用的Excel版本）。它會開啟一個精靈。選擇第一個畫面中的Excel清單和樞紐分析表，點選下一步。

c. 當詢問資料範圍時，使用滑鼠拖過你所輸入的資料以選擇所有的資料。記得要包含欄位標題。Excel會將範圍填入對話框。點選下一步。選擇「新工作表」。然後選擇「完成」。

d. Excel會在工作表右方產生一個欄位列表，將VendorName欄位拖放到「將列欄位拖曳到這裡」，然後將EmployeeName欄位拖放到「將欄欄位拖曳到這裡」。將Rating欄位拖放到「將資料欄位拖曳到這裡」。好啦！你已經有個樞紐分析表了。

e. 要觀察這個表格如何運作，可以將更多欄位放到分析表的不同位置。例如將Year放到EmployeeName的上方。現在，將Year拉到VendorName的下面。這些行動就跟OLAP立方結構一樣。事實上，我們可以在Excel的樞紐分析表中顯示OLAP立方結構。主要差異在於OLAP立方結構通常包含了數千筆以上的資料列。

f. （加分題）如果你已做過第8章第28題，你可以將所建立的資料匯入樞紐分析表中。要達成這個目的，請在精靈的第一個畫面中選擇外部資料，然後使用Excel的輔助說明來找出匯入資料的方法。如果你先在Access中建立了包含來自這三個表格的資料查詢，你的工作就會簡單許多。

24. 使用Access中的表格資料來建立購物籃分析報表其實非常容易，但你必須在Access的查詢建立器中輸入SQL運算式。在此，你只能輸入下面的SQL敘述，但如果你有學過資料庫，就知道如何自行撰寫像此處所使用的SQL敘述。

a. 建立Access資料庫，其中的ORDERS表格中包含下列欄位OrderNumber、ItemName和Quantity，且個別具有下列資料型態：Number（LongInteger）、Text （50） 和Number（LongInteger）。表格的主鍵為（OrderNumber, ItemName），但在本練習中不必定義（如果你想知道如何定義，在輸入這兩個欄位的資料型態定義之後，使用滑鼠選取這兩者，然後在設計視窗中點選「鑰匙」圖式）。

b. 現在輸入樣本資料。確定每筆訂單都有幾個品項，而且有些訂單擁有共同的品項。例如你可能會輸入[100, 'Cup', 4]、[100, 'Saucer', 4]、[200, 'Fork', 2]、[200, 'Spoon', 2]、[200, 'Knife', 2]、和[200, 'Cup', 3]。輸入至少五筆訂單。

c. 現在，要執行購物籃分析，你必須在Access中輸入一些SQL敘述。請點選查詢頁籤，並且選擇「使用設計檢視建立新查詢」。在顯示資料表對話框出現後點選「關閉」。現在在選取查詢視窗的灰色區域中按下右鍵，選擇「SQL檢視」。現在逐字輸入下面的運算式：

```
SELECT T1.ItemName as FirstItem,
  T2.ItemName as SecondItem
FROM ORDERS T1, ORDERS T2
WHERE T1.OrderNumber = T2.OrderNumber
AND T1.ItemName <> T2.ItemName
```

點選工具列上的紅色驚嘆號以執行這項查詢。更正任何的輸入錯誤，一旦能夠成功執行之後，使用TwoItemBasket名稱來儲存查詢。

d. 現在輸入第二個SQL敘述。同樣點選查詢頁籤，並且選擇「使用設計檢視建立新查詢」。在顯示資料表對話框出現後點選「關閉」。現在在選取查詢視窗的灰色區域中按下右鍵，選擇「SQL檢視」。現在逐字輸入下面的運算式：

```
SELECT TwoItemBasket.FirstItem,
  TwoItemBasket.SecondItem, Count(*)
  AS SupportCount
FROM TwoItemBasket
GROUP BY TwoItemBasket.FirstItem,
  TwoItemBasket.SecondItem
```

更正任何的輸入錯誤，一旦能夠成功執行之後，使用SupportCount名稱來儲存查詢。

e. 檢視第二個查詢的結果，並且驗證這兩個查詢敘述有正確計算出兩個品項同時出現的次數。說明你還需要哪些計算來求出支持度。

f. 說明你還需要哪些計算來求出增益。雖然你可以使用SQL來進行這些計算，但是要這麼做需要更多的SQL知識，所以我們在此處省略。

g. 用你自己的話說明c的查詢好像是在做什麼？d的查詢又是在做什麼？你必須修資料庫課程才能知道如何撰寫這種運算式，但這個練習可以讓你對SQL可以做什麼樣的計算有些感覺。

職涯作業

25. 使用搜尋引擎搜尋資料倉儲職務。研究數個網站並回答下列問題:

a. 描述搜尋結果中你覺得最有趣的兩項工作。

b. 描述這些工作的教育要求。

c. 描述可以讓你為這些工作預做準備的實習和練習機會。

d. 使用網站資源和你自己的經驗，來描述這些工作的職業展望。

26. 與第25題相同，但是改成搜尋資料探勘的工作機會。

27. 與第25題相同，但是改成搜尋知識管理的工作機會。你可能必須點選並閱讀幾篇你所找到的文章，以瞭解其他可以用來搜尋的相關工作職稱。

個案研究 9-1

Laguna Tools

Laguna Tools是家高檔木工設備的零售商。位居加州Irvine的Laguna從歐洲的頂級製造商進口台鋸、車床、鉋木機、送材機、和其他組裝機器。它在美加地區銷售這些機器。Laguna最負盛名的是它有一組非常完整的帶鋸機產品線，是根據其自訂規格委託義大利和波蘭工廠所生產的。

Laguna的競爭策略是提供木工專業人士最高品質的工具；這些專業人士涵蓋了傢俱木工師傅、藝術家、和木工藝製作者。它也銷售給高階的業餘木工愛好者。Laguna每台機器的價格落在兩千到兩萬美金之間，算是最昂貴等級的木工設備了。

大多數木工廠都需要好幾台機器。一般的木工廠都有台鋸、帶鋸、鉋木機、送材機、車床、線鉋機、和圓榫機。因此，一旦顧客向Laguna訂購一台機器，他們就成為特別有價值的資產。會購買一台這種品質機器的公司或個人，很可能還會再買第二台。

Laguna在熱門的木工雜誌上登廣告，也使用網站lagunatools.com來蒐集有可能成為顧客者的資料。公司會透過電話和促銷文宣來追蹤這些潛在顧客（所以，雖然對該公司有些不敬，不過建議你除非是身處高品質機器市場，否則不要在網站上填寫顧客資訊）。

問題：

1. Laguna應該在潛在顧客資料庫中保存哪些資訊？
2. Laguna應該保存下單顧客的哪些資訊？
3. 當業務人員跟潛在或實際顧客討論時，他手邊應該已經有哪些資訊了？
4. 請描述Laguna可以如何進行RFM分析。它應該怎麼處理 [1, 1, 1] 的顧客？它應該怎麼處理 [2, 2, 5] 的顧客？它應該怎麼處理 [5, 1, 1] 的顧客？
5. 請說明Laguna可以如何使用購物籃分析。它必須有哪些資訊才能有效地使用購物籃分析。
6. 請說明Laguna可以如何使用OLAP分析。找出可能的衡量指標、維度、和立方結構。公司可以從OLAP分析中取得哪些資訊？
7. 檢視你對上述問題的答案，並說明你認為RFM、購物籃分析、或OLAP分析中，何者對Laguna最有用。

個案研究 9-2

3M安全系統

3M公司開發並製造眾多產業的不同產品，包括工業用、消費和休閒性、安全、電子、醫療、和運輸等產業。在2004年，它的營收超過了200億美元，而淨收入則高達29.9億美元。同年的雇用人數為6萬7千人。

3M是一家全球性企業，底下包含專注在不同產業區隔的各個部門。它素來以高度跨部門合作著名。它透過許多通路來銷售，包括批發商、代理商、交易商、和零售商；有些產品甚至是直接銷售給顧客。3M在美國共有12間銷售辦事處，而在全球則還有185個辦事處。

資料來源：3m.com (資料取得時間：2005年1月); finance.yahoo.com (資料取得時間：2005年1月)。

問題：

1. 要瞭解該公司的複雜度，請造訪3m.com。假設你是美國的顧客，請存取3M的網站3m.com，並尋找產品62-1838-5430-6的材料安全資料表（Material Safety Data Sheet, MSDS）。這項產品是什麼？MSDS的目的為何？
2. 在3M的網站上存取美國之外的任何一個國家。請問該國有販售第1題中的產品嗎？如果有的話，請問這個產品在那個國家也有MSDS嗎？
3. 在3M網站存取「United States Manufacturing & Industry, Abrasives」。進入其中的應用、產品、和採購部份。摘述3M可以如何使用OLAP分析，並指出衡量指標、維度、和立方結構。3M可以從這個分析中獲得什麼資訊？OLAP分析的動態面提供了什麼價值？
4. 你認為研磨材料部門可以有效地利用RFM分析嗎？如果可以的話，請說明它可以如何進行這種分析。如果不行的話，請說明原因。
5. 你認為研磨材料部門可以有效地利用購物籃分析嗎？如果可以的話，請說明它可以如何進行這種分析。如果不行的話，請說明原因。
6. 假設你想知道哪些3M產品最適合將玻璃纖維固定到柚木（木料）上。柚木的油質含量特別高，並且很難膠合。請存取3M的網站，並且嘗試判斷3M接著劑是否最適合這項工作。請描述你的經驗。
7. 重複第6題，但是改用Google。請描述你的經驗。
8. 3M的某處有個人知道該使用哪個產品來膠合柚木跟玻璃纖維。有什麼方法可以找出那個人是誰嗎？3M能知道那個人是誰嗎？
9. 3M的網站是根據部門和產品區分的。如果你知道你要的產品是什麼，就能夠知道關於那項產品的所有資料。但是從問題和需求的角度來看，它的組織方式並不好。3M是家非常成功的企業。你覺得為什麼這個網站沒有根據這個角度來設計？

第 4 單元

管理資訊系統資源

本單元的內容為本書畫下句點，介紹今日組織管理資訊系統資源的方式。第 10 章討論資訊部門的角色、目的、和組織；在本章會學到兩種關鍵職務：資訊長和技術長。我們還會討論將資訊管理功能委外的效益、成本、和風險。第 10 章的最後探討了使用者在使用資訊系統時的權利和責任。

第 11 章描述資訊系統安全。既然每一章的「安全性導引」都已經探討過安全性議題了，為什麼還要有專門一章來討論安全性呢？第 11 章是以整個組織的觀點來看待資訊系統安全性。在文中你會學習到安全性威脅，並瞭解管理階層在發展組織安全性計劃上的責任。同時還會瞭解用來防範安全性威脅的防護措施。

在結束第 4 單元的內容後，你應該已經對管理資訊系統和如何能在工作上充份發揮它的能力，有了廣泛而且完整的概念。

資訊系統的管理

學習目標

- 瞭解 CIO 和 CTO 與其他高階主管間的關係。
- 瞭解資訊部門在規劃 IT ／ IS 使用、管理基礎建設、開發系統、和保護資訊資產上的責任。
- 瞭解委外的目的和優點。
- 瞭解委外的風險。
- 瞭解使用者對於資訊部門的權利和責任。

專欄

倫理導引
使用公司的電腦

安全性導引
安全的開發

反對力量導引
委外只是愚人金嗎？

解決問題導引
如果你就是不知道呢？

深思導引
跳上推土機

本章預告

如你在第7到9章所學到的，資訊系統是組織成功的一項重要因素。但是你在第2到6章中也有學到，資訊系統非常的複雜。需要相當的工作才能將原始的資訊科技轉型為有效的資訊系統，以便讓組織達成其目標。

本章將研究組織如何管理這種重要性和複雜性的微妙結合。我們將先探討資訊部門的主要功能，以及資訊部門與企業的關係。接著我們會深入討論每一項主要功能：規劃IT/IS使用、建立和管理運算基礎建設、建立和管理企業資訊系統、以及組織如何保護資訊資產。

委外是雇用外部廠商來提供企業服務和相關產品的過程。就資訊系統而言，委外是指雇用外部廠商來提供資訊系統、產品、和應用。委外在美國引發了相當大的新聞和爭議，因為它造成白領階級的知識性工作由美國移往海外。然而，不是所有委外都移到海外；還有許多委外合約是存在於美國境內的企業之間。我們會檢討委外的優缺點，並說明它的一些風險。最後，你將會在本章結尾學到你自己和資訊部門的權利與責任。

本章的目的不是要教你如何管理資訊系統。這種管理是很龐大而複雜的工作，而且事實上需要多年的經驗才能勝任。反之，本章的目的是讓你能瞭解資訊系統管理任務的範圍和複雜度，並且協助你成為有效能的資訊系統服務消費者。

Davidson Distribution

假設你是採購或客戶支援部門的主管，有一天，有位員工非常挫折地走進你的辦公室。他坐下來，然後說：

「我不瞭解。我就是不瞭解。每次我們想買新的電腦，資訊部門就會幫我們選擇電腦。好吧，不，事實上，他們強迫我們接受那些電腦。我們必須接受他們選擇的電腦和相關的設備。我想，原則上，這沒有問題。但是你知道他們跟我們收多少錢？很多錢！他們向我收的預算是一台電腦1,700美金，但我知道我可以用750美金的價格跟Dell買到一台。這太荒謬了。而且我敢打賭，Dell送來的速度還更快。」

「而且，我們的選擇還非常的少。當然，我們可以選擇要多少記憶體、多快的CPU、和多大的硬碟，但一定得在他們設定的範圍內。而且他們負責選擇軟體。如果我想要使用WordPerfect，那就沒戲唱了，因為他們不支援WordPerfect。或者，如果我想要使用麥金塔呢？門都沒有！他們不會讓我們使用任何不在他們清單上的東西。」

「我希望他們可以讓我們買我們想要的電腦，並且自己去談價錢。畢竟這是用我們的預算出錢。我可以達成比他們更好的交易，而且挑選我想要的軟體。為什麼我們不直接從Dell下單？你覺得如何？」

身為主管，你要如何回應呢？資訊部門為什麼會要求使用者向他們請購電腦？只是為了保護他們的領土？或者有其他理由呢？提議自己部門向Dell採購有道理嗎？值得讓你的員工準備一份簡報詳細列出可能節省的金錢嗎？你要跟誰提出這份建議書？資訊部門會如何回應？你對這名員工的最佳回應為何？

資訊系統部門

資訊系統部門的主要功能如下：

- 根據組織的目標和策略來規劃資訊科技的使用。
- 開發、運作、和維護組織的運算基礎建設。
- 開發、運作、和維護企業應用。
- 保護資訊資產。
- 管理委外關係。

下一節會詳細討論其中的每一項功能。

圖10-1是典型高層的呈報關係。你在管理課程中會學到，組織的結構會因為組織規模、文化、競爭環境、產業、和其他因素而有所不同。具有獨立分公司的較大型組織中，每個分公司會有一群如圖的高階主管。較小型公司則可能會將其中的一些部門合而為一。請將圖10-1當作是個典型的例子。

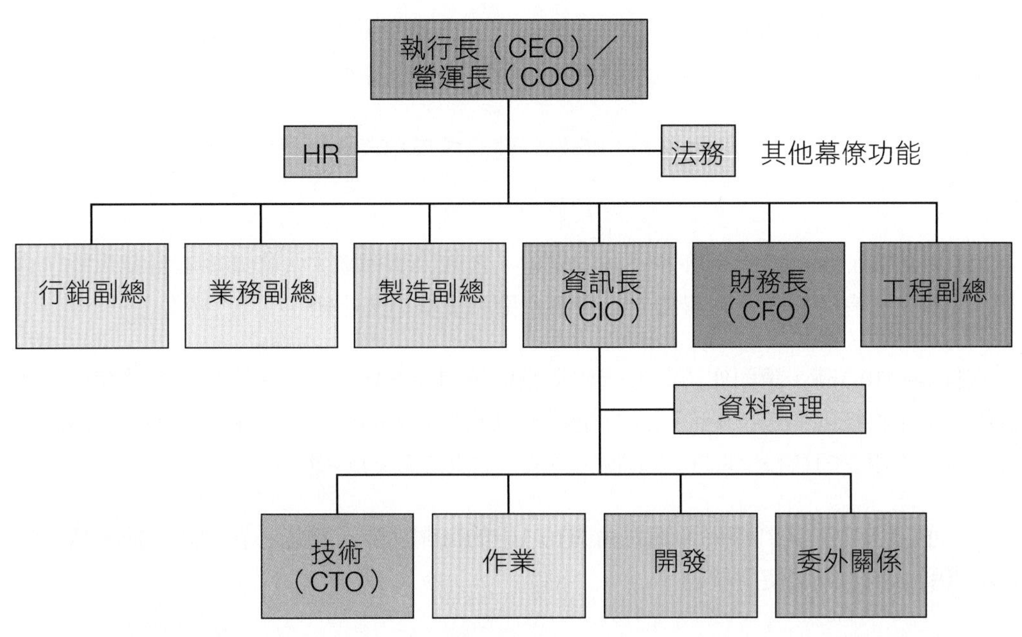

圖10-1
典型高階的呈報關係

每家組織資訊部門之主要管理者的職稱並不相同。常見的職稱是資訊長（chief information officer, CIO）。其他常見的職稱還有資訊服務副總、資訊服務長、和比較不常見的電腦服務長。

在圖10-1中，CIO就和其他高階主管一樣直接跟執行長報告，但有時這些主管是跟營運長報告，而營運長再跟執行長報告。另外還有一些公司的資訊長則是跟財務長報告。如果資訊系統主要是支援財務會計活動時，這種呈報關係的安排就相當合理。在製造業之類組織中有重要的非會計資訊系統在運作，則圖10-1的安排會比較常見、也比較有效。

每個組織的資訊部門結構也有不同。圖10-1是擁有四個小組和一個資料管理幕僚功能的典型資訊部門。

大多數資訊部門都包含一個技術組，負責調查新的資訊系統技術，並判斷組織是否能從中獲益。例如當今有許多組織都在研究網站服務技術，並且規劃怎樣才是達成其企業目標的最佳用法。技術組的主管通常稱為技術長（chief technology officer, CTO）。技術長會瀏覽最新的想法和產品，找出與組織最相關的那些技術。他的工作需要對資訊科技有深厚的知識，以及具有展望新資訊科技未來將如何影響組織的能力。

圖10-1中的另一個小組是作業組，負責管理電腦基礎建設，包含個人電腦、電腦中心、網路、和通訊媒介。這個小組包含系統和網路管理者。稍後將會學到，這個小組的一項重要功能是監控使用者的經驗，並且回應使用者的問題。

圖10-1中資訊部門的第三個小組是開發組。這個小組掌管建立新資訊系統以及維護現有資訊系統的流程（第6章曾提過在資訊系統的背景脈絡下，維護亦即意謂著移除問題，或是調整現有資訊系統以支援新功能）。

開發組的規模和結構取決於組織是否自行開發程式。如果不是的話，這個單位主要是由系統分析師組成，負責與使用者、作業組、和廠商合作以取得並安裝合法軟體，並建立該軟體相關所需的系統元件。如果組織是自行開發程式，則這個單位會包含程式設計師、測試工程師、技術文件撰寫者、和其他的開發人員。

圖10-1中的最後一個資訊團隊是委外關係組，存在於與其他企業簽訂委外協議以提供設備、應用、或其他服務的組織中。本章稍後還會更詳細討論委外。

圖10-1還包含資料管理部；它的目的是要建立標準和資料管理實務與政策，以保護資料和資訊資產。

圖10-1的資訊部門結構有許多不同的變化。在較大型組織中，作業組本身就可能包含幾個不同的單位。有時候，還會有獨立的資料倉儲和資料市集小組。

在檢視圖10-1時，請記住資訊系統和資訊科技間的差異。資訊系統是要協助組織達成它的目標，資訊科技則只是技術而已（它是關於以電腦為主的產品、技術、程序、和設計）。在組織能夠使用資訊科技之前，必須將它先放入資訊系統的結構之中。

在下面幾節中，我們將更詳細討論圖10-1中的每個功能。不過，在開始之前，請先閱讀「倫理導引」中的電腦使用議題。

規劃資訊科技的使用

我們先從規劃開始討論資訊部門的功能。圖10-2列出主要的資訊系統規劃功能。

資訊系統與組織策略的調配

圖10-2的第一點非常明顯：資訊系統必須能配合組織的策略。畢竟，資訊系統的目的就是要協助組織達成它的目標。沒有資訊系統可以不必配合組織的策略就完成這項任務。

然而，回想一下在第7章開頭的通用電子主管。他想開發資訊系統以提供客戶更好的採購建議和協助。他想這麼做，因為他發現可以這麼做，而且，好像是個不錯的想法。然而這個組織的競爭策略是要成為產業中的成本領導者。如同營運長所言，這種系統與組織的策略並不吻合。他說：「我怕真的會有人去用它。」

第7章指出，根據Porter的競爭策略模型，組織可以成為整個產業或特定產業區隔中的成本領導者。反之，組織也可以在整個產業或特定產業區隔中進行產品或服務的差異化。不論組織的策略為何，資訊長和資訊部門都必須時時警惕地維持資訊系統與策略間的調配性。

- 資訊系統與組織策略的調配；在組織變動時維持這種調配關係。
- 跟高階主管團隊溝通資訊系統／資訊科技議題。
- 發展／強制實施資訊部門的資訊系統優先順序。
- 主辦並贊助指導委員會。

圖10-2
資訊系統／資訊科技的使用規劃

在資訊系統方向和組織策略間維持調配是個持續的過程。當策略改變時，例如當組織與其他組織合併或是出售某個事業部時，資訊系統都必須隨著組織演進。「MIS的使用10-1」中就詳細描述了Cingular Wireless的資訊長如何帶領他的部門經歷數次的重新調整。

不幸的是，資訊系統基礎建設的可塑性並不好。改變網路需要時間和資源。整合獨立的資訊系統應用甚至更慢、也更昂貴。高階主管對此的認知往往不足。如果資訊長的說服力不足，則資訊系統可能會被認為是組織機會的絆腳石。

跟高階主管團隊溝通資訊系統議題

上一段最後的觀察引導出圖10-2中的第二項資訊系統規劃功能。資訊長是資訊系統和資訊科技議題在高階團隊中的代表。他在討論問題解決方案、建議書、和新方案時負責提供資訊系統的觀點。

MIS的使用10-1

計畫成功的Cingular Wireless資訊長

SBC通訊公司與BellSouth於2000年合併為Cingular Wireless。在2004年，Cingular買下了AT&T Wireless，成為美國最大的無線電信公司，擁有超過4900萬名顧客，營收超過154億美金。這些活動成功的一位關鍵人物，就是Cingular的資訊長F. Thaddeus Arroyo。

資訊長在Cingular成立時首先面臨的最大挑戰就是那1,400個不同的資訊系統，和60個各自獨立的電話客服中心。舉例而言，單單帳務系統就有11個。從那時迄今，Cingular已經將這11個系統整合為1個，而原本的60個電話中心也已經由20個新的電話中心所取代。

由使用者和資訊人員所組成的跨功能團隊在整合中扮演關鍵性的角色。根據Arroyo的說法，資訊人員並沒有為使用者選擇電腦系統，而是向跨功能團隊諮詢以進行決策。當然，整合期間業務並沒有中斷；事實上，無線產業還擴展得非常快。Arroyo表示：「在成長期，我們忙著要將貨架填滿...這讓我們必須支援的複雜基礎建設更為複雜」（cingular.com, 2005）。

讓事情更為複雜的是，當2003年整合專案正在進行之際，聯邦通訊委員會（FCC）建立了一套新的法規，要求前百大無線公司必須提供用戶電話號碼的可攜性服務。新的法規讓Cingular必須大幅修改其帳務和客戶服務服應用系統，而且必須在極短時間內完成。

在專案塵埃落定之前，Cingular又買下了AT&T Wireless。Arroyo身為資訊長，參與了數個月的合併前期規劃，總共涉及100多個不同的複雜專案。例如Arroyo曾指出：「在交易定案的那一天，超過七萬名員工被併入單一的電子郵件目錄中。此外，我們也必須在結束的24小時內，合併我們的企業內網路」（Phillips, 2005）。公司還必須要完成十來個與此類似的專案。

Arroyo在他的成就上獲得了大量的業界獎項。在2004年，雜誌Business 2.0推舉他為其「夢幻團隊」的成員。他在管理這些計劃上的成功關鍵在於建立堅強的團隊，努力的工作，以及「規劃、規劃、規劃。」

資料來源：cingular.com/download/business_solutions_cio.pdf (資料取得時間：2005年3月); Bruce E. Phillips, "Thaddeus Arroyo, Chief Information Officer, Cingular Wireless," January 13, 2005, hispanicengineer.com (資料取得時間：2005年7月)。

倫理導引

使用公司的電腦

假設你的公司有下列電腦使用政策：

> 電腦、電子郵件、和網際網路主要是供公司正式業務使用。你可以與親友進行少量的個人電子郵件交換，以及偶一為之的網際網路使用，但這種用途應有所限制，且不應干涉到你的工作。

假設你是位主管，而且知道你的一位員工有從事下列活動：

1. 在上班時間玩電腦遊戲。
2. 在上班時間之前和之後玩電腦遊戲。
3. 回覆生病父親的電子郵件。
4. 在午餐和其他休息時間觀賞DVD。
5. 傳送電子郵件來規劃以同事為主的派對。
6. 傳送電子郵件來規劃與同事無關的派對。
7. 在網路上搜尋新車資訊。
8. 閱讀CNN.com的新聞。
9. 用網際網路檢視股市。
10. 在eBay上競標個人物品。
11. 在eBay上拍賣個人物品。
12. 在線上支付私人帳款。
13. 於因公出差時，在線上支付私人帳款。
14. 幫生病的父親在網際網路上購買機票。
15. 修改個人網站的內容。
16. 修改個人商業網站的內容。
17. 在網路上購買個人渡假用的機票。

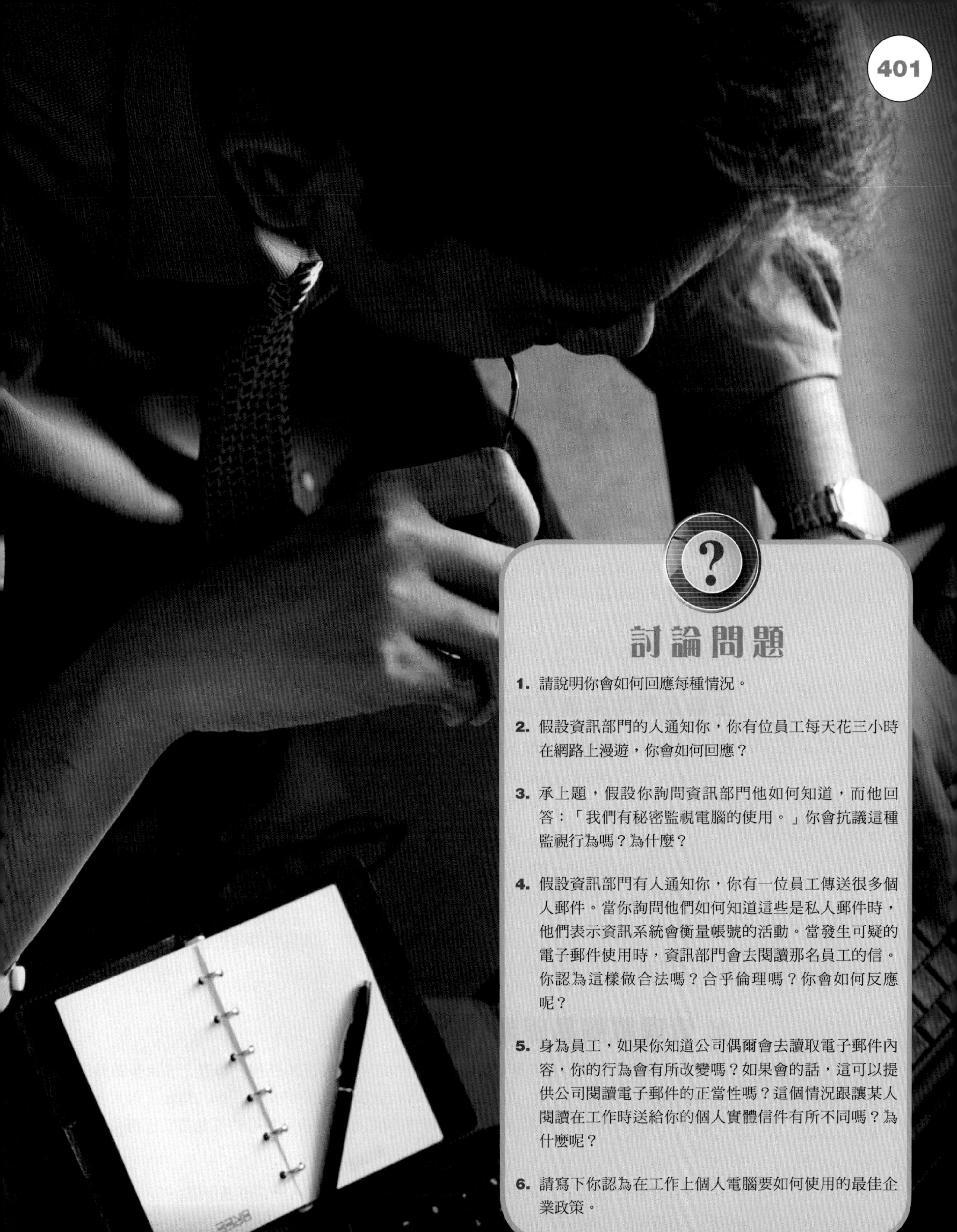

討論問題

1. 請說明你會如何回應每種情況。

2. 假設資訊部門的人通知你，你有位員工每天花三小時在網路上漫遊，你會如何回應？

3. 承上題，假設你詢問資訊部門他如何知道，而他回答：「我們有秘密監視電腦的使用。」你會抗議這種監視行為嗎？為什麼？

4. 假設資訊部門有人通知你，你有一位員工傳送很多個人郵件。當你詢問他們如何知道這些是私人郵件時，他們表示資訊系統會衡量帳號的活動。當發生可疑的電子郵件使用時，資訊部門會去閱讀那名員工的信。你認為這樣做合法嗎？合乎倫理嗎？你會如何反應呢？

5. 身為員工，如果你知道公司偶爾會去讀取電子郵件內容，你的行為會有所改變嗎？如果會的話，這可以提供公司閱讀電子郵件的正當性嗎？這個情況跟讓某人閱讀在工作時送給你的個人實體信件有所不同嗎？為什麼呢？

6. 請寫下你認為在工作上個人電腦要如何使用的最佳企業政策。

舉例而言，在考慮合併案時，公司必須要考慮到整合單位間的資訊系統。這項考量必須在評估合併機會時得到討論。往往，這種議題都要到簽署交易之後才會被考慮。但這種拖延是個錯誤，因為整合的成本必須納入採購的經濟考量之中。讓資訊長參與高階討論是避免這種問題的最佳方法。

發展／強制實施資訊部門的資訊系統優先順序

圖10-2中的下兩項資訊系統規劃功能彼此間的關係非常密切。資訊長必須與資訊部門溝通，並且確保其開發行為與組織的整體策略一致。同時，他也必須確定部門是根據所傳達的這些優先順序來評估新技術的建議書和專案。

技術對資訊人員而言，特別有吸引力。技術長可能很狂熱地宣稱：「透過XML網站服務，我們可以達成這個、這個、和那個。」雖然這些可能都是真的，但資訊長必須持續詢問的是：這些新的可能性與組織的策略和方向一致嗎？

因此，資訊長不只是要建立和溝通這些優先順序，而且還要強制實施。資訊部門必須盡可能在最早的階段就完成對建議書的評估－它是否與組織的目標一致，以及是否符合組織的策略。

此外，沒有組織能夠有錢完成所有的好點子。即使是符合組織策略的專案間還是要安排它們的優先順序。資訊部門中的所有人的目標應該是在時間和金錢的限制下，開發最適當的系統。經過完善思考並明確溝通的優先順序是絕對必要的。

主辦及贊助指導委員會

圖10-2中的最後一項規劃功能是要主辦及贊助指導委員會。指導委員會（steering committee）是一組來自主要企業功能的高階主管，可以與資訊長共同設定資訊系統的優先順序，並且在主要的資訊專案和替代方案間做決策。

指導委員會扮演在資訊系統和使用者間的重要溝通功能。在指導委員會中，資訊系統人員可以和使用者社群討論可能的資訊系統計劃和方向。同時，指導委員會也提供了使用者表達需求、挫折、和其他與資訊部門相關的問題。

通常，資訊部門會設定指導委員會的時程和議程，並且主導這些會議。執行長和其他高階主管們會決定指導委員會的成員。

管理電腦基礎建設

管理電腦基礎建設是所有資訊部門功能中能見度最高的任務。事實上，大多數員工與資訊部門唯一有互動的時候，就是在他們拿到電腦或是使用電腦有問題的時候。對大多數員工而言，資訊部門就是「電腦部門」；他們對資訊部門背後所執行的其他重要任務完全沒有什麼概念。

本節專注討論這項管理功能的主要工作。首先先討論另一項調配問題，不過這不是與策略方向的調配，而是與基礎建設設計的調配。

基礎建設設計與組織結構的調配

資訊系統基礎建設的結構必須反映組織的結構。控制嚴密和高度集中化的組織需要高度控制和集中化的資訊系統。具有自主性作業單位的去集中化（decentralized）組織需要去集中化的資訊系統以協助自主性的活動。

要更瞭解這項議題，請參考圖10-3。圖中是透過購併成長的一家分散式印刷公司。這家公司藉由購併不同城市中的印刷廠來擴展業務到新地理區。當每個廠商被購併時，公司會讓它保持獨立的運作。公司將工廠的績效表現交由印刷廠廠長負責，而且這些廠長具有相當的營運自主性。

最初，資訊部門嘗試要開發一套集中式的訂單管理系統，供組織中的所有印刷廠來使用。圖10-4是它的情況。公司在丹佛的資料中心開發一套顧客訂單資料庫，並且要求所有獨立印刷廠透過這套集中式的訂單管理系統來處理他們的訂單。

即使所有印刷廠的產品基本上是相同的，但是每個工廠在安排訂單優先順序和處理方式上仍有細微但顯著的差異。但是在集中式系統中，工廠廠長無法執行他們自己的生產排程。對這套集中式系統的不滿如野火般蔓延。

一開始，資訊部門嘗試要修正問題，但數週之內情況就變得很明顯，那些有自主性的廠長根本不會滿意一套集中式的系統。他們希望能全面掌控訂單和生產流程的各個面向。

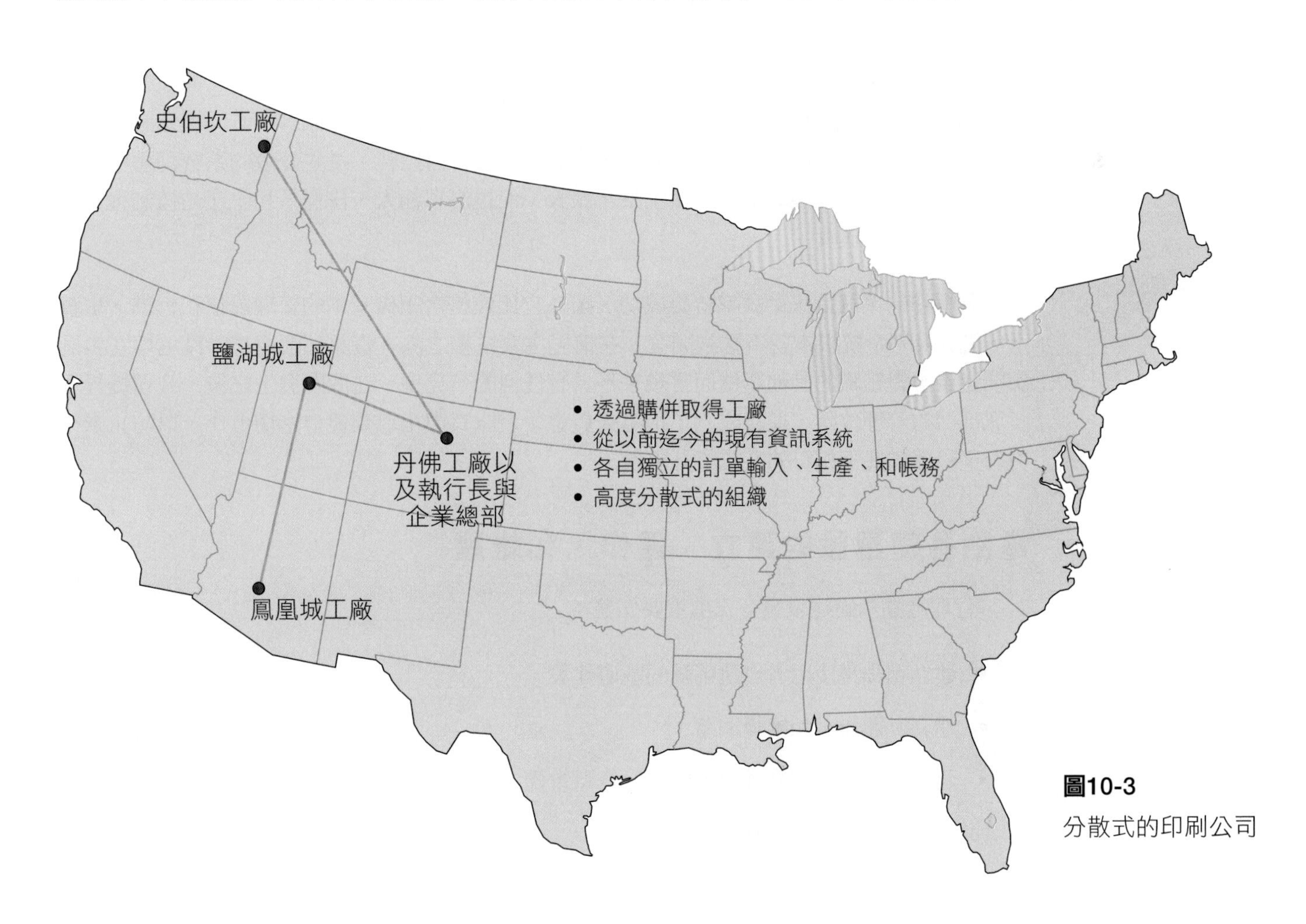

圖10-3
分散式的印刷公司

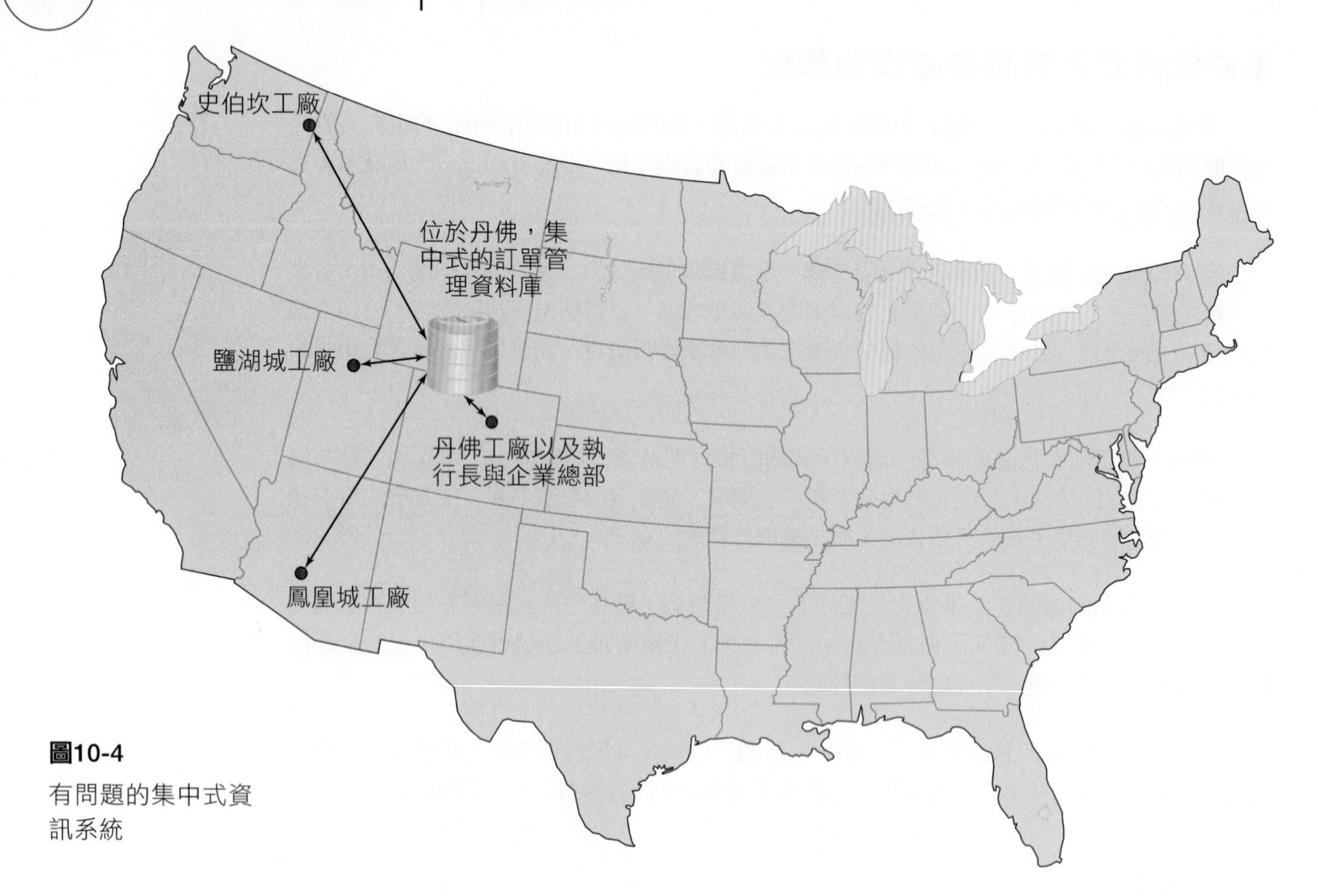

圖10-4
有問題的集中式資訊系統

因此，資訊部門放棄了單一集中式訂單輸入系統的構想，轉而開發了一組分散式的訂單管理系統，如圖10-5。這些系統都是由當地的廠長各自控管。這些分散的系統仍舊會將訂單和生產資料送到集中的地方來產生整合報表，但是訂單輸入、排程、和生產的控制權仍然是由當地的廠長負責。

圖10-5的系統比集中式系統更成功，因為它比較符合組織基本的管理風格和哲學。事實上，圖10-4的系統根本就不應該開發。在構思這套系統之際，資訊部門還被深深地埋在會計部門之中，對組織的其他單位而言幾乎不具有任何的可見度。在問題發生之後，公司提昇了資訊部門的管理位階，並且成立了指導委員會。資訊長與指導委員會密切合作，以防止未來再有與組織如此不相符的系統設計出現。

電腦基礎建設的建立、運作、和維護

管理電腦基礎建設還有三項重要任務：

- 建立和維護使用者自建系統的基礎建設。
- 建立、運作、和維護網路。
- 建立、運作、和維護資料中心、資料倉儲、和資料市集。

這些都是很艱鉅的任務。

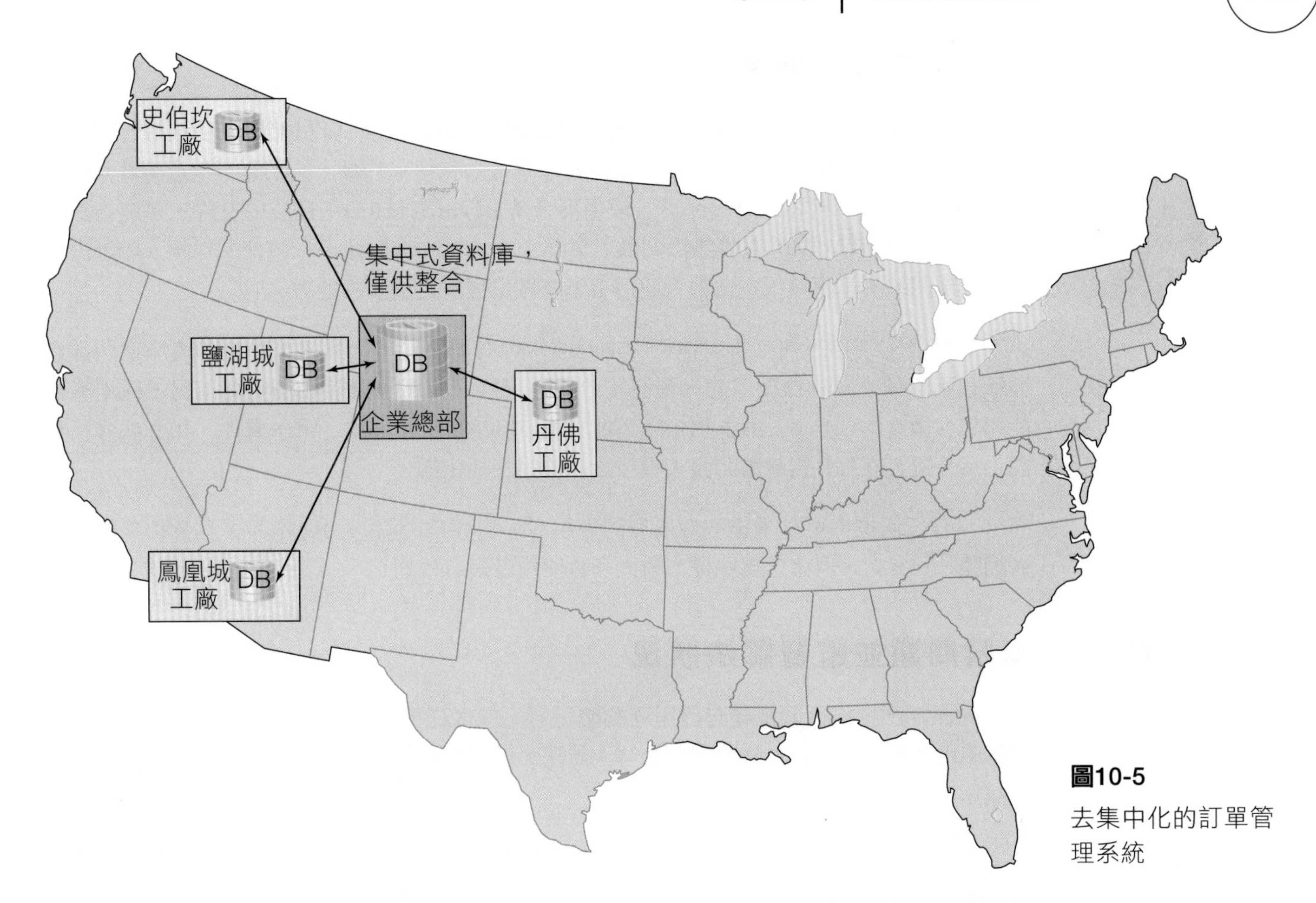

圖10-5
去集中化的訂單管理系統

即使是在如圖10-5的中等規模公司中，這些任務還是相當艱鉅。就以終端使用者計算環境（end-user computing）來說，幾乎公司中的每名使用者都有一台電腦；每台電腦上都安裝了一組程式。隨著時間流逝，這些電腦需要升級，而它們裡面所灌的軟體也需要升級。當微軟推出新版的Windows或Office時，資訊部門立刻會收到使用者提出更新的要求（此外，也可能會收到使用者希望不要升級的要求）。你要如何在一千台電腦上安裝新版的Windows呢？或者，五千台呢？別忘了你只有有限的資源，而且也無法負擔費用來派遣受過訓練的技師到每位使用者的電腦前面。

另一方面，假設指導委員會決定公司必須投資以XML為基礎的新供應鏈管理應用。你需要不同版本的電腦網路協定來支援新的能力。這項需求意謂著你必須在每台電腦上安裝新的網路軟體版本（不論這台電腦是否與SCM相關）。你要如何著手呢？

假設你發展了一個自動化流程，能夠在無人使用電腦的夜間，將所有使用者的電腦全部升級。你的自動化流程運作得很好，直到它遇到一台被使用者自行調整過的電腦。這位使用者私下決定要使用Linux，而不是Windows。因為這項差異，你的自動化升級程式就掛掉了。資訊部門必須要派遣一位專家到鳳凰城去找出安裝過程有哪裡出錯。

我們在此並不打算討論網路和資料中心的管理。這個主題太過龐大和複雜，並且跟你未來的商務生涯沒有直接的關係。當你看到如圖9-18的圖形時，知道資訊部門必須要去建立、運作、和維護在資料倉儲和所有資料市集所需的電腦、軟體、和人員，這樣就夠了。

建立技術和產品標準

網路軟體升級的失敗，指出了技術和產品標準的必要性。資訊部門無法讓每台電腦的使用者擁有自己的個人組態；否則，不僅會造成電腦和程式升級上的困難，還意謂著某些使用者間的電腦會不相容。舉例而言，使用麥金塔上WordPerfect所建立的文件，可能會讓在Windows上使用Word的電腦無法開啟。當然，在本例中有辦法可以將此文件匯入和匯出，但資訊部門的預算應該用在比教育使用者怎麼做這種事更重要的地方。

使用者的工作不同，所以他們的運算需求也有所不同。因此，大多數的資訊部門都會發展三到四種不同的標準組態。最基本的組態可能只有電子郵件和瀏覽器；另一種組態可能還包含微軟的Office；第三種組態可能包含Office的延伸版本、電子郵件、和一些分析軟體；另外還可能有針對軟體開發人員所設計的第四種組態。

沒有任何標準可以永遠取悅所有的使用者。資訊部門必須要與指導委員會和其他使用者團體一同努力，以確保這些標準對大多數使用者是有效的。

追蹤問題並監督解決狀況

資訊部門提供電腦基礎建設服務給使用者。就像任何的服務性組織，它必須有系統來記錄使用者的問題，並且監督它們的解決狀況。這套系統跟之前討論的其他客戶服務應用系統並無不同。

在管理良好的資訊部門中，當使用者回報問題時，該部門會指定一個追蹤編號，並且將問題放入等待服務的清單中。通常問題會依照它們對使用者工作的重要程度來安排優先順序。優先順序高的項目會先得到服務。當項目放入清單之後，使用者會被告知它的優先順序，以及預估的解決日期。當問題修正之後，會從清單中移除。如果該問題仍舊沒有解決，則會以更高的優先順序重新回到清單中。

資訊長和電腦運作小組的主管會監督這份清單、每個項目留在清單上的平均時間、未解決的問題數目等等。未來，如果你身為使用者時遇到這樣的系統，你可能會覺得它過份官僚。事實上，它是資訊系統管理得不錯的一個跡象。

電腦基礎建設的人員管理

最後，資訊部門還必須管理電腦基礎建設的工作人員。這個單位的員工也和其他企業功能一樣，需要組織、聘雇、訓練、指導、考核、和升遷。

典型作業部門的組織如圖10-6；圖中有網路、電腦中心、資料倉儲、和使用者支援的子單位。在大型組織中，這些功能還可能有進一步的切割 – 例如可能有獨立配備人員的技術服務（help desk）功能。有時候，作業小組也會有特定應用系統的專家，例如ERP的支援小組。

圖中每個子單位的下方列出了它們的典型任務。你可以想像，這些專業人員都需要持續的受訓。作業人員必須持續更新其知識，以追上軟硬體產品升級的腳步。考慮訓練上的需要，加上24小時不中斷的作業需求，以及在諸如網路變動時所可能引發的問題，就知道在這種環境下安排員工的工作時程永遠是個複雜的任務和問題。

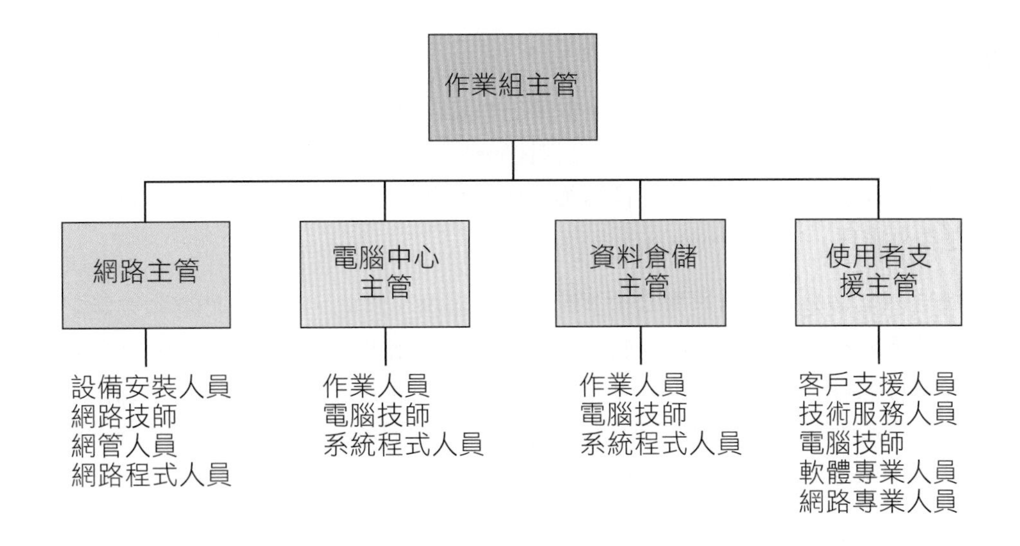

圖10-6
典型資訊部門作業組的組織結構

管理企業應用系統

除了管理電腦基礎建設之外，資訊部門還要管理企業應用系統。每個組織對何謂企業應用系統的定義都不相同。有些組織的資訊部門會管理所有的應用系統，甚至包括個人與群組應用系統。有些組織則是由個人和工作團隊管理他們自己的應用系統－可能由資訊部門提供支援。在這種情況下，企業應用系統所涵蓋的是比較狹義的範圍，主要是指橫跨不只一個部門的應用系統，例如一些功能性應用系統，以及ERP、EAI、和SCM應用系統等。

開發新應用系統

圖10-7列出主要的應用系統管理功能。如圖所示，資訊部門要管理新應用系統的開發。建立新應用系統的流程始於資訊部門根據組織策略來安排其優先順序。資訊部門根據在調配過程所產生的優先順序來發展系統計劃和建議書，並且提交給指導委員會（可能還有其他高階主管團體）來進行審核。一旦公司選出並核准系統的開發，就會啟動開發流程。

第6章討論了應用系統開發流程，在此將不再重複。但請記住，所有開發流程都是需求、設計、實作的變形而已。系統開發工作的性質和份量則取決於應用系統元件委外的程度。

不過，不論如何，企業都必須在內部執行需求階段。每個組織都有自己的策略、優先順序、和方向，即使系統的主要部分要委外，這些獨特的需求仍必須要開發並留下書面記錄。

剩下的工作取決於對委外廠商的依賴程度。本章稍後的委外一節中將討論不同程度的委外。

- 管理新應用系統的開發
- 維護舊時系統
- 根據變動的需求來調整系統
- 追蹤使用者問題和監督修正情況
- 應用系統的整合
- 管理開發人員

圖10-7
管理企業應用系統

維護系統

除了管理新應用系統的開發之外，資訊部門還有責任維護舊有系統。如第6章所述，維護涵蓋了修正系統以達成原本目標，以及根據變動的需求來調整系統。不論是哪種情況，資訊部門會根據優先順序和預算來安排維護工作並實作變動的部份。維護工作也可以自行進行，或是委外處理。

開發資訊系統是提供給組織其他部門的一種服務。因此，資訊部門必須要能記錄使用者的想法和問題，安排優先順序、並且記錄解決情況。雖然這種追蹤和監督系統與基礎建設管理所提供的追蹤監督功能很類似，但是資訊部門通常會用不同的系統來管理這兩種功能。事實上，在較大型組織中，每個主要企業應用都有它自己的問題追蹤與監督系統。例如ERP可能有自己的系統，SCM又有一個，HR也有一個。

公司對舊有的系統需要特殊的維護活動。所謂舊有的資訊系統（legacy information system）並不是指它使用了多久，而是指這套系統是使用舊有的技術開發，但目前仍在使用。舊有的系統會存在是因為組織不可能因為有更好的技術出現，就把一套資訊系統汰換掉。

通常，舊有系統的維護僅限於因應新的稅法、會計程序、或其他必要需求的實作。雖然最終的計劃一定是要汰換掉舊有系統，但問題在於如何在汰換之前一直維持它們的運作。

整合企業應用系統

圖10-7的第三項要素是關於企業應用系統的整合。如第7章結束時的討論，EAI需要開發人員來建立軟體的中介層、甚至於中介的資料庫，才能促成獨立系統間的整合。因為這種工作需要對許多不同系統（包含舊有系統）的瞭解，企業通常會在內部進行這種工作，而不會委外處理。

管理開發人員

圖10-7的最後一項管理功能是開發人員的管理。圖10-8列出典型開發組的組織結構。當然，在較小型組織或是只有少量自行開發業務的組織中，這個組織的結構就會更簡單一些。如第6章所述，電腦程式設計人員或開發人員通常既是軟體的設計人員、也是軟體的程式人員。

現有應用系統開發人員的工作是以現有應用系統為主；他們的工作經驗通常比新應用系統的開發人員要少。圖10-8中的現有應用系統開發人員和新應用系統開發人員是分屬於不同的開發團隊。這種安排情況會根據現有和新開發專案的複雜度，而有相當大的差異。

產品品保（product quality assurance, PQA）工程師則是專長於軟體測試。在許多情況下，PQA工程師也是開發自動測試程式組的程式人員。因為應用系統修改之後必須經過徹底的測試，所以測試的自動化對生產力會有很大的幫助。

圖10-8的最後一組是技術文件撰寫者，負責開發產品安裝指示、說明文件、和其他的支援文件。

開發人員如程式設計師、測試工程師、和文件撰寫者，可能造成特殊的安全性風險，請參考「安全性導引」。

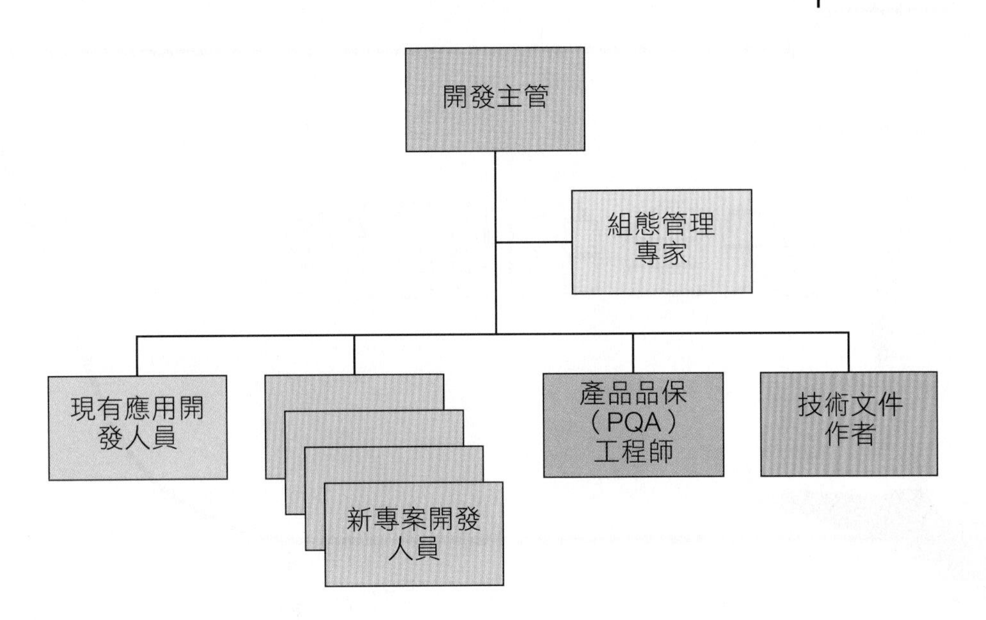

圖10-8
典型資訊系統開發組的組織結構

管理資料

資料和資料庫的管理功能聽起來很類似，但其實有相當大的差異。通常，資料管理（data administration）是與組織所有資料資產相關的功能；而資料庫管理（database administration）則是與特定資料庫相關的功能。典型較大型組織會有一位資料管理師和幾位資料庫管理師，例如一位負責ERP資料庫、一位負責SCM資料庫等等。

資料管理師和資料庫管理師意謂著每個角色都需要專人負責。通常，每個資料管理師或資料庫管理師職務會由一組員工擔任。這個小組的主管稱為資料管理師或資料庫管理師；而小組成員則是在資料管理室或資料庫管理室工作。

第4章討論了資料庫管理，下面將討論組織整體的資料管理功能，包含圖10-9中的四項主要責任。

定義資料標準

資料標準（data standards）是組織共享之資料項目的定義（或稱metadata）。它們描述了共享資料項目的名稱、正式定義、用途、與其他資料項目的關係、處理上的限制、版本、安全規範、格式、和其他特性。有時候，資料標準中還包括資料擁有者（data owner），也就是組織中與該資料項目關係最密切，並且負責控制其定義變更的部門。

表面上來看，建立資料標準看似不必要的官僚作業。但它絕非如此。事實上，缺乏經由書面記錄的已知資料標準，會造成大量重複的工作、資料的不一致、人力的浪費、和處理上的錯誤。

組織整體的功能：
- 定義資料標準
- 維護資料字典
- 定義資料政策
- 建立災變復原計劃

圖10-9
資料管理

安全性導引

安全的開發

所謂的自我驗證碼是對一組數字額外加上一或多個數字，用來驗證其他數字的正確性。以四碼的零件編號為例，如果將這四個數字相加，並且將總和附加在最後面，就可以組合出自我驗證碼。因此，零件編號1234會變成123410，因為1+2+3+4的和為10。如果有人輸入123411的零件編號，就立刻可以知道裡面有錯，因為1+2+3+4不等於11。大多數自我驗證碼都比這種做法複雜，但是你可以從這個例子瞭解它的概念。

廠商經常使用自我驗證碼來限制產品或電子服務的使用。例如當你安裝微軟Windows時，你必須提供序號，而這串數字就具有自我檢查碼的特性。安裝程式知道檢查碼的演算法，如果你輸入無效的序列時，它就可以判斷出來（當然，你可能很幸運地意外輸入一個有效編號，但是以微軟所使用的複雜演算法而言，這樣的成功機率應該很低）。這種編碼方式也用來限制對網站的存取。

討論問題

1. 假設你在一家金融機構工作，而且這家機構是使用自我檢查碼的帳號設計。請考慮下列威脅：

   情況A：有人竊取了你的設計架構，並且將它公布在可以公開存取的網站上。

   情況B：有人竊取了你的設計架構，並且用它來竊取你客戶戶頭的錢。

   你如何會發現情況A？你會如何發現情況B？在每個情況下，你會如何反應？何者是更大的威脅？

2. 假設對第1題的竊案調查中發現，自我檢查碼的設計架構是你的一位開發人員（程式人員、測試工程師、或技術文件作者）所偷竊並公開的。你會採取什麼行動？

3. 假設自我驗證程式是使用第6章所討論的SDLC開發方法論所開發。在開發這種程式時，這個流程的哪些特徵會讓嚴密的安全性發生問題。要如何做才能降低風險？

4. 如果你選擇獨立軟體廠商來開發建立自我驗證碼的程式，你的弱點會有改變嗎？這家廠商是國外廠商有差別嗎？你會如何回應這些風險？

5. 你從這些問題的答案可以得到什麼一般性的結論？

要瞭解原因，以一個簡單的sku_description資料項目為例。SKU代表庫存單位（stock-keeping unit），而sku_description是用來存放每個零件的描述。但它是什麼呢？如果沒有資料標準，某個應用系統可能在描述中包含零組件資料，另一個應用系統則可能將零組件放在不同的資料項目中。如果沒有標準定義，兩個不同的應用系統可能會使用不同的名稱來稱呼同一個項目。舉例而言，sku_description與sku_item_desc相同嗎？假設你是現有應用系統的開發人員，而且遇到一個資料項目稱為sku_desc_2002。這個資料項目跟current_sku_description有什麼關係呢？沒有資料標準，開發人員就必須浪費大量時間來嘗試將這些差異統整起來。

維護資料字典

為了解決像上述SKU描述之類的問題，幾乎所有組織都要維護一份資料字典。資料字典（data dictionary）是包含資料定義的檔案或資料庫。它的每筆記錄中包含一個標準資料項目；通常包括資料的名稱、描述、標準資料格式、說明、可能還有範例，如圖10-10。

如前所述，資訊系統會隨著企業需求的改變而演進。資料管理師必須要維護資料字典，以保持它的最新狀態。過時的記錄必須要移除，新項目要加入，而變動也必須記錄下來。如果沒有維護，資料字典這項基本工具就會失去它的價值。請注意如圖10-10中，sku_description的兩個版本。

定義資料政策

資料管理還與資料政策的建立與宣導相關。這些政策的範圍大小差異很大。下面是一些大範圍政策的例子：

- 「我們不會與其他組織共享可資辨識身分的顧客資料。」
- 「只有在法務部門核准的情況下才能和其他組織共享可資辨識身分的顧客資料。」
- 「員工資料不可以洩漏給未經人資部門核准的任何人。」

較狹義的資料政策與特定的資料項目相關。例如：「員工離職之後，他的資料至少要保存七年。」

當然，資料管理師不會自行無中生有地建立資料政策，而是與高階主管、法務部門、作業部門、和其他人一同決定。一旦企業建立資料政策之後，資料管理師會與適當的部門和員工溝通這些政策。資料政策也是會變動的；必須隨著企業的新政策、新系統、和新法律而改變。

資料項目名稱	資料項目描述	標準資料格式	說明	範例
sku_description	庫存單位的描述	字元；長度1000	不包含零組件	3/16吋一字起子，20 tpi，不鏽鋼
Sku_desc_2002	在2002年8月零件重整之前的庫存單位描述	字元；長度500	不再使用。所有描述都應該轉換到current_sku_description	
current_sku_description	在2002年8月零件重整之後的庫存單位描述	字元；長度1000	不包含零組件	3/16吋一字起子，20 tpi，不鏽鋼

註：還有其他常見欄位。有些資料字典會記錄資料擁有者、資料項目的別名、安全性要求、和額外的資料。

圖10-10
資料字典的欄位範例

災變復原計劃

災變復原計劃是要建立在發生地震、洪水、恐怖攻擊、或其他重大災變事件時， 復原資料和系統的計劃。這部分將在下一章做更詳細的討論。

你可以從前面的討論發現，管理資訊系統是個廣泛而複雜的任務。有些組織選擇將其中一些資訊系統功能委外。下一節將討論這種做法。

委外

委外（outsourcing）是雇用另外一個組織來執行某些服務的過程。委外的目的是希望節省成本、取得專業、以及節省管理時間。

現代管理學之父彼得·杜拉克曾經說過：「你的臥房可能是別人的客廳。」舉例來說，員工自助餐廳可能是個「臥房」；對大多數公司而言，經營員工餐廳不是企業成功的必要功能。例如通用電子（第7、8章）希望成為電子零件銷售的成本領導者；它並不想要經營員工餐廳。根據杜拉克的觀點，通用電子最好雇用另一家專長於提供餐飲服務的公司來經營這個餐廳。

因為餐飲服務是某些公司的「客廳」，這些公司比較能以合理的價格提供有品質的產品。雇用這家公司也讓通用電子的管理階層不需要花費心力在員工餐廳上 － 食物的品質、廚師的排班、餐具的取得、和廚餘的處理等等，都成為另一家公司的事。通用電子可以專注在成為電子業的成本領導者之上。

資訊系統委外

今日許多公司選擇將部份的資訊系統活動委外，圖10-11列出一些常見的理由，下面將分別討論。

管理利益

首先，委外是種取得專業的簡便途徑。假設組織想要以具有成本效益的方式將數千台使用者電腦升級，則組織必須要發展出自動化軟體安裝、無人式安裝、遠端支援、和其他可

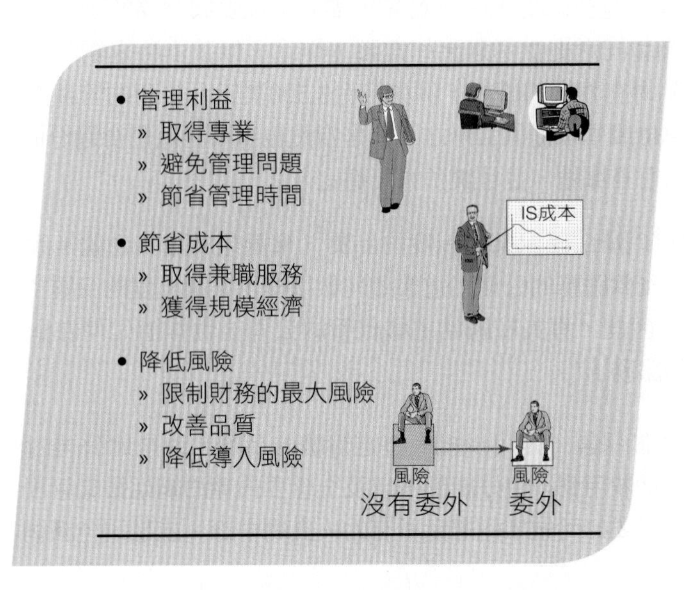

圖10-11
資訊系統服務委外的常見原因

以用來改善軟體管理效率的專業能力。發展這種專業相當昂貴，而且未必符合公司的策略方向。有效率地在數千台電腦上安裝軟體並不是公司的「客廳」。因此，組織可能選擇雇用一個專業公司來進行這項服務。

委外的另一個原因是要避免管理問題。假設通用電子希望開發網站服務，以便與供應商分享存貨資料。通用要如何雇用到適當的人員呢？它甚至不知道自己需要的是C++或HTML的程式設計師。即使公司能夠找到並雇用適當的人，它要如何管理他們呢？通用電子甚至不知道C++程式設計師在做什麼，它要如何為他們建立良好的工作環境呢？因此，通用可能會因為要避免去處理這類管理問題，而選擇雇用外部企業來開發並維護網站服務。

同樣地，有些公司選擇委外以節省管理者的時間和心力。假設通用透過網站執行大量的業務，而且需要很大的網站叢集來處理這些工作量。即使公司知道如何管理網站叢集，要取得適當電腦、安裝必要軟體、調整軟體效能、並且雇用和管理人員也都需要管理者花費相當的時間。

請注意，所需要的管理時間不僅僅是活動之直接主管的時間，還包含更高階主管批准採購和聘用的時間。此外，高階主管還必須花時間對網站叢集進行足夠的瞭解，以批准或拒絕這些採購。委外可以同時節省直接和間接管理時間。

節省成本

其他選擇委外的常見原因還包括節省成本。藉由委外，組織可以取得兼職的服務。一間只有25名律師的辦公室並不需要一位全職的網路管理者。它的確需要網管，但需要量相當有限。透過將這個功能委外，這個辦公室內的律師就可以取得他們這種規模所需的網管功能。

委外的另一項好處是獲得規模經濟。如果25個組織都自行開發自己的薪資應用，則當稅法改變時，就需要25個團隊去瞭解新的法規，修改軟體以符合法規，測試這些變更，並且撰寫文件說明變動的部份。然而，如果這25家組織都委外給同一家薪資系統廠商，則廠商可以一次完成所有的調整，而變更的成本就可以由這些組織共同分攤（而降低廠商所收取的成本）。

降低風險

委外的另一項原因是要降低風險。首先，委外可以限制財務的最大風險。在典型的委外合約中，委外廠商會同意提供透過諸如電腦工作站，以及由特定網路連結的軟體等。通常，每台新的工作站會有固定的成本，例如一台3,500美元。公司的管理團隊可能認為，他們有機會以更低的單位成本來提供工作站，但是當然也有可能他們會過份低估而造成災難。委外可以限制最高的財務風險，並且讓預算更穩定。

其次，委外也可以藉由確保某種程度的品質，來避免風險；也就是說，避免品質低於標準的風險。專長於餐飲服務的公司知道要如何做以提供某種程度的品質；例如它具有能確定餐飲衛生的專業。因此，專長在網站主機代管的公司，也知道如何在指定的工作負載之下，提供適當等級的服務。

請注意委外並不能保證一定可以提供特定等級的品質，或是比公司內部更好的品質。通用電子可能很幸運地雇用到一位好廚師，以及全世界最棒的網站叢集管理者。但是一般而言，專業委外公司知道要如何做才能避免所有的人食物中毒，或是避免讓網站伺服器整整當機兩天。此外，如果沒有達到最低的品質要求，要換一家廠商也比要開除一名員工再雇用新人要來得容易。

最後，組織也可能為了降低導入風險而選擇將資訊系統委外。雇用外部廠商可以降低選錯硬體、軟體、用錯網路協定、或是沒有正確實作稅法的變動等風險。委外會將所有這些風險彙總成選擇正確廠商的風險。一旦企業選好廠商之後，進一步的風險管理就是由廠商負責了。「MIS的使用10-2」中描述了Hewitt Associates這家委外廠商的服務。

然而，不是所有人都同意委外的好處，請參考「反對力量導引」。

跨國委外

許多總部設在美國的企業已經採取跨國的委外。例如微軟和Dell就已經將它們客戶支援活動的主要部分都委外給位於美國之外的公司。印度是個常見的來源，因為它擁有大量受過

MIS的使用10-2

Hewitt Associates, Inc.

位於伊利諾州的Hewitt Associates，主要是針對人力資源（HR）提供委外服務。這家公司成立於1940年，最初是提供員工津貼管理。這些年來，它逐漸擴展到HR管理、醫療、薪資、和退休方案等產品和服務。Hewitt在35個國家雇用了超過19,000人，2004年的營收超過22億美元。

Hewitt的大多數客戶都是大型企業。Hewitt的HR委外技術主管Steve Unterberger說：「我們專注、而且專長在大型雇主市場。根據我們的定義，他們的員工數為15,000到20,000人以上，最高可能到150,000或250,000人。」Unterberger宣稱這些公司會選擇Hewitt，是因為它提供HR系統的成本比這些公司自行提供要低，而且所提供的服務品質更高。此外，委外也不需要投資資本。

HR委外的需求在2004年下半年有驚人的成長。Unterberger相信這是因為Hewitt的口碑一直在持續成長：「那些早期採用的客戶有足夠的成功故事，所以那些在場邊觀戰的人在跟他們聊過之後，已經準備好要加入主流和領先的潮流。」

典型的銷售週期為3到12個月，Unterberger表示，在這段期間，潛在客戶需要在三項關鍵因素獲得一再的保證。首先，他們希望承諾能對現有成本的大幅縮減。潛在客戶必須知道這不會是小小的零頭而已。其次，他們必須相信Hewitt可以提供對其企業文化有效的HR服務。像Hewitt的這種大型客戶都有其獨特性，他們必須瞭解Hewitt的HR服務如何發揮作用。第三點，潛在客戶希望知道委外能提供新的專業和改進的服務。Unterberger指出：「你不能只是舊瓶裝新酒就算了。」

一項主要的挑戰在於這些與Hewitt連絡的人，也就是工作改變幅度最大的那一群人。Unterberger說：「要獲得這些服務的最大效益，是一連串非常複雜的連鎖反應。它需要一些時間，一些堅持，很好的溝通技巧，和很好的溝通計劃。」

在2005年1月接受訪談時，Unterberger預測了一個美好的未來：「我們會看到更多觀望者進入市場。我們現在的趨勢將會繼續。我們正在衝浪而起，而未來12到18個月間的浪潮將會相當的高。我不認為這只是個異常的小突波。越來越多的主流者將會投入這個行列。」

資料來源：www.EcommerceTimes.com/sotry/39468.html，E-Commerce Times ® and ECT News Network授權使用，Copyright 2005 ECT News Network。

委外只是美夢一場嗎？

人們常拿自己來開玩笑。只要付出固定的錢給某個廠商，所有的問題就迎刃而解，這樣的情況聽起來真美好。每個人都有他所需要的電腦，網路從來不當，而你也不用再忍受另一場關於網路協定、HTTP、和最新蠕蟲的會議了。你已經進入資訊系統的天堂了。

「可惜它不會如此運作。你只是用一組問題去換了另一組問題。以電腦基礎建設委外為例，委外廠商會做的第一件事情是什麼？它得雇用目前所有為你工作的人。還記得公司那個又懶又笨的網管人員？那個似乎從來沒有做成什麼事的傢伙？好啦，他現在以你委外廠商員工的身分，又回來了。只是他現在多了個藉口：「公司政策不允許我這樣做。」

「所以委外廠商透過雇用你的員工來取得他們的第一線員工。當然，委外廠商會說，他會提供管理上的監督，如果有員工表現不佳，他就得走路。所以，你真正委外的是同一批資訊人員的中階主管。但是，你沒辦法確定他們所提供的管理者是否真的比你自己的更好。」

「此外，你認為你之前有官僚問題？每個廠商都有一套表單、程序、委員會、報表、和其他的管理『工具』。他們會告訴你得要根據標準藍圖做事。他們必須這樣說，因為如果他們讓所有組織各行其是，他們自己就沒辦法取得什麼槓桿效應，也就無法賺錢了。」

「所以現在你付錢給原本的員工來提供服務，而這些員工現在是由委外廠商付錢的陌生人來管理。委外廠商考核這些管理者的標準是他們有多遵守其利潤產生程序？能夠多快將你的作業轉換成其他客戶的相同版本？這真的是你想要的？」

「假設你終於想通了，而且想跳出來，現在要怎麼辦呢？你要如何取消委外協議？所有關鍵知識都在委外廠商的員工腦中，而他們可沒有為你效勞的理由。事實上，他們的雇用合約可能也禁止他們這麼做。所以現在你必須承接自己公司的現有作業，雇用人員來填補這項功能，並且重新學習過去你已經學過的那些事情。」

「饒了我吧。委外只是一場美夢，昂貴地跳脫你的責任。這好像在說：「我們不知道要如何管理公司中的重要功能，所以交給你吧！」你無法透過雇用某人來幫你管理，就脫離掉資訊系統問題。至少，你會在意自己的底線。」

討論問題

1. 在開始新的委外安排時，雇用組織現有的資訊人員是個常見的做法。這種做法對委外廠商的好處是什麼？對組織的好處呢？
2. 假設你在一家委外廠商工作，你要如何回應關於你的管理者只在意雇主（委外廠商）的看法，而不是真正為組織做了些什麼的指控？
3. 考慮這段話：「我們不知道要如何管理公司中的重要功能，所以交給你吧！」你同意這段話的觀點嗎？如果這是真的，它真的不好嗎？為什麼呢？
4. 說明委外廠商如何達成其客戶組織無法達到的規模經濟。這個現象有提供足夠的委外理由嗎？為什麼呢？
5. 資訊系統基礎建設委外跟公司員工餐廳委外有何相似之處？有何相異之處？你對基礎建設委外可以得到哪些一般性的結論？

良好教育的英語族群，可以用相對於美國20%到30%的人力成本來運作。另外還有其他可能的國家。事實上，透過現代的電話技術和網際網路所促成的服務資料庫，一通服務電話可以從美國開始，在印度處理一部分，然後交給新加坡，最後由英國的員工完成。客戶只知道他在線上等了一小段時間。

跨國委外對於必須24小時運作的客戶支援和其他功能特別有用。例如Amazon.com就在美國、印度、和愛爾蘭設置客戶服務中心。當美國到了晚上，就由當時為白天的印度客服人員負責處理電話。等印度到了晚上時，愛爾蘭的客服代表就負責處理美國東岸早晨的來電。如此，公司就可以提供24小時的服務，但不需要有員工值夜班。

不過，跨國的IS/IT委外還存在一些爭議。將製造網球鞋的工作移往新加坡，或者雇用印度的客服人員是一回事；但是當IBM宣佈它要把將近五千個電腦程式設計工作移往印度時，可就是非常驚人而痛苦的事了。有些人認為將這種高科技、高技術的工作移往海外是對美國技術領導地位的一種威脅；有些人則認為這只是經濟因素在引導，要將工作放在最有效率的地方。

委外的可能選擇

組織已經找出了數千種將資訊系統或部份資訊系統委外的不同方式。圖10-12是根據資訊系統元件來分類的主要可能方案。

有些組織將電腦硬體的取得和運作委外。EDS（Electronic Data Systems）公司已經成功的擔任超過20年的硬體基礎建設委外廠商。圖10-12是另一種可能方案：網站叢集電腦的委外。

取得授權軟體，如第3和第6章的討論，也是一種委外的形式。與其自行開發軟體，組織可以向其他廠商取得授權。這種授權讓軟體廠商可以將軟體維護成本分攤給所有的使用者，以降低所有使用者的成本。

另一種委外的可能方案是將整個系統委外。PeopleSoft因為將整個薪資功能委外而造成轟動。在這種解決方案中，廠商會提供硬體、軟體、資料、和一些程序，如圖10-12所示。公司只要提供員工和工作資訊；薪資的委外廠商則負責其他的工作。

網站店面是另一種形式的應用委外。例如Amazon.com就提供網站店面給選擇不要自行開發網站的廠商和經銷商。在這種情況下，廠商和經銷商並不是支付固定費用給店面服務，而是支付一定比例的銷售收入。這種網站服務代管已經成為Amazon.com的主要利潤中心。

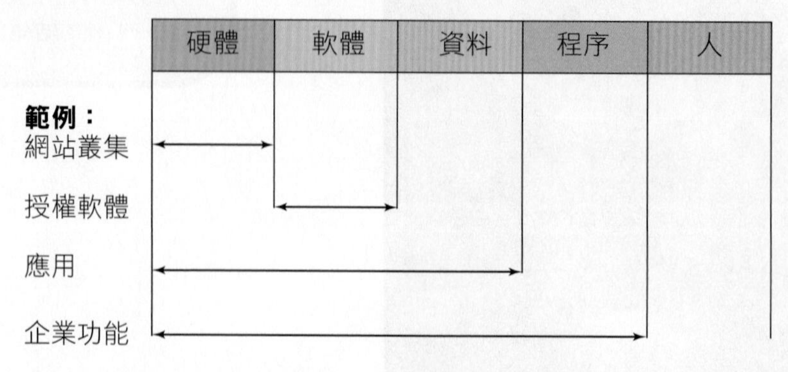

圖10-12
IS/IT委外的可能方案

最後，有些組織會選擇將整個企業功能委外。例如過去許多年間，很多公司都將安排員工出差的功能委外給旅行社。這些委外廠商有些甚至會在企業大樓中建立辦事處。近來，企業開始將更大、也更重要的企業功能委外。例如在2005年，萬豪集團（Marriott International）選擇Hewitt Associates來處理未來七年的人力資源需求。這種協議的範圍不只是資訊系統的委外，但資訊系統仍是委外之應用的重要元件。

選擇委外是個艱難的決定。事實上，很難知道什麼才是正確的決策，但是時間和事件可能會迫使企業作出決定。有時候你就是不知道什麼是正確的決定，但還是必須選擇一個行動的方向。「解決問題導引」討論了其中的一些情況。

委外的風險

既然委外有這麼多好處，和這麼多不同的可能選擇，你可能會懷疑為什麼公司還要有自己的IS/IT功能。事實上，委外也有相當大的風險，如圖10-13。

失去控制

委外的第一項風險就是失去控制。委外會讓廠商處於主導的地位。每家委外廠商都有它服務的方法和程序。例如硬體基礎建設廠商會有標準表單和程序來申請電腦、記錄和處理電腦問題、或是提供電腦的日常維護。一旦由廠商主控，員工就必須遵守。

當員工餐廳委外時，員工只能選擇廠商烹煮的食物。同樣地，在取得電腦硬體和服務時，廠商支援什麼，員工也必須接受。當員工想要的東西不在廠商的清單上時，他只有自認倒楣了。

委外廠商選擇他所想要導入的技術。如果廠商因為某些原因，在導入重要新技術的時候相當遲緩，則雇用這位廠商的組織就會比較慢取得新技術的好處。組織可能發現因為它無法提供跟競爭者相同的服務，而處於競爭的劣勢。

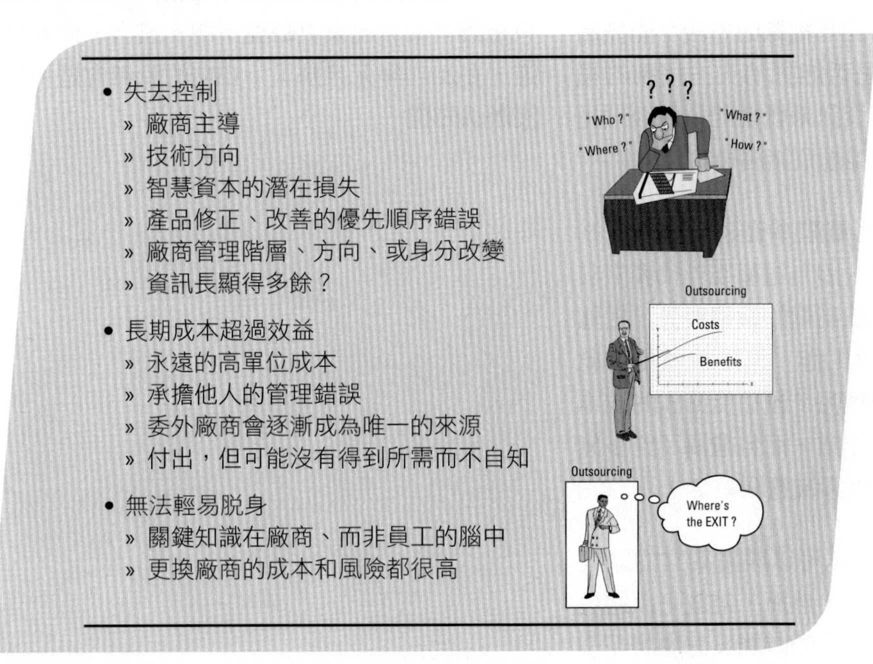

圖10-13
委外的風險

解決問題導引

如果你就是不知道呢？

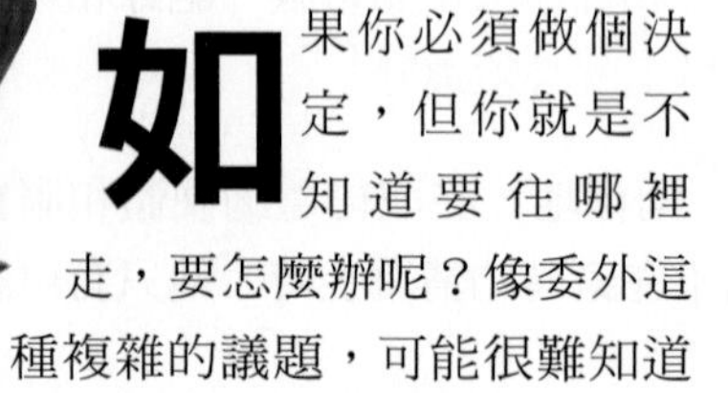

如果你必須做個決定，但你就是不知道要往哪裡走，要怎麼辦呢？像委外這種複雜的議題，可能很難知道什麼才是正確的決定。在許多情況下，再多的分析也無法真正降低不確定性。

你可以將委外視為是一個典型、複雜、而實際的決策問題。問題在於委外是否能為組織節省錢？能控制財務最高損失範圍的好處，是否能抵消失去控制的損失。或者，組織想要避開管理資訊系統功能，是否只是因為你想把資訊系統的這一團混亂置諸腦後？

假設資訊長頑固地反對將電腦基礎建設委外。為什麼呢？他很明顯會存有偏見，因為這種委外代表對其部門的大幅縮編，以及他個人控制權的嚴重喪失。對他而言，這甚至意謂著他會丟掉工作。但是否僅是如此呢？或者他的意見真的也有道理呢？預估能節省的成本會實現嗎？或者它們只是紙上作業，而且遺漏了許多無形的因素呢？是否也有有形的因素被遺漏呢？

你還可以做其他的調查；你可以雇用獨立的顧問來檢視這個情況，並且提供建議。然而，這就可以避免這些問題嗎？此外，如果沒有足夠的時間又怎麼辦呢？網路又當了兩天，這是本季的第三次了！你必須要採取一些行動。但是做什麼呢？把問題在主管會議提出？他們也不會知道。這只是逃避困難決策的另一種方法而已。你必須要自己決定。

有時候，受過較高的教育也會幫倒忙。學校教你多做些研究、另一份報告、或再多一些分析，就會幫你找出更好的答案。但是許多決策並不是如此。我們可能沒有足夠的時間或金錢再做一些研究，或者多一些研究只是讓答案看起來更晦澀不明。或者，你就是沒辦法知道。在2010年元旦那天，IBM的股價會是多少？你就是沒辦法知道。

討論問題

1. 假設你是資訊長，而且你根據你認為合理的觀點反對委外的建議。假設你知道指導委員會的所有成員都認為你是因為自己部門將會縮編而有所偏頗。你要如何增加自己的可信度？

2. 假設你是指導委員會的一員，而且你知道資訊長對委外提案心懷偏頗。你可以詢問哪些問題來判斷他的偏見對其立場的影響程度？

3. 描述你曾經心懷偏頗，而且儘管如此，仍必須讓其他人相信你的情境。你做了什麼？它成功了嗎？

4. 假設你必須做出某個決策，但是你不知道自己還需要什麼資訊才能有信心地做出決策。考慮錯誤的成本會有幫助嗎？考慮還原錯誤的成本會有幫助嗎？要怎麼做呢？

5. 有些高階主管說：時間總是比你所想像的更多；你總是可以找出一些拖延的方法來給自己多點時間。有些高階主管則說決斷力是很重要的；在必須的時候盡己所能地做出決策；然後就移往下一個議題。在處理此處所描述的情況時，你會選擇哪種觀點？為什麼？

6. 有種說法是：有些人就是比較好的決策者 － 在只有很少資料的情況下，有些人就是有本領做出很好的決策。另外的看法是：其實並沒有這種差異；只是有些人的運氣比較好。或者，有些人就是有本領把自己的事情管好，讓他們不必在只有很少資訊的情況下做決策。你認為呢？

7. 在前述情境中，執行長覺得很沮喪，並且想把一團混亂的資訊系統都丟到腦後。他的情緒如何影響他的決策過程？你認為情緒在決策中會扮演什麼樣的角色？

另一項憂慮是關於智慧資本的潛在損失。公司可能需要對委外廠商的員工揭露私密的商業機密、方法、或程序；而廠商在正常作業下，可能會將員工調動到你的競爭對手，此時，公司可能就會有智慧資本上的損失。這種損失並不是因為智慧竊盜；它可能只是因為廠商的員工在你的公司學到一種更好的新方法，然後應用在你的競爭對手上。

同樣地，所有軟體也都會有故障和問題。品質良好的廠商會追蹤這些故障和問題，並且根據一組優先順序來修正。當企業將系統委外時，它將不再擁有控制這些修正之優先順序的權利；這種控制權現在屬於廠商了。對組織很重要的修正可能對委外廠商的優先順序很低。

其他的問題還包括委外廠商可能會改變管理階層、改換不同的策略方向、或是被併購。當這些變動發生時，優先順序可能會改變，而且在某段期間配合良好的委外廠商，可能會在改變方向後變得很不適合。當發生這些情況的時候，要更換委外廠商可能非常困難，而且昂貴。

最後一項失去控制的風險是公司的資訊長可能變得多餘。當使用者需要的關鍵服務委外時，資訊長就必須要請廠商回應。逐漸地，使用者知道直接跟委外廠商打交道會更快，而資訊長很快就會被排除在溝通迴路之外。此時，廠商實質上已經取代了資訊長，而資訊長變成是個有名無實的主管。然而，委外廠商的員工是隸屬於不同的公司，自然比較偏袒自己公司的利益。因此，重要的管理者與管理階層的其他成員未必有共同的目標；這可能導致偏頗、不良的決策。

長期成本超過效益

委外最初的效益看似驚人；它可能包括對財務風險的設限、管理階層時間和心力的節省、以及許多管理和人員問題的排除（委外廠商非常可能會承諾有這些效益）。委外可能看似好到難以置信。

事實上，它真的也可能難以置信。一方面，雖然固定成本確實可以限制財務風險，但也可能排除掉規模經濟的效益。如果網站店面的業務一飛沖天，而公司的伺服器需求突然從20台成長為200台，則組織必須付出支援單一伺服器之固定成本的200倍。然而，由於規模經濟效益，支援200台伺服器的成本可能遠少於支援20台伺服器成本的10倍。

此外，委外廠商也可能會改變它的訂價策略。最初，組織會向數個委外廠商招標。但是當贏得標案的廠商對企業的瞭解加深，並且與組織的員工間發展出關係之後，其他廠商要競爭後續的合約就很困難了。這家委外廠商逐漸成為實質上唯一的來源，在沒有太多的競爭壓力之下，它很可能會抬高價格。

另一個問題是組織可能會發現自己要承擔他人的管理錯誤，但追討無門。如果委外廠商管理不善或是在其他方面失敗，成本就會增加。此時，原本很有道理的委外安排就變得不合理了。但是要更換到另一家廠商的成本和風險都很高。

Don Gray是境外軟體開發的專家；他警告說常見的問題是境外廠商缺乏管理專業：「如果你簽下200小時的程式設計合約，你可能拿到那麼多時間，但是並沒有得到管理這些時間所需的專業（註1）。」當選擇雇用委外廠商時，組織就失去了對委外廠商所有管理效能的能見度。組織與委外廠商的合約可能讓組織為大量的無效率付錢而不自知。最終，這種情況會導致企業比不需要負擔這種無效率的組織更沒有競爭力。

無法輕易脫身

委外的最後一類風險是與協議的終止相關。要脫身並不容易。一方面，委外廠商的員工已經取得對組織的重要知識。他們知道客戶支援的伺服器需求，他們知道使用的模式，他們也知道將作業性資料下載到資料倉儲的最佳程序。最終，缺乏相關知識會讓組織很難將已經委外的服務搬回來自己做。

此外，因為廠商已經如此緊密地與企業整合，與其分離的風險可能很大。關閉員工餐廳數週再尋找新的餐飲業者可能會被埋怨，但員工總能撐的過去。然而，關閉企業網路幾週可是不可行的；企業會撐不過去。因為有這種風險，公司必須投資相當大量的工作、重複的心力、管理時間、和費用，才能轉換到另一家廠商。事實上，選擇委外廠商可能是條不歸路。

雖然有這些風險，但委外和組織專業化的風潮似乎仍在繼續。它會止於何處？請參考「深思導引」的討論。

使用者的權利和責任

本章摘述了你對資訊部門的權利與責任。圖10-14中列出了你應該有的權利和貢獻。

你的權利

你有權利擁有讓你順暢地執行工作所需的電腦資源。你有權要求所需的電腦硬體和程式。如果你要處理資料探勘應用的大型檔案，就有權利要求所需的大型磁碟和快速的處理器。然而，如果你只是要收發電子郵件，以及瀏覽企業入口網站，那你的需求就應該比較「簡樸」（將更好的資源留給組織中需要的人）。

你有權利要求：

- 讓你流暢執行工作所需的電腦硬體和程式
- 可靠的網路和網際網路連線
- 安全的運算環境
- 對病毒、蠕蟲、和其他威脅的防護
- 對新系統功能提出需求
- 可靠的系統開發和維護
- 對問題、關切、和抱怨的迅速處理
- 適當安排優先順序進行問題修正和解決方案
- 有效的訓練

你有責任應該：

- 學習基本電腦技能
- 學習所使用之應用的標準技術和程序
- 遵循安全性和備份程序
- 保護你的密碼
- 根據雇主的電腦使用政策來使用電腦資源
- 不要做未經授權的硬體修改
- 只安裝經過授權的程式
- 在收到指示時執行軟體修補程式和修正
- 在被詢問新系統功能需求的時候，投入所需的時間以細心而完整地回應。
- 避免提出微不足道的問題

圖10-14

使用者對資訊部門的權利和責任

* 註1：Don Gray於2003年5月與本書作者的對話。

最近媒體上一個流行的話題，是關於境外的委外正在摧毀美國的勞工市場。它的標題往往是「拯救失業」之類字眼。然而，更詳細檢視可以發現，境外的委外並不是罪魁禍首。首先，Brainard和Litan引述的研究指出，組織從現在到2015年間，會將大約25萬個工作移往海外（註2）。雖然這聽起來似乎很多，但是考慮美國共有1億3千7百萬名勞工，而且有1千5百萬名美國人是因為其他因素而失業，那麼25萬個工作其實並沒有聽起來這麼嚇人。

真正的罪魁禍首（如果真要使用這個字眼的話）並不是境外的委外，而是生產力。因為資訊科技、莫爾定律、和你在本書中所學到的所有資訊系統，使得勞工的生產力持續增加，而可能造成經濟的復甦，但不需要新增大量的勞動力。

澳洲的經濟學者Joseph Schumpeter將這種過程稱為「創造性破壞」，並且指出它們是自由市場的清道夫（註3）。經濟過程的運作會移除掉不必要的工作、企業、甚至於產業，以維持經濟的成長和繁榮。事實上，日本和一些歐洲國家在1990年代就是因為缺乏這種過程而阻礙了成長。

（順帶一提，這裡有一點具有反諷意味，因為創造性破壞促成了第一套資訊系統的出現。這個系統是在1970年代法國所雇用的一組人類「計算者」所組成，以便為當時剛出現的公制系統計算出科學表格。根據Ken Alder的說法，這些計算者原本都是因為法國大革命而失業的假髮製造商（註4）。斷頭台不僅減少了假髮的市場，也讓貴族式的髮型不再流行。因此，假髮製造商才成為計算者。）

就經濟學理論而言，創造性破壞的概念並沒有什麼問題，但是當你是21世紀最前面10年的學生時，又該怎麼做呢？你要如何回應工作轉型和移動的變動呢？你可以借鏡1930年代的鐵路。當時，它們正被航空運輸殺得措手不及。在現在已是經典的行銷錯誤中，鐵路業者將它們視為是鐵路運輸的供應商，而不是更廣義的運輸供應商。它們原本有很好的機會能利用航空運輸的機會，但是它們什麼也沒有做，最終被新的航空公司打倒。

這要如何應用在你的身上呢？如同你所學到的，MIS是開發和使用資訊系統，以便讓組織能達成它們的目標。當你使用資訊系統工作時，你不是特定系統或技術的專業人員，而是系統的開發人員和使用人員，要協助組織達成它的目標。

* 註2：Lial Brainard and Robert Litan, "Services Offshoring Bane or Bone and What to Do?" CESifo Forum, Summer 2004, Vol. 5, Issue 2, p. 307。
* 註3：Joseph Schumpeter, Capitalism, Socialism, and Democracy (New York: Harper, 1975), pp. 82–85。
* 註4：Ken Alder, The Measure of All Things (New York: The Free Press, 2002), p. 142。

舉例而言，假設你的工作會使用一套以EDI為基礎的採購資訊系統。如果你將自己視為是EDI的專家，那你就註定完蛋了，因為如同第8章所言，EDI將會被XML所取代。如果你將自己定位為XML的專家，會比較好嗎？並不會，因為XML總有一天會被其他東西所取代。撰寫XML架構的工作可以輕易地移轉到境外。反之，請將你自己更廣義地定義為專長在使用EDI、XML、或Gizmo 3.0等任何東西來協助你的公司達成它的目標。

根據這個角度，你在本課程所學到的技術能夠協助你開始你的事業。如果以資訊系統為基礎的生產力是正在剷除傳統工作的推土機，請利用你在這裡的所學登上推土機。不是以技術人員的身分，而是以能夠利用這台推土機來開拓事業的商務人士身分。

在採購這個例子中，如果這個企業是使用XML來達成其目標，則學習XML並應用這些知識可以協助你取得這份工作。但是要知道XML僅能協助你取得工作；它只是讓你有個起點而已。你的長期成功並不在於你對XML的知識，而是在於你思考、解決問題、和使用技術與資訊系統來協助公司達成目標的能力。

討論問題

1. 描述境外委外問題被過度誇大的五種方式。
2. 簡單說明「罪魁禍首」不是境外委外，而是生產力的論點。
3. 為什麼將境外委外當做罪魁禍首是不正確的？
4. 說明創造性破壞的現象。
5. 為什麼如果你將自己定義為EDI或XML專家，則你的事業前景會受到影響？你應該如何定義自己？
6. 將你在第5題的回答應用在一些其他的技術或系統之上。你可以使用IPv6（第4章）、CRM（第7章）、SCM（第8章）、決策樹（第9章）、或是其他的技術。
7. 說明你如何使用第6題的一種技術來開始自己的事業。要能夠成功，你必須保持什麼樣的立場？

你有權利要求可靠的網路和網際網路連線。可靠意謂著幾乎所有的時間都可以進行處理而不會有問題。它表示你不會在上班的路上還想著：「網路今天不知道能不能用？」網路問題應該要很少發生。

你還有要求安全運算環境的權利。組織應該保護你的電腦和檔案，而且正常的情況下，你甚至不必要去思考安全性的問題。偶爾，組織可能會要求你採取特定的行動來保護你的電腦和檔案，而你也應該去採取這些行動。但是這種請求應該不多，而且只是與特定的外部威脅相關。

你有權利參與未來會用到之新應用系統的需求會議，以及目前所使用應用系統的重大變動會議。你可以選擇將這項權利交由他人代行，或是你的部門可能會為你代行這項權利，但即使如此，你仍有權利透過代理人貢獻你的想法。

你有權利要求可靠的系統開發和維護。雖然在許多專案，時程落後一兩個月相當平常，但你應該不需要忍受落後超過六個月以上的時程。這種落後是系統開發無能的證據。

此外，你對資訊系統的問題、關切、和抱怨，應該要能獲得迅速的處理。你應該有呈報問題的途徑，並且有權知道你的問題已經收到，或至少已經由資訊部門登錄。你有權利要求根據設定好的優先順序來解決你的問題。這也意謂著你進行工作時遇到的煩人小問題，應該被排在會中斷某人工作的問題之後。

最後，你有接受有效訓練的權利－這應該是你可以瞭解，並且能協助你使用系統來進行特定任務的訓練。組織應該以你方便的方式和時間來提供訓練。

你的責任

你也有對於資訊部門和組織的責任。更具體而言，你有責任去學習基本的電腦技能和所使用之應用的基本技術和程序。你不應該期望別人耐心地教導你最基本的操作，或是針對同樣問題提供重複的訓練和支援。

你有責任去遵循安全性和備份程序。這項責任特別重要，因為你無法做到的結果可能會造成你自己、同儕、和組織的問題。你尤其有責任要保護自己的密碼。在下一章中，你會學到這不僅僅是對保護你的電腦很重要，而且由於有跨系統認證的關係，所以這對於保護組織的網路和資料庫也很重要。

你應該要根據雇主的電腦使用政策來使用電腦資源。許多雇主允許在工作時接收一些與親友相關的重要電子郵件，但並不鼓勵頻繁和冗長的閒談郵件。你有責任去瞭解並遵循雇主的政策。

你不應該對你的電腦進行未經授權的硬體修改，並且應該只安裝經過授權的程式。如同本章稍早所述，這項政策的理由之一是讓資訊部門能夠建立電腦升級所需的自動化維護程式。未經授權的硬體和程式可能會干擾這些程式。此外，安裝未經授權的硬體或程式也可能會造成問題，而必須由資訊部門負責修復。

你有責任要在收到指示時執行軟體修補程式和修正，尤其是當修補程式關係到安全性或備份和復原時更為重要。當被要求提供新系統和系統修正的需求時，你有責任要投入必要的時間以提供細心而完整的回應。如果你沒有時間，應該要將這項責任交付給另一個人代理。

最後，你應該要用專業的方式來對待資訊人員。每個人都是為同一間公司工作，每個人都希望成功，而專業和禮貌是永遠都需要的。專業行為的一種形式是去學習基本的技能，以避免提出真的非常不值得一提的問題。

Davidson Distribution（後續）

還記得那位抱怨資訊部門的電腦成本和其他限制的員工嗎？假設你是他的主管，你要如何回應呢？

一個方式是站在資訊部門的立場，解釋為什麼標準很重要，以及遵循這些規範最終能替組織省下成本的原因。另一個方式是讓你的員工提出一份不同方案的建議書，這種方式可能可同時兼顧標準化的需要，又能讓員工有較大的空間自行採購他們的電腦。還有一種方式是與資訊部門討論這個問題，並請他們負責回應你的員工。這些都是可能的方法。

本章摘要

- 資訊部門的主要功能是規劃資訊科技的使用，以達成組織的目標；管理組織的運算基礎建設；開發、運作和維護企業應用系統；保護組織的資訊資產；和管理委外關係。
- 資訊部門的主要管理者是資訊長。在大多數企業中，資訊長會直接向執行長報告，並且是高階主管團隊的一員。資訊長會與高階主管溝通資訊系統／資訊科技議題；在資訊部門中溝通並強制實施優先順序；根據優先順序評估新技術，並主辦及贊助指導委員會。
- 圖10-2是典型的資訊部門組織架構。技術長負責尋找與組織相關的新資訊科技產品和構想。
- 資訊系統和資訊科技並不相同。資訊系統是由五項元件所組成，用來協助組織達成其目標。資訊科技只是技術，它是資訊系統的基礎。
- 資訊部門有不同的規劃功能。它必須協助組織資訊系統與組織策略的調配，並且在組織變動時保持系統的適配性。
- 資訊部門要管理電腦基礎建設，使它能配合組織的結構和動力學；要建立和維護使用者自建系統的工具；並且建立、運作、和維護電腦網路、運算中心、資料倉儲、和資料市集。要完成這項功能，資訊部門要建立標準、追蹤使用者問題和監控修正情況、並且管理基礎建設人員。

- 要開發、運作、和維護企業應用系統，資訊部門要管理新應用系統的開發流程。它還要維護舊有應用系統，並提供EAI應用系統的連結能力。這個過程包含根據需求來調整資訊系統，追蹤問題並監控修正，以及管理開發人員。
- 資料管理和資料庫管理屬於資訊部門保護組織資訊資產的功能。資料管理是以整個組織為對象；它會建立並發佈資料標準和資料政策，並且建立災變復原計劃。資料庫管理是針對特定資料庫，負責決定使用者的資料權責、建立資料庫安全計劃、並且建立資料庫備份和復原計劃。
- 委外是雇用另一個組織來執行某項功能或服務的過程。企業會將硬體、程式、應用、甚至於整個企業功能委外。委外的主要理由包括取得專業、避免管理問題、節省成本、和降低風險。主要問題包括失去控制、長期成本高、以及難以輕易從委外協議中脫身。
- 身為資訊系統、設施、和服務的未來使用者，你具有圖10-14所列的權利和責任。簡而言之，你有權利要求執行任務所需的電腦設備和運算環境。你有責任要以專業並且能保護使用者整體社群的方式來使用資訊系統。

關鍵詞

Chief information officer（CIO）：資訊長

Chief technology officer（CTO）：技術長

Data administration：資料管理

Data dictionary：資料字典

Data standards：資料標準

Database administration：資料庫管理

Legacy information system：舊有資訊系統

Outsourcing：委外

Steering committee：指導委員會

學習評量

複習題

1. 列出資訊部門的主要功能。
2. 資訊長通常向誰呈報？
3. 畫出典型資訊部門的組織圖。
4. 說明資訊系統和資訊科技的差異。
5. 舉出一個資訊系統與組織策略不調和的例子。
6. 為什麼優先順序對於控制技術的誘惑很重要。
7. 列出資訊部門管理運算基礎建設的主要功能。
8. 為什麼標準對管理運算基礎建設很重要？
9. 說明在管理良好的資訊部門如何追蹤和監督問題。
10. 畫出典型作業組的組織架構。
11. 列出資訊部門管理企業應用的主要功能。
12. 區分資訊部門在開發新應用和管理舊時應用上的角色。
13. 維護一詞在資訊系統上的意義為何？
14. 畫出典型開發組的組織架構。
15. 什麼是資料政策？請舉出本章之外的一個例子。

16. 什麼是委外？

17. 企業為什麼會選擇委外？

18. 「你的臥房是別人的客廳」這句話是什麼意思？

19. 比較運算基礎建設和員工餐廳的委外。它們有哪些相同之處？有哪些相異之處？

20. 說明委外在管理、成本、和風險上的優點。

21. 說明圖10-12中，四個箭頭的意義。

22. 摘述委外在失去控制、長期成本、和脫身策略上的風險。

23. 摘述你身為資訊系統和服務使用者的權利。

24. 摘述你身為資訊系統和服務使用者的責任。

應用你的知識

25. 根據本章內容，資訊系統、產品、和技術並不具有可塑性；它們很難改變或調整。你認為除了資訊長之外的其他高階主管會如何看待這種缺乏可塑性？例如你認為在企業合併時，資訊系統看起來如何？

26. 假設你代表一個投資集團，正在併購全國的醫院，並且將它們統整為一個系統。列出與資訊系統相關的五項潛在問題和風險。你認為在這種購併計劃中，資訊系統相關風險與其他風險相較起來如何？

27. 當企業方向快速改變時，資訊系統會發生什麼情況？其他部門對資訊系統會有什麼印象？當企業策略經常變動時，資訊系統又會發生什麼情況？你認為這種經常性的變動對資訊系統造成的問題會大於其他的企業功能嗎？為什麼呢？

28. 考慮下面的陳述：「在許多方面，選擇委外廠商都是一條不歸路。」說明這句話的意思。你同意嗎？為什麼呢？

29. 說明你會如何回應在Davison Distribution公司中，抗議員工是被迫收下電腦的那名員工。你可以考慮案例中列出的因素，但不必侷限於這些因素。

應用練習

30. 假設你是一家生產輸送帶、推車等工業搬運設備之小型製造商的員工。假設你的公司在產品設計、製造、銷售、和行銷等標準功能中雇用了80名員工。你隸屬於會計部門，並且被要求建議三家管理員工401（K）退休方案的委外廠商。使用網站來回答下列問題：

a. 說明401（K）退休方案的內容。

b. 列出三家提供這種方案委外服務的廠商。

c. 摘述b中每家廠商的產品內容。

d. 比較c中每項產品的成本。

e. 根據你手上的資料，摘述d中每個可能方案的優缺點。如果需要的話，請自行假設並加以說明。

31. 
假設你為第30題的企業之資訊部門服務。你的部門想要購買軟體產品來記錄電腦設備和程式。使用網站回答下列問題：

a. 找出提供所需軟體的三家公司。

b. 描述每家公司所提供的產品。

c. 比較b中每種方案的成本。

d. 根據手上的資料，摘述c中每個可能方案的優缺點。如果需要的話，請自行假設並加以說明。

32. 假設你管理的部門有20名員工，而你希望能建立資訊系統來記錄他們的電腦、其中的軟體、和每個軟體產品的授權。假設員工可能有不只一台電腦，每台電腦上有多種軟體產品，且每種產品有一份授權。軟體的授權方式可能是以企業為單位（表示公司的每個人都有權使用這個程式），或是有特定的註冊碼和使用期限。

a. 設計一份試算表來記錄員工、電腦、和授權。輸入三名員工和至少五台具有典型軟體之電腦的樣本資料。

b. 設計一個資料庫來記錄員工、電腦、和授權。假設資料庫中有EMPLOYEE表格、COMPUTER表格、和SOFTWARE_LICENSE表格。在表格中建立適當的欄位和關係。輸入三名員工、五台電腦、和每台電腦之多個軟體授權的樣本資料。

c. 比較試算表和資料庫解決方案。何者比較容易建立？何者比較容易維護？

d. 使用你比較偏愛的解決方案來產生下列兩份報表：

- 員工和其電腦的清單，依員工排序。
- 軟體產品、安裝的電腦、電腦所屬員工的清單，依軟體產品名稱排序。

職涯作業

33. 搜尋委外管理。

a. 摘述與此活動相關的組織性質。

b. 前往你有興趣的網站並檢視相關的求才資訊。描述你所找到的求才機會。

c. 你需要什麼樣的教育、技能、和經驗才能勝任這些工作。

d. 你可以參與哪些課程、實習、和其他活動來為這些工作預做準備。

34. 搜尋資訊人員就業趨勢。研究其中數個網站。此外，roberthalftechnology.com和cio.com網站通常會提供最新的調查資料。使用你找到的資訊來回答下列問題:

a. 未來三年的資訊人員就業展望為何？未來十年呢？

b. 預估哪些職務的需求最高？

c. 找出你可能有興趣的職務。它的需求預測為何？

d. 不同地區的工作展望是否不同？描述你要如何透過遷居來改善工作前景。

e. 不同產業的工作展望是否不同？預估哪些產業的資訊相關職務會有最大的成長？哪些會最少？

個案研究 10-1

Marriott International, Inc.

Marriott International, Inc. 在全球各地經營旅館和住宿設施，並提供加盟。它在2004年的營收超過101億美元。Marriott根據住宿設施將它的業務分成不同的區隔，主要的業務區隔為全套住宿服務、選擇性住宿服務、短期住宿、和分時渡假。Marriott指出其企業的前三大優先考量為利潤、偏好、和成長。

在1980年代中期，航空業發展出營收管理的觀念，強調根據需求來調整價格。這種想法在航空業受到注意，是因為一張空位就代表永遠失去的一筆營收。今日航班上沒有賣掉的空位，不像庫存的零件還可以明天再賣。同樣地，在休閒產業，今日沒有賣掉的旅館空房明天也無法再賣。因此，對旅館而言，營收管理相當於在週一當城鎮有盛大集會的時候提高價格，並且在嚴冬幾乎沒有旅客的週六降低價格。

Marriott開發了兩套不同的營收管理系統，一套是針對它的頂級旅館，另一套是針對它的低價產業。這兩套系統都是使用網際網路之前的技術開發；系統的升級必須要在當地安裝更新。這種更新既昂貴，又容易出問題。此外，這兩套系統必須透過兩個獨立的介面將價格輸入中央訂位系統。

在1990年代晚期，Marriott推動一個專案來建立一套可以供所有產業使用的營收管理系統。這套稱為OneSystem的新系統是使用類似第6章所學的流程自行開發的系統。資訊人員瞭解使用者參與的重要性，並且組成結合資訊 － 企業使用者的團隊來開發新系統的商業論據，並且共同管理它的開發。這個團隊很小心地跟系統未來的使用者保持持續的溝通，並且使用雛型法來盡早找出有問題的領域。Marriott的所有員工都有持續的教育訓練，而公司也將訓練能力整合在新系統中。

OneSystem會根據日期、星期、目前訂位水準、和歷史記錄來建議每家房間的價格。每項旅館資產都有一位營收經理能夠改寫這些建議價格。最後的價格會直接與中央訂位系統溝通。OneSystem使用網際網路技術，因此，當公司要進行系統升級時，只要在網站伺服器上更新，而不必在個別的旅館上進行。這項策略省下了大量的維護成本、工作、和挫折。

OneSystem會計算每項資產理論上的最大收入，並且與實際上的結果相比較。使用OneSystem讓這家公司將實際／理論營收比由83%推昇到91%。新增加的8%因而大幅提升了它的營收。

資料來源：CIO，Copyright 2005 CXO Media Inc。

問題：

1. OneSystem對Marriott的目標有何貢獻？
2. 只有一套營收管理系統比有兩套系統好在哪裡？回答時請同時考慮使用者和資訊部門。
3. Marriott在自行開發OneSystem的時候，也選擇將其人力關係資訊系統委外。為什麼它會選擇自行開發某套系統，但委外開發另一套系統？請在回答中考慮下列因素：
    - Marriott的目標
    - 系統的性質
    - 每套系統對Marriott的獨特性
    - Marriott所擁有的專業
4. HR委外對OneSystem成功有何貢獻？
5. 摘述企業選擇委外而非自行開發系統的理由。

個案研究 10-2

星巴克（Starbucks, Inc.）

星巴克烘培和銷售咖啡及相關產品。它在全球購買咖啡豆，加以烘培，並透過多重通路銷售咖啡。星巴克在世界各地經營的零售店非常有名，但它其實也在超商和大型的量販店銷售咖啡。這家公司2004年的營收為31億美元；其中85%來自美國，另外15%則來自世界各地。星巴克雇用了超過97,000位員工。

星巴克的成長非常驚人。從1993年到2003年，它全球的零售店面（包括部分是授權而非直營）由165家成長為7,225家。星巴克的店面通常坐落在交通流量大、能見度高的位置，而且每家店的大小和形式都有不同，以符合當地的情況。有些店面是針對「衝進門、買了就走」的客群所設計，有些則配置休閒椅和沙發以便悠閒地啜飲。

除了受人歡迎的零售店面之外，星巴克也銷售咖啡產品給超過19,500家超商和食品店。它販賣咖啡和相關產品給超過12,800間提供餐飲服務的組織。這家公司還在華盛頓州、賓州、和內華達州有三家咖啡烘培工廠。星巴克持續地創新它的產品以進入新的市場區隔。它跟百事可樂集團合作生產瓶裝星冰樂，並且和Dryer's Grand Ice Cream公司合作生產咖啡口味的冰淇淋。星巴克在2005年宣布將生產一種新的咖啡酒在酒吧和餐廳販售。

問題：

1. 星巴克的營運對資訊系統的開發和使用造成三大挑戰：成長、銷售通路的複雜度、和多國的營運。請摘述這些挑戰對資訊系統管理上的影響。
2. 閱讀「個案研究10-1」的Marriott個案。Marriott選擇自行開發一套資訊系統，同時將HR功能委外。請考慮第7、8章所描述的基本企業系統，並回答下面問題：
   a. 舉出兩種你認為星巴克可以委外的企業功能或流程。分別描述這兩者委外的優點和缺點。
   b. 舉出一種你認為星巴克必須自行開發系統的企業功能或流程。描述這種開發專案的潛在問題。
   c. 舉出一種你認為星巴克可以購買軟體並加以調整的企業功能或流程。描述這種開發專案的潛在問題。
3. 星巴克要如何建立其資訊部門的組織架構來支援多國的營運？修改圖10-2的組織圖來回答這個問題。
4. 描述資訊系統可以對星巴克成長有所貢獻的地方。描述資訊系統可能會如何妨礙它的成長。
5. 如果你是資訊長，你會想成為星巴克的資訊長嗎？請說明原因。

第11章 資訊安全管理

學習目標

- 瞭解安全威脅的來源。
- 瞭解管理者在發展安全計畫時所扮演的角色。
- 瞭解組織安全政策的重要性和構成要素。
- 瞭解技術安全防護的目的和運作。
- 瞭解資料安全防護的目的和運作。
- 瞭解人員安全防護的目的和運作。
- 學習災變準備技術。
- 體認安全事件因應計劃的必要性。

專欄

倫理導引
保護隱私

反對力量導引
安全保證，哈！

解決問題導引
測試安全性

安全性導引
安全系統的安全性

深思導引
最後、最後的叮嚀

本章預告

本章描述安全威脅的常見來源，並說明管理者在處理這些威脅時所扮演的角色。它還定義了組織安全政策的主要項目。基於管理的背景，本章指出最常見的技術、資料、和人性上的安全防護。它還描述了災變準備技巧，並說明安全事件因應計畫的要件。

本章的討論是用來補充前十章「安全性導引」未盡之處。那些導引是從某一獨立的觀點來討論安全性的問題；此處則是從組織的觀點，有系統地討論資訊系統的安全性。

Southwest Video Training

假設你是Southwest Video Training電話行銷部主任；貴公司是專門生產、配送、和銷售錄影帶訓練課程。貴公司提供客戶支援、領導、銷售訓練、激勵、和其他的訓練主題。Southwest的競爭策略是以品質為基礎的差異化，而且相當成功。一般公認Southwest的課程不僅品質很好，而且還是最有效且最具娛樂性的。

你負責管理電話行銷部門；你的業務員會撥打「熱身電話」（warm call）給現有客戶或對課程表現出強烈興趣的潛在客戶。你的公司使用授權模式；也就是只銷售錄影帶的使用權，而不是完全賣斷。較大的客戶會購買企業版的授權，以取得複製錄影帶的權利；否則，一般客戶並不具有複製權。

有一天，當你想到你的資料庫是這麼有用的時候，你突然發現自己是如此地脆弱。一旦資料庫發生任何損害，就會妨礙好幾個月的銷售活動！你知道公司有人負責每週要備份資料庫，但你不知道備份放在哪裡。備份是放在你目前所在的大樓裡面嗎？如果是的話，萬一大樓失火，備份也化為烏有會有什麼結果呢？稍後，你讀到關於資料設施中的資料失竊事件。要如何在這些可能事件中保護自己呢？

Southwest是由兩個人共同合資的私人企業；你跟其中一位提到這些問題。他表示他不曾想過這個問題：「我都是靠管理網站店面的Ben（一名員工）來打理這些問題。」你並沒有批評Ben，只是詢問是否有任何人知道資料的防護做得如何。「我想沒有人，」合夥人說：「為什麼你那麼關心它呢？我的意思是說，不要替Ben做他的工作，但是去跟他說你擔心的事情，看看他跟你說些什麼。也許你們兩個可以一起搞清楚，並且跟我回報。」

你的任務看起來非常明確。你要如何著手呢？你希望能跟Ben提出一些好的問題，而不是聽起來像個技術白癡。

安全性威脅

我們從描述安全性威脅開始，先摘述威脅的來源，然後說明每種來源所引發的特定問題。

威脅的來源

安全性問題的三項來源包括人為錯誤、惡意的人為活動、和天然事件與災害。

人為錯誤包括由員工和非員工所引發的意外問題。例如誤解作業程序的員工，意外地刪除了某位客戶的記錄，或是員工在備份資料庫的課程中，不小心地將舊的資料庫覆蓋掉目前的資料庫。這類錯誤還包含撰寫不良的應用程式和設計不良的程序。最後，人為錯誤還包含像駕駛推土機衝破電腦室牆壁之類的實體意外。

安全性問題的第二項來源是惡意的人為活動。這類問題包含現任或離職員工蓄意毀損資料或其他系統元件。其他還包含闖入系統的駭客，以及撰寫感染電腦系統之病毒和蠕蟲的人。惡意人員還包括闖入系統以獲取不當財務利益的外部罪犯，甚至於恐怖份子。

天然事件和災害則是安全性問題的第三項來源，包括火災、水災、風災、地震、海嘯、山崩、和其他的天然事件。這類問題不只包含一開始在能力和服務上的損害，還包括在復原行動中所造成的損失。

問題類型

圖11-1摘述了威脅的問題類型和來源；圖中列出了五種安全性問題：洩露未經授權的資料、資料修改錯誤、有缺陷的服務、阻絕服務、和基礎建設損害。下面我們將分別討論。

未經授權的資料揭露

洩露未經授權的資料可能是由於某人不慎違反政策而洩露了資料，例如大學中某位新任系主任違反州政府規定，公告了學生的姓名、學號、和成績；或者是某位員工無意間或粗心地將企業私有的資料洩露給競爭者或媒體。

搜尋引擎的普及和高效能造成了不小心洩露資料的另一個來源。員工如果將受管制資料放到搜尋引擎可以取得的網站上，就可能誤將私有或受管制資料發佈在網路上。

當然，私有和個人資料也可能被惡意洩露。當某人假扮成他人進行詐騙時，就會發生冒名頂替（pretexting）的狀況。一種常見的詐欺是由打電話的人假裝成信用卡公司的員工，並且要求檢查信用卡號的有效性：「我們正在查核你萬事達卡的號碼；它是由5491開頭，請回答後面剩下的號碼。」所有的萬事達卡都是從5491開始；所以打電話的人是藉此來盜取有效的卡號。

網路釣魚（phishing）是透過電子郵件，利用類似於冒名頂替的方式來取得未經授權的資料。網路釣魚者（phisher）會假裝是家合法公司，並且送出電子郵件要求機密資料，例如帳號、身分證字號、帳號密碼等等。網路釣魚會連累合法的品牌和商標。「MIS的使用11-1」中就詳細檢視了一些網路釣魚的例子。

偽冒（Spoofing）是指某人冒充另一個人的一種術語。如果你冒充你的教授，就是在偽冒你的教授。如果入侵者使用另一個網站的位址來假裝這就是那個網站，則是IP偽冒（IP spoofing）。電子郵件偽冒（email spoofing）就是網路釣魚的同義詞。

網路竊聽（Sniffing）是攔截電腦通訊的一種技術。在有線網路中，要進行竊聽需要實際連上網路。在無線網路中，則不需要這種連結：路過式網路竊聽者（drive-by sniffer）只要帶著有無線連線能力的電腦穿越一個區域，並且搜尋未受保護的無線網路，就可以隨意監看和攔截無線傳送的資料。下面將會談到，即使受保護的無線網路其實也很脆弱。本章稍後還會介紹另外兩種網路竊聽技術：間諜軟體和廣告軟體。

其他的電腦犯罪形式還包括闖入網路來竊取資料，例如客戶名單、產品庫存資料、員工資料、和其他企業私有與機密資料。

		來源		
		人為錯誤	惡意活動	天然災害
問題	未經授權的資料揭露	程序上的錯誤	冒名頂替 網路釣魚 偽冒 網路竊聽 電腦犯罪	復原期間的資訊洩露
	資料修改錯誤	程序上的錯誤 錯誤的程序 無效的帳戶控管 系統錯誤	駭客入侵 電腦犯罪	錯誤的資料復原
	有缺陷的服務	程序上的錯誤 開發和安裝錯誤	電腦犯罪 侵占	服務復原不當
	阻絕服務	意外	DoS攻擊	服務中斷
	基礎建設損害	意外	竊盜 恐怖活動	資產損害

圖11-1
安全性問題和來源

信用卡帳戶的網路釣魚

在你往下閱讀之前，先記住本文中的圖是假造的。它們並不是合法企業所產生的網頁，而是網路釣魚者所產生的。網路釣魚者會偽冒合法企業的作業以嘗試捕捉信用卡卡號、電子郵件帳號、駕駛執照號碼、和其他資料。有些網路釣魚者甚至會在使用者的電腦上安裝惡意的程式碼。

網路釣魚通常是透過電子郵件啟動。請造訪http://www.fraudwatchinternational.com/internet/phishing.shtml網站，並且往下兩個畫面。你會看到看起來好像是由PayPal送出的電子郵件訊息。事實上，這個訊息是假造的。要看到更多的範例，請瀏覽該網站的五個導覽步驟。

最常見的網路釣魚攻擊是從偽造的電子郵件開始。例如，你可能會收到下面的電子郵件：

Your Order ID : "17152492"
Order Date : "09/07/05"
Product Purchased : "Two First Class Tickets to Cozumel"
Your card type : "CREDIT"
Total Price : "$349.00"

Hello, when you purchased your tickets you provided an incorrect mailing address.
See more details here
Please follow the link and modify your mailing address or cancel your order. If you have questions, feel free to contact with us
account@usefulbill.com

圖1
偽造的網路釣魚郵件

這封假造的電子郵件是要引誘你點選「See more details here」鏈結。當你這樣做的時候，你就會被連到某個網站，並且詢問你的個人資料，例如信用卡卡號、信用卡有效期限、駕駛執照號碼、社會安全號碼、或其他資料。在這個例子中，你會被引導到詢問卡號的畫面（圖2）。

這個網頁是由一間不存在的公司所產生，包括「Inform us about fraud」鏈結完全都是偽造的。這個網站的唯一目的就是非法取得你的卡號。它還可能在你的電腦上安裝間諜軟體、廣告軟體、或是其他惡意軟體。

如果你要遠離這些，應該立刻關掉瀏覽器，並且重新開機。你還應該在電腦上執行防惡意軟體（anti-malware）的掃描，以判斷網路釣魚者是否有在電腦上安裝程式碼。如果有的話，使用防惡意軟體防護程式將它移除。

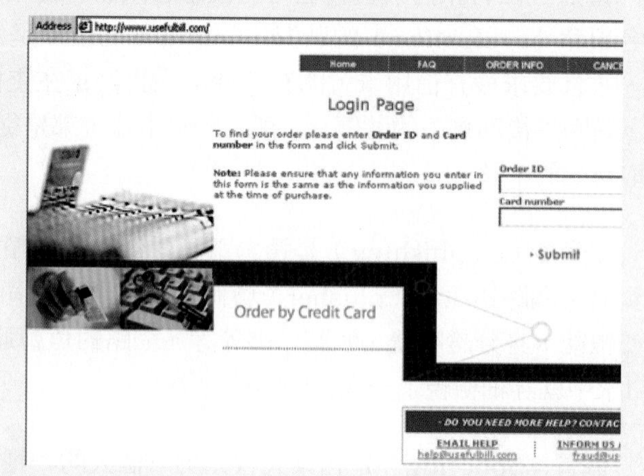

圖2
偽造的網路釣魚畫面

你要如何自我防衛呢？首先，你知道自己並沒有購買兩張前往Cozumel的機票（如果你真的剛好買了兩張到Cozumel的機票，你應該直接連上合法廠商的網站，以判斷是否發生問題）。因為你並沒有買這種機票，所以它可能是網路釣魚。

其次，請注意這封電子郵件並不合情理。你不可能只花美金349元就買到兩張到國外的頭等艙機票。此外，請注意最後一行的錯字和爛文法（「cortact with us」）。這些都應該能警告你這封郵件的偽造特質。

第三，不要被看來合法的圖片所誤導。網路釣魚者就是罪犯；他們不會去尊重國際間對商標合法使用的協議。他們可能會在網頁上使用像Visa、萬事達卡、Discover、和美國運通等公司的名稱，而這些名稱可能會讓你誤認它是合法的。網路釣魚者會非法使用這些名稱，或是直接複製合法企業網站的整體外觀。

網路釣魚是個嚴重的問題。要保護自己，即使是看似來自合法企業的郵件，請小心不請自來的電子郵件。如果你對某封電子郵件有疑問，請直接連絡該公司（不要使用網路釣魚者所提供的位址！），並且詢問該封電子郵件。尤其重要的是，不要提供機密資料給任何不請自來的郵件，例如帳號、駕駛執照號碼、身分證字號、或信用卡卡號等。

「個案研究11-1」中還會繼續對網路釣魚的討論。

最後，人們可能會在天然災變的復原過程中，不小心洩露資料。通常，在復原過程中，人員會專注在回復系統的能力，而忽略了正常的安全防護。此時，諸如「我需要一份客戶資料庫備份」之類的請求就比平時更容易過關。

資料修改錯誤

圖11-1的第二類問題是資料修改錯誤。例如錯誤地增加了客戶的折扣，或是誤改了員工的薪資、休假天數、或年終獎金。其他的例子還包括在企業網站上公布錯誤的資訊，例如錯誤的價格。

資料修改錯誤可能是因為員工未能正確遵循流程，或是流程本身設計有誤，造成人為的錯誤。為了對處理財務資料或資產（如產品和設備）的庫存控制系統進行適當的內控，企業必須確保權責的區分，並且進行多重的檢核和比對。

最後一類由人為錯誤所造成的資料修改錯誤是系統錯誤，例如第4章討論的遺失更新問題。

所謂的駭客入侵（hacking）就是某人對電腦系統進行未經授權的存取。雖然有些駭客只是為了娛樂目的而入侵系統，但有些則是為了盜取或竄改資料的惡意目的。電腦罪犯會入侵電腦網路來取得機密資料或操弄系統，以獲得金錢上的利益。例如減少帳戶餘額，或是將產品送交未經授權的地點和客戶。

最後，災變後的故障復原行動也可能導致資料的變動錯誤。這種錯誤的行動可能是無意或惡意的。

有缺陷的服務

第三類問題是有缺陷的服務，包括系統作業錯誤所造成的問題。有缺陷的服務也可能包括前述的資料修改錯誤，它也包含資訊系統不正常地運作，造成出貨內容錯誤、送錯客戶、帳款錯誤、或是傳送錯誤資訊給員工等。有缺陷的服務也可能是因為錯誤執行程序而不知不覺地造成。系統開發人員可能會寫出不正確的程式，或是在安裝硬體、軟體程式、和資料時出錯。

所謂侵占（usurpation）即是指未經授權的程式入侵電腦系統並取代合法的程式。這種未經授權的程式通常會關閉合法的系統，並取而代之。有缺陷的服務也可能是源自天然災變復原時所造成的錯誤。

阻絕服務

人為的程序錯誤，或是缺乏程序可能會造成阻絕服務（denial of service）。例如可能有人啟動計算密集的應用系統，而不小心地將網站伺服器，或是將企業閘道路由器關閉。使用作業性DBMS的OLAP應用系統也可能會消耗過多DBMS資源，而造成訂單輸入交易無法完成。

阻絕服務攻擊則是由惡意的駭客所發動的；例如使用數百萬個偽造的服務請求來淹沒網站伺服器，使得它無法服務正當的請求。如第3章所述，電腦蠕蟲會滲透網路，造成大量額外資料傳輸，使得合法的資料傳輸無法傳送。最後，天然災變也可能造成系統故障，而導致阻絕服務。

基礎建設損害

人為的意外可能會造成基礎建設的損害。例如光纖被怪手挖斷，或是地板打蠟機撞上了網站伺服器的機架。

竊盜和恐怖份子事件也會造成基礎建設的損害。一名被開除的不滿員工可能偷走企業的資料伺服器、路由器、或其他重要設備。恐怖分子事件也可能造成實體工廠和設備的損害。

天然災變是基礎建設損害的最大風險來源。火災、洪水、地震、或是類似事件都可能摧毀資料中心和它們的所有資源。2004年12月的印度洋海嘯以及2005年秋季的Katrina和Rita颶風，都是天然因素造成基礎建設損害的顯著例子。

你可能會好奇為什麼圖11-1中沒有包含病毒、蠕蟲、和特洛伊木馬。這是因為它們其實是圖中某些問題的原因。它們可能造成阻絕服務攻擊，或是造成未經授權的惡意資料存取或資料遺失。

安全性計畫

圖11-1的所有問題都是非常真實，而且就像聽起來那麼嚴重。因此，組織必須有系統地處理安全性議題。安全性計畫包含三個要件（註1）：高階主管的涉入、不同類型的安全防護、和意外事件的因應。

第一個要件的高階主管具有兩項關鍵的安全性功能。首先，高階主管必須建立安全性政策，這些政策設定組織對安全威脅的回應基礎。不過，因為沒有任何安全性計畫能夠達到十全十美，所以必然有風險存在。主管的第二個功能就是要斟酌安全性計畫的成本和效益，來進行風險管理。

安全防護是針對安全威脅的保護措施。資訊系統的五項元件是用來檢視安全防護的一種好方法，如圖11-2。有些安全防護涉及電腦的軟硬體，有些與資料相關，有些則是關於人和程序。除了這些安全防護措施之外，組織還必須考慮災害復原的安全防護。有效的安全性計畫是所有這些類型安全防護的一個平衡。

安全性計畫的最後一項要件是組織對安全意外事件的因應計畫。顯然，在組織中所有電腦都當機的時候，並不是思考這個問題的最佳時機。本章最後一節會討論意外事件的因應。

下面將針對這三個要件進行討論。首先，從高階主管的責任開始。

高階主管的安全性角色

主管在資訊系統安全性上扮演非常重要的角色。管理階層要設定政策，而且也只有管理階層才得以在安全系統成本和安全威脅與風險間取得平衡。美國國家標準局（National Institute of Standards and Technology, NIST）出版了一本很好的安全性手冊，說明管理階層的責任；你也可以從下列網址下載：csrc.nist.gov/publications/nistpubs/800-12/handbook.pdf。本節將依據它的內容進行討論。

＊ 註1：請注意此處是指管理計畫，包含目標、政策、程序、方針等等。

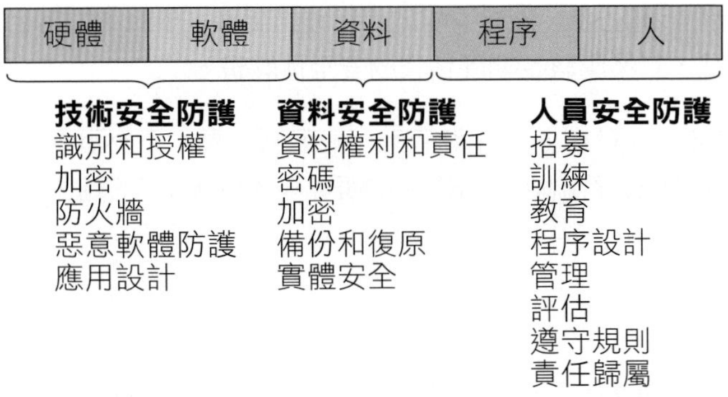

硬體	軟體	資料	程序	人

技術安全防護	**資料安全防護**	**人員安全防護**
識別和授權	資料權利和責任	招募
加密	密碼	訓練
防火牆	加密	教育
惡意軟體防護	備份和復原	程序設計
應用設計	實體安全	管理
		評估
		遵守規則
		責任歸屬

有效的安全性計畫必須均衡地處理所有元件的威脅

圖11-2
與五項元件相關的安全性防護

NIST手冊的安全性要件

圖11-3列出NIST手冊上描述的電腦安全性要件。首先，電腦安全性必須要支援組織的使命。沒有「一體適用」的安全性解答。鑽石礦場和小麥田的保全系統絕對是大不相同。

根據圖11-3的第二點，當你負責管理一個部門的時候，即使沒有人特別告知，你仍有承擔該部門資訊安全的責任。是否有適當的安全防護措施？你的員工有受過適當的訓練嗎？你的部門知道當電腦系統故障時要如何因應嗎？如果這些議題在你的部門中都沒能滿足，請向更高管理階層反映。

實施安全性措施是昂貴的行為，因此，如圖中11-3的第三項原則，電腦安全性應該要具有適當的成本效益比。成本可能是諸如人力成本等直接成本，也可能是像員工或客戶不滿等無形成本。

根據圖11-3的第四項原則，安全性的責任歸屬應有明確規範。諸如「部門中的每個人都有適當保護企業資產」之類的泛泛之詞是沒有用的。反之，主管應該要將特定任務指派給特定的人或特定的職務功能。

因為資訊系統整合了許多部門的處理，源自你部門中的問題可能會有深遠的影響。如果你的一名員工忽視程序規範，並且在網站店面上輸入了錯誤的產品價格，後果可能延燒到其他部門、其他公司、或你的客戶。電腦安全性的第五項原則就是指出系統的擁有者負有對自己部門和組織外部的電腦安全性責任。

圖11-3的第六項原則強調的是，安全性沒有任何神奇的解藥。沒有單一的安全防護，例如防火牆、防毒程式或是員工訓練，能夠提供有效的安全性。圖11-1所描述的問題需要整合的安全性計畫。

1. 電腦安全性應該要支援組織的使命。
2. 電腦安全性是完善管理的一項整合性要素。
3. 電腦安全性應該要具有成本效益。
4. 電腦安全性的責任歸屬應有明確規範。
5. 系統擁有者負有對組織外部的電腦安全性責任。
6. 電腦安全性需要全面而整合的措施。
7. 應該定期重新評估電腦的安全性。
8. 電腦安全性會受到社會因素的限制。

圖11-3
電腦安全性的要件

資料來源：National Institute of Standards and Technology, Introduction to Computer Security: The NIST Handbook, Publication 800-12, p. 9。

一旦建立安全性計畫之後，公司不能就將它置諸腦後。圖11-3的第七項原則指出，安全性是個持續的必需品，企業應該定期評估它的安全性計畫。

最後，社會因素也會對安全性計畫產生一些限制。員工不喜歡在上下班時被搜身，客戶不喜歡在下單前必須先進行視網膜掃描。電腦安全性會與個人隱私相衝突，而要在其間取得平衡並不容易。

安全性政策

如前所述，高階主管有兩項最關鍵的安全性任務：定義安全性政策，以及管理電腦安全性風險。雖然管理階層可能會為特定任務指派代表，但是他仍應承擔組織安全性的責任，並且必須核准和認可這些工作。

安全性政策（security policy）有三項要素：首先是對組織安全性計畫的一般性陳述。這項陳述會成為組織中更具體安全性措施的基礎。管理階層要在陳述中說明安全性計畫的目標，和所要保護的資產。這項陳述還應該指定由哪個部門管理組織的安全性計畫，以及用書面記錄組織如何確保安全性計畫和政策的實施。

第二項安全性政策的要素是針對特定議題的政策。例如管理階層可能會建立關於上班時間非公務電腦使用和電子郵件隱私方面的政策。組織有合法的權利可以限制員工對組織內電腦系統的使用，以及檢查個人郵件是否符合規定；而員工則有權知道這些政策規定。另外一個例子則在「倫理導引」討論中，透過設定安全性政策以確保符合安全性法規。

第三項安全性政策要素是針對特定系統的政策。例如訂單輸入系統中的哪些客戶資料可以賣給其他組織，或是跟其他組織共享？或者，用來處理員工資料系統的設計和運作是由哪些政策所規範？企業應該將這些政策視為是標準系統開發流程的一部分。

風險管理

管理階層的第二項重要安全性任務是風險管理。風險（risk）是有害事件出現的機率。管理階層無法直接管理威脅，但是他可以管理威脅成功的機率。因此，管理階層無法阻止颶風發生，但是他可以透過在遠地建立備份處理設施來限制颶風對安全性所造成的危害程度。

公司可以降低風險，但是必須付出代價。管理階層的責任是要決定要花多少錢，或者換種說法，要冒多大的危險。

可惜風險管理是發生在不確定的汪洋中。風險是指我們知道的威脅和後果，而不確定性（uncertainty）則是指我們不知道自己不知道的那些事件。例如地震可能破壞位於無人知道的斷層帶上的企業資料中心。員工可能在企業網站上發現了一個沒有專家知道的漏洞來竊取庫存。因為有不確定性，所以風險管理永遠只是個估計。

風險評估

風險管理的第一步是去評估有什麼威脅，它們發生的機率，和如果發生會有什麼後果。圖11-4中列出必須考慮的因素。首先，要保護的資產有哪些？可能的例子有電腦設施、程式、和敏感資料。其他資產則比較不明顯。網路釣魚會威脅組織的顧客和它的品牌與商標。員工隱私則是另一種可能受到威脅的資產。

1.資產	5.後果
2.威脅	6.機率
3.安全防護	7.可能損失
4.弱點	

圖11-4
風險評估

根據要保護的資產清單，下個步驟就是去評估它們受到的威脅。公司應該考慮圖11-1中的所有威脅；甚至可能還有其他的威脅。

第三項風險評估因素是要判斷目前有哪些安全措施可以保護公司資產不會受到前面列出的威脅。根據NIST手冊，安全防護（safeguard）是種行動、裝置、程序、技術、或其他措施，能夠降低系統面對威脅的脆弱程度（註2）。沒有任何安全防護措施是滴水不漏的；一定會有些情況是防護措施無法保護資產的殘餘風險（residual risk）。

弱點（vulnerability）是安全系統中的缺失。有些弱點是因為沒有防護措施，有些則是因為現有的防護措施失靈。因為有殘餘風險，所以即使是有效防護的資產仍會有些殘餘的弱點。

圖11-4中的第五項因素是後果（consequence）；表示當資產被破壞時所造成的損害。後果可能是有形或無形的；有形（tangible）後果是指可以衡量的財務影響，無形後果的成本則無法衡量，例如因為客戶憤怒所造成的商譽損失。通常，在分析後果時，企業會估計有形後果的成本，並列出無形的後果。

風險評估的最後兩項因素是機率和可能損失。機率是指在安全防護措施之下，特定資產會被某種威脅所破壞的可能性。可能損失則是風險評估的財務結果。要衡量可能損失，企業必須將後果的成本乘上發生機率。可能損失還要包含對無形後果的陳述。

風險管理決策

根據上述風險評估的可能損失，高階主管必須決定要怎麼做。在某些情況下，決策相當簡單。企業可以使用不貴而且容易實施的安全措施來保護某些資產，例如安裝防毒軟體。然而，要排除某些弱點則相當昂貴，管理階層必須判斷因損失可能減少所造成的效益是否不小於防護措施的成本。這種風險管理決策很困難，因為我們很難真正知道安全防護的有效性，以及因為不確定性所造成的可能損失。

然而，不確定性並不能當作管理階層逃避安全責任的藉口。管理階層受企業主的委託來治理公司，而高階主管必須要根據所能取得的資訊進行合理而謹慎的決策。他們必須考慮圖11-4所列出的因素，並且在不確定的情況下採取合乎成本效益的行動以降低可能的損失。

下一節將討論安全防護。我們先從技術上的安全防護開始，然後是資料的安全防護，人員的安全防護，以及對自然災害的安全防護。

技術上的安全防護

我們在每章的「安全性導引」中已經討論了許多安全性的防護措施。在繼續之前，你可能會希望先複習其中的一些討論，包括第1章對密碼的討論，以及第5章對加密的討論。

＊ 註2：NIST Handbook, csrc.nist.gov/publications/nistpubs/800-12/handbook.pdf, p. 61 (資料取得日期：2005年7月)。

保護隱私

法律會要求某些組織妥善保護所收集和儲存的客戶資料，但是你可能無法想像法律的侷限性。1999年通過的美國金融服務法（Gramm-Leach-Bliley Act, GLB Act）是要保護金融機構所儲存的客戶財務資料，涵蓋銀行、證券公司、保險公司、以及提供財務建議、退稅、和類似金融服務的組織。

1974年的隱私權法提供對美國政府保管之個人記錄的保護，而1996年HIPAA法案（Health Insurance Portability and Accountability Act）的隱私條款則提供個人取得醫師和其他醫療機構所建立之健康資料的權利。HIPAA還規範了誰可以讀取和接收個人健康資訊的規則和限制。

其他國家的法律可能比較嚴格。例如澳洲1988年隱私權法的隱私權條款不只規範政府和醫療資料，還包含營收超過三百萬澳幣的企業所保存的記錄。

要瞭解限制的重要性，請考慮會定期儲存客戶信用卡資料的線上零售商。Dell、Amazon.com、航空公司、和其他電子商務公司是否有受到法律要求，必須保護客戶的信用卡資料嗎？顯然沒有！至少在美國沒有。這種組織的活動並沒有受到GLB、1974隱私權法、或HIPAA的規範。

然而，大多數消費者會說，線上零售商有倫理上的義務去保護客戶的信用卡和其他資料，而且大多數線上零售商也會同意。或者，至少零售商會同意它們有強烈的商業理由要保護這些資料。任何大型線上零售商如果發生大量信用卡資料遺失事件，將會對銷售量和品牌聲譽造成很大的傷害。

讓我們將討論帶回我們周遭的事務。你的學校對你的資料有什麼保管義務嗎？州政府法律或學校政策會的規範涵蓋這些記錄，但聯邦法律可沒有。大多數學校認為它們有責任提供畢業生記錄給大眾存取。任何人都可以知道你何時畢業、畢業的學位、和你的主修（在撰寫履歷表時別忘了這點）。

大多數教授都會試圖以具名或不具名的方式來公佈成績，而州政府可能有法律規範，不可以同時公布姓名和成績。但是你的作業呢？你所寫的報告呢？你傳送給教授的電子郵件呢？聯邦法律並沒有保護這些資料，而它們可能也沒有受到州法律的保護。如果你的教授在研究中引用了你的研究成果，他會受到著作權法的規範，而不是隱私權法。你所寫的東西就不再是你個人的資料；它已經屬於學術團體了。你可以詢問教授，問他想如何使用你在課堂上的作業、電子郵件、和辦公室的對話，但這些資料並沒有受到法律保護。

底線：小心你的個人資料。有聲譽的大型組織比較可能實施隱私權政策，也比較可能有堅強有效的安全措施來達成政策。但是個人和小型組織未必如此。如果懷疑的話，記得要問清楚。

討論問題

1. 如前所述，當你向線上零售商下訂單時，你所提供的資料並沒有受到美國隱私權法律的保護。這項事實會讓你在建立有信用卡的帳號時慎重考慮嗎？你認為它的效益會值得冒險嗎？你是否比較願意對某些企業承受這些風險，對其他企業則不願意？為什麼呢？

2. 假設你是學生社團的總務，並且將社員的付款記錄存在資料庫中。過去，社員曾經爭論過社費的金額；因此，當你收到錢的時候，你會掃描支票或信用卡簽帳單，並且將掃描後的影像存在資料庫中。

   有一天你在一家咖啡店用自己的電腦無線上網時，一位學生透過無線網路惡意入侵你的電腦，並且竊取了社團資料庫。你對此一無所知，直到第二天一位社員抱怨有一個熱門學生網站公佈了所有付給你支票的學生姓名、銀行名稱、和戶頭。

   你對此有何義務？因為你負責收款，所以可以歸屬為金融機構嗎（你可以在ftc.gov/privacy/glbact找到GLB資料）？如果是的話，你有什麼義務呢？如果不是的話，你還有什麼義務嗎？咖啡店又有任何責任嗎？

3. 假設有人請你填寫一份問卷，其中需要輸入個人資料和對私人問題的回答。你很猶豫，但問卷頂端註明：「所有答案都會嚴格保密」。你會填寫嗎？

   不幸的是，執行這項研究的人也到了你去的那家咖啡館（第2題），而那名學生又竊取了研究結果。你和你的所有答案都出現在相同的學生網站上。這位執行研究的人有違法嗎？問卷頂端的保密聲明會增加這個人保護資料的責任嗎？如果這個執行者是（a）學生、（b）音樂系教授、（c）電腦安全教授，你的答案會有所不同嗎？。

4. 事實上，只有非常有技巧和動機的駭客才能使用公共無線網路來竊取資料庫。這種損害雖然可能發生，但機會不大。然而，在公共無線網路上，你所傳送的電子郵件或是下載的檔案則很可能會被監聽。因此，請說明在公共無線網路上的良好電腦使用習慣。

5. 根據你對前述問題的回答，陳述3至5項關於傳播和儲存資料行為的一般性原則。

技術上的安全防護（technical safeguard）涉及資訊系統的軟硬體元件。圖11-5列出了主要的技術防護措施。這些在前面都已經討論過了，所以此處只是對前面的討論再加上一些補充。

識別和授權

今日的每套資訊系統都會要求使用者以帳號和密碼登入。使用者帳號是用來識別（identification）使用者，而密碼則是用來認證（authentication）使用者。如果你已經忘記的話，請複習第1章關於堅強密碼的討論。

密碼是重要的弱點。一方面，使用者對密碼的使用可能漫不經心。雖然經過反覆的警告，但仍不時看到寫了密碼的黃色便利貼就大大方方地貼在電腦旁邊。此外，使用者還常常跟他人分享密碼。最後，許多使用者會選擇無效的簡單密碼，因此入侵系統者可以很有效地猜出這些密碼。

利用智慧卡和生物認證技術可以降低或排除這些缺點。

智慧卡

智慧卡（smart card）是類似信用卡的塑膠卡片，但是它並非使用磁條，而是使用可以保存的資料量遠大於磁條的微晶片。微晶片中會載入識別資料，而智慧卡的使用者則必須輸入個人識別碼（personal identification number, PIN）進行認證。

生物認證

生物認證（biometric authentication）使用個人的身體特徵來認證使用者身分，例如指紋、臉部特徵、和視網膜掃描。生物認證提供堅強的認證，但是所需的設備則很昂貴。通常，使用者也會因為覺得受到侵犯而抗拒生物認證。

生物認證目前還在採用的早期階段。因為它的能力很強，所以未來的使用可能會逐漸增加。立法者也可能會通過法律來規範生物性資料的使用、儲存、和保護。關於生物技術更詳細的介紹，請參考searchsecurity.techtarget.com/originalContent/0,289142,sid14_gci884803,00.html。

請注意認證方法可以分為三類：你知道什麼（密碼或PIN）、你擁有什麼（智慧卡）、和你是什麼（生物技術）。

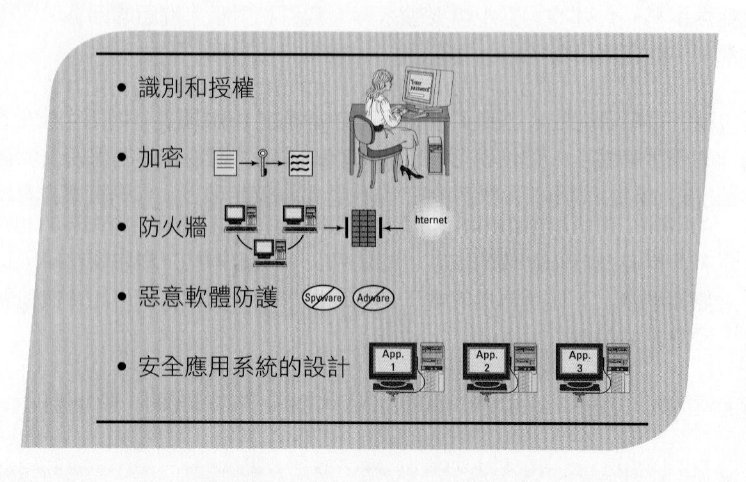

圖11-5
技術上的安全防護

多個系統的單一登入

資訊系統通常需要多重來源的認證。例如當你登入個人電腦時，你必須要接受認證。當你存取部門的LAN時，必須要再次認證。當你穿越組織的WAN時，你甚至要在更多的網路上進行認證。此外，如果你要請求資料庫資料，管理該資料庫的DBMS伺服器也會要求你接受認證。

對每個資源都輸入一次名稱和密碼是很煩人的事。你可能必須使用和記住五、六個不同的密碼，才能取得工作所需的資料。而且，在這些網路上傳送密碼也不是件好事。你的密碼經過的地方越多，它被破解的風險也就越高。

反之，今日的作業系統具有認證你使用網路和其他伺服器的能力。你登入自己的電腦並提供認證資料，之後，你的作業系統會替你向其他的網路或伺服器進行認證，而它們又會再替你向其他的網路和伺服器認證，依此類推。

Kerberos系統可以認證使用者，但不需要在電腦網路上傳送他們的密碼。Kerberos是由麻省理工學院（MIT）所開發，使用複雜的「門票」系統來允許使用者取得網路和其他伺服器的服務。Windows、Linux、Unix、和其他的作業系統都有建置Kerberos，所以可以在混雜這些作業系統的電腦網路上認證使用者的請求。

這項討論指出另一項你必須保護帳號和密碼的原因。一旦你在自己的系統上通過認證之後，你的作業系統會替你向網路和其他伺服器進行認證。如果有人取得你的帳號和密碼，不但可以存取到你的電腦，也可以透過跨系統的認證，存取到其他許多的電腦和伺服器。底線是：保護你的密碼！

然而，雖然我們都知道要保護密碼，但還是經常不願遵循密碼的保護原則，一如「反對力量導引」所示。

無線存取

在有線網路中，潛在的入侵者必須取得對網路的實體存取；但是在無線網路中，則不需要直接的連線。路過式網路竊聽者帶著一台無線電腦走過或駕車經過商業區或住宅區，就可以找到數十個、甚至於數百個無線網路。不論是否有受到保護，無線網路都會廣播出去。如果沒有受到保護，網路竊聽者就可以利用它免費存取網際網路，或是透過存取點連上相連的區域網路。

在2004年，一位安全顧問在穿越麻省波士頓後灣區的短短一段路中，一共找到了2,676個無線網路，大多數都是位於住宅區，其中有一半是未受保護（註3）。任何擁有無線裝置的人都可以連上這些未受保護的存取點，然後免費連上網際網路，或是採取更具破壞性的行動。

無線網路也可以受到保護。擁有複雜通訊設備的企業會使用各類精巧的技術，而這些技術通常需要受過高度訓練的通訊專家支援。一般是使用VPN和特殊的安全性伺服器。

在比較不複雜的SOHO市場中，無線網路就比較不安全。負責開發和維護無限標準的IEEE 802.11委員會，首先發展了稱為WEP（Wired Equivalent Privacy）的無線安全標準。可惜WEP在建置的時候，並沒有經過充分的測試，所以有嚴重的缺陷。因此，IEEE 802.11

＊ 註3：Bruce Mohl, “Tap into Neighbors’ Wi-Fi? Why Not, Some Say,” The Boston Globe, July 4, 2004, boston.com/business/technology/articles/2004/07/04/tap_into_neighbors_wifi_why_not_some_say?pg=1 (資料取得日期：2005年7月)。

安全保證，哈！

如果我必須再參加一次關於安全政策的員工會議，我一定會抓狂。主管們討論著威脅、安全防護、風險、和不確定性，而他們希望我們做的就是要改善安全性。有哪一個主管曾經看過這個部門的人是怎麼工作的嗎？

「穿過這邊的那些小隔間，然後看看發生什麼事。我敢打賭一半的人都還在使用他們剛進公司時被指定的密碼；我敢打賭他們從來沒有更改過密碼！而那些有更改過密碼的人，我敢打賭他們是把它改成一些很簡單的字，像『Sesame』、或『MyDogSpot』、或是同樣荒謬的東西。」

「或者，打開我任何一位同事桌子的最上面抽屜，猜猜看你會找到什麼？寫著諸如：訂單輸入：748QPt#7ml，薪資：RXL87MB，系統：ti5587Y之類的便利貼。你想這些是什麼？你想，如果有任何人週末在這裡加班，會不知道怎麼使用它們嗎？它們會被放在抽屜裡的唯一理由，是因為Martha（我們老闆）在Terri的螢幕上看到便利貼時大發雷霆。」

「我跟Martha提過好幾次，但是最後都石沉大海。我們真正需要的是一次好好的驚嚇。我們需要有人使用這些密碼入侵系統，然後做些破壞。等一等！如果你使用隨手可得的密碼進入系統，這算是入侵嗎？它好像比較像是使用人家給你的鑰匙來開門。不論如何，我們需要有人來偷點東西，刪掉些檔案，或是清除客戶帳款餘額。然後那些白癡主管可能就會停止討論安全性的風險保證，並且開始討論真正的安全性。而真正的安全性才會就此開始！」

討論問題

1. 摘要說明這個反對者的重點。
2. 你認為Martha對他所說的事情應該如何處理？推測為什麼沒有發生任何處置？
3. 說明反對者可以讓他的論點更有效的的三種方式。
4. 我們到現在為止，已經聽過十一位反對者的意見。你對他們的看法如何？在團體或會議中有一位反對人士有什麼好處？有什麼缺點？
5. 反對者可能很有趣，而且通常有很不錯的論點，但是他們會變得很煩人。使用你第4題的回答來解釋為什麼會這樣。什麼會讓你成為反對人士？你可能會使用其他什麼樣的策略。

委員會又發展了一個無線安全標準的改良版，稱為WPA（Wi-Fi Protected Access）和另一個更新、更好的版本，稱為WPA2。不過，只有較新的無線裝置才能使用這些技術。

無線安全技術的改變非常快速。在你閱讀本章之前，更新的安全性標準可能已經出爐。請在網際網路上搜尋「無線網路安全（wireless network security）」以瞭解最新的標準。同時，在你所使用的無線網路上，花些時間開啟最高等級的安全性防護，而且不要忘了，目前無線網路仍無法像有線網路那麼安全，尤其是SOHO網路。

加密

圖11-5中的第二項技術性的安全防護是加密（encryption）。我們在第5章中討論了一些加密的技術；傳送端使用金鑰來加密明文訊息，然後將加密後的訊息傳送給接收端，再由接收端使用金鑰來將訊息解密。圖11-6中列出了五種基本的加密技術（第5章討論過前面三項）。

在對稱式加密（symmetric encryption）中，雙方使用相同的金鑰。在非對稱式加密（asymmetric encryption）中，雙方則是使用兩把金鑰；一把是公開金鑰，一把是私密金鑰。使用其中一把金鑰加密的訊息，可以用另一把金鑰解密。非對稱式加密的速度比對稱式加密慢，但比較容易在網路上實作。

SSL（Secure Socket Layer）是同時使用對稱與非對稱式加密的一種協定。它是在TCP-OSI架構的第四層（傳輸層）和第五層（應用層）之間運作的協定層。SSL使用非對稱式加密來傳送對稱式金鑰，然後雙方在一段合理時間內就使用這把金鑰來進行對稱式加密。因為SSL介於第四、五層之間，所以大多數的網際網路應用都可以使用，包括HTTP、FTP、和電子郵件程式等。

SSL最初是由Netscape所開發的。經過市場上的小規模競爭之後，微軟也認可它的使用，並且將它內含在Internet Explorer和其他產品之中。SSL 1.0版有些問題，但在3.0版中大多已經排除，而這也是微軟開始認可的版本。稍後修正更多問題的新版本則重新命名為TLS（Transport Layer Security）。

技術	運作原理	特徵
對稱式	傳送端和接收端使用相同金鑰來傳輸訊息。	快速，但雙方很難取得相同金鑰
非對稱式	傳送端和接收端使用兩把金鑰來傳輸訊息，一把是公開金鑰，一把是私密金鑰。使用其中一把金鑰加密的訊息，可以用另一把金鑰解密。	公開金鑰可以公開傳送，但需要認證機構（參見下文的介紹）。比對稱式慢。
SSL/TLS	在TCP-OSI架構的第四、五層之間運作。傳送端使用公開／私密金鑰來傳送對稱式金鑰，以供雙方用來進行對稱式加密；這在有限的短期之內有效。	普遍用於大多數的網際網路應用。混合對稱與非對稱式加密。
數位簽章	傳送端將訊息進行雜湊，然後使用私密金鑰「簽署」訊息摘要，以建立數位簽章。接收端重新將明文訊息進行雜湊，並且用公開金鑰將數位簽章解密。如果訊息的摘要相符，接收端就知道訊息並沒有被竄改。	確保明文沒有被竄改的巧妙技術。
數位憑證	受信任的第三方憑證發行機構（CA）提供公開金鑰和數位憑證。接收端使用CA的公開金鑰將訊息和CA的數位簽章解密。	防止公開金鑰的偽冒。瀏覽器必須要有CA的公開金鑰。

圖11-6
基本加密技術

不論它的名稱是SSL或TLS，只要你在瀏覽器位址列中看到https://，就表示你正在使用這個協定。如第5章所述，除非你看到http後面出現「s」，否則千萬不要在網際網路上傳送任何敏感的資料。

使用SSL/TLS時，客戶端會驗證它是在跟真正的網站、而不是偽冒的網站進行通訊。然而，為了減輕使用者端的負擔，反向並不成立。網站很少會驗證使用者的真正身分。因此，程式就可以偽冒成合法的使用者，並且愚弄網站。因為它的後果影響到的是網站端、而非客戶端，所以這種偽冒對消費者不會造成影響。不過，這是網站必須處理的一項問題。

數位簽章

因為加密會減緩處理速度，所以大多數透過網際網路傳送的訊息都是以明文的形式傳輸。根據預設，電子郵件是以明文傳送。順便一提，這也表示你不該在電子郵件中傳送身分證字號、信用卡號、或任何這類的資訊。

因為電子郵件是使用明文，所以可能會有人攔截你的電子郵件，並且修改你的訊息而你一無所知。例如假設某位採購代理人傳送一封電子郵件給某個廠商說：「請將第1000號貨物送往Oakdale工廠。」第三者可能會攔截這封郵件，並且將Oakdale工廠替換成他自己的地址，然後再將訊息送往目的地。

數位簽章（digital signature）可以確保收到的明文訊息沒有被竄改。圖11-7中描述了它們的使用方式。首先將明文訊息進行雜湊運算；雜湊（hashing）是使用數學運算來處理訊息以建立具有訊息特徵之位元字串的方法。這個位元字串稱為訊息摘要（message digest），而不論原本明文的長度為多少，訊息摘要都是固定的長度。在一項常用的標準中，訊息摘要的長度為160位元。

雜湊是一種單向的處理過程。任何訊息都可以經過雜湊來產生訊息摘要，但訊息摘要無法經過反雜湊計算來產生原始訊息。

雜湊技術的設計目的是要在某人改變訊息的任何部分時，重新雜湊後的結果會得到不同的訊息摘要。例如上述電子郵件中「Oakdale工廠」若被替換，就會產生另一個訊息摘要。

驗證程式可以利用訊息摘要來確認明文訊息並沒有被改變。它的概念是要先建立原本訊息的訊息摘要，並且將訊息和訊息摘要一併送往接收端。接收端會將收到的訊息進行雜湊運算，並且將結果跟送來的訊息摘要做比較。如果兩者相同，接收端就可以知道訊息並沒有被竄改。如果不同的話，表示訊息被改變了。

這項技術要能運作，原始的訊息摘要在傳送過程中必須受到保護。根據圖11-7，訊息摘要（MD）會使用傳送端的私密金鑰加密，所得到的結果就稱為這封訊息的數位簽章；而在訊息摘要上應用個人的私密金鑰，則稱為是在「簽署」（signing）訊息。如圖11-7的第四步驟所示，系統會將簽署後的訊息傳給接收端。

接收端將抵達的明文訊息進行雜湊以產生訊息摘要，然後使用傳送者的公開金鑰（圖中稱為真正對方的公開金鑰）對數位簽章解密，並且比較所收到訊息的訊息摘要和原始的訊息摘要。如兩者相同，就表示訊息沒有被竄改。如果不同，則接收端就知道在傳送途中有某種因素改變了這個訊息。

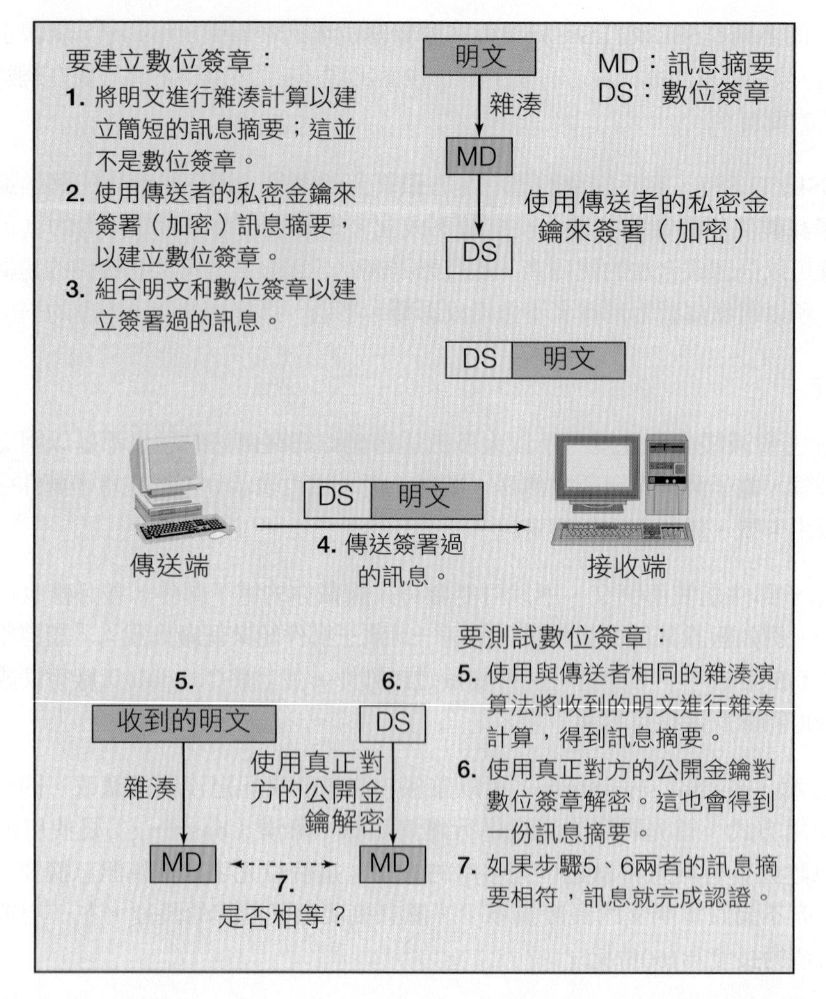

圖11-7

訊息認證用的數位簽章

資料來源：Ray Panko, Corporate Computer and Network Security, 1st Edition, © 2004）

現在只剩下一個問題：接收端如何取得真正對方的公開金鑰。接收端不能要求傳送端提供公開金鑰，因為傳送端可能是偽冒的。例如假設某人偽冒美國銀行（Bank of America），偽冒者會傳送他的公開金鑰，並且宣稱這是由美國銀行送出的公開金鑰。接收端將無法知道這並不是美國銀行的真正金鑰，但有數位憑證就可以防止這種偽冒。

數位憑證

在使用公開金鑰的時候，訊息接收者必須知道他擁有真正對方的公開金鑰。如前所述，要求傳送端傳送公開金鑰的程式可能會受騙。要解決這個問題，必須由獨立、而受信任的第三方，稱為憑證發行機構（certificate authority, CA）提供公開金鑰。

因此，如果你的瀏覽器要取得美國銀行的公開金鑰，以使用SSL/TLS進行安全會談，或是認證數位簽章，則必須取得憑證發行機構核發給美國銀行的數位憑證。

數位憑證中包含有美國銀行的名稱、網站的URL、美國銀行的公開金鑰、和其他資料。你的瀏覽器會驗證這個數位憑證、網站的URL，然後使用這個公開金鑰。

順帶一提，CA沒有辦法驗證美國銀行是個合法的企業，有遵守法律並且繳納稅款等等。它只是去驗證有一家稱為美國銀行的公司擁有傳送給你瀏覽器的那把公開金鑰。

在繼續下去之前，讓我們先回顧一下。如果你想要在美國銀行進行轉帳。當你存取它的網站伺服器時，它會跟你的瀏覽器開啟一條SSL/TLS會談。你的瀏覽器為了加入這條

SSL/TLS會談，它會要求網站伺服器傳送數位憑證，然後驗證該數位憑證的內容，並取得美國銀行的公開金鑰。

數位憑證是以明文傳送，所以還是可能有人攔截到數位憑證，並且用自己的公開金鑰替代。為了防止這種可能性，數位憑證中會有一個欄位存放CA簽署該數位憑證所產生的數位簽章。你的瀏覽器會對數位憑證進行雜湊，以取得它所收到之憑證的訊息摘要。瀏覽器再使用CA的公開金鑰對數位憑證中的CA簽章解密，以取得CA所核發之憑證的訊息摘要。如果這兩個訊息摘要相等，瀏覽器就可以相信它擁有的是真正的美國銀行公開金鑰。

除非...在你繼續往下之前，先想想看前面這段流程有沒有什麼漏洞？

漏洞在於你的瀏覽器需要CA的公開金鑰才能驗證這個數位憑證。你的瀏覽器不能向CA詢問它的公開金鑰，因為可能有人會偽冒CA。你的瀏覽器可以向第二個CA詢問第一個CA的數位憑證，以取得CA的公開金鑰。但問題依然存在。因此，你的瀏覽器就必須向第三個CA取得第二個CA的數位憑證。依此類推。此時，你應該會覺得，還是自己走去銀行比較快。

這個無窮回歸（infinite regress）會停止是因為瀏覽器的程式碼中包含有常見CA的公開金鑰。只要你的瀏覽器是來自信用良好的供應者，在認證來自CA的數位憑證時，你就可以依賴它所提供的公開金鑰。

防火牆

防火牆是圖11-5中列出的第三項技術防護。防火牆（firewall）是用來防範未經授權之網路存取行為的電腦系統裝置。防火牆可能是一台特殊用途電腦，或是位於通用型電腦或路由器上的程式。

組織通常會使用多個防火牆。邊界防火牆（perimeter firewall）位於組織網路之外；它是網際網路通訊會遇到的第一台裝置。除此之外，有些組織的網路內部還會建置內部防火牆（internal firewall）。圖11-8中的邊界防火牆是用來保護組織的所有電腦，而第二台內部防火牆則是用來保護區域網路。

封包過濾式防火牆（packet-filtering firewall）會檢查每個封包，並且判斷是否要讓這個封包通過。它會檢查來源位址、目的位址、和其他資料來進行判斷。

封包過濾式防火牆可以阻止從組織外面與位於防火牆後方的使用者之間建立會談。還可以禁止來自特定網站的通訊，例如已知的駭客位址，或是來自雖然合法、但不受歡迎的位

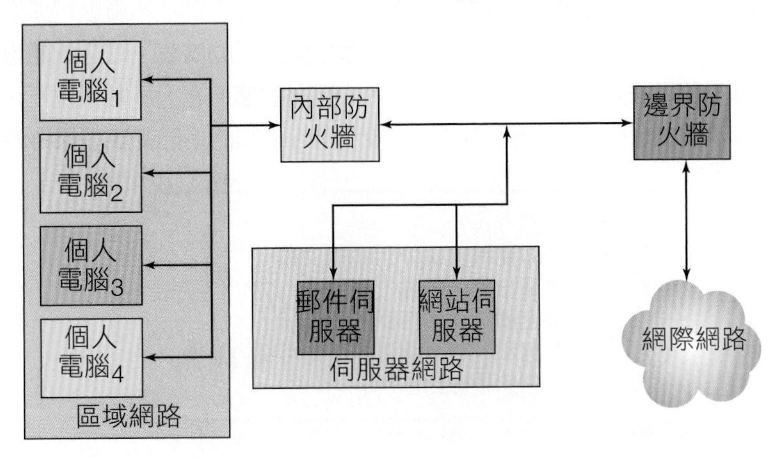

圖11-8
佈建多重防火牆

址，例如競爭對手的電腦。防火牆也可以過濾傳送至外部網路的訊息，讓員工無法存取特定網站，例如競爭對手的網站、色情網站、或新聞網站。

防火牆具有存取控制清單（access control list, ACL），用來記錄哪些封包可以通過和哪些不能通過的規則。當你擔任主管時，如果希望你的員工不要跟特定網站通訊，可以要求資訊部門在防護你網路的路由器之ACL中建立規則，來強制施行你的政策。很可能，貴公司的資訊部門已經有建立提出這種請求的程序了。

封包過濾式防火牆是最簡單的防火牆類型。其他的防火牆是根據更複雜的基礎來進行過濾。如果你選修一門資料通訊課程就會學到相關知識，不過在此，只要知道防火牆是用來協助保護組織中的電腦，以避免未經授權的網路存取。

所有連上網際網路的電腦都應該受到防火牆的保護。許多ISP會提供客戶防火牆。這些基本上是一般性的防火牆。大型組織會使用自己的防火牆來補強這些一般性防火牆。大多數SOHO的路由器也包含有防火牆，而Windows XP也有內建防火牆。你還可以從第三方廠商取得防火牆產品的授權。

你如何知道你的防火牆是否有用呢？事實上，你如何知道你的安全性計劃相當嚴密，或是有很大的漏洞呢？請參考「解決問題導引」對測試安全性的想法。

惡意軟體防護

圖11-5的下一個技術性安全防護是關於惡意軟體。惡意軟體（malware）一詞有數種定義，此處使用的是其中涵蓋範圍最廣的定義：惡意軟體是病毒、蠕蟲、特洛伊木馬、間諜軟體、和廣告軟體。第3章曾經討論了病毒、蠕蟲、和特洛伊木馬；如果你已經忘記它們的定義，請先複習那些部分。

間諜軟體和廣告軟體

間諜軟體（spyware）程式是在使用者不知道、且未經使用者許可的情況下，安裝在使用者的電腦上。間諜軟體會常駐在背景環境中，並且在使用者不知情的情況下，觀察使用者的行動和敲鍵動作，監督電腦的活動，並且向相關組織回報使用者的活動。有些惡意的間諜軟體會捕捉敲鍵動作以取得使用者的帳號、密碼、戶頭、和其他敏感的資訊。有些間諜軟體則是為了支援行銷分析，而去觀察使用者的行為、所造訪的網站、所檢視和購買的產品等等。

廣告軟體（Adware）和間諜軟體一樣是未經許可地安裝在電腦上，而且常駐在背景環境中並觀察使用者的行為。大多數廣告軟體都算是善意的，因為它們並不會執行惡意的行為或竊取資料。不過它的確會去觀察使用者的行為，並且產生彈出式的廣告。廣告軟體也會改變使用者的預設視窗，或是修改搜尋結果，並切換使用者的搜尋引擎。在大多數情況下，它只是惹人討厭而已，但使用者對於任何未知的程式在其電腦上執行未知的功能都應該保持關切。

- 系統開機緩慢
- 系統效能很差
- 許多彈出式的廣告
- 瀏覽器的首頁有可疑的改變
- 工作列和其他系統介面發生可疑的改變
- 不尋常的硬碟動作

圖11-9
間諜軟體和廣告軟體的症狀

圖11-9列出廣告軟體和間諜軟體的一些症狀。有時候，這些症狀會隨著有越來越多惡意軟體元件被安裝進來而逐漸發展出來。如果你的電腦上出現這些症狀，請使用惡意軟體防護程式來移除間諜軟體或廣告軟體。

惡意軟體的安全防護

幸運的是，使用下面的惡意軟體安全防護措施，可以避免掉大多數的惡意軟體：

1. 在電腦上安裝防毒軟體以及間諜軟體防護程式。你的資訊部門應該有一份關於這方面的建議清單（或者是必要清單）。如果你是為自己選購，請選擇一家有聲譽的廠商。在購買前請先在網站上檢視惡意軟體防護程式的評比資訊。
2. 將惡意軟體防護程式設定為經常性地進行掃描。你每週至少應該掃描一次電腦。當偵測到惡意程式碼時，使用惡意軟體防護程式將它們移除。如果無法移除，請連絡資訊部門或惡意軟體防護程式的廠商。
3. 更新惡意軟體的定義檔。經常下載最新的惡意軟體定義（malware definitions），也就是惡意程式碼中所存在的特定模式（pattern）。惡意軟體防護廠商會持續更新這些定義，而你應該盡可能在第一時間安裝這些更新。
4. 只開啟來自已知來源的電子郵件附件。此外，即使附件來自已知來源，開啟時仍應小心。安全專家Ray Panko教授指出，90%的病毒都是透過電子郵件附件傳播（註4）。這項統計並不令人意外，因為大多數組織都受到防火牆的保護。在防火牆經過適當設定的情況下，電子郵件是唯一從外部發起、而能抵達使用者電腦的交通。

   大多數惡意軟體防護程式都會檢查電子郵件附件是否有夾帶惡意程式碼。然而，所有使用者都應該養成絕不開啟不明來源之郵件附件的習慣。此外，如果你從已知來源收到一封非預期的電子郵件、或是主題可疑的郵件、甚至有些錯字或文法錯誤，就應該先向來源求證附件的正確性，然後再開啟。
5. 盡速安裝合法來源的軟體更新。不幸的是，所有的程式都充滿著大量的安全漏洞；廠商會在發現時盡快修正，但未必會受到使用者的重視。請盡速安裝作業系統和應用程式的修補程式。
6. 只瀏覽有良好聲譽的網際網路鄰居。有些惡意軟體也可能在你開啟網頁時自行安裝。千萬別上那種網站！

惡意軟體是個嚴重的問題

AOL（America Online）和美國國家網際網路安全聯盟（National Cyber Security Alliance）在2004年對網際網路用戶進行了一項惡意軟體調查。他們詢問使用者一系列的問題，然後經過使用者的同意掃描使用者的電腦，以判斷使用者對自己電腦上惡意軟體問題的瞭解有多清楚。你可以在網路上找到這項很不錯的調查資料：staysafeonline.info/news/safety_study_v04.pdf。

圖11-10是調查中的一些重要結果。在使用者中，有6%認為他們有中毒，但實際上有18%。此外，受訪者中有一半不清楚自己有沒有中毒。在有病毒的電腦上，平均可以找到2.4支病毒，而在單一電腦上找到的最大病毒數目為213！

＊ 註4：Ray Panko, Corporate Computer and Network Security (Prentice Hall, 2004), p. 165。

解決問題導引

測試安全性

當有高度熱忱的員工們在一起密切合作一段時間之後，他們會開始相信全世界的想法都跟他們一樣。這個團隊開始時懷抱著一些預設和希望，逐漸地，他們的心靈將這些預設和希望轉化成真理和事實。這個過程並不是蓄意的欺騙，而是熱情團隊工作時的自然情況。有一位高階執行長在解釋一項經過縝密規劃和組織的行銷計畫為什麼失敗時表示：「我們開始相信我們自己的熱情」。

安全性也是如此。一組聰明而有高度熱忱的人使用複雜的工具，來發展完美的防火牆組態，並且設計出如此深思熟慮而且經過良好測試的ACL，會讓他們相信網路已經堅如磐石！隨著時間流逝，這個小組的想法已經將希望和目標轉變為事實。

不幸的是，相信某人本身的熱情所造成的偏差，還會因為其他因素而更形惡化。諸如系統分析師之類員工的升遷所依循之遊戲規則，完全不同於駭客或電腦罪犯。系統分析師和駭客在世界觀上的差異，使得系統分析師無法去預測駭客可能會做什麼。

偏差加上不相似的世界觀，意謂著安全性系統不能由它的建立者來進行測試，或是說至少不能只靠它的建立者來做。

因此，許多公司會雇用外部人員來測試系統的安全性。白帽駭客（white-hat hacker）是指那些為了協助組織而入侵其網路的人。白帽駭客會回報他們所找到的問題，並且建議可能的解決方案。理論上是如此啦。不過，如果這個白帽駭客沒有把所有找到的漏洞都據實以告呢？

顯然，公司在雇用這種顧問時必須特別小心。有些公司只雇用聲譽卓著的大型顧問公司，在此假設這些公司會小心地過濾員工的背景。同時也會確定這些公司對其員工造成的潛在問題有提供責任賠償。

第二個問題與結果有關：「不要問你不想知道結果的問題。」公司對於白帽駭客的結果要怎麼處理呢？如果找到的問題很嚴重，而且影響層面很廣泛，修正的成本可能很貴。或者，它們可能需要超過管理階層所能負荷的關注。知道這種無法修正的弱點，會讓管理階層面臨一種責任，但如果管理階層不知道這些問題時就不需承擔的責任。

討論問題

1. 說明對某個想法、計畫、或專案懷抱強烈的信心有什麼不好的地方。你在自己的生活中有看過類似的現象嗎？是怎樣呢？

2. 請描述為什麼系統分析師無法同理駭客的想法。這些限制對安全性系統有何影響？

3. 請描述使用白帽駭客的危險。說明如何克服這些危險。

4. 說明這句話的觀點：「不要問你不想知道結果的問題。」這種觀點如何應用在電腦安全測試上？又如何應用在你的生活中呢？

5. 如果你是在Southwest Video Training工作，你會如何建議那位合夥人去測試網站的安全性？

問題	使用者回應	掃描結果
你的電腦上有病毒嗎？	是的：6%	是的：19%
	沒有：44%	沒有：81%
	不知道：50%	
受感染電腦上平均（最大）的病毒數目		2.4（213）
你多久更新一次防毒軟體？	上週：71%	上週：33%
	上個月：12%	上個月：34%
	前半年：5%	前半年：6%
	超過半年：12%	超過半年：12%
你認為你的電腦上有間諜軟體或廣告軟體嗎？	是的：53%	是的：80%
	沒有：47%	沒有：20%
在電腦上的間諜軟體/廣告軟體元件的平均（最大）數目		93（1,059）
你曾經同意讓這些元件安裝在你的電腦上嗎？	是的：5% 沒有：95%	

圖11-10

惡意軟體調查結果

資料來源：AOL/NCSA Online Safety Study, October 2004, staysafeonline.info/news/safety_study_v04.pdf (資料取得日期：2005年3月)。

圖11-10中關於間諜軟體的情況也相當類似。使用者的電腦平均有93個間諜軟體元件，而單一電腦上找到的最大數目為1,059。請注意只有5%的使用者有同意過間諜軟體的安裝。

雖然惡意軟體的問題無法被根治，但遵循前述的六項安全防護原則，就可以縮減它的規模。你應該養成這些習慣，並且確定你所管理的員工也是如此。

設計安全的應用

圖11-5中最後一項技術性安全防護措施是關於應用系統的設計。未來當你身為資訊系統使用者時，你並不會自行設計程式，但是你應該確定任何為你和你的部門所開發的資訊系統，都要把安全性當作是應用系統需求的一部分。

資料的安全防護

資料的安全防護是用來保護資料庫和其他組織性資料的措施。第4章討論了資料庫的安全性，你可能需要稍加複習。

圖11-11摘述了一些重要的資料防護措施。首先，組織應該指派使用者資料的權利和責任。其次，這些權利至少要搭配經過密碼驗證的使用者帳號。

組織應該以加密形式來儲存敏感的資料。這種加密會以類似資料通訊加密的方式使用一或多把金鑰。然而，儲存資料的一項潛在問題是金鑰可能會遺失，或者被不滿或解聘的員工摧毀。因此，當資料加密時，應該由某個受信任者保存一份加密金鑰複本。這種安全程序有時又稱為金鑰託管（Key escrow）。

另一種資料防護措施是要定期建立資料庫內容的備份。組織應該至少將這些備份中的一些複本存放在公司所在建築之外，可能是遙遠的某處。此外，資訊人員應該定期進行復原

- 資料的權利和責任
- 權利至少要搭配經過密碼驗證的使用者帳號
- 資料加密
- 備份和復原
- 實體安全性

圖11-11
資料安全防護

演練，以確保備份是正確的，而且存在有效的復原程序。不要只是因為有做備份，就假設資料庫有受到保護。

實體的安全性是另一項資料相關的安全防護措施。執行DBMS的電腦和所有儲存資料庫資料的裝置都應該放在上鎖、而且有出入管制的機房。否則，它們不僅可能失竊，而且也容易毀損。要有更好的安全性，組織應該保留出入的日誌，記錄誰在何時進去做什麼。

在有些情況下，組織會跟其他公司簽約來管理它們的資料庫，則圖11-11中的所有安全防護措施都應該是服務合約的一部分。此外，合約還應該要求資料主有權檢視資料庫操作廠商的實體環境，並且與其人員進行合理時間的訪談。

「MIS的使用11-2」描述一家公司的敏感資料有重大毀損。請閱讀該案例並判斷是否有錯，若有，是錯在哪裡。

人員安全防護

人員安全防護措施涉及資訊系統的人和程序元件。一般而言，當授權的使用者遵循適當的程序來使用和復原系統時，就算達成人員的安全防護。要限制只有授權的使用者能存取，需要有效的認證方法和小心的使用者帳號管理。此外，所有資訊系統都必須將適當的安全程序視為是其中的一部分，並且教育使用者這些程序的重要性，以及如何使用。在本節中，我們先討論員工的安全防護措施，再討論非員工的安全防護。

員工的人員安全防護

圖11-12中列出了員工方面的安全性考量。首先是職務的定義。

職務的定義

有效的人員安全防護始於工作內容和職責的定義。一般而言，工作說明應該對責任與職權做個區分。例如任何人員不應該同時擁有核准費用和開支票的權限。反之，應該由某個人負責核准費用，另一個人負責付款。同樣地，任何人員不應該又可以從倉庫領料，又可以移除庫存資料。

根據適當的工作說明來定義使用者帳號，並賦予他工作所需的最低權限。例如工作說明中不包含修改資料的使用者帳號，就應該只有唯讀的權限。同樣地，如果工作說明中不需要去存取資料的使用者帳號，就應該禁止使用者的存取。因為語義上的安全性（第9章）問題，即使存取看似無害的資料也必須受到限制。

MIS的使用11-2

ChoicePoint的攻擊事件

位於喬治亞州的ChoicePoint公司專門提供風險管理和防範詐欺的資料。過去，ChoicePoint提供汽車肇事報告、理賠歷史、和類似資料給汽車保險公司；近年來，它的客戶擴展到一般的企業和政府機構。目前，它還提供志工和求職者的審查資料，以及協助尋找走失兒童。ChoicePoint擁有超過四千名員工，2004年的營收為9.18億美元。

在2004年秋天，ChoicePoint成為偽冒攻擊的犧牲者；未經授權的個人假裝是合法的客戶，並且取得超過14萬5千筆個人資料。該公司的網站上說：

「這些罪犯使用偷來的身分證件來建立和產生看似合法的文件，努力地通過我們的客戶認證，以小企業客戶的身分存取到類似電話簿上的基本資料（名稱和地址資訊），以及身分證字號和一些精簡的信用報告。他們還能取得其他公開記錄的資訊，包括破產記錄、留置權、法庭判決、專業證照、和不動產資料等等。」

ChoicePoint在2004年11月注意到洛杉磯有些帳戶有異常的處理活動，而發現了這個問題。因此，這家公司就連絡洛杉磯警方，而警方要求ChoicePoint在進行調查期間不可揭露這個活動。到了1月，洛杉磯警方通知ChoicePoint可以連絡資料外洩的客戶了。

這項犯罪是認證失效、而不是網路入侵的範例。ChoicePoint的防火牆和其他方全防護措施都沒有被攻破。反之，罪犯們是偽冒合法的企業。滲透者取得合法的加州營業執照，而且在他們的異常處理活動被偵測到之前，看起來就像合法的使用者。

為了回應這個問題，ChoicePoint為資料外洩客戶建立了求助熱線。他們還購買這些人的信用報告，並且付錢取得一年期的信用報告檢視服務。2005年2月，代表全部14萬5千名客戶的律師提出了集體訴訟，要求每人7萬5千美元的損失賠償。同時，美國參議院也宣布它將進行調查。

諷刺的是，ChoicePoint因為連絡警方並配合逮捕罪犯，而讓自己陷入公共關係的噩夢、大量的費用、集體的法律訴訟、參議院的調查、和下跌了20%的股價。當ChoicePoint注意到異常的帳戶活動時，如果它只是去關閉這些非法企業的資料存取，根本不會有人知道。當然，那14餘萬名客戶對自己的身分資料遭竊就會一無所知，而且這些竊案事後也不太可能追溯到ChoicePoint。

本章的後面還會回到這個案例。

資料來源：choicepoint.com/news/statement_0205_1.html#sub1 (資料取得日期：2005年2月)，Choice.Point.com授權使用。

最後，還必須記錄每個職務在安全上的敏感程度。有些職務涉及高度敏感的資料（例如員工薪資、業務人員配額、和私有的行銷或技術資料）。其他的職務則只關係到非敏感資料。記錄職務的敏感性（position sensitivity）可以讓保全人員根據可能的風險和損失來安排他們的行動順序。

招募和過濾

安全考量應該也納入招募過程的一部分。當然，如果這項職務不涉及敏感資料，也不存取資訊系統，則針對資訊系統安全的過濾工作就可以盡量簡化。但是在招募高敏感性職務時，就應該有大量的面談、推薦、和背景調查。請注意安全性的篩選不僅止於新進員工，還包含要升遷到敏感性職務的現有員工。

- 職務的定義
  - 區分責任和職權
  - 決定最低的權限
  - 記錄職務的敏感性

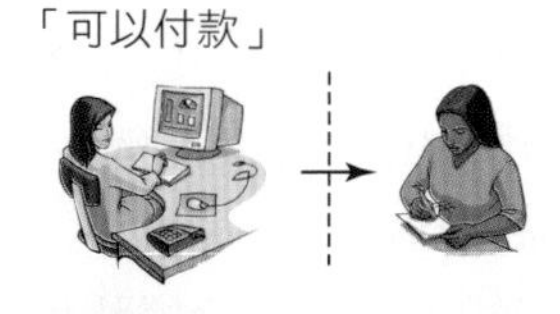

- 招募和過濾

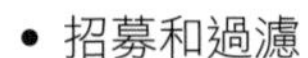

- 宣導和強制實施（責任、歸屬、和遵守）

- 離職
  - 友善

  - 不友善

圖11-12
企業內部員工的安全性政策

宣導和強制實施

我們不能預期員工會去遵循他們所不知道的安全性政策和程序。因此，必須要讓員工瞭解安全政策、程序和他們的責任。

新進員工教育訓練時就要開始員工的安全教育，並說明一般性的安全政策和程序。除此之外，還要根據該職務的敏感性和責任來加以補充。獲得升遷的員工應該要接受適合新職務的安全性訓練。公司要在員工完成必要的安全性訓練之後，才能夠給他帳號和密碼。

強制實施包含三項獨立因素：責任、歸屬、和遵守。首先，公司應該要明確定義每個職務的責任。安全性計劃的設計應該要在違反安全性時能找到責任的歸屬。當重要資料遺失時，必須要有程序能找出遺失發生的原因，以及誰應該負責。最後，安全性計劃應該要鼓勵員工遵守安全性。公司應該定期監督員工活動是否遵循安全性，而主管應該明確說明不遵守時的懲罰措施。

管理階層的態度非常重要：當主管言行一致地表示出對安全性的重視時，員工也比較會遵守。如果主管將密碼寫在員工的佈告欄上，在走廊大聲說出密碼，或是漠視實體的安全程序，則員工對安全性的態度和遵守程度也會受到影響。另外，請注意有效的安全性是管理者持續的責任，定期提醒安全性是必要的動作。

離職

公司還必須針對員工離職建立安全政策和程序。大多數員工的離職都相當友善，往往是出於升遷、退休、或是辭職擔任其他職務。標準的人力資源政策必須確保系統管理者能在員工在職的最後一天之前收到通知，以便移除帳號和密碼。加密資料的還原金鑰和其他特殊的安全性需求，都應該是員工離職手續的一部分。

不友善的離職比較困難，因為員工可能會想採取惡意或傷害性的行動。此時，系統管理者可能必須在通知員工解聘消息之前，先移除他的帳號和密碼。為了保護公司的資訊資產，可能還需要其他一些行動。例如被解聘的業務人員可能會想將公司的客戶和潛在客戶等機密資料帶走，以便未來在其他公司使用。雇主應該在解聘之前先採取步驟來保護這些資料。

人力資源部門應該要瞭解盡早通知系統管理者員工離職資訊的重要性。沒有一體適用的政策；資訊部門必須視情況個別處理。

就人員的安全防護而言，管理安全系統人員的防護措施甚至更為重要，請參考「安全性導引」。

非員工的人員安全防護

企業需求可能會使得資訊系統必須對非員工開放，例如臨時雇員、廠商、合作人員（商業夥伴的員工）、和社會大眾。雖然企業也可以去篩選臨時雇員，但為了節省成本，篩選過程可能比較簡略。在大多數情況下，企業也無法去篩選廠商或合作人員。當然，社會大眾更不可能被篩選。安全性訓練和遵守規則方面也有類似的限制。

在臨時雇員、廠商、和合作人員方面，管制活動的合約中應該要對相關資料和資訊系統的敏感程度規範適當的安全措施。企業應該要求廠商和合作夥伴執行適當的篩選和安全訓練。合約還應該提到執行任務時的具體安全責任。企業應該提供最低權限的帳號和密碼，並且盡快移除這些帳號。

公開的網站和其他開放存取的資訊系統情況又不相同。要讓公眾使用者為違反安全性負責，不僅困難，而且很昂貴。一般而言，要防止公眾使用者威脅的最佳安全防護措施，就是盡可能強化網站或其他設施抵抗攻擊的能力。強化（harden）一個網站意謂著採取額外的措施，以降低系統的弱點。使用特殊版本的作業系統，可以鎖住或排除掉應用所不需要的作業系統功能。強化其實算是一種技術上的防護措施，但是我們把它放在這裡，做為因應公眾使用者的最重要防護措施。

最後，請注意與公眾和某些合作夥伴間的企業關係，與跟臨時雇員和廠商的關係並不相同。公眾和某些夥伴使用資訊系統以獲得某些好處。因此，必須有防護措施來保護這些使用者免於受到公司內部安全性問題的傷害。如果有不滿的員工惡意改變網站上的價格，可能會對公眾使用者和商業夥伴都造成傷害。如同一位資訊主管所言：「與其說保護我們不受他們傷害，不如說保護他們不受我們傷害。」這是圖11-3中第五條原則的延伸。

帳號管理

第三項人員防護措施是帳號管理。使用者帳號、密碼的管理，以及客服政策和程序，都是安全性系統的重要元素。

帳號管理

帳號管理是關於新用戶帳號的建立，現有帳號權限的修改，以及不必要帳號的移除。資訊系統管理者會執行這些工作，但是帳號用戶也有責任通知管理者需要這些動作。資訊部門應該建立這方面的標準程序。未來你擔任使用者的時候，可以透過儘早和及時提供帳號變更的通知來增進和資訊人員的關係。

已經不需要的帳號是嚴重的安全性威脅。資訊系統管理者無法知道何時該移除帳號；只有使用者和主管能提供這種通知。

密碼管理

密碼是認證的主要方法。它們不僅對於電腦的存取很重要，還會用來認證使用者要存取的網路和伺服器。因為密碼的重要性，NIST建議員工必須要簽署一份類似圖11-13的聲明。

當帳號建立之後，使用者應該立刻將預設的密碼變更為自己的密碼。事實上，設計良好的系統應該在使用者第一次使用時要求他們變更密碼。

在此之後，使用者應該經常變更密碼。有些系統會要求每三個月或更短時間要變更一次密碼。使用者會對此怨聲載道，但是頻繁地變更密碼不只可以降低密碼遺失的風險，而且萬一密碼被破解時，也可以減少損害的程度。

有些使用者會建立兩個密碼，並且在兩者之間交互使用。這項策略會導致不良的安全性，而且有些密碼系統並不允許使用者重新利用最近才用過的密碼。當然，使用者可能覺得這個政策很麻煩，但是它非常重要。

客服政策

過去，技術支援中心一直是個嚴重的安全風險。忘記密碼的使用者會打電話到技術支援中心，並且要求客服人員告訴他密碼，或是把密碼改成其他的字串。「我要有密碼才能拿到報表」是常見的哀嚎！

客服人員碰到的問題當然是他們無法判斷是跟真正的使用者通話，或是有人在假冒使用者。但是，他們的處境也很尷尬；如果他們不提供某種協助，則技術支援中心就會被視為是「技術不支援中心」。

要解決這種問題，許多系統提供客服人員一些認證使用者的方法。通常，技術支援中心的資訊系統會包含一些問題是只有真正使用者才知道答案，例如使用者的出生地、母親的小名、或是重要戶頭的最後四碼等。通常，新密碼是透過電子郵件送給使用者。然而，電子

本人在此確認收到下列帳號和系統密碼。本人瞭解自己有責任保護密碼，遵守所有適當的資訊系統安全標準，並且不將密碼洩露給任何人。本人也瞭解在使用密碼遇到任何問題，或是有理由相信密碼被破解時，必須向資訊系統安全主管報告。

圖11-13
簡單的帳號確認表格

安全性系統的安全性

第4章提過metadata是資料的資料。同樣地，後設安全性（metasecurity）是安全性系統的安全性。換句話說，它問的是：「我們如何保護安全性系統的安全？」

以一個明顯的問題為例：什麼是儲存帳號和密碼檔案的安全方式？這種檔案必須存在，否則作業系統將無法認證使用者。但是，要如何儲存這種檔案呢？它不能以明文來儲存，否則每個讀到檔案的人都可以不受限制地存取到電腦、網路、和其他資產。因此，它必須以加密形式儲存，但是怎麼做呢？而誰又應該知道加密金鑰呢？

再考慮另一個問題。假設你在Vanguard Funds的技術解答中心工作，而你工作的一部分就是在使用者遺忘密碼時重設密碼。顯然，這是個必要的工作，但是公司要如何防止你去為那些從不檢視結帳單的老人家重設密碼？或是防止你使用重設的密碼來存取這些帳號，並且將基金移到你朋友的戶頭？

會計人員處理這類問題已經有數十年的時間了，並且已經發展出一組會計控制（accounting controls）。一般而言，這些管控涉及提供制衡、活動日誌的獨立審閱、和關鍵資產控制等等。透過適當的設計和實作，這種控制也能夠逮到未經授權就進行帳戶移轉的客服人員。但是許多電腦網路的威脅是全新的，所以適當的安全防護措施仍在發展中，而有些甚至是未知的威脅。有些問題的防護措施會有意想不到的結果。例如假設你叫一名員工負責找出網路和財務應用的安全漏洞（請參考「解決問題導引」有關白帽駭客的討論），假設你的員工發現了如何入侵系統，並且可以神不知鬼不覺地將倉庫貨品運送到他指定的任何地點。你的員工對你回報了這些漏洞，而你也修正了這些問題；唯一剩下的問題是，你如何知道他已經回報了所有的漏洞。

此外，當他結束之後，你要如何處理這位內部的白帽駭客呢？你不太敢把他解聘，因為如果惹惱了他，你不知道他會用手中的資訊來做些什麼。但是他現在對你安全系統的漏洞瞭若指掌，應該交給他什麼樣的工作比較安全呢？你會希望讓他繼續擁有公司電腦網路的帳號和密碼嗎？即使你修正了他所提的所有問題（當然這部份也令人存疑），你也會懷疑他隨時還可能再找到更多。

或是考慮微軟的問題。如果你是個電腦罪犯，哪裡是最適合植入特洛伊木馬或後門的地方呢？當然是Windows程式。微軟雇用數百名人員來撰寫作業系統；這些人工作的地點遍佈全球。當然，微軟會盡量對每個人的背景進行篩選，但是它能取得印度、法國、愛爾蘭、中國大陸、和美國等國家的每位Windows程式人員的完整精確的背景報告嗎？微軟使用謹慎的程序來控制哪些程式碼可以進入最後的成品，但即使如此，微軟內部還是得有人全天候關注這種可能性。

諷刺的是，許多metasecurity問題的解答竟然是開放。加密專家都同意，任何依賴保密的加密演算法註定會失敗，因為秘密會有洩露的一天。加密的祕密必須只依靠所使用的（臨時）金鑰，而不是秘密的方法。因此，加密演算法會被公開，並且鼓勵任何對數學有興趣的人找出漏洞。只有在經過數以千計的人不斷測試、再測試之後，演算法才能夠安全的建置。WEP就是很不智地在測試之前就進行建置，造成幾百萬個脆弱的無線網路。

顯然，硬體和軟體只是問題的一部分。後設安全性也涵蓋資料、程序、和人等元件。它是個持續發展中的有趣領域，而且非常重要。它會是個有趣的職業選擇，但請務必小心你所學到的東西。

討論問題

1. 解釋metasecurity。舉出本書以外的兩個metasecurity的問題。
2. 說明當人員可以重設客戶密碼時所存在的控制問題。描述如何使用稽核日誌和至少兩名獨立員工來減輕這項威脅。
3. 請描述內部白帽駭客造成的兩難問題。說明使用外部公司進行白帽入侵的問題。如果你負責管理測試電腦網路安全的專案，你會使用內部或委外人員？為什麼呢？
4. 典型的企業網路上包含有微軟、SAP、Siebel、Oracle、和可能數十家較小廠商的軟體。使用者如何知道這些公司的軟體中都沒有包含特洛伊木馬？
5. 說明為什麼安全性的部分解答是開放。說明開放如何能應用在如第2題之類的會計控制上。說明依賴保密的程序控制有什麼危險。

郵件是以明文傳送，所以新密碼不應該透過電子郵件傳送。如果你收到電子郵件通知你密碼已經重設，但你並沒有提出這種要求，請立即連絡資訊系統安全人員，因為這表示已經有人入侵你的帳號了。

所有這些客服措施都會降低安全系統的強度，而且如果員工職務具有足夠的敏感性，這些措施甚至會產生很大的弱點。在這種情況下，可能只能算這名使用者倒楣。他的帳號會被刪除，而使用者必須再重複一次帳號的申請流程。

系統程序

圖11-14是程序類型的分類：正常運作、備份、和復原。所有資訊系統都應該建立所有這些類型的程序。例如訂單輸入系統會有所有這些程序，而網站店面、庫存系統等等也是如此。標準化程序的定義和使用會降低內部人員電腦犯罪和其他惡意活動的機率。它還能確保系統安全性政策的實施。

使用者和操作人員都需要相關的程序。公司必須為這兩類人員發展正常、備份、和復原作業的程序。未來當你身為使用者時，最相關的是使用者的程序。正常的使用程序應該提供適合該套資訊系統敏感性的安全防護措施。

備份程序是要建立在故障時所使用的備份資料。操作人員有責任備份系統資料庫和其他系統資料，部門員工則必須備份自己電腦上的資料。一些值得思考的問題是：「如果我的電腦（或PDA）明天失蹤了，會如何？」「如果某人在機場安檢時把我的電腦摔壞了，會如何？」「如果我的電腦被偷了，會如何？」員工應該要確定他們有將自己電腦上所有重要的業務資料進行備份。資訊部門可能會設計備份程序，並且設置備份設施，以協助這些工作。

最後，系統分析師應該發展系統復原程序。首先，當關鍵系統無法使用時，部門主管該如何管理他的業務？即使是系統不能運作，客戶仍舊可能想要下單，生產部門也可能想要移除庫存項目。部門要如何回應呢？一旦系統回復運作，在當機期間所有業務活動的記錄又要如何輸入系統呢？服務要如何繼續？系統開發人員必須要詢問並回答這些和其他類似問題，並且據此開發所需的程序。

	系統使用者	操作人員
正常運作	使用系統執行任務，搭配與敏感性相符的安全性。	資料中心設備的運作、網路管理、網站伺服器的運作、和相關的操作工作
備份	為系統無法運作做準備。	備份網站資源、資料庫、管理性資料、帳號和密碼資料、以及其他資料。
復原	在故障期間完成任務。知道系統復原期間要做什麼。	使用備份資料將系統復原。復原期間擔任回答問題的角色。

圖11-14
系統程序

安全監控

安全監控是最後一項要討論的人員安全防護措施。重要的監督功能包括活動日誌分析、安全性測試、以及安全事件的調查和學習。

許多資訊系統程式會建立活動日誌（activity log）。防火牆會產生活動日誌，包括所有被丟棄的封包清單、滲透活動嘗試、和防火牆內部的未授權存取嘗試。DBMS產品會產生成功和失敗登入的日誌。網站伺服器會產生網站活動的大量日誌。個人電腦上的作業系統則能夠產生登入和防火牆活動的日誌。

必須有人去檢視這些日誌，它們才能真正提供價值。因此，一項重要的安全性功能就是去分析這些日誌，尋找威脅模式、成功和失敗的攻擊、以及安全弱點的證據。

此外，企業應該測試它們的安全性計劃；包括由內部人員和外部安全顧問所進行的測試。請參考前面的白帽測試。

另一項重要的監控功能是去調查安全事件。問題是如何發生的？已建立的安全防護措施能防止這種問題再次發生嗎？這個事件有反映出安全系統其他部分的弱點嗎？從這個事件中還能學到其他什麼東西？

安全系統處於動態的環境中。組織結構持續變動，公司被併購、賣掉或合併。新系統需要新的安全性措施。新的技術改變了安全性的地貌，也引發新的威脅。安全人員必須持續監控情況，並且判斷現有的安全政策和防護措施是否足夠。如果需要改變，安全人員就必須採取適當的行動。

安全就像品質一樣，是一個持續的過程。世界上並不存在有終極的安全系統或企業；企業必須持續地監控安全性。

災難準備

災難是指因為天災人禍而造成電腦基礎建設發生嚴重損害。前面曾經一再提及，解決問題的最佳方法就是不要有問題。對抗災變的最佳防護則是適當的場所規劃。如果可能的話，運算中心、網站叢集、和其他電腦設備應該盡可能放在不容易受到洪水、地震、颶風、龍捲風、或海嘯侵襲的地點。即使在這樣的地點，基礎建設還應該放置在不引人注意的建築物、地下室、或不公開的區域；在組織建築物之中，也應該選擇類似的區域。此外，最好能將電腦基礎建設放在用來存放昂貴設備的防火建築物中。

不過，有時候電腦基礎建設會受到企業需求的限制，而無法放在比較理想的位置。此外，即使是不錯的地點還是有可能發生災難。因此，有些企業會在主要處理地點之外很遠的地方設置備援的處理中心。

圖11-15列出重大災難的準備工作。在為電腦基礎建設選擇安全地點之後，組織應該要找出所有關係重大的應用程式，意即，若有一段時間無法運作，就會造成組織無法運作的那些應用程式。接著再找出執行這些系統所需的所有資源。這種資源包括電腦、作業系統、應用程式、資料庫、管理性資料、程序文件、和受過訓練的人員。

- 將基礎建設放置在安全的地點。
- 找出關係重大的系統。
- 找出執行這些系統所需的資源。
- 準備遠端備份設施。
- 訓練與演練。

圖11-15
災變準備

接著，在遠地處理中心建立這些資源的備份。所謂的熱站（hot site）是指災變復原服務廠商所經營的遠端處理中心；只要繳交月費，它們就提供災變之後繼續運作所需的所有設備。反之，冷站（cold site）則只提供辦公空間，客戶本身必須提供和安裝繼續運作所需的設備。

一旦組織完成備份建設之後，則必須訓練和演練從主要中心移轉到備份中心的工作。組織必須定期複習這些演練。

準備備份設施是非常昂貴的；然而，建立和維護這種設施就像是一種保險。高階主管必須要在風險、效益、和成本間斟酌，以決定如何設置這種設施。

事件的因應

安全計畫的最後一項是事件的因應。圖11-16列出主要的因素。首先，每個組織的安全性計劃中都應該包含事件因應計畫。組織不應該等到某些資產被毀損、或入侵之後再來決定要怎麼辦。計劃中應該包括員工要如何回應安全性問題，他們應該聯絡誰、他們應該提出什麼報告，以及他們可以採取哪些步驟來降低進一步的損失。

以病毒為例，事件因應計畫應該規範員工發現病毒時應該要怎麼做。他可能要求員工關掉電腦，並且實際拔掉網路連線。計劃中還應該規範使用無線電腦的使用者要怎麼做。

計劃中應該提供所有安全事件的集中通報點。這種通報可以讓組織判斷他是否處於有系統的攻擊之中，或者只是單一的獨立事件。集中通報還可以讓組織瞭解安全性威脅，採取一致的回應行動，並且將專業知識應用在所有的安全性問題上。

當事件發生時，速度是最重要的。病毒和蠕蟲可以很快地傳遍整個組織網路，而快速回應將有助於減輕其影響。因為必須快速回應，所以預先準備是值得的。事件因應計畫應該要找出關鍵人員和他們下班後的連絡資訊。這些人應該要接受訓練，瞭解該前往何處，以及

- 事先做好適當的計劃
- 集中的通報點
- 具體的因應措施
  - » 速度
  - » 準備是值得的
  - » 不要讓問題變得更糟
- 練習！

圖11-16
事件因應要素

抵達後該做些什麼。如果沒有適當的準備，則問題有可能因為人員的善意行動而變得更糟。此外，還會出現各種謠言流傳著一些奇怪的做法。經過訓練而具備相關知識的核心人員也有助於減輕這些謠言。

最後，組織應該定期練習事件的因應。缺乏練習，則人員對因應計畫的瞭解就會不足，而計劃本身的問題也只能透過練習才會突顯出來。

Southwest Video Training（後續）

在你思考你的任務時，你發現可以使用圖11-1來歸納Southwest Video容易受到的威脅。當你在整理這些威脅的時候，你很驚訝的發現居然有這麼多，而且可能會這麼嚴重。

然而，Southwest只是家小公司，而且合夥人很在意他們的時間和金錢。你很確定一份建立完善安全性計劃的提案，就會好像要他們的命一樣，至少一開始鐵定如此。所以你決定要專注在你所看到的三項最大的需求上：改善防火牆、惡意軟體防護、和客戶資料庫的備份與異地儲存。你還建議進行員工訓練。

目前，Southwest在網站伺服器前面有一個防火牆。你不知道存取控制清單的規則，但是你解釋了這些規則的重要性；在避免公開批評目前的網站管理員的前提下，你建議由專業的防火牆顧問對這些規則進行審查。此外，你也建議安裝第二道內部防火牆來保護網站伺服器背後的網路和電腦。

其次，你從自己的部門知道公司偶爾會在電腦上執行惡意軟體防護程式。因此，你建議Southwest為每台電腦採購防毒和防間諜軟體程式。此外，你還建議公司發展政策來確保每名員工會定期更新惡意軟體定義，而且每週至少執行一次惡意軟體掃描。

第三，你很關心你辦公室所在的老建築物發生火災的機率。因此，你建議資訊部門將所有關鍵應用軟體備份，並且儲存在遠端。你還建議公司每週備份一次客戶資料庫，並且存放在專門提供企業外備份儲存服務的廠商處。

你知道Southwest應該有安全政策，而且合夥人應該主動參與政策發展和風險分析。然而，你決定暫緩這些措施，因為你相信合夥人們會被這些要做的工作成本嚇昏，然後什麼也不做。所以你建議合夥人嚴肅思考安全性和風險問題，然後將他們對安全性的興趣和關切告知其幕僚。然後，你建議由你和網站程式人員為公司進行安全性的教育訓練。

當你簡報的時候….嗯，其實我們也不知道會發生什麼事。事實上，它很快就會變成是你的事了，這會是你的簡報和你的成敗。請參考「學習評量」第23、24題，並思考最後會如何。

終於，你已經抵達本書的結尾了。花點時間回顧一下你會如何使用你的所學；請參考「深思導引」。

深思導引

最後、最後的叮嚀

恭喜你！你已經讀完全書了。藉由這些知識，你已經準備好要擔任一名有能力的資訊系統使用者。再加上工作與想像，你還會變得更強。能夠以創意來應用資訊的人可以獲得許多有趣的機會。你的教授已經做了他所能做的，剩下來就靠你自己了。

我相信，今日電腦通訊和資料儲存的成本已經微不足道。這會有什麼結果呢？我不知道，而我在資訊產業接近40年的經驗，讓我對明年之後的預測都非常謹慎。但是我知道接近免費的通訊和資料儲存會造成商業環境根本上的改變。當類似Getty Images之類公司的產品生產邊際成本為0的時候，某些事情已經有了根本上的差異。此外，Getty Images可不是唯一擁有這種機會的公司喔！

我很懷疑未來五年的技術發展是否會減緩。企業仍在消化現有的技術。根據Harry Dent的說法，技術的浪潮一定會成對出現。第一個階段是狂亂的生長期；新技術發明出來，它的能力洶湧而出，而它的特性開始被理解。第一個階段總是會導致過度建設，但是它也為第二階段奠定基礎；存活的企業和企業家廉價買下那些過多的基礎建設，並且用來達成新的企業目標。

例如汽車業就經歷了這兩個階段。不理性的成長期在一次技術的崩盤後結束；在1919到1921年間，通用汽車的股價下跌了75%。然而，生長期最後導出公路系統的發展、汽油業的發展、和美國商業行為的完整改變。這些結果都為對商業環境變化敏銳的人提供了很多的機會。

我相信今日我們正在經歷資訊科技的第二個階段。企業正在重整自己以利用新的機會。Dell接單後開始生產電腦，而且它在支付零件費用之前，可能就已經收到客戶的錢了。在Dell付款給螢幕供應商之前，我就已經在使用我的新電腦了。

等到電信公司可以便宜買入今日不同企業建置的光纖之後，光纖就可以直接進入我家（和你家）。等到光纖到我家之後，就可以跟錄影帶店說拜拜了！歡迎光臨，DK公司 － 音樂圖書館和航海圖片的網際網路廣播公司。

在2005年，部落客對Rathergate和Eason事件的評論震驚了主流媒體。當部落客唾棄MSN的壟斷，並且推翻MSN新聞控制的時候，新聞的新紀元就會來臨。報紙的讀者已經落後了十年；新聞紙張無法在資料通訊免費的時代存活。

因此，當你取得商學學位時，請對新的技術機會保持警覺。注意第二波浪潮並且及時把握。如果你發現這門課很有趣，不妨多修幾門資訊系統課程。即使你不想主修資訊系統，也可以選修資料庫或系統開發。如果你是技術導向型的人，可以選修資料通訊或資訊安全的課程。如果你對這些東西有興趣，也可以選擇資訊系統做為主修。如果你想要設計程式，沒問題；但是如果你不想，也無妨。資訊系統產業有大量機會提供給非程式人員。有數百種將資訊系統技術應用在新商業環境的新穎方式，找到它們且樂在其中吧！

討論問題

你要如何使用本門課程所學來幫助你的生涯？請嚴肅地思考，並且為自己撰寫一份備忘錄，在生涯發展期間可以不時取出參考。

本章摘要

- 電腦威脅來自人為錯誤、惡意活動、和天然災害。安全性問題可以分為五種：未經授權的資料洩露、資料修改錯誤、有缺陷的服務、阻絕服務、和基礎建設毀損。圖11-1列出威脅的具體來源。

- 管理階層有兩項關鍵的安全性功能：建立安全政策和管理安全風險。安全政策包含計劃的政策陳述（為什麼、是什麼、誰、和如何做）、特定議題的政策、和特定系統的政策。

- 風險是有害事件出現的機率。不確定性是指我們不知道自己不知道的那些事件。管理階層必須評估資產、威脅、安全防護、弱點、後果、機率、和可能損失來判斷要實作哪些安全防護措施。在這項任務中，管理階層必須決定要接受多少風險。

- 安全防護措施可以分為技術、資料、和人員三類。技術上的安全防護包括識別和認證、加密、防火牆、惡意軟體防護、和應用設計。資料安全防護包括資料的權利和責任、使用者帳號和密碼、加密、備份和復原、以及實體安全性。人員的安全防護包含員工和非員工的安全防護，以及帳戶管理、系統程序，和安全監控。

- 災難準備的防護措施包括資產位置、找出關鍵的系統、和準備遠端備份設施。組織應該發展計劃、建立集中通報、定義具體威脅的因應、和演練計劃，以便為安全事件預做準備。

關鍵詞

Access control list（ACL）：存取控制清單

Accounting controls：會計控制

Adware：廣告軟體

Asymmetric encryption：非對稱式加密

Authentication：認證

Biometric authentication：生物認證

Certificate authority（CA）：憑證發行機構

Cold site：冷站

Denial of service：阻絕服務

Digital certificate：數位憑證

Digital signatures：數位簽章

Drive-by sniffer：路過式網路竊聽者

Email spoofing：電子郵件偽冒

Encryption：加密

Firewall：防火牆

Gramm-Leach-Bliley（GLB）Act：GLB法案

Hacking：駭客入侵

Hardening：強化

Hashing：雜湊

Health Insurance Portability and Accountability Act（HIPAA）：HIPAA法案

Hot site：熱站

Identification：識別

Internal firewall：內部防火牆

IP spoofing：IP偽冒

Kerberos

Key escrow：金鑰託管

Malware：惡意軟體

Malware definitions：惡意軟體定義碼

Message digest：訊息摘要

Packet-filtering firewall：封包過濾式防火牆

Perimeter firewall：邊界防火牆

Personal identification number（PIN）：個人識別碼

Phishing：網路釣魚

Pretexting：冒名頂替

Privacy Act of 1974：1974年隱私權法案

Risk：風險

Safeguard：安全防護

SSL：Secure Socket Layer

Security policy：安全性政策

Security program：安全性計劃

Smart card：智慧卡

Sniffing：網路竊聽

Spoofing：偽冒

Spyware：間諜軟體

Symmetric encryption：對稱式加密

Technical safeguard：技術上的安全防護

TLS：Transport Layer Security
Uncertainty：不確定性
Usurpation：侵占
Vulnerability：弱點
White-hat hacker：白帽駭客
WPA，WPA2：Wi-Fi Protected Access
WEP：Wired Equivalent Privacy

學習評量

複習題

1. 摘述因為人為錯誤所造成的威脅。
2. 摘述因為人為惡意行為所造成的威脅。
3. 摘述因為天然災害所造成的威脅。
4. 描述安全性計劃的三項主要組成要素。
5. 說明當你未來擔任主管時，圖11-3第二、四、五項元素與你的關係。
6. 描述安全性政策的三項主要要素。
7. 描述風險評估流程。
8. 說明五項元件與安全防護措施間的關係。
9. 用你自己的話說明數位簽章的運作方式。
10. 用你自己的話說明數位憑證的運作方式。什麼能中止憑證發行機構的無限回歸？
11. 列出間諜軟體和廣告軟體的症狀。
12. 描述惡意軟體的防護措施。
13. 摘述資料的安全防護。
14. 摘述內部人員的安全防護。
15. 員工與非員工防護措施間有何不同？
16. 說明帳號管理的組成要素。
17. 描述系統程序的六大類型。
18. 安全監控的主要元素有哪些？
19. 組織應該如何為災難預做準備？
20. 事件因應計劃包含哪些要素？

應用你的知識

21. 在線上搜尋購買你自己信用報告的最便宜方式。下面是幾個可能的來源：equifax.com、experion.com、和transunion.com。假設你可以買得起這份報告（如果真的如此，請購買一份）。
    a. 你應該檢查信用報告是否有明顯的錯誤。不過，還需要其他檢查。搜尋網站找出檢查信用報告的最佳方式。摘述你學到些什麼。
    b. 如果你發現信用報告中有錯誤，你應該採取什麼行動。
    c. 定義身分竊盜。搜尋網站並判斷如果遇到身分竊盜時，最好採取哪些行動。
22. 回顧Southwest Video案例。
    a. 案例中的業務主管選擇專注在三項安全防護建議上。如果沒有這三項措施，Southwest會遇到哪些威脅？視需要建立必要假設，並加以說明。
    b. 假設合夥人實作了這些措施，但還是因為不屬於前述建議範圍內的某項威脅而遭受損失。會發生什麼事呢？
    c. 業務主管限制他的提案數，其實相當於替合夥人進行風險分析以節省他們的時間。身為部屬，這樣做適當嗎？為什麼？
    d. 如果你是那位業務主管，你在這種情況下會怎麼辦呢？
23. 假設你被要求為Southwest Video安裝無線網路。請搜尋關於無線安全的最新消息和資訊，並使用本書的內容來回答下列問題。
    a. 描述保護網路安全的重要性。說明當網路不安全時會存在的弱點。
    b. 在網路上搜尋WEP和WPA，說明這兩者的優缺點。
    c. 根據b的答案，你會建議如何保護你的無線網路。
24. 假設你在Southwest Video工作，而網站管理員Ben告訴你，他已經徹底地測試過防火牆了。
    a. 假設你告訴他，有文章指出獨立測試非常重要，但他不同意，你會怎麼辦？

b. 撰寫簡短的聲明，說明白帽駭客的重要性和用途。在聲明中解釋它的優點和風險。

c. 上網找出三名你認為適合Southwest的白帽駭客。

d. 假設其中一位合夥人要求你和Ben討論使用外部測試人員來測試防火牆，你會如何主張？

e. 如果其中一位合夥人詢問你如何保護Southwest不會因為白帽駭客變「黑」而受到傷害，你會如何回答呢？

f. 說明：「不要問你不想知道結果的問題」跟這個情況的關係。

應用練習

25. 為一家擁有三種電腦的組織，使用試算表發展其遭受病毒攻擊的成本模型；這三種電腦包括員工工作站、資料伺服器和網站伺服器。假設病毒影響的電腦數目取決於病毒的嚴重程度。在你的模型中，假設有三種嚴重程度：低嚴重度的事件只會影響30%以下的使用者工作站，而且不會影響到資料或網站伺服器。嚴重程度中等的事件最高可以影響到70%的使用者工作站，半數的網站伺服器，但不會影響到資料伺服器。高嚴重度的事件可以影響到組織所有的電腦。

假設50%的事件是低嚴重度，30%的嚴重程度是中等，而20%是高嚴重度。

假設員工可以自行移除工作站上的病毒，但是需要受過特殊訓練的技師來修復伺服器。從電腦上清除病毒所需的時間則取決於電腦的種類。你的模型要能夠輸入每種電腦移除病毒的時間。假設當使用者自行清除病毒時，他們失去的生產力是清除時間的兩倍。讓你的模型能夠輸入員工每小時的平均成本，以及技師的平均成本。最後，將使用者電腦、資料伺服器、和網站伺服器數目都當做模型的輸入。

執行十次模擬。每次使用相同的輸入，但是隨機產生嚴重程度（假設亂數有平均分布）。接著在前述的條件限制下，使用亂數產生每種電腦受感染的百分比。例如當攻擊是中等嚴重時，產生落在0到70之間的亂數值，來表示受感染的工作站百分比，以及落在0到50之間的亂數值，用來表示受感染網站伺服器的百分比。

在每次執行時，計算總共損失的員工時數、人力時數損失的總成本、技師修復伺服器的總時數、和技師人力總成本。最後，計算總共的整體成本。顯示每次執行的結果，以及這十次的平均成本和時數。

26. 假設你被要求開發資料庫來協助建立組織防火牆的存取清單。假設主管會負責提交阻擋請求，而請求必須經過資料通訊專家的審核。

你的資料庫是用來記錄這些主管、他們對阻擋IP位址的請求、以及專家對該請求的審核意見。針對每項請求，必須記錄提交的日期，要阻擋的IP位址，和阻擋是要用在進入、離開、或雙向的存取上。

假設你的資料庫會記錄提出請求的主管姓名和電子郵件。主管可以提出許多請求，但一種阻擋請求只會由單一主管提出。最後，假設所有請求都會由資料通訊專家審核。專家會同意阻擋、拒絕阻擋、或是將阻擋要求放入未決狀態（等待更多資訊）。你的資料庫要記錄進行審核專家的姓名和電子郵件。一位專家可以審核許多請求，但每個請求最多只會由一位專家審核。

建立適當的表格並填入資料。建立資料輸入表單以輸入請求，並建立另一個資料輸入表單以輸入審核意見。建立下列報表：

- 根據IP位址排序的所有請求資料
- 根據請求提交日期排序的所有請求資料
- 所有未決的請求
- 特定專家根據請求提交日期排序的所有請求資料
- 特定主管根據請求提交日期排序的所有請求資料

職涯作業

27. 網站iNFOSYSSEC（infosyssec.net/infosyssec/jobsec1.htm）是資訊安全人員的一項網際網路安全資源。在該網站上搜尋美國的安全管理職務。找出目前需要的五種不同職務。

a. 描述安全管理職務的一般性責任。

b. 描述你認為這些職務的成功候選人應該具備的資格。

c. 描述這些工作的教育要求。

d. 描述可以讓你為這些工作預做準備的實習和練習機會。

28. 資訊系統稽核與控管學會（Information Systems Audit and Control Association）有一個網站isaca.org。請造訪這個網站並回答下面問題：

a. 這個組織的目的為何？

b. CISA和CISM考試是什麼？為什麼稽核人員、會計師或其他非資訊人員要取得這種認證？它會提供什麼價值？

c. 點選網站上的Students and Educators頁籤。加入這個組織對你會有什麼好處？

d. 這個組織建議哪些關於系統稽核和系統管理的課程？

e. 瀏覽該網站。根據網站所提供的資訊，請問要成為有效的資訊系統稽核人員需要什麼技能和能力？有效的資訊系統主管呢？

f. 搜尋得到CISA或CISM認證人員的工作機會。描述這種專業人員的職業展望。

29. 在網路上搜尋白帽駭客的安全性職務。

a. 要成為白帽駭客需要什麼資格？

b. 要成為白帽駭客需要什麼課程或其他經驗？

c. 描述白帽駭客的職業展望。

d. 你想成為白帽駭客嗎？為什麼？根據本章和網路文章的描述，說明這種工作的風險。

個案研究 11-1

超過五十家企業的防網路釣魚戰術

如果還不清楚網路釣魚，請先閱讀「MIS的使用11-1」。

在2005年2月，Fraudwatch公司在其網站fraudwatchinternational.com/internetfraud/phishing/ 上列出超過50家企業的網路釣魚範例。在這份清單中，包括Amazon.com、eBay、Microsoft/MSN、Yahoo!、Wells Fargo、Washington Mutual和全世界許多其他的大企業，都遭到網路釣魚攻擊，而且這還不算是一份完整的清單。

網路釣魚有幾項特徵讓它很難完全絕跡。首先，攻擊通常是間接的。組織要等到有人通報之後，才會知道自己的名稱、品牌、和圖片已經被用來欺騙自己的顧客。其次，這種攻擊的規模很難估計，因此也很難建立標準的回應方式。通知所有顧客會驚擾到顧客，並且建立負面的品牌印象。如果攻擊範圍有限，這樣的警告並不值得。但誰知道最壞的情況會是怎樣？

第三，根據金融服務技術聯盟（Financial Services Technology Consortium）的說法，網路釣魚很少是由單一個人所進行，而是由犯罪集團所執行的。這些犯罪組織會雇用技術專家來執行網路釣魚，取得結果後再快速傳播到遍佈全球的罪犯手中。

網路釣魚是對組織品牌的攻擊；這些品牌可能價值數百萬、甚至於數十億美元。網路釣魚攻擊會披上品牌形象，使用大家熟知的品牌圖形。在攻擊之後，顧客心中對這個品牌的形象可能會被蒙上欺騙、問題、和財務損失的陰影。這些可不是任何行銷者希望與自己品牌聯想在一起的情緒。

此外，每個事件對組織造成的財務衝擊可能並不大，所以組織未必會想要回應。只有整體來看，有形和無形的成本才會變得明顯。因此，協助單一顧客的成本效益比雖然很高，但除了逐一解決之外，好像也沒有更好的方法。

最後，要懲罰網路釣魚者非常困難。網路釣魚者可以輕易地在容許這種活動的國家運作。此外，攻擊的受害者也可能散佈在世界各地。有誰能去懲罰網路釣魚者呢？

問題：

1. 假設你為Barclays、PayPal、Visa、或是其他容易遭受網路釣魚的大企業工作（如果你選擇某家你會光顧的企業，會更容易回答這個問題）。使用本章的資訊撰寫單頁的備忘錄，描述網路釣魚對你公司的威脅，並說明為什麼公司很難處理這項威脅。
2. 列出公司可能用來排除網路釣魚威脅的行動（如果有的話）。
3. 列出公司可以用來緩和網路釣魚後果的可能行動。
4. 網路釣魚是整個產業共同的問題。組織如何能透過共同合作，對此提出較好的解決方案，或是減輕它的後果。
5. 寫出你認為公司在網路釣魚方面應該建立的具體政策（建議書中應包括計劃的政策、特定議題的政策、和系統政策）。
6. 假設你管理客戶的技術服務中心。請描述中心人員在顧客通報遭到網路釣魚攻擊時的處理程序。
7. 描述公司在網路釣魚事件通報系統中的主要元素。

個案研究 11-2

ChoicePoint

如果你之前還沒有閱讀「MIS的使用11-2」的ChoicePoint案例，請先回頭閱讀一遍。

ChoicePoint提供相當廣泛的產業、企業、以及消費者的資料產品。它的網頁上說：「ChoicePoint是美國身分證明和證書服務的領導廠商。」圖1是2005年2月在ChoicePoint網站choicepoint.com上的消費者解決方案。ChoicePoint直接提供其中的一些服務；合作廠商和資料供應商則透過ChoicePoint網站上的連結提供其他的一些服務。

例如系統會要求點選圖1「Certified Birth Certificate」的使用者提供州別，然後ChoicePoint會連結到其他的資料供應商以處理這項請求。圖2是為某人取得科羅拉多州丹佛市出生證明所開啟的連結。

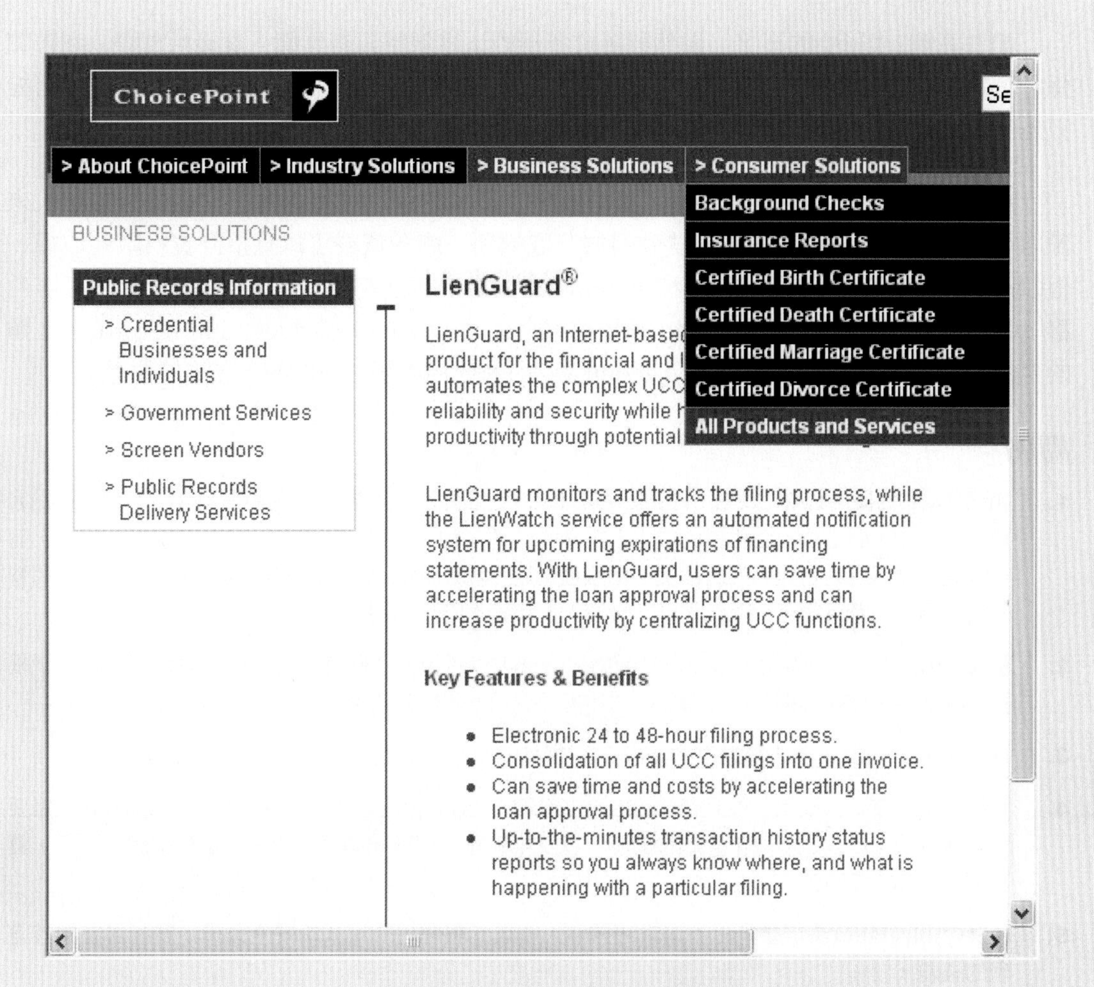

圖1
ChoicePoint的消費者服務

（資料來源：ChoicePoint.com）

February 24, 2005

View possible delivery delays due to weather.

Birth Certificates & Other Searches

Home & State Map
Phone List
Fax List
Address List
International Agencies

Visit Partner Sites

Order A Passport
Search Death Records
Ultimate People Finder
Background Check
Online Marriage Records
Check Out Your Doctor
Unlimited Public Records
View Real Estate Records
Search for Assets

Customer Service

DENVER BIRTH CERTIFICATE - DENVER DEATH CERTIFICATE

This agency issues certified copies of vital records. The types of records issued and fees for issuance are described below. To order online or fax and charge the certificate to your credit card, click the order method below.

Pursuant to Colorado revised Statutes, 1982, 25-2-118 and as defined by Colorado Board of Health Rules and Regulations, applicant must have a direct and tangible interest in the record requested. There are penalties by law (CRS 25-2-118) for obtaining a record under false pretenses. By placing an order, the requestor has read and understands the above Statute.

NOTE: Orders placed through Colorado Vital Records are NON-REFUNDABLE. Customers will be notified via mail if no record is on file. Photo ID and/or other entitlement documents are required as of October 1,2003.

CITY OF DENVER VITAL RECORDS
605 BANNOCK STREET
ROOM # 302
DENVER , CO 80204
General: 303.436.7350
Information: 303.436.7351
Fax: 303.436.7321

Order your certificate now.

VitalChek Shipping & Handling Information

Provider	Average Processing Time*	Cost
FedEx	1 - 2 business days	$21.50
Regular Mail	3 - 5 business days	$6.00

* Average Processing Time is the amount of time this agency requires to perform the search (e.g., locate the document, print the document, and prepare it for shipment).

Product Information

Certificate	Order Placement Methods	Description and More Information	First Copy	Additional Copies

圖2
透過ChoicePoint合作夥伴訂購出生證明

（資料來源：ChoicePoint.com）

請注意圖2表單中的紅字。顯然科羅拉多州的法律限制只有具備「直接且實際」利害關係者可以存取出生證明。這個網站似乎不可能強制實施這項法律。這項法律和這些文字可能只是為了在發生出生證明詐欺行為時，提供法律行動的基礎。

ChoicePoint身為資料供應商，必須與許多不同的單位維持關係。它從公開和私人來源取得資料，然後向顧客銷售這些資料的存取權利。許多資料可以直接向資料廠商取得，但ChoicePoint的價值在於它為多種資料需求提供集中的存取點。為了增加資料來源和客戶群，ChoicePoint與諸如圖1的丹佛市重要檔案辦公室（City of Denver Vital Records）之類的合作夥伴維持關係。最後，ChoicePoint還必須和它所維護之資料的主體維持關係。

問題：

1. 如同「MIS的使用11-2」所言，ChoicePoint因為它通知洛杉磯警方、在調查中合作、以及通知客戶資料外洩，而必須承受相當的成本、許多的問題、和品牌信心的損失。它也可以祕而不宣，而可能逃避掉所有的責任。請評論其中的倫理問題，和ChoicePoint的回應。ChoicePoint做了明智的選擇嗎？請考慮顧客、執法人員、投資人、和管理階層的觀點。
2. 根據ChoicePoint的經驗，當類似企業的記錄被人以這種方式破解時，可以採取什麼行動呢？根據你的回答，你認為聯邦法律或其他法律需要做進一步的修訂嗎？
3. 造訪choicepoint.com。摘述ChoicePoint所提供的產品。這個公司的業務主軸是什麼？
4. 檢視本章的安全性政策，並且為ChoicePoint構想一套適合的政策。描述為什麼ChoicePoint需要安全性政策，以及這項政策應該規範誰、以及規範哪些東西。請考量員工、資料主體、客戶、資料來源、和合作夥伴。
5. 假設ChoicePoint決定要針對不適當洩露個人資訊的議題建立正式的安全政策，請摘述它應該處理的議題。

辭彙解釋

10/100/1000 Ethernet（10/100/1000乙太網路）：一種乙太網路，遵循IEEE 802.3協定，並且可以在10、100、或1000 Mbps（每秒百萬位元）的速率下進行傳輸。

Access：微軟的資料庫管理系統（DBMS）產品，適合個人與小型工作群組使用。

Access control list（存取控制清單，ACL）：用來指定哪些封包允許通過防火牆，哪些封包禁止通過防火牆的規則清單。

Access devices（存取裝置）：連接網點的裝置，通常是特殊用途的電腦。至於需要的裝置種類則取決於所使用的線路及其他因素。有時會使用交換器與路由器，但也可能需要其他類型的設備

Access point（存取點，AP）：無線網路中的一個連接點，用於轉送無線裝置之間的傳送訊息，並且充當無線和有線網路之間的連接點。AP必須要能夠同時根據802.3與802.11標準來處理訊息，因為它會使用802.11協定來傳送與接收無線傳輸的訊息，再與使用802.3協定的有線網路進行通訊。

Accounting controls（會計控制）：由會計人員發展出來的一組程序與標準。這些管控提供制衡、活動日誌的獨立審閱、和關鍵資產控制等等。

Accurate information（精確的資訊）：以正確與完整的資料為基礎，並且經過正確處理的資訊。

Adware（廣告軟體）：在使用者不知道、且未經使用者許可的情況下，安裝在使用者電腦上的程式。它常駐在電腦裡，在使用者不知情的情況下，觀察使用者的行動和敲鍵動作，監督電腦的活動，並將使用者的活動報告給相關組織。大多數廣告軟體都算是善意的，因為它們並不會執行惡意的行為或竊取資料。不過它的確會去觀察使用者的行為，並且產生彈出式的廣告。

Analog signal（類比信號）：一種以波狀呈現的信號。數據機將電腦的數位資料轉換成類比信號，以便在撥接式的網際網路連線上傳送。

Analysis paralysis（分析癱瘓）：花太多時間在進行專案的需求分析。

Antivirus programs（防毒程式）：偵測且可能移除病毒的軟體。

Application software（應用軟體）：執行業務功能的程式。有些應用程式屬於通用型軟體，例如Excel或Word。有些則是特殊業務功能的應用程式，例如應付帳款管理。

Asymmetric digital subscriber lines（非對稱式數位用戶線路，ADSL）：上傳跟下載速度不同的DSL線路。

Asymmetric encryption（非對稱式加密）：使用不同金鑰來進行加解密的加密方法；一把金鑰用來編碼，另一把金鑰用來解碼。對稱式加密比非對稱式加密簡單，速度也比較快。

Asynchronous transfer mode（非同步傳輸模式，ATM）：一種協定，將資料切割成大小一致的封包（稱為細胞），省去協定轉換的需求，而且處理速度從1到156Mbps。ATM可以同時支援語音與資料通訊。

ATA-100：在電腦內部連接CPU與主記憶體的通道標準。100代表最大傳輸速率為每秒100MB。

Attribute（屬性）：(1) 提供HTML標籤性質的變數。每個屬性都有標準的名稱，例如超鏈結的屬性為href，而它的值是用來指示當使用者點選鏈結時，要顯示哪個網頁。(2) 實體的特徵。例如Order的屬性可能包括OrderNumber、OrderDate、SubTotal、Tax、Total等等；Salesperson的屬性則包括SalespersonName、Email、Phone等等。

Auctions（拍賣）：透過標準拍賣的電子商務版本來撮合買方和賣方的應用。這種電子商務應用讓拍賣公司得以提供貨物銷售，並且支援競標流程。

Augmentation information system（增補式資訊系統）：由人工來執行大部分工作，而資訊系統負責輔助的一種資訊系統。

Automated information system（自動化資訊系統）：由硬體與軟體元件執行大部份工作的資訊系統。

Beta testing（Beta測試）：讓系統未來使用者自行嘗試新系統的流程。在程式即將要出貨之前，會使用這個流程來找出程式失敗之處。

Bill of materials（用料清單，BOM）：構成產品的原料清單。

Binary digits（二進位數字）：電腦呈現資料的方式；又稱為位元（bit）。二進位數字不是0，就是1。

Biometric authentication（生物認證）：使用個人的身體特徵來認證使用者身分，例如指紋、臉部特徵、和視網膜掃描。

Bits（位元）：電腦呈現資料的方式；又稱為二進位數字。位元不是0，就是1。

Broadband（寬頻）：速度超過256kbps的網際網路通訊線路。DSL及纜線數據機都提供寬頻的存取。

Brooks's Law（布魯克斯定律）：這個著名的俗諺點出：將越多的人加到已經延遲的專案中，會讓專案延遲得更嚴重。布魯克斯定律成立的原因不僅僅是因為人越多，越需要協調，同時也是因為新加入的人還需要訓練。唯一能夠訓練新人的是目前的團隊成員，因而造成他們無法專注於手頭上的生產性任務。訓練新人的成本可能會壓過他們所貢獻的效益。

Browser（瀏覽器）：一種電腦程式；負責處理HTTP協定，接收、顯示、和處理HTML文件，以及傳送回應。

Bullwhip effect（長鞭效應）：在供應鏈中，從顧客到供應商每向上一層，訂單的數量和時機的變動程度也跟著增加的現象。

Bus（匯流排）：CPU會透過匯流排從主記憶體讀取指令與資料，以及將資料寫回主記憶體。

Business intelligence (BI) system（商業智慧系統）：這種系統會在正確的時間點，提供正確的資訊給正確的使用者。工具會產生資訊，而系統則確保正確的資訊能在正確的時機提供給正確的使用者。

Business intelligence (BI) tools（商業智慧工具）：藉由搜尋、處理、與報表，從資料取得資訊的工具。

Business process design（企業流程設計）：在資訊系統的開發期間建立新的、通常是跨部門的商業實務。流程設計的想法是組織不只是建立新的資訊系統來自動化現有的商業實務，而是利用技術來促成更有效率的新企業流程。

Business-to-business（企業對企業，B2B）：企業間的電子商務行為。

Business-to-consumer（企業對消費者，B2C）：供應商和零售顧客（消費者）間的電子商務行為。

Business-to-government（企業對政府，B2G）：企業和政府間的電子商務行為。

Byte（位元組）： (1) 一個字元的資料；(2) 8個位元。

Cable modem（纜線數據機）：使用有線電視纜線來提供高速資料傳輸的數據機。有線電視公司會在它所服務的區域配送中心安裝一條高速、高容量的光纖纜線。光纖纜線會在配送中心連接通往訂戶家中的一般有線電視纜線。纜線數據機的調變方式可以避免它們的信號對電視信號產生干擾。它也像DSL線路一樣是一直維持連線的。

Cache（快取）：網域名稱解析器上的一個檔案，用來儲存已經解析過的網域名稱與對應的IP位址。然後，當其他人也要解析相同網域名稱時，就不用再經歷整個解析過程，而只要直接由解析器從本地檔案中找出IP位址即可。

Cache memory（快取記憶體）：少量且非常快速的電腦記憶體，儲存最常用到的資料。通常，CPU會將中間結果及最常用到的電腦指令儲存在快取中。快取可以被視為是CPU專用的局部記憶體，作為處理的緩衝空間。

Calculation system（計算性系統）：最早的資訊系統。這些系統的目的是希望將工作者從繁瑣重複的計算工作中解放出來。這些系統是省力用的裝置，但它們生產的資訊很少。

CASE：代表電腦輔助軟體工程（computer-assisted software engineering）或是電腦輔助系統工程（computer-assisted system engineering）。第一種意義是專注在程式開發，第二種意義則是專注在具有五項元件的系統開發。不論哪一種意義，基本的概念都是使用稱為CASE工具（CASE tool）的電腦系統，來協助開發電腦程式或系統。

CASE tool（CASE工具）：用來協助開發電腦程式或系統的工具。CASE工具的功能各不相同，有些會處理從需求到維護的完整系統開發流程，有些則只處理設計與維護階段。

CD-R：可燒錄一次資料的光碟。

CD-ROM：唯讀光碟。

CD-RW：可讀寫光碟。

Central processing unit（中央處理單元，CPU）：CPU會選取指令、處理指令、執行算術運算與邏輯比較、並且將運算結果儲存在記憶體中。

Certificate authorities（憑證發行機構，CA）：受信任的第三方獨立公司，提供加密用的公開金鑰。

Chief information officer（資訊長，CIO）：資訊部門主要管理者。其他常見的職稱還有資訊服務副總、資訊服務長、和比較不常見的電腦服務長。

Chief technology officer（技術長，CTO）：技術組的領導人。技術長會瀏覽最新的想法和產品，找出與組織最相關的那些技術。他的工作需要對資訊科技的深厚知識，以及展望新資訊科技未來將如何影響組織的能力。

Clearinghouse（結算所）：提供指定價格的產品和服務的單位，並且安排它們的遞送，但是結算所並不會有存貨。

Clickstream data（點選流資料）：捕捉顧客點選行為的電子商務資料。這些資料包含了顧客在網站上的所有行為。

Clock speed（時脈速度）：CPU的速度，以「週期／秒」（又稱為hertz）為單位。現代的高速電腦具有3.0GHz的時脈速度，也就是每秒30億週期。時脈速度決定運算完成的速率，一般而言，時脈速度越快，工作的完成時間也就越短。

Cluster analysis（集群分析）：一種非監督式資料探勘技術。它使用統計技術來找出具有類似特徵的項目群組。集群分析經常用來在客戶訂單和人口統計資料中找出由類似客戶所組成的客戶群組。

Code generator（程式碼產生器）：能針對經常執行的任務產生應用程式碼的程式。它的概念是希望盡可能讓工具去產生程式碼，以增加開發人員的生產力。然後開發人員就可以針對特定的應用功能增加程式碼。

Columns（欄位）：又稱為fields，或一群位元組。資料庫表格利用多個欄位來表示實體的屬性。例如PartNumber、EmployeeName、SalesData等。

Commerce server（商務伺服器）：一台執行網站程式的電腦，能夠展示產品、支援線上訂購、記錄和處理付款、並且提供與存貨管理應用的介面。

Communication hardware（通訊硬體）：支援跨電腦通訊的硬體裝置。例如交換器、路由器、存取點等。

Communications protocol（通訊協定）：為兩台或更多進行通訊的電腦，協調它們之間的活動的方法。兩台機器必須使用一致的協定，而且在收發訊息時必須遵守這個協定。因為要做的事情非常多，所以通訊的工作就被分割為多個層級的協定。

Competitive advantage（競爭優勢）：比其他爭取相同顧客的企業有更優越的條件。

Computer hardware（電腦硬體）：資訊系統的五項基本元件之一。

Computer-assisted software engineering (CASE)：一種程式開發的作法，使用CASE工具來協助開發電腦程式。

Computer-assisted system engineering：一種程式開發的作法，使用CASE工具來協助開發電腦系統。

Computer-based information system（以電腦為基礎的資訊系統）：包含電腦的資訊系統。

Confidence（信心水準）：在購物籃分析的術語中，估計兩種產品會被一起採購的機率。

Content management system（內容管理系統）：追蹤組織文件、網頁、圖片和相關素材的資訊系統。

Cost feasibility（成本可行性）：可行性的四個向度之一。

Cross-departmental system（跨部門系統）：第三世代的電腦系統。在這個世代，系統的目的不是為了協助單一部門或功能的作業，而是將活動整合在完整的企業流程中。

Cross-functional systems（跨功能系統）：跨部門系統的同義字。

Crow's foot（鳥爪）：實體－關係圖上的線段，表示兩個實體間的1:N關係。

Crow's-foot version（鳥爪版本）：使用鳥爪符號來表示1:N關係的一種實體-關係圖。

CRT monitors（CRT螢幕）：一種影像顯示螢幕，使用與傳統電視螢幕相同的陰極射線管。因為它們需要一個大管子，所以CRT較龐大笨重；深度至少與寬度相當。

Curse of dimensionality（維度的詛咒）：擁有的屬性越多，越容易建立符合樣本資料的模型，但是它做為預測因子的價值也就越低。

Custom software（客製化軟體）：量身訂做的軟體。

Customer relationship management（客戶關係管理，CRM）：用來吸引、銷售、管理、與支援客戶的一組企業流程。

Customer relationship management (CRM) system（CRM系統）：維護關於客戶以及客戶與組織互動之所有資料的資訊系統。

Data（資料）：記錄下來的事實或圖形。資訊系統的五項基本元件之一。

Data administration（資料管理）：關於組織所有資料資產的一個幕僚功能。典型的資料管理任務包括建立資料標準、發展資料政策、和提供資料安全。

data channel（資料通道）：CPU會透過資料通道從主記憶體讀取指令與資料，以及將資料寫回主記憶體。

Data dictionary（資料字典）：包含資料定義的檔案或資料庫。

Data integrity problem（資料完整性問題）：在資料庫中，存在資料項目彼此之間不一致的情形。例如同一個顧客有兩個不同的名稱。

Data mart（資料市集）：它們能協助準備、儲存、和管理那些專為特定企業功能製作報表與進行資料探勘所需的資料。

Data mining（資料探勘）：應用統計技術來尋找資料中的模式和關係，以進行分類和預測。

Data model（資料模型）：資料庫中資料的邏輯呈現，用來描述存在資料庫中的資料與關係，就像一張藍圖一樣。

Data standards（資料標準）：組織共享之資料項目的定義（或稱metadata）。它們描述了共享資料項目的名稱、正式定義、用途、與其他資料項目的關係、處理上的限制、版本、安全規範、格式、和其他特性。

Data warehouse（資料倉儲）：它們能協助準備、儲存、和管理那些製作報表與進行資料探勘所需的資料。

Database（資料庫）：一組能夠自我描述、且經過整合的記錄。

Database administration（資料庫管理）：資料庫的管理、開發、運作、與維護，以達成組織的目標。這項功能需要在相衝突的目標間求取平衡：保護資料庫，同時也對合法授權的使用提供最大的可用性。在較小型組織中，這項功能通常是由一位人員擔任。較大型組織則會指派數名人員到資料庫管理單位。

Database application（資料庫應用）：處理資料庫之表單、報表、查詢、與應用程式的集合。

Database application system（資料庫應用系統）：擁有標準之五項元件的應用系統，讓資料庫的資料更易於存取與使用。使用者建立包含表單、報表、查詢、與應用程式的資料庫應用；這些應用又會再呼叫資料庫管理系統（DBMS）來處理資料庫表格。

Database management system（資料庫管理系統，DBMS）：用來建立、處理、與管理資料庫的程式。

Database tier（資料庫層）：在三層架構中，這一層的電腦會執行DBMS，接收和處理SQL請求，以擷取和儲存資料。

Data-mining tools（資料探勘工具）：使用統計技術來處理資料，以找出潛藏模式的工具。那些統計技術大多非常複雜。

DB2：IBM的產品，屬於企業級DBMS產品。

DBA：這個縮寫可能是指資料庫管理師（database administrator）或是資料庫管理室（office of database administration）。

Decision tree（決策樹）：對分類顧客、項目、與其他商業物件所依據的標準進行階層式的安排。

Device access router（裝置存取路由器）：通訊裝置的一般性術語，包括存取點、交換器、與路由器。一般裝置存取路由器會提供DHCP與NAT服務。

Dial-up modem（撥接數據機）：執行類比與數位信號轉換，讓信號可透過一般的電話線來傳送的數據機。

Digital certificate（數位憑證）：由憑證發行機構所提供的文件，包含憑證擁有者的名稱和公開金鑰。

Digital dashboard（數位儀表板）：針對特定使用者客製化的電子式顯示。

Digital subscriber line (DSL)：DSL使用語音電話線和DSL數據機，但是它們的信號不會干擾到語音電話的服務。DSL提供的資料傳輸速度比撥接連線快。此外，DSL會一直維持連線，所以不需要撥接。

Dimension（維度）：OLAP衡量指標的特徵，例如採購日期、客戶類別、客戶位置、和銷售區域等。

Direct installation（直接安裝）：有時候又稱為一次完成式安裝（plunge installation），這是一種系統轉換方式。在這種方式下，組織就是關掉舊系統，然後開始啟用新系統。如果新系統失敗，組織的麻煩可就大了：在新系統修復或舊系統重新安裝之前，什麼事都沒辦法做。因為這種風險，組織應該盡可能避免這種轉換方式。

Dirty data（髒資料）：有問題的資料。例如顧客性別為B，或者顧客年齡為213。其他的例子還有美國國內的電話號碼為999-999-9999，零件的顏色為green，或是電子郵件位址為WhyMe@GuessWhoIAM.org等。所有這些值在資料探勘時都可能造成問題。

Discussion group（討論群組）：一種形式的組織知識管理；它讓員工或客戶能張貼問題，並且查詢解答。

Disintermediation（去中間化）：消除供應鏈中的一或多個中間層級。

Distributed computing（分散式運算）：某台電腦的程式去呼叫另一台電腦上之程式的流程。

Domain name（網域名稱）：在網域名稱系統（DNS）中經過註冊的有效名稱。這種名稱通常也是讓人較容易解讀的名稱。將名稱轉換為對應的IP位址過程就稱為網域名稱解析。

Domain name resolution（網域名稱解析）：將網域名稱轉換成公共IP位址的流程。

Domain name resolvers（網域名稱解析器）：藉由儲存網域名稱與IP位址對應，以進行網域名稱解析的電腦。

Domain name system（網域名稱系統，DNS）：這種系統會將使用者容易記憶的名稱轉換成對應的IP位址。經過註冊的有效名稱就稱為網域名稱。

Dot pitch（點距）：CRT螢幕上像素間的距離。點距越小，螢幕影像就越銳利鮮明。

Drill down（向下探勘）：運用OLAP報表，進一步將資料分解地更詳細。

Drive-by sniffers（路過式網路竊聽者）：這些人帶著有無線連線能力的電腦穿越一個區域，並且搜尋未受保護的無線網路，試圖取得免費的網際網路存取，或者收集未授權的資料。

DSL modem（DSL數據機）：一種數據機。DSL數據機使用與語音電話和撥接式數據機相同的線路，但是它們的信號不會干擾到語音電話的服務。DSL數據機提供比撥接式數據機快的資料傳輸速度。此外，DSL數據機會一直維持連線，所以不需要撥接；網際網路連線隨時可用。

DVD-R：可燒錄一次資料的DVD。

DVD-ROM：唯讀的DVD。

DVD-RW：可讀寫的DVD。

Dynamic Host Configuration Protocol（動態主機組態協定，DHCP）：一種由通訊裝置提供的服務，可分配或取消一組IP位址。提供DHCP服務的主機稱為DHCP伺服器。當DHCP伺服器收到請求時，就會指派一個暫時的IP位址給請求的網路裝置。當該裝置離線時，它的IP位址就又回歸為可使用狀態，DHCP伺服器會視需要重新使用它。

Dynamic report（動態報表）：需求時才建立的報表；在建立的時候，報表系統會去讀取最新的資料，然後使用這些全新的資料來產生報表。例如今日營業報表和目前股價報表都是動態報表。

E-commerce（電子商務）：透過公眾和私有電腦網路購買與銷售產品及服務。

EDI X12 standard（EDI X12標準）：一種EDI標準，正式地描述那些經常在商業中交換的數百種文件。

EDIFACT standard（EDIFACT標準）：一種EDI標準，正式地描述那些經常在商業中交換的數百種文件。這是國際通用的標準。

Electronic Data Interchange（電子資料交換，EDI）：在機器間以電子形式交換文件的標準。過去，EDI是使用在點對點或加值網路上，近年來則已經有使用網際網路的EDI系統。

Electronic exchanges（電子交易所）：撮合買方和賣方的地方，它的企業流程很類似股票交易所。賣方透過電子交易所提供指定價格的貨物，而買方則透過相同交易所出價。如果價格相符就可以成交，而交易所則從中抽取佣金費用。

Email spoofing（電子郵件偽冒）：網路釣魚的同義詞。這是一種透過電子郵件冒名取得未授權資料的技術。網路釣魚者會假裝是家合法公司，並且送出電子郵件要求機密資料，例如帳號、身分證字號、帳號密碼等等。網路釣魚者會在合法企業的偽裝之下將交通導引到他們自己的網站。

Encryption（加密）：將明文轉換成經過編碼而無法理解的文字，以確保資料安全地儲存或傳輸的過程。

Encryption algorithm（加密演算法）：將明文轉換成經過編碼而無法理解的文字，以確保安全地儲存或傳輸所用的演算法。常用的方法有DES、3DES、與AES。

Enterprise application integration（企業應用整合，EAI）：透過提供階層式軟體系統將應用系統與其資料加以結合，以整合現有的各種資訊系統。

Enterprise DBMS（企業DBMS）：能處理大型組織與工作群組資料庫的產品。這些產品能支援許多使用者（可能有數千名）和許多不同的資料庫應用。這種DBMS能支援24/7的運作，並且能管理分佈在數十個磁碟、包含幾千億位元組的資料庫。IBM的DB2、微軟的SQL Server、與Oracle的Oracle都是企業DBMS產品。

Enterprise resource planning（企業資源規劃，ERP）：整合了組織的所有主要流程。ERP是MRP II的自然發展，而主要的ERP用戶就是製造業。

Entity（實體）：在實體-關係（E-R）資料模型中，用來表示某樣使用者希望追蹤記錄的東西。有些實體代表實際存在的物件，有些則是一種邏輯結構或交易。

Entity-relationship (E-R) data model（實體-關係資料模型）：最常用的資料模型。開發人員用來描述資料庫的內容，定義要儲存在資料庫的東西（實體），以及這些實體間的關係。

Entity-relationship (E-R) diagram（實體－關係圖）：資料庫設計者為實體，以及實體彼此之間的關係製作文件所用的一種圖。

Ethernet（乙太網路）：IEEE 802.3協定的另一個名稱。乙太網路是一種網路協定，在TCP/IP-OSI架構的第一、二層上運作。這是全世界最常用的LAN協定，也可以用在WAN上。

Executive information systems（高階主管資訊系統，EIS）：支援策略性決策的資訊系統。

Expert systems（專家系統）：透過與特定企業領域的專家訪談，並且將這些專家的意見編纂成規則，所建立起來的知識分享系統。

XML, extensible Markup Language（可延伸的標示語言）：一種非常重要的文件標準，會將文件的內容、結構、與呈現方式分開，消除了HTML的問題，優點比EDI多。大部分人都相信XML最終會取代EDI。

Extreme programming（極端程式設計，XP）：一種新興的電腦程式開發技術。程式設計師只建立能在兩週之內完成的新程式功能。如果專案中有許多的程式設計師，每名人員的工作成果必須能夠在這段期限截止的時候組合在一起。使用者與PQA人員會在過程中持續地測試所開發的程式碼。XP有三項重要特徵：（1）以顧客為中心，（2）運用及時（just-in-time, JIT）的設計，（3）配對式程式設計。

Feasibility（可行性）：專案是否可行。可行性有四個向度：成本、時程、技術、與組織上的可行性。它的目的是希望盡快排除任何顯然不可行的構想。

Fields（欄位）：又稱為Columns，是資料庫中的一群位元組。資料庫表格利用多個欄位來表示實體的屬性。例如PartNumber、EmployeeName、SalesData等。

File（檔案）：類似資料列或記錄所成的集合。在資料庫中，有時又稱為表格。

File Transfer Protocol（檔案傳輸協定，FTP）：第五層的協定，用來將檔案從一台電腦拷貝到另一台。

Firewall（防火牆）：位於公司內部與外部網路之間的電腦系統裝置，用來防範內部網路與外界進行未經授權的存取。防火牆可能是一台特殊用途電腦，或者是安裝於通用型電腦或路由器上的程式。

Firmware（韌體）：安裝在諸如印表機、列印伺服器、及各種通訊裝置上的電腦軟體。這種軟體的寫法跟其他軟體並無不同，但它是安裝在印表機或其他裝置中特殊的可程式化記憶體上。

Five component framework（五項元件架構）：資訊系統的五項基本元件，包括電腦硬體、軟體、資料、程序、與人。不論簡單或複雜，每一個資訊系統都會包含這五項元件。

foreign keys（外來鍵）：用來表示關係的一個或一組欄位。外來鍵的值會與另一個（外來）表格的主鍵值相匹配。

Form（表單）：用來讀取、新增、修改、與刪除資料庫資料的資料表格。

Frame Relay（訊框中繼）：這種協定藉由將資料封裝到訊框中，傳輸速度在56kbps到40Mbps範圍內

Frames（訊框）：在TCP/IP-OSI模型之第一、二層所形成的位元字串；實作第二層協定的程式會將資料封裝成訊框。

Frequently asked questions（常見問題集，FAQs）：組織將討論群組的問題加以編輯彙整，成為一種形式的知識分享。

Functional systems（功能性系統）：第二個世代的資訊系統，這種系統的目標是要協助單一部門或功能的運作。逐漸地，企業會在每個功能領域加入了更多的功能來涵蓋更多的活動，並且提供更多的價值和協助。

General-purpose computers（通用型電腦）：可以執行不同的程式來完成不同功能的電腦。

Gigabyte, GB：1024MB。

Gramm-Leach-Bliley (GLB) Act（美國金融服務法）：美國國會於1999年通過的法案，是要保護金融機構所儲存的客戶財務資料，此處的金融機構涵蓋銀行、證券公司、保險公司、以及提供財務建議、退稅、和類似金融服務的組織。

Granularity（細緻度）：資料的詳細程度。顧客名稱與帳戶餘額算是較粗細緻度的資料。每個顧客訂單中的顧客名稱、帳戶餘額、及訂單明細和付款歷史則算是較細細緻度的資料。

Hacking（駭客入侵）：當某人對電腦系統取得未經授權的存取時，就算是發生駭客入侵。雖然有些駭客只是為了娛樂目的而入侵系統，但有些則是為了盜取或竄改資料的惡意目的。

Hardening（強化）：採取額外措施來降低系統弱點的程序。強化的網點使用特殊版本的作業系統，而且鎖住或排除掉應用程式不需要的作業系統功能。強化其實算是一種技術上的防護措施。

Hardware（硬體）：根據電腦程式或軟體中的指令來進行輸入、處理、輸出與儲存資料的一些電子元件與相關機件。

Health Insurance Portability and Accountability Act, HIPAA：1996年HIPAA法案的隱私條款提供個人取得醫師和其他醫療機構所建立之健康資料的權利。HIPAA還規範了誰可以讀取和接收個人健康資訊的規則和限制。

HIPAA standard（HIPAA標準）：使用在醫療紀錄上的EDI標準。

Horizontal-market application software（水平市場應用軟體）：這種軟體提供所有組織與產業都常用的功能，例如文書處理程式、繪圖程式、試算表與簡報軟體。

https://：表示網頁瀏覽器會使用SSL/TLS協定來確保通訊安全。

Hyperlinks（超鏈結）：在網頁中指向另一個網頁的指標。超鏈結中包含當使用者點選超鏈結時所會取得之網頁的URL。URL可能是指向與原本網頁（容納該超鏈結者）相同的網站伺服器，也可能是指向另一個伺服器上的網頁。

Hypertext Markup language（超文件標記語言，HTML）：這種語言會定義網頁的結構和版面。HTML標籤是用來定義資料元素的顯示或其他目的之標記。

Hypertext Transfer Protocol（超文件傳輸協定，HTTP）：用來傳送網頁的第五層協定。

Identifier（識別子）：其值會與唯一一個實體實例相結合的一個或一組屬性。

IEEE 802.3 protocol（IEEE 802.3協定）：又稱為乙太網路。這個標準是一種網路協定，在TCP/IP-OSI架構的第一、二層上運作。這是全世界最常用的LAN協定，也可以用在WAN上。

If…then…：從決策樹（資料探勘），或藉由與人類專家晤談（專家系統）所衍生的規則形式。

Incremental development（漸進式開發）：這是一種開發流程，開發人員會設計、實作、並且修正新系統的一部分，直到使用者對這部分滿意為止。然後，開發人員再接著移往系統的另一個部分進行設計、實作、和修正，依此類推，直到整個系統完成為止。這個流程是藉由使用各個擊破的策略來降低開發的挑戰。

Information（資訊）：(1)從資料衍生出來的知識，而資料的定義則是記錄下來的事實或圖形。(2)在有意義的脈絡中呈現的資料。(3)經由加總、排序、平均、分群、比較、或其他類似運算處理過的資料。(4)造成差異的一種差異。

Information system（資訊系統）：相互作用以產生資訊的一組元件。

Information technology（資訊科技）：用來產生資訊的產品、方法、發明、與標準。

Inherent processes（內建流程）：組織必須遵循才能有效使用授權軟體的程序。例如，MRP系統中的內建流程假設特定使用者會在特定的訂單中採用特定的動作。大部分的情況下，組織必須遵循軟體中的內建流程。

Input hardware（輸入硬體）：連結電腦的裝置，包括鍵盤、滑鼠、文件掃描器、以及條碼掃描器。

Instruction set（指令集）：電腦能處理的指令集合。

Internal firewall（內部防火牆）：位於組織網路內部的防火牆。

International Organization for Standardization（國際標準組織，ISO）：設定全球標準的國際組織。ISO發展出一個稱為開放系統互聯（Open Systems Interconnection，OSI）的七層協定架構，這個協定架構的一部份併入到一個稱為TCP/IP-OSI的混合式協定架構。

internet（互連網路）：拼成小寫的i時，表示這是私有的網路的網路。

Internet（網際網路）：拼成大寫的I時，表示這是大家耳熟能詳的公眾互連網路。

Internet Corporation for Assigned Names and Numbers（ICANN）：負責管理分配網際網路上所使用的公共IP位址和網域名稱的組織。網際網路上所有電腦都具有唯一的公共IP位址。

Internet Engineering Task Force（網際網路工程任務小組，IETF）：指定網際網路上使用之標準的組織。此團體發展了一個稱為TCP/IP（Transmission Control Program/Internet Protocol）架構的四層式架構。TCP/IP也是TCP/IP-OSI架構的一部份，這是今日網際網路與大部分互連網路最常用的架構。

Internet Protocol（網際網路協定，IP）：第三層的協定，就如其名稱所暗示的那樣，IP用在網際網路上，但也可以用在許多其他的互連網路上。其主要目的是要在互連網路上遞送封包。

Internet service provider（網際網路服務供應商，ISP）：ISP提供使用者網際網路的存取能力、提供合法的網際網路位址給使用者、充當使用者通往網際網路的閘道、在使用者與網際網路間來回傳遞訊息。ISP也會為網際網路付費，ISP從他們的客戶那邊收錢，然後根據使用者的行為來負擔存取費和其他開銷。

IP address（IP位址）：以點號分開的一串十進位數字，類似192.168.2.28的形式，用以識別網路或互連網路上的唯一裝置。在IPv4的標準中，IP位址有32個位元。在IPv6的標準中，IP位址有128個位元。目前IPv4較普遍，但未來可能會被IPv6取代。在IPv4中，點號之間的十進位不可以超過255。

IP spoofing（IP偽冒）：這種偽冒是入侵者使用另一個網站的位址來假裝它就是那個網站。

IPv4：這種IP位址結構建構出具有32位元的位址。這些位元每8位元一組，以一個十進位數字表示，共分為四組，而十進位數字不能超過255。

IPv6：使用128位元來當IP位址的一種新IP位址結構。目前網際網路上同時存在有IPv4與IPv6，不過未來若干年後，IPv6可能會取代IPv4。

Islands of automation（自動化的孤島）：當功能性應用彼此之間獨立運作所產生的結構。通常會導致一些問題，因為資料會重複、很難整合、而且結果可能不一致。

Joint application design（聯合應用設計，JAD）：快速應用設計（RAD）的一項重要元素。由使用者、開發人員、與PQA人員共同組成團隊來執行設計活動。會有JAD的產生是因為開發人員希望在開發流程的早期就加入回饋與測試，最後，開發人員決定取得回饋的最佳時機是在建立設計的時候。

Just-barely-sufficient information（剛好足夠的資訊）：這種資訊必須滿足所需的目的，但是只要足夠就好了。

Just-in-time (JIT) inventory policy（及時的庫存政策）：這種政策會嘗試讓生產投入（原料與在製品）直到需要的那一刻才運送到製造地點。藉由對投入的這種時程安排方式，企業就可以將存貨量降到最低。

Kanban（看板）：用來表示要製造某樣東西的信號。回應看板的製造流程必須比以MPS為基礎的流程更有彈性。以這種信號為基礎的流程有時又稱為拉式生產流程（pull manufacturing process），因為這些產品是由需求「拉」過來生產的。

Kerberos：這種系統可以認證使用者，但不需要在電腦網路上傳送他們的密碼。Kerberos使用複雜的「門票」系統來允許使用者取得網路和其他伺服器的服務。

Key：(1)主鍵，表格用來唯一地識別資料列的一個或一組欄位。(2)金鑰，用來對資料加密的數字。加密演算法將金鑰應用在原始訊息上，以產生編碼的訊息。而解碼（解密）過程也類似，就是將金鑰應用在編碼的訊息，以還原成原來的文字。

Key escrow（金鑰託管）：由某個受信任者保存一份加密金鑰複本的控制程序。

Kilobyte, Kb：1024個位元組。

Knowledge management（知識管理，KM）：從智慧資本建立價值，並且與需要這些資本的員工、主管、供應商、客戶、和其他人分享這些知識的過程。

Knowledge management system（知識管理系統，KMS）：儲存與擷取組織知識的資訊系統；不論知識是在資料表單、文件、或員工的腦中。

Layered protocol（分層式協定）：將工作分配給各層協定的通訊架構。這樣的安排將通訊工作切分成幾個可管理的子工作。網際網路使用的分層協定是TCP/IP-OSI協定架構。

LCD monitors（LCD螢幕）：使用液晶顯示技術的一種影像顯示螢幕。LCD螢幕是平面的，而且需要的空間比CRT螢幕小。

Legacy information system（舊有資訊系統）：以過時的技術為基礎，但目前仍在使用的較早期系統。舊有系統會存在是因為組織無法負擔因為有更好的技術出現，就把一套資訊系統汰換掉。有些舊有系統能夠提供很多年的價值和服務。

License agreement（授權協議）：約定程式的合法使用範圍。通常會規範程式可以安裝的電腦數目，有的時候還會指定可以遠端連線來使用程式的使用者數目。這種協議還會規定軟體廠商在軟體發生錯誤時的義務範圍。

Lift（增益）：這是在購物籃術語中，信心水準對購買某項產品之基底機率的比值。增益顯示出當購買其他產品的時候，基底機率的變動程度。如果增益大於1，表示該變動是正的；如果增益小於1，表示該變動是負的。

Linkage（鏈結）：價值鏈之間的互動過程。鏈結是效率的重要來源，並且可以由資訊系統支援。

Linux：開放程式碼社群所開發的一種Unix版本。開放程式碼社群擁有Linux，而您可以免費使用它。Linux是網站伺服器上常見的作業系統。

Local area network（區域網路，LAN）：連結位於單一地理位置之電腦的網路，所連結的電腦數目可能從兩台到數百台之多。

Logical address（邏輯位址）：又稱為IP位址，是以點號分開的一串十進位數字，類似192.168.2.28的形式，用以識別網路或互連網路上的唯一裝置。在IPv4的標準中，IP位址有32個位元。IP位址又稱為邏輯位址，主要是因為它們可以分配給某部裝置，之後又重新分配給另外一部裝置。

MAC address（MAC位址）：又稱為實體位址。每個網路界面卡在出廠時就被賦予一個永久的位址。這個位址讓裝置得以透過第二層協定來存取網路。根據電腦製造商間的協議，MAC位址的指定方式可以確保沒有兩台NIC裝置會具有相同的MAC位址。

Mac OS：蘋果電腦公司為麥金塔開發的作業系統。目前的版本是Mac OS X。麥金塔電腦主要是由繪畫藝術家和藝術團體的工作者所使用。Mac OS是針對PowerPC處理器所發展的，但從2006年開始，您也可以在Intel處理器上執行Mc OS。

Macro viruses（巨集病毒）：附加在Word、Excel、PowerPoint、或其他類型文件中的病毒。當受感染的文件被開啟時，病毒會將自己放在應用軟體的啟動檔案中。之後，這個病毒就會感染該應用軟體所建立或處理的每個檔案。

Main memory（主記憶體）：由一組相同大小的記憶單位所構成的集合，每個單位可以保存一個位元組的資料或指令。每個單位有一個位址，CPU就是用這個位址來找出特定的資料項目。

Maintenance（維護）：就資訊系統而言，維護意謂著下列兩件事情：修正系統讓它能夠完成原本該做的事，或是調整系統來配合需求的變動。

Malware（惡意軟體）：病毒、蠕蟲、特洛伊木馬、間諜軟體、和廣告軟體。

Malware definitions（惡意軟體定義）：惡意程式碼中所存在的特定模式。防堵惡意軟體的廠商會持續更新這些定義，併入他們的產品中，以提供更佳的防護能力。

Management information systems（管理資訊系統，MIS）：開發與使用能協助企業達成其目標的資訊系統。

Managerial decisions（管理性決策）：與資源的配置和利用相關的決策。

Manufacturing information system（製造資訊系統）：支援一或多個製造流程的資訊系統，包括規劃、排程、庫存整合、品管、與相關流程。

Manufacturing resource planning（製造資源規劃，MRP II）：MRP的後續版本，納入了物料、人員、和設備的規劃。MRP II支援組織內的許多連結，包括透過主生產排程與業務和行銷的連結。MRP II也包含對排程、原料可用量、人員、和其他資源變異量的what-if分析能力。

many-to-many (N：M) relationship（多對多關係）：兩個實體類型間的關係，其中一個類型的一個實例可以關聯到第二個類型的多個實例。而第二個類型的一個實例也可以關聯到第一個類型的多個實例。例如，學生與課程之間的關係就是N:M。一個學生可以註冊很多課程，而一個課程可以有許多學生來上。請對照一對多關係。

Margin（利潤）：價值與成本之間的差異。

Market-basket analysis（購物籃分析）：決定銷售模式的一種資料採勘技術。購物籃分析會顯示客戶傾向於一起採購的物品。

Master production schedule（主生產排程，MPS）：這是生產產品的計劃。要建立MPS，企業必須先分析過去的銷售水準，並且預估未來的銷售量。這個流程有時候又稱為推式生產流程，因為公司希望根據MPS將產品「推」向銷售（和顧客）。

Materials requirements planning（物料需求計畫，MRP）：規劃生產流程所需之物料需求和庫存的資訊系統。不像MRP II，MRP並不包含人員、設備或相關設施的需求規劃。

Maximum cardinality（最大基數）：可以參與關係的最大實體數。常見的最大基數範例為1：N、N：M與1：1。

Measure（衡量指標）：OLAP報表中感興趣的資料項目；也就是要在OLAP立方結構中加總、平均、或是做其他處理的項目，例如總銷售額、平均銷售額、和平均成本等。

Media access control (MAC) address（MAC位址）：又稱為實體位址。每個網路界面卡在出廠時就被賦予一個永久的位址。這個位址讓裝置得以透過第二層協定來存取網路。根據電腦製造商間的協議，MAC位址的指定方式可以確保沒有兩台NIC裝置會具有相同的MAC位址。

Megabyte（百萬位元，MB）：1024KB。

Memory swapping（記憶體置換）：當電腦執行的工作沒有足夠的記憶體使用時，電腦會將程式與資料從記憶體中置入和換出，這種置換會降低系統效能。

Merchant companies（買賣業）：在電子商務中擁有存貨的企業，也就是購入貨物再售出的公司

Metadata：描述資料的資料。

Minimum cardinality（最小基數）：關係中必須涉及的最小實體數。

Modem（數據機）：調變／解調器（modulator/demodulator）的縮寫。將電腦中的數位資料轉換成可在電話線或有線電視纜線上傳輸的信號。

Moore's Law（莫爾定律）：高登莫爾建立的定律，此定律說：每隔18個月，每平方英吋積體電路上可容納的半導體數目就會增加一倍。從過去這40年的觀察，可知莫爾的預測相當準確。您有時也可能聽到莫爾定律的另一種說法：電腦晶片的速度每18個月就會增加一倍。這並不是莫爾當初的說法，但與他的想法在本質上非常接近。

Motherboard（主機板）：安裝與連結CPU處理元件的電路板。

Multi-user processing（多使用者處理）：同時有多個使用者在處理資料。

MySQL：這是開放原始碼的DBMS產品，在大多數應用上都可以免費使用。

Narrowband（窄頻）：傳輸速率少於56kbps的網際網路通訊連線。撥接式數據機提供窄頻的存取。

Network（網路）：一組透過傳輸線路相互通訊的電腦。

Network Address Translation（網路位址轉換，NAT）：公共IP位址和私有IP位址間相互轉換的流程。

Network interface card（網路界面卡，NIC）：網路上每台裝置（電腦、印表機等等）都有的硬體元件，能夠將裝置的電路連到網路線上。NIC與每台裝置的程式一同運作，以實作TCP/IP-OSI混合協定架構之第一、二層協定。

Network of leased lines（專線網路）：另一種WAN連線的選擇。向電信公司租用通訊線路，並連進網路。這些線路連結地理位置相距很遠的點。

Neural networks（類神經網路）：一種很常見的監督式資料探勘技術，可以用來預測值和進行分類，例如「好的潛在顧客」或「不好的潛在顧客」。

Nonmerchant companies（非買賣業）：安排貨物的採購和銷售，但本身並不擁有存貨的電子商務公司。

Nonvolatile memory（非揮發性記憶體）：在沒有電力的情況下仍能維持資料內容的記憶體，例如磁碟和光碟。您關閉電腦後開啟，這種裝置的內容都不會改變。

Normal form（正規化形式）：根據表格的特性與問題類型所做的分類。

Normalization（正規化）：將結構不良的表格轉換成兩個或更多結構良好表格的流程。

Object-oriented development（物件導向式開發，OOD）：源自物件導向式程式設計領域的系統開發方法論。OOD是使用物件導向式程式設計的技術來開發程式。相較於傳統的技術而言，使用OOP開發的程式比較容易修正與調整。

Object-oriented programming（物件導向式程式設計，OOP）：設計與撰寫電腦程式的一種規範。相較於傳統的技術而言，使用OOP開發的程式比較容易修正與調整。

Object-relational database（物件關聯式資料庫）：同時儲存OOP物件與關聯式資料的一種資料庫，很少使用在商業應用中。

Off-the-shelf software（現成軟體）：可直接使用而不需要做任何修改的軟體。

OLAP cube（OLAP立方結構）：衡量指標與對應維度的呈現。這個名詞的來源是因為有些產品會使用三個軸來顯示這些資訊，就像是幾何學中的立方體。OLAP cube和OLAP報表其實是指相同的東西。

OLAP servers（OLAP伺服器）：執行OLAP分析軟體的電腦伺服器。OLAP伺服器會從作業性資料庫中讀取資料，執行基本的計算，然後將結果儲存在OLAP資料庫中。

Onboard NIC：內建在主機板上的NIC。

One-to-many (1：N) relationship（一對多關係）：兩個實體類型間的關係，其中一個類型的一個實例可以關聯到第二個類型的多個實例。但第二個類型的一個實例至多只能關聯到第一個類型的一個實例。例如，部門與員工之間的關係就是1:N。一個部門可以關聯很多個員工，但一個員工最多只能關聯到一個部門。

Online analytical processing（線上分析處理，OLAP）：一種動態報表系統。OLAP提供對資料群組加總、計算數目、平均、和其他簡單算術運算的能力。這種報表是動態的，因為使用者可以在檢視時動態改變報表的格式。

Open-source community（開放程式碼社群）：一群組織鬆散的程式設計師所組成，他們志願投入自己的時間貢獻程式，來開發與維護軟體。Linux和MySQL是這種社群開發的兩個卓越產品。

Operating system（作業系統，OS）：控制電腦資源的電腦程式：它會管理主記憶體的內容，處理敲鍵與滑鼠的移動，將信號送給螢幕，讀寫磁碟檔案，以及控制其他程式的處理。

Operational decisions（作業性決策）：組織日常活動相關的決策。

Optical fiber cables（光纖）：用來將電腦、印表機、交換器、與其他裝置連結到LAN上的一種纜線。光纖上的信號都是光線，他們會在光纖內部的玻璃芯線中反射前進。芯線周圍會加上包覆材質以遏阻光線信號外溢，而包覆之外會再包上一層外殼來提供保護。

Optimal resolution（最佳解析度）：提供最佳銳利度和明亮度的影像方格大小（如1,024 x 768）。這個最佳解析度取決於螢幕大小、點距或像距、和其他因素。

Oracle：企業級DBMS產品的生產公司。

Organizational feasibility（組織可行性）：可行性的四個向度之一。

Original equipment manufacturer（設備原廠，OEM）：生產電腦或其他電腦系統裝置的廠商，這些廠商會將產品賣給其他公司，經過軟硬體的加值後再賣給最終的使用者。

Output hardware（輸出硬體）：顯示電腦處理結果的硬體，包括螢幕、印表機、喇叭、單槍投影機、和其他特殊用途裝置，例如大型的平面繪圖機等。

Outsourcing（委外）：雇用另外一個組織來執行某些服務的過程。委外的目的是希望節省成本、取得專業、以及節省管理時間

Packet-filtering firewall（封包過濾式防火牆）：這種防火牆會檢查每個封包，並且判斷是否要讓這個封包通過。它會檢查來源位址、目的位址、和其他資料來進行判斷。

Paired programming（配對式程式設計）：XP最不傳統的一項特徵－兩名程式人員會肩並肩地在同一台電腦上共同工作。當他們在同一台電腦上撰寫程式時，他們會一同看著螢幕，並持續地溝通。根據XP的鼓吹者所言，研究顯示當兩名程式人員以這種方式工作時，至少可以完成兩名程式人員各自獨立工作時的工作量，而且最終的程式碼錯誤較少，也較容易維護。

Parallel installation（平行式安裝）：這種系統轉換方式需要新系統會與舊系統平行執行一段時間。平行安裝很昂貴，因為組織要承擔執行兩套系統的成本。

Patch（修補程式）：針對高優先順序的系統錯誤所進行的修補改正程序。這些修補改正程序會應用在特定產品的既有複本上。軟體廠商會提供修補程式來修正安全性和其他重要的問題。

Payload（彈頭）：病毒中會造成有害活動的程式碼，例如可能會刪除程式或資料，甚至更糟的是悄悄地修改資料而不被發現。

Perimeter firewall（邊界防火牆）：位於組織網路外部的防火牆，它是網際網路交通會遇到的第一台裝置。

Personal DBMS（個人DBMS）：針對小型、簡單的資料庫應用所設計的DBMS產品。這種產品通常使用在個人或少於百人（正常是少於15人）的小型工作團體應用上。目前，Microsoft Access是唯一有名的個人DBMS。

Personal identification number（個人識別碼，PIN）：一種驗證的做法，使用者得提供只有他知道的數字。

Phased installation（分階段式安裝）：一種系統轉換方式；是將新系統分階段在組織中安裝。當特定的部份可以運作之後，組織就可以安裝並測試系統的另一部分，直到整個系統安裝完成。

Phisher（網路釣魚者）：會假裝合法公司送出電子郵件，試圖非法取得信用卡號、電子郵件帳號、駕照號碼、以及其他的機密資料。

Phishing（網路釣魚）：透過電子郵件冒名來取得未授權資料的技術。網路釣魚者會假裝是家合法公司，並且送出電子郵件要求機密資料，例如帳號、身分證字號、帳號密碼等等。

Physical address（實體位址）：又稱為MAC位址。每個網路界面卡在出廠時就被賦予一個永久的位址。這個位址讓裝置得以透過第二層協定來存取網路。根據電腦製造商間的協議，MAC位址的指定方式可以確保沒有兩台NIC裝置會具有相同的MAC位址。

Pilot installation（前導式安裝）：一種系統轉換方式。在這種方式下，組織會在企業的有限範圍內實作整個系統。前導式實作的好處是如果系統失敗，則失敗會侷限在有限的範圍內。這可以降低企業的受害程度，並且也可以保護新系統的壞名聲不會傳遍整個組織。

Pixel pitch（像距）：LCD螢幕像素間的距離。像距越小，螢幕影像就越銳利鮮明。

Pixels（像素）：影像顯示螢幕上以矩形方格排列的小點。像素的顯示數目不只取決於螢幕的尺寸，還取決於電腦顯示卡的設計。

Plunge installation（一次完成式安裝）：有時候也稱為直接安裝。這是一種系統轉換方式，在這種方式下，組織就是關掉舊系統，然後開始新系統。如果新系統失敗，組織的麻煩可就大了：在新系統修復或舊系統重新安裝之前，什麼事都沒辦法做。因為這種風險，組織應該盡可能避免這種轉換方式。

Point of presence（連接點，POP）：線路連接PSDN網路的位置。您可以將POP想像成是打電話連上PSDN時的電話號碼。一旦連上PSDN POP之後，這個據點就取得存取其他連上PSDN據點的能力。

Point-to-Point Protocol（點對點協定，PPP）：這個第二層的協定是使用在只涉及兩台電腦的網路上，所以才會稱為點對點。PPP用在數據機和ISP之間，也用在一些專線網路。

Porter's five competitive forces model（Porter的五力模型）：Porter發展的模型，這個模型說有五種競爭力會決定產業的獲利：供應商的議價能力、客戶的議價能力、市場的新進入者、市場內企業的競爭、和組織產品或服務的替代品威脅。

Pretexting（冒名頂替）：一種收集非授權資訊的技巧，這種技巧會假扮成他人進行詐騙。一種常見的詐欺是由打電話的人假裝成信用卡公司的員工，並且要求檢查信用卡號的有效性。網路釣魚也是一種冒名頂替的手段。

Price elasticity（價格彈性）：利用價格的變動來衡量需求的敏感程度。它是數量變動百分比除以價格變動百分比的比值。

Privacy Act of 1974（1974年隱私權法案）：保護美國政府保管之個人記錄的聯邦法律。

Private IP address（私有IP位址）：在私有網路與互連網路上使用的一種IP位址；它們是由運作這個私有網路或互連網路的企業來指派和管理。

Problem（問題）：對現況和預期之差異的感知。

Procedures（程序）：對人的指示。資訊系統五種基本元件其中之一。

Process blueprint（流程藍圖）：在ERP產品中，對組織活動的一組完整內建流程。

Process-based systems（流程式系統）：第三世代的電腦系統。在這個世代，系統的目的不是為了協助單一部門或功能的作業，而是將活動整合在完整的企業流程中。

Processing hardware（處理硬體）：電腦中的CPU和主記憶體。

Product quality assurance（產品品保，PQA）：系統的測試。PQA人員通常會在使用者的建議與協助之下建構測試計畫。PQA測試工程師本身會去執行測試，也會監督使用者的測試活動。許多PQA專業人員本身也是程式設計師，負責撰寫自動化的測試程式。

Protocol（協定）：協調兩台或更多台電腦之間活動的標準化方法。

Prototype（雛型）：新系統某些方面的模擬；它可能是模擬表單、報表、查詢、或是使用者介面的其他元素。

Public IP address（公共IP位址）：網際網路上使用的IP位址。這種IP位址是由ICANN（Internet Corporation for Assigned Names and Numbers）整段分派給一些主要機構。網際網路上所有電腦都具有唯一的IP位址。

Public key/private key（公開金鑰／私密金鑰）：網際網路上常見之非對稱式加密的特殊版本。在這個方法中，每個點用一把公開金鑰對訊息進行編碼，並且用一把私密金鑰對它們解碼。

Public switched data network（公眾交換數據網路，PSDN）：另一種WAN的選擇方案。這是由廠商開發和維護的電腦與專線網路，用來出租上網時間給其他公司。

Pull manufacturing process（拉式生產流程）：由目前的需求來拉出生產流程。品項的生產是為了回應來自客戶或其他必要產品或元件之生產流程的信號。

Pull report（拉式報表）：使用者必須請求才能收到的報表。要取得拉式報表，使用者要先到入口網站或數位儀表板上，然後點選鏈結或按鈕，讓報表系統產生並傳送報表。

Push manufacturing process（推式生產流程）：企業分析過去的銷售水準，預估未來的銷售量，並且產生主生產排程以建立生產產品的計劃。

Push report（推式報表）：根據預定的時程將報表傳送給使用者。使用者本身則不需要任何活動就可以收到報表。

Query（查詢）：跟資料庫請求資料。

Query report（查詢報表）：為了回應使用者輸入的資料所製作的報表。

Radio frequency identification tags（無線射頻識別標籤，RFID）：一種電腦晶片，能夠送出它所附著的容器或產品資料。RFID的資料不只包括產品編號，還有產地、成分、和特殊處理需要；如果是會腐爛的產品，還會有保存期限。RFID會在通過生產設備時，送出信號通知掃描器它們的存在，以協助庫存的追蹤。

RAM memory（RAM記憶體）：隨機存取記憶體。電腦記憶體是由一組保存資料或指令的小格子構成。每個小格子有一個位址，CPU就是用這個位址來讀寫資料。RAM的位址可以用任意順序來存取，所以才會有隨機存取這個詞。RAM的記憶體幾乎都是揮發性的。

Rapid application development（快速應用開發，RAD）：James Martin開創的一種應用開發型態。它的基本想法就是要將SDLC的設計與實作階段打破成更小的段落，並且盡可能藉助電腦來設計與實作這些段落。

Records（記錄）：又稱為資料列（rows），係指資料庫表格中的一群欄位。

Reference Model for Open Systems Interconnection（開放系統互連參考模型，OSI）：由ISO所建立，具有七層的協定架構，這個OSI模型的一部份被併入到網際網路和大多數互連網路所使用的TCP/IP-OSI混合式架構中。

Regression analysis（迴歸分析）：一種監督式的資料探勘，用來估計線性方程式中各參數的值，以判斷變項對結果的相對影響，以及預測結果未來的值。

Relation（關聯表）：資料庫表格更正式的名稱。

Relational databases（關聯式資料庫）：使用表格形式來記錄資料，並且使用外來鍵來表示關係的一種資料庫類型。

Relationship（關係）：在實體－關係資料模型中，實體或實體實例間的聯結，或是在關聯式資料庫表格中，資料列間的聯結。

Relevant information（相關的資訊）：適合情境和主題的資訊。

Remote computing（遠端運算）：某台電腦的程式去存取另一台電腦程式的流程。

Report（報表）：以結構化或有意義的脈絡來呈現資料。

Reporting system（報表系統）：從分散的資料來源建立資訊，並且即時提供這些資訊給適當使用者的系統。

Reporting tools（報表工具）：從多種來源讀取資料，進行處理，產生格式化報表，然後傳遞給需要的使用者的程式。

Repository（儲存庫）：內含開發中軟體或系統之文件、資料、雛型、與程式碼的CASE工具資料庫。

RFM analysis（RFM分析）：根據客戶最近的採購時間、採購的頻率、和每次訂單的平均金額來分析並且將客戶分級的一種方法。

Risk（風險）：有害事件出現的機率。

Root server（根伺服器）：分散世界各地的特殊電腦，負責維護解析各類型TLD之伺服器的IP位址清單。

Rotational delay（旋轉延遲）：磁碟將資料旋轉到讀寫頭下方所需的時間。磁碟旋轉的越快，旋轉延遲就越短。

Routing table（路徑表）：路由器用這個資料表格來決定要如何轉送它所收到的封包。

Rows（資料列）：又稱為記錄（records），亦即資料庫中的一群欄位。

Safeguard（安全防護）：任何能降低系統面對威脅之脆弱程度的行動、裝置、程序、技術、或其他措施。

Schedule（時程）：可行性的四個向度之一。

Secure Socket Layer（SSL）：同時使用對稱與非對稱式加密的一種協定。它是在TCP-OSI架構的第四層（傳輸層）和第五層（應用層）之間運作的協定層。在使用SSL時，瀏覽器的位址會以https://開頭。最新版的SSL稱為TLS。

Seek time（搜尋時間）：磁碟的讀寫臂將讀寫頭移到正確的一環所需的時間。搜尋時間取決於磁碟裝置的廠牌與型號。

Segment（資料段）：TCP用來傳送訊息所使用的容器。TCP程式將識別資料放在每個資料段的前面和後面，就像是您在傳統郵件上所寫的寄件與收件地址。

Semantic security（語義上的安全性）：關於透過整合個別未受保護的報表或文件，而造成受保護資訊的非預期洩露。

Server tier（伺服器層）：在三層式架構中，這一層級的電腦會執行網站伺服器以產生網頁和其他資料來回應瀏覽器的請求。網站伺服器還會處理應用程式。

Service description（服務描述）：在網站服務中，詳細說明另一台電腦上存在哪些程式，以及如何和這些程式溝通的XML檔案。

Service packs（修補包）：修正優先順序較低問題的一大組程式。使用者應用修補包的方式與修補程式完全相同，只不過修補包通常包含對數百種或數千種問題的修正。

Simple Mail Transfer Protocol（簡單郵件傳送協定，SMTP）：第五層的架構，用來傳送電子郵件。通常會與其他接收電子郵件的第五層協定（POP3，IMAP）一同使用。

Smart card（智慧卡）：包含微晶片、類似信用卡的塑膠卡片。微晶片可以保存的資料量遠大於磁條，其中會載入識別資料。通常需要個人識別碼（personal identification number, PIN）。

Sniffing（網路竊聽）：攔截電腦通訊的一種技術。在有線網路中，要進行竊聽須要實際連上網路。在無線網路中，則不需要這種連結

Software（軟體）：電腦的指令。資訊系統的五項基本元件之一。

Software piracy（軟體盜版）：程式的使用違反授權協議。當企業非法拷貝並販售程式時，就是一種大規模的盜版行為。盜版也可能會小規模地發生在使用者違反授權協議，同意他人將程式載入電腦的時候。

SOHO（small office, home office，個人工作室）：小型辦公室／家用辦公室市場的縮寫。

Special function cards（特殊功能卡）：可以加入電腦中，以擴充電腦的基本能力。

Special-purpose computer（特殊用途電腦）：設計來執行單一功能的電腦。這項功能的邏輯可能設計在硬體中，或是撰寫成電腦程式，然後安裝成韌體。

Spoofing（偽冒）：某人冒充另一個人以試圖取得未經授權的資料。如果您冒充您的教授，就是在偽冒您的教授。

Spyware（間諜軟體）：在使用者不知道、且未經使用者許可的情況下，安裝在使用者電腦上的程式。它會在使用者不知情的情況下，觀察使用者的行動和敲鍵動作，修改電腦的活動，並且向相關組織回報使用者的活動。惡意的間諜軟體會捕捉敲鍵動作以取得使用者的帳號、密碼、戶頭、和其他敏感的資訊。有些間諜軟體則是為了支援行銷分析，

而去觀察使用者的行為，所造訪的網站，所檢視和購買的產品等等。

SQL server（SQL伺服器）：微軟公司的企業級DBMS產品。

Static report（靜態報表）：使用基本資料製作一次之後，就不再改變的報表。例如去年度的營業報表就是靜態報表。

Steering committee（指導委員會）：一群來自主要企業功能的高階主管，與資訊長共同設定資訊系統的優先順序，並且在主要的資訊專案和替代方案間做決策。

Storage hardware（儲存硬體）：儲存資料與程式的硬體。磁碟是最常見的儲存裝置，不過像CD、DVD等光碟在現在也很普遍。

Strategic decision（策略性決策）：與更廣泛的組織性議題相關之決策。

Strong password（堅強的密碼）：具有下列特徵：包含七個或更多的字元；不要包含使用者的帳號名稱、真實名稱、或公司名稱；不要包含任何語言字典中可以查到之完整的字；不要與之前使用的密碼相同；同時包含大小寫字母、數字、以及特殊字元。

Structured decision（結構化決策）：使用正式與被接受的決策制定方法做出的決策。

Structured Query Language（結構化查詢語言，SQL）：處理資料庫資料的國際標準語言。

Supervised data mining（監督式的資料探勘）：資料探勘的一種形式，資料探勘師會在分析前先發展模型，然後將統計技術應用在資料上，以估計模型的參數。

Supplier Relationship Management（供應商關係管理，SRM）：是管理組織和供應商間所有接觸的企業流程。

Supply chain（供應鏈）：組織和工廠間的網路，用來將原料轉換成遞送給客戶的產品。

Supply chain profitability（供應鏈獲利能力）：供應鏈中所有組織產生的營收總合，減去他們產生的成本總合。

Support（支持度）：在購物籃分析的術語中，兩個品項會被同時購買的機率。

Sustainable（持久）：組織能夠維持競爭優勢的機率。舉例而言，當組織為產品增加價值並且提高價格時，他可能無法一直維持這種價格。上游供應商也可能提高價格以要求取得價值的一部分。同樣地，根據產業的競爭狀況，其他公司也可能會複製該公司所增加的價值。

Switch（交換器）：交換器是在網路上接收與傳輸資料的特殊用途電腦。

Switch table（交換表）：交換器使用這個表格來判斷要將收到的訊框送到哪裡。

Switching costs（轉換成本）：組織藉由增加顧客轉換到其他產品的不便或昂貴來套牢顧客。

Symmetric encryption（對稱式加密）：使用相同的金鑰來將訊息加/解密的一種加密方法。

Symmetric digital subscriber lines（對稱式數位用戶線路，SDSL）：上傳和下載的速率相同之DSL線路。

System（系統）：相互作用以達成某個目的的一組元件。

Systems analysts（系統分析師）：同時瞭解業務與技術的資訊人員。他們在整個系統開發過程中都很活躍，並且扮演在推動專案由概念到轉換、到最後維護的關鍵角色。系統分析師會整合程式設計師、軟體測試員、和使用者。

System conversion（系統轉換）：將企業活動從舊系統轉換到新系統。

Systems analysis and design（系統分析與設計）：建立與維護資訊系統的過程。有時候又稱為系統開發。

System development（系統開發）：建立與維護資訊系統的過程。有時候又稱為系統分析與設計。

System development life cycle（系統開發生命週期，SDLC）：用來開發資訊系統的經典流程。這些基本工作被結合成系統開發的各個階段：系統定義、需求分析、元件設計、實作、系統維護（修正或加強）。

Table（表格）：資料庫中類似的資料列或記錄所形成的集合，也稱為檔案。

Tag（標籤）：諸如HTML和XML之類的標記語言，用來定義資料元素的顯示或其他目的。

TCG/NGSCB：微軟、Intel和其他公司推動的聯合專案，用來控制檔案與程式的拷貝。TCG代表受信任運算團體（Trusted Computing Group），是指由電腦和軟體廠商所設立以開發這個專案標準的組織。NGSCB代表下一代安全運算基礎（Next Generation Secure Computing Base）。

TCP/IP (Transmission Control Program/Internet Protocol) architecture（TCP/IP架構）：由IFTF發展的四層式協定架構，是TCP/IP-OSI架構的一部分。

TCP/IP-OSI architecture（TCP/IP-OSI架構）：混合TCP/IP和OSI架構演進而來的五層式協定架構。網際網路和大多數互連網路都是使用這個架構。

Technical feasibility（技術可行性）：可行性的四個向度之一。

Technical safeguard（技術上的安全防護）：涉及資訊系統軟硬體元件的安全防護。

Terabyte（TB）：1,024GB。

Test plan（測試計劃）：使用者在使用新系統時所需採取的一組行動序列。

Three-tier architecture（三層式架構）：大多數商務伺服器應用所使用的架構。這三層代表三種不同類型的電腦。用戶層的電腦上有請求和處理網頁的瀏覽器，伺服器層是執行網站伺服器的電腦，能夠產生網頁以回應瀏覽器的請求。網站伺服器也會處理應用程式。第三層是資料庫層，執行處理資料庫的DBMS。

Timely information（及時的資訊）：及時產生以供使用的資訊。

Top-level domain（頂層網域，TLD）：任何網域名稱的最後幾個字母。例如網域www.icann.org的頂層網域是.org。同樣地，在網域名稱www.ibm.com中的頂層網域是.com。非美國的網域名稱中，頂層網域通常是服務所在國家的兩個字母縮寫。

Transaction processing systems（交易處理系統，TPS）：支援作業性決策的資訊系統。

Transmission Control Program（TCP）：TCP在TCP/IP-OSI架構的第四層運作。TCP的縮寫有兩種用法：它是某個第四層協定的名稱；也是TCP/IP-OSI協定架構名稱的一部分。事實上，這個架構會取這個名稱就是因為它通常包含了TCP協定。TCP會從第五層協定(如http)接收訊息，分割為送往第三層協定(如IP)的資料段。

Transport Layer Security（TLS）：使用非對稱式和對稱式加密的協定，作用在TCP/IP-OSI協定架構的第四層(傳輸層)和第五層(應用層)。TLS是SSL最新版本的新名稱。

Trojan horses（特洛伊木馬）：偽裝成有用程式或檔案的病毒。它的名稱是取材自伯羅奔尼薩戰役中被搬進特洛伊城中，那隻肚子裡面藏滿士兵的大型木馬。典型的特洛伊木馬會看似電腦遊戲、MP3檔案、或是其他有用而無害的程式。

Tunnel（隧道）：從VPN客戶端到VPN伺服器在公共或共享網路上建立的虛擬、私有通道。

Uncertainty（不確定性）：指我們不知道自己不知道的那些事件。

Unified Modeling Language（統一塑模語言，UML）：一系列協助OOP開發的圖示技術。UML有數十種不同的圖示符號，可以用於系統開發的所有階段。UML並沒有要求或提倡任何特定的開發流程。

Unified process（統一過程，UP）：針對UML的使用所設計的方法論。以使用案例來描述新系統的應用。

Uniform resource locator（URL）：文件在網站上的位址。URL從右邊開始是頂層網域，接著往左是網域名稱，後面則跟著選擇性資料，用來指定文件在該網域的位置。

Unix：由貝爾實驗室於1970年代所發展出來的作業系統，從那時候開始，它就一直是科學家與工程師社群的好幫手。

Unshielded twisted pair (UTP) cable（無遮蔽雙絞線）：用來連結電腦、印表機、交換器、及LAN上其他裝置的一種纜線。UTP網路線包含四對的雙絞線，使用稱為RJ-45的連接頭將UTP纜線連到NIC裝置上。

Unstructured decision（非結構化決策）：沒有一致認可之決策制訂方法的決策。

Unsupervised data mining（非監督式的資料探勘）：一種資料探勘的形式；分析師並不會在執行分析前建立模型或假說；反之，他們是先將資料探勘技術應用在資料上，然後觀察其結果。在這個方法中，分析師是在分析完之後建立假說以說明所發現的模式。

Use case（使用案例）：對新系統應用的描述；與UML和UP一同使用。

User account（使用者帳號）：網路和DBMS帳號的安全性功能；每名使用者會指定特定的權限和角色。通常使用者是使用密碼來認證帳號。在指定角色時，使用者會繼承該角色的所有權限。

User roles（使用者角色）：網路和DBMS產品的安全性功能所使用的一組權限。在指定角色時，使用者會繼承該角色的所有權限。使用者角色可以簡化網路和資料庫的安全管理。

User tier（用戶層）：在三層式架構中，使用層的電腦上有請求和處理網頁的瀏覽器。

Usurpation（侵占）：未經授權的程式入侵電腦系統，並且取代掉合法程式。這種未經授權的程式通常會關閉合法的系統，並且以自己來取代。

Value（價值）：顧客願意為某種產品或服務花費的總收入。

Value chains（價值鏈）：價值創造活動的網路。

Value-added reseller（加值型零售商）：通常是小型的本地型企業，能夠分析顧客需要，決定電腦需求，採購硬體，以及設定和維護系統。

Vertical-market application（垂直市場應用）：針對特定產業需要的軟體。例如牙醫診所用來預約及收費的程式、修車場用來紀錄顧客與汽車維修資料的程式、以及零售商的進銷存管理程式等。

Virtual Private Network（虛擬私有網路，VPN）：另一種可能的WAN連線方案。VPN使用網際網路或私有互連網路來建立看似私有的點對點連線。在IT世界中，虛擬代表某種看似存在但實際上並不存在的東西。在此，VPN是使用公共網際網路來建立看似私有的連線。

Visual development tools（視覺化開發工具）：在RAD專案中改善開發人員生產力所使用的工具。例如微軟的Visual Studio.Net。

Volatile memory（揮發性記憶體）：當電腦或裝置沒有電時，資料就會消失。

Vulnerability（弱點）：安全系統中的缺失或漏洞。有些弱點是因為沒有防護措施，有些則是因為現有的防護措施無效。

Waterfall（瀑布式）：SDLC的一個階段可以完整完成，然後專案就可以往前進展到下個階段而不需回頭的神話。專案很少能夠這麼簡單，通常，總是會需要逆流而上。

Web farm（網站叢集）：執行多個網站伺服器的設施。工作會分散給網站叢集內的電腦，以便讓產出最大化。

Web pages（網頁）：使用HTML編碼的文件；由全球資訊網所建立、傳輸、和使用。

Web server（網站伺服器）：處理HTTP協定，並且根據要求來傳送網頁的程式。網站伺服器也會處理應用程式。

Web storefront（網站店面）：在電子商務中，讓消費者輸入和管理訂單的網站應用。

White-hat hacker（白帽駭客）：為了協助組織找出其網路安全弱點而入侵其網路的人。

Wide area network（廣域網路，WAN）：連結位於不同地理區域電腦的網路。

Windows（視窗）：微軟設計與販售的作業系統。這是目前使用最多的作業系統。

Wired Equivalent Privacy（WEP）：由IEEE 802.11委員會發展的無線安全標準。在佈建到通訊設備之前，並沒有經過充分的測試。有嚴重的缺陷。

Wireless NIC（無線網卡，WNIC）：透過與無線存取點溝通來提供無線網路能力。這種裝置可能是插入PCMA插槽的介面卡，或是內建在主機板上的裝置。WNIC是根據802.11協定運作。

World Wide Web Consortium（全球資訊網聯盟，W3C）：負責主導網站標準的開發和傳播的團體。

Worm（蠕蟲）：使用網際網路或其他電腦網路所傳播的病毒。蠕蟲是專門針對盡快感染其他電腦所設計的程式。

Worth-its-cost information（物有所值的資訊）：資訊的成本與價值間有適當的關係。

WPA（Wi-Fi Protected Access）：由IEEE 802.11委員會所發展、經過改善的無線安全標準，以修正WEP標準的缺點。只有較新的無線裝置才有使用這個技術。

WPA2：WPA的改良版。

XML schema（XML綱要）：指定另一份XML文件結構的XML文件。XML綱要是其他XML文件的metadata。例如SalesOrder的XML綱要指定了SalesOrder文件的結構。

XML Web service（XML網站服務）：有時直接稱為網站服務；使用網際網路技術協助分散式運算的一組標準。網站服務的目標是要提供程式彼此之間遠端存取的標準方式，而不需要發展專屬性解決方案。

國家圖書出版品預行編目資料

管理資訊系統 / David M. Kroenke原著；陳宇芬翻譯. -- 臺北市：臺灣培生教育, 2007.12
面； 公分
譯自：Using MIS
ISBN 978-986-154-663-6(平裝)

1. 管理資訊系統

494.8 96024368

管理資訊系統 Using MIS

原 著 David M. Kroenke
審 閱 何英治
翻 譯 陳宇芬
發 行 人 洪欽鎮
主 編 陳慧玉
發 行 所 台灣培生教育出版股份有限公司
出 版 者 台灣培生教育出版股份有限公司
地址／台北市重慶南路一段147號5樓
電話／02-2370-8168
傳真／02-2370-8169
網址／www.PearsonEd.com.tw
E-mail／hed.srv@pearsoned.com.tw
台灣總經銷 全華圖書股份有限公司
地址／台北縣土城市忠義路21號
電話／02-2262-5666 (總機)
傳真／02-2262-8333
網址／http://www.chwa.com.tw
http://www.opentech.com.tw
全華書號 18035
香港總經銷 培生教育出版亞洲股份有限公司
地址／香港鰂魚涌英皇道979號（太古坊康和大廈2樓）
電話／852-3181-0000
傳真／852-2564-0955
E-mail／msip@pearsoned.com.hk
出版日期 2008年3月
I S B N 978-986-154-663-6
定 價 700元